“十三五”江苏省高等学校重点教材（编号：2020-2-295）

数字海洋工程

主编　周立

WUHAN UNIVERSITY PRESS
武汉大学出版社

图书在版编目(CIP)数据

数字海洋工程/周立主编．—武汉：武汉大学出版社，2024.6
“十三五”江苏省高等学校重点教材
ISBN 978-7-307-24274-6

Ⅰ.数…　Ⅱ.周…　Ⅲ.数字技术—应用—海洋工程—高等学校—教材
Ⅳ.P75-39

中国国家版本馆 CIP 数据核字(2024)第 035370 号

责任编辑:鲍　玲　　　责任校对:汪欣怡　　　版式设计:马　佳

出版发行：**武汉大学出版社**　(430072　武昌　珞珈山)
(电子邮箱：cbs22@ whu.edu.cn　网址：www.wdp. com.cn)
印刷：武汉乐生印刷有限公司
开本:787×1092　1/16　印张:31.5　字数:649 千字　插页:1
版次:2024 年 6 月第 1 版　2024 年 6 月第 1 次印刷
ISBN 978-7-307-24274-6　定价:79. 00 元

前　　言

海洋是人类生存发展的重要资源，开发和利用海洋是世界各国发展的必由之路。为了提高我国建设海洋强国的能力和水平，维护海洋权益、保护海洋环境、合理开发海洋资源，以及发展海洋经济，传统的海洋管理方式已不再适应海洋强国发展的需要。新一代信息技术正在悄然改变着人们认识海洋、经略海洋的发展逻辑思维，开发、创建、实施以信息化、网络化、数字化、智能化为代表的海洋规划、管理和服务新体系——数字海洋，便成为现代海洋及其管理体系发展的必然趋势。

数字海洋是伴随着数字地球应运而生的，是通过集成融合海量、多分辨率、多时相、多类型的海洋观测等数据及其分析算法和数值模型，运用3S(GNSS、RS、GIS)技术、物联网技术、大数据技术、云计算技术、人工智能技术以及虚拟仿真等现代信息技术手段构建的一个虚拟的海洋系统。数字海洋工程以数字化、可视化、标准化、最优化等方式，开发对海洋现象和过程数字化虚拟表达，呈现真实海洋世界的各种状态，再现海洋的过去、预见海洋未来，从而促进和提高人类对海洋的客观认识，为海洋可持续发展提供信息支撑服务。

2006年，国家海洋局批准《中国近海数字海洋信息基础框架构建总体实施方案》，标志着我国数字海洋工程建设正式拉开序幕。通过数十年的建设，中国数字海洋信息基础框架已建设完成，并且在信息资源采集与整合、基础平台搭建、应用系统开发等方面进行了首次理论和技术实践探索，实现了海洋信息共享、协同和智慧服务，为海洋强国战略实施提供了快速准确的信息支持与通畅的信息流通渠道，显著提高了海洋行政管理工作的质量与效率。

数字海洋建设是一项资金投入大、建设周期长、涉及范围广的系统工程。目前，全球数字海洋建设的应用效果和作用发挥也是良莠不齐，新一代信息技术引领下的数字海洋建设正朝着智慧海洋的探索与试验阶段迈进。在推进数字海洋的进程中，数字海洋工程建设应用人才是关键因素。即数字海洋发展，关键靠人才，根本靠教育。加快推进数字海洋教育教学改革势在必行，任重道远。为满足我国数字海洋建设对海洋信息人才的需要，江苏海洋大学国家海洋技术特色专业自2007年起相继开设“数字海洋工程”理论课程和“数字海洋工程课程设计”“数字海洋工程实习”等实践课程，在总结多年教学经验和使用讲义、指导书的基础上，在江苏省海洋技术品牌专业建设、“十三五”江苏省高等学校重点教材建设等项目的大力支持下，编撰了第一本《数字海洋工程》教材，期望在推动数字海洋工程教育教学改革创新，填补教学资源空缺等方面，尽微薄之力，为我国的数字海洋建设培养更多的人才。

全书共分 8 章，第 1 章“数字海洋工程概论”，主要介绍数字海洋出现的背景、概念与内涵、数字海洋的工程化思想与技术框架，国内外数字海洋进展并作了比较，智慧海洋工程建设展望；第 2 章“数字海洋系统集成关键技术”，简单介绍数字海洋基础设施、信息获取与处理技术，重点介绍多源数据集成与融合、大数据挖掘与共享服务和虚拟可视化技术；第 3 章“数字海洋工程基础平台”，介绍数字海洋工程基础平台体系，包括硬件软件平台、网络平台、数据平台、服务平台、安全平台等；第 4 章“数字海洋核心应用系统”，重点介绍海洋空间基础信息管理、海洋功能区划管理、海域使用(保护)管理、海洋生态环境监测、海洋渔业生产管理和海洋灾害监测预警等信息系统的系统需求、总体结构、基本功能和空间分析等内容；第 5 章“数字海洋工程建设标准与规范”，系统介绍数字海洋工程对标准的需求、国内外信息标准化组织、空间数据标准与规范和数字海洋工程标准与规范；第 6 章“数字海洋工程设计”，详细介绍数字海洋工程建设的基本原则、规划与准备、设计与实施，重点介绍数字海洋工程需求分析、总体设计、详细设计方法；第 7 章“数字海洋工程实施”，系统阐述数字海洋工程化实施流程，标准平台实施、网络与软件和硬件平台实施、安全平台实施、数据平台实施、应用平台实施与过程管理方法；第 8 章“‘中国数字海洋’工程设计与实施”，作为典型案例，完整展示“中国数字海洋”工程建设目标、需求分析、总体设计、详细设计与实现等成果内容。

本书的编写注重内容的系统性与完整性，注重相关技术的先进性与前瞻性，并尽力做到结构严谨、层次清楚、文字简练、重点突出。具体特色和创新主要体现在以下三个方面：

(1)教学理念先进：基于 OBE(Outcomes Based Education)国际工程教育理念，从培养学生的创新应用能力出发，从数字海洋工程基础理论入手，教会学生数字海洋工程理论知识，从数字海洋系统应用案例出发，极大地激发学生的创新应用学习兴趣。培养学生在数字海洋工程实践中创新应用能力。

(2)教材结构新颖：首创基于联合国教科文组织 CDIO(Conceiving Designing Implementing Operation)工程教育改革创新人才培养模式下创新应用项目引导驱动的数字海洋工程教育教材结构，将数字海洋工程基础平台与数字海洋核心应用系统有机结合，全面整合数字海洋系统中数字工程建设应用理论和方法，创建了完整的《数字海洋工程》教材的理论与技术方法体系。

(3)教材实用性强：秉承“教学做合一”的原则，用国际高等工程教育盛行的 CBE(Competence Based Education)的能力本位教育方法来指导实践，使学生获得创新应用实践能力的学习。如数字海洋工程以我国数字海洋核心应用系统为主体，完善系统需求、总体结构、基本功能、空间分析技术等相关工程项目成果导向内容，有效加强了本教材的实用性。同时，拓展教学内容，如“中国数字海洋”工程设计与实施技术相关内容。培养学生的创新应用能力、实践能力、独立自学能力和科学创新精神，进一步深化该课程的教学改革。

本书由周立主编，谢宏全、韩友美、吕海滨、卢霞和沈蔚参加编写。其中，第 1

章，第3章，第7章，第8章和第2章的2.1、2.2、2.5、2.6节、第4章的4.1、4.2、4.3节，第6章的6.4、6.5、6.6、6.7节由周立编写；第2章的2.3节由吕海滨编写；2.4节由谢宏全编写；2.7节由韩友美编写；第4章的4.4节由卢霞编写；4.5节由沈蔚编写；4.6节由吕海滨编写；第5章由谢宏全编写；第6章的6.1、6.2、6.3节由韩友美编写。全书由周立统稿。

本书可作为高等学校智慧海洋技术、海洋信息工程、海洋技术、海洋科学、海洋资源与环境、地理信息科学、遥感科学与技术和测绘工程等相关专业教材使用，也可供从事数字海洋工程建设、海洋管理、海洋开发利用等方面的专业技术人员参考。

由于数字海洋工程涉及学科专业范围十分广泛，其理论和技术方法发展迅速，加之编者水平有限，书中错误与不当之处在所难免，敬请专家、学者和读者批评指正。

编　者

2024年3月于江海园

目　录

上编：理论篇

下编：实践篇

上编：理论篇

本编基于 OBE(Outcomes-based Education)国际工程教育理念，以培养学生的创新应用能力为目标，由数字海洋工程基础理论入手，教会学生数字海洋工程理论知识，从数字海洋系统应用案例出发，极大地激发学生的创新应用学习兴趣。主要内容包括数字海洋工程概论、数字海洋系统集成关键技术、数字海洋工程基础平台、数字海洋核心应用系统和数字海洋工程建设标准与规范。

第1章 数字海洋工程概论

海洋覆盖了地球表面约71%的面积，是全球生命系统的一个基本组成部分，也是人类资源的宝库和环境的重要调节器，人类社会的发展必然会越来越多地依赖海洋。中国是一个发展中的沿海大国，一直高度重视海洋的开发和保护，把发展海洋事业作为国家发展战略，加强海洋综合管理，不断完善海洋法律制度，积极发展海洋科学技术和教育。中国积极参与联合国系统的海洋事务，推进国家间和地区性海洋领域的合作，并认真履行自己承担的义务，为全球海洋开发和保护事业作出了积极贡献。

新时期的海洋工作，主要是维护海洋权益、保护海洋环境、合理开发海洋资源及发展海洋经济。传统的海洋管理方式已不能适应海洋强国发展的需要，开发、研究、实施以信息化、网络化、数字化、智能化为代表的海洋规划、管理和服务新体系——数字海洋，便成为现代海洋及其管理体系发展的必然趋势。数字海洋可以达到：为海洋工作提供快速准确的信息支持与畅通的信息流通渠道，显著提高海洋行政管理工作的质量与效率；为管理工作提供政务信息发布的环境，加强公众和社会机构对海洋管理工作的监督；提供有效的信息服务与共享手段，最大限度地发挥海洋信息资源的价值等目的。为了建设数字海洋，实现海洋信息共享、协同和智慧服务，数字海洋工程这门新学科应运而生。本章将主要介绍数字海洋出现的背景、概念及其内涵、特点、功能，以及数字海洋工程思想和总体框架等内容，并对国内外数字海洋工程进展进行比较，进而对我国数字海洋工程建设发展及对策作进一步阐述和展望。

1.1 数字海洋的产生与发展

数字海洋是随着数字地球的理念应运而生的，数字海洋是数字地球的重要组成部分。因此，本节首先简单介绍数字地球的提出。数字地球的概念源于美国前副总统戈尔于1998年1月在加利福尼亚科学中心开幕典礼上发表的题为《数字地球：21世纪认识地球的方式》(*The Digital Earth*: *Understanding our planet in the 21st Century*)的演讲。戈尔在演讲中指出：我们需要一个数字地球，一个可以嵌入海量地理数据的、多分辨率的、真实地球的三维表示。他将数字地球看成“对地球的三维多分辨率表示、它能够放入大量的地理数据”。就简单分析来看，数字地球能够按地理空间位置，以极高的分辨率对大地进行选点抽样，将抽样点上的自然资源和社会资源信息作为该点的属性信息存入计算机，然后再将这些信息进行统筹安排、抽象分析和逻辑组合，形成能为决策者提供服务的方案。使用者只需点击计算机屏幕上数字地球的任何一点，就会立即获得相关信息。严格意义上的数字地球概念，是指以地理空间信息技术和数字化技术来对地球进行全要素数字地形的重新描述。通过数字正射影像、数字地形模型、地球三维景观模型，建立地球空间定位的基本信息数据。

数字地球的概念自首次提出以来，构建数字地球的设想便得到了世界各国的广泛关注和响应。发达国家围绕国家安全、经济发展和社会生活等多个方面的需要，加紧建设空间信息基础设施，开展数字地球关键技术研发，促进数字地球技术在数字区域(数字城市)、数字行业(数字海洋)等各个领域的应用，掀起了数字地球建设和应用的热潮。数字海洋正是在这个大背景下迅速发展起来的。数字地球的核心是要创建一个信息化的地球，即利用最先进的科技成果，对地球与地球上所产生的各种信息进行实时采集、有序处理、快速传输、多维显示、逼真描述和高效获取的综合性数字化信息大系统。海洋是地球的重要组成部分，数字海洋的构建与数字地球的建设是密不可分的，数字海洋的概念源于数字地球。在地球空间中，海洋一直都是区域经济、文化、社会活动的空间和聚集点。因此，谈地球必谈海洋，谈数字地球必将引出数字海洋，数字海洋是维系数字地球架构的重要节点，数字海洋是实现海洋信息化的重要举措。海洋信息化发展要求利用一切海洋适用信息技术，实现对海洋信息资源的集成共享与互操作，为海洋经济、海洋管理、海洋环境保护、海洋防灾减灾、海洋权益维护等提供科学、高效、便捷的信息服务平台，为国家处理海洋事务提供决策依据。数字海洋通过构建一个集海洋信息网络化获取、规范化管理、透明可视化、智能化评价、科学化决策和社会化服务于一体的综合信息平台，从而为海洋信息化发展提供了优良的信息服务环境和信息处理工具。数字海洋是实现海洋信息化的必由之路。数字地球是信息技术发展到一定阶段的产物，是人们对于国家信息化发展的一种预期。数字海洋的概念源于数字地球，它同样是海洋信息化发展道路上的一个重要的、必然的、里程碑式的理念与实践。

1.2　数字海洋的概念及其内涵

数字地球概念提出以后，世界各国给予了高度关注，并在诸多领域开展了研究和应用工作。我国通过多年的研究探索和实践，结合海洋领域的信息积累和技术发展现状以及海洋事业发展对海洋信息化工作的实际需求，提出了数字海洋的建设构想，并开展了数字海洋信息基础框架的构建工作。本节通过剖析国内外数字海洋的内涵，给出了数字海洋的基本概念和定义，分析了国内外数字海洋相关领域理论研究的进展，提出了数字海洋理论研究的主要方向，介绍了数字海洋基本框架体系以及数字海洋建设应涵盖的基本内容。

1.2.1　数字海洋的定义

从广义上讲，数字海洋是进入信息时代，支持海洋科学和空间技术的快速发展，为人类更全面、准确和深入地认知和了解海洋而提供有力支撑的海洋信息化技术平台。数字海洋作为海洋信息化的重要体现，其目的是服务于国家的“海洋保护与开发”整体战略，立足于“为国家决策服务、为经济建设服务、为海洋管理服务”。以“维护海洋权益与国家安全、保护海洋生态与环境、提高海洋资源利用水平、促进海洋经济发展”为应用目标，形成海洋信息应用与决策支持服务能力以及对海上突发事件的应急响应能力，全面提高海洋管理科学化与社会化服务水平，为海洋可持续利用发展提供有力支撑。

例如，美国、日本等发达国家从信息获取和信息资源保障的角度，阐述了数字海洋的概念，即通过对海洋进行立体化、网络化、持续性的全面观测，获取海量的海洋观测数据，为探索海洋奥秘、开发海洋资源、保护海洋环境打下坚实的信息基础。美国国家海洋大气局“SeaCrant”项目对数字海洋的描述是：数字海洋通过海量的数字信息与数值模型，将海洋装进计算机“芯片”，从而能够将各类海洋数据转变成人类利用海洋、保护海洋的最有效工具。

从狭义理解，数字海洋是以海洋为对象，地理坐标为依据，多分辨率、海量多元数据融合，用多媒体和虚拟技术多维(立体与动态)表达，具有空间化、数字化、网络化、智能化和可视化特征的技术系统。即通过海量、多分辨率、多时相、多类型的海洋观测与监测等数据及其分析算法和数值模型，运用“3S”(GNSS、RS、GIS)技术、数据库技术、网络技术、科学计算、虚拟现实与仿真等技术手段，构建而成的虚拟海洋系统。数字海洋系统以数字化、可视化等方式，通过对海洋现象和过程的虚拟表达，展现真实海洋世界的各种状态，再现海洋的昨天和今天，预测海洋的明天，从而促进和提高人类对海洋的客观认知，为海洋的可持续发展提供信息支撑服务。

上述定义明确了数字海洋建设的基础是数据，核心是数值模型和可视化表达，目标是为海洋的可持续发展提供信息支撑与服务。海洋数据主要是指通过卫星、遥感飞机、海上探测船、海底传感器等进行综合性、实时性、持续性的数据采集。与陆地数据相比，在数据的获取方面，要比陆地上困难得多，成本昂贵，致使获取的数据类型和数量都较少，且分布分散，这给海洋的数字化带来很大的困难，因此数据是数字海洋建设的基础和前提。陆地上的信息(如建筑、植被、土壤类型等)变化比较缓慢，一般用静态的数据就能满足应用要求，而海洋里的信息(如温、盐、流、浪等)变化得很快，而且时间和空间的尺度范围很广，这就要求数字海洋如果要反映海洋的三维立体特征和动态变化规律，必须通过各类数值模型和分析算法，才能得到结论，并通过可视化的手段，将抽象的海洋规律以直观的形式展现在人们面前，提高人类的认知能力。数字海洋建设是海洋信息化的重要组成部分，利用空间地理技术、信息技术和网格技术等尖端技术将海洋物理、化学、生物、地质等自然信息以及海洋管理、海洋权益等管理信息装进一个“超级计算机系统”，将其转变为人类开发和保护海洋的最有效的虚拟视觉系统。其最终目的是为海洋资源的开发利用、海洋环境保护、海洋防灾减灾、国家海洋安全等提供信息和决策支持。

1.2.2 数字海洋的内涵

数字海洋是全球性的科技发展战略目标，是国家主要信息基础设施，是信息社会的主要组成部分，是大数据、云计算、物联网等新一代信息技术与遥感、遥测、全球导航定位、地理信息系统、数值模拟、虚拟仿真等现代科技在海洋领域的高度综合和升华，是当今科技发展的制高点。数字海洋是海洋科学与信息科学的高度融合。它为海洋科学的知识创新与理论深化研究创造了实验条件，将为人类保护与开发利用海洋保驾护航。数字海洋不是一般的科技发展，而是具有创造性的战略工程。

数字海洋是对真实海洋及其相关现象的数字化重现和认识，其核心思想是利用数字化手段统一处理和表现海洋过程，最大限度地理解并有效利用海洋信息资源。我们可以从以下几个方面把握数字海洋的特征，加深对其内涵的理解。

(1)数字海洋是海洋"数字化"和数字"透明化"两个过程的统一。

数字海洋的目标是通过建立一个数字化的海洋，把海洋上每一点的信息，按照地球坐标组建成一个海洋信息模型，使每个人都可以快速、准确、完整地了解和利用海洋上各方面的信息。同时，结合人类知识，将数字化的海洋信息还原到真实的可视化海洋状态，更好地加深人类对海洋现象和规律的认识。因此，数字海洋是对真实海洋及其相关现象的统一的数字化的认识，是以信息网络为基础、以空间数据为依托、以虚拟现实(Virtual Reality)技术为支撑的，具有三维界面和多种分辨率的面向服务的信息系统。其关键技术是将多源空间数据和信息"融为一体"，并对其进行可视化表达与建模分析，即融合和利用现有的多源信息，将其"嵌入"数字海洋的信息基础框架，并进行"三维描述"和智能化的网络虚拟分析，实现海洋的"数字化"和数字的"透明化"的过程。

(2)数字海洋是一门新兴的交叉学科，它的发展将促进学科间的融合。

数字海洋是海洋科学和相关信息技术领域高度综合的学科领域，是海洋相关科学、空间技术以及信息技术发展到一定阶段的产物，其研究对象是与海洋有关的信息理论、信息技术及信息应用模型。在研究方法上，运用多种现代信息技术和应用理论，如海洋遥感、空间数据库、海洋信息系统、网络技术以及虚拟现实与仿真等，体现了一个国家的经济和科技等综合实力。海洋科学极其复杂，对它们的观测也非常困难，由此导致了对它们理解和研究的困难。比如，对于一个海洋动态过程的表达，就要用到海量的海洋空间数据和信息的融合、表达和分析应用，涉及海洋科学理论研究，海洋信息的融合、表达与分析等多个学科和多种技术，这些理论研究与技术开发必然会随着数字海洋的发展不断得到深化。数字海洋为海洋信息科学技术研究提供了一个开放的试验环境，为海洋科学的知识创新和理论深化以及多学科的交叉融合研究创造了条件。因此，数字海洋在理论与技术上依赖并推动着海洋各分支学科及其相关学科的理论、方法和技术的发展。

(3)数字海洋涉及多种技术的集成与应用，能够推动相关技术的发展与创新。

数字海洋涵盖了海洋信息获取、处理、可视化和应用服务的整个过程。从信息化的角度来看，数字海洋涵盖了 4 个层次：数据的立体、实时和持续采集，数据的处理与集成管理，海洋信息的可视化以及知识的综合应用。数字海洋是以空间位置为核心关联点，对海洋各种信息进行实时采集、有序处理、快速传输、多维显示、逼真描述，并加以深化应用的综合性数字化信息系统。数字海洋是多种技术应用的综合体，它集海洋空间数据获取、处理、存储、传输、管理、应用和服务技术于一体，实现了海洋信息资源的全面数字化存储、管理、数据挖掘、共享利用等。它的发展将有力地推动相关技术的发展和创新。

(4)数字海洋能够为社会公众和海洋管理提供及时有效的信息服务。

数字海洋把海洋自然形态、相关社会经济活动状态和发展变化趋势数字化、可视化、网络化，透过纷繁复杂的各类海洋信息和现象，科学认识和客观掌握海洋资源环境变化及其规律，为海洋经济、海洋管理、海洋环境保护、海洋科学技术、海洋防灾减灾以及海洋权益维护等各项海洋工作提供及时有效的信息产品服务和决策参考依据。数字海洋是海洋信息化的基础平台，是海洋管理的有效工具，通过数字海洋实现信息的快速汇集、信息产品的快速发布、指令的快速下达，进一步提高海洋管理工作的科学化和信息化水平。同时，数字海洋可以通过互联网和手机移动平台等多种服务方式，为社会公众提供从信息检索到产品发布的一系列有针对性的信息服务，使数字海洋成为海洋知识宣传和普及的一种手段，以公众喜闻乐见的形式，服务于社会公众的工作和生活需要，达到宣传海洋文化，提高海洋意识，服务社会公众的目标。

(5)数字海洋建设是一项庞大、复杂而长期的系统工程。

目前我国海洋数据的获取和保障能力还明显不足，缺乏全覆盖、可长期、连续观测的近岸、近海海洋观测系统，更缺乏对深海、远海和海底的观测与探测能力，难以保证海洋信息的快速获取与更新，给海洋科学研究和研究成果的验证造成了困难，也难以满足海洋管理和海洋决策对高效海洋信息的需求。因此，海洋观测系统等基础能力和基础设施建设是一项长期的基础性工作。另外，人类对海洋的认识是个不断探索、逐渐深入的过程，我国现有的海洋科研与技术水平同国外发达国家相比，还有相当大的差距，而现代科学技术的发展和创新速度又极快，新理念、新技术层出不穷，这也注定了数字海洋的发展必将是一个不断追踪科学技术前沿，不断创新的长期发展过程。再者，数字海洋在建设和发展的过程中要始终与国家海洋发展战略相结合，与沿海社会经济发展相结合，与海洋综合管理需求相结合，与现代信息技术创新相结合，不断完善信息管理的体制和机制，做到整体规划、分步实施、可持续发展，充分发挥其作为海洋信息化基础平台的作用。

1.3 数字海洋的工程化思想

20世纪中叶计算机技术的诞生，拉开了信息时代的序幕，人们可以从数字的角度对地球进行再认识。计算机技术与其他技术的融合和发展，产生了形形色色的“数字技术”，迅速渗透到人类生产和生活的各个领域。随着数字技术应用的深入，数字逻辑从一种符号、一种角度、一种方法上升为一种新的理论，并最终影响了人类的思维，产生了新的文化形式——数字已成为一种新的世界观。然而，我们必须清醒地认识到，数字技术的发展也是一个过程，注定不是一帆风顺的。半个多世纪的技术发展史表明：我们利用数字技术取得了巨大的成功，数字技术改变了我们的生产与生活方式，引起了人类社会结构的深刻变革，产生了新的思维与文化。但数字技术的发展同时存在很多问题，最严重的问题就是“信息爆炸”。我们利用数字技术获得了无穷无尽的关于地球的信息，然而其中被人们有效利用的信息却少之又少，绝大部分的信息在数据库中“睡大觉”，浪费了很多珍贵的资源。根本原因就是我们生产信息的能力很强大，而处理、分析和挖掘数据的能力却很弱。科技界越来越清醒地认知到这个问题，如何快速有效地利用海量数据与信息，为我们的决策提供强有力的支持，已成为数字技术发展的瓶颈。数字工程就是这一前沿领域的一种新的发展思维。

发明计算机技术的初衷是解决科学计算问题，可不久就自然地被用于数据管理。于是就先后出现了文件系统、数据库、分布式数据库、数据仓库、数据网格等技术。经过半个多世纪的发展，这些分布在世界各地的数据库“仓满屯流”。沃尔玛(Wal-Mart)的数据仓库始建于 20 世纪 80 年代，1988 年仓库容量为 12GB，1989 年为 24GB，1996 年为 7.6TB，1997 年为 24TB(夏火松，2004)。并且现代的技术设备每时每刻都在采集和产生新的数据，数据库中的数据每天都在以几何级数增长，仅企业的数据每 18 个月就翻一番(夏火松，2004)。美国国家航空航天局(National Aeronautics and Space Administration，NASA)的 EOSDIS 项目在 10 年中以 3～5MB/s 的速度获取各种地球信息(陈述彭，2007)。但人们处理和分析数据的手段却还相对滞后，大量的数据(包括空间数据和非空间数据)只能束之高阁。面对浩瀚的遥感空间数据，就连美国国防部也已经没有能力完全处理其侦察卫星没完没了拍摄下的照片(李德仁等，2006)。

仅有数据库是不够的，为了业务的管理与决策，人们在各种数据库之上又建立了各种各样的信息系统。利用计算机技术去管理一般企业信息，帮助企业进行经营管理和决策，这样就产生了管理信息系统(management information system，MIS)；将计算机技术用于海洋管理日常办公，提高管理人员的办公效率，就产生了海洋管理办公自动化系统(office automation，OA)；利用计算机技术生产、管理和应用地理空间信息，便产生了地理信息系统。半个多世纪以来，信息系统的发展极为迅速，已经渗透到人们工作与生活的方方面面。就地理信息系统来讲，其发展经历了一个数量上从少到多、功能上从简单到复杂、形式上从集中到分散的过程，在地理信息应用的诸多领域取得了长足的发展，被称为“第三代地学语言”。

然而，传统的信息系统还存在着很多缺陷，而且随着网络和通信技术的快速发展，这些缺陷越来越突出。首先，传统信息系统通常都是相互独立的封闭集中系统，在各自系统范围内，功能比较强大，效率高，但系统与系统之间几乎互不联系，不能很好地共享信息与功能，甚至一个企业内各部门的系统也相互独立。其次，传统信息系统的应用领域还局限于各自领域的部门级应用，没有真正实现社会化的综合应用。最后，传统信息系统在功能上还比较薄弱，实际的应用仍偏重信息的管理、处理与分析，综合应用与决策功能还十分欠缺。总之，传统信息系统都是一种具有物理边缘、技术边缘、功能边缘和逻辑思维边缘(习惯于在一个系统内解决问题)的集中系统。

源数据的“爆炸性”，知识的“贫乏性”，信息系统的“孤岛性”和决策的“脆弱性”已成为当代信息技术发展的瓶颈。如何解决这些问题，一直是信息科技前沿的热点与难点。事实上，这些问题的本身就是一个相互联系、相互制约、综合的复杂问题，涉及理论、技术、标准与社会环境等各个方面的要素。解决这些问题是一项长期的、复杂的系统工程。因而，传统信息系统的理论与技术需要新的拓展。在当代新的理论与技术背景下，地球科学、信息科学、计算机科学、空间科学、海洋科学、管理科学、经济人文科学等的交叉和融合，基础地理空间信息复合其他专业数字信息的综合应用促使“数字工程”这门新学科的诞生。用“数字”概括一切“数字化”的信息，由注重专题的“系统”升格为强调综合应用的“工程”，传统信息系统工程被归纳和包含于数字工程新领域。

数字海洋工程具有更加丰富和广泛的内涵，它涵盖了更广泛意义上的海洋空间和非空间信息的应用。数字海洋工程就是利用数字技术整合、挖掘和综合应用海洋地理空间信息和其他专题海洋信息的系统工程，是海洋相关数据的数字化、网络化、智能化和可视化的过程，是以遥感技术、海洋观测技术、海量数据的处理与存储技术、网络技术、物联网技术、通信技术、数据挖掘技术和虚拟现实技术等为核心的信息技术系统。它将海洋信息的各种载体向数字载体转换，并使其在网络上畅通流动，在社会各领域被广泛应用。

数字海洋工程是建设数字海洋的手段、工具和过程。在理论上，它以地球信息科学的体系以及系统工程和软件工程的方法为核心，强调信息机理与表达，各种数字信息的整合、融合、管理与处理，数据仓库与数据挖掘，地理现象与过程建模。地理信息系统工程化思想，综合信息系统工程结构，异源异构信息系统整合、集成、开发的模式与方法，信息系统软件工程、决策支持理论、数字思维方式与数字文化等，它的理论体系将随着数字工程的实践而不断地发展和完善。在技术实现上，以广域网或卫星通信网为基础，将各种异源异构、不同领域、不同时间的各类海洋信息系统进行网络和功能集成，建立面向信息共享的多平台立体体系，不再仅仅局限单项小工程，更注重于综合型大系统群的规划与建设。在应用上，以智力和知识资本为手段将分散的、形式不一的、不规则的信息资源加工成有形或无形资产，形成整个社会的海洋公共基础信息。整合、集成、共享、协同是数字海洋工程这门学科的关键词。数字海洋工程的目标就是建立广泛的信息基础设施，并在此基础上深度开发和整合应用各种信息资源，建立一个全球性的海洋信息综合应用网格。各种数字海洋工程，如数字海洋区划、数字海域管理、数字海洋渔业、数字海洋环保等都将成为网格上的节点，最终实现数字海洋梦想。

虽然从物理构成上看，数字海洋工程也是由硬件、软件、数据和人等组成的，与一般的信息系统并没有大的区别。然而，在逻辑上数字海洋工程更加强调底层基础(软硬件、数据、标准和安全)的集成性、共享性、统一性与可视性，以及高端应用的分布性、广泛性、科学性与智能性。总之，数字海洋工程倡导“大技术、大平台、大共享、大应用”，是实现海洋信息化的关键技术。数字海洋工程是当代学科交叉和技术交叉的结果。现代科技发展的趋势之一就是科学与技术的交叉性与融合性。这些交叉与融合的“地带”，成为孕育新理论与新技术的“温床”，许多新的学科在这里雨后春笋般地“破土而出”，数字海洋工程正是这些新学科的典型代表，具有现代高新技术学科的典型特征。

数字海洋工程具有空间载体性、“四大化”、“融集性”和云连接四大特点。

1)空间载体性

空间载体性是关于海洋的空间位置的概念。在不同时间、不同条件下，空间性在具有统一的坐标定位性的同时，还表现出时态性、变化性、不确定性和载体性(专业数据无法直接或可视地表达自身的专业信息，需要负载在特定的空间上才能表达处理)。在数字海洋工程中存储、处理、传播和应用的信息绝大部分都与地理位置和空间分布有关，数字海洋工程就是要把这些与海洋及其相关现象有关的海量的、多分辨率、三维的、动态的数据按照海洋上的地理坐标集成起来，形成一个完整的地球海洋信息模型。借助这个模型，基于统一的定位基准，可以快速、完整、形象地了解海洋每一个角落的相关自然与社会经济现象的宏观和微观的历史与现状。

2)“四大化”——数字化、网络化、智能化、可视化

数字海洋工程是数字地球战略的延伸和具体化，它的内容繁杂，应用领域广泛，其具体的表现形式也多种多样，但所有的数字海洋工程都具有以下四种表现特性：

(1)数字化：数字化是指利用计算机信息处理技术把声、光、电、磁等信号转换成数字信号，或把语音、文字、图像等信息转变为数字编码，以便于传输与处理。与非数字信号(信息)相比，数字信号具有传输速度快、容量大、放大不失真、抗干扰能力强、保密性好、便于计算机操作和处理等优点。以高速微型计算机为核心的数字编码、数字压缩、数字调制与解调等信息处理技术，通常称为数字化技术。数字海洋工程的数字化是指对海洋及其相关现象数字化的处理手段，以数字的形式获取、描述、存储、处理和应用一切与空间位置相关的空间数据及以此为载体的所有数据。数字海洋工程数字化强调在统一的标准与规范的基础上，基于数字海洋工程的异源异构数据集成技术，实现信息采集与管理的数字化，将传统的信息载体向数字化载体转变，从而使数据更有利于在各系统之间进行处理、传输、存储和应用。各专业、各区域的各类信息以数字的形式进行转换、分析和再现，是实现数字化生存的前提。

(2)网络化：网络化是指数字化的信息通过通信网络畅通无阻地流动，为广大用户提供访问和交流的机会和条件，各系统由网络连接起来形成广泛的信息流通。如基于数字海洋工程的网络集成技术，实现海域网络的全面联通，构建数字海洋的“神经网络系统”。通过网络建立互操作平台，建立数据仓库与交换中心、数据处理平台及数据共享平台。

(3)智能化：智能化是指信息和知识应用的自动化，是实现数字海洋或信息海洋的关键。它可以大大提高人类对海洋信息和知识的利用效率。例如，数字海域管理的建设中，在数字海洋基础平台工程完成完善的基础上，基于数字海洋工程的综合应用技术，实现海域行政管理部门、国民经济各产业以及沿海居民日常生活的办公、生产、教育及娱乐等的智能化，并真正实现基于知识的决策支持。

(4)可视化：可视化是海洋信息的直观表现，帮助人们直观地理解认知海洋数据和信息所表现的形式，使海洋信息和知识得到传播和普及。在数字海洋工程统一的信息处理平台上，基于数字海洋工程的网格计算、三维 GIS 数据模型、可视化与虚拟

仿真技术，实现各类海洋信息的透明直观表达。海洋可视化的表达具有十分丰富的表现形式，具有数字港口、海洋虚拟地理环境、海洋动力过程仿真、海洋大气环流模拟等形式。

3)融合与集成性

海洋上的任何信息都必须经过各专业领域的数字化处理，并进行统一定位基准整合后，才能将空间信息作为其载体，并在网络上进行流通和处理。数字海洋工程处理的信息具有多样性：不仅专业领域不同，而且数字化实体、数据处理方式、数字化过程、数字化表现形式等也多种多样。在对各专业领域的数字化信息进行处理和分析的同时，海洋空间信息的完整性和统一性是完成数字化传输、处理、分析和应用的基本条件。在空间定位上，每个数字海洋工程中的空间数据都必须能够纳入(或进行转换后纳入)统一的坐标定位系统中，才能被其他数字海洋工程节点所理解，并与它们自身包含的空间数据进行分析、传输、应用等协同工作来完成数字海洋工程的各种应用，从而形成相互支撑的节点，为系统层次上的融合(fusion)和集成(integration)打下基础。空间数据的统一定位性是各类数字海洋工程服务于数字海洋到数字地球战略的基本保证。

数字海洋工程技术为信息系统的融合和集成提供了技术基础。融合和集成是数字海洋工程技术最显著的特点，是数字海洋工程生命力之所在。上述数字海洋工程的“四化”特性，都必须基于数字海洋工程底层平台，即数据与系统集成平台上实现。数字海洋工程的融合和集成主要体现在数据和系统两个方面。数据融合是指多种数据经过合成后不再保留原有数据的单个特征，而产生一种新的综合数据，比如假彩色合成影像。数据集成是指各种异源异构、不同时态、不同尺度、不同专业的数据在统一的地理框架下，以统一的空间定位为基础，以规范和协议为标准的无缝集成。例如，多种数据进行叠加，叠加的集成数据中仍然保存着原来数据的特征，如影像地图。系统集成是将不同平台，不同架构、地理分布的系统或数字工程节点在底层数据与网络集成的基础上进行改造或扩充后按照一定的规范和协议(网格接口)组成一个更高层次的数字工程节点，形成多层次的应用及服务系统，从而完成更加复杂和更深层次的系统应用。系统融合是数据仓库级的系统综合，所需数据不能通过单一的数据库来存储，其数据模型是一系列模型的集合，表现出不同的数据视图，例如，企业级的逻辑模型、特定主题的逻辑模型等，它们在物理上都是不同地域的异源异构数据库的联合(承继成等，1999)。

人们获取海洋相关数据方式的不同或者对客观世界认识和理解的差异，造成不同的信息系统具有不同的数据模型与数据结构，从而使得各个系统彼此相对封闭，系统间的数据交换困难。如海域管理信息岛，在一定程度上保护了各自的信息安全，但同时也极大地约束了信息共享，各个系统相互成为“信息孤岛”。信息共享与互操作是技术与学科发展以及信息社会的必然需求，云计算、网络技术的飞速发展为信息共享创造了条件。数字海洋工程技术对异源异构数据和系统的集成，本质上是为各种数据的异构性、完整性、多语义性与关联性等关键问题的解决提供技术支持，从而在纵向和横向上促使不同系统协同工作。

4) 云连接

随着大数据、云计算、互联网技术的发展，网络资源飞速增长，怎样才能共享网络资源，发挥互联网的作用就成为问题的关键。最简单的端对端(point to point，P2P)概念就是让任何人在任何地方都可以用最低级、最简单的个人电脑交换信息、文件和互相沟通，而不需要经过一个中央控制的服务器或控制中心。

数字海洋工程的云端连接特性强调的是用户通信的透明化，即任何用户在通信的时候不必关心网络的连接、所通过的服务器或控制器、通信的方式、连接的协议、通信的标准等一系列与通信有关的技术细节，只需指出所需要获取的信息和资源，就可以通过新一代云计算、物联网和互联网技术，自动地、智能化地从高速网络信息基础设施中获得，在用户之间进行实时、快速的信息交换，如同端对端的连接。它包括两重意义：一是系统与系统的端对端；二是数据采集与应用的端对端。端对端网络大大方便了两个系统间的通信，而这两个系统是平等的。它是客户端—服务器模式的另一个选择。在系统端对端连接的网络中，每个端既可以是服务器又可以是客户端，是直接的、双向的信息或服务的交换。其实质即代表了信息和服务在一个个人或对等设备与另一个个人或对等设备间的流动。

云计算技术为数字工程海量数据与信息在网络平台上快速实时地获取、采集、共享、传输和交换提供了一种新的技术支撑。在海上救灾、海洋维权、海事管理等数字海洋工程应用中，从现场数据采集到决策支持的整个过程都将实现数据或信息的端对端连接，这种连接是实时高效的。从某种抽象意义上讲，数字海洋工程就是实现了基于网络和网格技术的数据仓库、信息系统及它们之间的端对端的连接；进而为各种信息资源的综合应用和深层开发提供了条件与环境。基于云计算的端对端的快速流通成为数字海洋工程技术的一大特点。

1.4　数字海洋工程总体框架

数字海洋工程是一种面向社会，特别是海洋各领域应用，面向所有用户的广域分布的信息基础设施；是在现代高新技术背景下，各种信息系统建设由点到面发展的必然结果。因此，我们从不同的角度来概括数字海洋工程的架构。

1.4.1　整体框架

数字海洋工程的整体框架如图 1-1 所示，从整体上看，数字海洋工程的整体结构呈现出一种纵向多层次、横向网格化的立体网状结构特点。在每个节点上是各种数字海洋工程的应用系统，而且每个系统都是纵向多层次的立体结构；横向上，每个应用节点基于网络网格技术连接成一个有机的整体，形成一张布满全球海洋的格网。此外，底层的应用系统可以形成更高层次的综合性节点。纵向和横向的延伸和拓展，整体上形成了数字海洋工程全方位、多层次的立体应用空间。

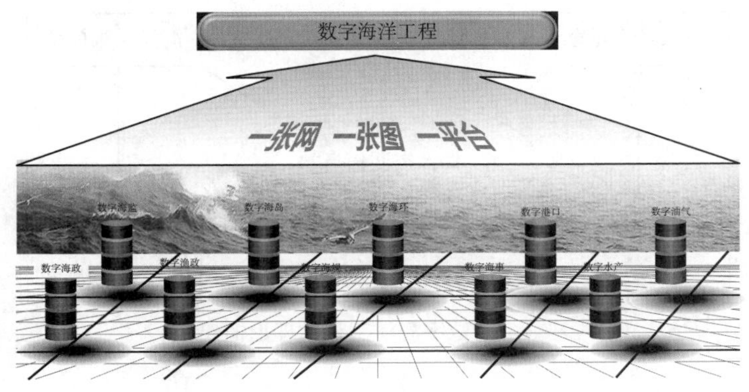

图 1-1　数字海洋工程的整体框架

1.4.2　理论框架

数字海洋工程是一门建立在基础学科之上，以地球信息科学为核心，并与其他相关学科广泛交叉与融合的新学科，如图 1-2 所示。

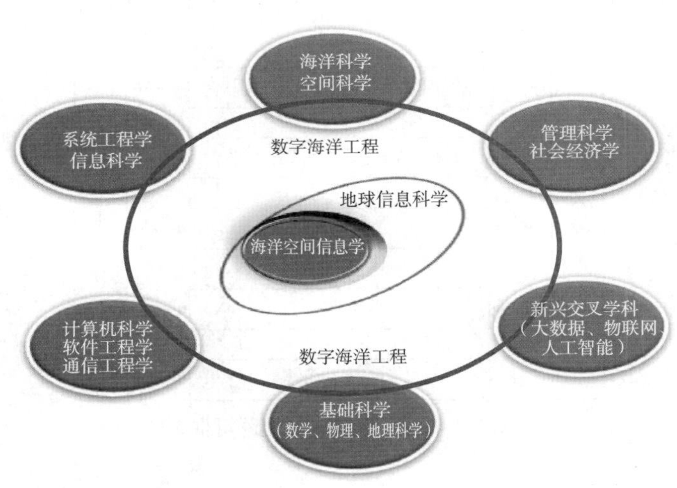

图 1-2　数字海洋工程与其他学科的关系

数字海洋工程具有深刻而复杂的理论体系。除了核心的地球空间信息固有理论领域，还包括与空间信息处理与海洋应用相关的网络通信、海洋观测、管理决策以及数字工程与海洋环境的关系等理论与方法。这样，核心理论、信息传输、工程要素、管理决策模型和工程与环境相互作用的机制等就构成了数字海洋工程的理论框架，如图 1-3 所示。

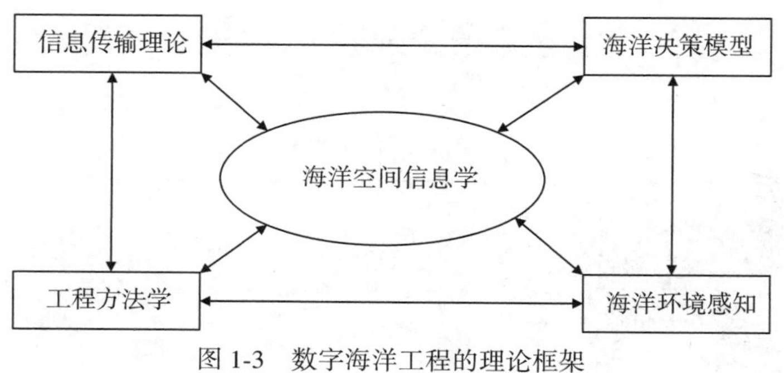

图 1-3　数字海洋工程的理论框架

这些理论领域之间存在着不同的内在联系。

1.4.3　逻辑框架

从逻辑上看，数字海洋工程是一个多平台、多层次的立体结构，如图 1-4 所示，包括基础平台体系(软硬件平台、网络平台、数据平台、标准平台、安全平台)、基础信息共享服务平台和数字海洋行业综合应用平台。图中的虚线三角形表示平台之间从下向上的支撑关系，横向箭头表示标准和安全贯穿于各个平台之中。

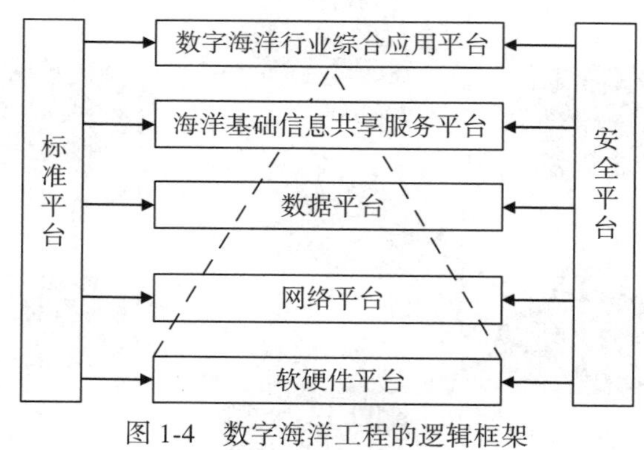

图 1-4　数字海洋工程的逻辑框架

将图 1-4 展开，便可得到数字工程的逻辑结构。如图 1-5 所示，一定程度上反映了各个平台的构成细节。

工程基础层，包括数据平台、网络平台、标准平台和软硬件平台。基于对异源异构数据(空间数据和非空间数据，数字、文本、影像、声音等多媒体形式)和网络的集成，形成基础的数据平台和网络平台。通过部门行业规范标准的整合，形成统一的标准体系；通过对各种已有软硬件设施的整合、升级、开发和配置，构成了数字海洋工程基础的软硬件平台。工程框架层包括数字海洋工程基础信息共享平台、数字海洋行业综合应用平台以及基础平台。在基础平台的基础上，整合已有资源，建立基础共享数据仓库，并完善共享和更新机制建立共享信息交换中心，进而建立海洋基础信息共享平台；在海

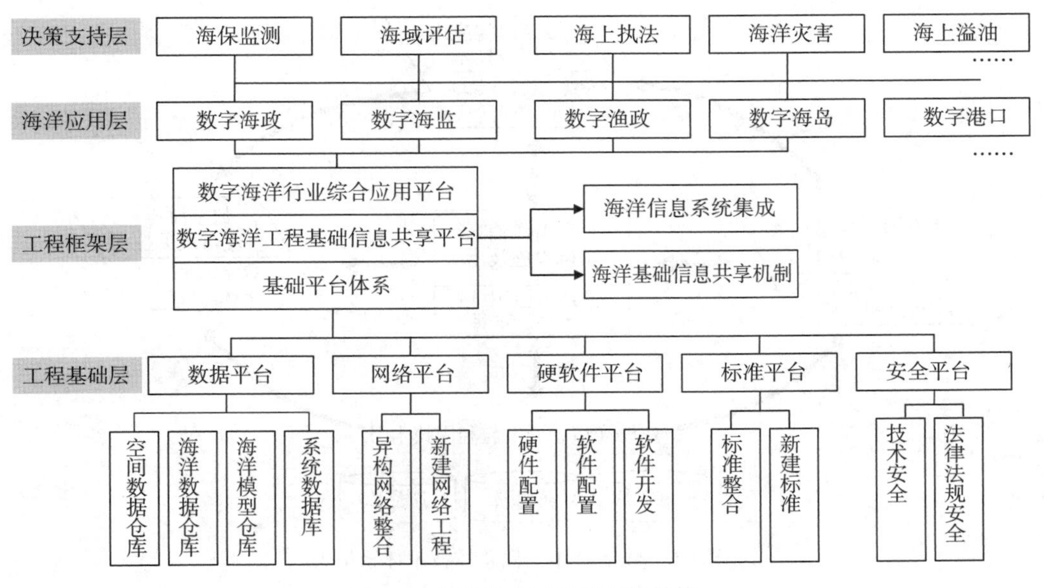

图 1-5 数字海洋工程的逻辑结构

洋共享平台的基础上，综合各种海洋、社会经济统计数据，以及其他专题数据，充实并完善数据仓库，实现各种信息系统的功能互操作，在数据挖掘技术支持下，建立数字海洋行业综合应用平台。海洋应用层在统一的数字海洋行业综合应用平台上，整合、升级和新建各海洋行业应用系统。如数字海政、数字海环、数字海监、数字渔政、数字海岛、数字海规、数字港口、数字海事等。决策支持层在数字海洋行业应用层的基础上，结合各专业知识，基于云计算、物联网、数据挖掘、科学计算、人工智能、虚拟仿真和决策支持等技术，实现数字海洋工程高等级、深层次的应用。

综上所述，数字海洋工程是一个集成的、平铺的“面工程”或“网工程”。数字海洋工程是一个有机的整体：数据是共享的，网络是畅通的，通信是实时的，决策是科学的。用一句话概括就是海洋大平台、大共享、大应用。

1.4.4 技术框架

数字海洋工程是一系列现代高新技术的集成，从数字海洋建设涉及的内容看，数字海洋工程总体技术体系框架应包括以下五个部分：数字海洋信息基础设施技术体系、数字海洋信息采集与传输技术体系、数字海洋信息开发与利用技术体系、数字海洋再现与预见技术体系和数字海洋应用服务技术体系等，如图 1-6 所示。

从前面我们对数字海洋工程的介绍可以看出，构筑数字海洋工程至少需要云计算、大数据、物联网、网络(Web，包括互联网)、数据仓库(DW)、遥感、地理信息系统、全球卫星导航系统、现代通信等技术的支持。然而，应用这些基础成熟的技术只能建立数字海洋工程的基本框架，并不能实现完全意义上的数字海洋工程，因

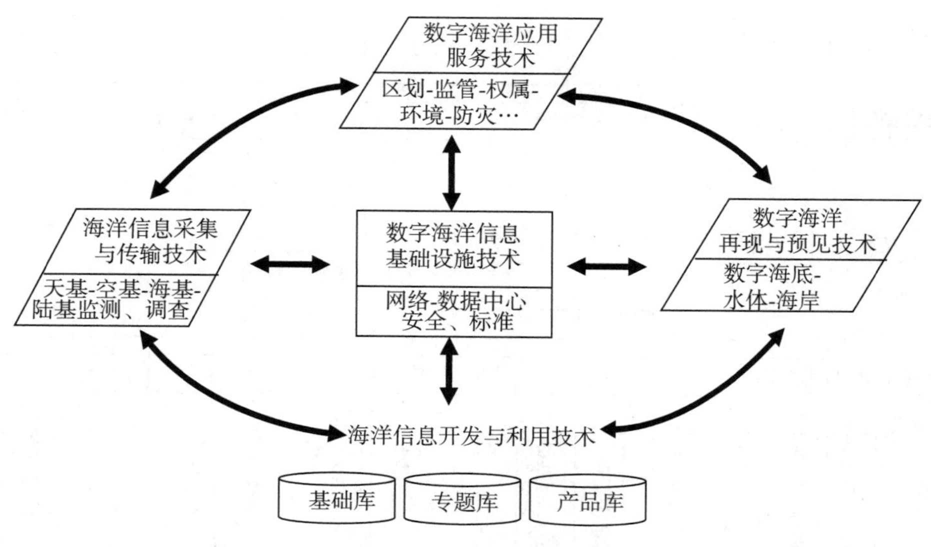

图 1-6　数字海洋工程总体技术体系框架

为还有许多底层的和应用上的技术问题有待进一步研究和发展，诸如异源异构数据的整合与集成技术、网络集成技术、宽带网络技术、3S 集成技术、高分辨率遥感卫星影像的信息提取技术、海量数据的快速存储、传输与管理技术、高速并行计算与网格计算技术、信息共享与互操作技术、多元数据融合技术、三维再现与虚拟仿真技术、数字工程标准体系建立与数据挖掘技术、空间辅助决策技术等。所有这些技术按照在数字海洋工程建设中的重要程度，可以概括为基础技术和关键技术两大类；而按照其在数字海洋工程建设中的基本功能，可以分为四种类型：海洋数据获取与集成技术、海洋数据存储与管理技术、海洋数据传输与共享技术、海洋数据可视化与应用技术，如图 1-7 所示。

1. 数字海洋信息基础设施

数字海洋信息基础设施主要指数字海洋系统运行所需的软硬件环境，如数字海洋相关标准规范，系统运行所需的计算机软硬件设备、网络和交换系统、安全系统等。

1）数字海洋标准规范

建立健全规范的数字海洋标准体系，保证各建设任务之间的一致性和协同性。

2）数字海洋数据中心

数据中心是支撑数字海洋业务化运行的核心，使其具备海量数据处理和存储能力、容错和灾难恢复能力、高速数据交换能力，为数字海洋系统的运行提供支撑和保障。

3）海洋信息资源交换与服务网络

海洋信息资源交换与服务网络是数字海洋的重要信息基础设施。通过搭建海洋信息资源交换与服务网络，形成宽带、支持图形图像实时传输的海洋信息资源交换与服务网络体系，实现各级业务系统的互动响应和数据实时交换。

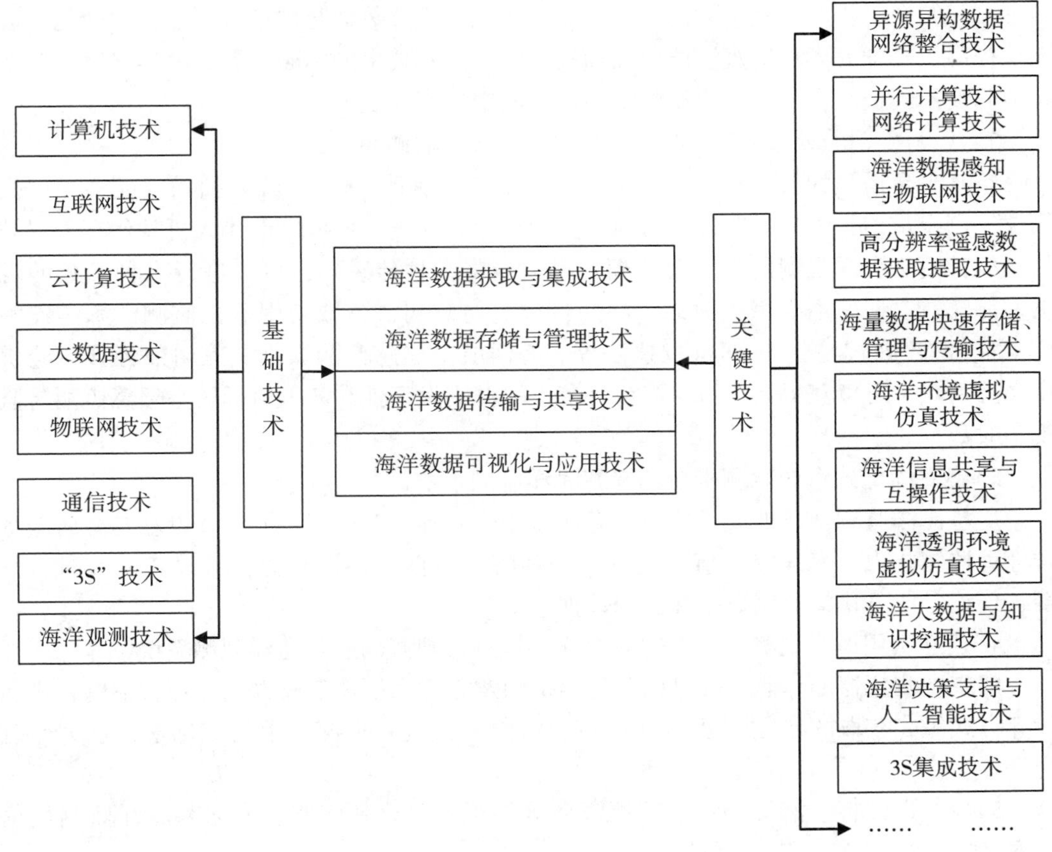

图 1-7 数字海洋工程技术体系框架

4)海洋信息安全系统

海洋信息安全系统是保护信息系统或信息网络中的信息资源免受各种类型的威胁、干扰和破坏的重要保障，包括计算机操作系统、各种安全协议、安全机制(数字签名、信息认证、数据加密等)容灾备份系统和异地数据备份中心等。

2. 数字海洋信息采集与传输技术体系

信息采集与传输技术体系是数字海洋建设的重要基础和保持生命力的重要保障。目前，海洋观测已逐步形成由天基、空基、陆(岸)基、海基等观测平台构成的海洋整体监测数据获取体系，如海洋卫星、海洋监测(监视)飞机、海洋(台)站、海上和水下观测设备、海洋调查船等，通过这些海洋信息获取手段，建立起海洋数据接收和传输的数据通信网及采集与传输体系，形成分布密度合理、监测要素齐全的数据采集与传输业务化体系，实现海洋数据获取与更新的实时化、自动化和网络化。

1)建设以卫星为平台的天基海洋观测系统

卫星遥感海洋观测获得的图像和数据，大大提升了人类对海洋全貌或区域海洋的认识，但卫星遥感观测必须得到现场观测的支持，必须有相应的模型配合。遥感观测与现场观测相结合，构成了完整的海洋立体观测系统。遥感数据与现场观测数据的同化，极大地提高了全球海洋环境观测能力和预报能力，随着技术的不断发展，海洋遥感分辨率和准确度不断提高，已经从最初的定性观测向定量观测发展。

2）建设以飞机或气球作为观测平台的空基海洋监测系统

空基平台搭载的仪器和传感器有 CCD、微波辐射计、紫外/红外扫描仪或多光谱扫描仪、侧视雷达、激光雷达等。目前，空中遥感趋向于用低成本的无人机替代有人驾驶的飞机，用于海洋观测的无人飞行器，可以携带多种传感器，可以进行多种参数的观测。海洋航空遥感主要用于海岛、海岸带调查与监测、海域使用监视监测、海洋灾害（赤潮、浒苔等）监测、海洋维权执法等。海洋航空遥感监测数据具有时效性强、分辨率高等特点，可以获得重点海域海洋环境、海洋突发事件和海上目标航空遥感监测与监视实时数据。

3）建立固定式海洋观测平台的岸基海洋监测系统

岸基海洋监测站、地波雷达站、海洋监测网络等，形成了全海域海岸基与海岛基海洋环境监测能力、海洋突发事件应急监测和海上目标等监视能力，可以获取实时、长期、连续、业务化的监测数据和监视数据。

4）建立利用海洋观测调查船舶对海洋环境进行观测的船基海洋观测系统

船基观测仪器的作业方式可以分为船基固定方式、吊挂下放方式、走航拖曳方式和投弃方式等，获取的参数主要包括海流、海温、盐度、水深、生物、化学、重力、磁力等。

5）建立以浮标、潜标、水下观测设备等为观测平台的海基、海床基海洋监测数据获取系统

海洋资料浮标和潜标是世界各国长期连续进行海洋环境监测与海洋灾害预报的主要手段之一，是海洋立体监测系统重要的有机构成。它具有全天候、长期连续、定点监测的特点，是遥感、船舶等其他海洋监测手段无法替代的。通过整合集成布设在近海、中远海水面及水下的各类监测仪器设备，形成近海及中远海海洋环境立体监测能力，构建我国近海、中远海水面及水下海洋环境监测监视网络，可以获得长期、连续、业务化的水文、气象、声学、光学、海洋动力环境、生态环境等的监测实时数据、突发事件应急实时数据和海上及水下目标监视实时数据。

3. 数字海洋信息开发与利用技术体系

海洋数据类型多、获取手段多，而且大部分常规手段获取的数据比较离散，存在时间和空间上不够连续等问题，如果不对这些海量的海洋数据进行标准化的处理与管理，将给海洋数据的开发利用和科学研究带来诸多不便。因此，必须建立完善的信息处理与管理体系，规范和统一数据处理标准，对数据进行归一化处理，使多渠道来源的同类数据本身具有可比性，为数据的融合、同化和综合应用提供可靠的数据保障。

1）海洋数据资料处理与质量控制

数据资料的处理与质量控制是数字海洋系统能够提供高质量信息服务的保障。数据

资料的处理应最大限度地体现完备性、扩展性、标准化、规范化、可视化、数字化的特点，提高专业数据处理的工作效率和质量。

2) 海洋数据的融合、同化处理

海洋数据普遍存在多源、离散、时空分布不够连续等特点，因此造成同类海洋数据间难以直接进行对比分析或应用。要根据一定的优化标准和方法，将不同时间、不同空间、不同观测手段获得的海洋数据与数学模型有机结合，构建数据与模型相互协调的优化关系，通过对多源的海洋数据进行同化处理，形成标准统一的海洋要素数据同化产品。

3) 海洋数据的管理

利用数据仓库技术，集成海洋监测、监视、海洋调查和管理过程中获取的各类海洋数据，构建满足数字海洋应用需求的数据库与数据仓库实体，形成数据更新、备份机制，实现目录服务、元数据导航和数据库联机检索、查询与数据服务。

4. 数字海洋关键技术研发与应用服务体系

数字海洋的生命力在于应用与服务，而应用与服务的基石是数据、信息和知识。数字海洋的海洋信息获取与更新体系以及基于统一标准的数据处理与管理体系建设，为数字海洋的应用与服务奠定了坚实的数据基础。目前，我国海洋信息化的水平还比较低，而海洋管理对海洋信息化的需求又极为迫切，同时，随着全民海洋意识的提高，社会公众对海洋信息的需求也越来越大。

数字海洋应面向海洋综合管理、海洋防灾减灾、海洋资源管理与开发等不同应用，定制开发各类专题信息服务产品，结合专业知识和应用需求，搭建面向领海、毗邻区、专属经济区、大陆架、国际海底区域以及极地、大洋的各类海洋应用系统，开发相应的应用分析与决策支持模型，建立和完善海洋综合管理与决策信息系统，形成一个集成化、可视化、智能化的海洋信息服务平台，如图 1-8 所示。同时，通过数字海洋公众信息服务平台，做好面向社会公众的海洋知识宣传和信息服务工作，增强民众热爱海洋和保护海洋的意识。

1) 海洋信息可视化技术研发

在高性能计算机和先进的可视化设备的支持下，利用科学视算、3S 技术、三维可视化、虚拟现实与仿真、互操作等技术，基于数字海洋空间数据和功能强大的分析模型以及三维可视化信息表达方法，实现全息化的海底、水体、海面及海岸的数字再现和预测预警，以及海洋现象和海洋过程的可视化表达，如海洋要素的三维空间表达，海洋三维体数据表达与分析，海流、海浪等现象的动态模拟，海平面上升、风暴潮等海洋灾害过程的可视化与分析等。

2) 面向决策的应用模型研究

利用以数据挖掘和知识发现为主体的数据库应用技术，通过各类数理统计分析、数据关联分析模型，在海量和纷杂的数据海洋中提炼出有用的信息，充分发挥数据的应用价值。面向海洋环境与灾害的预测、预报与预警，海洋权益维护以及海洋资源调查、管理与开发等应用，构建海洋环境评价与分析、海洋灾害规划、海洋灾害评估与防治，海

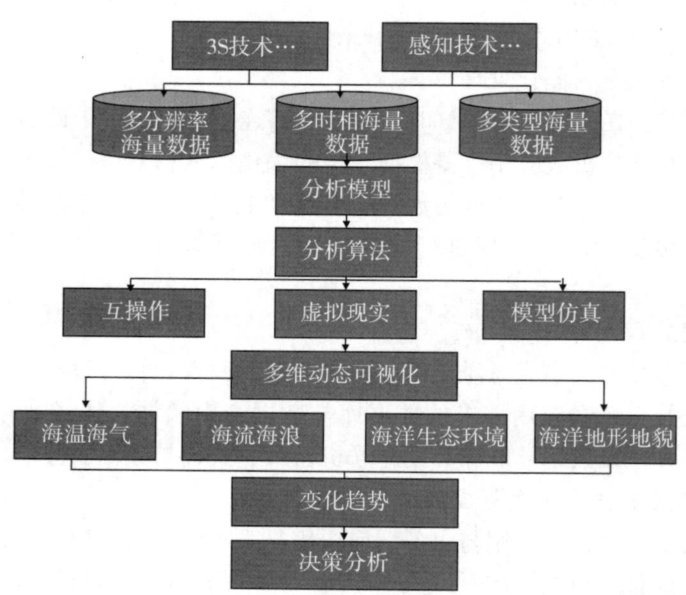

图 1-8　数字海洋关键技术研发与应用服务体系

洋资源分析评价与开发利用、海洋权益维护等应用分析模型，满足海洋管理和决策的需要。

3）海洋信息服务产品开发

面向海洋科研机构和社会公众的需要，加强海量海洋基础数据的信息提取，开发标准化的统计分析产品以及预测、预报等专题信息产品。主要包括：海洋基础地理系列标准产品，如海洋地形地貌等；海洋环境数值预报产品，如海温、海浪、海流、潮汐、海面风场等；海洋灾害数值预报产品，如台风、巨浪、风暴潮、海啸、海冰、海雾、赤潮、溢油等；海气相互作用过程预测产品，包括厄尔尼诺和拉尼娜事件的中长期预测、海平面上升的中长期预测等；海陆相互作用过程预测产品，如海岸带侵蚀、河口地形的冲淤变化、围海造地与环境效应等。

4）建立面向海洋管理的应用系统

基于数字海洋的海洋数据采集与传输体系以及海洋数据处理与管理体系，可以实现海洋数据的传输和管理，通过数据的标准化统一处理，为不同的应用奠定良好的数据基础，有利于消除“信息孤岛”，有利于不同应用系统在数据层面的整合与信息共享，有利于建立覆盖管辖海域、面向管理决策的、分布式的数字海洋应用系统，全面实现海洋信息在海域管理、海岛管理、海洋环境保护、海洋经济规划、海洋执法监察、海洋防灾减灾、海洋权益维护等方面的综合决策服务。

5）建立海洋信息公众服务系统

开发面向社会公众的海洋信息公众服务系统，做好面向社会公众的海洋知识宣传和信息服务工作，让社会各方面更加了解海洋，更加关注海洋，是体现数字海洋应用价值的重要途径。

公众信息服务系统可以通过网站或虚拟仿真的形式，为社会公众提供一个学习海洋知识，了解海洋状况的信息服务平台；同时，也可以通过手机等移动平台，为社会公众提供更加便利的海洋信息服务，满足工作和生活的需要，增强民众热爱海洋和保护海洋的意识。

5. 数字海洋业务化运行保障体系

按照国家的统一规划和部署，我国的数字海洋建设已不再只是作为科学研究或试验型的项目，而更加注重建设成果在海洋实际工作中的应用，这对数字海洋建设提出了更高的要求。在注重建设成果先进性的同时，更加注重建设成果的应用性、实效性和可靠性，并在基础设施运行维护、标准规范制定、关键技术创新、体制机制完善、人才队伍培养等方面为数字海洋系统的长期业务化运行提供良好的条件保障。

1) 基础设施运行与维护

数字海洋的建设与业务化运行是海洋管理工作的实际需要，也是持续推动我国数字海洋建设不断深入发展的需要，它的业务化运行也必将推动我国海洋信息化工作驶入快速发展的轨道。随着信息量的不断丰富和功能的不断完善，为保障数字海洋系统的高效运行，要对软硬件设施设备等基础设施进行更新与维护，在保证系统的高效运行的同时，及时更新网络与安全措施，保障数字海洋系统的信息安全。

2) 技术突破与创新

数字海洋是海洋科技、空间科技和信息科技的高度综合，它所涉及的科学和技术领域都在日新月异地发展。因此，在数字海洋发展过程中，必须及时跟踪国内外相关领域的科技进展，根据我国的实际情况，提出可行的科技发展战略，实现技术的突破和创新。

3) 完善管理机制

数字海洋代表着海洋信息技术的前沿和发展方向，有着强大的生命力，其作用与价值已得到国家层面的认可。国务院授权自然资源部国家海洋信息中心数字海洋建设工作基本职责，这给数字海洋的建设指明了方向，注入了发展的强劲动力。数字海洋作为新生事物，须顺应国家对数字海洋的要求，它的成长和发展，需要在管理机制、激励机制等方面给予保障。

4) 健全组织机构

目前，我国的数字海洋建设还处于刚刚起步的阶段，要使它健康、持续、稳定地发展下去，必须有健全的组织机构作保障。需要有较高层面的领导机构，统一规划和组织及协调我国数字海洋的发展；需要有相应的技术支撑机构，跟踪国内外相关领域的技术发展趋势，为我国数字海洋的发展建言献策，保证工作的持续性。

5) 人才培养与普及教育

数字海洋涉及大量高新技术的应用，必须注重高层次人才的培养和人员知识结构的优化与快速更新。应该通过高层次人才的引进和培养，不断补充和完善现有人员队伍的专业结构，并通过承担和开展相关高新技术科研项目，加强对现有人员的专业培训，提高人员业务水平，做好人才的保障工作。

1.5　国内外数字海洋工程进展

1.5.1　国外数字海洋工程进展

数字地球构想提出之后，以美国为代表的发达国家开展了大量的研究。美国首先成立数字地球指导委员会(DESC)、联邦政府机构间数字地球工作组(IDEW)和数字地球共同体会议(DECM)，这些组织中都有作为重要成员的中国海洋机构参加。随着全球性的海洋开发、海洋产业和海洋经济的振兴以及由此引发的海洋资源衰减、生态环境恶化等一系列严重问题，加之海洋重要的战略地理位置和海洋空间数据的独特性，数字海洋相关工程建设得到高度重视，取得了许多实质性的进展。

1. 国外数字海洋基础设施建设

数字海洋基础设施是数字海洋建设与发展的基础。信息基础设施，主要是高速计算机通信网络基础设施，即信息高速公路，是数字海洋的“血管”；空间数据基础设施，即海洋基础地理空间数据，是数字海洋的“血液”。自 1993 年 2 月美国总统克林顿在美国国会发表《国情咨文》中正式提出建设国家信息基础设施——信息高速公路以来，全球跨国界计算机信息高速公路的建设使电视电话计算机联为一体，整个世界变成了地球村，这不仅大大缩小了空间的距离，使人们的经济活动和情感交流实时化，而且正以润物无声的巨大潜力、渗透力和韧力重塑社会结构，改变着人类的思维、工作、生活和休闲方式。近 10 多年来，计算机网络通信技术是世界上发展最快的前沿技术之一。在交换技术、数字和数据通信技术发展的基础上，计算机网络技术和信息通信技术关系进一步密切结合。网络通信技术的发展，为数字海洋建设创造了前所未有的信息传输和交换条件。

在海洋空间数据基础设施建设方面，有了路——信息高速公路，要有车——各类信息系统、数据库系统，有了车要有货——基础数据、专题数据。在信息高速公路上，人们除了使用人口、农业、工业、第三产业等社会经济调查统计数据外，往往还要使用陆地和海洋的地形、地貌、行政界线、管线、土壤、水、气候、灾害、矿藏等地理空间数据资料。与社会经济调查统计数据相比，这些空间数据具有坐标系不统一、数据量大、数据结构复杂、采集与更新困难等特点，一直是国家信息化建设的瓶颈问题。为此，由美国、加拿大、英国等发达国家在 20 世纪 90 年代初，最先提出在国家范畴内建设和运作的“空间数据基础设施(SDI)”，在美国、英国、加拿大、澳大利亚、日本等发达国家发展得很快，也取得了积极成果。美国总统克林顿 1994 年 4 月签署了《建立国家空间数据基础设施(SDI)》的 12906 号行政命令，要求美国测绘部门和有关机构生产和提供地球空间数据框架，包括大地控制网、数字正射影像、数字高程模型、道路交通、水系、行政境界、地籍等基础数据集，同时建立空间数据协调、管理机构与机制，制定空间数据标准，建立空间数据交换网络体系。

空间数据基础设施(SDI)是信息基础设施不可缺少的重要组成部分和必须优先发展的重点，在发达国家进展很快，一些发展中国家也都在积极推进。美国地质测量局先后完成了1∶200万全要素地形数据库，1∶10万地形数据库(部分要素)和1∶25万土地利用数据库，开始建立全国1∶2.4万地形数据库和1∶2万正射影像数据库；加拿大、西欧、澳大利亚、日本、新加坡、伊朗等都开展了各自的空间数据基础设施的建设，取得了重要进展。

“海洋空间数据基础设施”是空间数据基础设施的重要内容，目前开展的国家、区域乃至全球空间数据基础设施建设都十分注重海洋空间信息问题。1998年，美国在空间数据基础设施方面开展的16个框架示范项目中就有多个涉及海洋水文数据库、海洋管理、海洋多源数据融合等方面的内容。美国国家地理数据中心在整编并开放自19世纪以来的4000万条统一格式的水文调查数据的同时，更是致力于开发3″(约90m)分辨率、0.1m高程精度的100m等深线以内的海岸带地形模型，首期发布了北纬40°~48°和北纬31°~40°的美国大西洋海岸的地形模型数据。

鉴于海洋观测在认知海洋方面有特殊的重要性，长期以来国际海洋科学组织和各海洋国家都致力于发展海洋观测技术，加强海洋立体监测和空间信息源建设，组织实施海洋科学观测计划。国际上SeaWiFS、TOPEX/Poseidon、RADARSAT、ERS-1/2等系列海洋卫星和兼有观测海洋功能的多种资源与气象卫星在轨运行，已经积累了数以亿兆计的海洋卫星遥感数据。

在联合国政府间海洋学委员会(IOC)、联合国环境开发署(UNEP)、世界气象组织(WMO)和国际科学联盟(ICSU)等国际组织的推动下，开展了一批海洋观测的国际性项目，如全球海洋观测系统(GOOS)、全球海洋站综合观测系统(ICOSS)、全球海平面观测系统(GLOSS)、东北亚海洋观测系统(NEAR-GOOS)、世界海洋环流试验(WOCE)、全球海洋通量研究(COFS)、热带海洋与全球大气实验(TOCA)等。

其中，全球海洋观测系统(GOOS)是迄今为止规模最大、综合性最强的国际合作计划，它的主要任务是应用遥感、海表层和次表层观测等多种技术手段，长期、连续地收集和处理沿海、陆架水域和世界大洋数据，并将观测数据及有关数据产品对世界各国开放。GOOS已建立了海洋与气候、海洋生物资源、海洋健康状况、海岸带监测、海洋气象与业务化海洋学等5个发展模块，初步形成了由海洋卫星、各类浮标和沿海台站组成的全球业务化海洋学系统。IOC通过实施新的漂流浮标计划(ARCO)，大大提高了海洋实时观测能力，为中长期气候预测和气象预报能力的提高奠定了基础。实际上，配合已有的海洋浮标观测系统、船舶测量系统和台站观测系统，一个全球海洋立体观测体系正在逐步形成，在某些区域甚至已经开始业务化运行。如美国的“海岸观测”(CoastWatch)项目，可以每天4次提供美国沿海1千米/4千米分辨率的卫星遥感图像及由此反演的SST等专题信息。世界海洋环流(WOCE)、热带海洋与全球大气实验(TOCA)，亚洲地区的NEAR-COOS均为数字海洋的建设提供了丰富的数据源。

目前，主要海洋发达国家，如美国、英国、法国、德国、俄罗斯、日本、加拿大等，为了争夺海洋资源和势力范围，纷纷投入巨额资金，推进海洋观测系统或计划的实施。主要海洋国家的海洋观测计划有：①美国和加拿大联合实施的海王星海底观测网络计划(NEPTUNE)，在东北太平洋建立的海底观测网，用约 3000 千米的光纤电缆，通过 30 个节点将上千个海底观测设备进行联网，每个节点维系一批海底和钻孔中的仪器，用来长期观测水层、海底和地壳的各种物理、化学、生物、地质过程。该计划的最终目标是建立区域性的、长期的、实时的交互式海洋观测平台，在几秒到几十年的不同时间尺度上进行多学科的测量和研究。②日本新型实时海底监测网络计划(ARENA)，在日本列岛东部海域沿日本海沟的跨越板块边界，建设长约 1500 千米，宽约 200 千米的光/电缆连接的深海地震观测网，并计划延伸至我国的东海海域。ARENA 重点监测日本周围的地震带，但目前正向地震、海洋学和生物学等多学科观测和研究方向发展。③欧洲海底观测网计划(ESONET)，2004 年由英、德、法等国提出，针对从北冰洋到黑海不同海域的科学问题，在大西洋与地中海精选 10 个海区设站建网，进行长期海底观测。美国的沿海海洋自动观测网(C-MAN)从 20 世纪 80 年代初开始建立，它将 58 个自动站、71 个锚泊资料浮标和 30 个高空剖面仪地面观测站，通过卫星和有线电话数据通信网络组成了一个集数据采集、处理和传输为一体的自动观测系统，资料中心可在 15～60 分钟内完成对美国各海域观测数据及全球海域定时观测资料的收集和实况显示，成为目前世界上规模最大、业务运行状态最好的国家级海洋立体自动监测网。④美国海洋观测计划，为打造全新的全球海洋视图，美国国家科学基金会与海洋规划协会于 2010 年签署了合作协议，通过一个为期 5 年的计划，构建庞大的海底观测网络，进行海洋观测计划(Ocean Observatories Initiative，OOI)的初步运营。OOI 将建立水下传感网络，在近海、公海和海底等位置观测诸如气候变化、海洋环流、海洋酸化等复杂的海洋过程。OOI 中开发的先进海洋科研与传感器工具是对以往技术的重大改进，遥控操纵的潜水机器人甚至能够比潜水艇进入更深、更远的海洋，水下取样器能够以每分钟一次的频率采样，通信电缆将这些现场实验数据直接连接到陆地上的计算机，海面上浮标采集的数据则通过高速链路上行发送到卫星。OOI 监测站点的范围覆盖了公海和近海的所有关键位置，将从根本上改变海洋数据采集的速度和规模。联网的观测站将协同探索全球、地区和沿海的海洋科学问题，并提供对新研发仪器和自动机器人接入的支持平台，来自数百个 OOI 传感器的连续数据流将被整合在一个复杂的计算机网络中，公开提供给科研人员、政策制定者和社会公众。

2. 国外数字海洋应用系统建设与服务

随着互联网技术的迅猛发展，建立在空间数据基础设施之上的数字海洋应用系统建设和空间信息共享服务变得越来越广泛，各国政府、组织、科研机构甚至企业团体纷纷从战略利益和管理的角度出发制定了大量的信息共享标准、规范、管理办法等。在技术角度方面，近几年先后推出了 XML、GLM 技术、网格计算技术、大数据技术、云计算技术等，这些技术不仅能够有效促进和实现海洋数据和信息资源的交换应用和共享服务，而且能够实现软硬件资源、服务资源的共享。数字海洋应用系统建设范围覆盖至整个国家、地区乃至全球。海洋信息共享服务的内容也越来越丰富，从元数据到卫星图像、航空影像、海洋基础地理图和专题图等。

以信息基础设施为依托进行的数字海洋建设的目标之一是促进海洋地理空间信息的共享和利用。目前，许多国际组织、政府或商业机构建立在空间数据基础设施之上的海洋信息已经覆盖全球，可提供共享的信息内容从元数据到卫星图像、航空影像、地理基础图、海洋基础数据资料和专题图等，几乎无所不包。许多国际组织和海洋国家制定了数字海洋或相应的应用服务系统建设计划。国际海道测量组织(IHO)为国际政府间组织，其成员为沿海国家政府。IHO 提供多种服务帮助船舶安全有效航行，基本的服务是提供航海信息，包括航海图、改正通告、航路指南、完整的航海系统数据以及其他产品和服务，进行全球范围内的海洋测深资料的收集、交换与分发。

美国于 2006 年初开始进行大规模的“数字海洋”研究计划，其研究领域包括海岸带管理、防灾减灾、海洋渔业、海洋油气 4 个方面。美国的数字海洋计划是在“海洋补助金计划”(Sea Grant)组织协调下开展的一个多部门合作计划，被称为微芯片上的海洋。该计划通过开发各种方法和模型，实现海洋资源和海洋现象的数字化再现。通过海洋资料的汇集、分析和广泛利用，可为经济和海洋资源的健康、可持续发展提供帮助与支持。美国数字海洋计划的实施，已经在海浪预报、渔业数据采集与分发、被动声学技术在渔业上的应用、改进飓风及灾害性天气预报、海上油气业支持服务、湿地遥感、海岸带管理、改进湖泊的公共利用与服务等方面取得了显著成果。此外，美国国家海洋资料中心(NODC)于 1998 年建成“交互式资料查询检索系统”(IDARS)，用户可以方便地访问或下载海洋温盐等断面资料、船载 ADCP 资料、某些测站的实时海流资料、海洋浮标资料、海平面资料、卫星反演的 SST 资料以及卫星高度计资料；利用系统提供的可视化工具，还可以委托制作图形、图像和动画等多种可视化产品。数字海洋应用及产品开发方面，美国 Google 公司 2009 年在其推出的世界领先和最有影响力的谷歌地球(Google Earth)5.0 版本中新增加了谷歌海洋(Google Ocean)的功能。增加了主要包括：旅游景区、冲浪区、沉船地点、海底地形、水面模型、海岸线变迁对比等海洋信息内容，可查询海洋环境、海洋生物、海洋调查、海洋科普等相关海洋领域的信息。用户通过它可以查看海洋和部分海底的美景，而且还可以看到详细的环境数据，并附带部分航海影像、图片展示以及航海故事等信息，为用户提供了虚拟的海洋世界。

欧洲海洋局和欧洲科学基金会 2008 年 4 月，发布了《欧洲海洋观测系统远景》，对 2007 年 10 月提出的建立欧洲海洋观测与数据网络(EMODNET)的计划给予肯定。EMODNET 是目前欧洲观测系统发展的一个欧洲海洋观测数据网络，涵盖了欧洲海岸带、大陆架以及周围海盆海洋观测数据的管理，使每个用户能够方便快捷地获得数据。EMODNET 能够加强数据使用者和提供者之间的联系，提供欧洲海洋与环境的信息供科学家评估和研究使用以及公众参考。这将大大地促进海洋监测、预报和海运安全服务工作的开展。EMODNET 的主要任务是：建立和整合开放的海洋观测系统、大陆架和海岸带观测系统；协调不同的方法和策略，在协议原则下加强数据管理、数据格式与数据质量的控制，确保数据(包括区域处理数据、环境评估和模拟数据)可以分发给用户使用。

1.5.2 国内数字海洋工程进展

在全球数字地球建设浪潮中，我国开始了数字中国建设，许多地区和部门开展了数字省区和覆盖本领域的数字工程项目建设。在海洋领域，数字海洋工程建设是一项庞大、复杂的信息化系统工程。建设数字海洋需要总体规划，有计划、有步骤地分阶段实施，需要先期开展标准规范的建设，强化信息资源的整合，搭建信息基础框架，在此基础上，全面推进数字海洋建设。为此，在 2003 年国务院批准并实施的“我国近海海洋综合调查与评价”专项(908 专项)中，专门设立了“数字海洋信息基础框架构建”项目“908-03”项目)。通过一系列重点项目的实施，特别是“中国‘数字海洋’信息基础框架构建”(“908-03”项目)，我国的数字海洋建设取得了一定的成果。

1. 国内数字海洋基础设施建设

在数字海洋信息基础设施建设方面，我国的数字海洋信息基础设施建设取得了长足的发展，基本形成了海洋信息资源交换与服务网络，满足海洋信息共享和交换需要的数据中心建设也取得了成果。我国的信息高速公路建设已达到国际先进水平。国家公共数据有线通信网(DDN、FR、CHINAPAC、PSTN)和无线通信网(静止和极轨卫星通信、VHF/UHF，CDMA、GSM)，新一代通信网资源建成使用，为海洋信息资源交换与服务提供了基础和条件。

数字海洋主干网建设利用国家公共数据有线通信网和无线通信网以及新一代通信网资源，采用立体网状结构，网络以国家海洋局为核心节点，覆盖 11 个沿海省(市)海洋管理部门和全部局属单位共 29 个主干节点，并建立了覆盖局属所有单位的远程视频会商系统。基本建成了覆盖涉海部门、沿海省市的海洋信息资源交换与服务网络，形成了宽带、支持图形图像实时传输的海洋信息资源交换与服务网络体系，实现各级业务系统的互动响应和数据实时交换。覆盖整个立体监测监视体系的海洋监测数据通信网的构建，基本实现了立体监测/监视数据的实时传输。各级海洋管理部门建立了局域网系统，为应用系统运行、信息交换和共享提供物理支撑，国家与省、市之间建立了海洋管理网络系统，包括主干网和分支网，提供系统远程数据交换服务；基于因特网的、集各类综合管理和信息服务于一体的“一站式”门户网站体系已经建立。建设了具备海量数据处理和存储能力、容错和灾难恢复能力、高速数据交换能力的国家与省、市多级海洋数据中心。数字海洋主干网作为数字海洋国家级高速公路既承担节点间数据传输、信息共享与交换任务，同时还支撑海洋监测数据传输、海岛管理数据传输、海洋应急指挥平台等业务的运行。为数据共享系统的建设、为海洋信息资源共享与服务提供了便捷途径。

在数字海洋空间信息基础设施建设方面，主要体现在数字海洋空间数据框架、海洋基础数据库、海洋专题信息库等方面。海洋空间数据包括数字海洋地理空间框架数据和一切具有空间定位或空间分布特征的海洋自然环境数据、经济和资源数据、人文和社会数据、海洋管理数据等。数字海洋空间数据框架建设多种比例尺，可以准确地获取、配准和集成海洋空间信息的数字海洋空间数据框架。该框架包括最基本、公用的海洋数据集和空间地理坐标参考，满足多源采集、数据处理与分析、数据库实时加载、空间化数据管理、数据融合与应用数据生成、分布式管理与服务等应用需求，实现分布式数据的网格计算和管理以及各种仿真和模拟等的同步协同工作。

我国数字海洋信息基础框架构建项目的总体目标是制定和完善海洋信息标准体系，

按照统一标准整合、处理各种调查资料，搭建数字海洋信息基础平台，奠定数字海洋信息基础；开展关键技术研发，建设数字海洋原型系统，实现海洋信息动态可视化表达，奠定数字海洋技术基础；开发数字海洋综合管理系统、公众服务系统和沿海省、直辖市、自治区特色服务系统，奠定数字海洋应用基础。上述目标可以概括为“三个一”，即“一个平台、一个原型、一个系统”，数字海洋信息基础框架的总体结构如图 1-9 所示，从而为今后我国数字海洋的全面建设打牢基础。

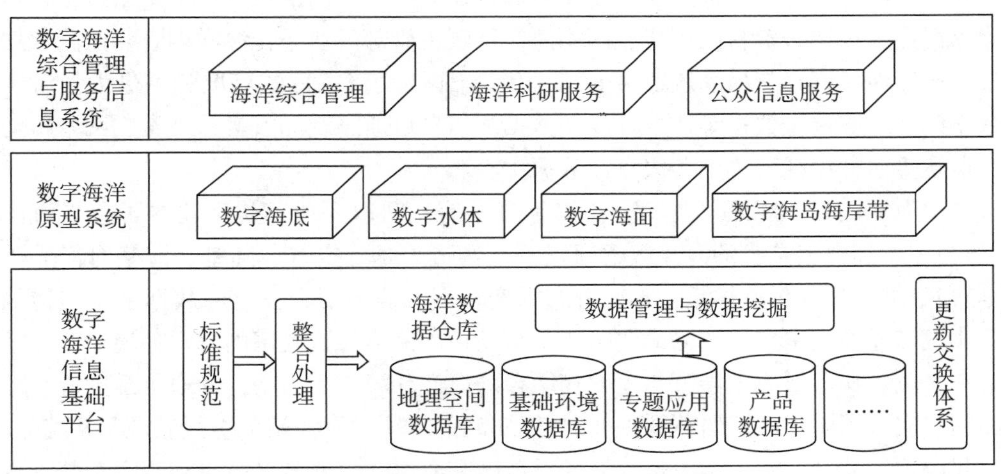

图 1-9 数字海洋信息基础框架的总体结构

海洋基础数据库包括海洋基础地理数据库、海洋基础资料数据库和海洋遥感影像数据库。首先，建立了覆盖我国管辖海域的 1∶100 万、1∶50 万、1∶25 万、1∶10 万、1∶5 万、1∶1 万等系列中大比例尺的海岸带基础地理数据库，包括数字正射影像库(DOM)、数字线划图库(DLG)、数字栅格数据库(DRG)、数字高程模型(DEM)；建立了沿海局部海域和重点区域 1∶1 万至数千的大比例尺的海洋地理空间数据库。根据统一的海洋空间坐标框架体系，实现了我国沿海海陆的高程基准统一，以及海陆基础地理信息的无缝集成。其次，建立了海洋基础资料数据库，开展了各类基础性数据资料的整合，建设海洋数据仓库包括海底地形地貌、海洋动力环境、海洋环境质量、海洋生物与生态、海洋地质与地球物理、海洋物理、海洋化学、海洋灾害、海洋经济和资源、海洋人文地理、海洋管理等各类海洋基础数据，各类星源的卫星遥感数据。还建立了高分辨率海洋遥感正射影像数据库，包括 Landsat、SPOT、QuickBird、IKNOS、HY 系列卫星、RADARSAT 等卫星遥感数据以及航空影像数据，对其进行有效管理，为海洋监测、评价和分析提供本底数据。

海洋专题数据库是在海洋基础数据库和产品数据库的基础上，通过综合分析、融合处理等多种技术手段，面向实际应用需求而建立的若干专题数据库。主要包括海域管理、海岛管理、环境保护、海洋防灾减灾、海洋经济与规划、海洋执法监察、海洋权益、海洋科技管理等各类海洋标准化专题信息产品库。结合数字海洋应用需求，按照统一的标准规范，整合处理“908”专项调查与评价资料、业务化海洋监测资料、历史调查资料、国际合作资料以及海洋经济、海洋管理活动产生的资料，开发了基础地理、海洋遥感、海底地形、岸线修测、水文气象、海洋防灾减灾、海洋经济统计等 9 大类专题信息产品，并将其纳入海洋数据仓库中，实现了对海洋产品数据的统一管理。海洋专题信息数据库是综合管理信息系统的主要数据基础，满足业务应用系统和社会公众对海洋信息的需要。

在数字海洋信息源和信息获取建设方面，建立了稳定的信息资源汇集渠道，包括通过国家海洋专项调查资料的汇集、国家海洋行政主管部门业务化海洋调查和监测数据的汇集、国际海洋资料交换系统(IODE)及国际合作与交流等方式获取和引进大量海洋科学数据以及工程调查数据等。各种海洋数据和信息可通过现场收集、邮寄、网络传输和人工送达等多种途径汇集到各级海洋数据中心。

利用海洋调查、观测、监测、监视等海洋信息获取手段，初步建立了覆盖海洋监测/监视体系和数据接收的海洋数据通信网，构造天基、空基、陆基、海基海洋立体监测/监视数据采集与传输体系，形成分布密度合理、监测要素齐全的数据采集与传输能力，实现海洋数据采集与传输的实时化、自动化、网络化。我国的海洋环境监测体系建设基本完成，初步形成了国家与地方相结合的海洋环境监测网络，开通了全国海洋环境监测网，实现了海洋环境监测数据实时/准实时的传输。海洋站和志愿船观测系统建设，能对我国近岸海域的潮汐、波浪、温度、盐度和海洋气象要素进行自动观测和数据自动传输，实现了海洋环境监测站工作自动化以及志愿船自动监测和数据自动传输。我国第一个海底综合观测试验与示范系统——东海海底观测小衢山试验站在东海海域成功运行，实现了数据接收、监视和管理的可视化。此外，海洋系列卫星的成功发射，也大大提升了我国海洋监视监测能力。海监船和海监飞机的巡航执法，为保证海洋监察信息的来源提供了条件；海洋环境监测网已有 400 余个网员，保证了海洋污染监测数据的来源；海洋统计信息网连接国家 19 个涉海部委局及 11 个沿海省市海洋管理和统计部门，为沿海社会经济、人口、海洋产业发展和海洋资源等统计信息的来源提供了充分保障。

数据中心是数字海洋各级节点进行数据处理、存储与数据服务的核心管理平台。根据海洋业务中心、分局、研究所及各沿海省市实际业务工作特点，建设了各级海洋数据中心，包括国家海洋数据主中心、海区数据分中心、专题数据分中心和科研服务分中心以及沿海省市数据分中心，共 24 个节点的海洋数据中心，如图 1-10 所示。

国家海洋数据主中心负责所有节点数据中心数据的汇集和分发服务，海区数据分中心、专题数据分中心、科研服务分中心以及沿海省市数据分中心负责本级节点特色数据的整合与管理，并与国家海洋数据主中心进行数据交换与共享。各级海洋数据中心配置大容量数据存储与交换设备及安全系统，调度、指挥、协调海洋信息的传输、存储，实现集中式与分布式相结合的国家级海洋数据仓库与省市数据库间及各级综合管理信息系统之间的信息交换，保证数据处理、管理、交换、产品制作、共享与服务，满足数字海洋系统运行需要。

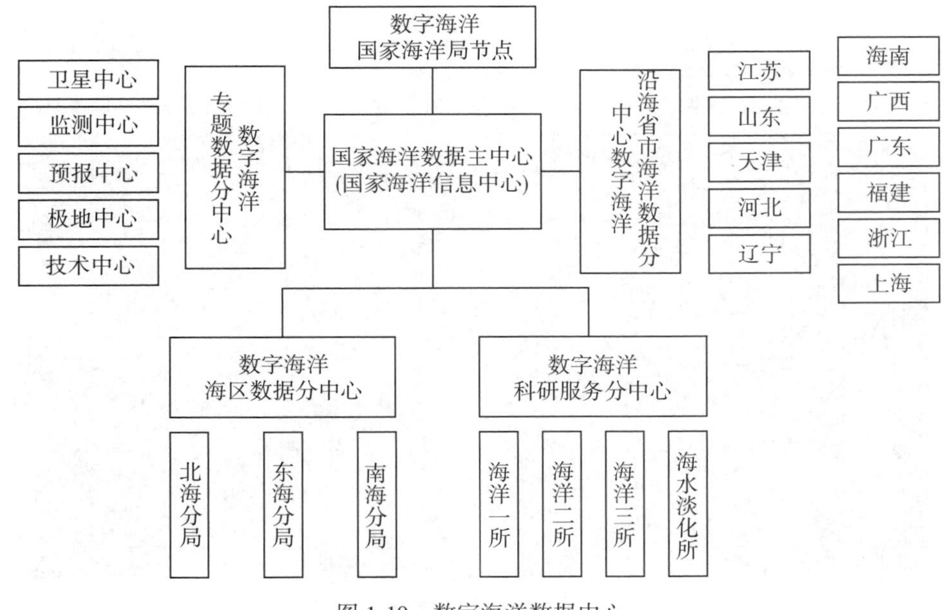

图 1-10　数字海洋数据中心

2. 国内数字海洋应用系统建设与服务

作为世界海洋大国，海洋资源的开发与利用已成为我国经济发展的重要支柱。为了更好地对海洋资源进行管理，维护我国的海洋权益，就需要不断克服开发与综合管理中的困难。而“数字海洋”的引入就很好地实现了这一目标，利用现代化的科技手段很好地解决了海洋问题。在信息基础设施建设先行的基础上，国家和地方各级政府部门以及行业和企业的信息化应用系统建设迅速推进。近年来，我国海洋相关部门紧密结合海洋强国目标与应用需求，相继开发建设了海域管理、海洋执法等多个应用系统，尤其是随着“中国‘数字海洋’信息基础框架构建”的开展，使我国的数字海洋应用服务系统建设上了一个新的台阶。中国“数字海洋”原型系统分为管理版和公众版。该系统基于地球球体模型的数字海洋信息服务提供了崭新的海洋信息三维立体展现形式，初步实现了现实海洋的数字化、透明化、可视化表达，为我们展现了一个有生命力的、鲜活的虚拟海洋世界，为我们深入认识海洋、开发海洋、管理海洋开辟了新的途径。

数字海洋原型系统(管理版)是我国数字海洋建设的重要内容和成果，数字海洋原型系统是在对大量海洋基础数据和产品进行整合、融合与集成管理的基础上，形成的一个信息集成与可视化展示基础平台。它集成了业务系统产生的专题数据、各种专题信息产品和部分海洋计算模式，并基于三维球体模型，利用三维可视化、动态仿真等技术，对这些信息进行空间分析和动态、直观的可视化表达，可以实现多类信息的综合查询。目前，数字海洋原型系统(管理版)包括基础信息、海域管理、海岛海岸带、海洋灾害、海洋环境、经济资源、海洋执法、海洋权益、极地大洋等 9 个专题模块，如图 1-11 所示。

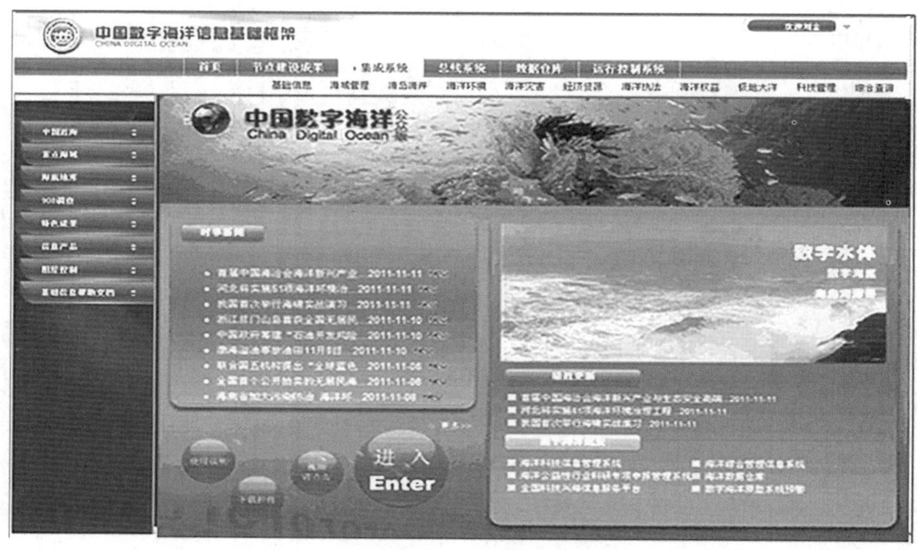

图 1-11　数字海洋原型系统专题模块

在海洋信息共享服务方面，我国建设并运行了中国数字海洋(公众版)、海洋科学数据共享中心、自然资源和地理空间基础信息库海洋和海洋卫星数据分中心，先后建立了中国海洋信息网、中国 Argo 资料中心网站、中国海洋监测数据传输网、海洋信息共享网站等海洋信息服务体系，并进行业务化运行与维护，可提供各类海洋基础信息和信息产品的共享与服务。

中国数字海洋(公众版)是我国首个数字海洋公众服务系统(iOcean)，于 2009 年 6 月 12 日正式对外发布。这是数字海洋信息服务系统建设中取得的第一个为社会公众服务的应用成果，它向社会提供了一个普及海洋知识、宣传海洋文化、提高公众海洋意识的公共平台。iOcean 包括海洋调查与观测、数字海底、数字水体、海洋资源、海洋预报、海上军事、海洋科普、极地大洋探访、虚拟海洋馆等栏目，各栏目内连接了实景图片、视频来对海洋进行介绍，公众甚至可以从这里查阅每日的滨海浴场水温、海浪等情况，如图 1-12 所示。通过 iOcean，公众可以获得丰富的海洋知识，增强海洋地理空间概念，强化蓝色国土意识。

近年来，随着移动互联网的发展，中国数字海洋打造了数字海洋移动公众服务系统。“数字海洋”移动服务系统(iOcean@ touch)是面向海洋管理部门、海洋科研单位、涉海部门和社会各界公众的服务平台，不仅能发布海洋管理、海洋资源环境、海洋灾害预报等权威数据与信息产品，还可以提供形式多样、内容丰富、使用方便的移动信息服务。系统中的地图相关功能和 GNSS 空间定位系统相结合，使用户能够高效地对地图功能进行操作。系统用户分为一般用户和高级用户两类。一般用户主要为社会公众，在网上直接注册申请即可。一般用户能够浏览和使用新闻时讯、海水浴场预报、沿海地区天气预报、沿海旅游、海水浴场、海洋法律法规、海浪预报、海冰预报、风暴潮、海洋科普等 10 个功能模块，如图 1-13 所示。高级用户主要为海洋管理者，具有完全的数据访问权限。

图 1-12　中国数字海洋公众版

图 1-13　数字海洋移动公众服务系统

在海洋专题应用系统建设方面，为满足我国海洋综合管理和应用需求，在进入 20 世纪 90 年代以来，国内相关单位相继开发建设了海岸带资源环境综合管理信息示范系统、我国大陆架和专属经济区资源与地理信息系统、海洋划界决策支持系统、海洋功能区划管理信息系统、海域使用管理信息系统、海洋环境保护管理信息系统、大洋矿产资源信息管理系统等多个专题信息系统。海洋专题应用系统正在通过数字海洋综合管理系统走向中国数字海洋工程，为海洋管理、军事国防、海洋权益维护和海洋经济开发等提供了业务技术支撑。数字海洋综合管理系统是一个基于数字海洋信息基础平台的集中与分布式相结合的广域网络应用系统，包括 8 个专题应用系统：海域管理信息系统、海岛管理信息系统、海洋环境保护信息系统、海洋防灾减灾信息系统、海洋经济与规划信息系统、海洋执法监察信息系统、海洋权益维护信息系统和海洋科技管理信息系统。海洋综合管理信息系统在体系结构上由国家级和省市级系统构成，国家级系统侧重于国家层面的决策与海洋管理需求，沿海省市系统则侧重于满足区域性决策与管理需求。各级系统通过统一设计，达到标准统一、接口规范和基本功能的大体一致，并能够与现有业务系统有机结合。

尽管我国在数字海洋工程建设中取得了众多的关键技术成果，但这些成果的自主化程度仍显不足，尤其是在数据库平台、三维球体平台、地理信息系统（geographic information system，GIS）平台及建模工具等方面，基本上仍以沿用国外软件为主。从数字海洋的战略地位及我国信息产业的长久发展来看，建立自主化的海洋信息核心技术体系十分必要且已迫在眉睫，应大力支持数字海洋关键技术研发和自主创新。

1.6　智慧海洋工程建设展望

1.6.1　智慧海洋概述

智慧海洋是在智慧地球的基础上提出的，可以看成智慧地球的一个组成部分。同时从另一个角度，可以认为智慧海洋是从数字海洋发展而来，它建立在更完备的数字海洋基础之上，是数字海洋发展的更高级阶段，智慧海洋工程自然是数字海洋工程的升级版。

智慧海洋主要是指在数字海洋基础上，加强数据的获取自动化、网络化，多角度、多层次、多维度再现海洋，以及数字海洋的智能化应用升级，从而更加智慧地服务海洋管理、海洋产业发展和海洋公共应用。因此，智慧海洋可以简单地理解为海洋的数字化、网络化和智能化，如图 1-14 所示。

第一，海洋的数字化，是指充分利用高科技与现代信息技术手段，将分布式的立体观测终端、分布式的数据库体系及分布式的各级终端计算，通过网络技术协同数据采集、集成信息处理、统一运行计算，使网络上的所有资源融合协同工作，从而完成传统方式无法完成的海洋活动中的各种复杂计算和透明可视化表达，并且联合人工智能建立功能强大的各种应用与决策模型，实现对海洋的深入精确认识。

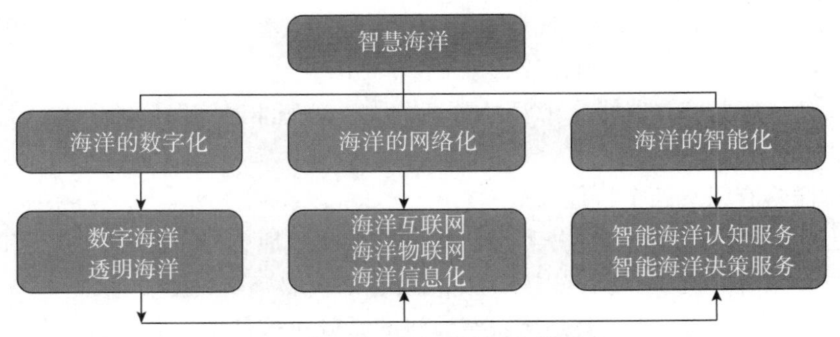

图 1-14　智慧海洋的概念模型

第二，海洋的网络化，是指海洋数据获取网络化、海洋数据存储网络化和海洋数据应用网络化，将数字海洋的数据和决策通过网络使用户加以应用。网络化包含海洋物联网和海洋互联网，海洋物联网主要是通过传感器、专业仪器、卫星等专业工具获取海洋数据并联网到使用数据的服务器和终端；海洋互联网主要通过网络来传输数据，通过网络数据中心的数据处理实现信息化的海洋应用；海洋物联网重在数据获取，而海洋互联网重在数据传输，海洋信息化重在应用。

第三，海洋的智能化，是指在数字海洋信息获取和存储的基础上，采用云计算技术、大数据技术和人工智能技术对数据进行智能分析，建立智能决策分析模型，使海洋的数字化发展到可以像人一样思考和提供决策，在决策准确度和影响时间上都达到较高水准，具有自主学习、分析和修复的智能特征。

智慧海洋概念是智慧地球概念的一部分，同时也是数字海洋发展的目标，是从社会应用出发，更好地为政府、企业和个人提供更智慧的海洋信息，更好地保护海洋，利用海洋。

智慧海洋是依托云计算、物联网、高性能超算和地理空间信息技术等，并与强大和先进的网络体系密切结合，在全球范围内建立的一个以空间框架为支撑，自动化动态采集不同海域空间、时间、物质和能量的多种分辨率的有关海洋资源、环境、社会经济和灾害等海量大数据或信息。按地理坐标，从局部到整体，从区域到全球进行整合、融合及多维可视化描述，数据分析和挖掘时代的金钥匙能为解决复杂海洋科学问题和知识创新、技术开发与理论研究提供自动化实验条件和智能化试验基地(包括仿真和虚拟实验)。作为新的凝聚全人类梦想的平台，提供了一种前所未有的认识海洋的方式，用网络化的手段来处理整个海洋的自然和社会活动诸方面的问题，它将对人类与自然的协调和可持续发展带来不可估量的推进作用，将为人类开发利用海洋保驾护航。智慧海洋不是一般的科技项目，而是具有创造性的战略工程。

海洋经济发展是国家经济总体发展中的重要战略发展方向，海洋信息化势必成为海洋经济发展的助推器、转换器和倍增器。海洋信息化涉及不同海洋产业的信息化，如海洋渔业信息化。发展数字海洋渔业，进一步发展智慧海洋渔业，从海洋经济发展的角度看，不同海洋产业都有升级信息化的必然需求，并在不断发展。不仅是智慧海洋渔业，更有智慧海洋旅游、智慧海运、智慧港口、智慧船舶及智慧海洋油气等。所以，智慧海洋是海洋产业发展到一定阶段的产物。

综上所述，智慧海洋是数字海洋的更高阶段，是海洋经济发展的需要，智慧海洋必将带动海洋产业的发展。

智慧海洋具有以下四个特征：

(1)更透彻的感知。能够充分利用任何可以随时随地感知、测量、捕获和传递海洋信息的设备、系统或流程。要有更好的传感设备来获取海洋数据。

(2)更全面的互联互通。其是指智慧海洋的系统可按新的方式协同工作，首先是数据的网络化联通，其次是独立数据之间的共享共用。

(3)更完整的数字体现。利用计算机软件和硬件技术将海洋有关的数据、图像和模型进行更加完整地再现，并方便使用者的查询和数据的保护、开发和利用。

(4)更深入的智能化。随着大数据技术的完善，海量数据的处理能力不断提高，通过数据挖掘和知识发现提取海洋知识。具有自主学习、自主分析和自主修复的能力，最终实现智慧海洋，从而创造新的价值。

智慧海洋的基本特点是以透彻感知为必要条件，以服务的智能化与时效性为标志，最终实现数字海洋与海洋物理世界的无缝连接。透彻感知与现有的采集传输相比更强调无处不在、无时不在；智能服务更先进、更灵活，强调“随时”“随地”“随意”，即最大限度地按照用户所需要的方式提供服务。而在前两者的基础上，能够实现人与现实海洋世界的直接联系，是完全客观的，而不是近似的和近期的，当然这是理想化的，但虚拟世界与现实世界交叠的最大化，应该是智慧海洋的基本特征。透彻感知是智慧海洋的主要特征和追求，实现透彻感知的主要技术手段是物联网和云计算等计算模式，在透彻感知的基础上，智慧海洋提供智慧服务，实现以虚拟海洋世界和现实海洋世界的完全“同一”和融合。

数字海洋和智慧海洋不是对立的，而是随着信息技术的飞速发展，实现海洋信息化的不同发展阶段，是两者相互依存、共同推进的一个演进过程。虚拟和现实两个空间也不是绝对的，而是在建设中动态地分离、重叠和融合的过程。

数字海洋是智慧海洋的信息基础，智慧海洋是基于物联网理念的数字海洋。如上所述，建立数字海洋的主要目的是建立虚拟海洋世界与现实海洋世界之间的数字式对应关系，便于海洋信息处理的便利性。虚拟海洋世界是对现实海洋世界状态和演化规律的数字化，是现实海洋世界的一种近似模拟。数字海洋建设的主要任务是对现实海洋“数字化”，并在数字化的基础上，将“数字”还原为现实海洋的“透明化”“信息化”过程。

智慧海洋的任务不再局限于现实海洋世界本身，而是在实现海洋世界之中物与物、人与人、人与物之间无缝交互的基础上，进一步实现海洋事务处理、海洋管理决策的更加智能化。其特点是：海洋事务处理者和海洋管理决策者不再关心信息感知环节和信息通信等具体技术细节，这些主要通过数字海洋之上的应用软件实现，中层(通信层)和底层(信息感知层)一切对象都被虚拟化了，体现了软件即服务的特点。涉及的任何物和人，都可依靠智慧海洋，提出信息服务请求。

数字海洋重点把海洋数字化，能再现海洋，是“原型、系统和平台”的综合体。数字海洋目前重要的两个方向，一是随着物联网的兴起，通过传感器设备等更全面和细致地收集海洋物理数据；二是随着数据的越来越详细，通过人工智能、数据挖掘、知识发现逐渐让数据更符合社会、企业、政府和个人的需要，提供更智能的应用。数字海洋+网络化+智能化，必然向智慧海洋方向发展，从而将海洋信息化建设推向更高的程度。

综上所述，数字海洋是随着数字地球战略的提出应运而生的，是一项庞大复杂的系统工程，它是由海量、多分辨率、多时相、多类型空间对海洋观测数据和海洋监测数据及其分析算法和模型构建而成的虚拟海洋世界。通过对当前现实海洋的直接表达，以及对未来现实海洋的预测。数字海洋将促进人类对海洋开发利用的方式更趋合理，保障海洋的可持续发展。智慧海洋是建立在数字海洋之上，增加了智能化、自主修复、自主分析功能的海洋信息数据使用与存在模式。

1.6.2 智慧海洋体系结构

智慧地球的理念是：将感应器嵌入地球上人类所建造的或自然形成的为人类提供服务的物理基础设施中的恰当部位，并将它们通过通信手段连接起来，在超级计算机系统和云计算等计算模式的基础上，形成物联网，实现人类社会与人类所建造的物理系统的整合。按照 IBM 的定义，智慧地球包括三个方面的特征：第一，更透彻地感知；第二，更全面地互联互通；第三，更深入地智能化。

数字海洋随数字地球理念应运而生，它通过卫星、遥感飞机、海上探测船、海底传感器等进行综合性、实时性、持续性的数据采集，把物理海洋、海洋化学、海洋生物、海洋地质、海洋地球物理等基础信息装进一个“超级计算机系统”，使现实海洋转变为人类开发和保护海洋最有效的虚拟视觉模型。

智慧海洋是建立在数字海洋与大数据、云计算、物联网和人工智能基础上的。如图 1-15 所示，智慧海洋可从感知层、网络层、数据层、平台层和智慧应用层等五个层次来架构。

(1)感知层。该层是智慧海洋的神经末梢，包括各种传感器节点、射频标签、嵌入式技术以及使用传感器的各种协议、基本的数据处理算法及其实现。

数据的获取仍是智慧海洋的基础，随着传感器、GNSS、GIS、RS、海洋探测仪器及行业专用的数据采集技术的提高，越来越精准的海洋数据被获取，多种数据更好地再现海洋行业运行情况。所以传感器、探测仪器和 3S 技术是智慧海洋的源头，没有数据，就无法实现智慧化。

(2)网络层。网络层包括 Internet 网、无线网、5G\ 6G 移动通信网、P2P 网络和水下声学网等数据传输网；也包括建立在以上网络基础上的为应用层提供服务的，但主要任务是应用程序通信的其他网络，如网格计算网和云计算网络等；对于智慧海洋来说，数字海洋是其基础，网络层也包括了数字海洋建设过程中形成的海洋数据立体捕获感知网络和海洋通信系统。

无论数据采集多么得精细，没有网络的传输，数据就难以形成系统的原型数据库和

图 1-15　智慧海洋体系结构

应用数据库。网络的传输，随时的互联互通，才会将分散的数据孤岛进行整合，形成数据库和数据仓库，网络层主要体现在通信技术、网络技术及移动通信技术等方面的发展和应用。从网络层演化出来的概念有物联网和互联网。

(3)数据层。数据是指存储在某种介质上能够识别的物理符号，是信息的载体，这些符号可以是数、字符或者其他。海洋数据可以分为海洋自身数据和海洋产业数据，数据的整合和使用是数据层的重要工作，数据层为平台的形成建立了牢固的基础，也是智慧层的必要条件。

(4)平台层。海洋数据的应用具体可以分为科学研究、政府管理、企业应用和公共服务，从不同的需求出发，可以建立海洋应用的平台，通过不同的应用平台获取海洋数据，平台的建立是智慧海洋的应用集成，是智慧海洋的引擎。包括数据采集的应用、软件服务、物联信息服务和海洋信息服务等以及建立在上述基础上的、体现智慧海洋理念的智能运作策略及实践。

(5)智慧应用层。智慧海洋的建立是智慧地球的一部分，是为了满足海洋产业发展的需要，通过信息化带动海洋产业化深入发展的倍增器。通过数据的采集、网络的传输，以及数据库的生成和应用平台的构建，面向不同海洋行业形成信息化应用的高级层面——智慧应用层。智慧监管、智慧渔业、智慧港航、智慧旅游及智慧船舶等共同构建的智慧海洋，将更好地服务企业、政府和公众。智慧应用层的建立主要体现了人工智能技术、数据挖掘技术和仿真技术等有关的信息技术发展的更高程度。

智慧海洋监管主要为政府管理海洋服务，能够智慧发现问题、预报问题和解决问题，辅助政府管理。智慧海洋行业：是主要海洋行业信息发展的高级形态，通过物联网、传感器、大数据、互联网和人工智能技术，实现行业发展的信息有效使用并形成知识，进而为行业发展提供智慧决策支持。可以结合海洋经济产业分为智慧海洋旅游、智慧海洋港运、智慧海洋渔业、智慧海洋船舶、智慧海洋油气、智慧海洋工程建筑、智慧海洋化工和智慧海洋盐业等。

1.6.3 智慧海洋服务关键技术

智慧海洋以高新技术为先导，将海洋系统科学前沿与技术融为一体。以大数据、云计算、物联网、人工智能为代表的现代信息技术与海洋探测技术、空间技术、通信技术、仿真技术和数据分析挖掘技术等高新技术将得到广泛应用。智慧海洋的技术体系涵盖了海洋空间大数据采集、处理、管理、分析、表达、传播和应用等一系列技术方法，以“3S”技术与最新发展的云计算、物联网、人工智能等技术构成一套完整的智慧技术方法。它是实现海洋信息从自动化采集到智能化处理和科学决策应用的技术保证。智慧海洋服务关键技术主要包括：

1. 透彻感知技术

透彻感知是一个无处不在的、接触或非接触的、具有实时数据采集、在线数据处理和通信功能的传感器网络。以满足用户实时对数据加工、信息提取的需求。透彻感知的标志为海洋数字神经系统。2009年年初，惠普公司对外公布了地球中枢神经系统(Central Nervous System for the Earth，CeNSE)项目，该项目计划用10年时间在地球上部署1万亿个图钉大小的传感器。这种无处不在的传感网络收集的信息会极大地改变我们对世界的认识，就像互联网给商业带来的巨大变革一样。科技预测者保罗·萨福(PaulSaffo)说，“现在我们正在进入感知世界的新时代，令人震惊的变革即将到来。”“人们还没有意识到这个即将到来的新浪潮。”

由各种传感器及数据采集系统、高性能计算机及宽带网三者共同组成的“海洋数字神经系统”是实现海洋透彻感知的标志，它比数字海洋的信息采集更加广泛、彻底，未来将使海洋覆盖上一层“电子皮肤”，这个海洋的电子皮肤将利用数以亿计的智能传感器、软件和网络布满全球海洋，加上数十亿个“数字宠物”，即电子传感器，组成“遥感纤维”，实时或准实时获取海洋的各类信息。

海洋数字神经系统，就是利用各种传感器(神经末梢)获得全球各海域的信息，将这些信息通过网络(神经)传给遍布全身的网络节点(神经元)，经过集成处理后再通过网络传送到信息中心(大脑)，集成分析决策后通过网络(神经)反射到节点(神经元)，并采取相应的措施。它能处理海量的海洋数据，显示海洋的运动，根据接触点之间的距离测量物体的体积，在出现危险时发出警报。海洋的“电子皮肤”由数以亿计的嵌入式电子测量装置组成。它的神经末梢就是卫星、船舶、浮标、地波雷达等天、空、陆、海传感器，将实现海洋各种信息，如海洋水文、海洋气象、海洋化学、海洋生物等全方位多角度监测。

海洋数字神经系统是一个复杂开放的巨型系统。它由数据采集系统、计算机处理与存储系统，高速通信网络子系统，无数个分布式数据库与 Web GIS、ComGIS 组成的子系统，各种有关设备的子系统以及研究开发人员和用户等人员子系统等共同组成，无论是从拓扑还是从信息交互方面，都是与人的脑神经有相似之处的技术系统。一旦形成网络系统，它就有了生命，就具有自组织、自适应和自我调控、自我发展的特征。

根据智慧海洋传感器技术水平、用户需求和系统成熟度等特点，可以将海洋感知网络技术演进过程分为信息汇聚、协同感知和泛在聚合三个阶段。三个阶段将是渐进式的融合，通过技术的发展来满足不同层次的应用需求。信息汇聚阶段的主要特征是：将分布于多海域的、利用多种感知技术手段所采集的海洋信息进行汇聚，通过无线网络将感知信息汇聚到海洋数据中心，集中进行信息的处理与共事，并提供信息应用服务。协同感知阶段的主要特征是：以海洋信息服务内容、任务和目标为驱动进行感知、网络和应用各个层面的协同工作，更重要的是模型与信息间的协同服务。系统具备分布式、跨层次、自学习的协同处理能力，可提供智能、精确的多元化信息服务。泛在聚合阶段的主要特征是：泛在的感知服务将海量海洋信息进行聚合，产生新的有应用价值的信息。这是实现透彻感知的高端目标。它可以依据新的决策性信息，实现任何人、任何物体、任何时间、任何地点的互联互通，引发新的应用和服务模式，产生新的信源组单元与新信息表达方式。有待突破的基础理论和关键技术包括信息聚合理论、模糊控制技术、泛在异构网络、人工智能等。

最后，自主组网、自维护等自适应能力是透彻感知的保障，一个无线传感器网络当中可能包括成千上万个或者更多的传感节点，这些节点通过随机撒播等方式进行安置。对于由大量节点构成的传感网络而言，人工配置是不可行的。因此，网络需要具有自组织和自动重新配置能力。

同时，单个节点或者局部几个节点由于环境改变等原因而失效时，网络拓扑应该能随时动态检测变化。因此，要求网络应具备维护动态路由的功能，才能保证网络不会因为节点出现故障而瘫痪。

2. 大数据技术

海洋数据主要涉及海洋水文、生物、化学、气象、地质、地球物理、航空与卫星遥感、经济、科普等与海洋相关的数据。从数据内容层面来看，海洋多源数据有三个来源：

(1)海洋历史调查数据，包括海洋基础地理信息、海洋环境监测信息、海洋社会经济信息以及海洋管理工作信息等。

(2)海洋专项调查与评价数据，近海海洋综合调查与评价资料，包括近岸海域基础调查、海岸带与海岛调查、海域使用现状调查、沿海地区社会经济基本情况、南黄海辐射沙脊群调查等专题调查数据，综合评价资料成果包括近岸重点海域环境质量评价、辐射状沙脊群环境变化与开发利用评价、近岸重点海域渔业资源保护与开发利用评价、潜在海水增养殖区评价与选划、海滨湿地保护与土地利用潜力评价、潜在滨海旅游区评价与选划、海洋经济可持续发展综合评价等专题评价数据。

(3)数字海洋综合业务感知系统运行数据，包含地方自建海洋特色系统的运行数据和国家系统整合的海洋环境基础数据库、海岛专题库、海洋经济专题数据库、海洋科技专题库、海洋执法监察专题库、海域使用专题库数据。

上述三个来源基本覆盖了海洋历史数据和最新实时数据，在空间上包含了多站位、多剖面、多水深分层的三维立体调查数据，在时间上包含静态的站位、航次观测和动态的时间序列观测类型。在内容上包含海洋环境、海洋资源评价等不同专题，因此海洋数据是一种多时空尺度、多专题的复杂数据集，具备海洋数据的多源性、多态性和多样性特征。具体特征如下：

(1)数据量大。海洋大数据聚合在一起的数据量是非常大的，根据“中国近海‘数字海洋’信息基础框架”统计数据量约30.87TB、国内历史资料约652GB、国际历史资料整合约50.2GB，历史遥感资料整合约1.31TB。如果加上国家海域使用保护动态监测管理平台等国家、省和市级海洋管理专题数据库数据，至少要有超过IDC(Internet Data Center)定义的100TB的可供分析的海洋数据。

(2)数据类型多样。海洋数据类型繁多，包括海洋基础地理与遥感数据库、海洋环境数据库、海洋管理专题数据库、海洋信息产品数据库、海洋环境要素整合数据库和海洋信息元数据库等。复杂多变是海洋大数据的重要特性。随着互联网络与传感器技术的飞速发展，非结构化数据大量涌现，非结构化数据没有统一的结构属性，难以用表结构来表示，在记录数据数值的同时还需要存储数据的结构，增加了数据存储、处理的难度。

(3)数据处理速度快。海洋流场、风场大数据以数据流的形式产生、快速流动、迅速消失，要求快速的数字模拟预报处理。随着各种海洋传感器和互联网络等信息获取、传播技术的飞速发展，数据的采集、传输、发布越来越容易，采集数据的途径增多，空-地-底数据呈快速增长，新数据连续不断获取，快速增长的数据量要求数据处理的速度也要相应地提升，才能确保大量的海洋数据得到有效利用。否则不断激增的数据不但不能为解决问题带来优势，反而成了快速决策的负担。同时，海洋数据不是静止不动的，而是在海洋动力变化过程和互联网络中不断流动，且通常这样的时空数据的价值是随着时间的推移而迅速降低的，如果数据尚未得到有效处理，就失去了价值，大量的数据就没有意义。

(4)数据价值密度低。大数据为了获取事物的全部细节，不对事物进行抽象、归纳等处理，直接采用原始的数据，保留了数据的原貌。由于减少了采样和抽象，呈现所有数据和全部细节信息，可以分析更多的信息。但也引入了大量没有意义的信息，甚至是错误的信息，因此相对于特定的应用，大数据关注的非结构化数据的价值密度偏低。

当代信息技术发展推动了海洋科学大数据的获取、存储、共享与分析技术的进步，使得科学与工程研究日益成为大数据处理的密集型工作。新的科学机遇来自越来越有效的大数据组织、共享和利用。未来的科学技术创新将越来越倚重于科学大数据的优势，以及通过大数据挖掘、集成、分析与可视化工具的利用将其科学大数据转换为信息和知识的能力。科学大数据的急剧增长及其有效的集成将对新科学方法的产生、科学研究能力的提高、研究成果向产品和服务转化发挥重要的作用。

3. 物联网技术

物联网是智慧海洋的基石。智慧海洋将实现物与人、物与物的时、空融合，现实世界与虚拟世界的融合，这将以物联网技术为基础。物联网的核心和基础是互联网，是在互联网基础上的延伸和扩展的网络，其用户端延伸和扩展到任何物体与物体之间，进行信息交换和通信。物联网的三大特征使得物联网可以作为智慧海洋的技术平台。

(1)全面感知，即利用 RFID、传感器、二维码等随时随地获取物体的信息。

(2)可靠传递，通过各种通信网络与互联网的融合，将物体的信息实时准确地传递出去。

(3)智能处理，利用云计算、人工智能等智能计算技术，对海量的海洋数据和信息进行分析和处理，对海洋信息采集系统实施智能化控制。

从信息化建设方面来看，智慧海洋的发展是整个社会发展的重要组成部分。信息技术与各行各业的具体技术的深入融合是物联网理念的核心价值所在。数字海洋的绝大部分底层技术，都可归属于物联网的范畴。随着物联网技术的发展，整个社会活动将在全新的公共信息基础设施上进行，海洋事务也不例外。在数字海洋的基础上，智慧海洋的发展，必将受到物联网发展的推动，并作为物联网的重要组成部分。

人类所认知的世界分为两个部分，一部分是虚拟的，另一部分是现实的。数字海洋理念的最大贡献就是将现实的海洋世界转换成虚拟的海洋世界，并“浓缩”到计算机中，实现了虚拟海洋世界与现实海洋世界的“分离”，使得人们可以在计算机中了解海洋。物联网的出现，打破了传统的两个空间的分离关系。物联网是通过各种信息传感设备及系统，主要包括射频识别、红外感应器、全球定位系统、激光扫描器等，按照约定的通信协议，将物与物，人与物、人与人连接起来，通过各种接入网、互联网进行信息交换以实现对物体的智能化识别、定位、跟踪、监控和管理的一种网络。物联网是一个特殊网络，它具有网络的普遍性，物联网还具有特殊的网络细胞结构，这些细胞能够自我衍生，自我繁殖，自我消亡，而整个网络不会因为局部细胞受损而受到致命性的伤害。竞争性的细胞遵循弱肉强食原则，通过优胜劣汰使得整个网络更加健康。物联网将触角扩展到了物的层面，实现了物与物、人与物的交互，也实现了人与物、物与物之间的全面感知。物联网的特殊性主要在于对实时信息的获取以及对物理世界进行控制的能力。物联网可以通过各种传感器获取各种实时信息，而在互联网中信息往往是过去式的。在物联网世界中，我们要做的和我们能够做的不是通过网络改造海洋世界，而仅仅是通过网络来控制传感器从而认知海洋世界。

传感网络采集到的海洋信息主要是海洋空间和属性信息。海洋传感网络的智能组网技术和管理技术将使得虚拟海洋和现实海洋间的关系达到时间和空间上的统一，进而实现虚拟海洋世界和现实海洋世界两个空间的连接和信息融合，实现对现实海洋的全面感知，在此基础上，实现信息服务、海洋管理和分析决策的智能化，这就是所谓的智慧海洋。

4. 云计算技术

云计算是基于互联网的分布式智能配置计算资源共享，达到超级计算机处理能力的网络服务技术，云计算是未来智慧海洋的重要计算模式。

在云计算技术的支撑下，海洋数据中心的运行将与互联网相似，分布式计算机集群和网格的数据挖掘系统实现了 CPU 资源共享。例如，使用集群信息将海洋数据文件以数据块(云)的形式存放在服务器中，存储、传输云使用专用的高性能网络传输协议，自动分配网络集群计算机 CPU 资源。网络服务者可以在数秒之内，处理数以千万计甚至亿计的信息，达到和“超级计算机”同样强大的网络服务。通过集约化大数据计算和智能服务节约资源充分体现了智慧海洋的核心价值。云计算的四大关键技术是：

(1)并行计算：指同时使用多种计算资源解决计算问题，是提高计算机系统计算速度和处理能力的一种有效手段。它的基本思想是用多个处理器来协同求解同一问题，即将被求解的问题分解成若干个部分，各部分均由一个独立的处理器来并行计算。并行计算系统既可以是专门设计的、含有多个处理器的超级计算机，也可以是以某种方式互连的若干台的独立计算机构成的集群。通过并行计算集群完成数据的处理，再将处理结果返回给用户。

(2)智能集群：自动伸缩，根据负载去增加、减少计算节点。自动部署，往新增加的空节点推送数据和部署服务。自动同步，主节点数据或服务更改之后，将其同步到所有相关子节点上。

(3)跨平台：计算不依赖于操作系统，也不依赖硬件环境。任何一个操作系统下开发的应用，在另一个操作系统下依然可以运行。轻量级客户端均能服务，可实现高安全、高性能、高可用、高性价比。

(4)64 位计算：是新一代高性能计算标准，大数据分析与处理突破 4GB 内存限制，大大提高了计算带宽，从而带来更高的性能。

随着我国海洋事业的飞速发展，海洋信息化工作取得了巨大成绩。经过多年的建设，国家海洋局建成了大量的海洋基础信息数据库，搭建了多种海洋业务应用信息系统。这些业务化运行的信息系统为我国海洋行政管理、海洋权益维护、海洋防灾减灾、海洋科学研究等提供了有力的信息保障和技术支撑。然而以上这些各自独立且内部结构相似的系统也存在如下问题：资源占用多，运行成本高；传统模式难以适应业务部署的快速要求，缺乏统一部署计算资源的规划；业务系统稳定性和可靠性降低，系统维护难度大。云计算提供了对海量信息处理的技术平台，它具有超大规模性、可扩展性、易用性、可度量性、快速响应、虚拟化服务等特点，刚好可以满足智慧海洋庞大信息系统的需求，云技术在应用中的弹性伸缩、快速部署、资源抽象等性能比集群技术、网格技术更灵活实用，尤其适用于大规模、信息密集型的海洋业务。

云计算与云服务技术可以有效地解决上述海洋信息系统建设中存在的问题。利用云计算技术构建海洋信息综合服务应用框架体系，建设支撑海洋信息业务的低成本试验和运行环境，可以提高海洋信息的可重用性与共享性以及应用系统的可扩展性。云计算与云服务技术的研发与应用将通过一个标准的模式向最终用户提供按需服务，具有节省投资，提升业务支撑能力，提升运维效率，降低投资风险和决策风险，绿色节能等优点，因此该项目的建设是十分必要的。

海洋信息云计算体系构架由资源层、平台层和应用层组成，如图 1-16 所示。

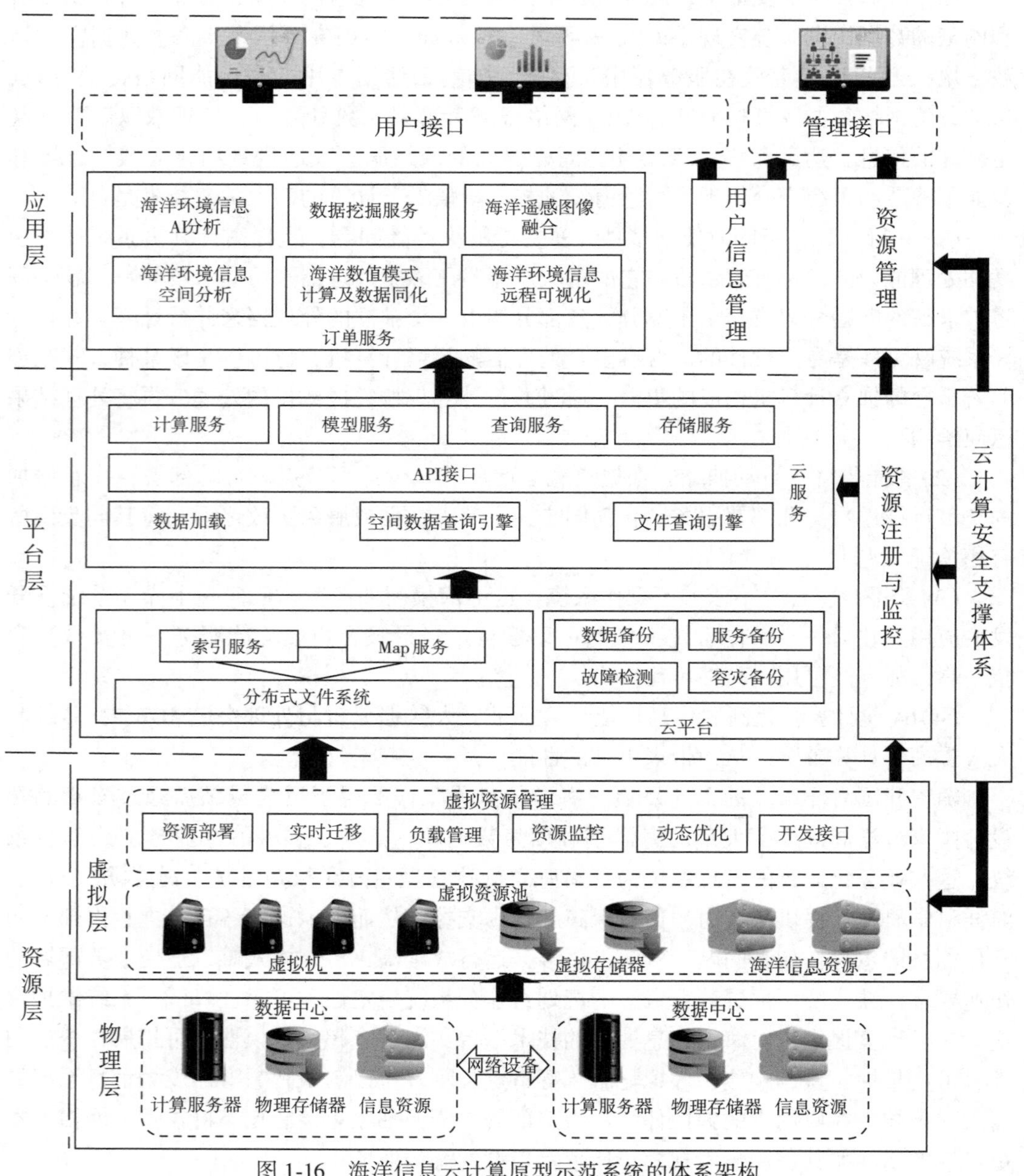

图 1-16　海洋信息云计算原型示范系统的体系架构

1)资源层

资源层是以提供底层基础设施为主的 IaaS(Infrastructure-as-a-Service)服务，资源层作为整个系统的基础，主要功能是为平台层提供计算、存储和数据服务等资源保障。资源层进一步划分为物理资源层和虚拟资源层。虚拟资源层则是利用虚拟化技术，将来自不同节点的异构物理资源进行整合，形成大型资源池供平台层使用。虚拟资源管理是资源虚拟化的重要保证，它实现了资源部署、资源监控、实时迁移、负载管理、动态优化、备份管理和应用开发接口等功能。

2)平台层

平台层是以提供平台为主的 PaaS(Platform-as-a-Service)服务。平台层是衔接资源层和应用层的中间件。平台层包含云计算、云平台和资源注册与监控三个部分。云计算通过数据加载、SQC 查询引擎与文件查询引擎对应用层提供计算服务、模型服务、查询服务和存储服务等基本服务，同时为用户提供 API 接口，用户可以在满足云计算平台在计算模型标准的基础上，开发自定义服务。云平台包含系统级服务和容灾服务两部分。其中系统级服务的功能是以分布式文件系统为基础，利用索引和映射化简(MapReduce)技术对用户提出的计算请求进行管理和调度。容灾服务包括数据备份、服务备份和故障检测与恢复。数据备份是定时对数据库中的数据做备份，保证当数据库出现不可逆转的错误时，可以将数据库恢复到备份点。服务备份是对系统运行的管理服务器进行备份，保证当系统出现错误时，能够继续提供不间断的服务。故障检测与恢复用于及时发现系统中出现的故障，并具备数据和服务自我修复、重新提供服务的能力。资源注册与监控实现对资源层中的各种资源的注册，为云计算提供资源索引服务，同时监控所有资源的使用情况，为应用层资源管理提供支持。

3)应用层

应用层是以提供各类应用软件为主的 SaaS(Software-as-a-Service)服务。应用层作为整个系统的顶层，通过用户接口为用户提供交互界面，并在这个界面上提供订单式服务，同时提供管理界面管理用户的权限以及系统中的资源信息。

云计算安全支撑体系对系统的运行安全进行统一规划，贯穿资源层、平台层和应用层，保障系统的稳定运行与数据安全。建设智慧海洋需要云计算与云服务技术来解决海洋信息技术在海洋信息化建设中出现的瓶颈问题。把云计算与云服务技术应用到海洋信息管理与应用中，促进海洋信息资源的共享和海洋信息产品的开发利用；能够使数字海洋信息组织管理、信息应用服务、信息共享等方面技术得到进一步提升和发展，充分发挥数字海洋建设成果的效能。最新的云计算技术能够支撑海洋信息业务的低成本试验和运营，以提高海洋资源信息的可重用性与共享性以及应用系统的可扩展性。云计算技术可以为未来具有海量用户、海量信息渠道的新一代海洋信息系统提供高效能的服务平台。

5. 虚拟仿真技术

所谓虚拟仿真就是利用计算机生成一种虚拟环境，通过各种传感设备使操作者“沉浸”到该环境中，实现操作者和该环境直接进行自然交互。这里的虚拟环境就是用计算机生成的三维立体场景，它可以是现实海洋世界中某一特定真实环境的再现，也可以是纯粹虚构的环境。传感设备包括穿戴于操作者身上的立体头盔显示器、数据手套、数据衣等交互装置以及设置在现实环境中用于感知的各种传感装置，如摄像机、力觉、触觉、动觉传感器等。自然交互是指用日常人们所熟悉的方式对虚拟环境中的物体进行观察和操作(如行走、移动物体等)并得到各种感觉的实时反馈，如在虚拟环境中碰撞时有声音、抓物体时有力感等。而智慧海洋中同样强调“沉浸”，但这种沉浸的背后将不是“模拟”与“虚构”，它可能是真实的海洋物理世界，是实时的、客观的、真实的，借助于计算机图形图像技术以及先进的传感网络，打破了传统虚拟、现实两个概念的清晰边界，实现了“虚拟”向现实的转换。

在数字海洋的基于图形和影像的空间数据三维可视化系统基础上实现的智慧海洋三维感知，同样需要图形的三维可视化和用于三维 CIS 的空间分析。但智慧海洋本质上的跨越在于绝大部分的三维图形图像并非建立在历史数据和经验之上的“虚拟现实”，而是此时此刻的真实三维海洋地形和海洋水环境、海洋生物等状况的在线信息。基于图形或影像的三维实时数据或实景影像模型可构成大面积“时实无缝”的立体映射。

在智慧海洋无线传感器网络当中，各节点内置不同形式的传感器，用以获得光学、红外、声呐、雷达和地震波等信号，从而探测包括温度、盐度、流场、海浪、水声等以及移动物体的大小、运行速度和方向等众多人们感兴趣的现象，实现与现实物理海洋世界的融合。

6. 地理空间信息技术

地理空间信息技术是指以卫星导航定位技术、遥感技术、地理信息系统技术为代表的现代 3S 集成技术。3S 集成是指将全球定位系统、遥感以及地理信息系统这三种对地观测新技术通过数据通信技术、网络技术与数据仓库技术等有机地结合集成在一起，构成在线连接、实时处理的整体应用系统。只有这样才能在信息高速公路上实现实时的数据传输和通信有机地集成在一起。GNSS、RS、GIS 集成的方式可以在不同技术水平上实现。如利用 GNSS 和 GIS 集成的智能导航系统和机载 GNSS 航空摄影测量系统等。

(1)卫星导航定位技术：卫星导航定位技术与现代通信技术相结合，从静态到动态，从单点定位到差分定位，从事后处理到实时定位与导航，从绝对和相对精度到米级、厘米级乃至亚毫米级，实时测定陆地、海洋和外层空间三维坐标。

(2)遥感技术：当代遥感技术表现在它的多光谱传感器、高分辨率和多时相特征。多光谱传感器获取从陆地到海洋和外层空间信息。高分辨率可提供到米级、厘米级空间信息。航空遥感和海洋高频地波雷达具有的快速机动性可提供多时相(准)实时级空间信息。遥感影像处理智能化专家系统将遥感信息的应用分析从单一遥感资料向多时相、多数据源的复合分析过渡，从静态分析向动态监测过渡，从对资源与环境的定性调查向计算机辅助的定量自动制图过渡，从对各种现象的表面描述向软件实时分析和计量探索过渡。

(3)地理信息系统技术：随着地理信息系统理论发展和诸多领域的迫切需要，地理信息系统将向如下六个方向发展：

①数据标准化：互操作地理信息系统(Interoperable GIS)；

②空间多维化：多维动态地理信息系统(3D&4D GIS)；

③结构部件化：组件式地理信息系统(Component GIS)；

④产品微型化：嵌入式地理信息系统(Emb GIS)；

⑤系统智能化：智能地理信息系统(Cyber GIS)；

⑥平台网络化：网络地理信息系统(Web GIS)；

⑦服务信息化：数字海洋；

⑧服务智能化：智慧海洋。

这一发展将通过现代通信等技术使GIS进一步与信息高速公路接轨。数据通信技术是现代信息技术发展的重要基础。空间信息技术的发展在很大程度上依赖于数据通信技术的发展，在GNSS、RS和GIS技术发展过程中，高速度、大容量、高可靠性的数据通信是必不可少的，特别是宽带通信、多媒体通信、卫星通信等新技术的应用以及迅速增长的需求，为数据通信技术的发展创造了良好的外部环境。海洋3S集成关键技术主要包括：

①3S集成系统的实时空间定位；

②3S集成系统的一体化数据管理；

③语义和非语义信息的自动提取理论方法；

④基于GIS的遥感影像全数字化数据库快速更新智能系统；

⑤3S集成系统中的数据通信与交换；

⑥3S集成系统中多维动态可视化技术理论与方法；

⑦3S集成系统的设计方法及CASE工具的研究；

⑧3S集成系统中分布式网络集成环境。

智慧海洋服务技术体系以物联网作为海洋信息采集的触角，采用云计算和3S集成技术进行海洋数据存储、数据服务、计算服务，形成了一套从大数据生成到组织、存储、查询、分析、服务完整体系框架。

7. 智能服务技术

智慧海洋应用服务层需要智能服务技术支撑。智能服务技术是指智能实时服务和智能自组织服务。智慧海洋中的实时服务应具有智能化，即深入分析收集到的海洋数据，获取更加新颖、系统且全面的洞察力来解决特定的问题，例如海平面上升、海啸预警等。这就需要在海洋数据中心构建具有弹性收缩、快速部署和资源抽象特性的计算系统，随时随地提供大规模可扩展的计算资源，采用高精度的系统时间控制机制，在最短时间内使用先进的智能分析技术处理复杂的数据关系、汇总和计算，以便整合和分析海量的跨地域、跨行业和跨部门的数据与信息，产生智能洞察力，以更好地提供决策支持。在智能化服务中，用户可通过应用服务层获取实时信息查询服务和具有实时特性的智能分析服务。应用服务层可以采用面向对象的服务架构，以Web等多种方式向外提供服务。在用户访问层，应提供给用户可自由选择多种形式的监控终端，如手机、电脑、有线电视或其他具有互联网功能的工具等，通过客户端、浏览器以及手机短信的方式访问智慧海洋中的实时服务。此外，实时服务还应具有安全性和可靠性等特点。用户必须经过安全认证后才可得到实时服务，不同权限级别的使用者可以得到不同实时服务。实时服务系统应具备完善的自诊断功能及自恢复能力，需要采用静态分析和资源冗余配置方法，使系统在最恶劣情况下都能正常工作或避免损失。

智能自组织服务的流程是一种更加灵活、更加智能、更加敏捷的新型流程模式，更加关注于业务流程的日常运行情况，强调业务部门的应用。在这种模式中，流程是根据用户的需求自动生成的，流程的完成也不再是指定的服务，而是根据用户需求自动选择合适的服务，一个流程不再为众多用户服务，而是服务于指定的用户，充分体现了个性化。在智慧海洋系统中，智能流程起着相当重要的作用，是智能服务的重要组成部分。智能流程系统通常包括需求引擎、构造引擎和流程运行控制引擎三个部分。需求引擎主要采用导引方式获得用户需求及目标，系统根据用户目标自动生成一个流程拓扑结构；构造引擎根据拓扑结构自动生成流程的解析结构，为构建流程运行控制引擎做准备；而流程运行控制引擎则实现对智能流程的运行控制，这三大部分联合组成一个统一的智能流程系统。

传统的海洋信息数据处理通常采用菜单业务驱动方式，这种方式和实际的工作流程脱节，是一个或多个离散的功能模块的组合，在业务功能上没有很好地体现出业务逻辑，多个程序入口也给用户的操作带来不便甚至误导，造成数据的不完整和丢失。而在智能流程系统中，主要采用工作流驱动业务的方式，任何包含两个以上处理过程的事件都可以作为工作流，工作流无处不在，是实现业务规则的重要途径。工作流驱动解决了菜单驱动的不足，通过严格、灵活、可视化、智能化的工作流定义，完成业务操作的标准化。用户可以自定义相应的需求，而系统根据用户的需求能够自动地生产一个智能流程，这就把业务和工作流联系在一起，再定义可视化的工作流节点和应用模块的调用关系，实现工作流节点入口和节点控制。这种模式的好处是在操作过程中，标准工作流通过定义的条件、依据、法规、政策、结果控制等进行智能化引导提示，使用户在友好的操作界面上轻松、无误地完成相关业务。工作流驱动接近业务流程，有很好的上下文提示功能，在智能化的知识库的支撑下，保证了业务操作的简单和规范化。在智慧海洋系统中，通过智能流程技术可以更好地满足用户需求，实现智能化、个性化流程服务及友好体验，用户只需提出自己的需求，无须了解复杂的领域知识，无须对流程进行细致的规划和中间过程的安排，就可以得到一个周密安排的流程。与传统的流程模式相比，智能流程更加灵活、更加快捷、更加人性化，是智慧海洋系统中必不可少的要素。

1.6.4　智慧海洋的机遇与挑战

未来智慧海洋的建设并不意味着单一技术层面的突破式升级换代，而是理念的提升。这种新的思维模式的价值远远超越了技术的进步，随之而来的云计算、物联网等技术将为这种理念的发展提供有力的技术支持。海洋随地球从宇宙演化而来，从物质地球到生物地球，发展到人类地球。基于物质地球，人类将客观的物质地球，映射到数字信息世界，实现了物质地球的数字孪生，形成了信息地球。在数字孪生地球中，大数据、云计算、人工智能等发挥着越来越大的支撑作用，形成了智慧海洋。可以实现对海洋上人类活动进行管理和决策支持，实现人类对海洋的全面认知；可以监测海洋、海岸的全球性变化等等。智慧海洋的愿景能够有效提高管理和治理海洋的社会效率，推动人类命运共同体和双碳可持续发展。同时也为海洋产业的智慧化发展打下良好的基础，让世界抓住 IT 变革带来的重大机会，发展全球海洋经济。未来智慧海洋将实现人与物、物与物的互联，智能和聪明的软件和运行模式将把整个海洋世界上的生命体和非生命体连接在一起。

要建设和发展智慧海洋，需要面临多方面的挑战：第一，信息爆炸是首要问题，面对无数个信息孤岛式的爆炸性数据增长，我们的信息系统需要具有自评估和自评价能力，从海量信息中自动识别和筛选出有价值的信息，提高决策的准确性和效率；第二，新兴的物联网、云计算等技术目前正在逐步地形成统一的标准规范，一些新技术正在研发应用，其正确性和稳定性都有待于在实践中检验；第三，与信息自适应相似，软件和信息爆炸需要我们研究具有自组织能力的服务流程，使软件服务流程有自组织能力。

建设智慧海洋，将在现有人类探索海洋和利用海洋的基础上，通过人类的视、听、触等全面实现对海洋的透彻感知，使人、设备与海洋环境、海洋生物融为一体，跨越虚拟，走进现实。人类能够跨越空间对整个海洋世界进行全面的感知，远距离地操控，真正实现了解海洋，服务人类。

智慧时代为人们描绘了美好的海洋蓝图，但智慧海洋的实现却任重道远，智慧海洋信息服务技术最后落地还有很长的路要走，我们要以 5G/6G、大数据、物联网、云计算、人工智能、虚拟现实等新一代数字新技术发展为契机，规划构建满足智慧海洋创新服务模式，探索智能感知、数据驱动、智慧决策一体化端到端技术特征的海洋信息服务。随着地理信息科学、人工智能、虚拟现实技术以及硬件技术的持续发展，智慧海洋信息服务技术可以展现出更强大的功能，变美丽海洋蓝图为美好现实！

第2章　数字海洋系统集成关键技术

数字海洋工程的实现必须依赖诸多相关科学技术与方法，通过将这些技术有机地集成在一起，并通过相应的分析、设计、部署、配置、管理等手段使之发挥最大的效益，做到投入产出的最高效益比值。这些相关技术包括海量数据采集与处理、数据仓库及数据挖掘、人工智能技术、虚拟现实及仿真技术、云计算技术、物联网技术、服务器集群、统一建模语言等计算机信息处理技术；信息加解密、防火墙等计算机信息安全技术，无线通信、移动通信、光纤通信、卫星通信等信息通信技术；网格计算与空间信息网格技术，遥感技术、卫星导航定位技术、地理信息技术及三者的集成。本章就其中重要的支撑技术做简要介绍。

2.1　数字海洋网络技术与信息基础设施

2.1.1　数字海洋网络体系

计算机网络与交换系统在信息化建设中已经成为不可或缺的基础设施，网络与交换系统起着“高速公路”的重要作用。在信息系统建设中，网络与交换系统的主要作用是支撑数据通信、资源共享、分布处理，将分散在各个节点的信息资源用计算机网络联系起来，进行统一的调配、控制和管理。数字海洋网络与交换系统的功能就是作为桥梁和纽带连接所有系统及节点，将数据在各个节点中进行传递。

数字海洋系统利用天基、空基、海基、陆基等海洋监测与监视平台获取和更新数据，把反映各种自然现象和人类活动的信息纳入各个信息系统。建立一个完整的数据采集和传输网络体系，实现海洋数据高效、完整、实时或准实时地获取与更新，是整个数字海洋建设任务中的重要基础工作。

1. 数字海洋网络体系总体架构

数字海洋网络体系建设的目标是整合进而建立覆盖陆基、海基、天基、空基等海洋立体监测设施的传感器通信网，建立覆盖国家和沿海省市的多级海洋数据通信网，全面实现海洋数据获取的数字化、信息交换的网络化。数字海洋通过卫星、飞机、海洋站点、海上调查船和海底监测系统等进行综合性、实时性和持续性的数据采集，采集到的数据需要融合相关历史资料、调查资料和业务系统数据，才能提供准确、全面的产品和信息服务。因此，数字海洋网络体系需要完成两类资料的获取任务，即立体监测/观测资料和历史资料、调查资料与业务系统数据，为满足上述两类资料的采集和传输要求，数字海洋网络分为传感器通信网和数据通信网，数字海洋网络体系总体架构如图 2-1 所示。

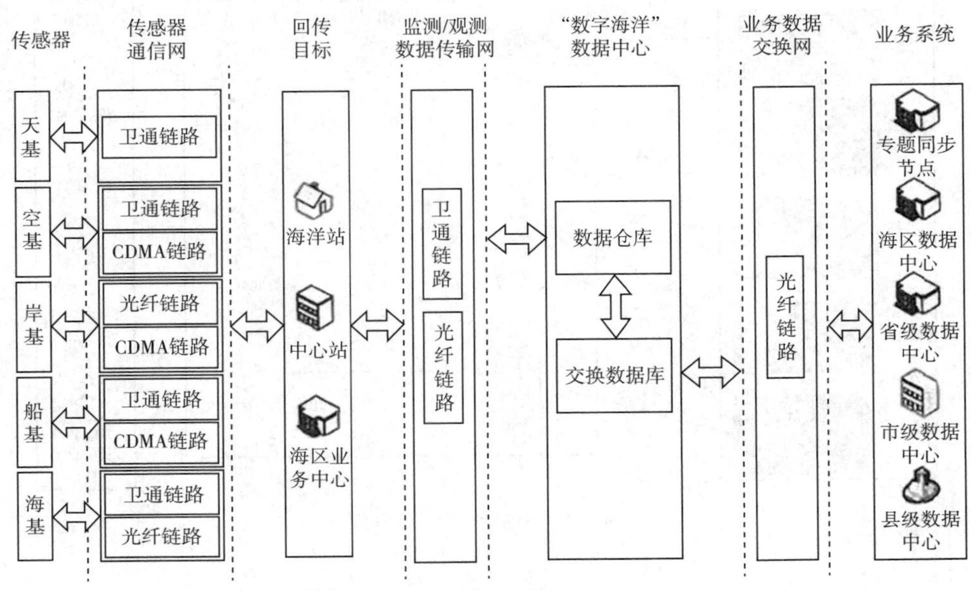

图 2-1 数字海洋网络体系总体架构

数字海洋网络体系由传感器通信网、监测/观测数据传输网和业务数据交换网组成。其中监测/观测数据传输网和业务数据交换网经整合后合并为数据通信网。传感器通信网专指位于传感器和数据回传目标之间的通信网络，由各类传感器及其岸基通信子系统构成，完成数据回传任务；监测/观测数据传输网专指位于回传目标和数字海洋数据中心之间的通信网络，负责回传目标至数据中心之间的数据汇集和分发任务；业务数据交换网专指位于各专题数据同步节点、各级数据中心和国家数据中心之间的通信网络，负责各数据生产和系统使用单位与数字海洋数据中心之间的数据交换任务。

2. 传感器通信网架构

传感器通信网主要承担传感器数据的回传任务，基于天基、空基、陆基、海基及船基海洋监测/监视系统，形成分布密度合理、监测要素齐全的数据采集与传输能力，实现海洋监测/观测数据采集与回传的实时化、自动化和网络化。传感器通信网目前主要采用无线（CDMA）和卫星（Inmarsat、CAPS）通信方式采集和回传数据，覆盖范围包括近岸海域和重点海域。传感器通信网在空间上覆盖天基、空基、岸基、船基和海基 5 种类型的海洋监测设备，在通信手段角度可划分为卫星通信、移动通信和地面光纤通信三种形式，各类传感器分别采用其中一种或多种通信手段作为其通信方式，与岸基通信子系统共同构成传感器通信网，其网络架构如图 2-2 所示。

天基传感器通信采用卫星通信的方式回传数据，其完整的通信系统由传感器的微波通信设备、中继通信卫星和回传目标的微波通信设备组成。空基传感器通信采用卫星通

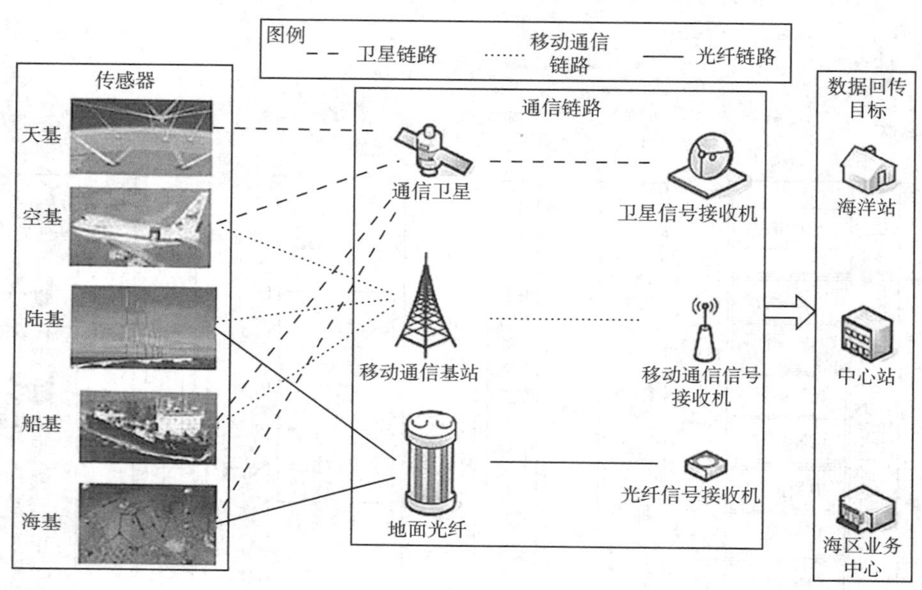

图 2-2　传感器通信网架构

信和 CDMA 移动通信两种通信方式回传数据，200 千米范围内采用 CDMA 通信，200 千米以外范围采用卫星通信。CDMA 通信系统由传感器 CDMA 通信设备、移动通信基站和回传目标的 CDMA 通信设备组成。陆基传感器通信采用 CDMA 移动通信和光纤通信两种通信方式回传数据。测点在距离海洋站较近时采用直连光纤回传数据，在距离海洋站较远时采用 CDMA 移动通信回传数据。船基传感器通信采用卫星通信和 CDMA 移动通信两种通信方式回传数据。近海(200 千米以内)范围采用 CDMA 通信，远海(200 千米以外)范围采用卫星通信。海基传感器通信采用卫星通信和光纤通信两种通信方式回传数据。海表面传感器采用卫星回传数据，水体中或海床传感器采用铺设在海底的光纤(或电缆)向岸站回传数据。

3. 数据通信网架构

数据通信网主要承担各数据生产和使用单位与数字海洋数据中心之间的业务数据传输和交换任务，我国数据通信网由海洋监测/观测数据传输网、业务数据交换网和国家数据中心局域网整合而成。通过透明网关将国家数据中心局域网与监测/观测数据传输网、业务数据交换网进行物理连接，实现上述三个网络的网间路由。其网络架构如图 2-3 所示。

数据通信网包括广域网和局域网。广域网是指海洋监测/观测数据传输网和业务数据交换网；局域网是指国家数据中心局域网和其他业务节点的局域网。监测/观测数据传输网由地面链路和卫星链路双链路组成。地面链路依托国家公共网络基础设施，整合多个海洋业务专网组成，数据汇集和分发能力覆盖全部海洋站、中心站、海区业务中心和国家业务中心。监测/观测数据传输网目前主要采用地面链路(SDH)和卫星(VSAT)

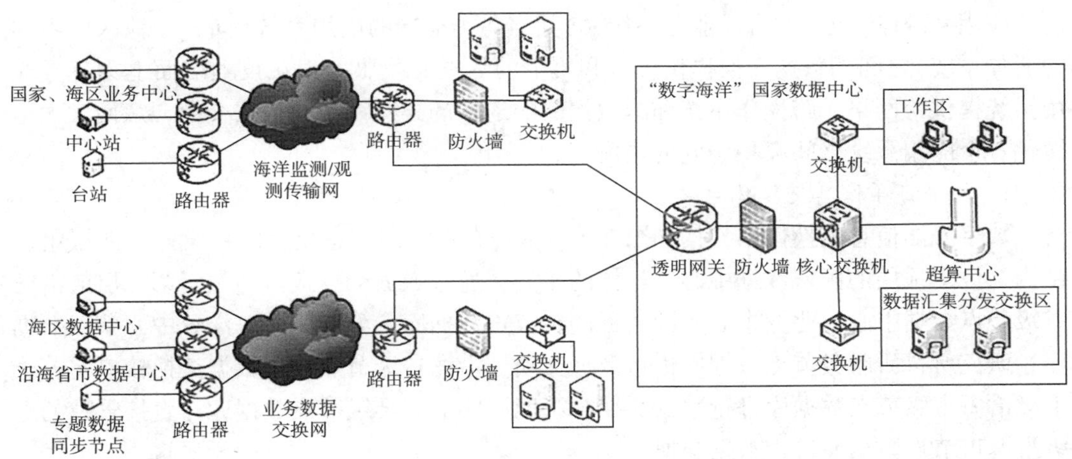

图 2-3　数据通信网架构

通信的方式传输数据。海洋监测/观测数据传输网有主干网和海区子网，各节点配置路由和光纤接入等设备，网络覆盖台站、中心站、海区业务中心，逻辑上形成以数字海洋国家数据中心为根节点的树形网络，完成传感器回传数据的汇集和分发任务。

业务数据交换网由国家级主干网和省市分支网络组成。国家级主干网依托国家公共网络基础设施建设，省市分支网络依托各地电子政务网络建设，数据交换网覆盖国家数据中心，各专题数据同步节点、海区数据中心以及省、市、县级数据中心。业务数据交换网目前采用地面链路(SDH 和 DDN)通信的方式传输数据。各节点配置路由和光纤接入等设备，网络覆盖国家数据中心、海区数据中心、省级数据中心和各专题数据同步节点，逻辑上形成以数字海洋国家数据中心为核心节点的星形网络，完成各级业务系统之间的数据交换任务。各节点局域网由数据交换区和数据处理区构成，运行数据收发或交换任务，同时运行数据处理任务。各节点局域网配置通信机、交换前置机和网络交换设备，为数据的汇集、分发交换和处理提供网络支撑。

数字海洋网络体系的建立，打通了海洋观测体系、海洋预报减灾体系、海洋战场环境保障体系、海洋环境专题服务体系和海洋管理体系之间的信息通道，实现以国家数据中心为核心的海洋信息的安全、高效流转，为数字海洋信息服务打下了坚实的网络基础。

2.1.2　数字海洋数据交换技术体系

数字海洋数据交换技术体系，是实现以各级数据中心为核心的海洋信息的安全和数据的高效交换，打通各业务系统之间的信息通道，为数字海洋信息服务提供高时效的数据交换支撑。

数字海洋数据交换体系建设的目标是依托业务数据交换网，建立覆盖国家数据中心、海区数据中心，省、市、县级海洋数据中心和各专题数据同步节点的多级海洋信息数据交换系统，实现各级业务系统信息交换的数字化和网络化。在管理层面上为各类纵向的应用系统(跨地区的海洋业务系统)之间与各类横向的应用系统(同一个地区内不同的业务系统)之间的数据交换提供统一和集中的数据交换服务，在技术层面上为各类应用系统提供跨网络、跨操作系统和跨数据库的透明的异构系统间数据交换，从而大大地简化各个应用系统之间互相访问的难度。

1. 数字海洋信息交换体系架构

数字海洋信息交换体系架构如图 2-4 所示。数字海洋信息交换体系设计为四层组织结构。位于顶层的国家数据中心是整体的核心，通过数据交换接口与位于第二层的沿海省级节点数据中心、业务中心专题数据同步节点数据库、分局区域海洋分中心节点数据库、研究所科研服务节点数据库进行数据交换。沿海省级节点通过数据交换接口与若干下级沿海市级节点数据库进行数据交换。第四层的沿海县级节点数据库与直接管辖的上级沿海市节点数据库进行数据交换。

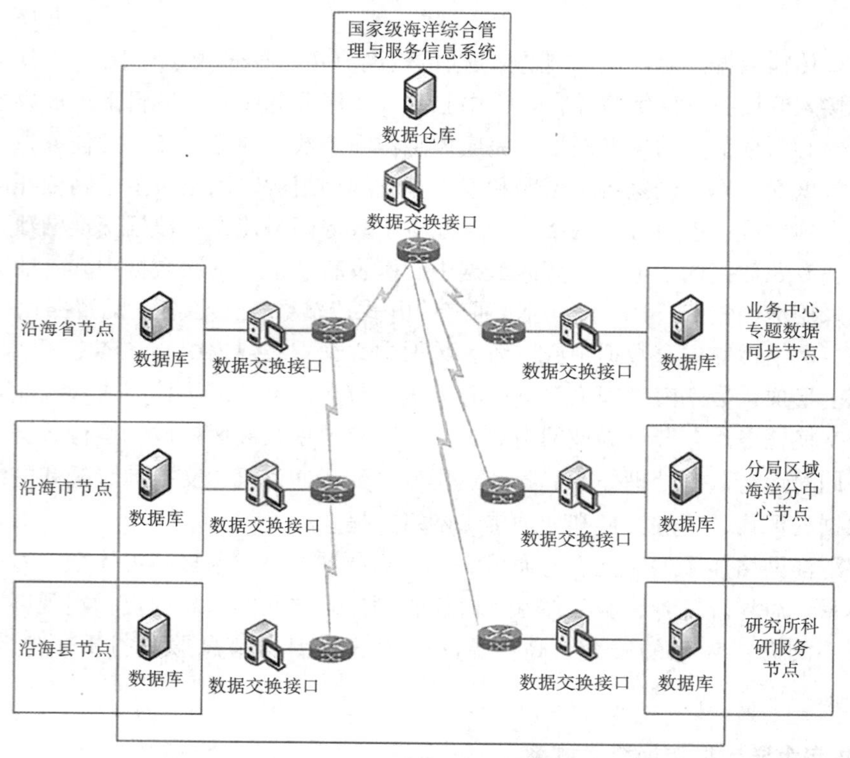

图 2-4　数字海洋信息交换体系架构

根据海洋数据中心数据来源的不同，省、市、县之间的数据交换要支持三种不同流向的数据交换传输模式。

1) 自上而下的数据交换

从国家统一获得的数据通过数据交换体系由省到市、再到县进行数据交换，直至各级数据库。省、市、县通过数据交换得到自身管理范围内所涉及的数据。在这种模式下，数据是由国家数据中心进入数据交换体系。

2)自下而上的数据交换

由各县分散获得的数据通过数据交换体系汇交到市、省、国家级海洋数据中心。市数据交换接口通过数据交换得到的是该市管理范围内的数据，省数据中心得到的则是全省范围内的数据，国家级海洋数据中心得到的则是全国范围内的数据。在这种模式下，数据从各县级数据交换接口进入到数据交换体系。

3)双向的数据交换

对于同一业务类型的数据，国家、省、市、县都作为产生数据的数据源。通过数据交换体系可将这些新产生的数据交换到其他各级海洋数据中心和数据交换接口。国家、省、市、县交换得到的均为自身管理范围内的数据，完全视对数据的需求而定。在这种模式下，源数据是由国家、省、市、县数据交换接口和海洋数据中心依据各自管理职能进入到数据交换体系。

数据交换流程包括节点到中心、中心到节点两个过程。其流程基本相同，区别为节点到中心一对一的队列服务，而中心到节点是一对多的队列服务。

(1)从节点到中心的数据传输。

节点业务系统负责导出数据文件到节点的交换区；在交换区由轮询代理服务来判断交换区是否需要传输的文件，当发现有需要传输的文件时，则将文件发送到本节点的消息队列中；节点的消息队列通过消息服务通道，根据网络空闲情况自动传输到中心的消息队列；在中心的交换区，同样由轮询代理服务扫描中心的消息队列，检查是否有文件已传输到达，当发现消息队列有文件时，则将文件读取到交换区，在文件被写到交换区后，调用中心的业务系统服务接口，告知文件到达及文件位置，业务系统负责获取文件并进行相关处理，当处理成功完成后，交换区将文件归档，至此完成了节点到中心的数据文件传输。

(2)从中心到节点的数据传输。

中心到节点的数据文件传输基本与上述流程相同，只是数据文件是从中心业务系统导出，由节点做接收处理。中心有多个消息服务通道与多个节点进行通信传输，负责分发数据文件，其他节点独立接收消息文件并进行处理。

2. 海洋数据中心结构

我国各级数据中心是数字海洋工程中海洋信息传输与交换的枢纽。为了加强海域和海岛的有效管理，增强海洋环境和海洋灾害的预报和监测能力，提高海洋资源利用可持续性，必须把各级数据中心的信息及时交换到目标系统中。建立一个完整的数据交换体系，实现准实时、高效完整的海洋信息交换，是数字海洋信息基础框架建设任务中的重要工作。

海洋数据中心包括国家数据中心，海区数据中心，省、市、县级海洋数据中心和各专题数据同步节点，如图 2-5 所示。海洋数据中心与数据交换网络共同形成数字海洋信息交换体系的运行环境。海洋数据中心采用集中与分布相结合的数据交换建设模式。直接用于海洋管理和决策支持的数据，统一集中到国家数据中心或由国家数据中心下发到下级数据中心。而对于向社会提供服务的公益性基础数据，则采用分布式管理模式，由数据采集部门自行管理维护，负责日常更新。采用集中与分布相结合的数据交换模式有利于实现各类海洋数据的逻辑集中管理，同时便于在各级数据中心之间进行远程数据交换与共享。

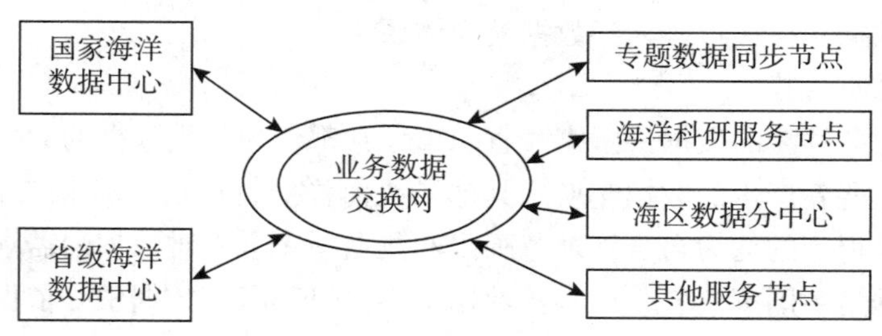

图 2-5　海洋数据中心布局

各级海洋数据中心作为海洋信息交换体系的枢纽，调度、指挥和协调海洋信息的传输与存储，以集中和分布相结合的模式实现国家级海洋数据仓库与省市各级综合管理信息系统之间的高效连接和数据交换，保证数据处理、管理、交换、产品制作、在线分析以及共享服务满足运行的需要。海洋数据中心系统结构分为三部分：数据处理与管理区、交换服务区和公众服务区。以国家海洋数据中心为例，其结构如图 2-6 所示。

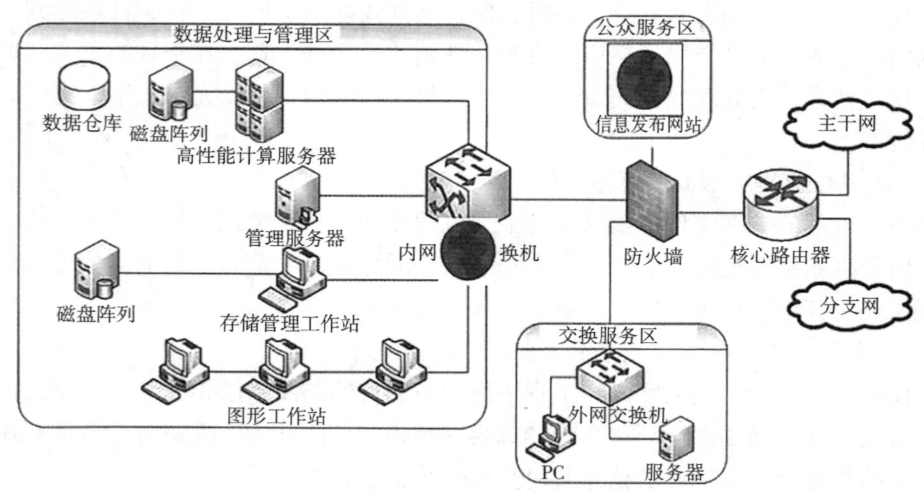

图 2-6　国家海洋数据中心结构

1) 数据处理与管理区

数据处理与管理区是海洋数据中心的核心，其目标是处理、存储、管理、备份海量数据资源，保证数据安全以及控制整个主干网上信息的流通。因此，该区域内需要配置高性能计算机和大容量存储等设备。

2)公众服务区

公众服务区是向社会用户发布信息的区域，本区域内运行数字海洋公众服务系统(iOcean)、数字海洋移动服务平台(iOcean@ touch)等。

3)交换服务区

交换服务区是数据处理与管理区和公众服务区之间的缓冲区域，本区域作为主干网与核心之间的信息中转，既要保证信息传递快速准确，也要保证核心区的数据安全。

多级海洋数据中心之间通过数据服务总线实现数据交换。数据服务总线提供跨节点和跨应用系统的数据交换、文件传输和分布式数据存储服务。数据服务总线支持统一的数据规范和标准，支持地方节点向国家中心上报数据以及国家中心向地方节点下发数据。数据服务总线包含了节点管理、数据压缩和数据加密等功能，可以保证数据交换传输过程的透明、简便、可靠和安全。数据服务总线提供节点间文件和消息的传输功能，节点数据分发策略管理功能，传输数据的加密、完整性校验、压缩等功能，以及服务注册、服务接入、服务代理、服务路由等功能。

数据服务总线系统结构如图 2-7 所示。节点代理接收待传输文件，根据需要调用加密构件对文件加密，调用压缩组件压缩文件以提高传输效率，经过处理后调用文件发送组件向数据总线中心端发送文件，成功后发送控制消息给中心端，中心端接收到控制消息后依据相反顺序处理文件。

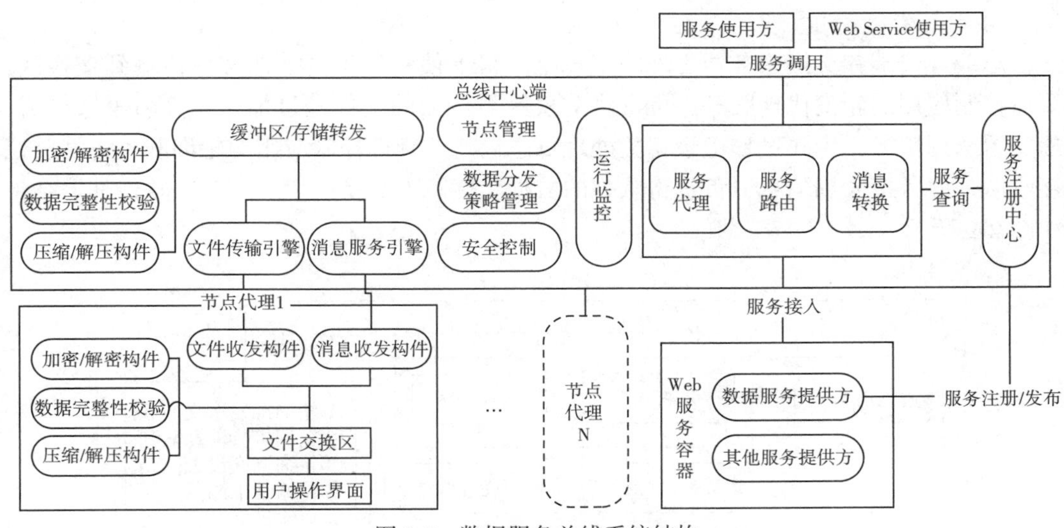

图 2-7　数据服务总线系统结构

数据交换系统的部署方式为：系统数据库和总线管理控制应用在主中心节点统一部署，总线的管理控制应用和总线客户端在各分节点分别部署。其部署内容如图 2-8 所示。

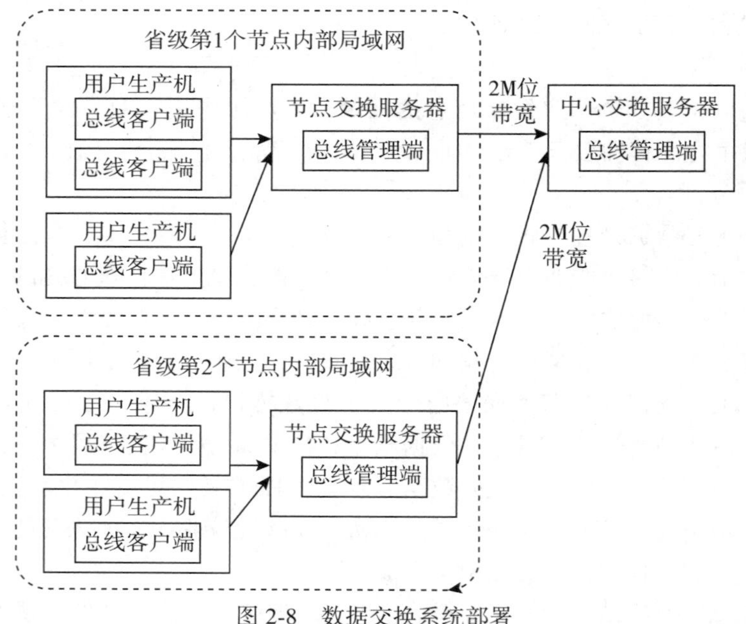

图 2-8　数据交换系统部署

节点端总线管理应用的服务管理功能不对节点进行授权开放，所有节点针对服务的管理(服务发布和服务浏览)功能都要访问主中心节点的服务管理功能，在国家中心进行本节点服务的发布管理。在软件系统部署层面，地方节点与中心节点的软件部署如下：

1) 节点端

总线客户端在交换服务器之外的客户生产机上使用，负责本地文件传输到交换区，管理控制应用的轮询代理服务，负责将交换区需传输的文件经过加密、签名等操作后，提交给队列服务，中间过程记录相关处理日志信息。管理控制应用的轮询服务还将监控接收队列服务接收到信息，负责将队列的数据文件写入交换区。地方节点软件部署结构如图 2-9 所示。

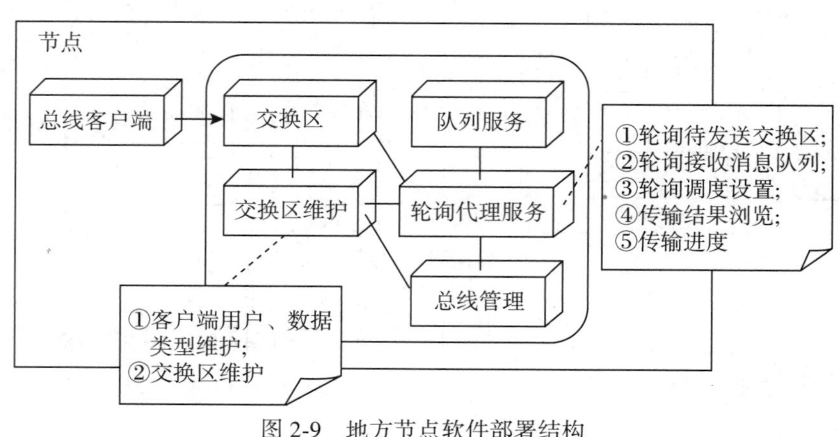

图 2-9　地方节点软件部署结构

2)中心端

中心端在节点部署软件的基础上，增加服务总线核心组件MB(IBM企业服务总线软件)的部署，总线的管理控制应用及其总线系统数据库，负责服务的注册、更新、注销及服务的浏览；节点的管理以及传输历史结果监控。中心节点软件部署结构如图2-10所示。

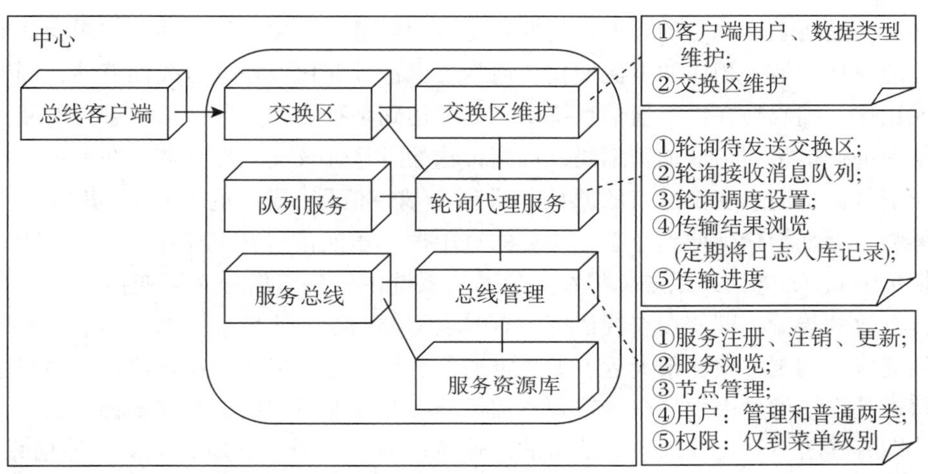

图2-10 中心节点软件部署结构

2.1.3 数字海洋信息通信传输技术

1. 通信系统基本结构

通信的目的是传送包含消息内容的信息，在实际通信系统中，信息通过电或磁性的介质状态来表达，称为信号。因此，通信就是传送和处理各种信号的物理实现。消息的传递是利用通信系统来实现的，通信系统是指完成通信过程的全部设备和传输介质。通信系统有多种形式，采用的设备及功能各不相同，一般可用如图2-11所示的结构模型描述。

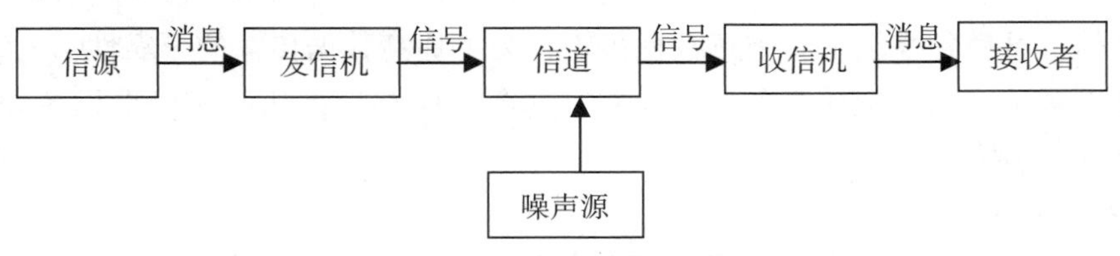

图2-11 通信系统结构模型

其中，信源产生消息的形式有多种，如数字、文字、语音、音乐、图片、视频图像。消息带有给收信者的信息，消息是载荷信息的有次序的符号序列或连续的时间函数，前者称为离散消息、数据等；后者称为连续消息，如声音、视频图像等。发信机的作用是将消息转换为适合在信道中传输的信号。信号是消息的直接反映，与消息一一对应，故信号是消息的载荷者。在通信系统中，信号可以用电压、电流或电波等物理量来体现。通信系统中若传输的信号是时间的连续函数，则称为连续信号，也称模拟信号。若载荷信息的物理量(电信号的幅度、频率、相位)的改变在时间上是离散的，则称为离散信号。如果信号不仅在时间上离散，而且取值也离散，则称为数字信号。

消息转换为信号通常经过三个步骤，即变换、编码及调制，可分别进行也可以同时进行。变换是将表达消息的非电量的变化变换为电量的变化，如电话是利用受话器将语音压力的变化变换为相应的电流变化。通常要求这类变化设备具有线性特性，即响应与作用成正比。编码是在数字通信系统中，为了达到某种目的对数字信号进行的变换，如可对信源进行检错纠错或加密编码，提高传输的可靠性及安全性。调制在通信系统中用来变换信号，从消息变换过来的原始信号称为基带信号(或低通信号)，其特点是其频谱由零频附近开始只延伸到小于几兆赫的有限值。虽然信号在基带上可以直接传输(称为基带传输)，如电话线系统。但在大量通信系统中，基带信号必须变换到射频波段才能进行有效的传输，即使在有线信道中有时也需要调制，使信号频率与信道的有效传输频带相适应。调制方式在很大程度上决定通信系统的性能指标，在通信系统中很重要。

信道是指将信号由发信机传输到收信机的媒介或途径。信道有许多种，主要分为两大类，即有线信道和无线信道。信道的传输特性对通信质量影响很大。在通信系统中，噪声来源有很多，分布于系统的各点。收信机的作用与发信机相反，它完成解调、解码的工作，将信号转换为消息。收信者是消息传输的对象，信源和收信者可以是人或设备，也称为发终端和收终端。

现代社会中，人们的工作、生活都离不开通信，众多的用户相互通信，必须依靠由传输介质组成的网络完成信息的传输。通信的最基本形式是在信源和信宿之间直接建立固定的传输通道，当信源与信宿数量有限时是完全可能的，但当信源和信宿的数量较多时则会造成很大的浪费。若有 n 个终端，需要建立 $n(n-1)/2$ 条信息传输通道，每个终端就要有 $(n-1)$ 个 I/O 端口。信息传输通道和 I/O 硬件设备的增加，系统成本会随终端的数目增加而大大增加，当数据量不大时，信道的利用率极低，这种连接方式就不经济，通常只适用于特殊用途或大型且要求高可靠性能的网络环境中。

克服上述缺点的方法是把所有终端接到一个某种形式的网络上。网络资源对所有终端是共享的，可使各终端之间进行数据传输，为了提高数据传输的可靠性，网络在它们之间能提供多条路径。这样每个终端只需要一个 I/O 端口，从而使终端设备大为简化，整个系统的成本降低。

2. 通信网络

现代通信往往需要许多通信点之间建立相互连接，而且点与点之间的路径不止一条，这样互相连接的通信系统总体称为通信网。为了使整个通信网络有条不紊地工作，还需要标准协议或信令等，它们共同构成完整的通信网。

交换设备、集线器、终端等称作通信网的节点，连接这些节点的传输介质称为链路。链路的功能是为信息传输提供通路；节点的功能是为信息的输入、输出或交换提供场所，故通信网的基本任务是为网络用户提供信息传输路径，使处于不同地理位置的用户间可以相互通信。通信网具备下列功能：

(1)路径。网络能在源节点和目的节点之间建立信息传输通道，为通信的双方提供信息交换路径，通常要经过中间节点转接。

(2)寻址。网络的寻址功能使标明了接收地址的传输信息能正确地到达目的地。

(3)路由选择。在源节点和目的节点之间提供最佳的路由。

(4)协议转换。使采用不同字符、码型、格式、控制方式的用户之间进行信息交换。

(5)速率匹配。在用户和网络之间进行速率变换，使之达到相适应的速率。

(6)差错控制。通过检错、纠错或重发等进行差错控制，保证信息传输的可靠性。

(7)分组。通信网中需将数据分组打包传输，所以在发送端将用户数据按某种协议分组，在接收端接受这些分组数据并组装还原。

通信网络正在向数字化、综合化、宽带化、智能化和个人化方向发展，最终将实现全球一网。数字化就是通信网全面采用数字技术，包括数字传输、数字交换、数字终端等，从而形成数字网，以满足大容量、高速率、低误差的要求。综合化就是把来自各种信息终端的业务综合到一个数字网中传输处理，为用户提供综合性服务。宽带化意味着高速化，即以每秒千兆比特以上的速率传输和交换从语音、数据到图像等多媒体信息，以满足人们对高速数据信息的要求。智能化是指在通信网中引进更多的智能部件，形成“智能网”，以提高网络的应变能力，动态分配网络资源，并自动适应各类用户的需要。个人化即个人通信，它将把传统的“服务到终端”变为“服务到个人”，使任何人都能随时随地与任何地方的另一个人通信，而不管双方是处于静止状态还是处于移动状态。

计算机网络是计算机技术和通信技术紧密结合的产物，多台计算机互联形成一个区域性的网络，在这个区域的所有计算机可以共享其他设备的软硬件资源。它涉及通信与计算机两个领域。计算机网络要完成数据处理与数据通信两大基本功能，那么从它的结构必然可以分成两个部分：一是负责数据处理的计算机和终端，二是负责数据通信的通信控制处理机和通信线路。从计算机网络组成角度来分，典型的计算机网络在逻辑上可以分为两个子网：资源子网和通信子网。计算机网络就是利用通信线路将地理位置分散的、具有独立功能的许多计算机系统连接起来，按照某种协议进行数据通信，以实现资源共享的信息系统。

计算机网络具备下述几个方面的功能：

(1)数据通信。数据通信功能实现计算机与终端、计算机与计算机间的数据传输，这是计算机网络的基本功能。

(2)资源共享。网络上的计算机彼此之间可以实现资源共享，包括软硬件和数据。大数据时代，资源的共享具有重大意义。首先，从投资考虑，网络上的用户可以共享网上的打印机、扫描仪等，这样就节省了资金。其次，现代的信息量越来越大，单一的计算机已经不能将其存储，只能分布在不同的计算机上，网络用户可以共享这些信息资源。再次，现在计算机软件层出不穷，在这些浩如烟海的软件中，不少是免费共享的，这是网络上的宝贵财富。任何连入网络的人，都可以使用它们。资源共享为用户使用网络提供了方便。最后，是实现分布式处理，网络技术的发展，使得分布式计算成为可能。对于大型的课题，可以分为许多的小题目，由不同的计算机分别完成，然后再集中起来解决问题。由此可见，计算机网络可以大大扩展计算机系统的功能，扩大其应用范围，提高可靠性，为用户提供方便，同时也减少了费用，提高了性价比。

计算机网络可按如下不同的标准进行分类：

(1)按网络节点分布，计算机网络可分为局域网(local area notwork，I. AN)、城域网(metropolitan area network. MAN)和广域网(wide area network，WAN)。局域网是一种在小范围内实现的计算机网络，一般在一个建筑物内、一个工厂内或一个事业单位内，为单位独有。局域网距离可在几千米以内，信道传输速率可达 1000Mb/s，结构简单，布线容易。城域网是在一个城市内部组建的计算机信息网络，提供全市的信息服务。广域网范围很广，可以分布在一个省内、一个国家内或几个国家之间。广域网联网技术、结构比较复杂。

(2)按交换方式，计算机网络可分为电路交换网络(circuit switching)、报文交换网络(message switching)和分组交换网络(packet switching)等。

(3)按网络拓扑结构，计算机网络可分为网状型、星型、混合型、总线型和环型等，如图 2-12 所示。在实际组网中，拓扑结构不一定是单一的，通常是几种结构的混用。

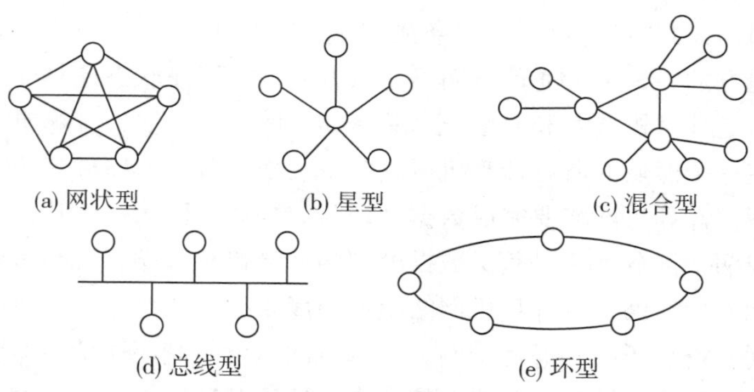

图 2-12　计算机网络拓扑结构

我国海洋观测数据传输网地面链路采用 SDH 光纤技术构建，由国家级主干网和海区子网组成。主干网由国家数据中心与海区业务中心组成，由国家统一建设，各节点间网络带宽不低于 2Mbps。分支网由海区以下包括中心站和海洋站节点组成，由各海区在国家统一的设计框架下建设。海洋观测数据传输网地面链路结构如图 2-13 所示。

3. 移动通信技术

通信系统中采用无线信道实现数据通信的有移动数据通信技术与无线数据通信技术。它们的共同点在于数据通信都是通过无线信道和网络进行的，而“无线”一词的主要含义是指在静止状态进行数据通信，但如果无线网络能提供漫游服务，那么这种情况

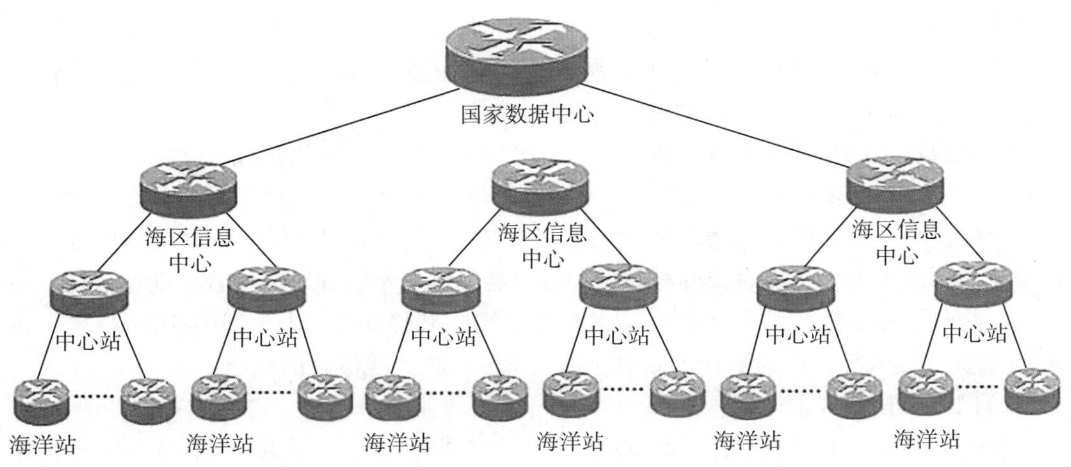

图 2-13 中国海洋观测数据传输网地面链路架构

下的无线数据通信也就变成了移动数据通信。能提供无线数据通信最典型的例子是无线局域网(WLAN)。随着网络技术的发展以及移动、无线网络与互联网的逐步演进和相互融合，无线数据网也能支持终端在运动状态下进行数据通信。数字通信技术大大推动了移动数据通信技术的发展，它主要由两个特征来描述：数据速率(data rate)和移动性(mobility)。各种移动数据网和无线数据网都将成为互联网的无线扩展，形成全 IP 网络。各种移动和无线终端都可以在不同地点和各种运动状态下实现无线 IP 接入互联网，获得互联网的各种信息服务。

按照通信网络的覆盖范围，移动数据通信可以分为两种：

(1)广域网，如基于各代(1G、2G、3G、4G、5G)蜂窝网的移动数据网(如 AMPS/CDPD、GSM/GPRS、WCDMA 等)、专用的公众移动分组数据网(Mobitex、Adis)。其主要特点是窄带低速、覆盖广、可快速运动。

(2)局域网，如 WLAN、HiperLAN、WATM 等。其主要特点是宽带速率高、覆盖窄、慢速运动，由室内向室外发展。

移动通信网由无线接入网、核心网和骨干网三部分组成。无线接入网主要为移动终端提供接入网络服务，核心网和骨干网主要为各种业务提供交换和传输服务。从通信技术层面看，移动通信网的基本技术可分为传输技术和交换技术两大类。

从传输技术来看，在核心网和骨干网中由于通信媒质是有线的，对信号传输的损伤相对较小，传输技术的难度相对较低。但在无线接入网中由于通信媒质是无线的，而且终端是移动的，这样的信道可称为移动(无线)信道，它具有多径衰落的特征，并且是开放的信道，容易受到外界干扰，这样的信道对信号传输的损伤是比较严重的，因此，信号在这样信道传输时可靠性较低。同时，无线信道的频率资源有限，因此有效地利用频率资源是非常重要的。也就是说，在无线接入网中，提高传输的可靠性和有效性的难度比较高。

从网络技术来看，交换技术包括电路交换和分组交换两种方式。目前移动通信网和移动数据网通常都有这两种交换方式。在核心网中，分组交换实质上是为分组选择路由，这是一种类似于移动 IP 选路的机制(或称为路由技术)，它是通过网络的移动性管理(mobility management，MM)功能来实现的。

移动数据网的基本核心技术包括：空中接口核心技术和网络层核心技术。

1)空中接口核心技术

空中接口主要涉及协议栈的物理层、媒质接入控制(MAC)层、数据链路层等。对移动无线网络来说，提高系统的可靠性和有效性关键在于物理层。随着移动通信技术的发展，物理层在多址、数字调制、功率控制、接收和检测等方面不断采用新技术。在 MAC 层优化接入算法，提高接入效率，从而不断改善无线链路的性能。

2)网络层核心技术

在基于分组交换方式的移动数据网中，各种数据业务是以分组形式传送的，分组传送的基本要求一是选择正确的传送路径，二是按业务质量要求传送(如吞吐量、差错率、时延和时延抖动等)。这就构成了网络层的两个基本核心技术，选路(路由)技术和服务质量技术。

选路技术主要基于移动 IP，移动 IP 是互联网工程任务组(Internet engineering task force，IETF)提出的移动主机(mobile host，MH)在互联网(IP 网络)中的选路协议，该协议能对 IP 网络中的移动主机的动态路由进行管理。该协议是网络层的协议，与其底层的物理网络无关。移动 IP 采用代理技术和隧道技术来支持移动主机的移动性，即移动主机使用一个固定的 IP 地址在漫游过程中始终能保持它与网络中其他主机的 IP 路由不中断。移动数据网中 MM 的选路机制虽类似于移动 IP，但并不是同一个协议。因此，在移动网向全 IP 网络的发展演进过程中，MM 的选路机制将逐步由移动 IP 来取代。

服务质量技术实质上是网络为业务提供资源的保障技术，移动数据同时可以提供各种类型的业务，如语音、传真、短消息、文件、图像、视频；不同业务对质量要求不同。评价服务质量的主要指标有吞吐量、差错率、传输时延、时延抖动等。不同业务的服务质量指标是不同的。实时性强的业务，如语音、视频、多媒体业务，对各项指标要求都比较严，要求高吞吐量、低差错率、时延及其抖动小。因此，必须有服务质量技术从移动数据网的物理层、MAC 层、链路层、IP 层、TCP 层和应用层共同来保障。

目前，第五代移动通信系统 5G 已全面商用，成为支撑通信技术的关键技术。5G 移动网络与早期的 2G、3G 和 4G 移动网络一样，5G 网络是数字蜂窝网络，在这种网络中，供应商覆盖的服务区域被划分为许多被称为蜂窝的小地理区域。表示声音和图像的模拟信号在手机中被数字化，由模数转换器转换并作为比特流传输。蜂窝中的所有 5G 无线设备通过无线电波与蜂窝中的本地天线阵和低功率自动收发器(发射机和接收机)进行通信。收发器从公共频率池分配频道，这些频道在地理上分离的蜂窝中可以重复使用。本地天线通过高带宽光纤或无线回程连接与电话网络和互联网连接。与现有的手机一样，当用户从一个蜂窝穿越到另一个蜂窝时，他们的移动设备将自动“切换”到新蜂窝中的天线。

5G 的发展也来自人们对移动数据日益增长的需求。随着移动互联网的发展，越来越多的设备接入移动网络中，新的服务和应用层出不穷，移动数据流量的暴涨将给网络带来严峻的挑战。5G 网络的一个优点在于，数据传输速率远远高于以前的蜂窝网络，最高可达 10Gbit/s，比当前的有线互联网要快，比先前的 4G LTE 蜂窝网络快 100 倍。另一个优点是较低的网络延迟(更快的响应时间)，低于 1ms，而 4G 为 30~70ms。由于数据传输更快，5G 网络将不仅仅为手机提供服务，而且还将成为一般性的家庭和办公网络提供商，与有线网络提供商竞争。以前的蜂窝网络提供了适用于手机的低数据率互联网接入，但是一个手机发射塔不能经济地提供足够的带宽作为家用计算机的一般互联网供应商。5G 网络主要技术特点如下：

(1)峰值速率需要达到 GByte/s 的标准，以满足高清视频、虚拟现实等大数据量传输。

(2)空中接口时延水平需要在 1ms 左右，满足自动驾驶、远程医疗等实时应用。

(3)超大网络容量，提供千亿设备的连接能力，满足物联网通信。

(4)频谱效率要比 LTE 提升 10 倍以上。

(5)连续广域覆盖和高移动性下，用户体验速率达到 100MByte/s。

(6)流量密度和连接数密度大幅度提高。

(7)系统协同化、智能化水平提升，表现为多用户、多点、多天线、多摄取的协同组网，以及网络间灵活地自动调整。

以上是 5G 区别于前几代移动通信的关键，是移动通信从以技术为中心逐步向以用户为中心转变的结果，5G 网络技术将广泛应用于工业物联网、自动驾驶、智能电网、智慧海洋等未来发展。

4. 无线通信技术

海洋无线数据通信主要有三类：短距离无线通信技术、卫星通信技术和水声通信技术。本知识点主要介绍短距离无线通信技术和卫星通信技术。水声通信技术将在下一知识点介绍。

1)短距离无线通信技术

(1)蓝牙无线通信技术。基于蓝牙技术的无线数据网(wireless personal area network, WPAN)。由瑞典爱立信(Ericsson)、芬兰诺基亚(Nokia)、日本东芝(Toshiba)、美国 IBM 和 Intel 公司等五家国际著名厂商联合开发的一项无线网络中各类数据及语音设备互连的技术。

蓝牙技术工作在 2.4GHz ISM(industrial scientific medical，即工业、科学、医用)频段，提供功能强大、价格低廉、大容量的语音和数据网络。其实质内容是建立通用的无线空中接口及其控制软件的公开标准，使通信和计算机进一步结合，使不同厂家生产的便携式设备在没有电线或电缆相互连接的情况下，能在近距离范围内具有互用、互操作的性能。主要技术特点如下：

①蓝牙通信的指定范围是 10m~100m 或者 0dBm，在加入额外的功率放大器后，可以将距离扩展到 100m 或者 20dBm。辅助的基带硬件可以支持 4 个或者更多的语音

信道。

②提供低价、大容量的语音和数据网络。最高数据率为 723. 2KByte/s 的异步(返回速率 57. 6KByte/s)或 434KByte/s 对称，或者最多 3 条语音链路。

③使用快速跳频(1600 跳/秒)避免干扰；在受干扰的情况下，使用短数据帧来尽可能增大容量；使用 1MB/s 符号速率以达到最大限制带宽。

④支持点到点和点到多点的连接，可采用无线方式将若干蓝牙设备连成一个微微网(piconet)，多个微微网又可互联成特殊分散网(adhocscatternet)，形成灵活的多重微微网的拓扑结构，从而实现各类设备之间的快速通信。它能在一个微微网内寻址 8 个设备(实际上互连的设备数量是没有限制的，只不过在同一时刻只能激活 8 个，其中 1 个为主，7 个为从)。

⑤任一蓝牙设备都可根据 IEEE802 标准得到唯一的 48bit 的蓝牙设备地址(BD-ADDR)，它是一个公开的地址码，可以通过人工或自动进行查询。在蓝牙设备地址的(BD-ADDR)基础上，使用一些性能良好的算法可获得各种保密和安全码，从而保证了设备识别码(ID)在全球的唯一性，以及通信过程中设备的鉴权和通信的安全保密。

⑥时分多址(time division multiple access，TDMA)结构。采用时分双工模式(time division duplex，TDD)方案来实现全双工传输，蓝牙的一个基带帧包括两个分组，首先是发送分组，然后是接收分组。蓝牙系统既支持电路交换也支持分组交换，支持实时的同步定向连接(SCO)和非实时的异步不定向连接(ACL)，前者主要传送话音等实时性强的信息，在规定的时间传输，后者则以数据为主，可在任意时间传输。

蓝牙无线通信技术面向的是移动设备间的小范围连接，因而本质上说，它是一种代替线缆的技术。它可以用来在较短距离内取代目前多种线缆连接方案，并且克服了红外技术的缺陷，可穿透墙壁等障碍。通过统一的短距离无线链路，在各种数字设备之间实现灵活、安全、低成本、小功耗的语音和数据通信。

目前，蓝牙技术 4. 2/5. 0 标准是低功耗蓝牙无线技术规范。该技术拥有极低的运行和待机功耗，使用一粒纽扣电池甚至可连续工作数年之久。同时还拥有低成本，跨厂商互操作性，3ms 低延迟、100m 以上超长距离、AES-128 加密等诸多特色，可以用于传感器物联网等众多领域，大大扩展了蓝牙技术的应用范围。

(2)ZigBee 技术。Zigbee 技术是一种应用于短距离和低速率下的无线通信技术，主要用于距离短、功耗低且传输速率不高的各种电子设备之间数据传输以及典型的有周期性数据、间歇性数据和低反应时间数据传输的应用。

ZigBee 是一种高可靠的无线数传网络，可工作在 2. 4GHz(全球流行)、868MHz(欧洲流行)和 915MHz(美国流行)3 个频段上，分别具有最高 250kbit/s、20kbit/s 和 40kbit/s 的传输速率，类似于 CDMA 和 GSM 网络。ZigBee 数传模块类似于移动网络基站。通信距离从标准的 75m 到几百米、几千米，并且支持无限扩展。ZigBee 是一个由可多到 65535 个无线数传模块组成的一个无线数传网络平台，在整个网络范围内，每一个 ZigBee 网络数传模块之间可以相互通信，每个网络节点间的距离可以从标准的 75m 无限扩展。每个 ZigBee 网络节点不仅本身可以作为监控对象，例如其所连接的传感器直接进行数据采集和监控，还可以自动中转别的网络节点传过来的数据资料。除此之外，每一个 ZigBee 网络节点(FFD)还可在自己信号覆盖的范围内，和多个不承担网络信息中转任务的孤立的子节点(RFD)无线连接。图 2-14 所示为典型的四信 ZigBee 嵌入组网应用案例。

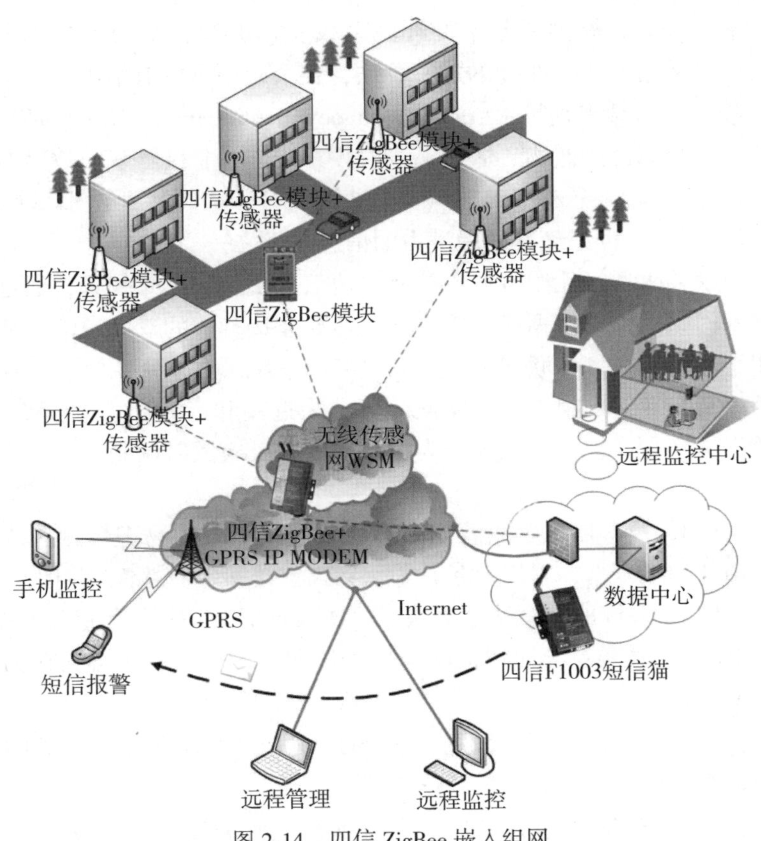

图 2-14　四信 ZigBee 嵌入组网

ZigBee 技术具有如下特点：

①功耗低：由于 ZigBee 的传输速率低，发射功率仅为 1mW。而且使用驿站方式传递信息，采用了休眠模式，降低了功耗，因此 ZigBee 设备非常省电。据估算，ZigBee 设备仅靠两节 5 号电池就可以维持长达 6 个月到 2 年左右的使用时间，这是其他无线设备望尘莫及的。

②成本低：ZigBee 无线设备体积非常小，并且 ZigBee 协议是免专利费的。一般用作传感器，放置在系统的各个角落搜集信息。低成本对于 ZigBee 技术与其他技术竞争也是一个关键的因素。

③时延短：通信时延和从休眠状态激活的时延都非常短，典型的搜索设备时延 30ms，休眠激活的时延是 15ms，活动设备信道接入的时延为 15ms。因此 ZigBee 技术适用于对时延要求苛刻的无线控制(如工业控制场合等)应用。

④网络容量大：一个星形结构的Zigbee网络最多可以容纳254个从设备和一个主设备，一个区域内可以同时存在最多100个ZigBee网络，而且网络组成灵活。

⑤传输可靠：采取了碰撞避免策略，同时为需要固定带宽的通信业务预留了专用时隙，避开了发送数据的竞争和冲突。MAC层采用了完全确认的数据传输模式，每个发送的数据包都必须等待接收方的确认信息，如果传输过程中出现问题可以重发。

⑥传输安全：ZigBee提供了基于循环冗余校验(CRC)的数据包完整性检查功能，支持鉴权和认证，采用了AES-128的加密算法，各个应用可以灵活确定其安全属性。

(3)RFID技术。射频识别技术(radio frequency identification，RFID)是自动识别技术与无线通信技术紧密结合的产物。通过无线射频方式进行非接触双向数据通信，利用无线射频方式对记录媒体(电子标签或射频卡)进行读写，从而达到识别目标和数据交换的目的，其被认为是21世纪最具发展潜力的信息技术之一。

无线射频识别技术通过无线电波不接触快速信息交换和存储技术，通过无线通信结合数据访问技术，然后连接数据库系统，加以实现非接触式的双向通信，从而达到了识别的目的，用于数据交换，串联起一个极其复杂的系统。在识别系统中，通过电磁波实现电子标签的读写与通信。根据通信距离，可分为近场和远场，为此读/写设备和电子标签之间的数据交换方式也对应地被分为负载调制和反向散射调制。射频识别技术具有如下特性：

①适用性：RFID技术依靠电磁波，并不需要连接双方的物理接触。这使得它能够无视尘、雾、塑料、纸张、木材以及各种障碍物建立连接，直接完成通信。

②高效性：RFID系统的读写速度极快，一次典型的RFID传输过程通常不到100毫秒。高频段的RFID阅读器甚至可以同时识别、读取多个标签的内容，极大地提高了信息传输效率。

③独一性：每个RFID标签都是独一无二的，通过RFID标签与产品的一一对应关系，可以清楚地跟踪每一件产品的后续流通情况。

④简易性：RFID标签结构简单，识别速率高、所需读取设备简单。尤其是随着NFC技术在智能手机上逐渐普及，每个用户的手机都将成为最简单的RFID阅读器。

RFID技术的基本工作原理如图2-15所示：标签进入阅读器后，接收阅读器发出的射频信号，凭借感应电流所获得的能量发送出存储在芯片中的产品信息(Passive Tag，无源标签或被动标签)，或者由标签主动发送某一频率的信号(Active Tag，有源标签或主动标签)，阅读器读取信息并解码后，送至中央信息系统进行有关数据处理。

一套完整的RFID系统，是由阅读器与电子标签(也就是所谓的应答器)及应用软件系统三个部分所组成，其工作原理是阅读器(Reader)发射一特定频率的无线电波能量，用以驱动电路将内部的数据送出，此时Reader便依次接收解读数据，发送给应用程序并做出相应的处理。

从RFID卡片阅读器与电子标签之间的通信及能量感应方式来看，大致可以分成感应耦合及后向散射耦合两种。一般低频的RFID大多采用第一种方式，而较高频的RFID大多采用第二种方式。

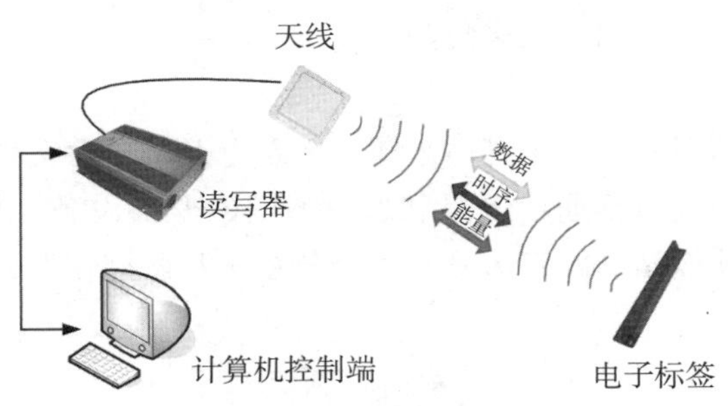

图 2-15　RFID 基本工作原理

阅读器根据使用的结构和技术不同可以是读或读/写装置，是 RFID 系统信息控制和处理中心。阅读器通常由耦合模块、收发模块、控制模块和接口单元组成。阅读器和标签之间一般采用半双工通信方式进行信息交换，同时阅读器通过耦合给无源标签提供能量和时序。在实际应用中，可进一步通过 Ethernet 或 WLAN 等实现对物体识别信息的采集、处理及远程传送等管理功能。

射频识别技术依据其标签的供电方式可分为三类，即无源 RFID、有源 RFID、半有源 RFID。

①无源 RFID。在无源 RFID 中，电子标签通过接受射频识别阅读器传输来的微波信号，以及通过电磁感应线圈获取能量来对自身短暂供电，从而完成此次信息交换。因为省去了供电系统，所以无源 RFID 产品的体积可以达到厘米量级甚至更小。而且自身结构简单，成本低，故障率低，使用寿命较长。但作为代价，无源 RFID 的有效识别距离通常较短，一般用于近距离的接触式识别。无源 RFID 主要工作在较低频段 125kHz、13.56MHz 等，其典型应用包括：公交卡、二代身份证、食堂餐卡等。

②有源 RFID。有源 RFID 通过外接电源供电，主动向射频识别阅读器发送信号。其体积相对较大。但也因此拥有了较长的传输距离与较快的传输速度。一个典型的有源 RFID 标签能在百米之外与射频识别阅读器建立联系，读取率可达 1700read/sec。有源 RFID 主要工作在 900MHz、2.45GHz、5.8GHz 等较高频段，且具有可以同时识别多个标签的功能。有源 RFID 的远距性、高效性，使得它在一些需要高性能、大范围的射频识别应用场合里必不可少。例如，在高速公路电子停车收费系统中发挥着不可或缺的作用。

③半有源 RFID。无源 RFID 自身不供电，但有效识别距离太短。有源 RFID 识别距离足够长，但需外接电源，体积较大。而半有源 RFID 就是为解决这一矛盾而产生的。半有源 RFID 又叫做低频激活触发技术。在通常情况下，半有源 RFID 产品处于休眠状态，仅对标签中保持数据的部分进行供电，因此耗电量较小，可维持较长时间。当标签进入射频识别阅读器识别范围后，阅读器先以 125kHz 低频信号在小范围内精确激活标签使之进入工作状态，再通过 2.4GHz 微波与其进行信息传递。也就是说，先利用低频信号精确定位，再利用高频信号快速传输数据。通常其应用场景为：在一个高频信号所

能所覆盖的大范围内，在不同位置安置多个低频阅读器用于激活半有源 RFID 产品。这样既完成了定位，又实现了信息的采集与传递。

2)卫星通信技术

卫星通信利用通信卫星作为中继站来转发无线电波，从而实现两个或多个地球站之间的通信。卫星通信系统包括通信卫星和保障通信的全部设备，如图 2-16 所示。一般由空间分系统、通信地面站、跟踪遥测及指令分系统和监控管理分系统四部分组成。

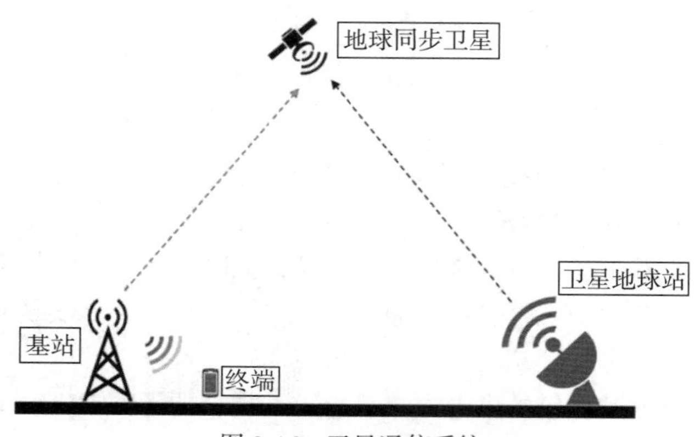

图 2-16　卫星通信系统

(1)空间分系统(通信卫星)。通信卫星主要包括通信系统、遥测指令装置、控制系统和电源装置(包括太阳能电池和蓄电池)等几部分。通信系统是通信卫星上的主体，它主要包括一个或多个转发器，每个转发器能同时接收和转发多个地面站的信号，从而起到中继站的作用。

静止通信卫星是目前全球卫星通信系统中最常用的星体，即将通信卫星发射到赤道上空 35860 千米的高度上，使卫星运转方向与地球自转方向一致，并使卫星的运转周期正好等于地球的自转周期(24 小时)，从而使卫星始终保持同步运行状态。故静止卫星也称为地球同步卫星。静止卫星天线波束最大覆盖面可以达到大于地球表面总面积的三分之一。因此，在静止轨道上，只要等间隔地放置三颗通信卫星，其天线波束能基本上覆盖整个地球(除两极地区外)，实现全球范围的通信。当前使用的国际通信卫星系统，就是按照上述原理建立起来的，三颗卫星分别位于大西洋、太平洋和印度洋上空。

(2)通信地面站，通信地面站是建立在地球表面的微波无线电收、发信站，用户通过它接入卫星线路，进行通信。

(3)跟踪遥测及指令分系统。跟踪遥测及指令分系统负责对卫星进行跟踪测量，控制其准确进入静止轨道上的指定位置。待卫星正常运行后，要定期对卫星进行轨道位置修正和姿态保持。

(4)监控管理分系统。监控管理分系统负责对定点的卫星在业务开通前、后进行通信性能的检测和控制，例如卫星转发器功率、卫星天线增益以及各地球站发射的功率、射频频率和带宽等基本通信参数进行监控，以保证正常通信。

卫星通信与其他通信方式相比较，有以下几个方面的特点：

(1)通信距离远，且费用与通信距离无关。利用静止卫星，最大的通信距离达18000km。而且建站费用和运行费用不因通信站之间的距离远近、两通信站之间地面上的自然条件恶劣程度而变化。这在远距离通信上，相较微波接力、电缆、光缆、短波通信有明显的优势。

(2)广播方式工作，可以进行多址通信。通常，其他类型的通信手段只能实现点对点通信，而卫星是以广播方式进行工作的，在卫星天线波束覆盖的整个区域内的任何一点都可以设置地面站，这些地面站可共用一颗通信卫星来实现双边或多边通信，即进行多址通信。另外，一颗在轨卫星相当于在一定区域内铺设了可以到达任何一点的无数条无形电路，它为通信网络的组成提供了高效率和灵活性。

(3)通信容量大，适用多种业务传输。卫星通信使用微波频段，可以使用的频带很宽。一般 C 频段和 Ku 频段的卫星带宽可达 500~800MHz，而 Ka 频段可达几个 GHz。

(4)可以自发自收进行监测。一般发信端地面站同样可以接收到自己发出的信号，从而可以监视本站所发消息是否正确，以及传输质量的优劣。

(5)无缝覆盖能力。利用卫星移动通信，可以不受地理环境、气候条件和时间的限制，建立覆盖全球的海、陆、空一体化通信系统。

(6)广域复杂网络拓扑构成能力。卫星通信的高功率密度与灵活的多点波束能力加上星上交换处理技术，可按优良的价格性能比提供宽广地域范围的点对点与多点对多点的复杂的网络拓扑构成能力。

(7)安全可靠性，事实验证。在面对抗震救灾或国际海底光缆的故障时，卫星通信是一种无可比拟的重要通信手段。即使将来有较完善的自愈备份或路由迂回的陆地光缆及海底光缆网络，还需要卫星通信作为传输介质应急备份与信息高速公路混合网基本环节。

卫星数据传输方式具有传输距离远、覆盖面广的优点。国际上应用最广的是铱星卫星通信系统，可以提供无手机信号覆盖海域的稳定的无线通信。然而，海洋传感数据的数据量一般较大，高昂的卫星通信费用限制着海洋传感数据的大量传输，且较低的数据通信率也无法满足数据的实时传输。

国内外目前的海洋数据无线通信系统大多以卫星为依托，我国海洋观测数据传输网卫通链路采用 VSAT 卫星通信技术构建，覆盖北京主站、数字海洋国家数据中心、各海区信息中心、各中心站和海洋站。北京主站为主节点，国家数据中心作为双向站接入，如图 2-17 所示。

卫星通信传输速度较慢、功耗高，并且采用的通信协议只包括单一的中继转发功能，并没有对设备进行组网。未来海洋调查观测方式将趋向于无人智能设备多样化、多功能化，例如无人艇、波浪滑翔器、浮标等，这都要求有一种自由灵活的无线通信系统来保证海洋数据的传输。如何利用无线模块以及嵌入式开发构造低功耗、高速率、灵活自由的无线通信系统，将成为未来海洋无线数据传输的主要研究方向。

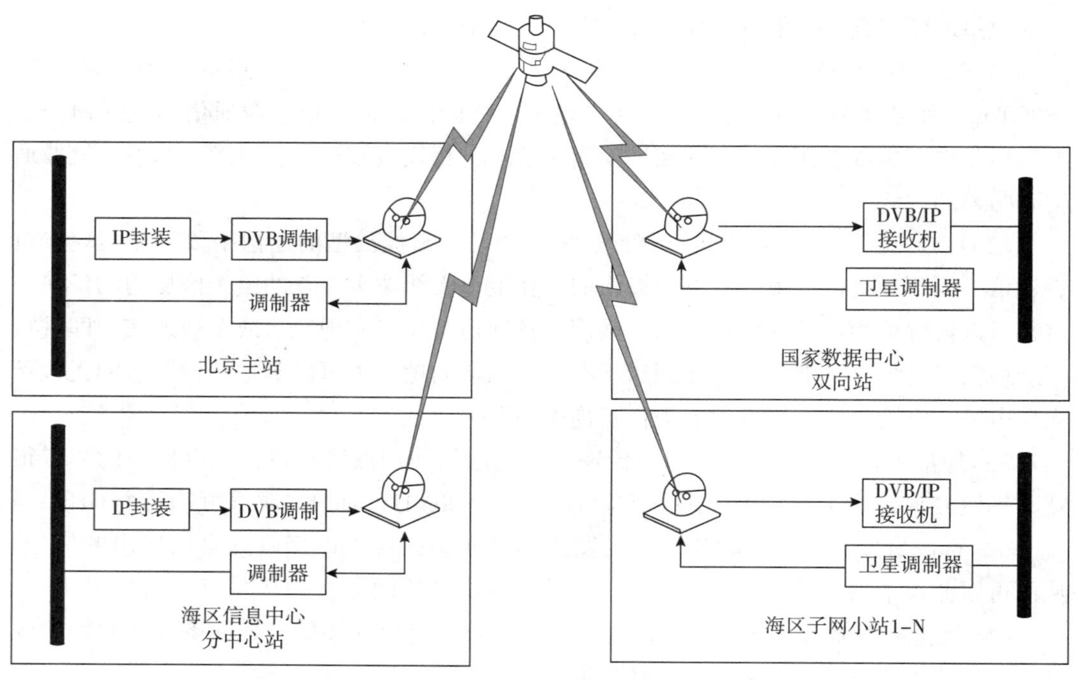

图 2-17　中国海洋观测数据传输网卫通链路

5. 水下无线通信技术

水下无线通信网络关键技术与装备是数字海洋工程重要的数据通信技术。随着海洋经济和军事发展的需求，以水下无线通信等为代表的现代海洋高新技术研究已成为世界新科技革命的主要领域之一。水下无线通信是指在水环境中通过无线载波传输数据，载波可以是电磁波、声波和光波。目前，水下无线通信技术应用均以水声通信为主，国内外纷纷从水声通信网络的体系结构、节点构造、网络协议等方向展开研究。同时还开展水下射频通信技术和水下无线光通信技术等研究。

1）水声通信技术

水声通信（underwater acoustic communication）是一项在水下收发信息的技术，是当前海洋通信中最重要和关键的技术。常见的水声通信方法是采用扩频通信技术，如 CDMA 等。水声通信的工作原理如图 2-18 所示：首先将文字、语音、图像等信息，通过电发送机转换成电信号，并由编码器将信息数字化处理后，换能器又将电信号转换为声信号。声信号通过水这一介质，将信息传递到接收换能器，这时声信号又转换为电信号，解码器将数字信息破译后，接收机才将信息变成声音、文字及图片。

考虑到海洋的极度宽广和海水对其他传输源（如光波和射频波）的强烈衰减作用，水声通信最吸引人的优点是它可以实现长达几十千米的远距离链路。但它也具有一定的内在技术局限性。首先，由于与水声相关的典型频率在 10Hz 和 1MHz 之间，所以声链路的传输数据速率相对较低（通常是 kbps 级别）。其次，由于声波在水中的传播速度很慢（对于纯水来说，在 20 摄氏度下传播速度约为 1500m/s），声学链路遭受严重的通信

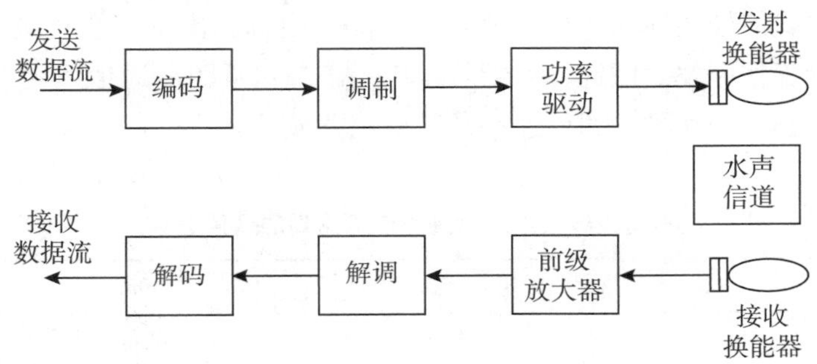

图 2-18 水声通信工作原理

延迟(通常以秒为单位)。因此，它不能支持需要实时大容量数据交换的应用。第三，声波收发器通常体积大、成本高、耗能大，对于大规模的水下无线传感器网络通信的实现不经济。第四，水声通信机使用的是模拟信号，可使海洋中的波浪、鱼类、舰船等产生噪声，导致海洋中的声场极为混乱，声波在海水中传递时产生“多路径干扰信号”，造成接收到的信号模糊不清。目前正在采用电磁波抗干扰的手段——跳频通信研究来解决这一难题，它既能抗多路径干扰又能保证信息安全。因为海水成分很复杂，所以声波传递时就被吸收了一部分，而且频率越高吸收作用越强，对于频率低的声波海水反而吸收得少。专家测试结果：声波频率在 4000Hz 左右为远距离传递的最佳频率，而用 4000Hz 的频率去实现跳频通信，频点与频点之间的距离就很小了。此外，声学技术还会影响到利用声波进行通信和导航的海洋生物。

因此，水声通信技术需要解决的关键问题，主要包括通道的多径效应、时变效应、可用频宽窄、信号衰减，特别是在长距离传输中，水下通信相比有线通信来说速率非常低，因为水下通信采用的是声波而非无线电波。常见的水声通信方法是采用扩频通信技术，如 CDMA 等。

水声通信技术是国际上高新的技术，在远距离深海能准确地接收到通信信号，世界上也只有极少数军事强国才能做到。水声通信发展迅速，国内外很多机构已研制出水声通信 Modem，通信方式主要有 OFDM、扩频以及其他的一些调制方式。此外，水声通信技术已发展到网络化的阶段，将无线电中的网络技术应用到水声通信网络中，可以在海洋里实现全方位、立体化通信(可以与 AUV、UUV 等无人设备结合使用)。水声多媒体通信是海洋科技追求的一个目标，人们希望在水下也能像在陆地一样快速地传输语音、图像、文字及数据。

2)水下射频通信技术

水下射频通信技术可以看作陆地射频通信的延伸。射频(radiofrequency, RF)是对频率高于 10kHz，能够辐射到空间中的交流变化的高频电磁波的简称。射频系统的通信质量很大程度上取决于调制方式的选取，数字调制解调具有更强的抗噪声性能、更高的信道损耗容忍度、更直接的处理形式(数字图像等)、更高的安全性；可以支持信源编码与数据压缩、加密等技术，并使用差错控制编码纠正传输误差。使用数字技术可将

-120dBm以下的弱信号从存在严重噪声的调制信号中解调出来，在衰减允许的情况下，能够采用更高的工作频率。因此，射频技术应用于浅水近距离通信成为可能。表 2-1 给出了不同距离下预计可达到的通信速率及其应用领域。

表 2-1　　不同距离下水下射频通信可达到的通信速率

范围	<10m	50m	200m	>1km
海水	>8Kbps	300bps	10bps	<1bps
淡水	>1Mbps	150Kbps	9Kbps	<350bps
应用领域	潜航器入坞； 高速数据采集； 水下单元状态传感监测网	分布式传感网； 传感网数据采集； 潜航器、潜水员等水下平台间通信	水下传感网； 潜航器； 控制与导航	深水探测； 水下低速电报

水下射频通信是依据麦克斯韦理论，即在变化的电场激励下会产生变化的磁场，而变化的磁场激励同样会产生变化的电场。电磁波就是一种互相激励变化的、在空间传播的电磁场。无线射频通信是一种在传播媒质中使用电磁波进行信息交换的通信方式。

对比声波和光波水下通信技术，水下射频技术具有多项优势：

(1)通信速率高。可以实现水下近距离、高速率的无线双工通信。近距离无线射频通信可采用远高于水声通信(50kHz 以下)和甚低频通信(30kHz 以下)的载波频率。若利用 500kHz 以上的工作频率，配合正交幅度调制(QAM)或多载波调制技术，将使 100Kbps 以上的数据的高速传输成为可能。

(2)抗噪声能力强，不受近水水域海浪噪声、工业噪声以及自然光辐射等干扰，在浑浊、低可见度的恶劣水下环境中，水下高速电磁通信的优势尤其明显。

(3)水下电磁波的传播速度快，传输延迟低。频率高于 10kHz 的电磁波，其传播速度比声波高 100 倍以上，且随着频率的增加，水下电磁波的传播速度迅速增加。由此可知，电磁通信将具有较低的延迟，受多径效应和多普勒展宽的影响远远小于水声通信。

(4)低的界面及障碍物影响。可轻易穿透水与空气分界面，甚至油层与浮冰层，实现水下与岸上通信。对于随机的自然与人为遮挡，采用电磁技术都可与阴影区内单元顺利建立通信连接。

(5)无须精确对准，系统结构简单。与激光通信相比，电磁通信的对准要求明显降低，无须精确的对准与跟踪环节，省去复杂的机械调节与转动单元，因此电磁系统体积小，有利于安装与维护。

(6)功耗低，供电方便。电磁通信的高传输比特率使得单位数据量的传输时间减少，功耗降低。同时，若采用磁混合天线，可实现无硬连接的高效电磁能量传输，大大增加了水下封闭单元的工作时间，有利于分布式传感网络应用。

(7)安全性高，对于军事上已广泛采用的水声对抗干扰免疫。除此之外，电磁波较高的水下衰减，能够提高水下通信的安全性。

(8)对水生生物无影响，更加有利于生态保护。

短链路范围是阻碍水下射频通信技术发展的致命因素。由于含有大量盐的海水是导电传输介质，所以射频波在超低频(30~300Hz)下只能传播几米。电磁波在海水中传播时，其能量会急剧衰减，而且频率愈高，衰减得愈快，这使得水下无线射频通信方式在各类小型探测仪器设备上的使用变得非常困难。此外，水下射频通信系统还需要巨大的发射天线和昂贵、耗能的收发器。

目前，国外已有相关的设备，例如2006年6月，Wireless Fibre Systems 发布了首款水下射频调制解调器 Sl510，利用几千赫兹以下的频率，在水中以100Byte/s的速度通信30m；2007年1月，发布了宽带水下射频调制解调器 S5510，在10m的范围内，数据传输率达到了100KByte/s。

3)水下无线光通信技术

水下无线光通信包括水下可见光通信、水下不可见光通信，是以光波作为信息载体的。水下光通信系统工作原理如图2-19所示，首先发射端采用编码芯片对通信信号进行编码，编码处理后信号加载到调制器上调制成随信号变化的电流，传送至发光光源，以此电流驱动光源发光。发光光源将收到的信号转换为光信号，光信号通过汇聚光学系统汇聚准直后发送到水下信道，光信号通过水下信道到达接收端。接收端将入射的光信号汇聚到光电二极管探测器上，光电二极管探测器将收到的光信号转换成电信号，并对电信号进行滤波放大等处理，再由解码芯片进行解码，从而恢复出原始数据。水下无线光通信系统的传输介质为海水信道。海水信道对光波的吸收和散射特性与陆地光纤、自由光通信的大气不同，通信过程中产生的衰减及脉冲展宽情况更复杂。

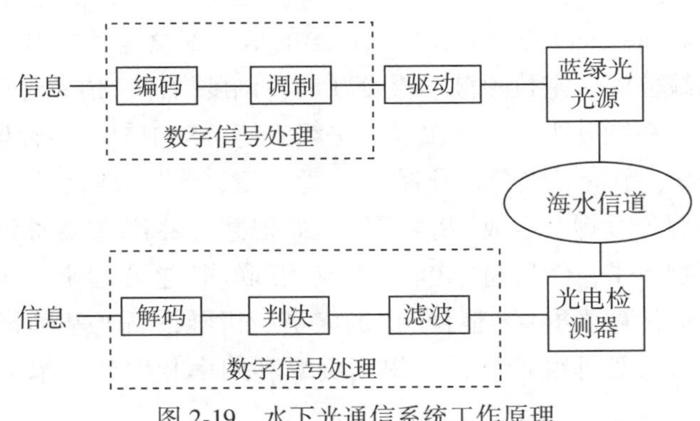

图2-19 水下光通信系统工作原理

水下无线光通信中，光波以海水为传输介质传输信息。光波的水下传输特性直接影响水下无线光通信的质量。海水中存在大量的溶解物质和悬浮体，会对水下传播光波产生吸收和散射作用而导致脉冲衰减及展宽，严重的还会导致产生误码，影响数据传输结果的正确性和传输距离。另外，不同水深、不同海域、不同季节的海水特性不同，对光波衰减的作用也各不相同，光波的水下传输特性会影响整个水下光学无线通信的整体性能和系统设计方案。

从图 2-19 可以看出，海水信道的特性与大气、光纤信道不同，对不同波长的光波衰减也不同。不同的海水信道决定了水下光通信具有不同的特征与通信能力。水下无线光通信系统中，光源及调制方式的选择是影响水下无线光通信系统性能的关键因素。研究表示，在海水中，蓝绿光的衰减比其他光波的衰减要小得多，蓝绿光在海水中具有较强的穿透性，因此发射端的光源模块宜采用蓝绿色高光 LED 或者蓝绿色激光。

水下无线光通信技术与声频、射频信号相比，具有高速率、高带宽的优势，更易于实现水下大容量的数据传输。另外，无线光通信技术具有不易受海水温度和盐度变化影响等特点，抗干扰能力强。水下光通信收发端系统体积小、成本低、功耗低、带宽大、速率高、设计简单。而且，光波相较于声波而言，具有更好的方向性，使其成为一种具有吸引力的可行性的替代方案。然而，光束在海水中的传输远比在大气中所受的影响复杂得多，要受海水中所含水介质、溶解物质和悬浮物等物质成分的影响，而且传输距离较声波要短得多。同时，这种技术受水下环境干扰严重，使得水下光通信技术在一定程度上受到制约。因此，在水下无线光通信网络方面的研究，无论是设备还是网络都还处于初始阶段。

2.1.4　海洋物联网技术

物联网(Internet of Things)指的是将无处不在的末端设备和设施，包括具备“内在智能”的传感器、移动终端、工业系统、数控系统、智能设施、视频监控系统等和“外在使能”的，如贴上 RFID 的各种资产、携带无线终端的个人与车辆等“智能化物件或动物”或“智能尘埃”，通过各种无线或有线的长距离或短距离通信网络实现互联互通(M2M)、应用大集成，以及基于云计算的 Saas 营运等模式，在内网(Intranet)、专网(Extranet)或互联网(Internet)环境下，采用适当的信息安全保障机制，提供安全可控乃至个性化的实时在线监测、定位追溯、报警联动、调度指挥、预案管理、远程控制、安全防范、远程维保、在线升级、统计报表、决策支持、集中展示等管理和服务功能，实现对“万物”的“高效、节能、安全、环保”的“管、控、营”一体化。

把网络技术运用于万物，组成“物联网”，如把感应器嵌入装备到油网、电网、路网、水网、建筑等物体中，然后将“物联网”与“互联网”整合起来，实现人类社会与物理系统的整合。超级计算机群对“整合网”的人员、机器设备、基础设施实施实时管理控制。以精细动态方式管理生产生活，提高资源利用率和生产力水平，改善人与自然关系。

1. 物联网关键技术

物联网是物与物、人与物之间的信息传递与控制。在物联网应用中有以下关键技术：

(1)传感器技术：它是计算机应用中的关键技术。大部分计算机处理的都是数字信号，自从有计算机以来就需要传感器把模拟信号转换成数字信号计算机才能处理。

(2)RFID 标签：也是一种传感器技术。RFID 技术是融合了无线射频技术和嵌入式技术为一体的综合技术，RFID 在自动识别、物品物流管理有着广阔的应用前景。

(3)嵌入式系统技术：它是综合了计算机软硬件、传感器技术、集成电路技术、电子应用技术为一体的复杂技术。经过几十年的演变，以嵌入式系统为特征的智能终端产品随处可见，小到人们身边的智能手环，大到航天航空的卫星系统。嵌入式系统正在改变着人们的生活，推动着工业生产以及国防工业的发展。如果把物联网用人体做一个简单比喻，传感器相当于人的眼睛、鼻子、皮肤等感官，网络就是神经系统用来传递信息，嵌入式系统则是人的大脑，在接收到信息后要进行分类处理。这个例子很形象地描述了传感器、嵌入式系统在物联网中的位置与作用。

(4)智能技术：它是为了有效地达到某种预期的目的，利用知识所采用的各种方法和手段。通过在物体中植入智能系统，使得物体具备一定的智能性，能够主动或被动地实现与用户的沟通。

(5)纳米技术：它是研究结构尺寸在 0.1~100nm 范围内材料的性质和应用，主要包括：纳米体系物理学、纳米化学、纳米材料学、纳米生物学、纳米电子学、纳米加工学、纳米力学等。这 7 个相对独立又相互渗透的学科和纳米材料、纳米器件、纳米尺度的检测与表征这 3 个研究领域联系紧密。纳米材料的制备和研究是整个纳米科技的基础，使用传感器技术就能探测到物体物理状态，物体中的嵌入式智能能够通过在网络边界转移信息处理能力而增强网络的威力，而纳米技术的优势意味着物联网中体积越来越小的物体能够进行交互和连接。电子技术的发展趋势要求器件和系统更小、更快、更冷。更快是指响应速度要快。更冷是指单个器件的功耗要小，但是更小并非没有限度。

2. 物联网体系架构

物联网典型体系架构分为三层，自下而上分别是感知层、网络层和应用层，如图 2-20 所示。感知层实现物联网全面感知的核心能力，关键在于具备更精确、更全面的感知能力。网络层主要以广泛覆盖的移动通信网络作为基础设施，关键针对物联网应用特征进行移动通信网络优化改造，形成系统感知的网络。应用层提供丰富的应用，将物联网技术与行业信息化需求相结合，实现广泛智能化的应用解决方案。

3. 海洋物联网技术

海洋物联网是在计算机互联网的基础上，利用无线射频识别(RFID)、无线数据通信等技术，构造一个立体覆盖海洋舰船、货物、航标、环境监测设备、海上建构筑物等物体的“Internet of Things”。在这个网络中，物体彼此进行“交流”，而无需人为干预，物与人之间也可通过网络进行交流与感知，是“智慧海洋”的基础。

随着无线射频识别技术、无线传感技术、智能嵌入技术和纳米技术等相关技术的发展成熟，势必将创建连接所有海上物体的物联网。随着集成化信息处理技术和云计算技术的发展，海洋环境传感器和海上运输的物品也都将表现出智能化特征，可以被远程识别或被检测出来。届时，海洋物联网产业链将不仅局限于远洋运输、国际物流、渔业捕捞、海洋生态环境监管、国家安全等公共服务或特殊行业应用领域，而且将会向智能化物联网渗透，海洋上所有的物体从舰船到货物、从浮标到水下机器人都可以通过互联网主动进行数据交换。由物联网提供的这些即时信息、应用和服务将扩展到人们的如海上

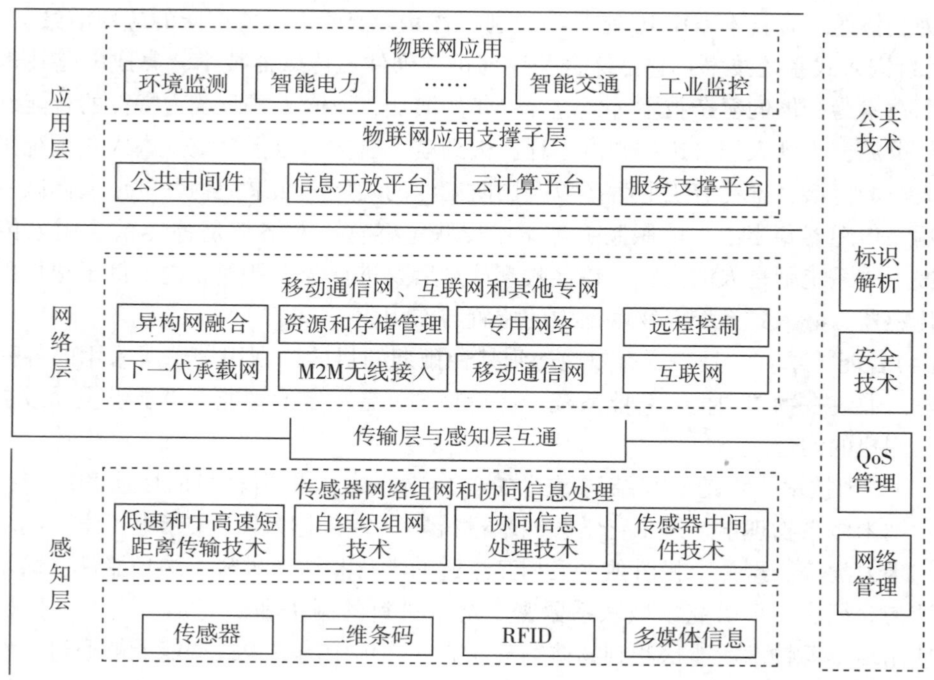

图 2-20　物联网体系架构

旅游、抗灾防灾、海上安全、生态保护、海水发电、海水淡化、海水养殖等更为日常的生活工作当中去，潜移默化地对人类生活产生广泛影响，进而提升人类生活质量。

海洋物联网与卫星通信技术的结合，将会使海洋上各种物品在生产、流通、运营的各个过程当中都具备智能，从而提高海洋管理效率和物品使用效率。而海洋信息服务产业运营商要做的就是引入物联网产业链上下游，整合产业链资源、规范传输网络协议和构建云计算的中央处理单元，为物联网应用匹配相应的终端和网络平台，形成一个完善的物联网体系，建立起一个有广阔市场，以海洋产业需求为导向，有终端、有应用、有服务的陆海多网络融合的海洋卫星通信立体网络架构。这样的无线海洋及海岸带为人们展现的不仅是随时随地随需的无线接入功能，而且是在任何时间、任何地点与任何事物都能通信，能够为涉海商业企业提供新收入机会，能够提升人类生活质量的新型智慧海洋。海洋物联网用途广泛，涉及智能的海事交通、环境保护、公共安全、渔业生产、防灾减灾、资源开发、海洋工程等多个领域，具体应用有口岸商检、全球海中眼、海-气感应器、RFID 标签定位等。物联网在港口贸易中也有广泛的用途，如利用 RFID 和 GNSS 技术在轮船和物流中心对重要物品进行定位，一旦被定位物品离开指定区域，后台便会提示报警并显示物品位置，以此确保商品的安全。当然，在这一新型海洋物联网进化过程中，还存在有一些有待解决的问题，如数据和隐私保护、通信协议的统一规范、技术标准化等。但是新技术对海洋经济的推动是不可忽略的，以现代传感器技术、物联网技术和海洋信息服务技术为代表的新型海洋智能传感网络技术，将无缝地融入人们认识、开发和管理海洋的工作和学习当中，从根本上改变海洋、企业和人们在未来信息社会中的存在方式。

2.2 数字海洋信息获取技术

“天、空、地、海”海洋立体观测网的建立，实现了对海洋的“全天时、全天候”多样化观测，海洋数据的采集量呈指数级增长，并呈现出多类、多维、多语义、强关联等大数据特征。作为大数据的一个重要特例，海洋大数据有其独特的获取手段、类型与特征。下面从海洋数据的观测手段出发，介绍海洋信息大数据的各类获取方式，为进一步分析海洋信息及应用海洋信息数据奠定基础。

2.2.1 天基观测数据获取技术

天基观测主要指航天遥感。海洋卫星遥感利用卫星遥感技术来观察海洋，是海洋环境立体观测中天基观测的主要手段。海洋卫星遥感能采集70%~80%海洋大气环境参数，为海洋研究、监测、开发和保护等提供了一个巨大的数据集，这些信息是人类开发、利用和保护海洋的重要信息保障。图2-21为Landsat 8卫星拍摄的我国长江口遥感图。

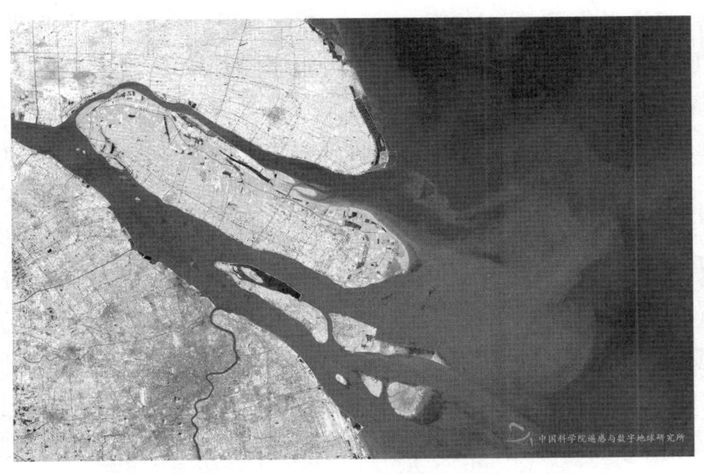

图2-21 长江口30m分辨率遥感图像(Landsat-8)

目前常用的海洋卫星遥感仪器主要有雷达散射计、雷达高度计、合成孔径雷达、微波辐射计以及可见光/红外辐射计、海洋水色扫描仪等。雷达散射计提供的数据可反演海面风速、风向和风应力以及海面波浪场。利用散射计测得的风浪场资料，可为海况预报提供丰富可靠的依据。星载雷达高度计可对大地水准面、海冰、潮汐、水深、海面风强度和有效波高、“厄尔尼诺”现象、海洋大中尺度环流等进行监测和预报。利用星载高度计可测量出全球海平面变化、赤道太平洋海域海面高度的时间序列。合成孔径雷达

(SAR)可确定二维的海浪谱及海表面波的波长、波向和内波。根据 SAR 图像亮暗分布的差异，可以提取到海冰的冰岭、厚度、分布、水-冰边界、冰山高度等重要信息。微波辐射计可用于测量海面的温度。以美国 NOAA-10、11、12 卫星上的甚高分辨率辐射仪(AVHRR)为代表的传感器，可以精确地绘制出海面分辨率为 1km、温度精度优于 1℃的海面温度图像。可见光近/红外波段能测量海洋水色、悬浮泥沙、水质等海洋数据。

海洋卫星观测始于 1957 年苏联发射的第一颗人造地球卫星。1960 年 4 月，美国国家航空航天局(NASA)发射了第一颗电视与红外观测卫星 TIROS-1/2，开始涉及海温观测。1961 年，美国执行“水星计划”，航天员有机会在高空观察海洋。其后，“双子星座”号与“阿波罗”号宇宙飞船获得大量的海洋彩色图像以及多光谱图像。目前国外的海洋卫星主要有美国海洋卫星(SEASAT)、日本海洋观测卫星系列(MOS)、欧洲海洋卫星系统(ERS)、加拿大雷达卫星(RADARSAT)等。20 世纪 80 年代以来，我国开始重视海洋卫星遥感事业的发展，在风云-1(FY-1)系列卫星遥感器的配置上，同时增配了海洋可见光和红外遥感载荷。2002 年 5 月发射了 HY-1A 卫星(中国第一颗用于海洋水色探测业务卫星)。2002—2004 年，我国利用 HY-1A 卫星数据并结合其他相关资料，对发生在渤海、黄海、东海近 24 次赤潮实施预警和监测，累计发布卫星赤潮监测通报 20 期，为我国海洋防灾减灾提供了重要的信息服务，并为海洋环境保护与管理提供了科学依据。

我国目前有海洋水色卫星(HY-1)、海洋动力卫星(HY-2)、海洋雷达卫星(HY-3)三个系列海洋卫星。这三个系列卫星不仅为实施海洋开发战略与发展海洋产业提供了强有力的技术支撑，而且提高了海洋环境预报和海洋灾害预警的准确性和时效性，进而有效实施海洋环境与资源监测，为维护海洋权益、防灾减灾、国民经济建设和国防建设提供服务。

海洋水色(HY-1)卫星系列用于获取我国近海和全球海洋水色水温及海岸带动态变化信息，遥感载荷为海洋水色扫描仪和海岸带成像仪。海洋动力卫星(HY-2)系列用于全天时、全天候获取我国近海和全球范围的海面风场、海面高度、有效波高与海面温度等海洋动力环境信息，遥感载荷包括微波散射计、雷达高度计和微波辐射计等。海洋雷达卫星(HY-3)系列的主要载荷为多极化、多模态合成孔径雷达，用于全天时、全天候监视海岛、海岸带、海上目标，并获取海洋浪场、风暴潮漫滩、内波、海冰和海上溢油等信息；遥感载荷为多极化多模式合成孔径雷达，能够全天候、全天时和高空间分辨率地获取我国海域和全球热点海域的监视监测数据，主要为海洋权益维护、海上执法监察、海域使用管理，同时为海冰、溢油等监测提供支撑服务。

2.2.2　空基观测数据获取技术

空基观测主要指航空遥感，即以飞机、飞艇、气球等飞行器为飞行平台，搭载不同的遥感传感器获取观测数据。航天遥感和航空遥感的区别主要是：①使用的遥感平台不同，航天遥感使用的是空间飞行器，航空遥感使用的是空中飞行器。②遥感的高度不同，航天遥感使用的极地轨道卫星的高度一般约 1000 千米，静止气象卫星轨道的高度约 3600 千米，而航空遥感使用的飞行器的飞行高度只有几百米、几千米、几十千米。

航空遥感平台主要分为常规的航空遥感和无人机航空遥感。常规的航空遥感以遥感飞机作为遥感平台，装载的各种传感器是空基观测数据的主要来源。通常是在机腹设置不同的窗口，便于对海观测，如安置机载航空摄影测量系统、机载激光雷达、多光谱摄影机以及各种成像光谱仪、辐射计、测高仪等仪器设备。无人机航空遥感是近年发展起来的一种集观测、侦察、监视、攻击于一身的空中平台。在海洋观测中，用于收集海上环境信息、部署无人水下航行器、监测水面水体状况。用于海洋观测的无人机，可以携带多种传感器包，用于监测如气象、海面温度、超光谱水色、潮汐和波浪高度等情况。原则上，无人机可以一天或更长一些的时间飞行在某个位置，进行高空间分辨率的时序采样，其主要用途为突发事件及灾害监测和高时效性的资源监测。无人机遥感可满足目前海监执法和海洋资源巡查要求，执行海洋执法监察、环境监测、海域保护等任务。

此外．无人机航空遥感还具有影像实时传输、高危地区探测、成本低、机动灵活等优点。海洋航空遥感技术可实现对赤潮、溢油、海冰等海洋灾害的快速监视监测；可准确获取海岸带资源和环境的科学数据；也可用于开展大范围污染探测与现状调查。先进的航空遥感监测技术将为近海环境保护提供可靠支撑，为国家和地方海洋经济发展规划提供决策依据。

2.2.3 岸基观测数据获取技术

岸基观测分为海洋台站观测和岸基雷达观测。海洋台站是指建立在沿海、岛屿、海上平台或其他海上建筑物上的海洋观测站。海洋台站自动观测系统是最基本的海洋观测装备。观测的参数与服务对象有关，其主要任务是在经济活动最活跃、最集中的滨海区域进行水文气象要素的观测和资料处理，以便获取能反映所观测海区环境的基本特征和变化规律的基础资料，为沿岸和陆架水域的科学研究、环境预报、资源开发、工程建设、军事活动和环境保护提供可靠的依据，具有连续性、准确性、时效性的特点。

美国是最早建立海洋观测站进行海洋环境监测的国家之一，1981 年就开始建设海洋环境自动观测服务系统。目前，美国的沿岸海洋气象观测网(C-MAN)约有 70 个，与锚系浮标网一起，由美国国家资料浮标中心(NDBC)管理，主要为气象预报服务。日本作为一个岛国，四面环海，受海洋影响巨大，日本非常重视海洋环境的观测、监测工作。20 世纪 60 年代中后期以来，日本对海洋的关注越来越强烈，并推动其海洋政策的屡次调整。由于海洋政策的导向作用，日本的海洋监测事业迅速发展，根据 20 世纪 90 年代的参考资料，日本沿岸有综合海洋站 70 余个，潮汐站 150 余个，波浪站 200 多个。根据日本海洋学数据中心(JODC)资料，目前，日本近岸海域环境监测站数量多，基本覆盖了其近岸海域特别是人口比较稠密、海洋开发度高、经济比较发达的沿海地区。

我国在古代就开展了潮位的定点观测，这就是中国最早的海洋观测站。到 1949 年新中国成立前夕，在中国沿海建立的海洋观测站约有 20 个。1958 年，国务院批准了国家科委统一建设海洋观测站的报告，从 1959 年开始，在全国沿岸布设了 119 个水文气象站。截至 1997 年，我国有各种海滨观测站 524 个，其中海洋站 61 个、验潮站 191 个、气象台站 113 个、地震观测站 158 个、雷达站 1 个。全国联网监测的海洋污染监测站 248 个。2007 年，根据国家海洋局新闻信息办公室发布的信息，我国有海洋站 65 个、固定验潮站 70 多个、台风监测雷达站 6 个、测冰站 1 个。

目前，我国建在沿海同时进行海浪、温盐、气象等多要素观测的站约有 108 个，包括 14 个中心海洋站，其中东海区域有 50 个，可进行潮汐、海浪、温盐、海冰、气象和污染等项目的观测、监测，海洋台站观测系统初具规模。图 2-22 显示了其中一个海洋台站自动观测到的海洋水文数据的界面。

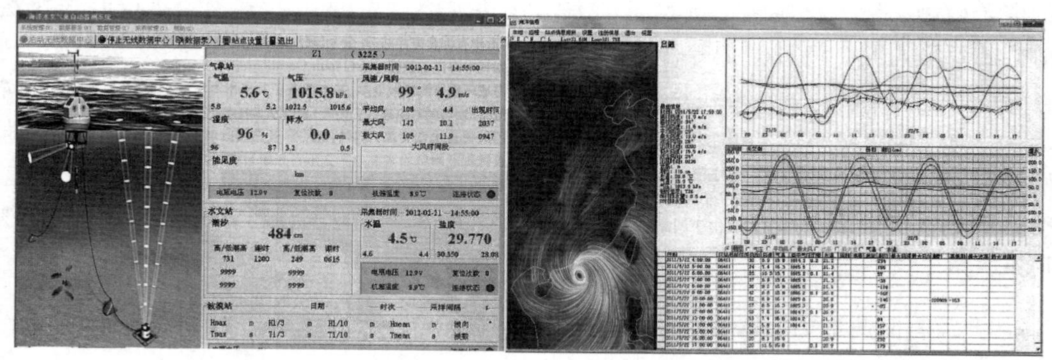

图 2-22　海洋水文气象自动监测系统

海洋台站依据《海滨观测规范》《地面气象观测规范》和《海洋自动化观测通用技术要求》等观测工作执行标准，开展各类观测项目和要素的数据采集处理、传输等工作，主要观测要素包括潮汐、表层水温、表层盐度、海浪、风向风速、气压、气温、相对湿度、能见度和降水量等。

观测仪器设备的测量准确度应满足各要素测量技术指标，包括测量范围、分辨率、准确度、采样频率等。表 2-1 说明了当前海洋台站表层海水温度、表层海水盐度、潮汐、海浪及地面气象观测所使用的观测仪器测量范围和准确度等，这类数据确定了所获取观测数据的质量等级，为观测资料应用提供了更准确的参考。

表 2-1　**海洋台站自动监测系统观测要素测量范围和准确度**

观测要素	测量范围	准确度				记录数据
		一级	二级	三级	四级	
表层海水温度	0~40℃	±0.05℃	±0.2℃	±0.5℃	—	1min 平均值
表层海水盐度	8~36	±0.02	±0.05	±0.2	±0.5	1min 平均值

续表

观测要素	测量范围	准确度				记录数据
		一级	二级	三级	四级	
潮位	0~1000cm	±1cm	±5cm	±10cm	—	1min 平均值
波高	0.5~20m	±10%	±15%	—	—	17~20min 平均值
波向	0°~360°	±5%	±10%	—	—	
周期	2.0~30s	±0.5s				
风向	0°~360°	±5°				3s 平均值 1min 平均值 2min 平均值 10min 平均值
风速	0~60m/s	±(0.5+0.03V)m/s ±(0.3+0.03V)m/s(基准气候观测)				
气温	-50~+50℃	±0.2℃				1min 平均值
相对湿度	0%~100%	±4%(≤80%); ±8%(>80%)				1min 平均值
气压	500~1100hPa	±0.3hPa				1min 平均值
降水量	雨强 (0~4)mm/min	±0.4mm(≤10mm); ±4%(>10mm)				累计

岸基雷达观测是指以海岸为基础部署的雷达观测，主要用于海流测量、海面目标监视等，其优势在于能够对海面目标进行持续、全天候、实时监视。岸基雷达包括高频地波雷达 HFSWR 和 X 波段雷达等。HFSWR 是一种岸基超视距遥测设备，其数据和数据产品有原始测量数据、径向流数据、表面流合成矢量数据、表面流合成矢量图等。在海洋环境监测领域，具有覆盖范围大、全天候、实时性好、功能多、性价比高等特点，在气象预报、防灾减灾、航运、渔业、污染监测、资源开发、海上救援、海洋工程、海洋科学研究等方面有广泛的应用前景。

国内哈尔滨工业大学于 20 世纪 80 年代初开始开展高频地波雷达的研制工作。武汉大学在 1993 年完成高频地波雷达 OSMAR 样机的研制并在广西北海进行了海流探测试验；2001 年以来，西安电子科技大学也开展了综合脉冲孔径体制高频地波超视距雷达的研究；国产高频地波雷达分别于 2000 年 8 月、2000 年 10 月、2004 年 4 月、2007 年 8 月和 2008 年 8 月在东海等地开展了对高频地波雷达海洋动力学参数探测能力的五次海上现场对比试验，全面验证了国产高频地波雷达流场探测性能，其中 2008 年 8 月在福建示范区进行的比测试验证明了国产高频地波雷达具备常规业务化运行能力。

2.2.4 船基观测数据获取技术

船基观测数据的获取主要指调查船观测和走航拖曳式观测。

调查船观测就是在船舶上配备先进的仪器设备进行观测，目前仍是海洋调查观测的主要作业模式，是建设海洋环境立体监测网的重要内容。我国“雪龙”号极地科考船就是典型的调查船，它安装了可以用来探寻磷虾及其他极地区域水生动物的鱼探仪，可在航行时测定海水流速、方向的多普勒海流计，以及用于测量海水温度、盐度、深度等海洋数据的一大批先进仪器设备，可对极地海洋、大气、生物、地质、渔业和生态环境等进行综合考察。调查船上布放的仪器包括：温盐深探测仪(CTD)、水质测量仪器、走航式声学多普勒流速剖面仪(ADCP)等，能在走航中同时测量海流速度的剖面分布和海水中悬浮沙的浓度剖面分布，并能实时显示水中悬浮物的运动状态，如图2-23所示。

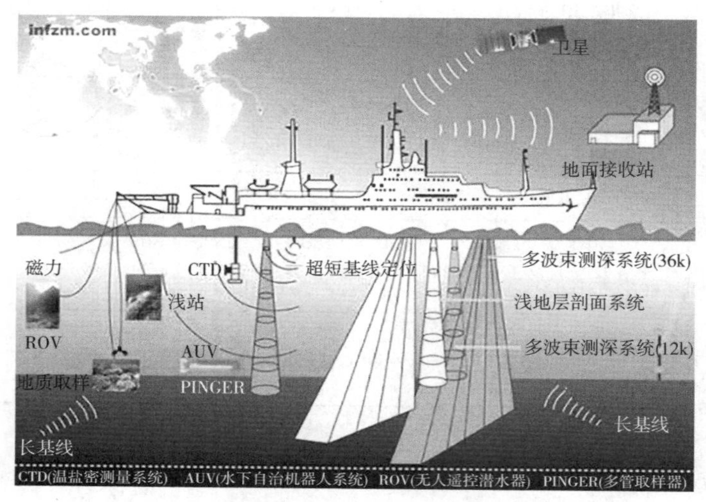

图2-23 海洋调查船上布放仪器设备

海洋调查船是指专门从事海洋调查观测的船只，用于运载海洋调查工作者和海洋仪器设备到特定的海域，对海洋现象进行观测、测量、采样分析和数据初步处理等工作。海洋调查船种类很多，划分种类的方法也有数种。依据海洋调查的任务和用途来分，有综合调查船、专业调查船和特种海洋调查船。综合调查船又有“海洋研究船”之称，其主要任务是进行基础海洋学的综合调查，如美国的“海洋学家”号、如苏联的“库尔恰托夫院士”号等。在船上除了具备系统观测和采集海洋水文、气象、物理、化学、生物和地质的基本资料和样品所需要的仪器设备之外，还应具备整理分析资料、鉴定处理标本样品和进行初步综合研究工作所需要的条件和手段。专业调查船只承担海洋学某一分支学科的调查任务，与综合调查船相比，具有任务单一、重点突出、工作深入等优点，船体也较小。比较常见的专业调查船有以下几种：①海洋测量船，如美国的“威尔克斯”号；②海洋物理调查船，如苏联的“罗蒙诺索夫”号；③海洋气象调查船，如日本的“启凤丸”号；④海洋地球物理调查船，如美国的“测量员”号；⑤海洋渔业调查船，如美国的“M. 弗里曼”号。特种海洋调查船是为了解决某项任务，专门建造的构造特殊的调查船。目前最引人注目的有以下几种：宇宙调查船、极地考察船、深海采矿钻探船。

走航拖曳式观测是将拖曳式海洋调查仪器从船尾放入海中，拖曳在船后进行观测。

拖曳系统的观测参数包括水体叶绿素浓度、温度、盐度、溶解氧、营养盐等，通过船舶走航拖曳方式可实现上述参数的连续剖面观测或定深观测，测量数据连同经纬度等辅助数据实时被传输至调查船上，如图 2-24 所示。走航观测是极地考察的一个重要组成部分，通过走航观测可以获得跨越多个经度的海洋生物、海洋化学、海洋物理、大气等科学数据，有助于科研人员进行系统的对比研究。例如，船载拖曳式光纤温深剖面连续测量系统是一种高密度、高效率船载拖曳式测量装备，充分发挥系统在时间上和空间上的连续测量的优势，为海洋调查和科学研究提供了全新的观测技术手段，以快速高效获取高时空密度、温深数据。因此，走航拖曳式观测是海洋观测的重要内容之一。

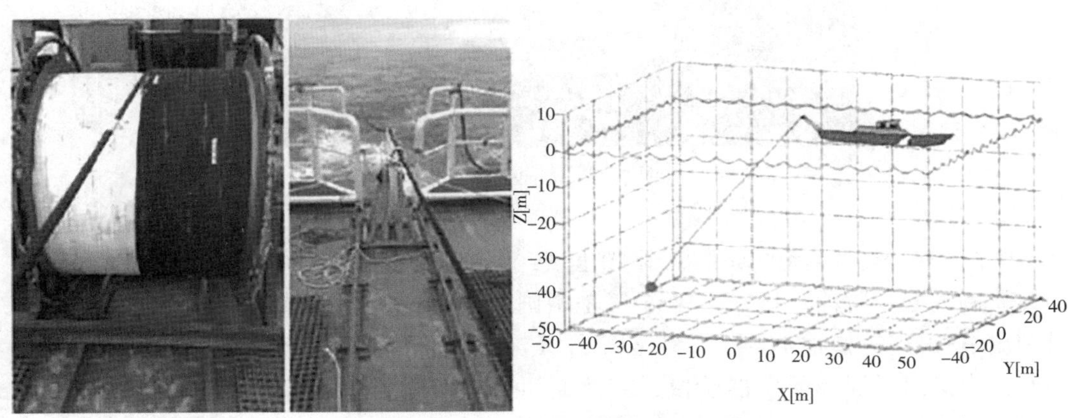

图 2-24　船载拖曳式光纤温深剖面连续测量系统

2.2.5　海基观测数据获取技术

海基观测是依靠海面、海水和海底，利用各种漂浮、固定和移动平台搭载不同的传感器获取观测数据。根据观测时平台设备的相对状态，可将海基观测分为海基定点观测和海基移动观测。

1. 海基定点观测

海基定点观测主要指海洋定点浮标观测和海床基观测，即水面和海底定点观测。

海洋浮标观测是指利用具有一定浮力的载体，装载相应的观测仪器和设备，被固定在指定的海域，随波起伏，进行长期、定点、定时、连续观测的海洋环境监测系统。海洋浮标根据在海面上所处的位置分为锚泊浮标、潜标和漂流浮标，其中前两者用于定点观测，后者属于移动观测。锚泊浮标用锚将浮标系留在海上预定的地点，具有定点、定时、长期、连续、较准确地收集海洋水文气象资料的能力，称为“海上不倒翁”，如图 2-25 所示。潜标可潜于水中，主要用于深海测流和深层水文要素观测，对水下海洋环境要素进行长期、定点、连续、同步剖面观测，不易受海面恶劣海况的影响及人为(包括船只)破坏，海洋潜标系统可以观测水下多种海洋环境参数。

图 2-25　海面锚泊浮标

中国海洋资料浮标的研制始于 20 世纪 60 年代中期。1965—1975 年是中国海洋浮标研制的起步阶段。1975—1985 年是中国海洋浮标研制的试验阶段，在此期间共研制出 HFB-1、"南浮 1"号、"科浮 2"号等自动化程度较高的海洋资料浮标。"七五"期间是中国海洋浮标的发展阶段，在此期间研制布放了适用于近海陆架海区的小型海洋资料浮标，适用于水深 200m 以内海域的海洋资料浮标，适用于水深 4000m 以内海域的深海海洋资料浮标。近 20 年是中国海洋浮标快速升级发展的新阶段，国家海洋局、省(市)级海洋与渔业厅和中国科学院、中国海洋大学等一大批海洋管理单位和科研院所，研制布放了大量海洋生态环境与海水水质监测浮标、海洋渔业生产与资源监测浮标、灾害监测与预警预浮标和海洋水文气象与海洋科学观测研究浮标等，初步形成了近海浮标数据的获取网络。我国的海洋资料浮标研制虽然起步较晚，但在某些方面的水平已经达到国际领先水平：观测参数种类多于国外产品，采用了多种数据通信的手段，其中北斗通信方式是我国独有，数据传输间隔方面有多种传输间隔可供选择。我国已经初步建立了包含约 150 个浮标的近海浮标观测网。海洋浮标的发展呈现以下趋势：海洋浮标观测由单点向网络化、综合化发展，通用型浮标向高精度、多参数、多功能综合观测方向发展，深远海观测浮标向业务化观测发展，数据传输向大容量、实时传输方向发展。

海床基观测系统是一种坐底式离岸海洋多参数监测系统。主要采用各种仪器探测海底附近的海洋参数，还可以采用声学仪器测量海洋的剖面参数。为方便回收，海床基系统配有声学释放装置。监测对象包括海流剖面、水位、盐度、温度等海洋动力要素。系统坐底工作期间，各种测量仪器在中央控制机的控制下，按照预设方案对海洋环境进行监测。中央控制机从采集到的原始数据中提取特征数据，控制声通信发射机将数据实时传送至水面浮标系统，再由浮标通过卫星通信将数据转发至地面接收站。在完成预定监测工作后可通过声学遥控释放手段对系统进行回收。

海床基观测系统是一种在海底工作的自容式综合测量装置，可布设于河口、港湾或者近海海底，对悬浮泥沙参数以及引起悬浮泥沙运移的海洋动力参数进行长期、同步、自动测量，为分析研究各种海洋动力条件下特别是大风浪条件下悬浮泥沙的运移规律提供资料，适用于海洋工程、港湾码头建设的前期调查和海上工程设施(平台)的灾害预报海洋学研究。海床基观测系统是海洋环境立体监测系统的重要组成部分，是获取水下长期综合观测资料的重要技术手段，在海洋监测领域的应用十分广泛。以美国为首的一些西方国家近年来比较重视水下长期无人监测站的建设，主要用于长期监测海洋生态系统环境变化的趋势。美国与加拿大在 1998 年启动"海王星(Neptune)计划"，建设计划的主要目的是开展板块构造与地震、深海生态系统，以及海洋对气候、生态的影响研究。计划建立了 33 个观察基站，布设的仪器观测设备主要包含潜标、CTD、ADCP、海流计、波浪传感器、光源相机、营养盐测量仪、地震仪以及水下机器人(ROV、AUV)等，图 2-26 显示了该项目计划的观测节点的布放情况。

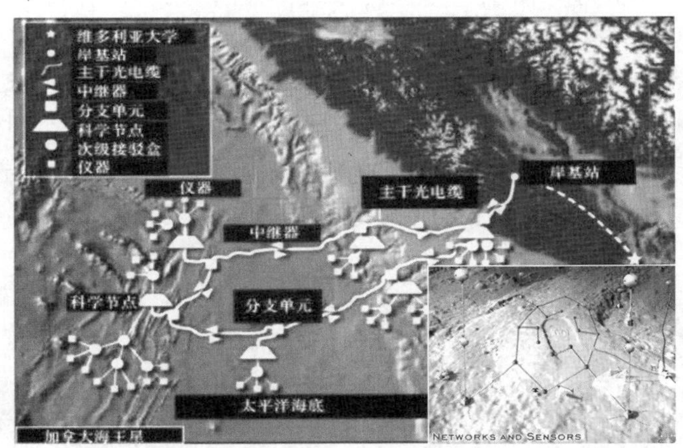

图 2-26　美国、加拿大的"海王星计划"布放观测节点示意

2004 年，英国、德国、法国制订了欧洲海底观测网计划(ESONET)，该计划与海底"海王星计划"类似，主要目的是开展长期战略性海底监测。该系统在大西洋与地中海精选 10 个海区建立观测网，不同海区的网络系统组成一个联合体，系统分布如图 2-27 所示。ESONET 承担一系列海洋与地球科学研究项目，如评估挪威海海冰的变化对水循环的影响，监视北大西洋的生物多样性，监视地中海的地震活动等。

国内的海床基研究是从 20 世纪 90 年代开始的，当时海床基观测系统是用于长江河道内观测高浓度泥沙的主要装备，主要用于近海的潮汐、潮流、波浪、流速等动力要素的监测。随着我国在海洋资源开发、海洋防灾减灾、节能减排、海洋科学研究等领域开展越来越多的工作，对海床基观测系统的需求也在逐渐增加，海底观测系统也逐步成为海洋技术领域的研究热点。图 2-28 是我国自行研制的海床基观测系统，该系统可观测海流剖面、潮位、波浪、盐度、温度等环境参数，最大布放深度 100m，采用水声通信，

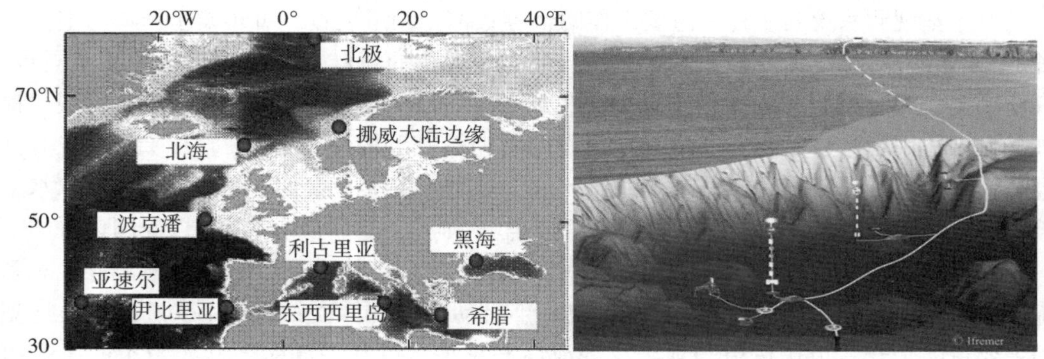

图 2-27　欧洲 ESONET 系统

信号经水面浮标和卫星通信转发至岸站。随着传感器技术、互联网技术、机器人技术和海底光纤电缆技术等相关技术的快速发展，海底观测系统也开始向多学科节点、多功能的长期海底观测网络转变。例如，深海生态过程长期定点观测系统是一种框架式水下固定海床基观测网络平台，可根据科学需求选择搭载不同的传感器，能够长期在海底进行连续组网定点观测，并且通过 ROV 来调整观测海床基的具体位置，可以获得超过一年的多传感器同步定点精确观测数据，以此来研究深海生态系统的形成与演变机制、生物生长周期和代谢节律、种群随季节变化等海洋现象。

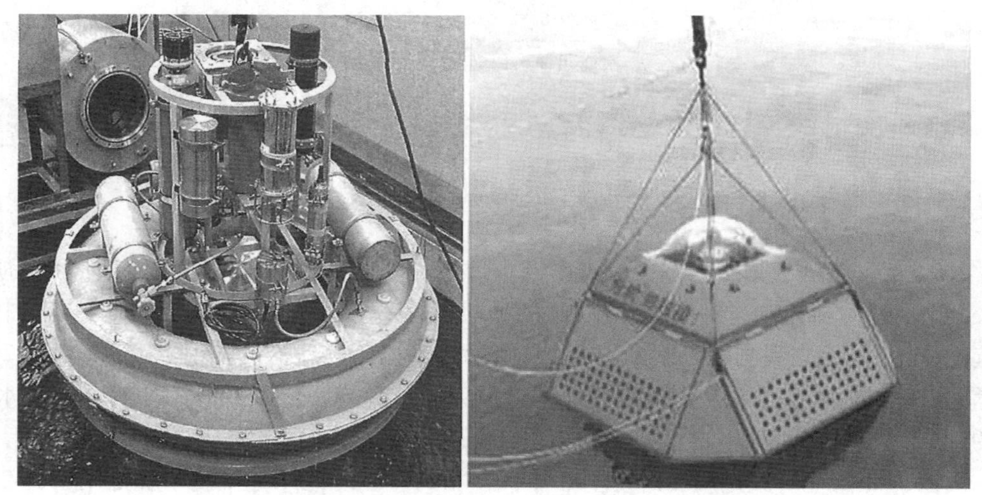

图 2-28　我国自行研制的海床基观测系统

2. 海基移动观测

海基移动观测主要指水面的漂流浮标、水下滑翔机和无人水下航行器等海洋移动平台观测，即水面和水下移动观测。

1)漂流浮标

漂流浮标可以在海上随波逐流并收集大面积的有关海洋的资料，它具有体积小、重量轻，没有庞大复杂的锚泊系统，同时操作简单且价格实惠的特点。目前有表面漂流浮标、中性浮标、各种小型漂流器等。它利用卫星系统定位与传送数据，可以连续观测表层海流及表层水温。测量参数包括气温、气压、表层水温、水下温度剖面、表层流、全向环境噪声、波浪及方向谱等。

自沉浮式剖面探测浮标是一种典型的漂流浮标海洋观测平台。首先应用在国际Argo计划，故又称之为Argo浮标。1998年，美国和日本等国家的大气、海洋科学家推出了一个全球性的海洋观测计划——Argo计划，目的是借助最新开发的一系列高新海洋技术(如Argo剖面浮标、卫星通信系统和数据处理技术等)，建立一个实时、高分辨率的全球海洋中、上层监测系统，如图2-29所示，以便能快速、准确、大范围地收集全球海洋上层的海水温度和盐度剖面资料，从而了解大尺度实时海洋的变化，提高气候预报的精度，有效降低全球日益严重的气候灾害(如飓风、龙卷风、台风、冰雹、洪水和干旱等)给人类造成的威胁。Argo计划的推出，迅速得到了包括澳大利亚、加拿大、法国、德国、日本、韩国和中国等10余个国家的响应和支持，并已成为全球气候观测系统(Global Climate Observing System，GCOS)、全球海洋观测系统(Global Ocean Observing System，GOOS)、全球气候变异与预测试验(Climate Variability and Predictability，CLIVAR)和全球海洋资料同化试验(Global Ocean Data Assimilation Experiment，GODAE)等大型国际观测和研究计划的重要组成部分。

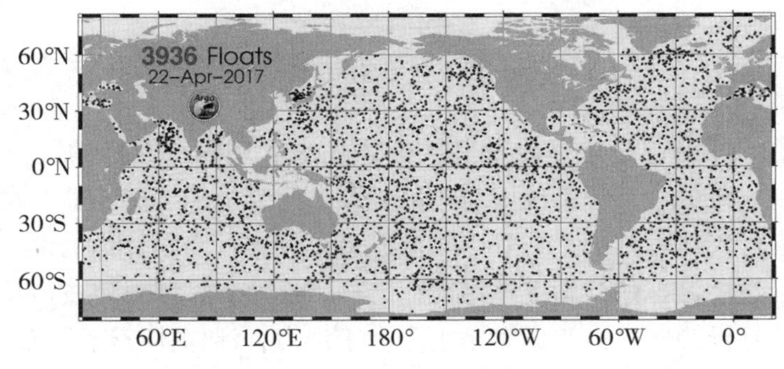

图2-29 全球Argo实时海洋观测网分布图

国际Argo计划及其建设的全球Argo实时海洋观测网，是人类海洋观测史上参与国家最多、持续时间最长、成效最显著的一个大型海洋合作调查项目，也是我国海洋领域20世纪初参与的首个国际大科学计划。随着Argo资料及其衍生数据产品在海洋和大气科学领域基础研究中所取得的丰硕成果，以及人们对提升海洋和天气/气候业务化预测预报能力所带来的美好憧憬，Argo计划在短短20年间取得的举世瞩目成就，特别是收集的海量高精度海洋环境要素资料，不仅为沿海国家海洋资源开发、蓝色经济发展和应对全球气候变化等提供了丰富的基础数据和科学依据，更为全人类积累了一大批宝贵的自然财富。作为全球 Argo 实时海洋观测网的重要组成部分，中国 Argo 计划在邻近我国的西太平洋、东印度洋和南海海域建立 Argo 大洋观测网的框架，如图 2-30 所示，有能力对海洋上层(0~2000m 水深)的海水温度和盐度等海洋环境要素进行长期、实时和大范围的监测。自 2002 年至 2020 年间，我国 Argo 计划累计布放了 400 多个剖面浮标，共接收到 60000 余条温度、盐度剖面(部分含溶解氧剖面)。同时，我国还是国际 Argo 计划成员国，有权利共享其他成员国布放的全部浮标观测资料，累计接收到的温度、盐度剖面多达 200 万条(部分还含溶解氧、pH 值、叶绿素和硝酸盐等生物地球化学要素剖面)，而且每年还会持续接收约 14 万条观测剖面。这些源源不断的、来自深海大洋的物理海洋和生物地球化学环境要素资料，为监测、研究全球海洋和气候变化，特别是我国邻近海域的上层海洋结构和变异等提供了前所未有的数据源，尤其是为海洋科学数据在我国的开放共享打下了坚实的基础。

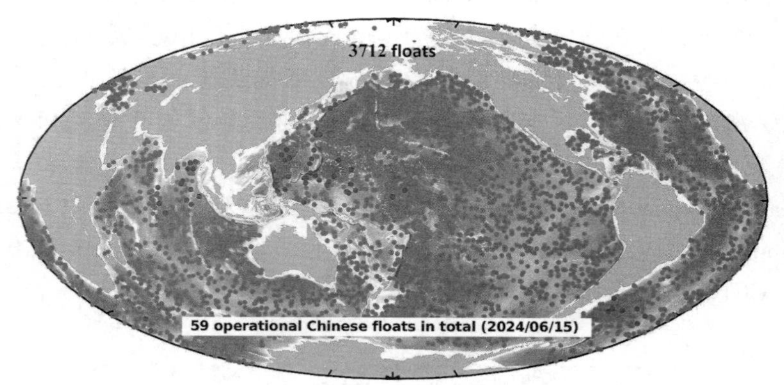

图 2-30　全球 Argo 实时海洋观测网

Argo 浮标在水中沉浮是依靠改变其内部体积来实现的。浮标的沉浮功能主要依靠液压驱动系统来实现的。液压系统则由单冲程泵、皮囊、压力传感器和高压管路等部件组成，皮囊装在浮标体的外部，有管路与液压系统相连。当泵体内的油注入皮囊后会使皮囊体积增大，致使浮标的浮力逐渐增大而上升。反之，柱塞泵将皮囊里的油抽回，皮囊体积缩小，浮标浮力随之减小，直至重力大于浮力，浮标体逐渐下沉。若在浮标的控制电脑中输入按预定动作要求编写的程序，则控制电脑会根据压力传感器测量的深度参数控制下潜深度、水下停留时间、上浮、剖面参数测量、水面停留和数据传输，以及再次下潜等工作环节，从而实现浮标的自动沉浮、测量和数据传输等功能。根据这一原理设计的浮标主要由可变体积的水密耐压壳体、机芯、液压驱动装置、传感器、控制/数据采集/存储电路板、数据传输终端(PTT)和电源等部分组成，其外形与内部结构如图 2-31 所示。

2)水下滑翔机

水下滑翔机是一种依靠浮力驱动、以锯齿形轨迹航行的新型水下移动观测平台，其通过调整自身浮力提供驱动力，并依靠水平翼的升力将垂直运动转换为水平运动。同时

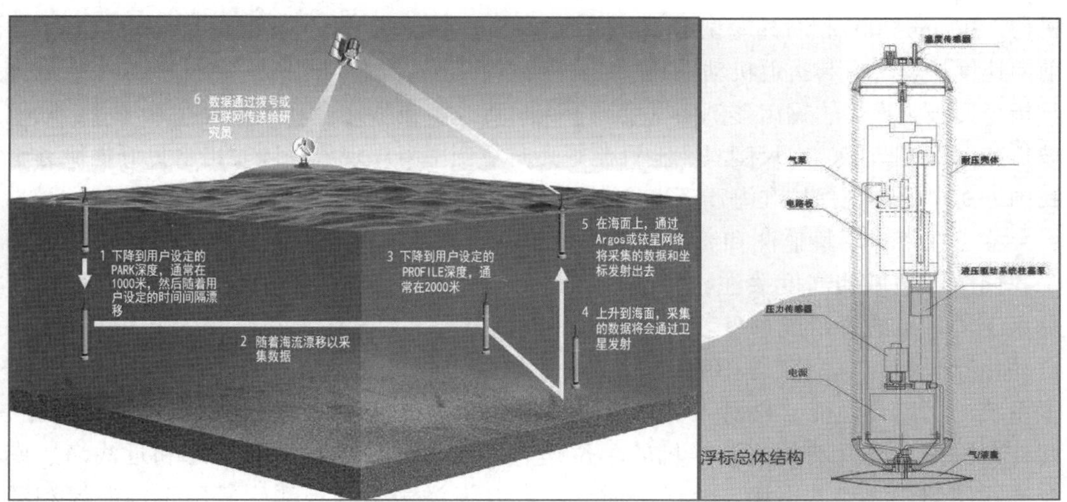

图 2-31 Argo 浮标结构

通过内置姿态控制装置和航向控制装置控制其姿态角和航向角，实现连续可控的滑翔运动，满足对高时空分辨率现场观测数据或敏感区域自主观测的需求。它适合于较大范围、长时间、垂直剖面连续的海洋环境观测，具有可控、体积小、重量轻、易于布放与操作的特点，并且可以在船只进出困难海域以及极端气象条件下进行自主观测，已经成为一种通用的海洋环境观测平台。利用水下滑翔机进行海洋环境观测，可以直接或间接地获得海洋环境参数。直接数据如海水深度、温度、盐度(CTD)，海水浊度，pH 值，叶绿素含量，溶解氧含量，营养盐含量，海水湍动混合，海洋中的声波等。间接数据通过在水下滑翔机上加载其他仪器获取，如加载高频流速剖面仪可进行高精度海洋湍动测量，安装声波探测器和记录仪可以收集海洋中哺乳动物发出的声波。由多个水下滑翔机组成的观测阵列可以进行大范围、长时间跨度的不同断面的准同步观测，克服船基调查站位有限、时间跨度小的缺点。有助于提高对海洋环境测量的时间和空间密度，实现对海洋环境的大尺度测量。是海洋环境立体监测系统的补充和完善，在海洋环境的监测、调查、探测等方面具有广阔的应用前景。

以美国为代表的欧美发达国家大力发展基于水下滑翔机的海洋环境观测技术，如美国 Webb Research 公司的 Slocum、Scripps 海洋研究所的 Spray 和 Washington 大学的 Seaglider，以及法国 ACSA 公司的 SeaExplorer 等均为 50kg 级排水量的小型水下滑翔机。此外，较有影响力的还有美国 Scripps 研究所与华盛顿大学共同研制的 Liberdade 系列 XRay1、XRay2 和 ZRay 等近 1 吨排水量的大型水下滑翔机。与大洋深处动力环境相对稳定不同，深海区海洋温跃层以及近海岸、陆架坡折等区域海洋动力环境复杂多变，而且与人类生产生活联系密切，如温跃层对往来船只(包括潜艇)产生重要影响，近海岸与海洋渔业、海洋经济和海洋安全密切相关，中小尺度各种海洋现象均在近海岸、陆架坡折和深海区温跃层出现。所以美国的水下滑翔机历史轨迹均密密麻麻地点缀在美国近海东西两岸的陆架海域，加拿大、澳大利亚和欧洲沿海国家也不例外。浅海型水下滑翔机(如 Slocum 200)相对深海型水下滑翔机(如 Slocum 1000、Spray 和 Seaglider)具有平均前向速度快、转弯与折返机动性高、能源与载荷搭载量大、下潜驱动浮力损失小、数据与指令回报频次多、锯齿形剖面密度高等突出优点，更加适合观测发生在近浅海、陆架坡折和深海温跃层的中尺度涡、上升流等高时空变率海洋现象。同时也会更好地服务于我国近海岸的环境保护和海洋环境安全保障。

鉴于在海洋环境监测和海洋安全保障等方面的巨大应用价值，水下滑翔机亦引起了我国海洋领域的高度关注，各高校和科研机构已经开展了不同层面的研究。尤其是水下滑翔机的科研成果显著，技术水平大幅提升，如天津大学研制的 Petrel 和沈阳自动化所研制的"海燕"等 1000 米级大深度水下滑翔机已经通过了大量的海试，验证了系统的功能和性能。科研人员利用"海燕"获取了南海大深度断面的温盐结构数据。此外，国内有研发基础或者样机的单位还有多家。为满足我国陆架海和近浅海、南海温跃层的海洋动力环境、海洋水质生态以及海洋声学的观测，适用于近海岸和温跃层海洋水质、生态、动力和声学环境观测的高机动性、高抗流能力需要，天津大学、国家海洋技术中心等单位结合国家海洋局海洋环境监测业务实践需要，自 2012 年开始研制 200 米额定潜深 Petrel 200 和 600 米额定潜深水下滑翔机 Petrel 600(图 2-32)。水下滑翔机将浮标、潜标技术与水下机器人技术相结合，构建了新型海洋环境水下观测立体平台。利用多台水下滑翔机组网协同完成自主观测任务是海基观测数据自动获取技术发展的未来方向。

图 2-32　"海燕"水下滑翔机

3)无人水下航行器

无人水下航行器(UUV)是指用于水下海洋调查、探查与识别和水下作战等，可以回收的小型水下自航载体，是一种以水面舰船或潜艇为支援平台，能够在各种海洋环境中收集水文和海洋学数据，如图 2-33 所示。可长时间在水下自主远程航行的无人智能小型装备平台。无人水下航行器配置多波束主动搜索声呐和侧扫分类声呐等传感器，前者主要是在水下进行初始搜索，判定是否存在飞机残骸、水雷等探测目标，后者则进行精确勘测，对类似目标的物体进行定位和分类。利用无人水下航行器可以进行探测网探潜，获取海洋环境监测、海洋工程勘查等所需的大量水下信息，如海底地貌、海洋气象、地质、水文、磁场、声学特性，以及探测目标特性情况等。其次，无人水下航行器在完成探测水下任务的同时，它们还可以作为远程传感器的节点，通过网络与其他节点共同分享信息资源。因此，无人水下航行器在未来水下观测数据获取中将很有利用价值，特别是在水下观测网络中。水下海基观测网络中发展拥有布放和回收水下航行器的能力的海底工作站，就能大幅度增加无人水下航行器平台传感器获取水下观测数据的效能，使观测范围大为增加，大大丰富水下探测应用场景。

图 2-33　无人水下航行器(UUV)

自主式水下航行器(AUV)是无人水下航行器(UUV)的一种。自主式水下航行器是一种综合了人工智能和其他先进计算技术的任务控制器，集成了深潜器、传感器、环境效应、计算机软件、能量储存、转换与推进、新材料与新工艺，以及水下智能武器等高科技。20 世纪 80 年代末，随着计算机技术、人工智能技术、微电子技术、小型导航设备、指挥与控制硬件、逻辑与软件技术的突飞猛进，自主式水下航行体(AUV)得到了大力发展。由于 AUV 摆脱了系缆的牵绊，在水下作业方面更加灵活。

UUV 和 AUV 具有轻型、中型和重型多个类别，可以执行海洋调查、海洋探测、水下运输、布雷与猎雷、情报侦察等任务。深海预置装置可为深海移动平台提供能源补给、导航定位与对时条件。深海作业工具是拓展深海运载器作业功能、提升深海科学考察能力的重要手段，可以根据具体的探索任务、科研目标来进行差异化配置。作业管理和指挥控制系统是构建深海信息体系的核心，部署于深海作业平台，执行体系资源综合管控、多源信息处理、综合信息管理、单平台/集群作业指挥调度、作战指挥控制、安全防卫管控等任务。

例如，长期定点剖面观测型AUV是一种新型自航式和垂直剖面运动相结合的自主连续观测系统，通过高精度的双向浮力调节技术，实现最优水平航行和垂直剖面运动，搭载相关的传感器，可以获得超过30天的海流、溶解氧、浊度、叶绿素、温盐深等海洋要素的长期剖面数据信息，满足黑潮流经的敏感海域的长期、定点、连续观测的需求。深海热液探测AUV系统是一套集成微地形地貌测量、海底照相、热液异常探测等传感器的4500m级AUV系统，可以在复杂近海底环境自主航行，可以满足深海热液活动区和冷泉区域精细声学探测和近底光学观测的需求。

2.3　数字海洋计算与数据仓库技术

2.3.1　海洋大数据云计算技术

在互联网、云计算、物联网和数字地球等信息技术大发展的推动下，信息不断地汇聚成“数据海洋”，数据成了当今社会增长最快的资源之一。“开采”海洋大数据以挖掘其内部蕴藏的“富矿”，将会有效提升海洋信息化水平。海洋大数据云计算技术必将成为未来数字海洋工程的关键技术。

1. 海洋大数据及其特征

大数据指具有巨大数据规模(Volume)、多样数据类型(Variety)、快捷的传递速度(Velocity)、需运用特定技术和分析方法将其转化为价值(Value)和可靠的数据准确度(Veracity)等特征的一种信息资产。

海洋大数据是指在海洋信息化技术不断进步下，利用先进的仪器设备，通过水下探测、海洋科考、卫星遥感监测、海洋浮标监测等海洋观测监测手段，构建海洋传输网，形成海洋立体观测体系，获取包含海洋气象信息、海洋地质地形信息、海洋动力环境信息和海洋生物信息等大数据。

海洋大数据包含气象、地形、生物等自然数据与海洋经济等社会数据，这种类型复杂多样的数据构成促使海洋大数据具有与其他大数据不同的特征。海洋大数据具有如下特征：

(1)数量庞大。由于海洋调查的方式多种多样，随着技术进步更多的海洋调查方式也逐渐投入应用，数据的统计周期也越来越短，数据的时间间隔越来越短，促使海洋数据数量急剧增长。海洋大数据聚合在一起的数据量是非常大的，根据“中国近海‘数字海洋’信息基础框架”统计数据量约30.87TB、国内历史资料约652GB、国际历史资料整合约50.2GB，历史遥感资料整合约1.31TB。如果加上国家海域使用保护动态监测管理平台等国家、省和市级海洋管理专题数据库数据，至少要有超过IDC(Internet Data Center)定义100 TB的可供分析的海洋数据。

(2)空间性。海洋数据不同于其他数据类型的一大特点就是具有明确空间定位的数据才具有应用价值。由于海洋面积广阔，不同海域不同深度的地点同一监测要素都具有不同的特性，所以海洋数据具有空间性。

(3)来源丰富。海洋数据获取的方式多种多样，海洋多源数据来源：①海洋历史调查数据资料，包括海洋基础地理信息、海洋环境监测信息、海洋社会经济信息以及海洋管理工作信息等。②海洋专项调查与评价数据资料，近海海洋综合调查资料，包括近岸海域基础调查、海岸带与海岛调查、海域使用现状调查、沿海地区社会经济基本情况、南海和黄海辐射状沙脊群调查等专题调查数据，综合评价资料成果包括近岸重点海域环境质量评价、辐射状沙脊群环境变化与开发利用评价、近岸重点海域渔业资源保护与开发利用评价、潜在海水增养殖区评价与规划、海滨湿地保护与土地利用潜力评价、潜在滨海旅游区评价与选划、海洋经济可持续发展综合评价等专题评价数据。③“数字海洋”综合业务系统运行数据，包含地方自建海洋特色系统的运行数据和国家系统整合的海洋环境基础数据库、海岛专题库、海洋经济专题数据库、海洋科技专题库、海洋执法监察专题库、海域使用专题库数据。

(4)类型丰富。由于获取海洋数据的方式不同，所获取的数据类型也有所不同，数据的表达方式也不同。海洋数据类型繁多，包括海洋基础地理与遥感数据库、海洋环境数据库、海洋管理专题数据库、海洋信息产品数据库、海洋环境要素整合数据库和海洋信息元数据库等。复杂多变是海洋大数据的重要特性。随着互联网与传感器技术的飞速发展，非结构化数据大量涌现，非结构化数据没有统一的结构属性，难以用表结构来表示，在记录数据数值的同时还需要存储数据的结构，增加了数据存储、处理的难度。海洋数据种类繁多，包括海洋地质数据、海洋气象数据、海洋化学数据等多种数据类别，在每一种大类别下还可以继续细分。

(5)多维性。每一位置的一种海洋数据具有多种属性。在空间上包含了多站位、多剖面、水深分层的三维立体调查数据，在时间上包含静态的站位、航次观测和动态的时间序列观测类型；在内容上包含海洋环境、海洋资源评价等不同专题。因此海洋数据是一种多时空尺度、多专题的复杂数据集，具备海洋数据的多源性、多态性和多样性特征。

(6)实时性。伴随科技的不断发展，海洋数据的获取周期越来越短，海洋数据的时效性不断增强。海洋流场、风场大数据以数据流的形式产生、快速流动、迅速消失，要求快速的数字模拟预报处理。随着各种海洋传感器和互联网络等信息获取、传播技术的飞速发展，数据的采集、传输、发布越来越容易，采集数据的途径增多，空-地-底数据呈快速增长，新数据连续不断获取，快速增长的数据量要求数据处理的速度也要有相应的提升，才能保证大量的海洋数据得到有效的利用。否则不断激增的数据不但不能为解决问题带来优势，反而成了快速决策的负担。同时，海洋数据不是静止不动的，而是在海洋动力变化过程和互联网络中不断流动的，且通常这样的时空数据的价值是随着时间的推移而迅速降低的，如果数据尚未得到及时有效的处理，就失去了价值，大量的数据就没有意义。

海洋大数据应用于航运、海洋资源开发、海洋环境保护、海洋空间利用等行业，详见表2-1。

表 2-1　　　　　　　　**海洋大数据在各个行业的应用需求**

行业	应用需求
全球航运	导航、定位
海洋环境保护	生物多样性、海洋大气、海洋污染(溢油污染、危险化学品污染、放射性污染)、赤潮(绿潮)灾害、海水入侵、土壤盐渍化、海岸侵蚀
海洋资源开发	石油勘探开发区、海洋倾倒区
海洋空间利用	海洋工程建设项目、自然特别保护区、特别保护区、生态文明建设示范区、海水浴场、滨海旅游度假区、海水增养殖区
海洋资源管理	调查评估渔业资源状况；制定并实施保障海洋渔业及所有海洋生物资源持久利用的战略；对海洋矿产资源开发活动进行合理、科学的控制；组织实施对海洋矿产资源持续利用的评价工作；统一管理海洋矿产资源等资料；审批海洋空间资源的使用权限；管理海洋空间资源利用的合理布局；进行海域使用的协调管理；开展海洋旅游资源分布、类型、数量的普查和价值登记评定
海洋界限划分	查询分析空间地理信息

2. 海洋大数据与云计算融合

全球航运业的迅猛发展，海洋环境保护需求的日益增多，海洋资源管理事务的日益增加、海洋资源开发利用项目与日俱增和出于国家利益的海洋划界等国民经济建设领域对海洋测绘产品质量提出了越来越高的要求。中国现有的海洋地理空间信息共享服务平台已经无法满足高运算、高消耗、地理处理需求复杂的海洋地理空间信息服务的日益增长的需要。

云计算是指运用一系列的计算资源共享池进行的计算，在大量的分布式计算机上计算数据，是一种大规模分布式计算模式。海洋大数据离不开云计算，尽管传统架构可以增加配置，但是其传统的 IT 架构和数据处理模式无法有效应对体量巨大、类型繁多的海洋大数据，若将海洋大数据存储于传统的数据库里是无法维持其实用性和有效性的。因此，需要将海洋大数据存放在大平台上以满足用户的需求，这种平台称为云计算平台。针对海洋大数据的特征，云计算能够提供存放海量数据的空间，以及分析海洋数据的计算能力。云计算具有分布式并行计算的能力，这使得在处理海洋大数据过程中不必要搭建性价比低的服务器集群，并且还能避免现有服务器集群闲时空置、忙时不足现象的发生。云计算通过整合软硬件资源，利用虚拟化、分布式计算、并行计算和负载均衡等技术，提供无缝化、弹性化和定制化服务，在很大程度上降低了海洋大数据处理的复杂性，并且有效地提高了资源利用率。

3. 海洋大数据云计算技术

云计算技术出现后海洋大数据发展取得了快速进展，随着云计算技术的发展，海洋地理空间信息服务保障体系的建设通过以云计算技术为基础，进一步将网络技术、信息技术、数字技术融合，构建存储高效、计算能力强大、具备系统集成共享安全性、高效性以及数据提供权威性的海洋地理空间信息云服务平台。将海洋大数据的获取、处理、服务保障能力提升到一个新的水平，才能实时、高效地向信息化社会的用户提出具备权威性、高现势性的海洋地理空间信息服务与保障。

海洋大数据主要包括水文气象、海底地形、海洋生物、海洋经济等内容，具有海量性、多样性和敏感性等特征。云计算具有极高的容错性、安全性和可拓展性，为海洋大数据的分析处理提供了强大的助力。面向海洋大数据的云计算体系架构，使得海洋大数据处理的效率提高，成本降低，并且能够更好地为海洋事业发展提供信息资产。

海洋大数据云计算技术是指在对于海洋大数据进行整理汇总后通过云计算平台将用户与海洋大数据相结合，搭建一个更便于对于海洋大数据进行分析处理的平台。

2.3.2　数字海洋数据仓库技术

随着新一代互联网技术的飞速发展，人类进入了一个新的信息时代。大量的信息和数据迎面而来，用科学的方法去整理数据，从不同视角对各方面信息的精确分析、准确判断的需求比以往任何时候都更迫切，实施商业行为的有效性也比以往更受关注。利用这些技术建设的信息系统称为数据仓库系统。数字海洋工程与数据仓库技术的关联密切，数据仓库技术给数字海洋工程带来了数据智能高效管理的新途径，必将成为数字海洋工程的关键技术。

1. 数据仓库技术及其特征

数据仓库技术就是基于数学及统计学严谨逻辑思维，并达成“科学的判断、有效的行为”的一个工具。数据仓库技术也是一种达成“数据整合、知识管理”的有效手段。数据仓库最根本的特点是物理地存放数据，而且这些数据并不是最新的、专有的，而是来源于其他数据库的。数据仓库的建立并不是要取代数据库，它要建立在一个较全面和完善的信息应用的基础上，用于支持高层决策分析，而事务处理数据库在企业的信息环境中承担的是日常操作性的任务。数据仓库是数据库技术的一种新的应用。而且，数据仓库还是用关系数据库管理系统来管理其中的数据。

数据仓库是面向主题的、集成的、与时间相关的、不可修改的数据集合。这是数据仓库技术特征的定位。数据仓库技术的特征：

(1)面向主题。与传统数据库面向应用进行数据组织的特点相对应，数据仓库中的数据是面向主题进行组织的。面向主题的数据组织方式，就是在较高层次上对分析对象的数据给出一个完整、一致的描述，能完整、统一地刻画各个分析对象所涉及的各项数据及数据间的联系。

(2)集成化。数据仓库中的数据是从原有分散的数据库中抽取出来的，由于数据仓库的每一主题所对应的源数据在原有分散的数据库中可能有重复或不一致的地方，加上综合数据不能从原有数据库中直接得到。因此数据在进入数据仓库之前必须要经过统一和综合形成集成化的数据。

(3)随时间不断变化。数据仓库中数据的不可更新性是针对应用来说的，即用户进行分析处理时是不进行数据更新操作的；但并不是说，从数据集成入库到最终被删除的整个数据生成周期中，所有数据仓库中的数据都永远不变，而是随时间不断变化的。

(4)不易改变丢失。数据仓库的数据不可修改，不易丢失是数据仓库的另一个重要特征。操作型环境中的数据通常是一次访问和处理一个记录，并且操作型环境中的数据是可以被更新的。但是在数据仓库中的数据通常是一次载入与访问的，并且数据仓库中的数据并不进行一般意义上的数据更新。

2. 数据仓库技术与数字海洋的结合

经过多年的海洋观测调查和信息收集，国家海洋管理部门、企事业单位、科研院所已保存了大量珍贵的海洋科学数据和相关信息，包括海洋水文、海洋表面气象、海洋生物、海洋化学、海洋环境质量、海洋地质、海洋地球物理、海洋基础地理、海洋航空与卫星遥感、海洋经济、海洋资源等科学数据，数据总量多达千亿字节以上，范围涉及全球各大洋。海洋数据管理和应用的核心和关键是保障数据的可操作、可维护和安全性。其中对于如何将海洋数据进行统一存储管理与应用服务成为建设数字海洋的主要问题。

海洋数据与其他方面的数据资料相比，呈现出多源性、多态性和多样性的特点。与此同时，尽管海洋部门拥有海量的海洋数据资源，但这些数据分散在各单位，尚不能被有效地组织和利用，许多数据仍以原始形式存储于不同形式介质中，从而带来了数据管理、维护及应用的困难，特别是准确地查询检索获取特定应用分析所需的相关资料非常困难，需要耗费大量的人力和时间。

在此基础上，如何解决海洋数据存储问题就显得至关重要。传统的建立海洋数据库难以解决海洋数据来源广泛，数据分布分散，不易调动整体数据的问题，数据仓库技术就能很好地从整体的角度，由面向主题不同对不同的海洋数据进行调用服务。

3. 数字海洋中数据仓库技术的应用

在数字海洋建设过程中，数据仓库技术主要用于海洋数据体系中的专题层的建设。专题层是一种面向主题的数据，专题数据库中大部分的海洋调查数据由数据交换系统从产品层交换至专题层。专题层主要由海洋专题信息数据库组成。海洋专题信息数据库是在海洋基础数据库和产品数据库的基础上，通过综合分析、融合处理等多种技术手段，面向实际应用需求建立的若干专题数据库。

海洋专题信息数据库属于一种真正意义上的面向主题的数据库系统，其面向的主题包括海域管理、海岛管理、环境保护、海洋防灾减灾、海洋经济与规划、海洋执法监察、海洋权益、海洋科技管理等。海洋专题信息数据库在“数字海洋”数据体系中的地位非常重要，它是“综合管理信息系统”的主要数据基础。专题数据库从数据组织上分为两种形式：一种是以基础信息为主的基础数据。包含从基础数据库中由基于 XML 数据集成系统抽取出的产品数据和汇总数据，此类数据多以数据仓库的方式建模和组织；二是以应用为主的业务数据。该数据是在业务系统运行过程中产生的，通常以关系数据库方式管理。

2.3.3　数字海洋人工智能技术

数字海洋工程与人工智能技术的关联密切，人工智能技术给数字海洋工程带来了一场革命性的冲击，必将成为未来智慧海洋工程的关键技术。

1. 人工智能技术及其特征

人工智能(artificial intelligence，AI)。它是研究、开发用于模拟、延伸和扩展人的智能的理论方法、技术及应用系统的一门新的技术科学。人工智能是研究利用计算机来模拟人的某些思维过程和智能行为(如学习、推理、思考、规划等)的学科，主要包括计算机实现智能的原理、制造类似于人脑智能的计算机，使计算机能实现更高层次的应用。人工智能涉及计算机科学、心理学、哲学和语言学等学科。人工智能技术作为当今社会重要的技术变革之一，不仅是科技高度智能化的体现，也是社会前进的推动力量。人工智能技术可对人的意识、思维过程进行模拟，通过各种技术手段呈现一种与人类智能有相似能力甚至拥有远超人类计算能力和记忆能力的表现形式。随着人工智能理论和技术日益成熟，人工智能技术的应用领域不断扩大，未来的人工智能技术将会是人类智慧的“容器”。

人工智能技术具有如下特征：

(1)智能性。人工智能技术具有与其他技术不同的作用方式，人工智能旨在对人类现有的行为基础上进行超越模仿的自我创造。人工智能技术主要以方便人类行为为目的对传统的行为进行代替。

(2)创新性。人工智能技术不断地进行自我完善发展，在不停地创新改良中将技术推向成熟是区别于其他技术的一大特征。

(3)社会性。人工智能超越了传统科学技术的范畴，需要人文社会科学的介入。发展人工智能需要有人类情怀和人文关怀，要特别关注社会对人工智能发展的焦虑，积极面对人工智能发展过程中的法律规范、道德伦理等方面的挑战。

2. 数字海洋人工智能技术

目前实现人工智能的方式有两种，第一种是利用计算机系统进行编程，使得传统的系统变得更加智能的计算机工程学，这种方式的人工智能技术在很多领域都有许多研究成果，例如文字识别技术和语音识别技术等。第二种是利用科学技术模拟人类或者生物机体的行为能力，在其自身的基础上实现智能化，例如人工神经网络和遗传算法，通过对人或者其他生物的遗传、进化等机理模拟的方法，也被称为遗传算法，模拟人或者其他生物的脑神经的方法被称为人工神经网络。

针对数字海洋工程建设的特殊性，将人工智能技术应用到数字海洋中十分必要。依据人工智能技术可以处理视频和声呐图像信息、通过数值模拟、仿真可以预测水下复杂的不透明环境等。

数字海洋作为人工智能技术应用的一个分支，主要专注于海洋信息处理和海洋过程动态模拟与控制。现如今的数字海洋已经具备一定的智力。智慧海洋将是数字海洋和人工智能完美融合的产物，其加速了数字海洋的创新发展，提升用户的满意程度，认知透明海洋，提高保护与利用海洋的能力。人工智能可以让人们进入不透明的海洋世界，到实际人无法到达的虚拟海洋环境中工作。通过数字孪生驱动智慧海洋研究全球气候变化，实现人类碳达峰、碳中和、保护海洋的目标。

1) 人工智能技术在数字海洋决策智能化中的应用

海洋环境复杂，陆、海、空、天、电、网各维度态势相互铰链，单纯地依赖人工对态势图进行判读，以此来理解和预测态势将会变得越来越困难。因此，“判得清、规划精”也是提升数字海洋服务能力的重要指标。人工智能的引入，能够进一步提升海洋服务的决策能力。例如：

(1) 数字海洋服务路径规划智能化。路径规划智能化既应用于水面航行器航行路径的智能规划，也应用于水下机器人的智能化避碰规划和路径优化。为了实现对舰船航行的智能调度，提出以舰船动态性能和稳态性能为优化目标，基于粒子群的人工智能算法进行航行路径的自适应寻优，实现舰船路径规划。为克服传统航行路径规划算法中条件单一的问题，可引入云计算遗传特征算法，对航行相关的全局路径数据进行大数据遗传特征分析，得到具有代表性特征的备选路径；并引入大数据蚁群择优算法，对备选路径进行最优路径计算，得到最优航行路径。

(2) 数字海洋服务辅助决策智能化。辅助决策智能化是指通过引接各类传感器信息，并结合先验知识和规则，基于知识图谱和群智能算法，实现对海洋信息的智能关联和综合处理，并自动生成和优化资源调度方案，以支撑人们进行快速、精准、全方位的决策。“深绿”计划是美国国防部高级研究计划局支持的一项面向美国陆军旅级的指挥控制领域的研究项目。该计划采用基于草图交互、模型求解与态势预测和指挥系统集成等关键技术，通过信息会聚、职能会聚、过程会聚，将人工智能集成到作战辅助决策中。从搜索发现目标，到威胁评估，到锁定摧毁，再到效果评估，均不需要人参与，作战中实现无人化。

2) 人工智能技术在数字海洋运维智能化中的应用

数字海洋赋能海洋装备的运维智能化，体现在保障自主化、管理智慧化、装备自动化、流程协同化和人机一体化等方面，需要依托海洋装备自身的智能化改造和配套的运行维护系统来共同实现。

(1) 赋能智能船舶信息系统。对于传统的海运来说，由于海运的航程较长，突发情况比较多。因此，可预见性无人驾驶船舶在未来将得到广泛应用。智能船舶信息系统是指利用传感器、通信、物联网、互联网等技术手段，自动感知和获得船舶自身、海洋环境、物流、港口等方面的信息和数据管理信息系统，并基于计算机技术、自动控制技术和大数据处理分析技术，在船舶航行、管理、维护保养、货物运输等方面实现智能化运行的船舶。

“智能船舶规范”规定了智能船舶的功能包含智能航行、智能船体、智能机舱、智能能效管理、智能货物管理和智能集成平台。智能船舶需要从船舶的设计、制造、运营方面，形成完整的信息服务体系，实现船舶数据的中心管理。其关键技术包括数字海洋信息感知技术、通信导航技术、能效控制技术、航线规划技术、状态监测与故障诊断技术、遇险预警救助技术和自主航行技术等。

(2) 赋能智能船舶运行与维护系统。一般的智能船舶运行与维护系统包括集成信息平台、数据分析平台和应用服务平台。集成信息平台集成了主机、电站、液舱遥测、压载水、电子海图和信息系统(electronic chart display and information system, ECDIS)、船载航行数据记录仪(voyage data recorder, VDR)等信息，并通过统一的数据标准和开放接口，实现船上系统之间、船岸之间的信息共享。数据分析平台以智能数据分析模型为基础，并随着船舶航行自动进行模型训练与优化，提供设备安全预警、燃油消耗优化、岸海传输压缩等功能。应用服务平台能够根据用户的不同需求，提供定制化的服务。

(3)赋能智能港口集装箱自动化装卸系统。港口的智能化能够最大限度地降低海运的成本，提高海运的效率。此外也能够使船舶更加精确地把握时间安排，避免危害性季节对海运的影响。目前数字海洋+人工智能在集装箱港口领域得到应用，如青岛港全自动化集装箱码头、厦门远海自动化集装箱码头等。码头采用数字海洋平台支撑的云计算、自动导航定位、自动化设备、无线通信以及智能识别等技术。在人工智能的广泛应用中，港口集装箱的自动化逐步完善，极大地提高了作业效率，也降低了生产成本。

2.4 数字海洋空间信息技术

数字海洋工程是一个复杂的巨系统工程，涉及海洋空间信息获取的天空地一体化、数据处理的智能化、空间数据挖掘和知识发现的自动化、信息服务的网络化等一系列问题，需要多学科的高新技术作为支撑。

2.4.1 卫星导航定位技术

卫星导航定位技术是全球导航卫星系统(global navigation satellite system, GNSS)提供的定位、导航和授时信息技术。GNSS是随着现代科学技术的迅速发展而建立起来的新一代精密卫星导航定位系统。利用在设定的精确轨道上运行的一定数量(至少2颗)的卫星，持续不断地向地面发送特定的无线电信号，使在空中、海面和陆地上的每个接收机能同时收到来自若干颗卫星的信号，从而解算出在全球统一时空基准中的三维大地坐标，并获得准确授时。全球卫星导航定位测量的基本原理是根据星载时钟对应历元的卫星位置，通过记录卫星信号传播到用户接收机所经历的时间，测量出卫星到用户接收机之间的距离，解算出用户接收机所在位置的坐标。全球卫星导航定位测量具有全天候、高精度、自动化、高效益等特点，成功地应用于大地测量、海洋测量、工程测量、航空摄影测量、运载工具导航和管制、地壳运动监测、工程变形监测、资源勘察、地球动力学等多个学科，从而给空间信息技术领域带来一场深刻的技术革命。

1. 卫星导航定位系统

全球导航卫星系统GNSS是能在地球表面或近地空间的任何地点为用户提供全天候的三维坐标和速度以及时间信息的空基无线电导航定位系统。截至2020年，世界上有美国GPS、俄罗斯GLONASS、欧盟Galileo和中国BDS(北斗)卫星导航系统等四大GNSS系统建成或完成现代化改造。

1)全球定位系统(GPS)

全球定位系统(global positioning system，GPS)是20世纪70年代由美国陆海空三军联合研制的新一代空间卫星导航定位系统，其最初目的是为军事领域提供实时、全天候和全球性的导航服务。它在全球任何地方以及近地空间都能够提供准确的地理位置、速度及精确的时间信息。GPS全球定位系统由以下三个部分组成：空间部分(GPS卫星)、地面监控部分和用户部分。地面监控部分是由分布在世界各地的五个地面站组成，按功能可分为监测站、主控站和注入站三种。用户设备主要由GPS接收机、硬件和数据处理软件，以及终端设备组成；GPS接收机由主机、天线和电源组成。GPS特点是定位精度高、观测时间短、测站间无须通视、可提供三维坐标、操作简便、全天候、功能多，应用广。

2)GLONASS卫星导航系统

GLONASS是苏联从20世纪80年代初开始建设与美国GPS系统相类似的卫星定位系统，也由卫星星座、地面监测控制站和用户设备三部分组成，现在由俄罗斯空间局管理。GLONASS的整体结构类似于GPS系统，其主要不同之处在于星座设计和信号载波频率和卫星识别方法的设计不同，其空间部分的主要参数是：卫星星座有24颗，卫星高度是19100km，轨道周期是11h15min，轨道平面有3个，每个轨道8颗卫星轨道倾角为64.8°，卫星识别方法是频分多址(FDMA)，即根据载波频率来区分不同卫星。

3)伽利略卫星导航系统(Galileo)

伽利略卫星导航系统(Galileo)是由欧洲空间局和欧洲联盟共同发起建设的一项空间信息基础设施。它是第一个非军方投资建设、国际非军事组织控制、主要为民间用户服务的新一代全球卫星导航定位系统。伽利略计划是欧洲于1999年初正式推出的旨在独立于GPS和GLONASS的全球卫星导航系统。全世界使用的导航定位系统主要是美国的GPS系统，欧洲认为这并不安全。为了建立欧洲自己控制的民用全球导航定位系统，欧洲决定实施“伽利略”计划。伽利略系统是由欧盟主导的新一代民用全球卫星导航系统，耗资超过30亿欧元。系统由两个地面控制中心和30颗卫星组成，其中27颗为工作卫星，3颗为备用卫星。卫星轨道高度约2.4万千米，位于3个倾角为56度的轨道平面内。

4)北斗卫星导航系统(BDS)

中国北斗卫星导航系统(BeiDou navigation satellite system，BDS)是中国自行研制的全球卫星导航系统。是继美国全球定位系统(GPS)、俄罗斯GLONASS卫星导航系统之后第三个成熟的卫星导航系统。卫星导航系统是重要的空间信息基础设施。中国高度重视卫星导航系统的建设，一直在努力探索和发展拥有自主知识产权的卫星导航系统。按照“自主、开放、兼容、渐进”的发展原则，遵循先区域、后全球的总体思路。我国北斗卫星导航系统按三步走发展规划稳步有序推进：第一步，1994年启动北斗卫星导航试验系统建设，并于2000年形成区域有源服务能力；第二步，2004年启动北斗卫星导航系统建设，2012年形成区域无源服务能力；第三步，2020年北斗卫星导航系统形成全球无源服务能力。北斗卫星系统三个阶段建设北斗一号系统、北斗二号系统、北斗三号系统。

从北斗卫星系统论证到启动实施、从双星定位北斗一号系统到区域组网北斗二号系统，再到覆盖全球北斗三号系统，中国卫星导航系统建设历经30多年探索实践、三代北斗人继续奋斗，走出了一条自力更生、自主创新、自我超越的建设发展之路，建成了中国迄今为止规模最大、覆盖范围最广、服务性能最高的巨型复杂航天系统。成为中国第一个面向全球提供公共服务的重大空间基础设施，为世界卫星导航事业发展作出了重要贡献，为全球民众共享更优质的时空精准服务提供了更多选择、为中国重大科技工程管理现代化积累了宝贵经验。

2. 卫星导航定位技术

在数字海洋地理空间框架建设中，完善空间坐标系统和高程基准系统的统一性、精确性，并对各级海洋大地测量控制网进行更新和维护，是数字海洋工程各项建设顺利进行的保证。为此，需要尽快建立海洋统一的高精度、三维空间基准和高程基准。其主要作用是为所有与海洋地理位置有关的各种信息提供一个统一的时空定位基准(坐标系统)，以便实现数字海洋多源数据无缝、无边的拼接和整合，以保证海洋地理空间数据的一致性、兼容性和可转换性。同时为数字海洋战略的实施提供实用的海洋维权、海洋防灾减灾、海上突发公共事件应急指挥和海事智能交通等的有力技术支持。当前，在构建海洋空间定位基准以及GNSS的海洋行业应用方面主要采用以下三种技术：

1)海洋GNSS连续运行基准站技术

GNSS实时动态定位(DGPS/RTK)是利用GNSS载波相位观测值实现厘米级的实时动态定位。这种RTK技术是建立在流动站与基准站的误差相关这一假设条件的基础之上的。它要求在一个地心坐标已知的控制点上安置GNSS接收机，建立基准站，开展GNSS卫星信号的连续跟踪，并把卫星信号的相位差分修正值通过数据通信方式实时传送给需要定位的多个流动GNSS用户，供用户将GNSS观测值进行修正后实时定位。随着基准站和流动站之间距离的增加，误差的相关性就越来越差，定位精度也随之越来越低，并且数据通信也会受到作用距离拉长而干扰因素增多的影响。因此，这种RTK技术的作用距离有限，一般不超过10~15km。为了克服这些缺点，这种RTK差分定位方式已经向着多基准站的方向发展，产生了网络RTK技术。它是在一定区域(如一个城市的海岸带或海岛)内建立多个(一般为三个或三个以上)坐标已知的GNSS基准站，对该地区构成网状覆盖，并以这些基准站为基准，计算和发布顾及电离层和对流层延迟影响、卫星轨道和钟差残余影响的相位差分观测值误差改正信息，对该地区内的卫星定位用户进行实时改正并定位，故也称之为多基准站RTK。与常规(即单基准站)的RTK相比，网络RTK具有许多优点。首先是覆盖面宽，可实现流动GNSS接收机与基准站之间的作用距离拓展到100km，甚至更长距离的厘米级高精度实时定位或快速定位；其次是可以大大提高整周模糊度的搜索和固定的速度，具有高可靠性；再次，多基准站系统避免了基准站的重复建设，提高了实时定位的效率，通过与通信网络的连接和连续运行，可以实现省、市和国家范围内的沿海广域联网，满足实时和事后不同行业和不同目的的定位要求。当前，在数字海洋地理空间框架建设中，就是采用网络RTK技术建立

GNSS 连续运行基准站(continuous operative reference station, CORS)及其综合服务系统。

连续运行基准站就是利用现代信息网络技术，采用无人值守的工作方式，完成数据自动采集和传输、系统远程监控和报警等功能。它包括 GNSS 接收机、气象设备、网络设备、通信设备、电源设备等，由基准站系统、监控分析系统、数据发布系统以及用户系统四大部分组成。

2)精密单点定位技术

传统的 GPS 单点定位，是指利用伪距及广播星历的卫星轨道参数和卫星钟差改正进行定位。由于伪距观测噪声至少有数十厘米，广播星历的轨道精度为几米，卫星钟差改正精度为数十纳秒，导致这种单点定位的坐标分量精度只能达到 10~25m，其精度太低，仅能满足一般导航定位的需求，这种精度用于数字海洋服务是远远不够的。20 世纪 80 年代中期就有人探索采用原始相位观测数据进行精密单点定位，即所谓非差相位单点定位。但是，由于在定位估计模型中需要同时估计每一历元的卫星钟差、接收机钟差、对流层延迟、所见卫星的相位模糊度参数和测站三维坐标等，待估参数太多，解算方程不确定，即未知数多，方程式少，致使这一方法暂时搁置下来。20 世纪 90 年代，国际上建立了许多固定的常年连续工作的 GPS 双频接收机测站，其已知地心坐标具有特高精度，这些测站被称为基准点。国际 GPS 地球动力学服务局(IGS)开始利用这些坐标已知的基准站 GPS 观测数据向全球提供精密星历和精密卫星钟差产品，之后还提供精度等级不同的事后、快速和预报三类精密星历和相应的 15min 间隔的精密卫星钟差产品，这就为非差相位精密单点定位提供了新的解决思路。利用这种预报的 GPS 卫星精密星历或事后的精密星历作为已知坐标起算数据，同时利用某种方式得到的精密卫星钟差来替代用户 GPS 定位观测方程中的卫星钟差参数，用户利用单台双频双码 GPS 接收机的观测数据在数千万平方千米乃至全球范围内的任意位置，都可以 20~40cm 级精度进行静态或者实时动态定位，这就是精密单点定位方法(precise point positioning, PPP)。精密单点定位的关键之处在于：①在定位过程中需要同时采用相位和伪距观测值；②卫星轨道精度需要达到几厘米水平；③卫星钟差改正精度需要达到亚纳秒量级；④需要考虑更精确的其他误差改正模型。

随着国家海洋强国战略的实施，港口航道整治、海岛规划建设等活动日益增多，对定位精度的要求也呈现出多样化，如精密的大比例尺航道测量、航道形变观测等，要求能够达到十几或几十厘米的定位精度，而采用伪距差分定位只能提供米级的定位精度，如果使用 RTK 功能，作用距离又不能达到，制约了海上测量效率的提高。对于未来深海、远海资源开发和数字海洋工程所需求的高精度定位，精密单点定位必将成为满足海洋特殊环境定位需求为数不多的新一代 GNSS 卫星定位技术。

3)基于位置服务的定位技术

据统计，人类在海洋社会经济活动和海洋保护管理等工作中有 80%以上的信息与空间位置有关。在无线互联网技术和卫星通信技术高度发达的今天，海上位置信息已成为人们极其渴求的基础信息之一。其中，最基本的一个需求就是海上人员迫切想知道他此刻所处环境的信息，如“我在哪儿”“我怎样到达目的地”“我要找的目标在何处”等。

如何提供这类服务，则是定位服务技术面临的重要问题。基于位置服务(location based service，LBS)的工作原理是：用户终端(如移动电话、PDA、CarPC 等多种移动终端)采用卫星定位等手段获取用户位置，并实时地将这一位置信息通过移动通信网上传至服务器，服务器根据用户发出的服务请求做出响应，并把响应的服务信息(如地图、文本等)通过移动通信网发布至用户终端。LBS 是卫星导航定位技术、GIS 技术和无线通信网络或卫星通信技术等互相集成的产物，它实现了互联网与各类定位终端之间点对点、端对端的互动作用，通过无线通信或卫星通信技术为用户提供基于位置的服务信息。它的核心功能是定位用户所在位置，并且为其提供该位置周围的地理信息，后者则必须依靠先行开发的 GIS。

一个完整的 LBS 系统一般由四个部分组成：定位系统、移动服务中心、通信网络及移动智能终端。其中，定位系统包括全球卫星定位系统和基站定位系统两个部分，这是 LBS 系统得以实现的核心技术。用户可以选用某种定位技术或组合定位技术获得适当精度的定位。移动服务中心负责与移动智能终端的信息交互和各个分中心(定位服务器、内容提供商等)的网络互联，完成各种信息分类、记录和转发以及分中心之间业务信息的流动，并对整个网络进行监控。通信网络负责连接用户和服务中心，要求实时、准确地传送用户请求和服务中心的应答。移动智能终端是用户唯一接触的部分，移动电话、PDA 等均可成为 LBS 的用户终端。但在信息化的时代，它要求有完善的图形显示功能、良好的通信端口、友好的用户界面、完善的输入方式(键盘控制输入、手写板输入、语言控制输入等)。以上这些是 LBS 系统的外在硬件框架，而要想开展 LBS 应用服务，还必须具有完整的 LBS 应用架构，主要包括定位技术、定位网关、中间件和定位应用，这些是实现 LBS 系统的软环境。定位技术是指如何获取用户位置；定位网关是 LBS 业务在运营商网络中需要配置的核心设备，是对外开展 LBS 业务的接口；中间件是运营商专门为互联网服务商 ISP 设计的 LBS 统一接入平台，只要 ISP 接入时遵循一个标准，则中间件将会自动完成不同 GMLC 的协议转换；定位应用则是 LBS 应用的最后一个基本元素，为 ISP 和应用提供商开展 LBS 业务。

3. 卫星导航定位技术的应用

海上导航定位，一般采用一台 GNSS 接收机进行单点定位(绝对定位)，其实时定位精度，对于 C/A 码伪距可达 15~25m，以满足多数海洋定位工作。对于精度要求较高的定位，可采用 GPS 差分实时定位(RTK)方法，包括单站差分(SRDGPS)、局部区域差分(LADGPS)和广域差分(WADGPS)等，精度一般可达米级和亚米级。

为了满足海上差分 DGPS 定位，各沿海区域建立了一个甚至若干个基准站。基准站向海上舰船上的 GPS 接收机(流动站)发出差分改正数信号，对流动站的 GPS 定位数据进行误差修正，然后才能精确定位。例如，我国交通部建立的“中国沿海无线电指向标差分 GFS(RBN/DGPS)系统”。整个系统由 20 个 RBN/DGPS 基准站组成，构形从鸭绿江口到南沙群岛部分区域，覆盖我国沿海港口和重要水域的差分 GPS 导航服务网。为保证 RBN/DGPS 基准站具有精确的地心坐标，所有 RBN/DGPS 基准站网与国家 GPS A 级网联网，并将基准站点的坐标纳入国际地球参考框架 ITRF 91 地心坐标系统。基准站间基线长度相对中误差达 10^{-8}，在国际地球参考框架 ITRF 91 框架中的地心坐标精度，在纬、经方向优于 15cm，垂直分量优于 25cm。在沿海 200 海里范围内，RBN/DGPS 系统的定位误差小于 5m，在几十千米范围内，定位精度可达 1m 之内。在其覆盖范围内的用户，都可以接收到改正数并用来修正自己 GPS 接收机的定位结果，达到 1～5m 的定位精度。已在海上导航定位、海图测量、航道测量，岸线修测，航标定位及近海急、难、险、重大工程中发挥重要作用。

在茫茫的深远海定位，通常采用增强广域差分系统(WAAS)。增强广域差分系统是通过地球同步卫星(GEO)传递差分信号，利用同步卫星的 L1 波段转发广域差分 GPS 修正信号。同时发射调制在 L1 上的 C/A 码伪距信号。这一系统完全抛弃了附加的差分数据通信链系统，直接利用 GPS 接收天线识别、接收、解调由地球同步卫星发送的差分信号。并同时利用该系统发射 C/A 码测距信号，从而大大提高了系统的导航精度、可靠性和完备性。如接收 StarFire 网络提供的差分改正数信号，单机定位的标称精度达 25cm。StarFire 网络提供全球范围差分信号服务，它的差分改正数信号由国际海事卫星发布，信号覆盖面积从北纬 76°到南纬 76°。

利用差分 GPS 技术可以进行海洋物探定位和海洋石油钻井平台的定位。进行海洋物探定位时，在岸上设置一个基准站，另外在前后两条地震船上都安装差分 GPS 接收机。前面的地震船按预定航线利用差分 GPS 导航和定位，按一定距离或一定时间通过人工控制向海底岩层发射地震波，后续船接收地震反射波，同时记录 GPS 定位结果。通过分析地震波在地层内的传播特性，研究地层的结构，进而分析石油资源的储油构造。根据地质构造的特点，在构造图上设计钻孔位置。利用差分 GPS 技术按预先设计的孔位建立安装钻井平台。具体方法是：在钻井平台上和海岸基准站上设置差分 GPS 系统。如果在钻井平台的四周都安装 GPS 天线，由四个天线接收的信息进入同一个接收机，同时由数据链电台将基准站观测的数据也传送到钻井平台的接收机上。通过平台上的微机同时处理五组数据，可以计算出平台的平移、倾斜和旋转，以实时监测平台的安全性和可靠性。

近年来，精密单点定位技术在海洋测量中得到广泛应用。GPS 精密单点定位一般采用单台双频 GPS 接收机，利用 IGS 提供的精密星历和卫星钟差，基于载波相位观测值进行高精度定位。与传统的差分定位方式相比，精密单点定位不需要建立基准站，也不受作业距离的限制。此外，它还具有处理数据简单、计算时不需要平差、测得的点位结果之间不存在误差的累积等优点，特别适合用于海岛礁及远离大陆岛礁地区的高等级控制测量、广泛海域的高精度海底地形测量和海洋重磁测量。武汉大学成功地将精密单点定位技术应用到长距离潮位测量和海啸预警中，通过分析仿真结果表明精密单点定位可以有效地监测海啸的发生，提供海啸预警信息。香港理工大学将其应用于 GPS 浮标来监测海面的变化情况，并通过实验对其进行了验证，并取得了良好的效果。海军海洋测绘研究所将精密单点定位技术应用于水深测量和中海岛礁测绘中，提高了作业效率，降低了作业成本。因此根据海洋测量的实际情况，结合精密单点定位具体解算过程中存在的一些问题，解决广阔海域廉价高精度动态测量和远离大陆海岛礁等困难地区的精密静态控制测量，减轻海测人员的劳动强度，缩短作业周期，节省经费投入，提高成果质量，精密单点定位技术在海洋测量中的应用有着非常现实的意义。

GNSS 的应用已深入数字海洋的各个方面。除了广泛应用于高精度的海洋大地测量、海籍测量和海洋工程测量等领域，利用 GNSS 技术还可对船舶进行跟踪、调度管理，并合理地分配泊位，有效管理集装箱码头，这样不仅可以降低能源消耗，还能节省运输成本。同时，GNSS-R 遥感的应用也集中在海洋遥感等方面。在海洋遥感方面，利用 GNSS-R 海面反射信号可计算海面平均高度、海面风场、浪高、海面盐度等海洋重要信息，在监测全球气候变化等方面具有重要意义。

GNSS 掩星反演技术的应用体现在数值天气预报、气候分析和电离层监测等方面。利用 GNSS 掩星观测数据可对海洋大气参数进行大范围的连续监测，从而为气象部门分析预报降水、台风等强对流天气提供重要的参考数据。利用同化掩星观测资料还可对数值天气预报模型进行检验和改进。GNSS 掩星观测资料具有不受天气影响，无须定标，数据稳定等特点，因此还可用于全球海洋气候的分析与研究。

2.4.2 遥感技术

遥感技术包括航天遥感和航空遥感技术，是现今最先进、最有效的空间信息获取方法。其特点是覆盖范围大、重复覆盖周期短(特别是航天遥感)，因此获取信息的现实性强，这对于我国海洋保护管理等是十分重要。

尤其是航天遥感在海洋中应用广泛，航天遥感是指以卫星或航天飞机作为遥感平台的对地空间信息获取，其最大特点是能提供全球性、重复性的连续对地观测数据。目前，世界上最具有代表性的有美国、日本、法国、俄罗斯、印度、以色列和欧洲空间局(EAS)等国家和地区的卫星对地观测系统。中国的卫星对地观测技术发展得很快，目前已有 HY-1 号、2 号和 3 号海洋卫星系列。

1. 海洋遥感技术及其特征

海洋遥感(ocean remote sensing)是指以海洋及海岸带作为监测、研究对象的遥感，包括物理海洋学遥感、生物海洋学和化学海洋学遥感等。海洋遥感利用传感器对海洋进行远距离非接触观测，以获取海洋地理和海洋要素的图像或数据资料。

海洋不断向环境辐射电磁波能量，海面还会反射或散射太阳和人造辐射源(如雷达)射来的电磁波能量，故可设计一些专门的传感器，把它装载在人造卫星、宇宙飞船、飞机、火箭和气球等携带的工作平台上，接收并记录这些电磁辐射能，再经过传输、加工和处理，得到海洋图像或数据资料。遥感方式有主动式和被动式两种：①主动式遥感。先由遥感器向海面发射电磁波，再由接收到的回波提取海洋信息或成像。这种传感器包括侧视雷达、微波散射计、雷达高度计、激光雷达和激光荧光计等。②被动式遥感。传感器只接收海面热辐射能或散射太阳光和天空光的能量，从中提取海洋信息或成像。这种传感器包括各种照相机、可见光和红外扫描仪、微波辐射计等。按工作平台划分，海洋遥感可分为航天遥感、航空遥感和地面遥感 3 种方式。

海洋遥感技术，主要包括以光、电等的信息载体和以声波为信息载体的两大遥感技术。海洋声学遥感技术是探测海洋的一种十分有效的手段。利用声学遥感技术，可以探测海底地形，进行海洋动力现象的观测，进行海底地层剖面探测，以及为潜水器提供导航、避碰、海底轮廓跟踪的信息。

海洋遥感技术是海洋环境监测的重要手段。卫星遥感技术的突飞猛进，为人类提供了从空间观测大范围海洋现象的可能性。目前，中国、美国、日本、俄罗斯等国已发射了数十颗专用海洋卫星，为海洋遥感技术提供了坚实的支撑平台。

海洋遥感与陆地遥感相比，具有其明显的特点，具体如下：

(1)海洋反射信号弱，海面光谱差异小。海洋遥感探测中，大气影响是一个不可忽略的因素。在传感器所接收到的辐射能中，大气路程辐射比海洋本身辐射高一个数量级，占据了信息的绝大部分。故大气校正是开展海洋卫星遥感的一个必不可少的步骤。在陆地遥感中，陆地上的地物波谱差异较大，不同地物具有不同的“地物谱”，加上地物反射或发射电磁波的能力较强，传感器能够接收到较强的信号，并能在传感器上得到很好的反映。在同一大气条件下，大气对不同地物辐射的影响是一致的。因此，如不作绝对定量研究，即使不做大气校正工作，仍可以提取到满足应用要求的地物信息。

(2)海洋遥感理论性强。海洋遥感从数据的预处理到专题信息提取都是理论性很强的工作。在信息处理中，大气辐射理论、海洋各种要素的遥感机理、反演模式等，都涉及海洋学、物理学、地理学等众多学科，是理论性很强的科学。

(3)影响海洋要素遥感信息的因素多。海洋要素处于广阔的动态空间中，受到众多因素的影响。比如泥沙含量就受到许多海况要素的影响，海面风会阻止悬浮泥沙下沉；波浪则会掀起海底沉积物；潮流能使海水挟沙混合运动增强；温差则会造成海水上下涡动；沉积物和底质会影响悬浮泥沙的浓度。这些因素影响了海水泥沙含量，最终影响到所获取的泥沙遥感信息。因此，海洋要素随时受到不同因素的影响，遥感信息呈现很强的时态性。这使得在海洋要素遥感信息分析时，必须考虑探测周围环境中的主要影响因素，如所研究海区的特征和探测时的海况条件(如海面风、浪、流等)，以便得到正确的结论；在海洋遥感信息提取时，海洋要素的反演模式也变得较为复杂。

(4)海洋遥感的特性描述方法不同于陆地遥感。陆地地物因光谱差异明显，往往具有特定的“地物光谱”。而海洋表层性质较均一，反射度和对比度都较小，难以发现不同海洋要素的特征光谱。海洋遥感是通过其他参数反映海洋要素特征的。其中，海水吸收系数、体散射函数、散射系数、衰减系数、相函数和单次散射反射比是几个重要的海洋参量，可用来描述海水本身的特征，称之为海洋要素的“地物谱”。比如海水吸收系数是描述电磁波在传播过程中由于海水的吸收引起强度衰减的一个物理量，它随着海水成分如盐、叶绿素及悬浮物等的变化而变化。不同的海水吸收系数反映了成分或成分含量不同的海水。

(5)海洋遥感要求传感器有较高的时间分辨率。广阔的海洋是时刻处于运动中的水体，比如海洋动力环境要素中的海面风场、浪场、流场、潮汐及涡旋等，都是瞬息变化的要素。因此，海洋遥感的时域特性是很重要的，只有保持海洋观测很好的动态性，才能及时准确地反映海洋要素的变化过程。相对而言，陆地遥感中，往往地物变化周期要长得多，动态性要差得多。

(6)海洋遥感对传感器的光谱分辨率要求高。因为不同海洋要素光谱差异很小，故只有把传感器波段细化，才能使海洋要素得到很好的反映。如 SeaWiFS 就把可见光分为 7 个波段(波长分别为 443nm、490nm、510nm、520nm、550nm、670nm、750nm)，波段范围较窄，以适应不同水色要素的探测要求。

2. 数字海洋中的遥感技术

数字海洋工程建设、维护和应用有关的遥感技术主要有以下几个方面。

1)卫星遥感数据的智能化获取技术

卫星遥感数据的智能化获取技术，其目标是为数字海洋系统的数据获取与数据更新提供高效、稳定、可靠、精确的技术保障。其包括以下两个方面：

(1)智能化接收技术：包括卫星轨道数据的自动提取，接收轨道的自动计算和自动选择，接收设备所有控制参数的自动调整；多星、多任务时的所有操作过程自动调度，异常情况或事故发生时能自行处理等。

(2)智能化图像处理技术：包括自动完成图像导航，0 级、1A 级，1B 级格式预处理，几何校正、精确匹配、光谱校正及分类自动归档等操作过程的全部自动化。包括按地图分幅镶嵌处理，或特殊分割处理的自动化和批量生产过程。

2)海量数据的快速智能化处理技术

数字海洋工程所需的信息包括海量的遥感信息，这些海量的信息在审查后才能应用，尤其遥感信息需要进行快速光谱校正、几何校正、影像增强和特征提取后才能应用。不仅如此，还要求快速存储的检索才能满足生产要求。快是技术的核心，因此就要求有超大型计算机来完成这样的任务。分布式数据库建设是当前的大趋势。不同部门、不同行业、不同地区应分别建立自己的数据库，不仅是为了应用的方便，也为数据采集、数据更新和数据处理与管理提供方便。不同专业的数据库应由不同专业的部门建设和管理，才能具有最好的效果。在图像处理中，并行计算成为有效的解决途径。并行计算可在超级计算机或大型计算机上进行，也可以在分布式多计算机上进行，两种常见的图像处理计算机系统，分别是高性能并行计算机系统和分布式计算机系统。

若把数字海洋工程的全部信息存储，存储器的容量要达 TP 级。目前，主要靠分布式的成千上万个数据库来存储海量的数据。新一代激光全息存储、蛋白质存储等技术的研究有了较大的进展。此外，还有神经网络计算机，超高速联机、脱机技术，量子计算机开发正在快速发展。大规模并行分布处理，高度的容错性，具有适应性，自学习能力和具有思维联想能力构成了数字海洋工程快速智能化处理技术。

3)卫星遥感数据的智能化存取技术

卫星遥感数据的智能化存取技术，其目标是解决海量遥感卫星数据的快速存储与检索。它主要包括以下几个方面：

(1)不同区域、不同时间、不同空间分辨率、不同光谱分辨率的遥感数据的存储模型、数据库及其管理模型开发，包括上述数据按地理坐标进行组织与管理，以及各种数据的集成与融合，以达到海量数据快速存储与检索，并方便用户的目的。

(2)建立四维(空间和时相)数据的存取模型，陆地的遥感数据库侧重在空间方面，时间的动态变化的数据存储与检索模型时效性有限。数字海洋工程要重点开发四维，即动态的数据库及其管理技术，尤其是自动化的存储与检索技术的开发。

(3)多 CPU 并行处理技术发展飞快，基于高速互联网的多机分布处理云计算技术的飞速发展，使得普通用户实现海量数据的网络云计算处理成为可能。合理规划云存储拓扑结构等是关键性的技术。

(4)高光谱、高时空分辨率的四维数据的快速高精度的表达技术。首先是要建立时间、空间上连续的数据库及其检索系统，然后在这基础上能够进行连续动态的表达或显示，也是数字海洋工程中卫星遥感数据智能化存取技术的重要方面。

3. 数字海洋中遥感技术的应用

海洋卫星遥感是指利用卫星遥感技术来观察和研究海洋的一门学科，是海洋环境立体观测的主要手段。海洋卫星遥感能采集 70%～80%海洋大气环境参数，为海洋研究、监测、开发和保护等提供了一个崭新的数据集，这些信息是人类开发、利用和保护海洋的重要信息保障。海洋卫星分为海洋观测卫星和海洋监测卫星，目前常用的海洋卫星遥感仪器主要有雷达散射计(radar scatterometer)、雷达高度计(radar altimeter)、合成孔径雷达(synthetic aperture radar，SAR)、微波辐射计(microwave radiometer)及可见光/红外辐射计(visible light/infrared radiometer)、海洋水色扫描仪(ocean color scanner)等。雷达散射计提供的数据可反演海面风速、风向和风应力以及海面波浪场。利用散射计测得的风浪场资料，可为海况预报提供丰富可靠的依据。星载雷达高度计可对大地水准面、海冰、潮汐、水深、海面风强度和有效波高、海洋大中尺度环流等进行监测和预报。利用星载雷达高度计测量出赤道太平洋海域海面高度的时间序列，可以分析出其大尺度波动传播和变化的特征，对“厄尔尼诺”现象的出现和发展进行预报；它能在整个大洋范围测出海面动力高度，是唯一的大洋环流监测手段。合成孔径雷达可确定二维的海浪谱及海表面波的波长、波向和内波。根据 SAR 图像亮暗分布的差异，可以提取海冰的分冰岭、厚度、分布、水冰边界、冰山高度等重要信息，还可以用来发现海洋中较大面积的石油污染，进行浅海水、深河水下地形测绘等工作。微波辐射计可用于测量海面的温度，以便得出全球大洋等温线分布。如美国 NOAA-10、11、12 卫星上的先进甚高分辨率辐射仪(advanced very high resolution radiometer，AVHRR)为代表的传感器，可以精确地绘制出海面分辨率为 1km、温度精度高于 1℃的海面温度图像。可见光/近红外波段能测量海洋水色、悬浮泥沙、水质等。

目前国外的海洋卫星主要有美国海洋卫星(SEASAT)、日本海洋观测卫星系列(MOS)、欧洲海洋卫星系统(ERS)、加拿大雷达卫星(RADARSAT)等。20 世纪 80 年代以来，我国开始重视海洋卫星遥感事业的发展，在风云-1(FY-1)系列卫星遥感器的配置上，同时增配了海洋可见光和红外遥感载荷，2002 年 5 月发射了 HY-1A 卫星，即中国第一颗用于海洋水色探测卫星。2002—2004 年，我国利用 HY-1A 卫星数据并结合其他相关资料，对发生在渤海、黄海、东海近 24 次赤潮实施预警和监测，累计发布卫星赤潮监测通报 20 期，为我国海洋防灾减灾提供了重要的信息服务，并为海洋环境保护与管理提供了科学依据。图 2-34 是根据 HY-1A 卫星数据发现的渤海赤潮典型案例；2007 年 4 月发射了 HY-1B，随后 2011 年 8 月 16 日发射了 HY-2 海洋动力环境卫星，图 2-35 显示了 2011 年 10 月 29 日 11 月 12 日雷达高度计 14 天有效波高产品图。HY-3 海洋雷达卫星将主要搭载多极化、多模态合成孔径雷达，能够全天候、全天时和高空间分辨率地获取我国海域和全球热点海域的监视监测数据，主要为海洋权益维护、海上执法监察、海域使用管理，以及为海冰、溢油等监测提供支撑服务。

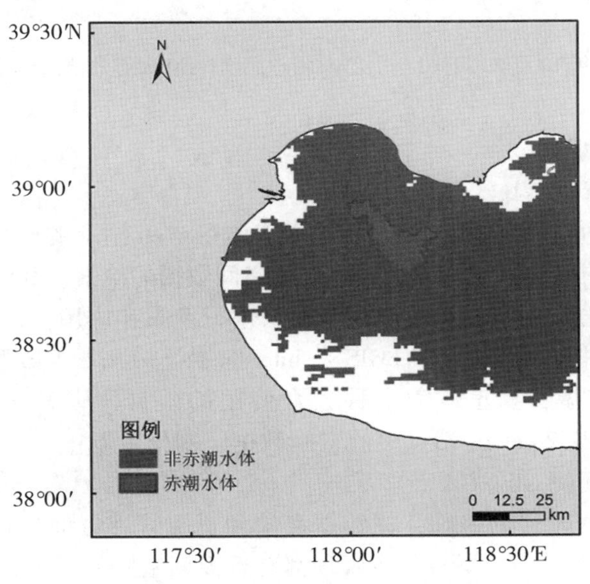

图 2-34 HY-1A 卫星发现渤海赤潮案例

同时，来自飞机、飞艇、气球等飞行器平台，搭载不同的遥感设备，即机载航空摄影测量系统、机载激光雷达、机载成像光谱仪、机载微波遥感仪器等，可以获取海洋航空遥感数据，获取的数据具有灵活机动、分辨率高、实时性强等特点，充分用于数字海洋工程中海岛、海岸带测绘、电站温排水、海上溢油、海冰、赤潮(绿潮)监测等覆盖范围较小的大尺度、精细化应用中。

2.4.3 新一代地理信息技术

新一代地理信息技术加强了地理信息技术与现代高新技术的集成和融合，云计算、物联网、移动计算、大数据等新一代信息技术正在影响着数字海洋工程，为建立数字海洋工程空间信息传感网，实现海洋地理信息智慧应用提供重要的技术支撑。

地理信息是数字海洋重要的基础信息，GIS 技术是数字海洋工程重要的支撑技术。二三维一体化 GIS、空间数据库、组件式 GIS 和 Service GIS 等技术有力地支持了数字时代的数字海洋工程建设。智慧海洋建设正在悄然来临，那么在智慧时代需要什么样的 GIS 技术，在数字海洋与云计算、物联网、大数据和移动计算携手并进时，GIS 技术的

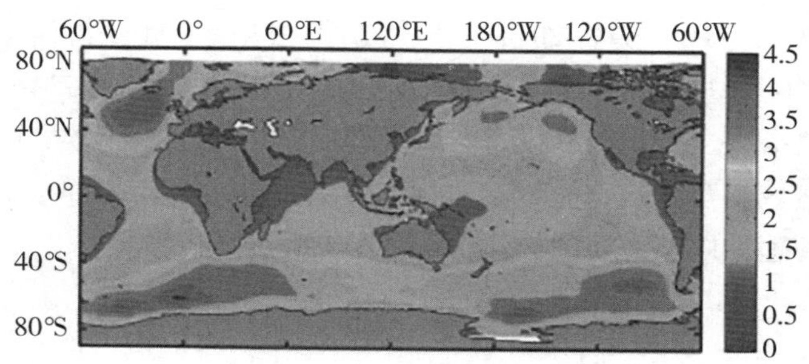

图 2-35　2011 年 10 月 29 日—11 月 12 日雷达高度计 14 天有效波高产品图(单位：m)

未来发展趋势又如何？

1. WebGIS 地理信息技术

WebGIS(也称为网络地理信息系统)是指工作在 Web 网上的 GIS，是 GIS 在网络上的延伸和发展。除具有 GIS 的特点，可以实现空间数据的检索、查询、编辑等 GIS 基本功能之外，同时，通过互联网对地理空间数据进行发布和应用，以实现地理信息的发布、共享、互操作和协同分析。WebGIS 是 Internet 技术应用于 GIS 开发的产物，GIS 通过 Web 功能得以扩展，真正成为一种大众使用的工具。从 Web 的任意一个节点，Internet 用户可以浏览 WebGIS 站点中的空间数据、制作专题图，以及进行各种空间检索和空间分析，从而使 GIS 进入千家万户。

随着当前大数据时代的来临，在数据存储和资源管理方面也提出了较高的要求，WebGIS 对当前多源异构数据的存储和管理都有着极其重要的贡献，在挖掘信息化技术的潜能和促进数据分析及可视化的工作中都有着极明显的作用。WebGIS 对数据的管理和分析、数据的采集和集成都有着非常显著的优势，其能够融合大数据动态管理和复杂的网络分析的优势，对数字海洋工程地理信息的管理服务具有深远的意义。

2. 云地理信息技术

云地理信息技术是指为了更好地支持云计算，充分发挥云服务器的优秀性能，特别开发的具备跨平台 GIS 技术、64 位 GIS 技术和 GIS 并行计算三大技术的服务器软件。

1)跨平台 GIS 技术

早期的 CIS 系统大多是 C/S 结构的，主要功能在客户端实现，服务器主要是存储数据。现在应用系统更多地采用 B/S 结构，GIS 的功能重心转移到服务器端，主要功能在服务器端实现，客户端只是用来展示计算结果和交互。客户端基本是 Windows 一统天下的局面；而服务器端操作系统则是 Windows、Unix、Linux 三分天下的格局，因此需要考虑 GIS 平台对跨平台的支持能力。中国超图研发中心曾经在一组对比测试中发现，Linux 和 Unix 可以满足更多的客户端并发访问需要，也就是说，在满足相同数量客户端的情况下，用 Linux 和 Unix 需要更少的服务器。在云计算领域，有 Windows 的云，但更多的云计算技术和平台是基于非 Windows 的，如 IBM 的云、红帽 Linux 的云和 Google 的云都是 Unix 或 Linux。因此，在智慧时代所选的 GIS 平台软件必须支持多种操作系统，才能在云计算建设中有更多优秀技术和平台可供选择。

例如，SuperMapGIS 服务端软件除了支持 Windows 之外，还支持主流的 Unix 和 Linux 平台。在实际应用中，Linux 和 Unix 两个操作系统的稳定性非常高，并发能力也更强。SuperMap GIS 还支持国产操作系统，如麒麟、红旗、凝思等。

2)64 位 GIS 技术

曙光天演小型机可装内存 512GB，天河一号超级计算机可装内存 98GB，如果是 32 位 GIS 软件，则 GIS 软件一个进程只能用不到 4GB 的内存，超级计算机变成了超级浪费。因此需要研发 64 位及以上的 GIS，只有这样才能充分发挥高端服务器的优异性能和海量内存优势。中国超图公司在 2001 年就发布了 64 位 GIS 软件的 Windows 版本，2012 年 4 月发布了 64 位 SuperMap iServer 的 Linux 和 Unix 版本，这也是全球首套真 64 位 Service GIS。

3)GIS 并行计算技术

鉴于 2011 年以来硅晶体管已接近了原子等级，达到了物理极限，摩尔定律开始失效，CPU 频率无法像以前那样快速增长，取而代之的是多核技术的快速发展。但 GIS 数据量的增长步伐却没有减缓，CPU 频率的增长无法抵消 GIS 计算量的增长，GIS 正在遭遇性能瓶颈。要解决这一问题，必须发展 GIS 并行计算技术并产品化。

其中一个例子就是缓存切图。现在的 B/S 应用为了提高出图性能，大多采用金字塔结构的瓦片缓存。但 Web 地图发布之前缓存切图非常耗时，动辄几天甚至几十天的切图时间严重影响了数据更新的效率，即使采用高端服务器，也不能大幅度缩短切图时间。唯有通过并行切图技术，充分利用多核计算机和多台计算机的计算能力来大幅度提升切图的效果。并行缓存切图技术具备的特点：①大幅提高切图性能：某省国土数据切图由 23 小时减至 3 小时(10 个并发)，并发越多速度越快；②支持搭建切图云：超图把并行切图的技术内置于 SuperMap iServer 6R（2012)SP3 中，方便用户搭建内网切图云，可为各个部门提供高性能切图服务；③支持多平台多系统：并行切图技术既适用于多核高端服务器，也适用于多台 PC 集群，且支持 Windows、Linux 和 Unix，在数据更新时能够更快速地更新地图缓存。

例如基于 SuperMap 的云 GIS 技术，不仅搭建了面向企业应用的超图云(www. supermapcloud. com)和面向个人应用的地图汇(www. dituhui. com)两个公有云，还为科研单位搭建了科研用 GIS 私有云和政府用 GIS 私有云。如图 2-36、图 2-37 所示。

3. 二三维一体化地理信息技术

从需求的角度看，传统的二维技术不能很好地满足三维 GIS 深层次的需求。借鉴马斯洛等人的需求层次理论，GIS 功能需求也分为五个层次，由低至高依次为数据获取、可视化表达、查询、分析和建模(非三维建模，是分析过程的模拟)。二维 GIS 经过 30 多年的发展，基本上可以满足五个层次的需求；而三维 GIS 发展时间不长，目前只能满足获取、可视化表达和查询三个基本层次需求以及部分高层次的需求，如图2-38所示。

图 2-36　基于 SuperMap 的公有云超图云

图 2-37　基于 SuperMap 的公有云地图汇

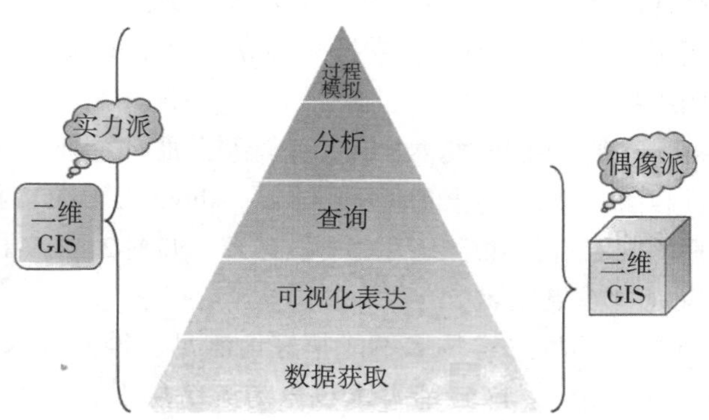

图 2-38　当前 GIS 可满足的需求层次

人们需要找到一种方法将二维 GIS 与三维 GIS 完美结合。传统将二维 GIS 平台和三维可视化软件结合使用的混搭模式是一种思路，但这个模式下数据一体化程度比较差，功能一体化也难，这种混搭方案只能是一个权宜之计。二三维一体化 GIS 技术才是问题解决的根本之道。相对于二维 GIS 和三维可视化软件，二三维一体化 GIS 具备如下特点：

(1)数据结构二三维一体化：海量二维数据无须转换，可直接高性能地在三维场景中可视化；

(2)软件平台二三维一体化：使用二维和三维不需要分别启动不同的软件；

(3)基于数据库管理三维数据：三维数据不仅可以保存在一般文件中，还可采用空间数据库存储管理；

(4)三维中使用二维分析功能：在三维窗口中可以直接使用所有二维分析功能，展示分析结果；

(5)符号化的三维数据模型：场景符号化是三维数据可进行空间分析的前提。

其中，符号化而非实体化的三维数据模型，是二三维一体化 GIS 有别于 CAD 和虚拟现实的非常重要的特点。

例如，虚拟现实的三维道路通常是实体化建模的，可以量算，但无法把三维模型的道路加入路网拓扑计算中，还必须另外存储道路中心线以便建立拓扑关系，导致了分析数据和可视化数据“两张皮”，给数据更新维护带来麻烦。

在三维 GIS 中，对于需要进行空间分析的路网和管网等，需要以符号化的方式建立三维场景。在数据库中，存储的是道路和管网的中心线，在二维窗口可视化时配置二维线型，在三维窗口中可视化时配置三维线型，这样不仅节约了三维场景的存储空间，还让三维的道路和网络数据直接参与拓扑运算。甚至在道路扩宽后，如果没有改道，也不用重新建模，只需要更换道路的三维符号即可。例如在 SuperMap 产品中，提供了三维线型符号编辑器，可以设计各种三维线型符号。

当然，对于需要逼真可视化的地物，也需要实体化建模，因此三维 GIS 的应用模式通常是混合使用实体化建模和符号化建模。

4. 移动地理信息技术

随着移动互联网和移动智能终端的飞速发展，带来大量移动电子地图的应用，人们对地理信息的 4A(anytime、anywhere、anybody、anything)服务的需求日益旺盛。移动 GIS 是一种应用服务系统，其定义有狭义与广义之分。狭义的移动 GIS 是指运行于移动终端(如 PDA)并具有桌面 GIS 功能的 GIS，它不存在与服务器的交互，是一种离线运行模式。广义的移动 GIS 是一种集成系统，如手机，是 GIS、GNSS(卫星导航定位系统)、移动通信、互联网服务、多媒体技术等的集成。移动 GIS 具有移动性、动态(实时)性、对位置的依赖性、移动终端多样性等特点。

移动地理信息系统的研究对象不再是关系具有不变性的实体集，而是少量的有限的移动实体集，原来相对静止的实体集仅作为参考目标。同时，硬件环境也发生了较大的变化，在移动端需要采用轻便、灵活、易于携带、外观设计优雅的智能化终端设备。由于智能终端的简化，其存储计算功能相对较弱，把全部静态空间数据存储其上是极不现实的。因此，从固定服务器通过有线或无线通信技术动态刷新智能终端中的空间数据技术和设备必不可少。由此可看出，移动地理信息系统的硬件构成至少有四部分：服务器端的相关设备、无线通信技术设备、智能终端设备、移动目标空间定位设备，如图 2-39 所示。对应于移动地理信息系统的硬件组成，其软件系统应包括：服务器端的空间信息服务与分发系统、无线传输软件系统、智能终端软件系统和定位导航软件系统。

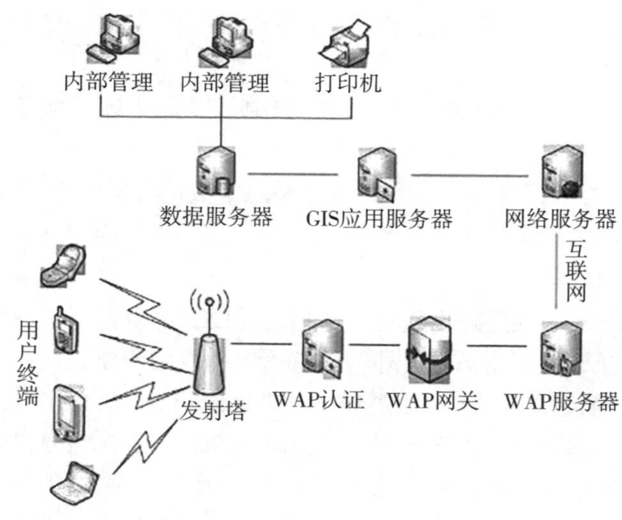

图 2-39　移动地理信息系统的硬件构成

(1)服务器终端的空间信息服务与分发系统：移动地理信息系统服务器端存放了大量的、多尺度的空间数据，这些数据的查询、统计、检索及数据格式转换等功能属于空间数据管理的范畴。另外，服务器端的软件系统要能够响应来自各处智能终端的并发服务请求，并自动启动空间数据管理引擎，依据请求自动完成裁切、拼接、转换等步骤，及时把智能终端需求的数据反馈到用户并刷新。

(2)无线传输软件系统：服务器端和智能终端主要依靠无线方式传送数据、交换信息。应当说，从终端向服务器发送的请求数据量较小，但服务器响应请求并返回的空间数据量相对无线传输速率却十分庞大。从理论上分析一个中等城市的数据需要 3~5min，如此长的等待时间令人难以容忍。因此，在服务器端引入压缩技术、智能终端引入解压技术十分重要。

(3)智能终端软件系统：智能终端实时位置的获取、定位、查询分析和快速显示等功能都是智能终端软件系统的重要组成部分。此外，适于个人计算机的栅格、矢量等数据结构，在性能远远低于个人计算机的掌上型智能终端运行时，图形的显示、缩放、查询、分析等功能的效率都比较低，因此需要开发适用于低性能移动终端的高效数据结构。

(4)定位导航软件系统：通过红外或串口获取 GNSS 位置信息，转换到导航地图的坐标系统，并进行 GNSS 坐标的保密技术处理。

移动 GIS 终端设备必须便携、低耗，适合于户外应用，并且可以用来快速、精确定位和地理识别。由于需求的多样性，产生了设备的多样性，这些设备包括便携电脑、个人数字助理(PDA)、智能手机、GNSS 接收机等。在移动 GIS/办公中，位置信息是基础。研制便携性好、重量轻、野外防护功能强、定位功能强大的 GNSS 接收机，是移动终端的关键技术。

如图 2-40 所示，移动终端兼具卫星导航定位、加载行业应用软件、通信和数据传输等基本功能。

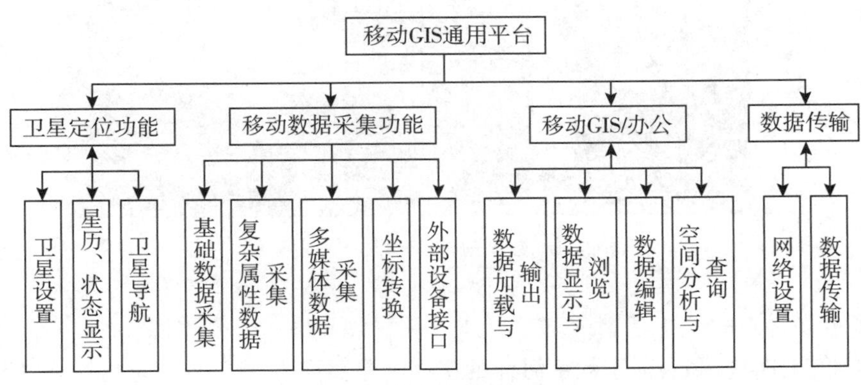

图 2-40　移动终端基本功能

在数字海洋工程的建设中，不仅需要大众版的电子地图应用，还需要专业的移动 GIS 应用，如在公安、救灾、海事、环保等专业领域。专业的移动 GIS 应用有两种工作模式：一是实时在线模式(瘦客户移动端)，二是可离线模式(全功能移动端)。在数据需要保密、网络条件不佳甚至没有网络的情况下，全功能移动端就显得更加重要。在数字海洋工程建设中不仅要重视在线的应用模式，也要重视可离线应用的模式。

瘦客户移动端模式本地功能弱，须实时在线调用服务端的 GIS 功能，它的特点如下：

■　必须链接 GIS 服务器获得 GIS 专业功能；

■　支持多种移动端，如采用 iOS、Android、Windows 等操作系统的各种设备；

■　在线地图浏览、编辑、查询、分析；

■　可打开本地离线缓存图片。

全功能移动端本地功能强，是一种可以离线也可以在线使用的移动 GIS。支持离线的矢量数据和离线的分析编辑功能。它的特点如下：

■　具有完整 GIS 功能内核，可不连接服务器；

■　支持离线矢量数据和离线分析编辑；

■　支持二维、三维一体化；

■　支持多终端，如采用 iOS、Android、Windows 等操作系统的各种设备。

例如全功能客户端 SuperMap iMobile 采用与桌面端相同的内核，不仅不需要转换格式，而且移动端功能可以随桌面端同步增长。特别是采用全功能移动端技术，即使在离岸较远的海域，数字通信未恢复的情况下也可以使用 GIS 功能。例如，数字海洋移动服务平台 iOcean@ touch 如图 2-41 所示。

图 2-41　数字海洋移动服务平台终端

5. 多维动态地理信息技术

将地理空间信息融入国家数字海洋的主体，是重要发展方向。为此，应发展由新一代海洋空间基准框架和地理基础框架海洋数据组成的多维、动态地理空间信息框架，以满足对海洋地理空间信息的内容、维数、尺度、精度、共享、服务和现势性等越来越高的需求。需要研究解决的科学问题有：海洋世界及其时空变化的多维动态特征描述，多源海洋地理空间信息的时空定位基准，多维动态空间数据框架模型构建方法，海洋地理空间认知与多维动态透明空间信息作用机理等。

数字海洋对多维、动态透明地理信息数据的关键技术需求集中体现在：

1）海洋世界及其时空变化的多维动态特征描述

地球上 75%以上的海洋均具有鲜明的四维形态，各种海洋地理空间实体及其间关系随时间不断地发生变化，并在不同的尺度背景下呈现出不同的空间形态、结构和细节。对于海洋世界及其时空变化的这种多维动态特征，目前尚缺乏科学的分类和形式化的描述方法，存在着诸如用(x，y，z，t)能否表征海洋世界及其时空变化，尺度(scale)是否为另一个维，用欧几里得空间描述海洋世界是否合理，海洋地理实体之间有哪些空间关系，能否用一些元空间关系推出其他空间关系等一系列基本问题。为此，应深化对海洋世界及其时空变化多维动态特征的认识，加强对时态(temporal)、动态(dynamic)、尺度(scale)等基本概念、多维动态的分类体系、空间关系的描述方法等研究；发展海洋三维、时空、模糊、层次等空间关系描述和表达方法，明确数字海洋多维动态地理空间信息的概念体系，建立起多维动态海洋地理空间信息分类结构和描述体系，为实现从现实海洋地理世界到计算机透明海洋数字化世界的抽象提供公共框架。

2）多源地理空间信息的时空定位基准

地理实体的空间位置与分布是根据国家平面基准、高程基准和重力基准来确定的。由于地球自身在不断地运动变化，海洋基准与陆地基准尚未统一，不同海域、海域周边和陆地周边国家的地理空间数据所采用的参考框架不尽相同。为了实现多时相、多分辨率、多类型地理空间信息的有机集成和海量管理，需要解决海洋地理空间参考框架的时空基准关键技术。通过研究地球重力场的时空结构与分布特性等，建立全球物理基准及其与区域物理基准的统一理论，构建由物理基准、时空参考框架(包括惯性参考框架和地固框架)、相对参考系组成的地球时空参考框架体系，发展多源地理空间信息的参考框架转换与投影变换的理论与标准。在此基础上，利用各种现有的大地测量、卫星测高和验潮数据，精化我国陆海大地水准面，研究我国陆海统一高程基准；研究解决我国三维、高精度、动态和实用大地坐标框架建设的理论问题；提出在时空参考框架下原有不同基准地理空间数据的转换与整合方法。建立多尺度的时空参考框架，为国家信息化提供陆海一体化的定位基准。

3)多维动态空间数据模型及建模方法

迄今为止，人们一直是按照平面图或层次数据模型，将具有鲜明的多维、动态特征的现实空间世界抽象为二维的、静态的目标，这在三维实体及其时空变化的表达方面存在着很大的局限性，往往不能满足真三维、多时态和多尺度应用的需要。目前人们往往是将海面纹理模型或海底二维数字化地图与其 DEM 叠合，构建三维海洋模型，虽能表达海底起伏，并进行漫游、缩放、动画等三维显示操作，但难以顾及海底、水实、海面等的内部竖向关系，进行有效的三维实体测量和分析，因而在本质上属于可视化模型。为了构建数字海洋所需的多尺度、三维、时态和动态海洋地理空间数据资源，应加强对多维动态空间数据模型的理论和建模方法研究，发展针对海洋多维动态地理空间框架的构建技术。开发三维实体及其时空变化的时空对象模型、多尺度空间数据模型、球面层次数据模型。针对数字海洋工程解决三维框架数据、三维网络数据、全球多尺度海洋数据、时序框架数据、移动服务框架数据等的建库技术，为进一步构建国家多维动态地理空间数据框架提供思路和方法。

4)地理空间认知与多维动态空间信息作用机理

多维动态海洋地理空间信息反映着海洋空间事物或透明水体的运动状态(在特定时空中的形状和态势)和运动方式(运动状态随时空变化而改变的式样和规律)，是调节和控制海洋地理空间系统中的物质流、能量流等并使其转移到期望的状态和方式的重要依据。但在如何有效地使用或利用地理空间信息方面，人们往往是凭借经验和直觉行事，缺乏符合人类空间认知习惯的透明信息处理方法和分析模型体系，难以有效地对系统进行空间形状、依存关系、变化过程、作用规律、调控机理的数字模拟和动态分析。因此，应该加强对地理空间认知方法和多维动态地理空间信息失效机理的研究。

根据人类空间认知和语言表达的特点，探索海洋地理空间信息的人类语言表达(模拟形式)与计算机命令形式表达之间的转换关系，研究兼顾人类空间认知习惯和计算机符号处理的海洋地理空间信息处理理论，开发将定性和定量的空间推理、空间数据概括和内插、空间数据匹配和融合、地学要素的图谱分析、时空统计分析、空间运筹等方法与海洋数值模拟分析方法相结合的关键技术。

海洋信息包括各种海洋数据，按照海洋动力过程认知思路和方法，可以分为海洋动力学数据和准定常数据。海洋动力学数据与场概念有关，包括标量数据(如温度场数据)和矢量数据(如海流矢量场)，需要采用面向海洋要素场的场模型；海洋准定常数据与陆地有关，包括地形、海底、海岸等数据，浮标、障碍物等数据，可以采用陆地地理信息系统模型。

在对现有的大量数据模型分析研究的基础上结合海洋科学及海洋数据的特点，采用自适应的多级格网数据模型，适合许多基础数据集的存储、管理和分析。从海洋数据的原始格式来看场符合数据获取、存储规律。因为当前大量的海洋数据都是以格网形式获取和存储的，其来源主要有数值模型输出的数据产品和各种成像式遥感观测数据。

实测数据具有两种形式：一种是原始观测数据，通常是离散点形式，具有一定的规律，例如时间(准)同步，三维立体结构；另一种是处理过的数据，一般加入了比较基础的数据统计或者基本插值技术，尽量保留了原始数据的特点，并容易存储和处理面向大多数用户的数据集。这两种形式分别存放，但是具有相同的格网特征，其数据模型的基本构思可以类似。

地球表面的格网化提供两种解决方案：一种是等角的全球经纬度格网系统；另一种是等面积的全球经纬度格网系统。第一种方案是标准情况使用的数据模型，适用于基础数据集和数据仓库，有时也可用于海洋现象数据集；另一种是针对特殊应用需要而提出的，主要是针对高纬度地区和对格网的面积、形状要求特别高的使用情况而制订的。

1)等角格网系统

以全球经纬网构建全球的格网系统，每个格网的大小根据具体问题而定。优势在于简单直观，属于一种等角投影变换，即经线和纬线之间永远是垂直的。子午线长短不发生变化，赤道长度也不变，但除赤道外的纬线长度变化很大，尤其高纬度地区变化非常剧烈，导致格网的面积和形状等也发生非常大的变化。

通常采用将地球子午线按等距离分为2048份，每一段的长度为978km，同理将地球赤道和纬线等分成4096份，忽略地球的椭球效应，则经线和纬线形成的格网是很多边长“相等”的小格子，以经度和纬度作为格网系统的坐标系，简称为9km格网系统。

2)等面积格网系统

等面积格网系统的重点在于形成具有基本排列规律的矩形格网体系，并且兼顾以后数据处理和存储能力的结合：一方面注意潜在的空间海洋数据的应用；另一方面在常用的最小空间分辨率上进行了设定，以8~10km为最佳。

由于海洋信息处理的尺度范围非常广，在常见的海洋信息数据服务中，既可是全球尺度的，也可是一个非常狭小的港湾，其尺度的空间量级差别巨大，如果是分析海浪甚至海面微结构的空间问题，其空间量级差异必然更大。以同一种空间数据模型存储量级差异的数据时，要采取多级化方法来避免数据冗余。海洋格网空间多级化有三层意思，第一是指空间尺度的多级化；第二是指空间分辨率的多级化，通常两者有关联；第三是指为了实现一定程度的矢量化而采取的加大局部格网分辨率的情况，即多级格网。

空间分辨率的多级化是指同一个问题中，可能需要多种分辨率的数据，而这些数据既可能是原始数据，也可能是根据原始数据经过插值等处理得到的二级数据。例如，在一个中国近海环流的数值模型中，如果需要重点研究台湾海峡的环流状况则需要在台湾海峡设置比较密集的网格，而在其他海域，尤其是远离东海环流影响范围的海域，只需要比较稀疏的网格就可以了，甚至可以采用开边界等处理方式予以解决。

由于地球表面的格网化需要针对多种空间尺度和多种空间分辨率的问题，经过多级化操作的格网，在整体性上可能会受到很大干扰。从空间几何学角度来看，几何信息遭到很大破坏，位置、形状、长度、面积等几何属性都有所改变。首先分析哪些对于数字海洋工程具有重要和关键的影响，需要对这些关键要素进行矫正，可以利用事先拟定好的算法来实现。从数学角度，经过变换的域或多或少地都会存在一些问题，这种问题往往比较隐蔽。例如，如果将不符合傅里叶变换的数据进行了该变换则其性质会发生一定程度的改变，需要予以矫正，否则需要标识出来。从物理学角度，进行了多级化操作后，许多物理意义将不再符合，例如三大守恒定律：质量守恒定律、动量守恒定律和能量守恒定律在很多时候会出现问题，而变换到新域后，新的物理问题如何阐释，都是需要处理的问题。比如，对于海流能量格网自适应重点考察的是能量格网的保守性、流动性，等等。因此，格网空间自适应的主要目的和功能在于整合和检验，它是数字海洋工程的关键技术。

常用的格网空间自适应方法有多重格网自适应方法，对于某一个固定大小(尺度)的格网，将该尺度误差简单地分解为具有相对高频性质的振动误差分量和具有相对低频性质的光滑分量，这两种分量与格网的尺度是分不开的。假设存在一种方法，可以有效地处理局域误差分量，则借助于格网大小的不同设置，必然可以更加有效地处理全局的误差分量。例如，对于计算海洋学中经常使用的数值迭代方法，通常认为可以较好地分离高频振动分量，但其收敛速度经常会变慢，原因就在于光滑分量的干扰作用。采用多重格网法可以协助迭代法消除那些光滑误差分量。但必须明确指出的是，在许多数值模型中，普通迭代法即使对那些高频摆动分量也未必有效，而必须采用某些特殊的迭代法，如线松弛、线块松弛、交替方向线松弛等。

随着智慧时代的到来，GIS 的技术发展面临新的挑战和机遇。云 GIS 技术、移动 GIS 技术和二三维一体化的 GIS 技术是支撑未来智慧时代的 GIS 应用的三大核心技术。

在“云-物-移-大-智”中，云计算是领先的技术手段，也是智慧时代重要的标志性技术，未来的应用也将是“云+端”的组合。例如 SuperMap OS 平台软件产品就是“云+端”的典型组合，云服务器包括 SuperMap iServer、SuperMap iPortal 和 SuperMap iExpress，端则包括桌面端 SuperMap iDesktop、组件端 SuperMap iObjects、Web 端 SuperMap iClient 和全功能移动端 SuperMap iMobile。

2.5 海洋多源数据集成与融合技术

海洋多源数据集成与融合是以海洋多源地理空间数据集成与融合为基础的。海洋多源地理空间数据集成与融合的目的就是通过统一的技术标准和方法，把物理上分散分布的海洋地理数据资源进行整合，提高地理数据的更新效率，从而提升地理数据的质量，向广大用户提供多尺度的地理信息服务。集成是指通过使用各种数据转换工具，把不同主题、格式、比例尺多投影方式或大地坐标系统的地理空间数据在逻辑上或物理上有机集中，使其成为海洋地理信息服务系统可以识别的数据形式，其核心保留着原来的数据特征，屏蔽了数据源数据模型的异构性，可透明地访问多源异构地理空间数据，从而实现地理信息的共享；融合是为了特定应用目的，将同一地区不同来源的空间数据，以不同的方法提高物体的几何精度，重组专题属性数据，派生高质量地理空间数据。海洋地理空间数据集成与融合不是孤立的两个过程，集成是融合的基础，融合是在集成基础上的进一步发展。

2.5.1　海洋多源数据集成技术

随着海洋空间信息技术应用的扩展，海洋基础地理信息数据产品很难满足不同行业的业务需求，使得行业部门不得不依据本部门特点和应用目的进行数据生产，造成了同一地区同一比例尺的物体被不同的部门、按不同标准、不同数据模型、格式和软件重复采集，造成空间数据的主题、语义、时空、尺度的不同及数据模型与存储结构的差异等，导致了地理数据的多样性。跨专业、跨海区多尺度海洋地理信息资源快速集成与融合成为需要解决的关键问题。

集成(integration)的意思是指通过结合分散的部分形成一个有机整体。关于空间数据集成的说法很多，根据其侧重点可分为如下几类：①GIS 功能观点认为数据集成是地理信息系统的基本功能，主要是指由原数据层经过缓冲、叠加、获取、添加等操作获得新数据集的过程。②简单组织转化观点认为数据集成是数据层的简单再组织，即在同一软件环境中栅格和矢量数据之间的内部转化或在同一简单系统中把不同来源的地理数据(如地图、摄影测量数据、实地勘测数据、遥感数据等)组织到一起。③过程观点认为地球空间数据集成是在一致的拓扑空间框架中地球表面描述的建立或使同一个地理信息系统中的不同数据集彼此之间兼容的过程。④关联观点认为数据集成是属性数据和空间数据的关联，如美国环境系统研究所公司(ESRI)认为数据集成是在数据表达或模型中空间数据和属性数据的内部关联。数据集成不是简单地把不同来源的地球空间数据合并到一起，还应该包括普通数据集的重建模过程，以提高集成的理论价值。地球空间数据集成的定义是：对数据形式特征(如格式、单位、分辨率、精度等)和内部特征(特征、属性、内容等)作全部或部分的调整、转化、合成、分解等操作，其目的是形成充分兼容的数据集(库)。

海洋多源地理空间数据集成是把不同来源、格式、比例尺、多投影方式或大地坐标系统的地理空间数据在逻辑上或物理上有机集中，从而实现地物实体的空间基准、数据模型、语义编码、属性的分类分级和数据格式的统一。其实现方式是通过各种数据转换工具，把多种来源的海洋地理空间数据转换成为系统可以识别的数据形式；其核心任务是屏蔽源数据模型的异构性，使互相关联的异构数据源集成到一起，提供用户对数据的统一访问接口；其目的是实现地理空间信息的共享。

1. 地理空间数据模型的集成

空间数据模型是对现实空间中地理要素的几何形状和属性信息以及地理要素之间关系的描述，它建立在对地理空间的充分认识和完整抽象的地理空间认知模型(或概念模型)的基础上，并用计算机能够识别和处理的形式化语言来定义和描述现实空间中的地理实体、现象及其相互关系。GIS 以地理空间认知为桥梁，在对海洋地理系统进行模拟的过程中，对现实世界的地理现象进行逐步抽象，通过具有不同抽象程度的空间概念来实现。因为海洋地理空间信息的复杂性和人们认知地理空间的方法不同，对系统的抽象步骤产生一定的差别，或者不同部门对海洋地理空间世界的不同侧面感兴趣，所以按照自己的认识和思维建立了不同的模型。海洋数据源多种多样，其对应的数据模型也有多种。从根本上来说，数据无法实现集成是因为 GIS 系统支持的空间数据模型不同。要想实现多源空间数据集成，必须对空间数据模型集成理论进行研究。空间数据模型集成是指将两种或者两种以上的不同数据模型集成到一种新的数据模型，这种新的数据模型应能最大限度地包容原数据模型，然后将不同数据模型的数据向新的数据模型转换。常用的空间数据模型集成方式有简单数据模型与简单数据模型集成、简单数据模型与复杂数据模型集成、复杂数据模型与复杂数据模型集成。

集成空间数据模型对现实世界地理实体及相互关系进行抽象，建立若干以地理区域为界的认识地理空间的窗口，即数据区域。数据区域包含若干数据块，每个数据块包含若干地理要素层，每个要素层之间在数据结构和组织上相对独立，数据更新、查询、分析和显示操作以要素层为基本单位。地理要素层包含若干地理要素，地理要素又可分为简单要素和复合要素，地理要素是地理实体和现象的基本表示，在数据世界中地理要素包括空间特征(几何元素)和属性特征，简单要素表示为点要素、线要素和面要素。复合要素是表示相同性质和属性的简单要素和复合要素的集合。数据区、数据块、数据层、要素层及地理要素构成一个层次地理数据模型。采用矢量形式表示地理空间实体及相互关系，数据模型结构如图 2-42 所示。

集成空间数据模型组成设计，第一层为数据区域，它是要描述数据的整体。处理的地理实体的全部相关信息组成数据区，数据区是所研究区域或者一项 GIS 工程所涉及的范围，如一个海域、一个海区或者一个国家领海。第二层是数据块，数据块的大小可根据应用需要确定，其边界可以是规则的，也可以是不规则的。每个数据块包含矢量数据层、DEM 层、注记层，它们构成第三层。第四层是矢量地理要素层，地理要素按照一定的分类原则组织在一起，形成不同的要素层。通常情况下，一个地理要素层定义一组地理意义相同或者相关的地理要素。同类型的地理要素具有相同的一组属性来定性或者定量地描述它们的特征。例如，河流可能具有长度、流量、等级、平均流速等属性。每个要素层之间在数据组织和结构上是相互独立的，数据更新、查询、分析、显示等操作以要素层为基本单位。第五层为地理要素，是组成要素层的基本单元。要素层包括若干个地理要素，地理要素又可分为基本要素、复合要素和注记要素。地理要素是地理实体和现象的基本表示，在数据世界中地理要素包括空间特征和属性特征。复合要素表示相同性质和属性的基本要素或复合要素的集合。第六层是地理要素的基本表现形式，即点

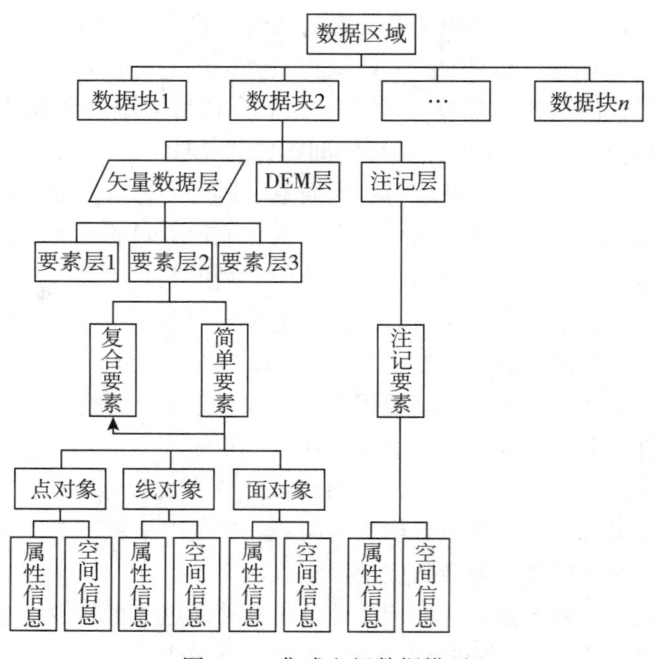

图 2-42　集成空间数据模型

状对象、线状对象、面状对象。现实世界中空间实体异常复杂，但从面向对象的角度来看，通常可以把空间数据抽象为点、线、面三种简单的地物类型。在数据模型结构中，属性信息的数据类型较多，通常有数值型、字符串、布尔型及日期型等。

数据模型是对客观事物及其联系的数据描述，可以说没有一种数据模型是十全十美的。一方面，任何一种数据模型都不能表示一切地理现象，都有局限性；另一方面，数据模型越复杂，表示的地理现象也就越丰富，但是程序就会相对复杂，系统性也会受到影响。在集成数据模型中，空间数据是按块、分要素进行存储和管理的。

地理数据模型融合是指将两种以上的不同数据模型融合成一种新的数据模型，这种新的数据模型应能最大限度地包容原数据模型，然后将不同数据模型的数据向新的数据模型转换。因此，数据模型融合的关键在于新的数据模型的设计。在进行新的地理数据模型设计时必须处理好地理物体整体性和可分析性、空间位置与属性的关系及连续的地理空间的分层与分幅造成的空间关系割断的矛盾。

2. 多源地理空间数据集成方法

数据是 GIS 系统的“血液”，实现多格式数据的集成一直是 GIS 研究的热点，也是海洋地理空间信息服务所要完成的主要工作。空间数据集成方法有三种：一是数据格式转换方法；二是基于直接访问模式的互操作方法；三是基于公共接口访问模式的互操作方法。

1) 数据格式转换方法

格式转换模式是把其他格式的数据经过专门的数据转换程序进行转换，变成本系统的数据格式，这是当前 GIS 软件系统共享数据的主要方法。数据转换的核心是数据格式的转换。在实际操作中，数据格式的转换必然造成数据内容的损失，而且它是一种被动的数据处理方法，出现一种流行的数据格式就要开发一种转换软件模块嵌入系统，对于非主流 GIS 系统的数据也不能达到有效的支持。基于数据通用交换标准的数据交换，尽管在格式转换过程中增加了语义控制，但其核心仍是数据格式转换。一般地，数据格式转换采用以下两种方式：①直接转换，在已知各自的数据结构及数据格式时，在两个系统之间通过关联表或转换器，直接将输入数据转换成输出数据。关联表直接转换方法是针对记录逐个地进行转换，没有存储功能，因此不能保证转换过程中语义的正确性。转换器直接转换是通过转换器实现，转换器是一个内部数据模型，转换器通过对输入数据的类型及值按照转换规则进行转换，得到指定的数据模型及值。与使用关联表相比，它具有更详细的语义转换功能，也具有一定的存储功能。在软件设计时，往往将转换器设计成中间件，以便于系统集成。②基于空间数据转换标准的转换，转换标准是一个共同都遵守，并且很全面的一系列规则。转换标准可以将不同系统中的数据转换成统一的标准格式，以供其他系统调用。为了实现转换，数据的转换标准必须能够表示现实世界空间实体的一系列属性和关系，同时它必须提供转换机制，以保证对这些属性和关系的描述结构不会改变，并能被接收者正确地调用。同时它还具有以下功能特点：处理矢量、栅格、网格、属性数据及其他辅助数据的能力；实现的方法必须独立于系统，且可以扩展，以便在需要时能包括新的空间信息。许多 GIS 软件为了实现与其他软件交换数据，制订了明码的交换格式，如 ArcInfo 的 EOO 格式、ArcView 的 Shape 格式等。通过交换格式可以实现不同软件之间的数据转换。空间数据转换标准(spatial data transformation standard. SDTS)包括几何坐标、投影、拓扑关系、属性数据、数据字典，也包括栅格格式和矢量格式等不同的空间数据格式的转换标准。许多软件利用 SDTS 提供了标准的空间数据交换格式。目前，ESRI 在 Arclnfo 中提供了 SDTSImport 及 SDTSExport 模块。SDTS 在一定程度上解决了不同数据格式之间缺乏统一的空间对象描述基础的问题。但 SDTS 目前还很不完善，还不能完全概括空间对象的不同描述方法，还不能统一为各个层次受众从不同应用领域为空间数据转换提供统一的标准，不同数据格式描述空间对象时采用的数据模型不同，因而转换后不能完全准确地表达原数据的信息，经常造成一些信息丢失。同时，也还没有为数据的集中和分布式处理提供解决方案，所有的数据仍需要经过格式转换才能进入系统中，不能自动同步更新。

2)基于直接访问模式的互操作集成方法

结构化软件开发直接访问需要建立在对要访问的数据格式充分了解的基础上，如果要达到每个 GIS 软件都与其他 GIS 中的空间数据库进行集成的目的，需要为每个 GIS 软件开发读写不同 GIS 空间数据库的接口函数，或者为宿主软件提供读写其他 GIS 空间数据库的 API 函数，则可以直接用 API 函数读取 GIS 数据库中的数据，减少开发工作量。直接数据访问互操作模式如图 2-43 所示。

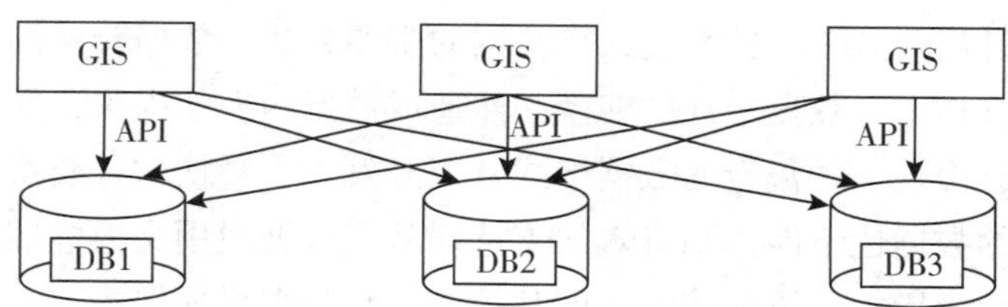

图 2-43　基于数据库直接访问模式的互操作集成方法

如果宿主软件的数据格式发生变化，各数据集成软件不得不重新升级该宿主软件的数据格式。由于一般的 GIS 数据具有一些空间数据的通性，因此可以定义一个包含各种属性的元数据文件。在此基础上，采用面向对象的思路，利用 C++语言对继承、封装、多态性和抽象基类的支持，定义一个包含纯虚函数、不可实例化的抽象基类，这个基类应具备 GIS 空间数据读写的基本接口。各 GIS 软件提供一个从这个抽象基类派生的类来实例化抽象基类，在这个派生类中完成其定义的数据格式文件中数据的读写工作。在新的模式中，不管 GIS 空间数据是以文件方式存储还是以数据库方式存储，都将空间数据以数据库的方式管理；在定义好面向抽象 GIS 数据格式的抽象基类和统一接口的基础上，由各 GIS 软件厂商完成存取自己格式数据的子类的动态链接库(类似于 ODBC 中各数据库系统的驱动程序)，实现厂商一次编程，其他开发者拿来就用，省却了大量的重复劳动，加快了开发进程。

面向对象软件开发直接访问则通过组件技术实现 GIS 互操作。组件是指被封装的一个或多个程序的动态捆绑包，具有明确的功能和独立性，同时提供遵循某种协议的标准接口。一个组件可以独立地被调用，也可以被别的系统或组件所组合。组件的标准接口是实现组件重用和互操作的保证，用不同语言开发的组件可以在不同的操作平台、不同进程间“透明”地完成互操作。这使得开发者能更方便地实现分布式的应用系统，方便快捷地将可复用的组件组装成应用程序，组件技术把构架从系统逻辑中清晰地隔离出来，可以用来分析复杂的系统，组织大规模的开发，而且使系统的造价更低。组件技术对于提高组件开发效率、减轻维护负担、保证质量和版本更新有非常重要的意义，组件技术已成为当今软件工业发展的主流。

在分布计算环境中实现 GIS 互操作，关键在于把现有的 GIS 功能分解为互操作的可管理的软件组件，每个组件完成不同的功能。根据应用可将其划分为数据采集与编辑组件、图像处理组件、三维组件、数据转换组件、地图符号编辑/线性编辑组件、空间查询分析组件等。各个 GIS 组件之间，以及 GIS 组件与其他非 GIS 组件之间主要通过属性、方法和事件交互，如图 2-44 所示。

属性(properties)：指描述组件性质(attributes)的数据；方法(methods)：指对象的动作(actions)；事件(events)：指对象的响应(responses)。属性、方法和事件是组件的通用标准接口，由于其是封装在一定的标准接口，因而具有很强的通用性。统一的标准协议是组件对象连接和交互过程中必须遵守的，具体体现在组件的标准接口上。这种技术是建立在分布式的对象组件模型基础之上的，在不同的操作系统平台有不同的实现方

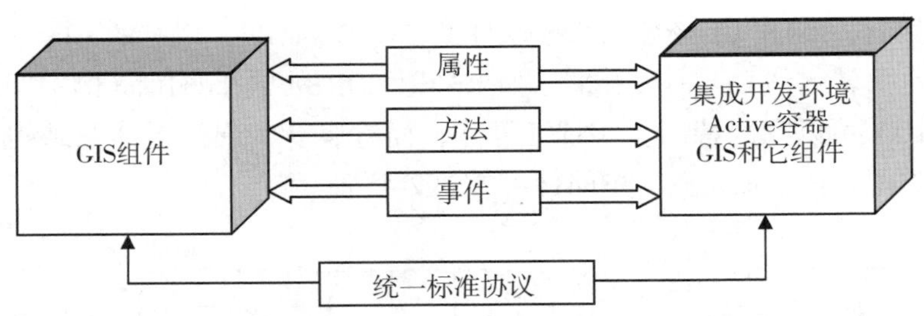

图 2-44 GIS 组件与集成环境及其他组件之间的交互

式(如 OMG 的 CORBA、Microsofi 的 DCOM)。OGC 规程基于的组件连接标准是目前占主导地位的 OMG 的公共对象请求代理构架(CORBA)、Microsoft 的分布式组件对象模型(distributed component object model, DCOM)及结构化查询语言(structured query language, SQL)等用来规范组件的连接和通信。OGC 开发的 GIS 技术规范，遵守其他的工业标准，体现了其不只是为了各个 GIS 之间的数据共享，而是更重视使地理信息能为非 GIS 领域所访问。

组件小巧灵活，还具有自我管理的能力。其不但顺应了软件发展趋势，还可以通过可视化的软件开发工具方便地将 GIS 组件和其他组件集成起来，实现无缝连接和即插即用，共同协作，形成最终的 GIS 应用。对于非 GIS 专业人员而言，可以轻松地通过对 GIS 组件的利用，将 GIS 功能嵌入应用程序，从而大大提高开发效率及 GIS 应用水平。GIS 的互操作组件特别有利于 GIS 专业人员的是，不必再开发专用的开发软件或数据库，而是将更多的精力集中于 GIS 的“G”(海洋应用)，从而使 GIS 产品达到更高的层次。

3)基于公共接口访问模式的互操作方法

随着客户机/服务器体系结构在地理信息系统领域的广泛应用及网络技术的发展，数据交换方法已不能满足技术发展和应用的需求，而数据的互操作则成为数据共享的新途径。数据互操作为多源数据集成提供了崭新的思路和规范，它将 GIS 带入了开放的时代，从而为空间数据集中式管理、分布式存储与共享提供了操作的依据。OGC 标准将计算机软件领域的非空间数据处理标准成功地应用到空间数据上，但是它更多地采用了 OpenGIS 协议的空间数据服务软件和空间数据客户软件，对于那些已经存在的大量非 OpenGIS 标准的空间数据格式的处理办法还缺乏标准的规范。从海洋信息类型来看，非 OpenGIS 标准的空间数据格式仍然占据已有数据的主体，而且非 OpenGIS 标准的 GIS 软件仍在产生大量非 OpenGIS 标准的空间数据，继续使用这些 GIS 软件和共享这些空间数据成为 OpenGIS 标准需要解决的问题。

数据互操作规范为多源数据集成带来了新的模式，但在应用中存在一定的局限性。首先，为真正实现各种格式数据之间的互操作，需要每种格式的宿主软件都按照统一的规范实现数据访问接口，这在一定时期内还不能现实。其次，一个软件访问其他软件的数据格式是通过数据服务器实现的，这个数据服务器实际上就是被访问数据格式的宿主软件。也就是说，用户必须同时拥有这两个 GIS 软件，并且同时运行，才能完成数据互操作过程。最后，即使以后新建的 GIS 软件都支持 OpenGIS，现有的 GIS 软件生产出来的空间数据也要转化到 OpenGIS 标准。如果采用 CORBA 或 JavaBean 的中间件技术，基于公共 API 函数可以在因特网上实现互操作，而且容易实现三层体系结构。它的实现方法与前面类似，但增加了一个中间件，如图 2-45 所示。

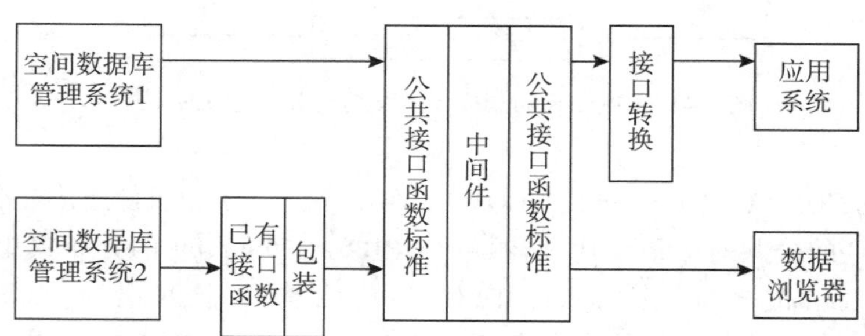

图 2-45　基于 CORBA 或 J2EE 体系结构的空间数据互操作的接口关系

通过国际标准化组织(如 ISO/TC 211)或技术联盟(如 OGC)制定空间数据互操作的接口规范，GIS 软件商开发遵循这一接口规范的空间数据的读写函数，可以实现异构空间数据库的互操作。对于分布式环境下异构空间数据库的互操作而言，空间数据互操作规范可以分为两个层次：第一个层次是基于 COM 或 CORBA 的 API 函数或 SQL 的接口规范。通过制定统一的接口函数形式及参数，不同的 GIS 软件之间可以直接读取对方的数据。它有两种实现可能：一种是 GIS 软件的数据操作接口直接采用标准化的接口函数；另一种是某个 GIS 软件已经定义了自己的数据操作函数接口，为了实现互操作的目的，在自己内部数据操作函数的基础上，包装一个标准化的接口函数。基于 API 函数的接口是二进制的接口，效率高，但安全性差，并且实现困难。基于 API 函数的空间数据互操作规范接口关系如图 2-46 所示。

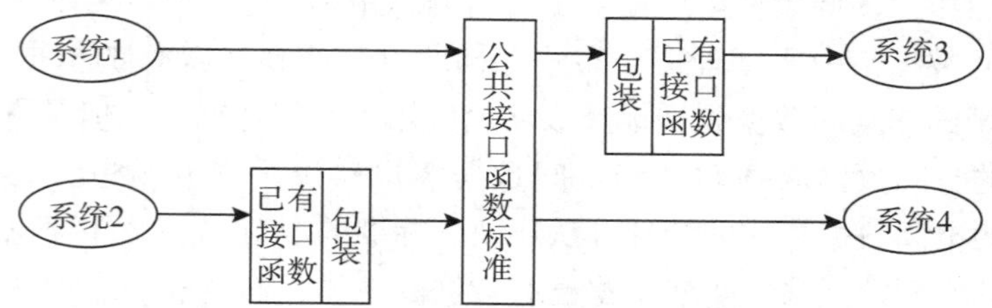

图 2-46　基于 APl 函数的空间数据互操作规范接口关系

第二个层次是基于 http(Web)XML 的空间数据互操作实现规范。它是基于 Web 服务的技术规范，它读写数据的方法也是采用分布式组件，但它用 XML 进行服务组件的部署、注册、并用 XML 启动、调用，客户端与服务器端的信息通信也是采用遵循 XML 规范的数据流。数据流的模型遵循空间数据共享模型和空间对象的定义规范，即可用 XML 语言描述空间对象的定义及具体表达形式，不同 GIS 软件进行空间数据共享与操作时，将系统内部的空间数据转换为公共接口描述规范的数据流(数据流的格式为ASCII码)，另一系统读取这一数据流进入主系统并显示。基于XML的互操作规范的实现方法可能有两种：一种是将一个数据集全部转换为用XML语言描述的数据格式，其他系统可以根据定义的规范读取这一数据集导入内部系统。这种方式类似于用空间数据转换标准进行数据集的转换。另一种是实时读写转换，用XMI语言或采用SOAP协议引导和启动空间数据读写与查询的组件，从空间数据库管理系统中实时读取空间对象，并将数据转换为用XML语言定义的公共接口描述规范的数据流，其他系统可以获取对象数据并进行实时查询，达到实时在线数据共享与互操作的目的。基于XML互操作规范接口的数据流是文本的ASCII码，容易理解和实现跨硬件和软件平台的互操作。它可以用于空间信息分发服务和空间信息移动服务等许多方面。目前基于http(web)XML的空间数据互操作是一种应用广泛的新方法，涉及的概念很多，主要包括Web服务的相关技术。OGC和ISO/TC 211共同推出了基于Web服务(XML)的空间数据互操作实现规范Web Map Service、Web Feature Service、Web Coverage Service，以及用于空间数据传输与转换的地理信息标记语言GML。基于XML的空间数据互操作实现方式规范如图2-47所示。以上两种空间数据互操作模式，基于API函数的互操作效率是较高的，基于XML的互操作适应性是最广的，但效率可能是较低的。基于API函数的互操作系统往往用于部门级的局域网中，而基于XML的互操作系统一般用于跨部门跨行业地区的互联网中。

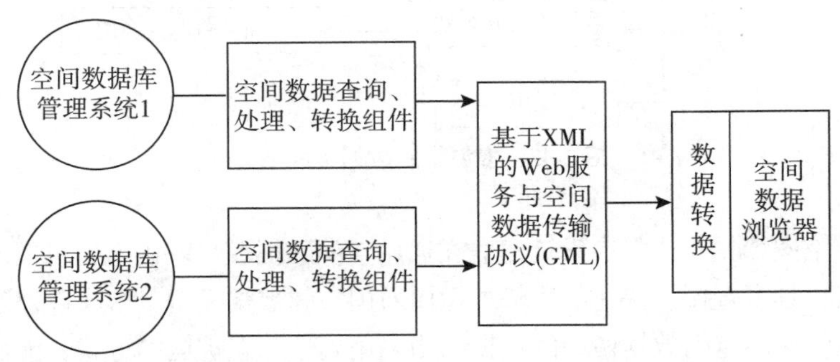

图2-47 基于XML的空间数据互操作实现方法

3. 多源海洋空间数据集成平台

在统一海洋空间数据模型和数据集成技术的基础上，通过多源海洋空间数据集成平台系统，实现在同一平台下对多源空间数据的集成及其他操作。海洋地理数据加工平台用来进一步对数据进行处理，包括地理空间数据的裁剪、拼接、图形编辑、拓扑重组、投影转换、坐标系转换、格式转换等功能。裁剪是在以地理经纬度构成的矩形窗口内，对地理空间数据进行精确裁剪。拼接是将裁剪后相邻的多幅图同一层数据或多层数据合并在一起，形成某海区的地理空间数据。图形编辑提供对地理目标的增加、删除、修改等功能。经过上述裁剪和拼接后形成的海洋地理空间数据，没有整体的拓扑关系。为了满足应用系统的需求，必须进行拓扑重组，最终得到具有拓扑关系的地理区域范围的地理空间数据。投影转换支持应用系统常用的几种投影转换，其中包括高斯-克吕格投影、等角圆锥投影、双标准纬线等角圆锥投影、墨卡托投影。坐标系转换支持应用系统常用的几种坐标系转换，数据格式转换可实现常见的数据格式之间的转换。多源空间数据集成平台主要功能模块有数据处理模块、图形显示模块、视图操作模块、查询模块、数据格式转化模块、投影转换模块等，如图 2-48 所示。

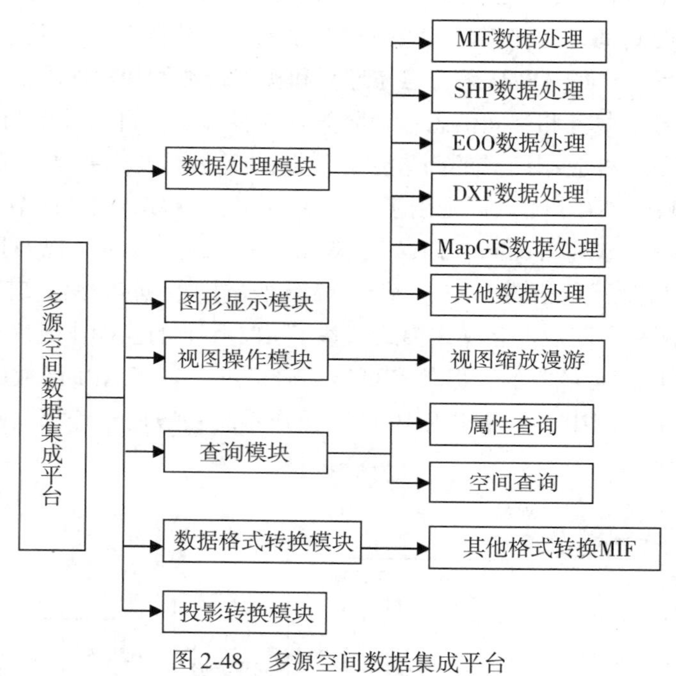

图 2-48　多源空间数据集成平台

多源海洋空间数据集成平台设计建立在通用空间数据模型基础上，可实现不同格式数据的直接访问，具有直接、快速的优势。运用通用空间数据模型，解决以往数据转换时存在的许多问题。通用空间数据模型的数据结构采用属性动态扩展的方式，能使属性无损地转换。多源空间数据集成过程采用中间件的方式，屏蔽多源空间数据的异构性，使 GIS 用户能透明地获取所需的地理数据。采用动态链接库技术，使得系统具有良好的扩展性。当系统需要打开某种数据源时，调用读取该数据源的动态链接库，数据在内存中转换为应用系统 GIS 平台所支持的数据格式和模型，供应用系统直接在内存中处理数据。若需要将数据写成别的数据格式，直接在内存中将数据根据转换配置完成该操作，这种方法无须通过复杂的工作就可以将多种数据源转成另一种数据格式。采用动态链接库技术，可以非常方便地直接将各类 GIS 或 CAD 数据集成到一个 GIS 平台下进行综合应用。

2.5.2　海洋多源数据融合技术

多源地理空间数据融合是研究地理信息的本质，找出科学表达地理空间信息的方法，探索不同学科和部门表达地理空间实体的共性和差异，从不同数据源、不同数据精度和不同数据模型的地理空间数据中抽取所需要的信息，按照用户新的应用需求构建新的空间数据的技术方法。通过海洋多源数据融合不仅能丰富地理数据产品，加快现有地理信息的更新速度，而且对提高现有地理空间数据质量也具有重要的意义。

随着海洋地理空间技术在各行各业日益广泛地应用，现势性好、精度高、范围广和多种比例尺的海洋地理空间数据需求增加，要求实时获取地理空间数据。当前局部地区的地理信息实时更新最简单有效的手段是差分 GPS 定位和多波束测深支持下的海洋调查方法，全球海域的海洋地理空间数据实时更新需要多源卫星遥感等技术方法。不管采用哪种更新方法，都要消耗大量的人力、物力和财力。人们迫切需要不同部门的海洋地理空间数据共享，尽可能减少海洋地理空间数据生产费用。但是，随着社会经济的发展和人们对海洋保护利用认识的不断深化，对海洋地理空间数据的需求也在不断地改变。海洋地理空间数据的需求变化必然引起海洋地理空间数据的内容和形式的改变。如何充分利用现有的空间数据资源，降低海洋地理空间数据的生产成本是现实问题。地理空间数据融合是降低海洋地理数据的生产成本，加快现有海洋地理信息更新速度，提高现有海洋地理空间数据质量，同时最大限度地提高多源海洋地理空间数据利用效率最有效的解决方案。

根据数据的来源，空间数据融合可分为矢量数据融合和栅格数据融合，以及矢量与栅格数据之间的融合。不同的数据融合有着不同的处理技术。

1. 海洋地理空间矢量数据融合

海洋地理数据融合的目标是生成一个新的质量更高的海洋地理数据，新的海洋地理数据继承了两源地理数据的优点，如较高的点位精度、较好的现势性、丰富的属性信息等。海洋地理空间矢量数据融合包含两个方面：一是空间上的几何位置的配准和协调，提高地理实体的位置精度；二是语义上重新对物体的分类分级进行组合，制定更加合理的分类分级方法，实现属性数据的转换或融合。

1）地理要素编码的融合

对地理要素编码进行融合，首先体现在对物体的分类分级的统一上。物体的分类分级统一主要解决两种数据源由于分类分级所采用的方法和分类分级的详细程度不同所产生的差异。其次，要对地理要素编码进行融合，还要统一编码表示方法。这就需要研究几种兼顾两种编码方案优点的新的要素属性编码方案，这种方案应能基本上保持对已有编码体系的兼容性，又能克服它们所存在的缺点。

物体的分类、分级融合主要解决两种数据源由于分类分级所采用的方法和分类分级的详细程度不同所产生的差异。空间数据中对物体的分类分级主要体现在地理要素属性编码。例如，数字地图将要素分成测量控制点、独立地物、居民地、交通运输、管线和垣栅、境界和政区、水系、地貌、土质、植被等 10 类。海图则将要素分成测量控制点、陆地方位物、地貌、水系、居民地、交通运输、管线和垣栅、海洋/陆地、水深/底质、港口设施、助航设备、碍航物、近海设施、航道、区域界线、服务设施、水文/磁要素、图幅索引、数据档案英文注记、图面配置等 21 类。可见，海图对海部要素作了更详细的分类。即使在分类相同时，两者对要素属性描述的详细程度也不相同，如数字地形图中依河流长度对河流分了 10 级，数字海图则不对河流作分级处理；数字海图中对航标作了十分详细表示，而数字地图中只作概略表示。显然，两者在要素分类上都存在一些问题。

解决分类分级融合问题的关键是预先制订出统一科学的要素编码标准。新的地理要素类和编码突破了数字地图一种符号一个编码和地图比例尺的限制，对地理信息进行分类分级，彻底摆脱了地图比例尺和种类的影响，充分利用地理要素属性丰富的表达力。显然，为制订出这样一个具有权威性的通用标准，必须打破条块分割的不利局面，统一协调通力合作。

对地理要素编码进行集成，还要统一编码表示方法。提供一个统一的空间实体编码是多源空间数据集成的必要条件。研究出一种兼顾两种编码方案优点的新的要素属性编码方案，这种方案要求既能兼容已有编码体系，又能克服它们所存在的缺点。兼容性可以通过相应的转换机制实现，即能方便地将旧的编码转换到新的编码系统中，原有编码的缺点则可以通过对新编码的合理设计来克服。新的编码方案应能更加科学地体现出要素的分类特点，使要素分类更加合理；应能充分提供对每一要素属性作详尽描述的能力，保证要素属性描述的完备性。

2) 地理要素几何位置的融合

由于数据获取时采用的数据源不同，比例尺不同，作业员的个人素质有差异，以及更新的时间不同，同一地区的数据经常存在一定的几何位置差异。为了有效地利用这些有差异的几何位置数据，需要对几何位置的融合问题进行比较深入的探讨。几何位置融合是一个比较复杂的过程，需要用到模式识别、统计学、图论及人工智能等学科的思想和方法。几何位置融合包括两个过程：一是实体匹配，找出同名实体；二是将匹配的同名实体合并。实体的匹配是指将两个数据集中的同一地物识别出来。匹配的依据包括距离度量、几何形状、拓扑关系、图形结构、属性等。地理空间矢量数据融合是一个比较复杂的过程，包括几何位置的融合和属性数据的融合。融合应包括两个过程：一是实体匹配，找出同名实体；二是将匹配的同名实体进行几何位置与属性数据的融合。

(1) 同名实体的匹配和识别。

同名实体指两个数据集中反映同一地物或地物集的空间实体，同名实体在不同来源的地图中通常都存在差异，这种差异是制图误差，是受不同应用目的或不同人的解释差异及制图综合等的影响而产生的。同名实体的识别或匹配就是通过分析空间实体的差异和相似性识别出不同来源图中表达现实世界同一地物或地物集，即同名实体的过程。简而言之，实体匹配是判断两个实体是否相同或者相似，同时给出两者相似度的过程。一般步骤为：调整图中的每一点，先确定其在参照图中的候选匹配集，里面包含若干个可能匹配的实体，选取实体的某些空间信息作为筛选候选匹配集的指标依据，这些指标将最相似的实体确定为匹配实体。例如，现有两幅不同来源存在一定差异的图，图 A 的实体集为 $\{A_1, A_2, A_3, \cdots, A_n\}$，图 B 的实体集为 $\{B_1, B_2, B_3, \cdots, B_n\}$。两幅图的实体个数可能并不相等，实体匹配的目的就是确定其中一幅图的实体在另一幅图中对应的同名实体。它是地理空间矢量数据融合的关键技术之一。多数算法未考虑非一对一匹配的情况，而这种情况是客观存在的，由于比例尺的不同，采集的要求不同，一对多、多对一、多对多实体的匹配和识别也是必须解决的问题，可以依据空间实体的表达实现对同名地物的匹配。由于矢量空间数据语义信息丰富，拓扑关系复杂及匹配时还要考虑几何形状和位置差异，矢量空间数据匹配的途径主要包括三种：①几何匹配，通过计算几何相似度来进行同名实体的匹配，其中，几何匹配又分为度量匹配、拓扑匹配、方向匹配；②语义匹配，通过比较候选同名实体的语义信息进行匹配；③组合匹配，在匹配过程中，往往单一方法的匹配难以达到理想的效果，通常是将几种方法联合起来进行匹配。

(2)地理空间矢量数据几何位置融合。

对相同坐标系和相近比例尺的数据而言，由于技术、人为或数据转换等，数据的表示和精度会有差别，为了有效地利用这些有差异的几何位置数据，需要对不同数据源的几何位置数据进行融合。对同名实体的几何位置进行融合，首先要对数据源的几何精度进行评估。根据几何精度，融合应分两种情况进行讨论：如果一种数据源的几何精度明显高于另一种，则应该取精度高的数据，舍弃精度低的数据；对于几何精度近似的数据源，应该分点、线、面来探讨融合的方法。点状物体的合并较为简单，面状物体的融合主要涉及边界线的融合，可参照线状物体的合并进行。线状物体的融合可采用特征点融合法和缓冲区算法。

(3)地理空间矢量数据属性融合。

地理要素数据属性的差异通过地理要素语义融合来消除。在两个不同数据集中的同一个地理实体，不仅有不同的几何形状差异，也有不同的属性结构和语义描述方法。例如，航道在船舶导航数据中被描述为编码、名称、等级、宽度、水深、潮流、行驶方向、设计行驶速度等，同样一条宽度在地形图上被描述为编码、名称、等级、宽度、水深、航标、边界线和航道边坡等。为了完善新数据的属性，往往综合利用多种数据源补充属性项和属性值。如果新数据所需要的属性在不同的数据源中存在，可通过两个数据源中同名地理实体的匹配和识别将同名实体识别出来，再采用数据融合的方法进行属性的补充和完善。这样，通过数据融合就使得一个数据集在保持原来特点的基础上将某些质量指标进行提高，如现势性、属性信息和数据完整性等。

属性融合往往和几何位置的融合结合起来进行，在进行几何位置融合的同时，按照数据融合的目的从两种数据源中抽取所需的属性组成新的属性结构，按照语义转换方法对属性值进行转换。融合后新数据不仅改变了属性结构，也从两个数据集中继承了属性内容。

2. 海洋地理空间栅格数据融合

海洋地理空间栅格数据主要有多源电磁波遥感、声呐扫描图像和数字栅格地图等类型。多源海洋地理空间栅格图像融合是指一个对多源遥感器的图像数据和其他信息的处理过程，它着重于把那些在空间或时间上冗余或互补的多源数据按一定的规则(或算法)进行运算处理，获得比任何单一数据更精确、更丰富的信息，生成一幅具有新的空间、波谱、时间特征的合成图像。多源栅格图像融合不仅是数据间的简单复合，而且是更加强调信息的优化，以突出有用的专题信息，消除或抑制无关的信息，改善目标识别的图像环境，从而增加解译的可靠性，减少模糊性(即多义性、不完全性、不确定性和误差)、改善分类、扩大应用范围和效果。在实际应用中，栅格图像数据之间的融合目前最常用的有以下几种。

1)遥感图像之间的融合

遥感图像之间的融合主要包括不同传感器遥感数据的融合和不同时相遥感数据的融合。采用图像处理的方式，经过图像配准、图像调整、图像复合等环节，透明地叠加显示各个图层的栅格图。来自不同传感器的信息源有不同的特点，如用 TM 与 SPOT 遥感数据进行融合既可提高新图像的分辨率，又可保持丰富的光谱信息；而不同时相遥感数据的融合对于动态监测有很重要的实际意义，如洪水监测、气象监测等。

图像融合的具体技术流程如下：

第一步：图像配准。各种图像由于各种不同原因会产生几何失真，为了使两幅或多幅图像所对应的地物吻合，分辨率一致，在融合之前，需要对图像数据进行几何精度纠正和配准，这是图像数据融合的前提。

第二步：图像调整。为了增强融合后的图像效果和某种特定内容的需要，进行一些必要的处理，如为改善图像清晰度而做的对比度、亮度的改变，为了突出图像中的边缘或某些特定部分而做的边缘增强(锐化)或反差增强，改变图像某部分的颜色而进行的色彩变化等。

第三步：图像复合。对于两幅或多幅普通栅格图像数据的叠加，需要对上层图像做透明处理，才能显示各个图层的图像，透明度就具体情况而定。在遥感图像的处理中，由于其图像的特殊性，它们之间的复合方式相对复杂而且多样化，其中效果最明显、应用最多的是进行彩色合成。

遥感图像融合的图像处理方法主要包括小波变换法、穗帽变换法、贝叶斯估计法、专家系统、神经网络法、模糊集理论等。根据融合图像对信息的处理方法，将图像融合分为三个层次：处于基础层次的像素级融合、处于中间层次的特征级融合，以及处于最高层次的决策(符号)级融合。目前技术成熟度高的主要集中在像素级和特征级融合方面，而在决策级融合技术还需要进一步的研究。

(1)像素级融合。像素级融合是遥感图像融合的基础层次，是在图像特征提取之前影像数据的直接融合，而后对融合的数据进行特征提取和属性说明。这种融合中对各类遥感数据的每一个像素通过各种代数运算，将各类遥感数据的像素进行直接融合，经过处理分析再提取地物的特征信息。像素级融合要求将多个传感器置于同一平台上以达到传感器在空间上精确配准，从而达到像素间严格对应的目的。像素层的图像融合方法是一种低层次的融合，保留了尽可能多的信息，精度比较高，提供了其他两个融合层次(特征层和决策层)不具备的细节特征。像素级图像融合一般有基于空间域和基于变换域的方法。基于空间域的图像融合的方法有逻辑滤波器法、加权平均法、数学形态法、图像代数法、模拟退火法；基于变换域的图像融合的方法有金字塔图像融合法、小波变换图像融合法。另外，还有色彩变换法、主分量变换法、颜色归一化变换、合成变量比值变换等方法。

(2)特征级融合。首先对遥感影像数据进行空间配准及特征提取，然后对特征进行融合，再根据融合结果进行属性说明。多个图像传感器在相同位置报告类似特征时，可以增加特征实际出现的似然率并提高测量特征的精度。目前采用的方法有贝叶斯(Bayes)决策法、人工神经元网络等，特征级图像融合对于基于图像的目标识别、身份认证等均具有重要的意义。

(3)决策级融合。决策级融合是最高层次上的融合，首先对遥感影像数据进行空间配准，采用大型数据库和专家决策系统模拟人的分析、推理、识别、判决过程对图像信息进行特征提取和属性说明，然后对特征信息和属性进行融合。这种方法是多源信息层面的融合，具有很强的容错性。目前常用的方法有基于知识的融合算法、D-S 证据推理算法、模糊推断算法及人工神经元网络等。决策级融合与特征级融合的区别在于，特征级融合是将遥感图像的特征提取出来后通过各种算法直接融合成新的图像；决策级融合则是在提取出特征后，融合出新的地物，然后将这些地物信息组合成为新的遥感图像。

三种融合方法各有其优缺点，三种融合层次的特点见表 2-2。

表 2-2　**三种融合层次的特点比较**

融合层次	信息损失	实时性	精度	容错性	抗干扰能力	工作量	融合水平
像素级	小	差	高	差	差	大	低
特征级	中	中	中	中	中	中	中
决策级	大	好	低	优	优	小	高

采用多传感器图像融合方法，利用信息在多个测度空间的互补性可得到更多的有用信息。融合后的图像应保留原图像的重要细节，且不引入会影响图像后续处理的虚假信息，这就需要对融合的效果进行评判。对融合图像的效果进行评价是多源遥感图像融合的一个重要步骤，不同的评价方法、不同评价指标具有不同的物理意义。图像融合效果评价一般根据不同的融合目的有效选取评价方法，再根据评价方法选取评价指标。由于对不同类型的图像利用同一融合算法、同一图像感兴趣的部分不同，融合效果也不同。图像融合效果评价方法主要有客观评价法和主观评价法。目视判别是一种最简单、最直接的评价方法，可直接根据图像融合前后的对比做出评价，但主观性较强。利用融合前后图像的统计特性和信息量，可客观地评价图像在融合前后的变化情况。一般在评价融合图像效果时，以视觉分析为主，定量分析为辅。

2)数字栅格地图之间的融合

地形图精度高、更新慢，更新费用高。而专题地图在一个专题内容上更新快，如港口航道交通图、海岛旅游图，但其精度不高。地形图与专题地图之间的融合可以解决既要求高质量的定位精度又要求数据内容的现势性问题，同时降低了地形图更新费用。

数字栅格地图之间融合的另一个目的是更加了解该范围的地理环境情况，或者更全面地比较分析该地区各种资源的相互关系，对该地区不同内容的多种地图图像数据进行融合，例如地形图和各种专业图像(港口码头地质图、海岸线图、海籍图、海洋资源调查图)的融合。

3)遥感图像与数字栅格地图的融合

卫星遥感作为一种获取和更新空间数据强有力的手段，能提供实效性强、准确度高、监测范围大、具有综合性的定位定量信息。而数字栅格地图精度很高，但往往存在时间上的滞后性；遥感图像与各种地图图像融合，可以将两者优势很好地集成起来进行互补，利用同一地区的数字栅格地图对遥感图像进行几何纠正，通过叠加分析从遥感图像的快速变化中发现变化的区域，再依次更新数字栅格地图和进行各种动态分析。

遥感图像与数字栅格地图的融合也是对遥感图像信息的补充。例如，遥感图像融合人文信息，如名称注记、行政区划、旅游古迹等，都是对遥感图像信息的补充。

3. 栅格数据与矢量数据融合

栅格数据与矢量数据两种格式的数据可以很好地集成起来进行互补。一方面，遥感技术有助于解决矢量数据获取和更新的问题。可考虑将遥感中模式识别技术与地图数据库技术有机地集成在一起，依据已建立的地图数据库中地理信息训练遥感信息的样本，完成相关要素的自动(或半自动)提取，并从中快速发现在那些地区空间信息发生的变化，进而实现海洋地理信息数据的自动(半自动)快速更新，达到更新已有地图数据库中地理要素的目的。另一方面，矢量数据有助于遥感图像处理。由于矢量数据的精度较高，可对照选取两种数据的同名控制点，利用矢量数据将影像图纠正为正射影像图，将纠正好的影像图直接入库，直接作为地理底图使用。

栅格影像与线划矢量图叠加，遥感栅格影像或航空数字正射影像作为复合图的底层。线划矢量图可全部叠加，也可根据需要部分叠加，如水系边线、交通主干线、行政界线、注记要素等。这种融合涉及两个问题：一是如何在可视化中同时显示栅格影像和矢量数据，并且同比例尺缩放和漫游；二是几何定位纠正，使栅格影像上和线划矢量图中的同名点线相互套合。如果线划矢量图的数据是从该栅格影像上采集得到的，相互之间的套合不成问题；如果线划矢量图数据由其他来源数字化得到，栅格影像和矢量线划就难以完全重合。遥感有丰富的光谱信息和几何信息，又有行政界线和其他属性信息，可视化效果很好。

2.6　海洋大数据挖掘与共享服务技术

数据挖掘是数据库研究、开发和应用最活跃的分支。近年来，数据挖掘引起了信息行业和整个社会的极大关注，其主要原因是存在可以广泛使用的大量数据，并且迫切需要将这些数据转换成有用的信息和知识。

2.6.1　海洋大数据分析挖掘技术

海洋数据挖掘是指从大量的、不完全的、有噪声的、模糊的、随机的各种海洋数据中，提取隐含在其中的有用信息和知识的过程。数据挖掘利用了统计学的抽样、估计和假设检验；人工智能、模式识别和机器学习的搜索算法、建模技术等理论思想。数据挖掘也接纳了来自其他领域的思想，这些领域包括最优化、进化计算、信息论、信号处理、可视化和信息检索等。一些其他领域也起到了重要的支撑作用。特别地，需要数据库系统提供有效存储、索引和查询处理支持。

海洋数据挖掘通常在一定程度上意味着知识发现，可自动或方便地进行海洋各种模式的提取，这些模式是指从已经建好的数字海洋系统工程大型数据库或数据仓库中提取人们感兴趣的知识。当然这些知识是隐含的、事先未知的、潜在有用的信息，提取的知识一般可表示为概念、规则、规律、模式等形式。大规模海洋数据挖掘通常可以成为数据同化、信息融合、海洋预测预报、再分析技术等的有效补充，同时挖掘结果也可为上述数据技术提供参考。

1. 海洋数据的特征

海洋是一个动态的、连续的、边界模糊的时空信息载体。随着探测设备和信息技术的不断发展，海洋数据获取手段日益增多，海洋信息获取的速度和精度也在不断提高，获取的海洋数据量越来越大，海洋数据已经呈现出海量特征；海洋数据获取手段的多样化以及海洋观测要素的多元化，使得海洋数据呈现出多类性特征。同时，海洋时刻处于一个动态变化的过程中，它和大气、陆地密切相关，海洋数据表现为强时空过程性。海洋数据的海量性、多类性、模糊性、时空过程性等特征，使得海洋数据成为大数据的典范，具备了以下五大特征。

1)海量性

海洋数据主要通过陆地、海面、海底、水下、航空航天等多种监控和监测设备获取，是大量不同历史、不同尺度、不同区域的数据的积累。近年来，随着各种长期定点观测设备的使用，大量专项调查的开展，特别是“空、天、地、底”海洋立体观测技术的飞速发展，数据采集周期逐渐缩短，催生了高精度、高频度、大覆盖的海洋数据。数据量从 GB、TB 到 PB 量级，呈指数级增长，而其中遥感和浮标成为海洋数据“量”急剧增长的主要获取手段。海洋大数据聚合在一起的数据量是非常大的，根据“中国近海‘数字海洋’信息基础框架”统计数据量约 30.87TB、国内历史资料约 652GB、国际历史资料整合约 50.2GB，历史遥感资料整合约 1.31TB。如果加上国家海域使用保护动态监测管理平台等国家、省和市级海洋管理专题数据库数据，至少要有超过 IDC(Internet Data Center)的定义 100TB 的可供分析的海洋数据。

2)多类性

海洋信息数据的来源非常广泛：主要包括海洋调查、观测、监测、专项调查、卫星遥感、其他各专项调查数据，以及国际交换数据资料等。这些数据资料的质量和精度等相关技术类数据信息又各不相同，包括监测方法、数据提取方法与模型、技术指标、仪器名称及参数、鉴定分析和测试方法、订正与校正方法及所涉及的相关技术标准等。而通过各种专业手段获取的各类海洋基础性数据又分属不同学科，主要包括海洋水文、海洋气象、卫星遥感、海洋化学、海洋生物、海洋地质、海洋地球物理、海底地形、人文地理、海洋经济、海洋资源、海洋管理等。另外，在国家海洋灾害和环境监测体系中，国家涉及海洋行政管理所属海洋环境监测机构 90 多个，包括国家中心、海区中心、中心站、海洋站等各级机构。沿海地方所属海洋环境监测机构共有 130 多个，包括省级、单列市、地市级、县级等各级机构。全国沿海各地分布着 1000 多个监测站位，我国海洋系统不同的单位和部门业已形成了多种多样的数据环境，如各类数据文件、操作型数据库（或称应用数据库）以及不甚规范的主题数据库（或称专题数据库、专业数据库）等，这些现实问题导致海洋数据的类型呈现多样化特点。海洋数据常见的分类主要包括：海洋遥感数据、海洋水文数据、海洋气象数据、海洋化学数据以及海洋生物数据等多种类型。各种海洋数据又包括多种属性元素和数据格式，以海洋化学数据为例：其包含有溶解氧、pH 值、总碱度、活性磷、活性硅酸盐、磷酸盐、硝酸盐、亚硝酸盐、硫化物、有机污染、重金属、营养元素等多种属性元素。其属性数据又分为多种格式，如 excel 格式、mdb 格式、csv 格式、xml 格式等。可见海洋数据的属性元素种类繁多，格式多样，并且彼此之间相互依赖，相互影响，共同决定着数据质量的优劣。

3）模糊性

海洋数据的模糊性主要表现在概念和边界界定上。首先，由于海洋现象具有动态性，有些定义无法像陆地那么明确，由此从概念上就产生了模糊性。其次，海洋环境中各种水体边界往往是渐变的，与此相应的，要素分布也是一个渐变的过程，海洋中地理区域诸如海陆交接的海滨湿地、海岸带、领海界线、大陆架等界线无法像陆地区域界线那样精确和清晰，同样环境分级界线都具有一定的模糊性。若人为划分出区域边界，似乎是给出了精确的边界，实质是给出了不精确的描述。并且这一渐变过程既表现在空间维度上，也表现在时间维度上，往往无法用人为划定的确切边界处理。

4）时空过程性

海洋相对于陆地而言，更加强调过程。海洋数据的时空过程性主要体现在海洋现象方面。海洋现象的时空过程性不但存在于一定的空间范围内，还在时间上具有一定的持续性，不同时态的特征是不同的，有些特征会发生变化。以漩涡为例，上一时刻与下一时刻其漩涡中心、漩涡边界、漩涡面积等都可能会发生变化；潮汐现象又是海面周期性连续变化的时空过程性典型现象。海洋环境数据的时空过程性在海洋研究中占据着非常重要的地位。

每一个海洋监测要素具有确定的位置信息才有其应用的价值。地球海洋面积广阔，从近海到大洋，从南极到北极，海洋数据所涉及的范围具有全球性。例如：对于水温这一监测要素，针对海洋中处于不同深度的水温使用不同的监测仪器进行采集，如水上传感器测量的是海水表面的温度，水下传感器测量的是海洋中某一深度的海温；对于海水中不同深度的水压也不同；不同位置的海洋地形地貌也不同。由此可见，海洋数据不具有稳定的生产环境，不同的空间位置的同一监测要素的值有所不同，因此，海洋数据具有较强的空间性。

5）快速处理性

随着科学技术的发展，海洋卫星、浮标、台站和智能航行器等各类观测平台被广泛应用于海洋数据获取，新型的采集手段和技术的使用极大地提高了海洋数据获取的时效性，数据采集周期逐渐缩短，由过去的多年或一年采集一次，逐渐发展为以每日、每小时、每分钟甚至是秒来作为采集单位计量，使得海洋数据库中的信息不断变化，数据的更新也变得日益频繁。海洋数据的监测频率逐渐增大，例如卫星遥感技术在海洋监测领域的应用，数据采集的周期逐步缩短，甚至可以达到全天候的监测。

海洋流场、风场大数据以数据流的形式产生、快速流动、迅速消失。要求快速的数字模拟预报处理。随着各种海洋传感器和互联网络等信息获取、传播技术的飞速发展和普及，数据的采集、传输、发布越来越容易，采集数据的途径越来越多，空-地-底数据呈快速增长趋势，新数据连续不断获取，快速增长的数据量要求数据处理的速度也要相应的提升，才能使得大量的海洋数据得到有效的利用。否则不断激增的数据不但不能为解决问题带来优势，反而会成为快速决策的负担。同时，海洋数据不是静止不动的，而是在海洋动力变化过程和互联网络中不断流动，且通常这样的时空数据的价值是随着时间的推移而迅速降低的，如果数据尚未得到有效的处理，就失去了价值，大量的数据就没有意义。

综上所述，海洋大数据五大特征。海量性符合大数据“4V”特征之一：数据量大(Volume)，多类性符合大数据“4V”特征之二：种类多(Variety)，时空过程性和快速处理性符合大数据“4V”特征之三：速度快(Velocity)。模糊性符合大数据“4V”特征之四：价值大(Value)。因此，海洋数据是典型的大数据。

2. 海洋大数据挖掘方法

海洋大数据挖掘是在海洋大数据库和数据仓库的基础上，综合利用统计学、模式识别、人工智能、粗集、模糊数学、机器学习、专家系统、可视化等领域的相关技术和方法，以及其他相关的信息技术手段，从大量的空间数据、管理数据、经营数据或遥感数据中析取出可信的、新颖的、感兴趣的、隐藏的、事先未知的、潜在有用的和最终可理解的知识。从而揭示出蕴含在空间数据背后客观世界的本质规律、内在联系和发展趋势，实现知识的自动或半自动获取，为管理和经营决策提供依据。

海洋大数据挖掘的任务就是要从海洋大数据库和数据仓库发现知识，并提供相关的决策支持。一般而言，从海洋大数据库和数据仓库中可能发现的知识类型包括以下几种。

(1)几何知识：即关于目标的数量、大小、形态特征等的普遍性知识，如点状目标的位置、大小等；线状目标的长度、大小和方向等；面状目标的周长、面积、几何中心等。可以通过计算或统计得出 GIS 中空间目标某种几何特征量的最小值、最大值、均值、方差、中数等，还可以统计出有关特征量的直方图等。

(2)规则知识：即包括空间关联规则、空间特征规则、空间区分规则和演变规则等在内的知识，可用产生式规则、语义网络、模拟表示及其他可能的方法来加以表示。

(3)聚类与分类知识：聚类是将一组对象划分成具有一定意义的子类，使不同子类中数据特征尽可能不同，而同子类中数据特征尽可能相似，例如，按空间分布特征将某种海洋赤潮污染的分布进行空间聚类分析。

(4)空间分布规律：即关于空间对象在地理空间的分布规律方面的知识，包括各种维度的分布规律。如垂直方向、水平方向及整个空间的联合分布规律等，甚至还可包括属性空间的任何一个维度上的分布规律，如潮汐观测站、环境浮标的分布规律、水下声学通信中声信道的分布规律等。

(5)变化规律：即海洋空间对象的某个或者某些属性的规律性变化，如海表温度演变趋势、环境污染扩展趋势等，这一变化规律的发现必须基于时空数据库或同一区域的多个时相的数据。海洋空间数据挖掘的任务是要在不同的海洋空间概念层次(从微观到宏观)挖掘出上述各种类型的海洋知识，并用相应的海洋知识模型表示出来。可供选用的知识表示方法可以有多种，如基于规则的表示法(如产生式规则)、基于逻辑(如谓词逻辑)的知识表示、面向对象的知识表示、语义网络表示、脚本表示等。

图 2-49 所示为海洋数据挖掘技术体系。以数据仓库、数据库或其他数据源感兴趣的海洋相关数据源为基础；数据仓库、数据库服务器根据用户的数据挖掘请求，负责提取相关的数据；知识库领域知识，用于指导搜索或评估结果模式的兴趣度；数据挖掘引擎，是挖掘的关键，主要是指挖掘算法、分析方式等，由一组功能模块组成，用于执行特征化、关联和相关分析、分类、预测、聚类分析、离群点分析和演变分析等任务；海洋模式评估，对不确定性和无关的知识进一步消除，找出最终用户感兴趣的知识规律。

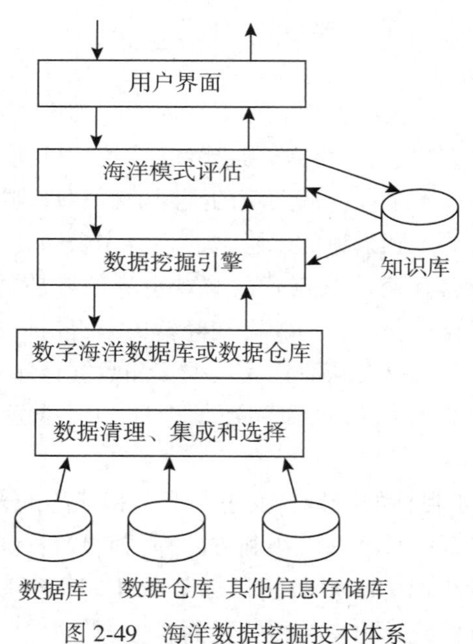

图 2-49　海洋数据挖掘技术体系

不仅如此，海洋数据挖掘的任务还包括根据所采用的知识表示方法设计出相应的推理模型，为不同领域、不同层次、具有不同应用需求的用户提供行之有效的海洋数据辅助决策支持，形成智能海洋空间决策支持系统。典型的海洋数据挖掘系统结构如图 2-50 所示。

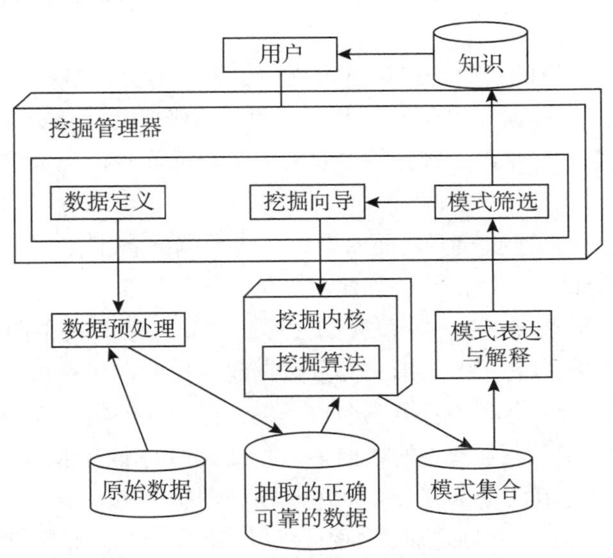

图 2-50 海洋数据挖掘系统结构

海洋数据挖掘是指从海洋数据库或数据仓库中挖掘出有用的信息和知识的过程。海洋数据挖掘技术流程包括定义问题、建立数据挖掘仓库、分析数据和数据分析挖掘，如图 2-51 所示。

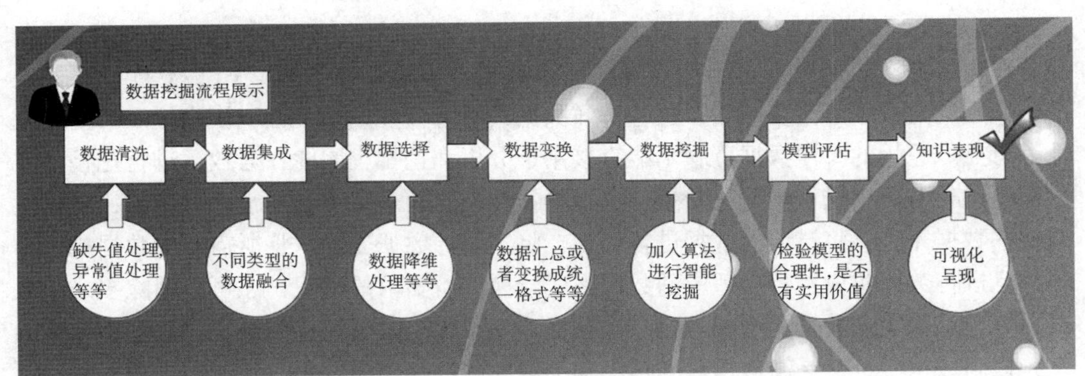

图 2-51 海洋数据挖掘技术流程

(1)定义问题。首先，开始知识发现之前最先的也是最重要的要求就是了解数据和业务问题。必须要对目标有一个清晰明确的定义，即决定到底想干什么。比如，想提高海表温度(SST)产品数据的利用率时，想做的可能是“提高海洋牧场用户使用率”，也可能是提高一次用户使用的价值”，要解决这两个问题而建立的模型几乎是完全不同的，必须作出决定。

(2)建立数据挖掘仓库。包括以下几个步骤：数据收集、数据描述、数据选择、数据质量评估和数据清理、合并与整合、构建元数据、加载数据挖掘库、维护数据挖掘库。

(3)分析数据。分析的目的是找到对预测输出影响最大的数据字段，和决定是否需要定义导出字段。如果数据集包含成百上千的字段，那么浏览分析这些数据将是一件非常耗时和辛苦的事情，这时需要选择一个具有好的界面和功能强大的工具软件来协助完成这些事情。

(4)准备数据。这是建立模型之前的最后一步数据准备工作。可以把此步骤分为四个部分进行：选择变量、选择记录、创建新变量、转换变量。

(5)建立模型。建立模型是一个反复的过程。需要仔细考察不同的模型以判断哪个模型对面对的商业问题最有用。先用一部分数据建立模型，然后再用剩下的数据来测试和验证这个得到的模型。有时还有第三个数据集，称为验证集，因为测试集可能受模型的特性的影响，这时需要一个独立的数据集来验证模型的准确性。训练和测试数据挖掘模型需要把数据至少分成两个部分，一个用于模型训练，另一个用于模型测试。

(6)评价模型。模型建立好之后，必须评价得到的结果、解释模型的价值。从测试集中得到的准确率只对用于建立模型的数据有意义。在实际应用中，需要进一步了解错误的类型和由此带来的相关费用的多少。经验证明，有效的模型并不一定是正确的模型。造成这一点的直接原因就是模型建立中隐含的各种假定，因此，直接在现实世界中测试模型很重要。先在小范围内应用，取得测试数据，觉得满意之后再大范围推广。

(7)分析实施。模型建立并经验证之后，可以有两种主要的使用方法。第一种是提供给分析人员做参考；另一种是把此模型应用到不同的数据集上。

3. 海洋大数据挖掘预处理

海洋数据浩如烟海，它涵盖了海底地形数据、海洋遥感数据、船测数据、浮标数据、模式同化数据等诸多方面。这些海洋数据具有海量性、多类性、模糊性及时空过程性等特点。原始的海洋数据资料不能直接用于分析和挖掘，因此在对数据进行挖掘与应用前要预先对数据进行清洗、转换、选择等预处理。通过海洋数据预处理工作，可以使残缺的数据完整，将错误的数据进行纠正，将多余的数据去除，将所需要的数据挑选出来并且进行数据集成，将不适应的数据格式转换为所要求的格式，还可以消除多余的数据属性，从而实现数据类型相同化、数据格式一致化、数据信息精炼化和数据存储集中化，提高数据质量，提高数据服务精度和决策准确度。总而言之，经过预处理之后，不仅可以得到挖掘系统所要求的数据集，而且，还可以尽量地减少应用系统所付出的代价和提高知识的有效性与可理解性。

1)数据清洗

数据清洗，就是通过分析“脏数据”的产生原因和存在形式，利用现有的技术手段和方法去清洗“脏数据”，将“脏数据”转化为满足数据质量或应用要求的数据，从而提高数据集的数据质量。数据清洗主要利用回溯的思想，从“脏数据”产生的源头上开始分析数据，对数据集流经的每一个过程进行考察，从中提取数据清洗的规则和策略。最后在数据集上应用这些规则和策略发现“脏数据”和清洗“脏数据”。这些清洗规则和策略的强度，决定了清洗后数据的质量。具体的数据清洗方法包括填补缺失数据、消除噪声数据等。

数据清洗技术主要涉及以下几方面：①对数据集进行异常检测。主要有下列方法：采用统计学的方法来检测数值型属性；计算属性值的均值和标准差；考虑每一个属性的置信区间来识别异常属性和记录。②识别并消除数据集中近似重复的对象，也就是对重复记录的清洗。它在数据库环境下特别重要，因为在集成不同的数据时会产生大量的重复记录。③对缺失数据的清洗，研究者大多采用最近似值替换缺失值的方法，包括贝叶斯网络、神经网络、k-最邻近分类、粗集理论等，这些方法大多需要判断缺失记录与完整记录之间的记录相似度，这是其核心问题。

2）数据转换

数据转换是用一种系统的数据文件格式读出所需数据，再按另一系统的文件格式将数据写入文件。但从根本上讲，系统之间的数据格式转换是系统数据模型之间的转换。两系统能否进行数据转换以及转换的效果如何，从根本上取决于两模型之间的关系。若模型之间差别较大，在转换过程中则必然会导致信息的丢失，在这种情况下，系统之间不适于进行数据格式转换。因此，对海洋数据的描述是实现空间数据转换的前提。将所用的数据统一存储在数据库或文件中形成一个完整的数据集，这一过程要消除冗余数据。主要是对数据进行规格化操作，如将数据值限定在特定的范围之内。对于某些应用模式，需要数据满足一定的格式，数据转换能把原始数据转换为应用模式要求的格式，以满足需求。其主要方法可采用简单函数变换，这种形式的数据变换只需要对每个属性值应用简单的数学函数即可。在统计学中，数据变换特别是开方、求倒数等都经常用于把非高斯分布的数据转换为高斯分布数据。在应用简单函数变换时应该谨慎，因为有时会改变数据的原有特性。通过规范化将属性数据按比例缩放，使之落入一个小的特定区间，如[0，1]。对于分类算法，如涉及神经网络的算法或诸如最邻近分类和聚类的距离度量分类算法，规范化特别有用。对于基于距离的方法，规范化可以帮助防止具有较大初始值域的属性与具有较小初始值域的属性相比，权重过大。有许多数据规范化的方法，如最小最大规范化、z-score 规范化和按小数定标规范化等。

3）数据选择

把那些不能够刻画系统关键特征的属性剔除掉，从而得到精练的并能充分描述被应用对象的属性集合。对于需要处理离散型数据的挖掘系统，应该先将连续型的数据量化，使之能够被处理。高维数据的降维处理主要采用删除冗余属性的方法，若用手工方法去除冗余属性就需要用到专家知识。通常使用属性子集选择方法，包括逐步向前选择法、逐步向后删除法、判定树归纳法等。通过从数据集中选择较小的数据表示形式来减少数据量，需要用到数值归约技术，主要采用直方图、聚类等技术。离散化技术减少给定连续属性值的个数。这种方法大多是递归的，大量的时间花在每一步的数据排序上。

4. 海洋大数据挖掘算法

海洋数据具有海量、多类、模糊等特性。目前，面向海洋数据的存储、分析和处理能力滞后于观测技术的发展。“大数据，小知识”的矛盾严重影响着海洋数据应用的时效性和准确性，限制了海洋数据最大应用价值的挖掘，因此，迫切需要结合数据挖掘与分析技术，实现对海洋温度、盐度、水文等海洋数据的挖掘服务，从而发现潜在信息。海洋大数据挖掘是数据挖掘的一个新兴的交叉性学科，因此，海洋大数据挖掘算法多种多样，且还会不断出现新的算法。在实际应用中，为了发现某类知识，常常要综合运用多种方法。目前，常用的海洋数据挖掘算法有回归算法、统计分析、聚类分析、关联规则挖掘、空间分析、机器学习、粗集方法、遗传算法、模糊集和云理论方法等。

1）回归预测

回归分析是一个统计预测模型，用以描述和评估因变量与一个或多个自变量之间的关系。预测型挖掘就是由历史数据和当前数据来推测出未来数据的一种挖掘方式。统计学中的回归方法可以通过历史数据直接产生对未来数据的预测的连续值。回归分析预测法，是在分析自变量和因变量之间相互关系的基础上，建立变量之间的回归方程，并将回归方程作为预测模型，根据自变量在预测期的数量变化来预测因变量，它是一种具体的、行之有效的、实用价值很高的常用预测方法。回归分析预测法有多种类型。依据相关关系中自变量的个数不同分类，可分为一元回归分析预测法和多元回归分析预测法。观测的海洋数据会受到多种不确定因素的影响，在某一地点和某段时间的确定性关系几乎不可能得到，但可以对大量数据进行统计分析，建立不同变量之间的回归方程，这样近似地描述变量之间的关系。常用的回归预测方法包括：直线拟合、曲线拟合、多项式回归等，可以根据情况选取一种或者多种分析方法，对比分析结果，选择拟合效果好的分析方法。

（1）直线拟合：也称为一元线性回归，用来处理两个变量的关系。如果通过观测数据的分析，发现两个变量呈现线性关系，则可以用一元线性方程来表示。一元线性回归是最基本的也是用得最多的回归方法。建立 Y 对 X 的回归直线方程：

$$Y = aX + b \tag{2-1}$$

式中，b 为回归直线在 y 轴上的截距，a 为直线的斜率，也称为回归系数。只要根据 X 与 Y 求出 a 和 b 的值，这条直线就能确定。观测数据越集中在这条直线的周围，直线拟合的效果越好。常使用最小二乘法来确定一元线性方程。

（2）曲线拟合：海洋观测要素容易受到很多因素的影响，不一定都符合直线关系，有些情况下用某种类型的曲线拟合效果反而更好。曲线拟合首先需要根据绘制的散点图，选取适合的曲线，然后根据测量数据进行参数估计，最后对结果进行检验。

（3）多项式拟合：曲线拟合需要将曲线转化为直线，但有些曲线并不能通过变量替换直线化，这时就需要多项式拟合。假设变量之间满足 k 次多项式，在 x_i 处的 y_i 值的随机误差为 δ，可得出 Y 与 X 的多项式回归模型为：

$$y_i = \beta_0 + \beta_1 x_i + \beta_2 {x_i}^2 + \cdots + \beta_p {x_i}^k + \delta \tag{2-2}$$

通过将 x^p 替换成 z^p，可以将多元多项式回归转化成多元线性回归问题求解。

2）统计分析

统计分析一直是分析海洋数据的常用方法，着重于空间物体和现象的非空间特性分析。统计方法有较强的理论基础，拥有大量成熟的算法。统计分析利用空间对象的有限信息和(或)不确定性信息进行统计分析，进而评估、预测空间对象属性的特征、统计规律等知识的方法。主要运用空间自协方差结构、变异函数或与其相关的自协变量或局部变量值的相似程度实现包含不确定性的海洋空间数据挖掘。例如可以通过空间统计分析，挖掘某一地区的海洋牧场发展与自然环境要素间的定量关系。

海洋要素的具体属性随着时间变化而变化，一段时间内的海洋要素变化的集合称为总体，而通过仪器所得到的实测数据只是总体的一个样本而已。为了研究实测数据所包含的规律，需要统计样本的数字特征，包括：位置特征、离散特征和相关特征。

(1)位置特征量：

海洋观测数据样本会分布在一定范围内，比如南海表层水温一般分布在23~28℃之间，但人们有时会更加关心样本数据集中分布在什么位置，可以使用平均值、众数和中位数等位置特征量来表示。

平均值与数学期望既有联系又有区别。数学期望表示随机变量所有可能值的平均值，不会随着观测次数的变化而变化，代表了随机变量本身的固有属性；平均值表示若干次测量值的平均结果，会随着测量次数的变化而变化，如果样本观测次数足够大，也可以把均值看作该样本的数学期望的估计值，平均值具有稳定性，是数学期望的无偏估计量。海洋要素的平均值含义很广泛，从时间上可分为日平均、月平均、年平均和累年平均值等，从空间上可分为垂直平均、断面平均和某海区的大面平均等。平均值的计算方法包括算术平均值、加权平均值和矢量平均值等。

(2)离散特征量：

位置特征量还不能反映出数据序列的全部特征，比如数据集中的位置等，有时尽管两组数据列的平均值相等，但数据离散程度却差别很大，这时就需要引入离散特征量，离散特征量包括极差、平均差和方差等。

(3)相关系数：

海洋测量要素之间彼此存在某种联系，需要进行相关分析，建立不同要素之间函数关系式，这样就可以根据一个或多个变量来预测另外一个变量，相关系数是表示两种要素之间相关程度的特征量。

3)聚类与分类分析

聚类与分类分析是一种不依赖于预先定义的类和带类标号的训练数据的非监督学习，实现了在未知类别标签样本集的非监督学习。聚类和分类方法按一定的距离或相似性系统将数据分成一系列相互区分的组，常用的经典聚类方法有 k-means 法、k-medoids 法等。k-means 法以 k 为参数，把 n 个对象分为 k 个聚类，以确保聚类内具有较高的相似度，而聚类间的相似度较低，相似度的计算根据一个聚类的平均值(聚类重心)进行。K-mcdoids 方法采用聚类中对象的平均值作为参照点，而选用聚类中位置最中心的对象，即中心点来实现聚类分析。分类和聚类都是对目标进行空间划分，划分的标准是类内差别最小、类间差别最大。分类和聚类的区别在于分类事先知道类别数和种类的典型特征，而聚类则事先不知道。

聚类分析又称为群分析、点群分析、簇分析、簇群分析，它是研究样品(或变量)

分类问题的一种多元统计方法。为了将样品(或变量)进行分类，就需要研究样品之间的关系。目前用得最多的方法有两种：一种方法是用相似系数，性质越接近的样品，它们的相似系数的绝对值越接近 1，而彼此无关的样品，它们的相似系数的绝对值越接近于零。比较相似的样品归为一类，不怎么相似的样品归为不同的类。另一种方法是将一个样品看作 P 维空间的一个点，并在空间定义距离，距离越近的点归为一类，距离较远的点归为不同的类。

由于不同的地理位置、地貌形态和气候条件形成了不同海洋环境，这些不同地方的地理、地貌和气候的结合，使不同地域的海洋环境可能呈现出相同或相似的特征，找到这些相同或相似的海洋环境和区域、特别是对这种现象做出合理的解释，对于海洋安防和海洋环境建设具有重要意义。而这同样也不是对数据库的简单查询能够实现的。为支持这类高级应用，将引入数据挖掘和模式识别技术中的聚类分析方法。在海洋数据库中，根据某一海域的海洋数据进行聚类分析，不仅能够找到具有相同或相似海洋环境的区域(被聚集在同一个类中)，而且通过对被聚集在同一个类的这些区域数据的分析，可以对这一现象做出科学的解释。针对海洋数据库，可采用的聚类分析方法包括：

(1)基于同类数据的聚类分析。针对此内容，每个对象的属性将是地球物理数据各要素、水文数据各要素、环境数据各要素、底质数据各要素或悬浮体数据各要素。根据不同地域、不同海区的这些数据的相似性，发现具有相似信息的区域。

(2)基于不同类数据的聚类分析。针对此内容，每个对象的属性将上述各类数据要素的综合以及相关的支撑数据要素，根据不同地域、不同海区的这些数据的相似性，发现具有相似信息的区域。

(3)异常海域发现分析。前面两类分析的目的是找到具有相似特征的海域，而本分析方法是发现具有异常特征的海域区域。

(4)聚类结果的影响分析。通过每个对象包含或不包含哪些属性将产生何种聚类结果分析，分析各类数据对聚类结果的影响，从而发现某类(些)数据对于某个海区的影响程度。

4)关联规则挖掘

关联数据挖掘是能够有效地发现数据潜在规律的一种算法；即在海洋大数据库(数据仓库)中搜索和挖掘空间对象(及其属性)之间的关联关系的算法。经典的关联规则挖掘算法是 Apriori 算法，在该算法基本原理上，人们继续扩展了各种空间关联规则挖掘的优化算法。

关联规则可提供许多有价值的信息，关联规则挖掘需要事先指定最小支持度与最小置信度。关联规则挖掘可以使人们得到一些原来不知道的知识，体现了数据中的知识发现。关联规则挖掘的通常方法是：首先挖掘出所有的频繁规则(满足最小支持度)，再从得到的频繁规则中挖掘强规则(同时满足最小支持度与最小置信度)。关联规则挖掘的任务是挖掘出数据集中所有强规则。强规则 $X \Rightarrow Y$ 对应的项集 $(X \cup Y)$ 必定是频繁项集，频繁项集 $(X \cup Y)$ 导出的关联规则 $X \Rightarrow Y$ 的置信度可由频繁项集 X 和 $(X \cup Y)$ 的支持度计算。

海洋数据库中存储了大量的数据，这些数据表征了不同时期、不同地域的海洋环境。但是，这些数据之间有什么内在联系？某些数据的产生是否受到其他数据的影响？影响程度如何？这个问题显然不是简单的查询能够获得的。为支持这类高级应用，将引入数据挖掘技术的关联规则挖掘方法。关联规则挖掘的应用，可以支持海洋环境的多种关联分析，如相同地域相同时间、不同地域相同时间、相同地域不同时间、不同地域不同时间等各种因素的关联关系。与简单的关联规则挖掘方法不同，支持海洋数据库高级应用的关联规则挖掘涉及多表关联，因此，数据预处理及挖掘过程更加复杂。

针对海洋数据库，其关联规则挖掘研究内容包括：

(1)海洋各要素之间的关联规则挖掘。关联规则表达式中的 X 和 Y 均为海洋测量要素，关联规则挖掘将发现各海洋测量要素之间的关联关系。如悬浮体浓度对数和浊度对数之间存在一定的线性关系，海洋关联规则挖掘就是要从多要素、海量的海洋数据中发现要素之间可能存在的关联关系，在此基础上可利用相关、聚类、回归等方法进行深入分析和解释，从而达到知识发现的目的。

(2)海洋空间与时空关联规则挖掘。空间关联规则挖掘是发现在一定条件下空间某类事件发生与另一类事件发生的关联关系。海洋空间关联规则挖掘用于发现海区内海洋数据在何种条件下导致其他海洋数据或特征的变化。例如：海区的污染程度与该海区的水文、气象、生物等因素的关系；海区的自然环境与生物资源量之间有什么联系；自然环境和生物的存在与变迁与海洋灾害之间有什么关系。若增加时间条件，则为时空关联规则挖掘，即挖掘海洋环境变化的时空耦合性，如赤道东太平洋海表温度的升高导致东亚降雨的变化。

(3)海洋数据与相关支撑信息的关联规则挖掘。关联规则的 X 中的各项为海洋数据的各要素，而 Y 中各项则为人文、遥感、灾害等与海洋相关的支撑数据，X 与 Y 反之亦成立。关联规则挖掘将分析这些海洋数据与相关支撑数据属性之间的关联关系。

5)空间分析

利用各种空间分析模型和空间操作对空间数据进行深加工，从而产生新的信息和知识。

常用的有拓扑分析、缓冲区分析、距离分析、叠置分析、地形分析、趋势面分析、预测分析等，可发现目标在空间上的相连、相邻和共生等关联规则，或发现目标之间的最短路径、最优路径等辅助决策知识。例如可以利用 Voronoi 圈，解决空间拓扑关系、数据的多尺度表达、自动综合、空间聚类、空间坐标的势力范围、公共设施的选址、确定最短路径等问题。

可视化方法也可归为空间分析方法。可视化数据分析技术拓宽了图表功能，使分析者对数据的剖析更清楚，通过可视化技术将空间数据显示出来，帮助人们利用视觉分析来寻找数据中的结构、特征、模式、趋势、异常现象或相关关系等空间知识的方法。例如把数据库中的多维数据变成多种图形，这对提示数据的状况、内在本质及规律性起到了很强的作用。当显示空间数据挖掘发现的结果时，将地图同时显示作为背景，一方面能够显示其知识特征的分布规律，另一方面也可对挖掘出的结果进行可视化解释，从而达到最佳的分析效果。可视化技术使分析者看到数据处理的全过程、监测并控制数据分析过程。

6）机器学习

机器学习算法是指采用人工智能机器学习的一类方法。主要有：

（1）归纳学习算法：

归纳学习方法是从大量的经验数据中归纳制取一般的规则和模式，其大部分算法来源于机器学习领域，归纳学习的算法很多，如各种决策树算法，即根据不同的特征，以树型结构表示分类或决策集合，进而产生规则和发现规律的方法。利用决策树方法进行空间数据挖掘的一般过程是：首先利用训练空间实体集生成测试函数；然后根据不同取值建立决策树的分支，并在每个分支子集中重复建立下层节点和分支，形成决策树；最后对决策树进行剪枝处理，把决策树转化为据以对新实体进行分类的规则。

（2）神经网络算法：

神经网络方法，即通过大量神经元构成的网络来实现自适应非线性动态系统，并使其具有分布存储、联想记忆、大规模并行处理、自学习、自组织、自适应等功能的方法。

7）遗传算法

遗传算法是一种模拟生物进化过程的算法，可对问题的解空间进行高效并行的全局搜索，能在搜索过程中自动获取和积累有关搜索空间的知识，并可通过自适应机制控制搜索过程以求得最优解。

8）粗集算法

粗集算法是一种智能数据决策分析工具，被广泛研究并应用于不精确、不确定、不完全的信息的分类分析和知识获取。粗集理论为空间数据的属性分析和知识发现开辟了一条新途径，可用于数据库属性表的一致性分析、属性的重要性、属性依赖、属性表简化、最小决策和分类算法生成等。粗集算法与其他知识发现算法相结合可以在数据库中数据不确定的情况下获取多种知识。

9）模糊集算法

模糊集算法是指一系列利用模糊集合理论描述带有不确定性的研究对象，对实际问题进行分析和处理的方法。基于模糊集合论的方法在遥感图像的模糊分类、GIS 模糊查询、空间数据不确定性表达和处理等方面得到了广泛应用。

10）云理论算法

云理论算法是用于分析不确定信息的理论，由云模型、不确定性推理和云变换三部分构成。基于云理论的空间数据挖掘方法把定性分析和定量计算结合起来，处理空间对象中融随机性和模糊性为一体的不确定性属性，可用于空间关联规则的挖掘、空间数据库的不确定性查询等。

2.6.2　海洋数据交换与集成技术

近年来，海洋数据获取手段的丰富和获取能力的提高、海量数据存储技术的飞速发展，各级海洋管理部门积累了大量的数据。面对来源于多种获取渠道、不同数据格式和数据模型的海量数据时，怎样才能有效地利用它们呢？另外，网络技术的出现与快速发展，使不同地区或部门之间的数据协同也变得非常迫切。在处理某项工作的时候，往往需要直接使用不同部门之间的数据或者由其应用系统提供的远程数据服务，这些其实就是数据共享与数据交换要解决的问题。

简单地说，数据共享和交换就是让在不同地方，使用不同计算机、不同应用软件的用户能够读取其他计算机上的数据或由数据生产的产品并进行各种操作。数据共享与交换的实现，可以使更多的人更充分地使用已有数据资源，避免数据采集、资料收集、数据处理加工等重复劳动和减少由此产生的费用，从而把精力重点放在开发新的数据应用系统或数据使用上。信息共享已经成为现代信息社会发展的一个重要标志，数据共享与交换的程度反映了一个国家、行业和地区的信息化发展水平。

然而，由于不同用户提供的数据可能来自不同的途径，其数据内容、数据格式和数据质量千差万别，加上技术、经济和法规等障碍因素，给数据共享带来了很大困难，有时甚至会遇到面对数据而无法使用的棘手问题，严重阻碍了数据的有效使用与共享。要实现数据共享，除了要在国家、行业或企业范围内建立统一完善的数据交换标准和相应的数据使用管理办法，更重要的是求助于技术手段。常用的数据共享与交换手段有应用系统的外部数据交换、数据互操作、建立空间数据共享平台等。

云计算和网格计算是近年来新兴的一门技术，借助云计算和网格计算技术，我们不仅可以在一定程度上实现数据的远程共享和交换，而且能够做到海量数据的分布式计算和处理，远程实现所需数据的获取或分析服务。将云计算技术、网格计算技术、XMI技术引入到数字海洋系统工程建设中，不仅能够为海洋数据的共享与交换提供技术保障，同时也增强数字海洋系统工程软件研发成果的生命力，并在一定程度上推动了这些技术的使用和发展。

1. 基于XML的海洋数据交换与集成技术

XML海洋信息交换与集成技术主要是解决数字海洋系统工程建设中涉及的大量异构数据源和多个异构应用系统之间信息交换与共享的问题，为实现各系统间海洋信息的管理、交换和集成提供技术手段。

XML(eXtensible Markup Language)意为可扩展的标记语言，它是一套定义语义标记的规则，这些标记将文档分成许多部件并对这些部件加以标识。它也是元标记语言，即定义了用于定义其他与特定领域有关的、语义的、结构化的标记语言的句法语言。XML使用一系列简单的标记描述数据，而这些标记可以用方便的方式建立，由于XML的简单使其易于在任何应用程序中读写数据，这使XML成为数据交换的唯一公共语言。这就意味着应用程序可以更容易地与Windows、Mac OS、Linux以及其他平台下产生的信息结合，可以让应用程序更容易地加载和使用XML数据，并以XML格式输出结果。

数字海洋系统工程建设中涉及大量的异构海洋信息以及多个海洋数据中心、各级各类相关应用系统，存在着大量的信息交换与共享需要。XML技术在海洋数据交换与服务方面的研究与应用也得到了非常广泛的重视。由于海洋数据获取手段多样，涉及众多专业学科领域，不同海洋学科之间、不同海洋调查项目之间存在不同系统，系统之间常常由于采用不同的平台、软件、数据源和数据模型等，造成信息流通困难。要想在这些异构系统之间、不同数据结构之间进行通信或数据交换，就需要使用复杂的专门软件或构建数据交换与集成系统，从而实现异构系统之间的互联性和互操作性，最终形成一个完整的集成化的系统。

由于 XML 格式简单易读，对于各种类型的资料，无论存储在什么样的数据库系统中，只要各系统之间安装了 XML 解析器，便可解读互联计算机传送过来的信息，进而加以利用，完成不同系统、不同平台间的通信。因此，XML 数据交换和集成技术是海洋信息基础平台建设中的关键技术之一，构建基于 XML 的海洋信息交换与集成系统也是数字海洋系统工程建设的重要组成内容，是各节点进行信息集成、交换和信息共享的基础和技术保障。

信息系统之间要使用 XML 进行数据交换，就必须有相互之间都能理解的共同约定的 XML 消息结构。XML 中的 DTD 和 Schema 定义了 XML 消息的词汇和结构，是所有应用必须遵守的共同 DTD 和 Schema 标准，而且各系统还应该采用共同的标准代码集。如果系统的本地代码和标准代码不同，则在接收和发送 XML 消息时，要经过代码转化。系统收到 XML 消息后，使用 DTD 来检验它的有效性。只有有效的 XML 消息才能得到系统的处理，然后把 XML 消息翻译成本地代码，最后映射成对本地数据库的数据操作指令，以便在数据库中存储、修改和删除数据。一般基于 XML 的数据交换与集成系统的总体架构通常由三层组成，如图 2-52 所示。

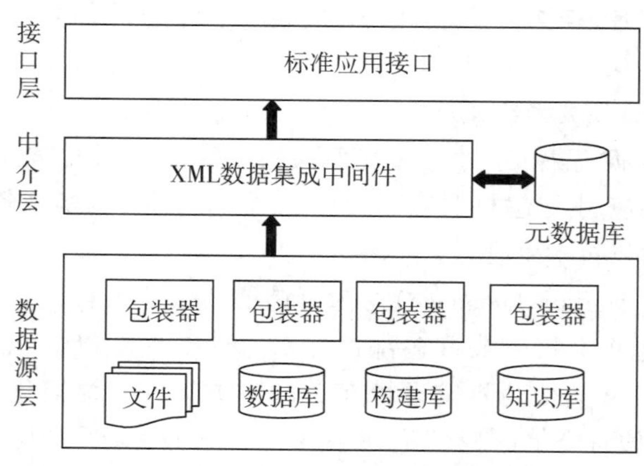

图 2-52　XML 数据交换与集成总体架构

其中最底层为数据源层，又称信息抽取层，中间为 XML 中介层，最上层为接口层。整个系统位于异构数据源和应用程序之间，向下协调各种数据源，向上为访问集成数据的应用提供了统一的模式和访问的通用标准接口。

数据源层处于整个系统的最底层，是系统的数据提供者，其主要功能是提取和集成分布在多个异构数据源上的信息。信息抽取层采用包装器(Wrap)将从中介层得到的查询翻译成能在经过封装的数据源上执行的操作，将查询结果抽取并打包到XML文档，最后将该文档返给中介层。中介层的主要功能有两方面：一是对上接受有用户通过标准XML应用接口向系统提交的或由应用程序发出的查询，将查询转换成对XML的查询，并将查询结果返回给用户或应用程序；二是将XML查询分发给各个包装器，并将查询结果通过DTD说明再转换成XML格式。接口层负责提供上层应用标准接口，并将用户的查询命令提交给中介层，获得并解释查询结果树，将结果显示给用户。元数据库主要存放XML和XML Schema文档，其中XML文档记录映射规则，XML Schema描述数据输出模式和全局模式。

信息交换与集成技术在数字海洋系统工程建设中起着至关重要的作用，它是国家级海洋综合管理与服务系统中的重要组成部分，可能涉及几十甚至几百个数据节点。只有采用基于XML的信息交换与系统集成技术才能保证这些节点之间信息及时、准确、可靠地交换和共享。图2-53所示为各节点之间的信息交换与集成拓扑结构。信息交换与集成子系统部署在各个节点上，主要由数据交换接口、状态监控、数据传输、数据转换、数据管理等模块及本地XML模式、全局XML模式等部分组成。

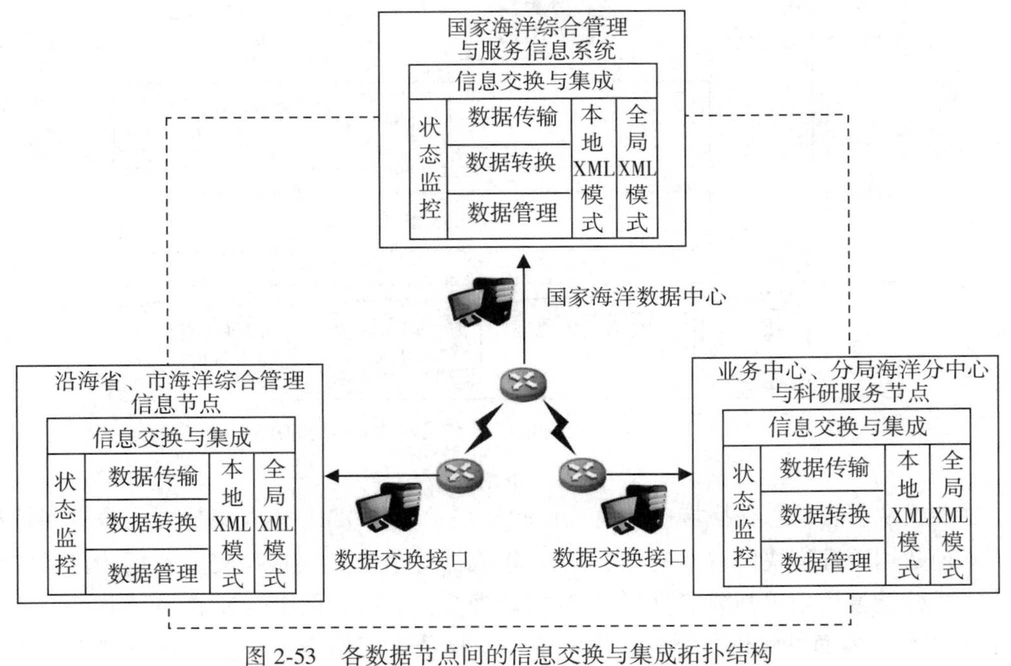

图2-53 各数据节点间的信息交换与集成拓扑结构

本地XML海洋信息交换与集成系统模型如图2-54所示，主要由功能模块和数据模块两部分构成。数据模块包含本地数据源及其相关的局部XML模式、本地集成模式、本地Brick、映射规则以及全局信息交换XML模式。本地数据源用来存储本地海洋数据。局部XML模式是以XML Schema方式描述各个本地数据库的数据模式信息。本地集成模式描述本地数据库的集成模式信息。通过模式映射机制建立，采用公共数据模型定义。本地 Brick 则是在本地集成模式上所构建的组件模式信息。映射规则提供本地集成模式与全局信息交换 XML 模式的对应关系。全局信息交换 XML 模式是网上用于信息交换的所有信息模式。

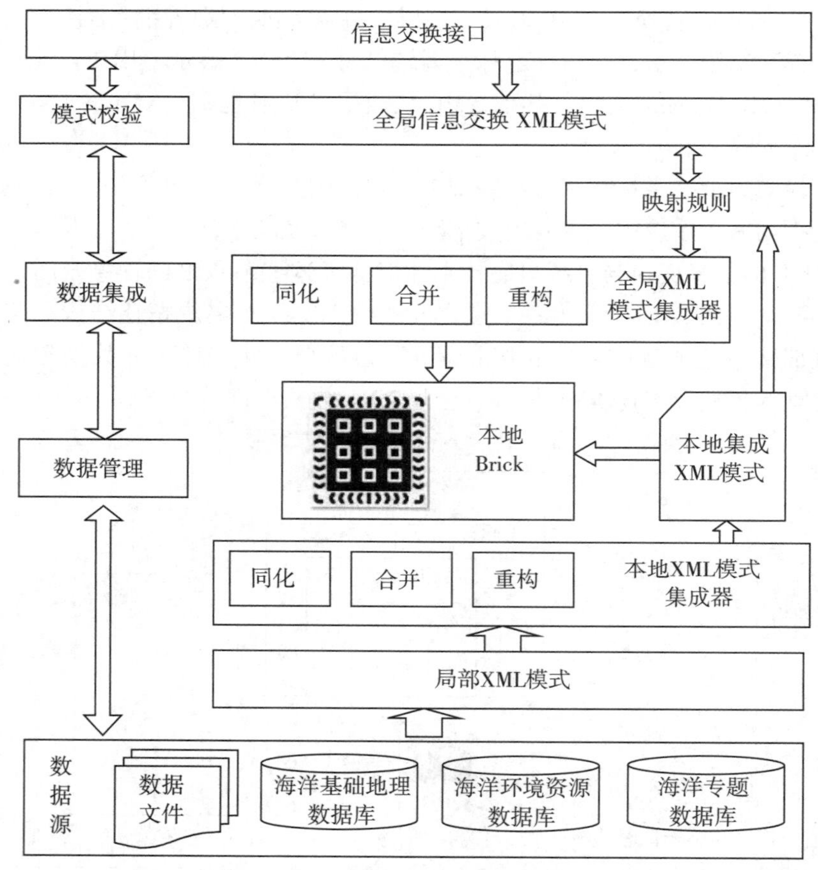

图 2-54　本地 XML 海洋信息交换与集成系统模型

功能模块包含信息交换接口、模式校验模块、全局 XML 模式集成器、数据集成模块、本地数据管理模块以及本地 XML 模式集成器等信息交换接口完成数据的接收和分发。模式校验模块用于判断接收/分发数据是否符合全局信息交换 XML 模式规范。全局 XML 模式集成器通过同化、合并和重构操作，将从不同站点或从一个站点传来的不同数据所具有的模式集成为本地站点能处理的 XML 集成模式。全局同化操作解决各种冲突问题，如命名冲突、格式冲突、结构冲突等。合并和重构负责建立最后的全局模式，需要满足模式的完备性、最小性和可理解性。数据集成模块根据集成 XML 模式，将接收数据转化成本地站点能处理的数据；将分发数据转化成其他站点能处理的数据。本地数据管理模块对本地数据进行存取和查询优化处理。本地 XML 模式集成器通过本地同化、合并和重构操作，将若干数据库局部 XML 模式集成为一个描述本地全部数据的本地 XML 集成模式。本地同化操作解决各种冲突问题，如命名冲突、格式冲突、结构冲突等，合并和重构负责建立最后的本地模式，需要满足模式的完备性、最小性和可理解性。

XML 海洋信息交换与集成主要涉及海洋数据交换 XML 标准、XML 海洋信息元数据标准、海洋信息元数据目录服务、海洋信息交换框架等关键处理技术。

2. 海洋数据交换 XML 标准

数据交换标准在整个系统中起到关键作用，系统的数据交换都是基于此标准进行的，国际上两大海洋 XML 研究组织 SGXML(ICES2IOC Study Group on XML)和 EUMarine XML，在海洋数据格式标准化制定方面已取得很大进展。海洋 XML 标准制定主要集中于三个领域：参数字典开发、海洋数据描述、元数据。

在数字海洋系统工程建设过程中，需要根据国家标准 GB/T 13745—92(学科分类与代码表)和行业标准 HY/T 075 2005(海洋信息分类与代码)实现对海洋信息的合理分类，针对海洋数据的特点及现有标准的优缺点进行综合分析，依据海洋信息的数据特征和语义，制定或依据适合海洋信息发布与交换的 XML 应用标准，构建并形成一套完备的海洋信息标准规范体系。

元数据标准的建立是数据标准化的前提和保证，只有建立起规范的海洋信息元数据标准，才能使用户有效地描述和使用海洋信息中的数据。海洋元数据设计应以具体的应用为背景，针对某一特定类型的资源或实体的特点来设计元数据标准，力求元数据标准简单易用，而且具有足够的描述能力。另外，在描述元数据标准结构时可以使用相应的软件辅助工具，在一定程度上提高对标准的结构的理解和描述，例如 UML 图能够以图形方式准确地表达元数据元素、元数据实体和元数据子集之间的关系。

海洋信息元数据以目录形式提供查询服务，即称为元数据目录服务。就是把元数据按照标准组织成目录形式，从而为数据交换提供元数据。之所以组织成目录形式是为了有利于元数据的存取，海洋元数据目录服务系统结构如图 2-55 所示。

数据层中的数据库提供底层的元数据和数据集。目录服务业务逻辑层主要通过调用底层数据库中数据向上层提供服务，主要包括元数据的注册、查询、维护、发布、导航功能以及用户、日志管理和海量数据提取功能。数据交换层包括目录查询和目录发布，通过接口向外界提供查询服务。

3. 海洋信息 XML 交换框架

由于 XML 具有的跨平台和与系统软硬件环境无关的特性，许多国家建立了以 XML 文档和数据库相结合的基于 Web 的海洋信息交换框架。

中国数字海洋系统工程建设中，在参考国外海洋信息交换集成系统和深入研究 Web Service 技术的基础上，根据我国海洋信息交换与集成的实际需求，提出了如图 2-56 所示的海洋信息交换框架。

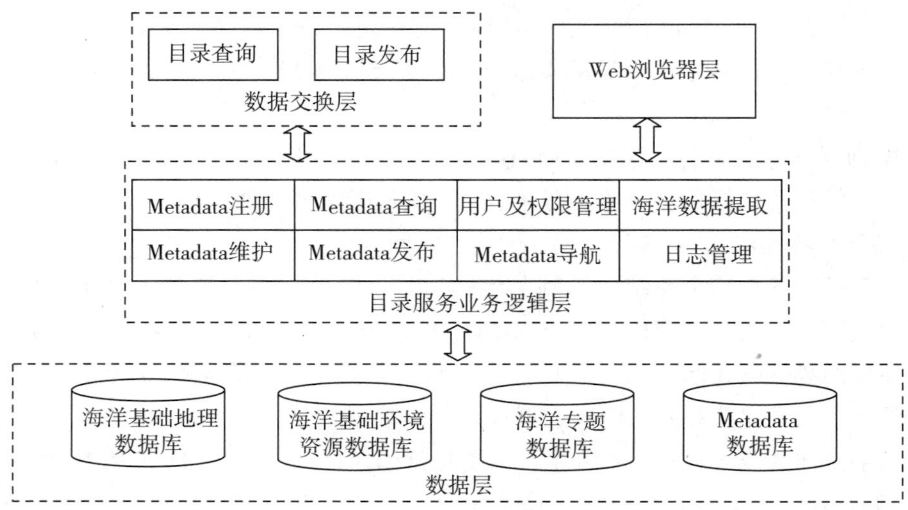

图 2-55　海洋元数据目录服务系统结构

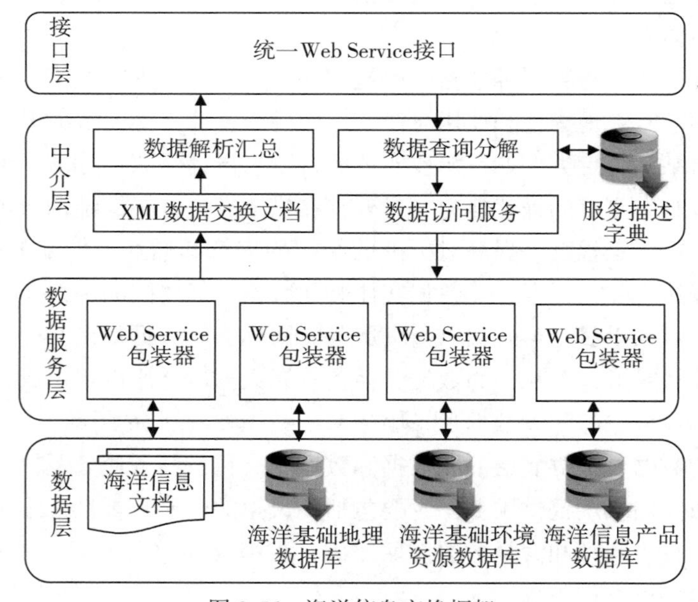

图 2-56　海洋信息交换框架

整个海洋信息交换框架由接口层、中介层、数据服务层和数据层组成。数据层主要负责海洋数据及元数据的存储和管理维护，由数据库和元数据 XML 文档组成，分散在各个数据库服务器中。在实际工作中，数据库大多由不同的应用系统建立和维护。因此，所采用的数据库软件、数据库结构，甚至操作系统都会有所差异。

数据服务层是分布于各个数据库服务器上的一系列执行一定功能的 Web Service 服务器。它直接与数据层的数据库及元数据存储系统交互，并将数据和元数据封装成

XML 数据交换文档，通过部署各自的 Web Services 供中介层调用。系统针对数据层中的每一个数据源都配置了相应的包装器，从而解决了数据源的异构性。包装器收到数据请求后，通过 XML 解析等技术完成具体数据和元数据的读取，并封装成 XML 数据交换文档。

中介层主要负责接收上层用户的请求，同时也是数据服务层各个 Web Services 的调用者。它向数据服务层发出调用请求，然后从服务层获取数据，进行数据解析、汇总后返回给上层应用。中介层主要由服务描述字典库、查询分解、数据访问、XML 数据交换文档和数据解析汇总五部分组成。服务描述字典建立了全局数据与局部数据的对应关系表以及为获取局部数据所需调用的服务层 Web Services 的 SOAP 地址、调用参数；查询分解模块完成全局查询到局部查询的映射；数据访问模块执行局部查询命令，调用服务层相应的 Web Services 获取数据；XML 数据交换文档以统一的格式描述海洋信息数据和元数据，由数据服务层生成并提交；数据解析汇总模块负责将 XML 数据交换文档进行解析和汇总。

接口层提供统一的 Web Service 调用接口，负责接收应用层的全局查询请求，产生查询语句并提交到查询分解模块，同时负责将解析汇总后的数据或元数据提交给上层应用，实现与具体应用的交互。

2.6.3　海洋数据网格共享与信息服务技术

海洋数据资源种类繁多，涉及众多专业学科领域，数据来自多个系统，跨越多个不同的平台，数据格式和结构各不相同，因而需要构建一个开放的、能够处理异构环境的平台。同时，需要解决分布在 Internet 上的异构资源不能真正共享，分散闲置的计算能力得不到有效利用的问题，着力于实现各种海洋环境数据资源的整合、访问、共享。因此，需要采用网格技术将网络上的各种资源组织在一个统一的框架下，形成一台巨大的虚拟超级计算机，从而能够实现网络环境下的资源共享和协同工作，更好地支撑数字海洋系统工程建设。

1. 网格技术的概念

网格计算技术的目标是希望能够通过共享网络将分布在各地的计算机连接成为一个远程控制的元计算机系统，从而形成虚拟的超级计算机，为用户提供强大计算处理能力和存储能力。它是建立大规模计算和数据处理的通用基础支撑结构，将网络上的各种高性能计算机、服务器、PC 机、信息系统、海量数据存储和处理系统、应用系统等集成在一起，为各种应用开发提供支撑，最终实现资源共享和分布协同工作。网格不仅可以集成现有资源，还能提供统一的网格资源接入标准。未来生产的新资源只要遵循网格的标准接口，就可以直接接入网格。进而达到让网格用户能够方便地访问网格资源，为用户提供一个统一且简单的共享网格资源环境的目标。

网格系统具有资源分布性、管理复杂性、动态多样性、结构可扩展性等特征，其节点及各种资源分布于不同的地方，隶属于不同的所有者，具有多层管理的特点。为了完成特定的工作，寻求各种异构资源可动态组合，规模可不断扩大。

(1)分布性：

分布与共享是网格的一个主要特征。网格的分布性首先指的是网格资源是分布的，但又是共享的。可以认为：分布是网格硬件在物理上的特征表现，而共享则是在网格软件支持下实现的逻辑上的特征。

(2)结构可扩展性：

网格资源是多样的和异构的。网格中的信息技术资源多种多样，不仅有各种类型的超级计算机，甚至包括各种海洋观测仪器，如气象仪、潮位仪、水质仪等都可以连接到网格环境中，这些在观测仪器组网产生的在线感知数据可以直接传输到网格上去，从而实现跨越地理分布的多个管理域。

(3)动态多样性：

与Internet类似，网格也是一个开放性的信息载体。它可以从最初包括的少数资源发展到具有成千上万资源的大网格。网格资源的动态变化要求提高网格的可扩展性、自适应性。网格在设计与实现时，必须注重网格的可扩展性。网格同样可能发生障碍，但由于网格系统的动态适应能力很强，能够在特殊情况下自动将用户的请求转发给正常的子系统来完成。

(4)管理复杂性：

与因特网的域管理机制类似，网格系统中的各种资源属于不同的机构与组织，网格资源具有自治性，但网格资源也必须能提供统一管理，具有互操作特征。因此，管理网格系统的管理机制更为复杂。

2. 海洋数据网格共享与信息服务原理

针对海洋数据的特点和实际管理与使用情况，采用网格技术构建基于网格的海洋数据共享与信息服务平台，面向各类用户提供存储网格、信息发布与交互、监控管理及信息安全等服务，实现对各种海洋数据资源的有效整合与集成。网格技术的应用能更有效地实现系统的平台无关性、可扩展性和可靠性。海洋数据网格共享平台由分布式资源层、服务网格层和网格应用层三个层次构成，其系统结构如图2-57所示。

以海洋环境数据网格共享平台为例进行结构分析，分布式资源层主要提供各种计算模型服务资源、存储资源、应用数据和产品数据共享资源，各类资源在物理上跨部门跨区域管理。服务网格层由海洋环境数据共享信息平台(信息网格)、海洋环境模型服务平台(模型服务网格)和海洋环境存储服务平台(存储网格)构成，以支持分布式环境下的基础数据与产品数据的共享、计算模型服务的共享和大型数据文件的共享。海洋环境共享信息平台将异构分布的海洋环境基础数据和各类产品数据整合为一个共享式的虚拟全局数据库，方便用户查询分布式的海洋信息资源，提高了数据全局分析的能力。海洋环境模型服务平台用于实现用户远程使用对海洋环境产品数据进行加工处理等的各种模型方法，用户提交任务需求及相应信息，服务系统会实现透明模型搜索，远程运行。海洋环境信息存储服务平台将异构、异地的存储资源统一为一个单一的虚拟存储资源，提高存储资源的管理和使用效率。网格应用层提供海洋环境信息相关的应用服务，对海洋环境信息进行查询、发布、订阅及用户监控管理。网格应用层提供两类接口：GUI接口

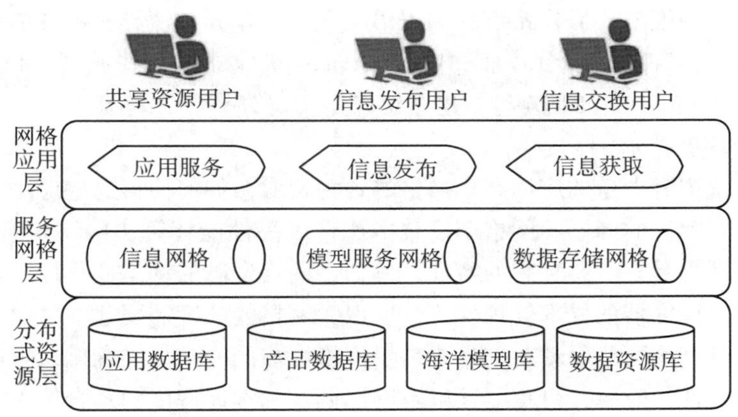

图 2-57　海洋数据网格共享平台结构

与 API 接口。用户可以通过 GUI 接口利用应用服务处理各类海洋环境信息数据，也可以利用 API 接口进一步开发应用程序。我国数字海洋系统工程建设中研发的海洋环境数据网格共享与信息服务系统界面如图 2-58 所示。

图 2-58　海洋环境数据网格共享与信息服务界面

3. 海洋数据网格共享与信息服务技术及算法

基于网格的海洋数据共享与信息服务是利用网格的理念，实现对各类海洋信息资源的整合利用。在海洋数据网格共享平台中所采用的技术主要有以下几种：

1) Web Services

Web Services 是基于 XML 进行消息处理的，其作用之一就是作为基本的数据通信方式，消除不同组件模型、操作系统和编程语言之间的差异，使异构系统能作为单个计算机网络协同运行，实现跨平台作业。Web Services 是建立在一些通用协议的基础上的，如 SOAP、XML、WSDL、UDDI 等。这些协议是实现跨平台的基础。

2)高性能调度技术

在网格系统中有大量的应用共享网格的各种资源，如何使得这些应用获得最大的性能，是调度所要解决的问题。网格调度技术比传统高性能计算中的调度技术更加复杂，这主要是因为网格具有一些独有的特征。例如，网格资源的动态变化性、资源的类型异构性和多样性、调度器的局部管理性等。所以，网格的调度需要建立随时间变化的性能预测模型，充分利用网格的动态信息来表示网格性能的波动。在网格调度中，还需要考虑移植性、扩展性、效率、可重复性以及网格调度和本地调度的结合等一系列问题。

3)资源管理技术

资源管理的关键问题是为用户有效地分配资源。高效分配涉及资源分配和调度两个问题，一般通过一个包含系统模型的调度模型来体现，而系统模型则是潜在资源的一个抽象。系统模型为分配器及时地提供所有节点上可见的资源信息，分配器获得信息后将资源合理地分配给任务，从而优化系统性能。

4)网格安全技术

网格计算环境对安全的要求比 Internet 的安全要求更为复杂。网格计算环境中的用户数量、资源数量众多且动态变化，一个计算过程中的多个进程间存在不同的通信机制，资源支持不同的认证和授权机制等。正是由于这些网格独有的特征，使得它有更高的安全要求，具体包括在网格计算环境中主体之间的安全通信，支持跨虚拟组织的安全，支持网格计算环境中的用户单点登录，跨多个资源和地点的信任委托和信任转移等。

2.7　数字海洋虚拟可视化技术

人类认知和理解事物的特征之一是利用图形。使用图形来表示信息的主要优点是赋予信息某种形态，其目的是辅助分析信息及信息之间的关系，减少理解和认知它们所需的努力。一旦在思维上建立起一种认知模型，便可以开始应用相应的图形进行思考。

海洋相对于陆地有着几乎完全不同的属性特征，用于表达海洋属性的海洋信息也远比陆地信息复杂得多。为了认识海洋、开发海洋、利用海洋、保护海洋、管理海洋，人们获取了大量的海洋数据。这些数据既包括海洋自然属性(如岸线、海岛、海域)，也包括海洋物理属性(如海温、海流)，还有海洋管理信息(如海域的使用、海洋经济统计)等。如何直观地表现出海洋自然属性，发现隐含在海洋管理信息后的变化规律以及逼真地模拟出海洋的物理环境信息，一直是人们努力解决的问题。

可视化和虚拟现实技术的出现和使用解决了人们以往面对杂乱无章的大量文字信息和纷繁复杂的数学公式或枯燥数字而无法得到有用信息的难题。科学计算可视化的形成是当代科学技术飞速发展的结果。科学计算可视化技术首先是为了高效地处理科学数据和解释科学数据而提出并形成的；其次，科学计算可视化丰富了信息交流手段，人们之间的信息交流不再局限于采用文字和语言，而是可以直接采用图形、图像、动画等可视手段来揭示信息及其性质特征。可视化技术提供的交互视觉计算与即时视觉反馈技术使人们能够对中间计算结果进行解释，及时发现非正常现象与错误，而且有可能存储、检索、重用或创造新的图形，达到驾驭计算过程的目的。

将可视化和虚拟现实技术相结合应用于数字海洋系统工程建设中，不仅能够丰富地表现海洋地理环境的位置和变化，而且能够动态地表达和模拟各种海洋要素或海洋现象，为进一步分析海洋信息和现象的变化规律提供了有效的手段，是有效认识和研究海洋的方法。

2.7.1 海洋信息多维动态可视化技术

根据信息关注的角度不同，可以将海洋信息的内容分成三类：一是海洋基础地理类，包括 DEM 或 DTM 形式的基础海底地形数据、矢量形式的基础地理数据(如海岸线、行政界线、海洋陆地数据等)以及海洋遥感数据；二是海洋管理类和业务类数据，如各种海洋社会经济数据、海洋功能区划数据、海域海岛数据等；三是海洋观测监测预报类数据，主要是指海洋环境数据，如海水温度、盐度、密度、潮汐、潮流、风暴潮数据等。三类数据的获取手段、数据内容、时空特征不同，决定了数据的处理方式、数据结构、表现形式、存储格式的多样性。如何动态可视化地显示、表达这些海洋信息，使人们能够直观地感受或触摸到信息的内容，是数字海洋研究和构建数字海洋系统工程的关键技术之一。

1. 海洋基础地理信息可视化

从数据的表达形式上看，海洋基础地理信息包括以矢量形式存在的基础数据、影像数据和地形数据。其中矢量数据又可以分为点、线、面等三种形式，地形数据一般则是以 TIN 或栅格形式存在。基础地理数据的可视化是 GIS 可视化中的重要研究内容，经过多年的发展，目前其可视化方法已经非常完善。以矢量数据的可视化为例，其可视化方法无非是点要素的符号、线要素的线型和线宽、面要素的内部填充符号和轮廓的线型及线宽等问题。GIS 可视化中，目前的难点问题是时空数据的可视化(即动态可视化)和分布式环境下海量数据的可视化(即超大规模数据量情况下的 GIS 可视化)。对于时空数据的可视化，其难点在于如何在二维屏幕上表达点、线、面要素的动态变化。而针对超大规模数据量的 GIS 可视化，其难点在于如何提高显示速度及网络协同问题。例如对于地形数据的可视化，一种广泛采用的方法是使用层次细节模型技术。

目前尚未有一种适合于海洋三维空间基础地理信息的动态可视化方法，比如不同水层间的均匀过渡。陆地 GIS 一般处理二维平面或曲面上的问题．而海洋水体的温盐流等物理要素及其形成的梯度等都是三维分布且相互关联的，同时还与其他三维分布的生物和化学等要素密切相关。当我们试图表现它们的分布时，往往无法用现有二维的 GIS 表现这种真三维现象。对于这种问题，一种处理方式是忽略垂直维的变化，对整个深度上的数据进行求和或者求平均，此方法在不需要考虑垂直变化时是行之有效的，比如了解海水温度区域性分布等；另一种方法是将水体分成不同深度的面和不同断面进行二维

GIS 分布可视化；第三种方法是发展一个现实的海洋基础地理信息 3D 可视方法，这也是海洋 GIS 研究的前沿之一。

海洋基础地理信息可视化，不仅仅是针对海洋地理空间数据的视觉表现，也是一种重要的认知与分析基础，可以通过它完成可视化分析，获取蕴含在海洋环境中的"物理、生物和化学特性"规律以及不同尺度的关系。数字海洋的业务化对海洋基础地理信息可视化提出了新的需求，与海洋数据模型相似，海洋基础地理信息可视化工作也从二维走向高维，从静态走向动态，从单一尺度向兼容多尺度过渡。计算机图形学及 GPU 硬件技术的发展，也推动着海洋基础地理信息可视化进入更加直观透明、更加现实化的阶段。

2. 海洋管理信息可视化

海洋管理类数据主要是指有关涉海部门的管理工作或业务化工作中产生的各种数据。这些数据一般以数值、文字的形式存在，比如海域使用项目中的使用权人、用海面积、用海类型，海洋经济统计数据中的各种指标数据，等等。海洋管理类数据的表达方法相对简单，其表现形式一般有文字、数值、曲线及各种统计图表(如饼图、柱状图)、视频等。一种比较直观与新颖的表达方式是将统计图表与地理空间要素位置相结合，直接在 GIS 软件平台的地图视图窗口内叠加显示统计图表。

管理信息数据可视化是信息技术领域一个不断发展的跨学科技术，其目的是通过图形图像等方式将抽象且无序无边的管理数据以一种易于理解的形式汇集起来。可视化更加强调视觉表达、互动方式以及心理感知，结合跨学科的知识来呈现数据并传达其隐含的意义。面向管理者的可视化工具旨在帮助管理者进行科学的战略决策和实践改进。设计管理大数据的分析架构与结果的可视化展示，通过采用基于图表、地图、数据流等多样的可视化形式，直观地呈现不同管理区域的海洋行政规划管理、海域权属、资源流动、生态保护、信息交互等，为管理者实施科学决策提供支持。例如，为简化行政服务和技术人员与海洋管理机构相关人员之间的信息交换，开发了一个提供实时数据可视化的仪表板，帮助用户系统地组织和查看数据。更进一步，基于数据驱动的可视化系统还能够提供直接的海洋环境等预测分析报告，帮助海洋管理者准确判断未来防灾减灾趋势，提供管理决策支持。

常规图表可视化技术可分为以下四类。

(1)低维数据可视化：如果数据中每个元数据包含较少的属性(一般少于两种)，这种数据被视为低维数据，这种数据类型主要采用两种方式进行可视化，分别是平面直角坐标系和极坐标系两种形式。基于平面直角坐标系相对更经常被人们熟知，主要有柱状图、折线图、散点图等。平面直角坐标的原理是使用两条相互垂直的相交坐标轴将属性和数值区分开。相比较而言，极坐标同样具有两条轴线，但极坐标轴主要依靠 r 半径和 θ 角度两个变量来区分数据，r 表示数据点距离极点的距离，θ 表示轴线按逆时针方向旋转的角度。饼图是较为常见的基于极坐标的数据化图表。

(2)高维数据可视化：如果数据中每个元数据包含较多的属性(大于两种)，被视为高维数据。目前有很多针对高维数据的可视化方案，应用最广泛的一种手段，就是通过视图变换的技术方案将数据信息在易于观察的信息载体上进行展示。通常将多维的数据以二维的形式进行可视化，它的基本原理是将多维数据用与之维度相对应数量的平行等距轴线进行映射，最终将多个属性维度映射到二维平面空间上。

(3)层次数据可视化：该种类型数据的可视化方案是将整个集合按照数据关系区分成一定数量的子集，每个数据子集仍然按照层次结构的形式进行组织，最终以图形化的方式进行展现。层次数据可视化常被用来表现文件存储系统、遗传关系族谱、组织管理架构等。目前有三种常用的实现方案，第一种是采用节点标志形状差异化的方式来代表不同的数据子集，不同数据节点之间的关系采用连线的方式来表示；第二种是对不同数据子集之间的边界使用差异图形化的方式进行区分，比如树图；第三种是混合方法，主要方式是集成不同可视化技术的优点，比如有弹性层次结构图。

(4)网络数据可视化：如果数据集中任意数据节点存在直接或非直接的关联，而且节点之间的关联存在多种联通路径，相关联的节点之间不存在相互约束关系，该种类型为网络数据。网络数据的可视化方案一般有三种，分别是图形化的节点链接展示布局、邻接矩阵和混合布局，如图 2-59 所示。

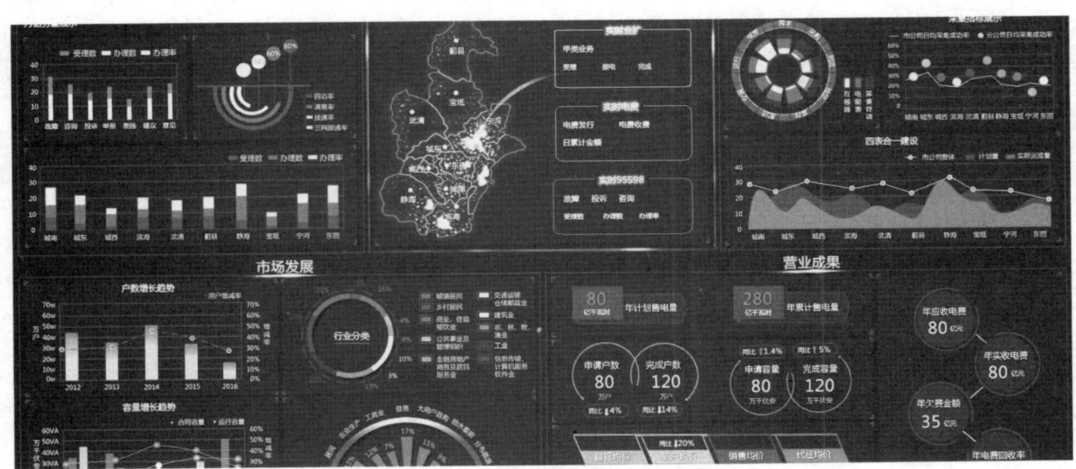

图 2-59 网络数据可视化

3. 海洋环境信息可视化

数字海洋工程建设的海洋在信息世界中存在，均涉及对海洋现实环境的理解。而海洋环境即是指海洋对象以及各种海洋现象之间的过程关联，往往是海洋场及其中的各种海洋动力过程。人类认知海洋正是从海洋环境开始的，为了研究海洋，人们利用动力模型来模拟海洋，或利用观测数据来推理验证。动力模型与测量数据分析是两种不同的途径，测量数据及衍生数据或动力模型产生的海洋场均可进入海洋地理信息系统中进行存储、分析和可视化。与此同时，动力模型也可以作为海洋地理信息系统的一个集成模块，实时地模拟产生海洋动态环境。因此，海洋环境信息可视化可以从数据角度，针对海洋测量、海洋场、海洋现象进行表述和建模。

海洋物理要素的场分布称为海洋场，对应到海洋地理信息系统中可称为海洋数据的场分布。物理要素种类繁多，可以是海水温度、盐度等，或者是若干基本物理要素的函数；空间可大可小，大到全球，小到港湾。如果用时间代替空间，即研究物理要素的时间分布，则通常按照数学上称时间域；同理，如果用频率代替空间，则称为频率域，如此类推。从数学上来看，空间上的每一维虽然与时间、频率维类似，是处于平等地位的，但其物理意义或者地学意义显然不同，所以需要发现空间与时间、频率之间的关系。

海洋场在信息世界中可以作为数字海洋工程的环境背景。若将海洋场可视化，则隐藏其中的是各种海洋现象，海洋现象非常丰富。

1)海流环境现象的表达方法

描述海流运动的方法有两种，即拉格朗日方法和欧拉方法。前者是跟踪水质点以描述它的时空变化，实现起来比较困难。后者是采用流场的方式进行描述。海流表达也包括两个部分，一是海流的流场表达，二是海流现象的表达，两者既有联系，又有所不同。流场是海流的基础，任何海流都可以理解为海水的一种非周期性的流动。在欧拉场中，这种流动都表现为在固定点的海水流动，即海流的欧拉表达。通常的欧拉场都是标量场，而海流的欧拉场是矢量场的表达。矢量场通常可以理解为两个标量场的集合体，海流作为一种海洋现象，除了欧拉流场，它的发生、发展规律一般是用格朗日语言来描述。对于海流来说，这种描述可以称为拉格朗日表达，也就是作为海洋现象的表达。海流的欧拉表达是海流研究的基础，但海流的拉格朗日表达其实才是海流的真正核心所在。

描述海流需要选取一些属性，如流速、流轴、流幅、流量、流核、逆流、涡流、上升流、下降流、潮流、沿岸流，还有梯度、时间、三维空间的描述及变化描述等。属性选取与研究目的相联系，一般原则是充分反映海流水体与其他水体的差异，这种差异可能存在于水体速度上，也可能存在于其他要素上，同时还要反映这种差异的时间属性，给出空间差异的时间变化过程。因此，从整体上可以分为环境场和流场两个部分，前者是对更大尺度的环境水体进行一些必要的说明，后者则着重描述海流的三维空间位置、形态、大小等，然后是其空间特点的时间变化等。

2)水团环境现象的表达方法

水团经常作为海洋动力学现象的原因或者结果出现。大洋水团是在世界大洋中的某一确定区域内形成的较大体积的水体，它具有独特的物理、化学和生物特征。这些特征几乎是长期恒定不变和连续分布的，它是一个综合整体，并作为统一的整体进行传播；浅海水团定义的内容应该包括形成或来源、特征和时空尺度三个方面，如形成于浅海，在较大时间尺度内具有独特的理化特征和演变规律的宏大水体。对生物特征也应当给予较大的关注。这个定义中将理化和生物特征的恒定性或保守性，作为划分水团的最主要依据。

水团的特性主要有：核心、强度、形成、变性。在任何实际的水团中，总会有部分水体，可以作为水团的核心，例如黄海冷水团中水温分布不是完全均匀的，但总有一部分水体，其温度达到了整个水体中的最低值，因此温度相对最低的特征是这里最突出的特征，这部分水体就构成了冷水团的核心。

根据水团在海洋环境场中的表现，可以提取水团的环境参数特征指标。常用指标体系含两大类：一类是对海域综合环境状况的描述；另一类是对水团本身时间空间特性的描述。两类指标都是针对海洋要素场得到的。其中环境场指标包括太阳辐射、蒸发降水、径流、结冰与融冰、海气交换、环流输送、锋面、跃层以及其他要素层等；水团指标包括核心、边界、多种要素统计值、跃层、强度、温盐(TS)图解等。这些指标绝大多数针对空间场计算，同时以时间为轴保留它们随时间的变化特征，即类似时间切片形式，以连续的空间场进行表达。每种指标都有描述的特性说明，字段类型则代表了它在计算机里的数字格式及存储方式。

3)海洋锋现象的表达方法

海洋锋是指海洋表面海水密度骤然变化的带域，即高度图上动力等高线的密集区。具有任意水文要素不连续，水文变量水温、盐度、密度梯度达到极大值等特征。因此，可用温度、盐度、密度、速度、水色、叶绿素等要素的水平梯度，或它们的更高阶微商来描述，即一个锋带的位置可以用一个或几个上述要素的特征量的强度来确定。同时，海洋锋可以按要素、强度、尺度、海域、动力或水层等来分类，例如：按要素分类有如温度锋、盐度锋、密度锋、声速锋、水色锋等。

由此，描述海洋锋需要把握某一种或者某几种海洋要素场的空间连续变化的特征。依据海洋地理信息系统中海洋现象数据库中的水文要素，锋面可以用海洋要素场如海水表层温度、海水表层盐度、海面高度或者动力学高度要素等的多级格网来表示，也可将对象化为线、面或体来表示。在利用海洋锋的动力学特性表示时，也可用海洋锋附近的流场分布来表示，如常见的平行于锋面的流分量，或在垂直于锋的方向上常有的强烈的水平切变。影响这种切变的动力因素，对大尺度而言可能是处于地转平衡，在浅海小尺度锋附近的流，则局地加速度应力及边界摩擦力的影响要比地转偏向力的影响更为显著。对于海洋锋的发生和发展过程，可以用包括出现的时间、地点及当时的特性描述和量化特征来表述。

随着计算机科学技术的发展，不断完善的数值模式提供了一种行之有效的全面了解海洋状况的技术手段，在很大程度上弥补了由于观测资料匮乏造成的对海洋状况认识的缺陷。通过数值模拟的方式，计算可以得到海洋环境要素数据场。数据场按连续性可分为离散数据和连续数据。按采样网格的维数可分为一维、二维、三维及高维数据。按网格的形式可分为规则网格数据和非规则网格数据。按数据是否具有方向性又可分为标量数据、矢量数据及张量数据。因此，数据场的类型不同，使用的可视化技术不同。

目前矢量场可视化的方法主要有四种：

(1)基于几何形状的矢量场映射方法，具体有点图标、矢量线、矢量面等方法。这些方法具有信息准确、直观等优点，但这类方法很难全面、连续地反映矢量场，只适用于较简单的数据场或局部可视化。

(2)基于颜色、光学特性的矢量场映射方法，其中包括动态体绘制技术和粒子方法。动态体绘制技术的最大优点是可以将标量和矢量的可视化合成在一幅图像中，同时可生成具有较高真实感效果的图形。基于粒子的实时动态可视化方法由用户交互地在数据场中设置粒子源，并设置各粒子源的属性，然后启动算法进行粒子跟踪，在跟踪过程中将粒子的位置和属性等信息记录下来，最后在计算机上实时绘制显示。用粒子来显示矢量场，灵活方便，但有可能丢失场的连续性特征。

(3)基于纹理的矢量场映射方法。由于纹理是颜色按一定的方式排列组成的图案，兼有形状和颜色两种属性，所以该方法综合了几何形状映射方法与颜色映射方法的长处，同时又克服了两者各自的缺点，其中典型的方法包括点噪声方法和线积分卷积法方法。

(4)特征可视化，它通过对原始矢量数据作子集选择、结构分析或特征提取，滤掉冗余数据，显示典型特征和关键结构，或者基于用户选择可视化。特征可视化是矢量场可视化的难点之一。

4. 海洋信息可视化算法

数字海洋工程中多维信息动态可视化主要的技术方法有等值线法、三维等值面法、体绘制法和粒子束方法。

1)等值线法

等值线绘制是二维标量场数据的主要技术，它通过提取网格数据中某物理量某一数值点的连续分布来反映数据之间的某些特性。等值线的应用十分广泛，例如温度场中的等温线图、浪高分布等。等值线的理论基础是计算机图形学的空间插值理论，其基本假设是：空间位置上越靠近的点，越有可能具有相似的特征值；而距离越远的点，其特征值相似的可能性越小，并认为这些特征值的空间变化是平滑的，且服从某种分布概率的统计稳定性关系。对于不同的应用，分布概率和统计的稳定性关系是不同的，从而生成等值线的算法不同。一般而言，原始数据在采集时的采样频率要满足采样定理，即相邻采样点之间的属性值在空间上服从均匀分布，由于等值线的性质，在实际绘图时，在同一张图上就会有几个属性值的等值线，而同一属性值的等值线也可能有几条等值线，有的是开曲线，有的是闭曲线。等值线的生成一般要通过编辑等值点来实现，常用的方法有两种：网格无关法和网格序列法。

网格无关法的基本思想是通过给定等值线的起始点或先求出起始点，利用该点附近的局部几何性质，计算该等值线的下一点。然后，利用已经求出的新点，重复计算下一点，直至到达区域边界，或回到原起始点。该类方法适用于网格单元较多的情况，依赖起始点或终止点，等值线分布大致已知，效率较高，可直接利用高阶插值函数。不足之处是算法复杂，通用性差，不易编程，对封闭型等值线寻找初始点困难，有时还会产生漂移现象。

网格序列法是将原始数据构成网格，按网格单元的排列次序，逐一处理每一单元，寻找每一单元内相应的等值线段，在处理完所有单元后，就自然生成了该网格中的全部等值线。该方法适用于网格单元较少的情况，能生成区域内多条等值线，等值线分布情况未知。常用的网格序列法有矩形网格法和三角形网格法。

2)三维等值面法

三维等值面是指在三维空间构建具有某个特征值的等值面。三维等值面能够直接反映某个海洋物理要素的三维空间分布，是三维标量体数据的最直接表达方式。等值面构造(也称等值面抽取)是实现等值面绘制的主要步骤。它将模型表面上某一分析值范围的区域用相同的颜色填充，进而可以观察某一范围内的值的分布情况，具有方便、美观等优点。目前常用的等值面算法包括 Marching Cubes、Marching Tetrahedrons 等，采用基于体元的方法来构造数据场中的等值面。这类算法的基本思想是逐一处理数据场中的位置关系构造出体元(立方体单元或四面体单元)，找出与等值面相交的所有立方体，采用线性插值计算出等值面与立方体边的交点。根据立方体每一个顶点与等值面的相对位置，将等值面与立方体边的交点按一定方式连接生成等值面，作为整个等值面在该立方体内的一个逼近表示，将所有的单元连接在一起就形成了最终的等值面。基于体元的等值面构造方法适用于由规则且密集体元组成的数据场的可视化。

3)体绘制法

体绘制法是依据光照模型来成像的，其基本原理是一种基于光学映射的方法，这种方法将三维数据场映射到一个具有透明特性、由体素作为基本造型单元的系统。通过该系统描述光线穿过体数据场，在一定光照条件下呈现出来的各种亮斑、颜色等照明特性来反映数据场的整体信息和内部信息。体绘制技术能产生三维数据场的整体图像，包括每一个细节，并具有图像质量高、便于并行处理等优点，其主要缺点是计算量很大，当视点改变时，图像必须重新进行大量的计算，且难以利用传统的图形硬件实现绘制。

体绘制技术是将三维空间的离散数据值直接转换为三维图像而不必生成中间几何图元。三维空间的离散数据点是不具有色彩属性的，也不具有灰度值，所以采样点的颜色是在物质分类的基础上人为地赋予的。体绘制的一般实现算法如图 2-60 所示，首先必须进行三维空间数据场的重新采样，其次计算全部数据点对屏幕像素的贡献，也就是每一个像素的光强度值，即实现图像的合成。当光照射到数据场时，由于数据场中物质的分类不同，从而得到了不同的光照模型。目前比较成熟的光照模型有光线吸收模型、光线发射模型和光线吸收与发射模型。前两者只考虑了吸收或发射特性，然而现实世界中的物质既有吸收性质也有发射性质。

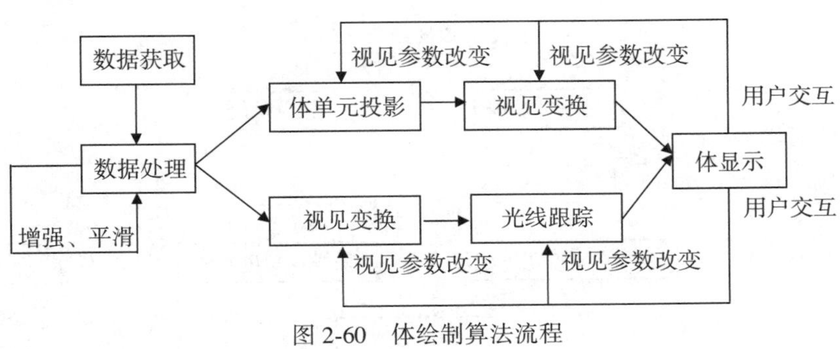

图 2-60 体绘制算法流程

常用的体绘制算法主要有错切-变形算法(Shear-warp)、频域体绘制算法(Frequency Domain)，抛雪球算法(Splatting)和光线投射算法(Ray-casting)。

错切-变形算法的不足之处在于没有利用三维数据场中各采样点之间的空间相关性来减少计算量。

频域体绘制算法是指在三维数据场相对应的频域场中，按给定的视线方向经过原点抽取一个截面，再将该截面做逆傅里叶变换，就可在空域的图像平面中得到所需要的投影，从而实现体绘制。频域体绘制算法存在的主要问题是：①所生成的图像没有深度信息，不能反映前后遮挡关系；②该算法采用的是单纯吸收式的光学模型，在积分过程中只考虑采样点的透明度而并没有考虑它们的颜色属性，因此在结果图像中的颜色与物质分类无关；③尽管从理论上说频域体绘制算法的计算过程复杂，但是在频域场中二维截面上进行高质量的重采样仍然占用了大部分的计算时间，使得有实用意义的数据场的频域体绘制时间仍然不能令人满意。

抛雪球法的最初工作是由 Westover 提出的，它是一种以物体空间为序的直接体绘制算法。该方法把数据场中每个体素看作一个能量源，当每个体素投向图像平面时，用以体素的投影点为中心的重建核将体素的能量扩散到图像像素上。抛雪球算法存在的主要问题是：①图像质量不如光线投射。②色彩扩散，基本的抛雪球算法按从后向前次序合成投射时，不能精确地确定隐藏的背景物体的可见性，这样，隐藏的背景物体的色彩可能会扩散到结果图像上。③效率问题，因为原始抛雪球法按某种次序编辑全部体素，计算成本与数据场的规模呈线性变化，与其内容无关。④相关性问题，抛雪球法利用了体素本身的空间相关性，但没有利用体素之间的相关性。

光线投射算法的基本原理是假定三维空间数据分布在均匀网格或规则网格的网格点上。图 2-61 所示为光线投射算法流程示意图。该算法的缺点在于其实现是基于射线扫描的，所以当视点位置改变时，需要进行重采样、颜色赋值及不透明度赋值。

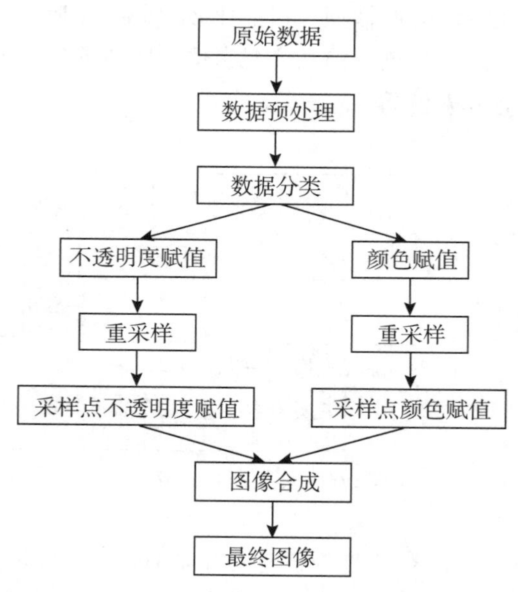

图 2-61　光线投射算法流程示意图

4)粒子束方法

粒子束方法是利用光强、颜色信息来进行矢量场可视化的，可用于模糊对象的绘制，表示出不规则的复杂几何形体，一般用于流场、波浪等矢量场可视化中。粒子是粒子束方法的基本单元。每个粒子同时具有物理属性和图像属性，它的形状可以是点、线、四边形、六角形。每个粒子都具有一定的生命周期，即每个粒子可以存活的时间。所有的粒子都具有大小和颜色属性。在矢量场可视化中可将粒子的某一具体性质与矢量场中的矢量联系起来。在物理海洋中模拟流场时，可将速度矢量映射为粒子运动的动态性质，在粒子生命周期内赋予粒子属性。根据粒子的性质可分为点粒子跟踪法和面粒子法。点粒子可看作是一发光的点状质点，其运动轨迹是粒子在不同时刻在流场中的位置来组成。而粒子是造型小、能反射有向光源的面片。图 2-62 是利用点粒子跟踪法在三维地形上将模式计算得到的杭州湾污染物粒子扩散路径进行的三维显示。

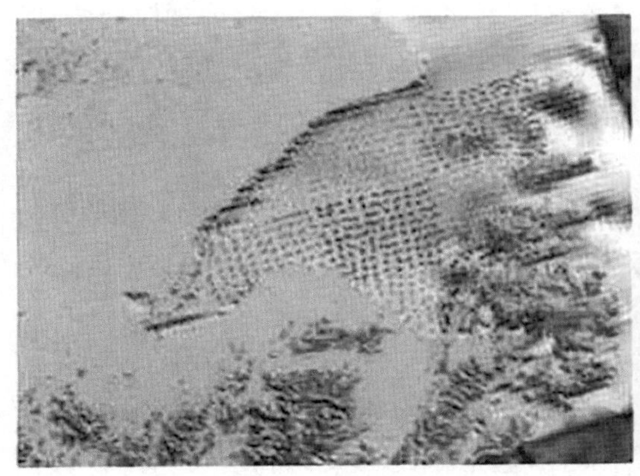

(a)初始位置　　(b)某一时刻的位置

图 2-62 污染物粒子扩散路径的三维显示

2.7.2 海洋三维地形可视化技术

三维地形可视化是在计算机上对数字地形模型(DTM)数据进行三维逼真显示、模拟仿真、多分辨率表达和网络传输等内容的一项技术。地形可视化与数字海洋工程息息相关，是建设透明数字海洋的关键技术。在海洋规划、海域管理、海洋调查、资源保护、项目选址、环境监测、灾害预报、海事航运、军事海防等众多领域有广泛的应用。

1. 三维地形可视化的主要算法

三维地形可视化的核心问题是如何解决由海量地形数据构成的复杂地形表面模型与计算机图形硬件有限的绘制能力之间的矛盾。几十年来，尽管图形硬件技术已经有了飞速发展，但仍然不能满足大规模三维场景可视化的需要。进行三维地形可视化离不开数据准备、数据的可视化、图形的绘制和存储以及基于三维地形图的分析几个方面。在解决大规模地形数据可视化和实时绘制的问题中，国内外许多学者都进行了广泛、深入的研究，主要集中于地形和纹理数据的分页管理，纹理数据和地形数据的层次模型控制(level of detail，LOD)，可见域的裁剪等多个方面。就目前已发表的研究和应用成果来看，在提高地形场景实时绘制方面比较有效的方法主要可以归结为以下三类：数据可见性预处理方法、基于图像的绘制算法和 LOD 算法。

综合考虑到地形绘制的效果和实时绘制效率，目前使用最广泛的方法还是利用 LOD 算法生成地形的连续多分辨率模型，进而完成地形的实时多分辨率绘制。LOD 模型的思想是在不影响画面视觉效果的条件下，通过逐次简化景物的表面细节来减少场景的几何复杂性，从而提高绘制算法的效率，其实质是在不同层次、不同视觉条件下，采用不同精细程度的模型来表示同一个对象，以提高场景的显示速度。它是一种符合人体视觉特征的技术。

LOD 技术可以分为静态 LOD 和动态 LOD，两者的区别是：前者预先计算各种分辨率层次下的近似模型，这些模型按细节细致程度顺序排列，呈现一个离散渐变的过程，所以静态 LOD 也称为离散 LOD 技术。其优点在于：数据处理工作在预处理阶段完成，显示时不消耗计算时间，缺点在于随着视点逐渐拉近模型的过程，会出现跳变的情况；而动态 LOD 技术是定义一个数据结构，在实时绘制时可以从这个数据结构中抽取出所需的细节层次模型，其分辨率甚至可以是连续变化的。对于少量地形数据的处理，建议采用静态 LOD 技术，而对于海量地形数据的处理，由于事先无法预知和计算多种分辨率的 LOD 模型，所以只能考虑采用动态 LOD。此外，随着图形处理器(Graphic Processing Unit，GPU)性能的提高，某些高性能的 GPU 已经实现了基于硬件的 LOD 模型处理，从而大大降低了应用软件的计算时间。

从动态 LOD 技术的发展来看，最先开发且实际应用最多的还是基于树形结构的 LOD 模型。在用树形结构方式对地形进行简化时，通常使用二叉树和四叉树两种数据结构。其中，四叉树层次结构模型的运用更广泛。这是因为：

(1)在坐标系统方面四叉树与地理信息有天然的统一；

(2)利用四叉树结构可以非常便利地把纹理镶嵌技术集成进地形可视化系统中；

(3)采用四叉树结构，能够降低选择地形表示的时间，加速地形简化算法。

由于四叉树结构没有考虑地形的复杂度，只是将地形数据直接分成大小相等的块来处理，导致实时绘制时，数据计算量和内存资源消耗巨大。为此，可将传统的四叉树结构进行优化，即自适应四叉树结构。所谓自适应四叉树结构，是通过静态裁剪，即预先利用一些标准来测量地形表面的复杂度，将地形表面的不同区域划分成层次不同的树结构，使各叶子节点区域的复杂度较低，在各区域内部则采用受限四叉树规则来保持空间的连续性。图 2-63 所示为自适应四叉树剖分算法表示的多分辨率模型。采用自适应四叉树结构，对表面较平坦的区域将不再分层，以减少叶子节点数，从而减少实时绘制时需编辑的节点数目。

在三维场景渲染中，为了使场景更真实，最好使用高分辨率而且细节丰富的纹理。然而在三维世界中，一张图片的大小与摄像机的位置有关，离摄像机近的位置，图片的实际像素就大一些，远的地方图片实际像素就会小一些。Mipmap 是目前应用最广泛的纹理映射技术之一，其基本思想是在多边形距离观察者较近的时候贴较高分辨率的纹理；较远时贴分辨率较低的纹理，降低纹理分辨率的办法是将原始纹理逐次缩小至1/2。

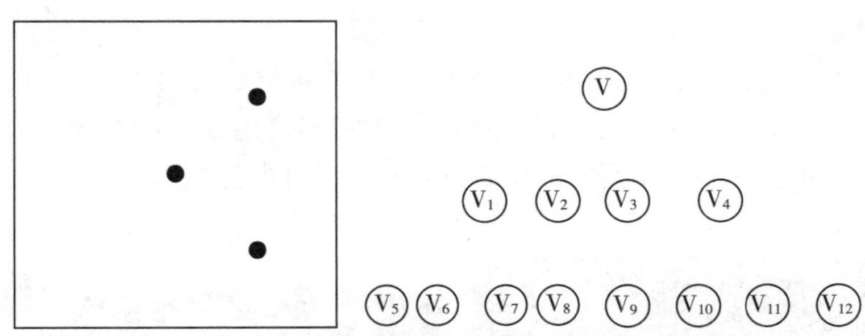

图 2-63　自适应四叉树剖分算法表示的多分辨率模型

2. 三维地形可视化的实现过程

三维地形可视化的一般处理流程包括建模、三维图形变换、可见面识别、光照模型、三角形面片的明暗处理和显示以及纹理映射。

1) 建模

即用一定的数学方法建立所需三维地形场景的几何描述。场景的几何描述直接影响图元的复杂性和图形绘制的计算耗费。由于三角形是最小的图形基元，基于三角形面片的各种几何算法最简单可靠，构成的系统性能最佳，故大多数硬件、软件系统均以三角形作为运算的基本单元。

2) 三维图形变换

三维地形模型是在地理坐标系中建立的，但在计算机屏幕上所显示的景观画面是在给定视点和视线方向下，三维地形场景投影到垂直于视线方向的二维成像平面(屏幕)上而形成的。将几何对象的三维坐标转换到屏幕上对应的像素位置，需要进行一系列的坐标变换，一般统称为三维图形变换，它是平移、旋转、缩放和投影等变换的组合。

3) 可见面识别

可见面识别包含了消隐处理和可见性测试两个过程。通过消隐处理确保不可见或被遮挡部分被屏蔽，通过可见性测试省去相当部分非可见面元的计算和绘图。

4) 光照模型

经光照模型计算可获得可见面元二维影像的明暗值，从而显示成模型的浓淡渲染图。光照模型应考虑由环境分布光源综合引起的泛光、穿过物体表面被吸收并重新发射出来的漫反射光和由物体表面光洁度产生的镜面反射光(高光)等效应，最终以不同颜色及其不同亮度表现不同要素的表面光照特性。

5) 三角形面片的明暗处理和显示

知道了如何对一个点着色，就可考虑一个三角形面片的着色，该过程称为三角形面片的明暗处理。对三角形面片而言，有三种明暗处理方法：采用拟合细化多边形及其明暗计算的方法、基于顶点进行内点线性插值的 Gouraud 方法和基于顶点法向量进行内点线性插值及明暗计算的 Phong 方法。显示是伴随着消隐处理、可见性测试、光照模型计算同时进行的，按照光照模型计算出的各可见面元的明暗值及该面元的属性代码，可得到相应的调色板的索引值，然后在屏幕坐标系中对面元多边形进行绘图着色。

6）纹理映射

对地形模型而言，可将遥感图像和航空像片（数据格式为 BMP、GIF、JPEG 等）作为纹理贴到三维空间模型上，使地形模型具有更加丰富的信息和增强真实感。图 2-64 所示为数字海洋可视化系统中研发的海岛及海底地形可视化界面。

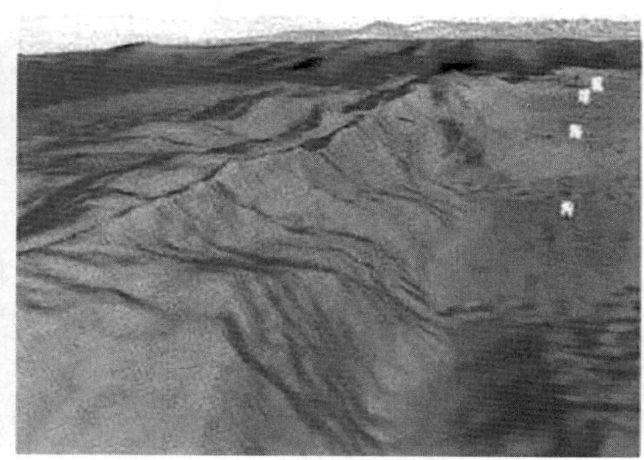

图 2-64　海岛及海底地形可视化效果图

3. 三维地形可视化的软件工具

目前三维地形可视化软件众多，概括起来可以分为以下几类。

（1）针对专有应用的小型地形可视化小工具。这类工具一般功能简单，仅提供飞行、缩放、漫游等常规功能，而且处理数据量有限、纹理单一，不具有网络协同交互能力；优点是运行速度快，耗费资源小，便于安装部署。

（2）大型桌面式专业地形可视化软件工具包。这类工具一般由大型软件公司设计开发，功能强大、数据处理能力强，而且一般具有二次开发功能；缺点是耗费资源多，对硬件环境要求高，某些软件甚至需要部署在专业图形工作站上，而且对用户的专业水平也有一定要求，比如 ESRI 的 ArcScene、Leica 的 VirtualGIS，CTech 也具有强大的地形可视化处理能力。

（3）网络协同交互式地形可视化软件工具。这类软件工具是伴随互联网时代空间地理信息技术快速发展和广泛应用而出现的，其特点是具有强大的地形数据处理能力和纹理映射能力，同时具有多用户的网络协同交互能力，即一个用户在系统的终端改变了系统的地形场景，其他同时在线的用户可立刻感受到相应地形场景的改变。由于此类地形可视化系统更适合大规模的集成应用，因此引起各领域的广泛关注。典型的此类软件有 SkyLine、TerraSuits、ArcGlobe 等。此类软件目前还存在一些特殊需求，即运行环境复杂，对硬件环境要求高，对用户的专业水平要求高，另外开发成本也是最大的。

2.7.3 海洋动力环境数值模拟技术

海洋动力环境是指海面风场、海面高度、浪场、流场以及温度场等动力环境要素。海洋动力环境是复杂的多运动形态耦合环境系统，无时无刻不在影响着整个海洋世界以及人类赖以生存的地球家园。海洋动力环境数值模拟通过给定初始边界条件进行方程组求解，可以定量、客观地提供海洋内部和表面各种物理现象的数值预报数据，是比观测调查手段更具预测和普适性的海洋数据获取技术。海洋动力环境数值模拟在海洋减灾防灾、海洋工程建设以及海洋科学研究中具有举足轻重的作用，也是数字海洋工程和智慧海洋数字孪生的重要组成部分。

1. 海洋动力环境数值模拟技术体系

对海洋减灾防灾、海洋工程和海洋科学研究中海洋动力环境要素预报的需求可以分成基本要素和扩展要素两个层次：基本要素包括海水温度、盐度、密度、波浪、海流(含潮流)和水位等；扩展要素包括跃层、锋面、涡旋、内波和风暴潮等。温度跃层是温度在垂直方向上的剧变区域，具备温度分布就可以得到跃层分布；锋面是温度、盐度和密度的水平剧变区域；冷暖涡旋是指温度分布具有明显的冷暖中心；内波是在跃层的基础上产生的，而风暴潮包含水位的增减和海流，是第一层次要素中海流和水位的具体体现。因此，这些要素可以认为是扩展要素。

目前，提供海洋动力环境要素保障的主要技术手段有四类：观测调查、数值模拟、物理模拟和理论分析。观测调查是第一位也是最重要的，但是观测受到时间和空间分辨率的限制，也受到海况条件的限制，实际在海上的实测资料是非常稀疏的。海洋遥感虽然可以获得较连续的时空资料，但是遥感资料主要探测海洋表面，大量海面以下信息无法获取。另外海洋遥感也受到气象条件的限制，如我国的海洋卫星或美国 NOAA 卫星监测的海洋表面温度在绝大部分时间里受到云的影响，无法提取或反演可靠的环境要素；海洋数值模拟与气象数值模拟预报一样，是海洋动力环境要素保障的趋势和主流，不仅可以形成时间和空间连续的覆盖，而且可以对未来做出预报。但是海洋数值模拟技术难度较大，如果不具备高精度数值模拟能力和快速计算能力，往往会预报出错误或延迟的结果；物理模拟实验是在实验室内仿真海底和岸界地形所进行的实验。但这种办法投入大，得到结果速度慢，而且结论多是定性的，而非定量的结论；理论分析往往通过简化海洋动力过程控制方程来分析海洋中一些过程的机理，与实际相差较远，而且只能解决少数基础问题。可见，以海洋观测调查和数值模拟技术最重要。由于数值模拟具有很强的时效性，需要实时监测资料作为数值模式的初始条件，运动耦合与资料同化是数值模拟系统的两个关键问题。例如日本科学家借助超级计算机地球模拟器可以进行全球1/10 度(约 10 公里网格)的海洋动力环境数值模拟与预报，对特定海域网格更为精密。

从数字海洋工程系统科学观点出发，建立海洋动力环境要素数值模拟系统应包括海洋监测分系统、海洋数值模拟分系统、综合信息分析系统(数据库)和预报应用分系统。海洋监测分系统包括海床基、浮标基、船舶基、海洋台站、地波雷达、空天遥感和声探测网等组成的立体监测系统。其关键包括四个方面：第一，三维立体监测，即在现代观测仪器条件支撑下实现对海洋的立体监测；第二，数据的实时传输，监测的数据需要实时传送到岸站资料中心，这需要发展相关信息传输技术；第三，数据质量的控制，各种监测数据的融合需要在数据质量严格控制的基础上进行；第四，三维立体监测系统应在预报分析系统需求牵引下设计。海洋动力环境要素数值模拟系统的目的是进行预报，因此满足预报的基本需求应该是建立监测系统的出发点。

海洋数值模拟分系统包括软硬件、支持平台。由于目前海洋数值预报模式的空间分辨率在 110 千米左右，硬件需要每秒十万亿次左右的高速计算机，而软件则是海洋数值模拟模式。该分系统的关键问题包括两个方面：第一，建立风、浪、流，潮耦合的数值模拟模式；第二，建立资料同化模式，包括最优插值、变分同化、滤波同化插值法。

综合信息分析系统的关键问题包括两个方面：第一，历史数据要准确全面，系统检索要快速灵活；第二，实时监测手段要先进，资料传输要快速。

海洋环境预报应用分系统的关键问题包括两个方面：第一，海洋动力学知识坚实，经验丰富，这与海洋数值模拟人员的要求基本相同；第二，熟悉海洋环境对国民经济和国家安全的影响过程。

2. *海洋动力环境数值模拟关键技术*

海洋是复杂的多运动形态耦合系统，空间尺度从表面波浪的 100 米左右到海洋环流的上万千米，时间尺度从波浪的 10 秒左右到海洋环流的 10 年甚至 100 年，各种运动形态相互作用，相互影响。根据海洋动力系统观点，可以将海洋中的运动分为海浪、环流、内部波动和潮汐潮流四个子系统。前三个子系统都是由太阳辐射直接驱动的，如太阳辐射的不均匀造成了风，风会产生海浪并驱动风海流的产生；降雨会影响海水的盐度。云和辐射会影响海水的温度，温度和盐度共同作用产生密度流，风海流和密度流构成了海洋环流；海洋温度跃层在一定的扰动条件下会产生内部波动。而潮汐潮流是由天体的万有引力造成的，天体引潮力与海洋岸界和海底地形共同作用产生了潮运动。因此，太阳辐射和天体万有引力是所有海洋动力现象的原始驱动力。

把内部波动作为扩展要素，其他三个分系统(海洋环流、海浪和潮汐潮流)通过下列过程相互作用：大气通过风应力和热、盐通量影响海流。海流场通过调制海洋表面温度对大气产生影响，海浪通过混合作用影响海流，而海流通过波流相互作用源函数影响海浪；大气的风场产生海浪场，而海浪通过海面粗糙度影响大气的下垫面。由于大气、海浪、海波是相互影响、相互作用的，因此应该建立大气-海浪-环流(含潮流)耦合数值预报模式。

因此，海洋数值模拟关键技术包括大气-海浪-环流(含潮流)耦合数值预报模式和资料同化技术两个方面。海洋数值模式是研究海洋动力学的主要手段之一，是进行海洋环境预报的基础。例如，将海浪的混合作用解析表达为可以直接计算的海浪方向谱形式，建立海浪-环流耦合理论和海浪-潮流-环流耦合数值预报模式，能直接模拟预报调制着全球气候变化最活跃的上层海洋区域。

新一代的海气耦合数值预报模式，在数值计算框架、物理过程的参数化、模式的程序代码模块化设计和计算并行化等关键技术方面全面升级，以美国国家大气研究中心

(NCAR)、美国海洋大气局地球物理流体动力实验室(GFDL/NOAA)、欧洲中尺度天气预报中心(ECMWF)以及中国科学院大气物理研究所等的模式为代表。中国也陆续研制了一些有自己特点的海洋预报模式，创建了基于三维变分方法的海洋数据同化系统(OVALS)、全球耦合气候系统模式(FGCM)，以及灵活的全球海洋-大气-陆地-海冰耦合模式(FGOALS)，为业务化海洋学建设在分析和预报系统方面提供支撑，现在已经成为参与国际 IPCC 计划的地球气候模式之一。

3. *海洋动力环境数值模拟软件工具*

随着计算机技术的不断发展和广泛应用，海洋环境数值模拟技术取得了巨大的进展，许多过去需要超级计算机才能够进行模拟的风、浪、潮、流等海洋现象逐渐也可以通过高性能服务器进行模拟。海洋动力环境数值模拟是数字海洋工程技术发展的有机组成部分。这一技术借助海洋模式，从海洋中基本的质量守恒、动量守恒、能量守恒出发，以离散和有限元方法对海洋中的现象进行计算，诠释海洋中的物理规律，模拟海水的运动过程。

一套完整的海洋数值模型会有数据预处理、数值计算分析和数据后处理三个组成部分。前处理为基础数据(边界条件)的搜集，例如区域海洋的水深、潮汐调和常数、海岸线、网格划分、初始场等。计算分析的主要内容是物理方程的离散化求解过程，例如水动力模式下的三大守恒方程，通过对离散网格不同位置偏微分方程的求解，得到模拟区域流速、流向、水位、温度等信息。后处理则是对模拟得到的结果进行进一步的数据统计分析或是可视化等，以直观的方式展现海洋环境的时空结构和变异规律。数字海洋工程领域较为经典的海洋环境数值模式包括大气模型 WRF(Weather Research and Forecasting)、水动力模型 POM(Princeton Ocean Model)和 FVCOM(Finite-Volume, primitive equation Community Ocean Model)、HAMSOM(Hamburg Shelf Ocean Model)、HYCOM(Hybrid Coordinate Oceanic Circulation Model)、波浪模型 SWAN(Simulating WAves Nearshore)，等等。

POM 是由美国普林斯顿(Princeton)大学开发的一个三维斜压原始方程数值海洋模型，POM 的主要特征：①模型嵌套了一个 2.5 阶湍封闭模型来求解垂向湍流黏滞扩散系数，避免了人为选取混合系数造成的误差。②水平方向采用正交曲线网格，变量空间配置使用“Arakawa C”网格，可以较好地匹配岸界，如图 2-65(a)所示。与均匀网格相比，水平曲线正交网格是渐变的，能更好地拟合岸线侧边界，减少“锯齿”效应。垂直方向采用 SIGMA 坐标，有利于处理崎岖的地形，如图 2-65(b)所示。③模型采用自由表面和分开的时间步长。外模式为二维，采用短的时间步长计算水位和垂直平均流速，水位直接提供给内模态计算使用，垂直积分流速用来校正三维流速，外模态可从内模态获取底应力以及斜压项和对流项的垂直积分。内模式为三维，采用长的时间步长计算三维流速、温度、盐度和湍流参数。这样设置比完全三维计算节省很多计算量，可进行 2D、3D 诊断和 3D 的斜压模式的计算。计算流程如下：

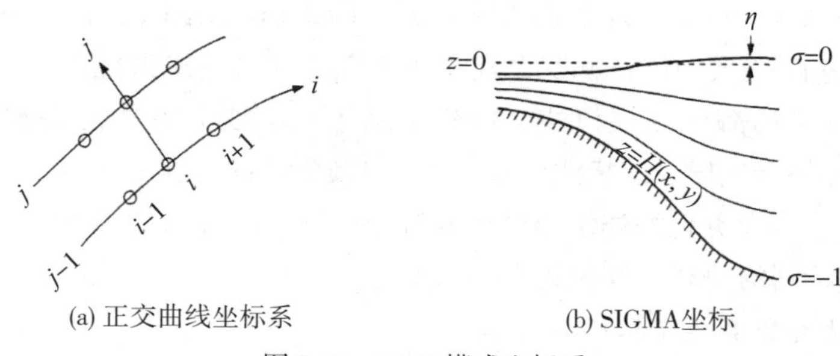

(a) 正交曲线坐标系　(b) SIGMA坐标

图 2-65　POM 模式坐标系

(1)模式开始后对各个变量参数赋初始值，计算开始进入内模循环。

(2)调用 BAROPG 计算斜压梯度力项，调用 ADVCT 计算水平对流、扩散系数，并进行垂直积分。

(3)进入外模循环，首先计算水位，用 BCOND(1)进行水位边界处理，然后调用 ADVAVE 计算平流与扩散项，接着计算流速，以及供内模使用的时间平均流速，再调用 BCOND(2)进行流速边界处理。

(4)二维计算完成后跳出该时间层，进入下一时间层的计算，直到跳出外模循环，首先调整 U、V 的积分以匹配内外模流速。

(5)调用 VERTVL 计算垂向速度、使用 BCOND(5)进行垂直边界条件处理。

(6)调用 ADVQ(Q2)、ADVQ(Q2L)、PROFQ、BCOND(6)计算水平和垂直湍黏性系数和扩散系数并施加边界条件，若不选择湍封闭子模型则不用进入此步计算。

(7)调用 ADVT(T)、ADVT(S)、PROFT(T)、PROFT(S)、BCOND(4)计算温度场、盐度场，如果模式是诊断计算，则温度、盐度不随计算时间变化，因而不用进入此步骤。

(8)调用 ADVU、ADVV、PROFU、PROFV 计算流场，利用 BCOND(3)施加边界条件，三维计算完成后跳出该时间层，进入下一时间层的计算。直到跳出内模循环，输出计算结果，模式停止。

FVCOM 模型是美国佐治亚州立大学海洋学院海洋生态动力学实验室和美国马萨诸塞大学海洋生态模型实验室共同开发的海洋环流与生态模型。其综合了多种物理、生态、水质、工程、水动力功能模块，模型的输入基于标准化的 NetCDF 格式，能够实现多平台的通用兼容。数值的计算方面，模型基于 Fortran 90/95 标准，利用对水平三角网格控制体进行各类通量的有限体积积分，从而对模型的各控制方程进行离散求解。模型在信息传递接口框架下实现并行化，可以在共享或分布式内存的多计算节点 HPC (High Performance Computer)上实现模拟。这一模型因对数值处理方法的先进性和三角网格对岸线地形拟合以及可变分辨率的优势，并能使用 VISIT 软件进行输入输出非结构化数据的快速 2D/3D 可视化，在河口海岸地区的海洋工程模拟计算以及环境模拟等领域中具有较为普遍的应用。

笛卡儿坐标系下的原始控制方程组如下，以下分别为动量方程、连续方程、温度方程、盐度方程和密度方程：

$$\begin{cases} \dfrac{\partial u}{\partial t} + u\dfrac{\partial u}{\partial x} + v\dfrac{\partial u}{\partial y} + w\dfrac{\partial u}{\partial z} - fv = -\dfrac{1}{\rho_o}\dfrac{\partial P}{\partial x} + \dfrac{\partial}{\partial z}\left(K_m\dfrac{\partial u}{\partial z}\right) + F_u \\ \dfrac{\partial v}{\partial t} + u\dfrac{\partial v}{\partial x} + v\dfrac{\partial v}{\partial y} + w\dfrac{\partial v}{\partial z} + fu = -\dfrac{1}{\rho_o}\dfrac{\partial P}{\partial y} + \dfrac{\partial}{\partial z}\left(K_m\dfrac{\partial v}{\partial z}\right) + F_v \end{cases} \tag{2-3}$$

$$\frac{\partial P}{\partial z} = -\rho g \tag{2-4}$$

$$\frac{\partial u}{\partial x} + \frac{\partial v}{\partial y} + \frac{\partial w}{\partial z} = 0 \tag{2-5}$$

$$\begin{cases} \dfrac{\partial T}{\partial t} + u\dfrac{\partial T}{\partial x} + v\dfrac{\partial T}{\partial y} + w\dfrac{\partial T}{\partial z} = \dfrac{\partial}{\partial z}\left(K_h\dfrac{\partial T}{\partial z}\right) + F_T & (2\text{-}6) \\ \dfrac{\partial S}{\partial t} + u\dfrac{\partial S}{\partial x} + v\dfrac{\partial S}{\partial y} + w\dfrac{\partial S}{\partial z} = \dfrac{\partial}{\partial z}\left(K_h\dfrac{\partial S}{\partial z}\right) + F_S & (2\text{-}7) \end{cases}$$

$$\rho = \rho(T,\ S) \tag{2-8}$$

其中，x，y，z 为笛卡儿坐标系中的东向、北向和垂直方向；u，v，w 为 x，y，z 方向的速度分量；T 为温度(位温)；S 为盐度；ρ 为密度；P 为压力；f 为科里奥利参数；g 为重力加速度；K_m为垂向湍黏性系数；K_h为热力学垂向湍扩散系数；F_u、F_v、F_T、F_S 分别为水平动量以及温度盐度的扩散项。

可以看出 POM 模型是一个比较经典的海洋模型，模型结构清晰，物理过程完善，FVCOM 模型采用非结构网格设计和有限体积方法，使其在近岸高分辨率以及小尺度计算问题上优势明显。海洋环境数值模拟技术能模拟不同条件下的海洋水文状况，在数字海洋工程中应用广泛，通过海洋环境数值模拟在数字海洋工程中的应用，可以让用户在计算机上进行不同参数、不同条件下的海洋动力环境分析实验，加深对海洋中各类现象的感知和对相关物理过程与机理的理解。

大气-海洋数值模拟预报数据格式较多，如 Grib1、Grib2、HDF、NetCDF 以及适用于专有软件的数据格式。网络通用数据格式(NetCDF)以其自组织自描述、高灵活性和面向数组、易于网络传输共享等特性广泛应用于海洋环境数值模拟的数据组织和存储中。如果忽略海洋数值模拟数据存储结构，其数据的内容本身具有很强的时空特性。利用 GIS 的矢量或者栅格模型来实现对数值模拟海洋场和海洋现象进行空间数据可视化和分析能力，能更直观地表达出空间位置特性和时空变化规律。

国内外已有较多海洋数值模拟数据与行业相关平台及 GIS 系统进行集成、展示的应用。例如，基于 WebGIS 技术实现了海上溢油监测和海洋数值预报数据的交互式可视化，系统利用 WAM 模式数值数据作为浪高和波浪方向信息估计溢油漂移，分别应用 ArcIMS 和 GeoServer 地图服务器实现了溢油漂移效果展示；实现了多源异构海洋环境预报数据的归一化处理，将文本、二进制、XML 和 NetCDF 格式的数据统一转换为 shapefile 格式，并实现了风暴潮、溢油和搜救等标量场数据可视化以及矢量场数据抽稀和可视化。利用三维 GIS 平台，实现了基于 NetCDF 数据模型的大范围虚拟场景海洋环境数据可视化；基于 ArcGIS Engine 和 ArcGIS Server 平台实现了多源异构海洋矢量场数据的远程可视化；利用 ArcIMS 实现了海洋标量场远程动态可视化及长时间序列标量场数据查询和定量分析；借助 SuperMap 平台实现了结构化网格数值模拟海洋流场的可视化和查询分析等应用。

2.7.4　海洋场景虚拟仿真技术

海洋场景是指海洋综合自然环境，包括地形、海洋、大气、空间四个领域以及它们之间内部动态的物理环境，海洋场景虚拟仿真是海洋综合自然环境在计算机中的可视化表示。按照空间位置关系可以将海洋场景虚拟仿真分为三部分：海面及大气环境、海水(水体)及水下海底环境，与陆地自然环境相比更复杂。因为相应的陆地场景一般主要由地形、建筑物以及其他静态的自然景观组成，而海洋场景不仅包括这些静态内容，还包括大量的动态场景，例如流动的水体、水中浮游生物、水面上移动的船舶，以及海洋中千变万化的波浪、潮流、漩涡等海洋现象等。可见，海洋场景虚拟仿真在数字海洋工程中是非常需要的，甚至是必不可少的一部分。

1. 海底环境仿真技术

海底的视觉特性主要由海底地形和海底沉积层决定。要创建真实的海底地形，需要使用相应的地形高程数据和纹理特征数据。为了使海底场景生动，需要将海底的光斑闪烁表达出来。海底砂石及闪烁光斑可以通过循环纹理映射来实现，其方法是制作一组模拟光斑闪烁的循环纹理(即相邻的纹理图案有微小而近似连续的变化)，将循环纹理与海底的砂石等纹理图案进行融合，最后再将合成纹理添加到海底地形上。通过改变纹理替换时间来改变光斑的闪烁频率，也可以通过改变调用纹理图片的数目来达到改变光斑闪烁频率的目的。循环纹理图片不但相邻近似，而且单幅重复贴图可以无缝拼接，所以当海底地形一定时，可以通过改变重复贴图的数目来控制光斑的大小。循环调用纹理位图，会占用较多的计算机资源，为了提高效率，可以采用显示列表的方式完成纹理的装载工作。

2. 海洋水体仿真技术

海洋水体环境是虚拟海洋环境的重要组成部分，是海洋信息表达和交互显示的载体，也是海洋自然要素进行仿真模拟的重要表达载体。水下空间具有光源、气泡、浑浊、随机鱼群等特殊的视景效果，一直是视景仿真的难点。海洋水体环境有如下特点：深度大且随深度明暗变化较大，面积宽广，建模时尺寸应当充分大，海水从底部向上看是半透明的流动效果。水体环境的真实感实时动态显示技术侧重于研究水体的真实感动态效果，水体生物的摇曳等真实感显示技术，重现海洋水体的动态真实感场景。在资源占用少和效果好的条件下，为海洋要素的动态仿真模拟提供绘制支撑技术。水体环境的模拟可以采用两种方式：一种是利用三维建模方法，另一种是实时绘制方法。

利用三维建模方法实现水下环境模拟的核心是创建一个环面的三维几何模型，此环面垂直于水平面，位于水平面之下并包含整个水下仿真区域。环面内壁由上至下贴上颜色逐渐变暗的蓝色纹理。利用雾化功能在此区域内施加适当浓度的蓝色雾，模拟水下的浑浊效果。与海空飞鸟类似，建立若干游鱼模型，并使之在视点周围随机游动。基于粒子系统设计的若干由下至上随机升起的粒子群，各个粒子不断变大，以此模拟水下气泡。当视点在海面下较近的位置向上观看时，应能看到半透明的海面，为此制作一个单面透明的平面覆盖到环面上，再使正面(不透明面)向下，赋予半透明材质，并贴上水的纹理图案。为模拟海底浑浊度，雾化的浓度很大，远远超过海面以上的大气环境雾浓度。若不加限制，海下雾化效果必然会影响到海面以上，使得当视点移至海面上时，看不到远处景物和天空云彩。为此，可以利用环境映照技术与 hard ware fog 技术生成水下雾，将其雾高度限制在水平面以下。

与三维建模方法相比，实时绘制方法更加复杂，目前一般采用刻蚀、雾化技术渲染来实现海面到海底地形之间的水体环境模拟。光线在运动的海表面发生折射，从而改变了光的传播路径，只聚焦于海底部分区域，在海底形成舞动的刻蚀，在海底能看到变幻无穷的美丽花纹。Jon 等使用波理论首先开发了一个实时刻蚀仿真，Jensen 等开发了基于真实物理过程的刻蚀方法。在真实的海洋水体中，水中含有漂浮着的悬浮颗粒物，从而对光线进行散射和吸收，因此为了得到较好的虚拟效果，需要增加雾化，使离屏幕越远的场景越模糊。常用的雾化方法有线性雾化、指数雾化和对数雾化。真实感植被绘制需要占用大量的系统资源和渲染时间，为了确保场景具有一定的逼真度又能满足实时交互性，植被的实时可视化算法可分为三种：基于多边形的绘制算法、基于点元的绘制算法和基于图像的绘制算法。基于多边形特别是三角形几何建模方法是虚拟环境绘制的主要方法，而且图形硬件也支持对三角形面片的快速可见性裁减和加速绘制。因此，基于多边形植被绘制广泛应用于虚拟场景绘制。同几何多边形和纹理图像绘制算法相比，基于点元的植物绘制算法在图形硬件优化方面并不占据优势。基于图像的绘制算法与场景中对象的复杂度无关，只与图像的分辨率有关，因此非常适合自然景物植被、树木的实时绘制。当前基于图像的绘制算法主要包括层次化图像绘制法，基于分层、混合绘制的交互式植被渲染，Billboards 技术及 Imposters 技术。Billboards 技术用包括所绘制对象的纹理图像多边形在屏幕空间或世界空间排列来模拟景物绘制，从而减少绘制景物的多边形数目。在目前的实时图形绘制系统、3D 游戏和图形引擎中，得到广泛的应用。图 2-66 为采用原型可视化系统得到的海底水体环境可视化效果图。

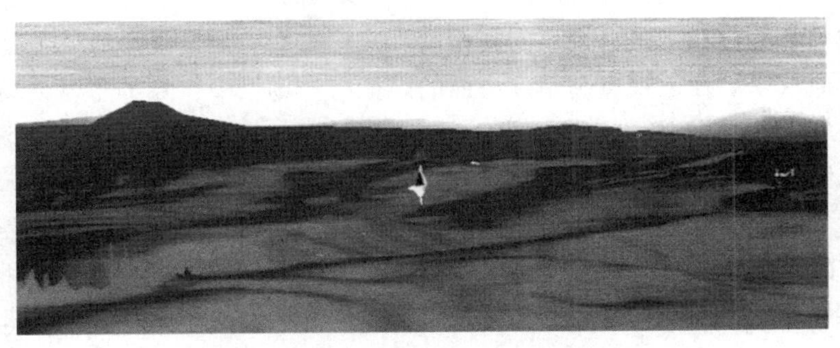

图 2-66　海底水体环境可视化效果图

3. 海面环境仿真技术

海面环境主要包括四部分内容：天空、海浪、大气效果以及海面上的三维模型(如船舶、浮体平台等)。海面的真实感实时动态显示技术侧重于研究海面水波和海浪等动态真实感效果的快速动态绘制，以产生资源占用少、动态效果好的真实感海面绘制效果。图 2-67 所示海面上波浪及天空模拟效果图。

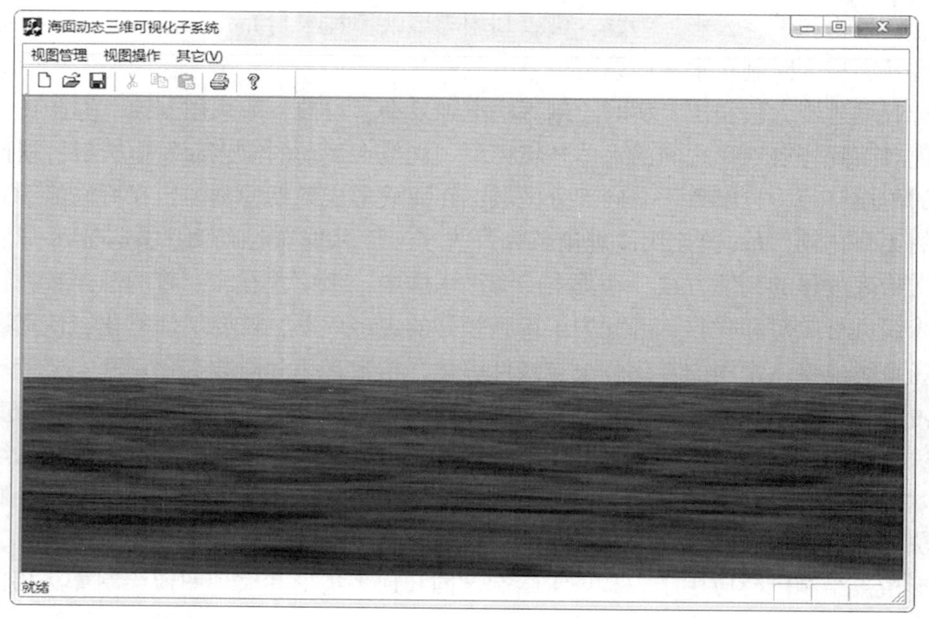

图 2-67　海面上波浪模拟图

天空采用天空球模型，相对于天空盒模型更能达到逼真的天空效果，同时可以采用纹理扰动的方法实现云彩效果。

大气模型是大气对阳光的散射效应，在户外场景的渲染中起着至关重要的作用，它直接决定着天空的色彩和亮度，同时也影响着场景中物体的色彩，使人能感觉到景物的距离和层次感。

海洋表面的真实感模拟与视点高度和视点区域有关，以视点为中心，海面的真实效果可以分为两个部分：一是近视点的高精度真实感海面海浪效果，另一个是高视点或远离视点的海面效果。在近视点高精度海面的虚拟海洋场景中，除了需要刻画海面波浪动态变化效果外，还可设定一些必要的特效：如拍岸浪、船首浪、船尾浪、漩涡、浮标、浪端的白色泡沫、漂浮物、浮木等，以增加场景的真实感效果。高视点或远方的海洋表面可以采用平面加上纹理的效果生成静态海洋场景，以降低场景的绘制复杂度。

有关水的模拟是从 20 世纪 80 年代开始研究的。当前对于海浪的绘制大体分为三类：第一类是基于物理模型的方法，借助于物理模型来模拟流体的运动，将数值计算和图形学结合在一起，模拟出接近真实的物理现象。该方法虽然逼真，但是计算复杂，不利于仿真场景的实时生成。第二类是基于粒子系统的方法，把模拟的水流看作由无数的水颗粒组成的集合体，这类方法可以很好地模拟瀑布、喷泉以及水滴。但是这种方法的缺点是不能模拟作为一个整体的水波。第三类是基于波形分析的模拟方法。现代海洋学理论认为，平稳海况下的海浪是平稳的具有各态经历性的随机过程，波动是由无限多个振幅不等、频率不等、方向不同、相位随机的余弦波(或正弦波)叠加的结果。这种方法减少了复杂的数学方程求解过程，具体实现过程为：将海面的运动简化成一个沿海浪高度方向的简谐振荡运动，然后根据正弦曲线建立海浪的网格模型，在计算光照时根据凹凸映射技术(bump map，凹凸映射和纹理映射非常相似，纹理映射是把颜色加到多边形上，而凹凸映射是把粗糙信息加到多边形上)对网格表面进行法向扰动。由于采用了凸凹映射技术，整个海洋区域的采样粒度可以放大，虽然这样构成的网格模型比较粗糙，但通过对面片表面进行法向扰动实现了波浪表面的细节凸凹效果。

除了较平静的海面外，还需要模拟某些海面特效，例如艄浪、尾流等，其中舰船尾流视觉效果明显，在三维模拟较为重要。尾流的视觉仿真核心是在海面上根据尾流模型生成一系列的带有尾流图案纹理的多边形面片。尾流的长度由舰船的长度(即水线的长度)、舰船航行速度等系数决定。尾流的宽度不但取决于舰船尾部宽度，而且与船速和海水特性有关，后者的影响可综合为一个扩散因子来考虑。模拟尾流时，通过控制相邻尾流面片的生成时间间隔来控制尾流的视觉连续性，通过控制最初和最终尾流面片的生成时间间隔控制尾流长度。

另外，关于涡旋、涟漪、泡沫、艄浪等常见特效的仿真可以采用基于纹理贴图或粒子系统的方式实现，具体方法不再赘述。

海洋场景三维模型包括地理模型和人文特征景物模型。地理模型主要是指存在于海洋场景中，并对海洋产生一定影响的地形、港口、岛屿等；人文特征景物模型包括地面上人造的或自然的景观，如地面上的房屋、城市、石油平台、海底管线等。三维模型可以利用 3dsMax 等建模软件，根据船舰及浮标的实际参数构建。为了确保模型和真实物体较为相似，还要为模型进行纹理映射和设置材质属性，同时还需要利用不同的光照模型来模拟生成自然实物。有关此部分内容相对简单，不再做进一步说明。

第3章　数字海洋工程基础平台

基础平台是数字工程的核心概念，即集成的共享环境，是一种集成的共享资源，承载着各种专业应用。从数字海洋工程项目建设的基本任务来看，整个数字海洋工程项目的建设总体上可以分为两项基本内容：基础平台建设和海洋专业应用平台建设。

海洋专业应用平台大多局限于部门级的应用，相互之间无法有效沟通，形成“信息孤岛”和“信息群岛”。基础平台正是为了解决信息系统中各类信息的应用共享问题而采用的整套技术措施。专业应用平台搭建在基础平台之上，为用户提供各类海洋应用与服务。这就是数字海洋工程项目建设中常说的“建立平台，搭建应用”的内涵所在。

3.1　基础平台体系

3.1.1　数字海洋工程基础平台需求

数字海洋工程就是利用数字技术整合、挖掘和综合应用海洋地理空间信息和其他海洋专题信息的系统工程，是相关海洋数据的数字化、网络化、智能化和可视化的过程，是以遥感技术、观测技术、海量数据的处理与存储技术、宽带网络技术、网格计算技术、无线通信技术、数据挖掘技术和虚拟现实技术等为核心的信息技术工程。它将海洋信息的各种载体向数字载体转换，并使其在网络上畅通流动，为海洋保护开发各领域所广泛应用。

大多数现有的软件系统是以部门或行业应用为驱动而实施的，因此都存在着行业或部门的应用分隔、信息“孤岛”的弱点，在基础平台的建设上存在重复和不一致。而数字海洋工程基础平台的建设正是从建立共享的平台环境出发，以现有的网络、软硬件资源、数据资源及可见的可扩展性需求为目标，统筹规划，以满足不同行业和部门的多类海洋应用，达到在应用上的共享与协同。

如图3-1所示，数字海洋工程基础平台需要整合分割的各类海洋数据资源，建立一种资源共享的环境，在其基础上再构建各类具体的业务应用。资源集成与共享可以表现在不同层次上，如既可以是数据资源，也可以是软硬件资源或网络环境。基础平台是可以跨越时间和空间的实体，从而保证了该基础平台能作为不同空间(区域)和不同时间(阶段)条件下的各种应用的基础。从图3-2中可以看出，基础平台将不同时间和空间上的异构的网络环境、异构的软硬件环境、异构的数据环境及标准，安全有机地集成在一起，并保证它们具有最小的重叠度，这无论从节约投入成本，还是从保障一致性(如数据一致性)方面考虑都具有重要的意义。当基础平台建设完成后，各种应用就可以直接建在其上，满足了应用的扩展性需求。

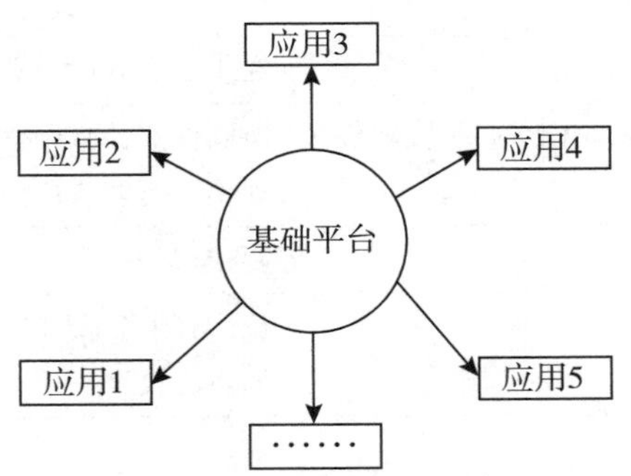

图 3-1 资源整合与共享的基础平台应用模式

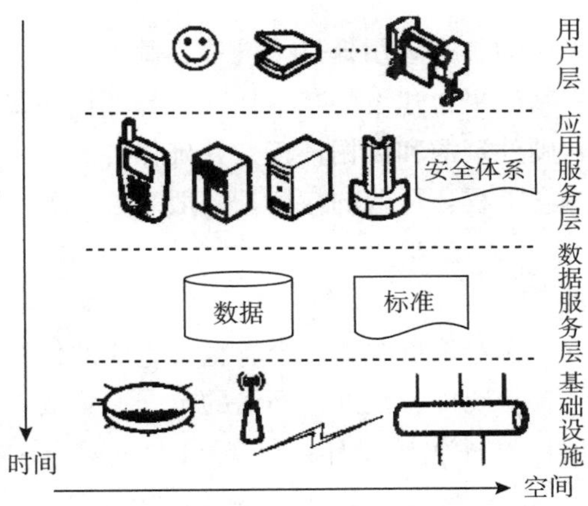

图 3-2 资源整合与共享的基础平台建设模式

因此，数字海洋工程基础平台是集成的共享环境，是一种集成的共享资源，承载着各种前端海洋应用。这些资源包括海洋数据资源、软硬件资源和网络资源等，体现在软硬件平台、网络平台、数据平台、标准平台和安全平台的建设中。基础平台奠定了各种应用的基础，是数字海洋工程项目建设的基础性工程，是数字海洋工程项目建设的最主要和核心的内容。

独立海洋业务应用系统与数字海洋工程基础平台建设的比较可参见表 3-1。

表 3-1 **独立海洋业务应用系统与数字海洋工程基础平台建设的比较**

项目	独立海洋业务应用系统	数字海洋工程基础平台
建设投入	重复分项投入大	重复投入小
建设过程	不同行业或部门分批建设，前后建设联系少	统筹规划，不同行业或部门的各类应用基础平台要求统一

续表

项目	独立海洋业务应用系统	数字海洋工程基础平台
数据一致性支持	无法达到一致性要求	可实现一致性
资源共享性支持	不具有共享机制	提供了有效的资源共享机制
应用协同性支持	协同性不好，无法实现软硬件及数据等共享	协同性好，软硬件及数据等可有效共享，可实现不同行业或部门的协同处理
建设复杂度	容易	复杂
建设周期	短	长(必须考虑到多种因素，往往需要很长的规划与建设)

3.1.2　数字海洋工程基础平台特征

数字海洋工程基础平台为各类应用提供了统一、基于标准、易于扩充、集成的资源共享环境。数字海洋工程基础平台建设的基本任务就是如何用最少的投入实现高效稳定的基础网络环境、共享软硬件资源和数据环境，并确保各类软硬件及数据资源的安全运行和利用，以承载数字海洋工程各行业的应用。一般来说，数字海洋工程基础平台具有如下三个特点。

1)良好的资源整合性

数字海洋工程的基础平台对于资源整合起着至关重要的作用，是整个数字海洋工程的核心内容。它强调对已有软硬件、数据、网络的整合、集成、应用，涉及众多资源。

(1)通过对各种软硬件设施(包括现有的和规划的)的整合、升级、开发和配置，可以构成软硬件平台。

(2)对支持不同行业或部门海洋应用的各种网络(包括异构的)环境进行整合与集成，形成一个基本的数字海洋工程网络平台。

(3)数字海洋工程的实施强调对已有海洋数据的共享应用，基于对异源异构海洋相关数据(如空间数据和非空间数据、文本以及影像、声音等多媒体形式的数据资源)进行集成与互操作，并对各类数据进行整合、挖掘等深度应用，构成支持数字海洋工程应用的统一的数据平台。

(4)数字海洋工程建设涉及各部门、各行业的规范标准(如数据标准、业务流程标准、软件开发标准、网络建设标准、系统运行标准、文档规范等)，数字海洋工程平台建设也涉及法律法规体系(海洋相关行业应用涉及的法律法规，数据版权保护等)，对各类海洋相关行业或部门的系统建设标准进行整合，使建设的数字海洋工程应用符合统一的标准和规范，为网络互连、软硬件集成、数据共享、应用扩展等提供良好的基础，形成数字海洋工程建设统一的标准体系，即标准平台。

(5)数字海洋工程建设涉及安全基础设施、安全管理和服务，确保项目应用达到物理安全、网络安全和信息(数据)安全，构成信息安全保障体系，即数字海洋工程的安全平台。

2) 良好的可扩展性

基础平台提供了一种从底层硬件到高层应用共享的集成与共享环境，各类海洋应用可以很方便地在这一共享环境下被构建出来。这一分层的平台结构具有接口统一、模块化、组件化的特点，使其对技术进步和业务变化具有良好的可扩展性。

3) 良好的可操作性

基础平台和应用是相对分离的，这种分离性使得在数字海洋工程项目建设中能够较好地实现建设任务的分解，整个数字海洋工程的建设任务能够在明确接口定义的基础上独立地规划、设计数字海洋工程的基础平台，进行开发建设，降低海洋应用对基础平台建设的过度依赖性，使数字海洋工程的基础平台建设和应用可以分阶段、分步骤地展开，从而缩短建设周期。

3.1.3 数字海洋工程基础平台框架

由于数字海洋工程是一个复杂的系统工程，其总体技术框架可以按照分层的思想加以设计和实现。数字海洋工程基础平台总体结构框架如图3-3所示。整个逻辑结构按照功能可以自下而上划分为四个层次：基础设施层、数据平台层、应用服务平台层、应用系统层。它们在逻辑上是一个整体。其中，基础设施层、数据平台层、应用服务平台层及标准平台称为数字海洋工程基础平台，它们搭建了一个可以方便构建各类海洋应用系统的共享环境。这个模型是对各类数字海洋工程的抽象概括，既适用于具体的数字海洋工程项目的设计开发，又符合整个国家的数字工程。

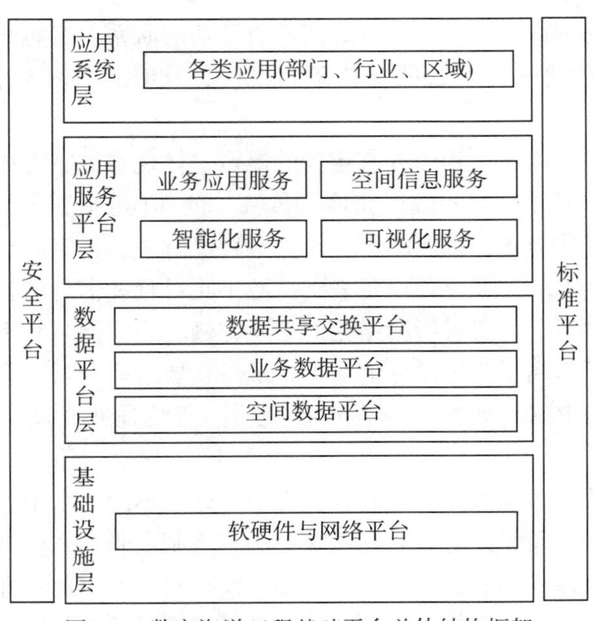

图3-3 数字海洋工程基础平台总体结构框架

软硬件与网络平台是为数字海洋工程提供海洋业务信息、空间信息以及其他运行管理信息的采集、存储与传输的平台，它是整个数字海洋工程体系的最终数据和应用的承载者，位于整个分层体系结构最底层。

信息安全是数字海洋工程的重要保障。安全平台是在软硬件与网络平台所提供的信息传输服务平台的基础上，除一般的安全保密管理系统之外，增加的面向数字海洋工程应用的通用安全服务，为数字海洋工程应用提供了一个通用的、高性能的可信和授权的计算平台，即所谓的智能化信任和授权平台。该平台的引入使得数字海洋工程应用系统能够以便捷而灵活的方式来构建自身的安全体系。

数据平台是在软硬件与网络平台、安全平台的基础上，进行数据采集、处理、存储、管理与交换，建立数据资源的获取、整合与共享的服务体系，为数字海洋工程的各类应用提供完备的数据支撑。

应用服务平台是指在下层诸平台的基础上，承载最终的数字海洋工程各类应用的软硬件综合平台，包括业务应用服务支撑、空间信息服务支撑、智能化服务支撑、可视化服务支撑等。

标准平台是一个由上述各层技术设计、组织实施以及整个数字海洋工程应用与服务等各方面相关标准与规范形成的标准规范体系。

3.2　硬件和软件平台

软硬件平台提供数字海洋工程的数据采集、存储、处理服务。从广义上讲数字海洋工程的软硬件平台概括了数字海洋工程项目建设中涉及的各种实体，包括软件平台、硬件平台和网络平台三大内容，但这三者之间具有密切的联系，有时很难区分。例如，网络平台实际上就是在软硬件平台的支持下实现的，有时软件和硬件之间也可以相互替代。

软硬件平台在数字海洋工程中具有重要的地位，体现在数字海洋工程信息加工过程的各个阶段。从数字海洋工程的数据获取、传输、处理(包括智能分析与处理)到信息的可视化表达、智能化应用，都离不开软硬件平台。首先，数字海洋工程各类信息的数字化，需要依赖特定的软件及硬件设备来支持数字化过程和信息的数字化表示，当所有的信息数字化完成之后，需要进行网络化的信息传输，通信网络必不可少；其次，信息的处理、加工过程更是离不开软硬件的支持；最后，要进行分析结果的可视化表达。数据编码(软件)、数据传输(网络)、显示设备(硬件)等均是完成该功能不可缺少的过程或工具。

从层次关系上看，数字海洋工程的软硬件平台处在不同的水平。通常称硬件为具有物理结构的有形实体，而软件是安装在硬件上的二进制代码，软件必须依赖于硬件才能发挥作用。但有时硬件的功能又可以通过软件来模拟实现，因此软件也可以部分地代替硬件设备，网络平台是建立在软硬件基础之上、专门进行信息传输的物理通道，因此网络平台离不开软硬件，而层次上又高于软硬件。

数字海洋工程是在信息资源共享与计算机应用需求不断增长的情况下提出的。人们希望能够将一定范围(如一个写字楼、一个学校、一个企业、一个政府部门、一个城市、一个省等)的计算机通过一定的方法连接起来，以实现计算机之间的数据交换，共享网络硬件与软件资源。从数字工程支持环境来讲，硬件是最基础的支持平台，是实现各种应用功能的基本载体。数字海洋工程的软硬件平台需要实现较好的软硬件组合，来满足各种应用功能。

软硬件平台就是在信息系统工程方法的指导下，根据网络应用的要求，以有机结合、协调工作、提高效率、创造效益为目的，将主机系统、网络硬件及外围设备、系统软件和应用软件等产品和技术系统地集成在一起，成为满足用户需求的较高性价比的计算机网络和软硬件综合平台。软硬件与网络在某种程度上是交织在一起的，相互配合形成一个整体。如软硬件平台中包含网络软硬件的建设，这也属于网络平台规划的一部分，因此说软硬件与网络的集成工作是统一规划的。

3.2.1 硬件平台结构与内容

从实现的功能上看，硬件可以分为主机系统、网络硬件及外围设备，其中，主机系统和网络硬件是最主要的硬件支持环境，如图 3-4 所示。

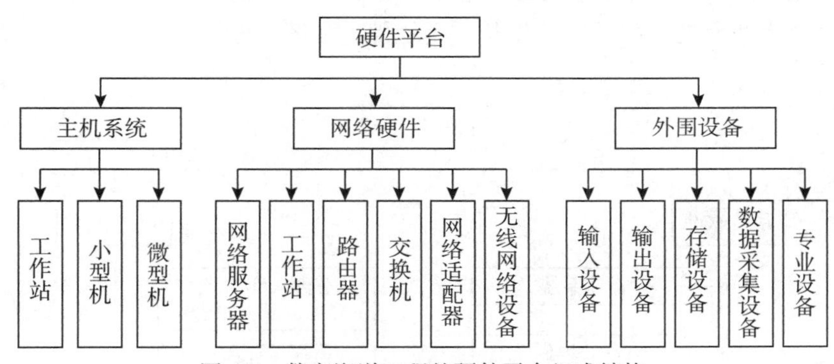

图 3-4 数字海洋工程的硬件平台组成结构

主机系统也就是计算机系统，通常按照规模和运算能力可以将其分为巨型机、大中型机、小型机、工作站及微型机。随着新技术和新材料的发展，各类型主机之间的界限正在不断模糊，例如现在的个人计算机的计算速度和内存容量已超过 10 年前的小型机甚至中型机。

网络硬件是计算机网络的枢纽。常用的网络设备包括由网络服务器、工作站、交换机、路由器、传输介质、网络适配器以及无线网络设备如 PDA、手机等。

外围硬件设备包括输入设备、输出设备、存储设备，数据采集设备、专业设备等，这些设备与主机系统、网络硬件共同组成了一个复杂的应用支持环境，为数字海洋工程的数据采集、处理、数据传输及应用表达奠定了基础。

硬件平台建设的基本内容包括硬件总体规划、硬件选型和集成。硬件总体规划从功能需求的角度出发，考虑实现应用功能所要求的硬件内容，例如一般的信息系统建设需要数据服务器、应用服务器以及各种外围设备和网络基础硬件设备，在数字海洋工程特定的应用领域还有特有的设备，如数字海洋中的海域监测设备、港口交通流量监测设备等。在硬件总体规划的基础上，确定具体硬件型号，即硬件选型。硬件选型主要从性能的角度来考虑，例如同样的数据服务器设备，采用不同型号的机器达到的性能结果将有很大的差异，对于一般的区域应用，也可能个人计算机服务器就可以胜任；而对于大区域、跨区域或多部门的数字海洋工程应用项目来说，只有小型机、中型机甚至大型机才可能满足性能要求。最后所有的硬件设备都应该可以集成应用，各种硬件设备绝不是孤立的。

3.2.2　软件平台结构与内容

软件平台建立在硬件平台的基础上，软件实质上是一些二进制代码，即用于指示硬件如何解决问题或完成任务的一组指令集合。软件规模可大可小，有的软件仅完成简单的算术运算，而有的软件规模很大且非常复杂，例如，在数字海洋工程中要完成的一些复杂的空间分析任务，包括进行路径分析、流体动态扩散模拟等。软件平台组成一个数字海洋工程应用系统的基础，决定了一个应用能够做些什么事情，不同的软件平台可以实现不同的应用功能。例如同样的一组硬件设施，由于部署的软件不同，实现的功能也就有差异。数字海洋工程中的软件系统相当复杂，从分类的角度，软件平台中的软件系统大体上可分为两大类，即系统软件与应用软件，如图 3-5 所示。

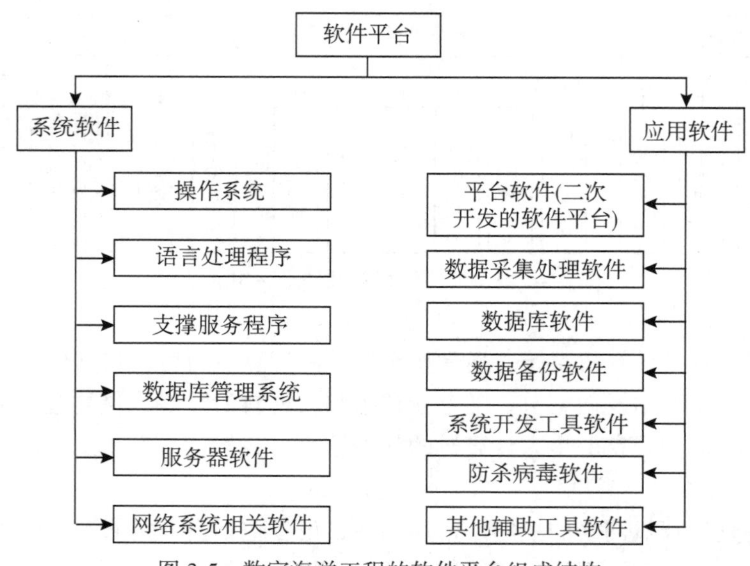

图 3-5　数字海洋工程的软件平台组成结构

系统软件是计算机系统必备的软件，主要指用于对计算机资源的管理、监控和维护，以及对各类应用软件进行解释和运行的软件，包括操作系统、语言处理程序、支撑服务程序、数据库管理系统、服务器软件、网络系统相关软件等。其中，数字海洋工程的网络软件是实现网络功能所不可缺少的软环境，通常包括通过协议程序实现网络协议功能的网络协议和协议软件，负责实现网络工作站之间通信的网络通信软件，实现系统资源共享、管理用户对不同资源访问的应用程序的网络操作系统，以及网络管理及网络应用软件。网络管理软件是用来对网络资源进行管理和对网络进行维护的软件，网络应用软件是为网络用户提供服务并为用户解决实际问题的软件。网络管理软件的重点不是网络中互连的各个独立的计算机本身的功能，而是如何实现网络特有的功能。

应用软件是在硬件和系统软件的支持下，为解决各类具体应用问题而编制的软件，包括数字海洋工程应用中的平台软件、数据采集处理软件、数据库软件、数据备份软件、系统开发工具软件、防杀病毒软件、其他辅助工具软件等。当然，有时很难将某一个软件具体归类为是系统软件还是应用软件，例如在数字海洋工程中有时用到的 J2EE 服务器，由于在它的基础上可以部署不同的应用功能。J2EE 服务器就充当了系统服务的角色，因此可以认为是系统软件，但如果将其认为是在操作系统上的具体应用，又可以认为是应用软件。

软件平台的建设需要注意软件的总体规划、软件选型、软件开发和软件集成等众多环节。软件规划是为了实现数字海洋工程具体应用的功能而对软件平台进行的统一布置，如某一软件应安装在什么位置等，使各种软件功能组合后能够满足应用要求。软件规划是数字海洋工程软件平台建设中最重要的环节，该过程不仅要考虑到规划的软件平台能够满足所有的应用功能要求，还要在软件共享、软件升级和扩展方面要进行充分的推敲论证，使规划的软件平台具有最大的利用率、方便的升级机制和扩展性能。在软件总体规划时，某一节点上往往是考虑软件实现的角色，如操作系统软件可实现硬件资源的调度管理，数据库软件可实现数据的存取。因此还需要进行具体软件的选型，即具体采用何种操作系统、何种数据库软件等，软件选型时应充分考虑数字海洋工程系统的先进性、实用性、可靠性、高度集成性、用户经验、中文环境等诸多因素。数字海洋工程的软件平台建设还包括软件开发过程，软件开发是为了实现特定的应用需求而进行的专门定制过程，这是一项十分复杂的工作。软件开发通常建立在高级语言的基础上，目前有很多高级语言编程的集成环境可以供软件开发人员选择，为软件的开发提供了便利条件。为了使各类软件能够组合实现特定的应用功能，最后还要对选择的系统软件、应用软件及开发的软件进行集成，使各类软件能够正确地发挥其应用的功能。集成后的软件系统才能真正地称为数字海洋工程的软件平台，例如从操作系统的角度，各种异构的操作系统平台能够实现协作，网络服务可以进行协同工作，或者在网络服务平台的基础上实现分布式计算。

3.3 网络平台

3.3.1 网络拓扑结构与分层

网络拓扑结构是指网络中各个站点相互连接的方式，主要有总线型拓扑、星型拓扑、环型拓扑及混合型拓扑。网络系统集成通常采用以太网交换技术。以太网的逻辑拓扑是总线结构，以太网交换机之间的连接，称为物理拓扑。这种物理拓扑按照网络规模的大小，可分为星型、扩展星型或树型及网状型。

中小型、小型网络一般可采用星型结构，如图 3-6、图 3-7 所示。对于大中型网络考虑链路传输的可靠性，可采用冗余结构(网状型)，如图 3-8 所示。确定网络的物理拓扑结构是整个网络方案规划的基础。物理拓扑结构的选择通常和地理环境分布、传输介质与距离、网络传输可靠性等因素紧密相关。选择物理拓扑结构时，应该考虑的主要因素有以下几点。

1) 地理环境

不同的地理环境需要设计不同的网络物理拓扑，不同的网络物理拓扑，设计、施工、安装工程的费用也不同。一般情况下，网络物理拓扑最好选用星型或扩展星型结构，减少单点故障，便于网络通信设备的管理和维护。

2) 传输介质与距离

在设计网络时，要考虑到传输介质、距离的远近和可用于网络通信平台的经费投入。网络拓扑结构的确定要在传输介质、通信距离及可投入经费这三者之间权衡。建筑楼之间互联从网络带宽、距离和防雷击等方面考虑应采用多模或单模光纤。

3) 可靠性

现实中通常会发生网络设备损坏、光缆被挖断及连接器松动等故障，因此网络拓扑结构设计应避免因个别节点损坏而影响整个网络的正常运行。若经费允许，网络拓扑结构最好采用双星型或多星型冗余连接，如图 3-6、图 3-7 所示。

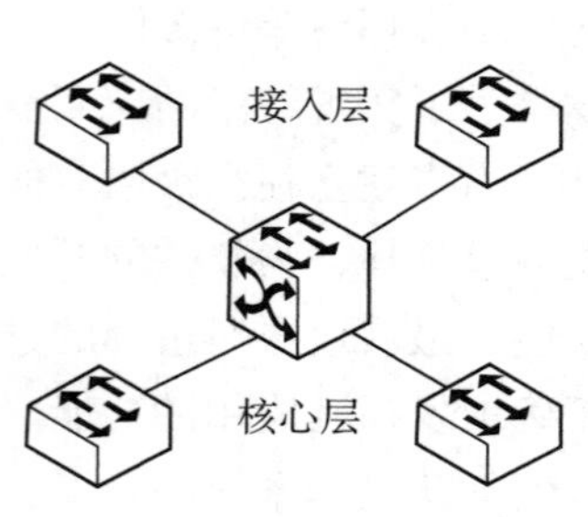

图 3-6　星型拓扑图

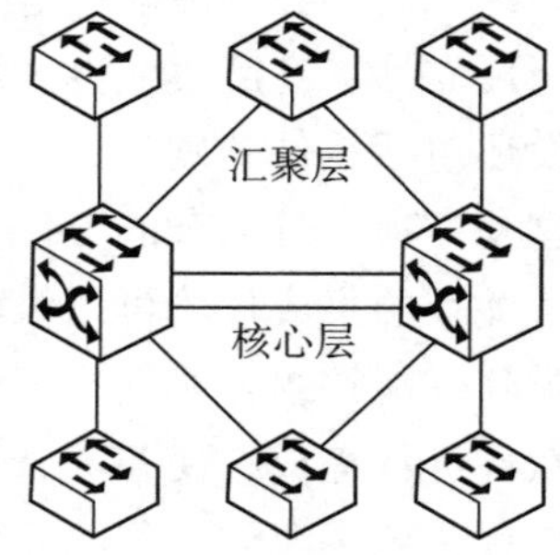

图 3-7　双星型冗余拓扑图

网络系统分层是按照网络规模划分为三个层次，有核心层、汇聚层及接入层，如图 3-8 所示。

数字海洋工程的网络平台由通信网络单元相互连接而成，目前大多数的通信网络单元都可以按层次关系划分为三个逻辑服务单元：核心层、汇聚层及接入层。核心层为其他两层(汇聚层、接入层)提供优化的数据输运功能，它是一个高速的交换骨干，其作用是尽可能快地交换数据包，而不应卷入具体的数据包的运算中(访问控制列表、过滤

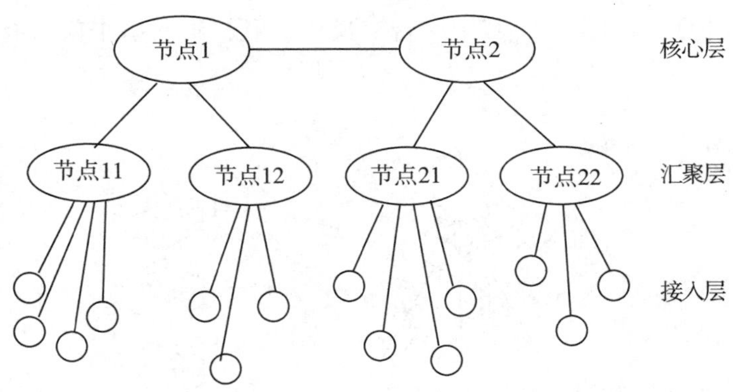

图 3-8 数字海洋工程网络平台中逻辑服务单元结构

等)，否则会降低数据包的交换速度；汇聚层提供基于统一策略的互联性，它是核心层和接入层的分界点，定义了网络的边界，以使核心层和接入层环境隔离开来，对数据包进行复杂的运算；而接入层为最终用户提供对网络访问的途径，也可以提供进一步的调整，并支持客户端对服务器的访问，多个网络单元通过路由器可以连通为异构的混合网络。由于大多数网络单元都可以分为三个逻辑服务单元，因此在设计网络单元时，往往采取层次化的设计方法。层次化网络设计方法的目标在于把一个大型的网络元素划分成一个个互联的网络层次。实质上，层次化网络设计方式也是把一个网络单元划分为一个个子网，使网络节点和连通结构变得非常清晰。层次化的设计方法同时也使网络的扩展更容易处理，因为扩展子网和新的网络技术能更容易地被集成进整个系统中，而不破坏已存在的网络单元。

除了典型的网络单元外，还存在一些其他的网络单元结构。例如四层次或更多层次的网络单元，在部分网络单元中需要采用无线网络接入方式，还有的网络单元采用多路连接，使网络连接在部分中断的情况下仍然能够工作。

一个规模较小的星型局域网没有汇聚层、接入层之分。规模较大的局域网通常多为星型分层拓扑结构。主干网络称为核心层，主要连接全局共享服务器，或在一个较大型建筑物内连接多个交换机配线间。连接信息点的线路及网络设备称为接入层。根据需要在中间设置汇聚层，汇聚层上连核心层、下连接入层。

分层设计有助于分配和规划带宽，有利于信息流量的局部化，也就是说在全局网络对某个部门的信息访问的需求很少的情况下(如海域权属部门的海籍信息，只能在本部门内授权访问)，部门业务服务器可放在汇聚层。这样局部的信息流量传输不会波及全网，使部门内的信息尽可能在本部门局域网内传输，以减轻主干信道的压力和确保信息不被非法监听。

汇聚层的存在与否取决于网络规模的大小。当建筑楼内信息点较多(如大于 22 个点)，超出一台交换机的端口密度，而不得不增加交换机扩充端口时，就需要有汇聚交换机。交换机间如果采用级连方式，即将一组固定端口交换机上联到一台背板带宽和性能较高的汇聚交换机上，再由汇聚交换机上联到主干网的核心交换机。如果采用多台交换机堆叠的方式扩充端口密度，其中一台交换机上联，则网络中就只有接入层，如图 3-9 所示。

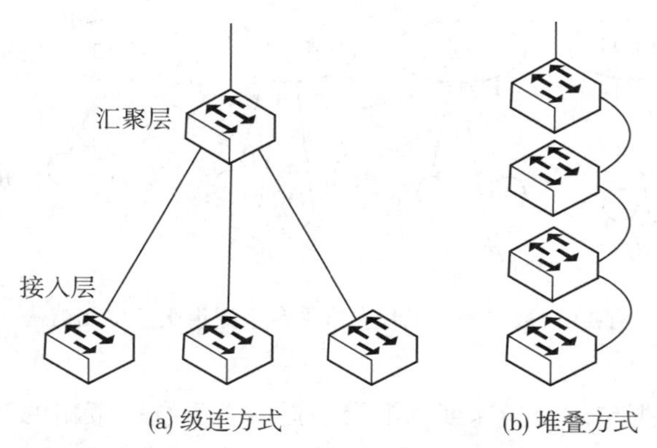

图 3-9　汇聚层和接入层的两种方式

接入层即直接信息点，通过此信息点将网络终端设备(个人计算机等)接入网络。汇聚层采用级连还是堆叠，要看网络信息点的分布情况。如果信息点分布均在以交换机为中心的 50m 半径内，且信息点数已超过一台或两台交换机的容量，则应采用交换机堆叠结构。堆叠能够有充足的带宽保证，适宜汇聚(楼宇内)信息点密集的情况。交换机级连则适用于楼宇内信息点分散，配线间不能覆盖全楼的信息点，在增加汇聚层的同时也会使工程成本增加。

3.3.2　网络平台功能与内容

1. 网络平台功能

数字海洋工程的网络平台主要解决三个方面的问题：集成、共享与扩展。

1)集成

异构的软硬件及网络资源与现有和规划的资源在集成的前提下得到统一应用，在一个复杂系统中，异构的软硬件及网络资源反映的是单纯的软硬件及网络类型无法满足应用的要求，通常所说的主机型号(如服务器)、操作系统类型、基础软件平台、网络拓扑结构、网络传输方式(如无线网、有线网)，以及其他的软硬件、网络资源均可能是不同的。为了保证这些异构资源能够协同运行，集成至关重要。现有的和规划的资源反映的是对已有资源的“继承”性，即在进行数字海洋工程项目建设时，不能简单地废弃现有的软硬件与网络，而是对这些已有资源进行加工、改造、继承，最大限度地将这些现有资源利用起来。

2)共享

共享解决的是资源的有效利用问题，共享环境是一个有机的整体，其终端是数字海洋工程的各类应用节点，而集成的软硬件环境及网络是共享环境的“核”，如图 3-10 所示。在集成的软硬件及网络环境下，各类数字海洋工程应用节点都能够按所需原则获取到相应的资源。此外，各应用节点还应该能够在统一的软硬件及网络平台下发挥自己的角色作用，最大限度地维护共享环境的完整性。例如在数字海洋工程建设中，海洋功能规划部门、海域使用权属部门、海洋环境监测部门等，这些部门各属于数字海洋工程的不同应用节点。其中海洋功能规划部门不仅能够从共享环境有机体中获取到支持功能规划实施的软硬件及网络资源，还应该发挥该节点的作用，将海洋功能规划的结果存放到共享环境中，进而为其他节点获取和使用；海域使用权属管理部门可以充分利用现有的软硬件、网络和数据资源，发挥海域使用权属部门的专业优势，将一些海域使用权属信息存放到共享环境中，进而为其他节点获取和使用。

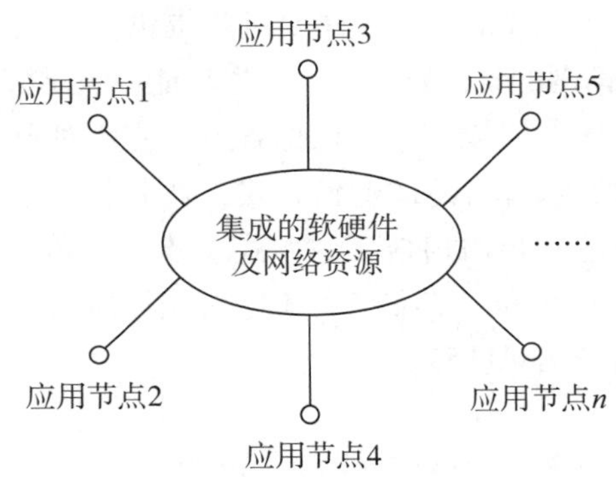

图 3-10　数字海洋工程中共享资源环境

3）扩展

数字海洋工程基础平台一般是相对稳定的，但不是绝对的，扩展性问题反映的是数字海洋工程应用的生命周期，即随着时间的推移应用环境有可能发生变化，因此为了满足未来需求，数字海洋工程的软硬件平台及网络平台都应该能在基本保持现有结构的情况下进行相应的扩展，达到新的需求。扩展的常用手段包括改造、替换、新增等方式。改造是一种工程量最小的方式，例如可以对现有软件进行升级、补丁处理，如在线下载最新系统补丁程序进行系统更新；替换是改进某种性能、功能而将现有的资源用另一种资源代替，例如为了满足处理性能，有时将服务器系统替换为性能更强大的主机系统，或将数据库系统用性能更优越的系统代替，而不影响其他的功能；新增是一种全新的功能需求，即随着应用的需求发展，为了满足新增加的应用需求，在原先设计的软硬件平台及网络平台中增加支持该功能实现的资源，例如为了支持某种应用，在现有的硬件资源中添加一台应用服务器；还有系统原有的软件功能不能满足新的业务需求，这时就要在原来设计、编码方案的基础上完善，进行新功能的设计、编码等工作。

2. 网络平台内容

网络平台在整个数字工程应用项目中占有举足轻重的地位，实现数据的“网络化传输”是数字海洋工程的一个显著应用特点。数字海洋工程建设中硬件集成、软件集成的实现都离不开网络化环境，系统的数据传输、业务流程、信息发布、资源共享以及数据交换都必须运行在网络平台上，网络平台的好坏直接影响到系统的运行效率。与一般的信息系统相比，在网络带宽、网络结构、网络类型等方面的要求更加严格。为此，必须建立一条高速、多能、可靠、易扩展、多层次、多结构的数字海洋工程网络平台，以适应未来发展的需要。网络平台工程包含通信网基础设施、计算机网络、无线网络以及相关的安全保障体系和运行管理体系。

1)通信网

通信网处在数字海洋工程总体结构的最底层，是数字海洋工程建设的重要基础设施之一。通信网的建设主要包括传输、交换、视讯平台等。传输是通信网的基础，交换、视讯平台是通信网提供服务的平台，传输网的改造为交换网的改造、视讯平台的建设提供了条件，交换网的改造又为视讯平台的建设进步提供了有利条件。通过通信网的改造和建设，能够提高整个通信网的整体先进性和服务功能，满足数字海洋工程建设的要求。

通信网是数据传输系统的组成部分，根据各业务应用对数据传输的要求，测算通信网需要的带宽及有关参数，选择合适的通信方式，充分利用已有的通信设施和现有的国家信息基础设施，采用自建和租用相结合的方式，建立覆盖整个工程范围的通信网络，满足分布在整个范围的数据采集、存储、处理、应用与服务的实时数据、图像传输需求，保证数字海洋工程各种信息的传递畅通。

2)计算机网络

计算机网络系统是以光纤、卫星、微波、程控电话、无线移动为主要通信介质，以通信和计算机网络及其相关的硬件、软件和各种接口、协议组成的信息传输基础平台，为文字、语音、图形、图像等多媒体信息提供传输通道，是信息传递的基础。数字海洋工程需要一个覆盖全工程区域的能为大量信息传输提供服务的高效计算机网络系统，通过计算机局域网、城域网、广域网的建设，满足数字海洋工程对计算机网络的需求。

通信网基础设施可由自有通信基础设施、国家信息基础设施(如卫星资源)和公众通信基础设施等组成。它是计算机网络系统的基础，为计算机网络系统提供传输信道。计算机网络系统在通信网基础设施满足要求的基础上，充分利用通信带宽资源，直接为用户提供各项应用服务。通信网基础设施的建设依据，主要是在满足音频、视频等通信的前提下，充分考虑数据的传输需求。计算机网络系统的建设要在通信网基础设施的基础上，合理利用通信资源，科学地规划出网络的结构、规模和确定所采用的网络技术。此外，在数字海洋工程的建设中，往往存在信息安全保密的问题，因此，在网络结构等的规划上要充分考虑到信息安全这一重要问题。

3.3.3 网络平台系统集成

网络平台系统集成按照网络工程的需求及组织逻辑，采用相关技术和策略，将网络设备(交换机、路由器及服务器)和网络软件(操作系统、网络应用系统)系统性地组合成整体的过程。通常，网络平台系统集成包括三个主要层面：网络软硬件产品集成、网络技术集成和网络应用集成。

1. 网络软硬件产品集成

网络系统集成涉及多种产品的组合。例如，网络信道由传输介质(电缆、光缆)组成，网络通信平台由信息交换和路由设备(交换机、路由器及收发器)组成，网络信息资源平台由服务器和操作系统组成。

一般网络产品制造商并不能提供一个集传输介质、通信平台和资源平台于一体的解决方案。开放系统互联参考模型(open systemInter-connect reference model, OSI)将网络系统分为七个层次：物理层、数据链路层、网络层、传输层、会话层、表示层和应用层。按照 OSI 标准，根据分工合作的原则，网络产品制造商可分为传输介质制造商(如 AMP)，网络通信、互联设备制造商(如华为)，服务器、主机制造商(如联想)，操作系统开发商(如微软)。

这样，一个网络系统就会涉及多个制造商生产的网络产品的组合使用。在这种组合中系统集成者要考虑的首要问题就是不同品牌产品的兼容性或互换性，力求使这些产品集成为一体时，能够产生的“合力”最大、“内耗”最小。

2. 网络系统集成

网络系统集成不是各种网络软硬件产品的简单组合。网络系统集成是一种产品与技术的融合，是一种面向用户需求的增值服务，是一种在特定环境制约下集成商和用户寻求利益最大化的过程。

计算机网络技术源于计算机技术与通信技术的融合，发展于局域网技术和广域网技术的普遍应用。尤其是在最近几年，新的网络通信技术、资源管理和控制技术层出不穷。例如，全双工交换式以太网、1000Mb/s 以太网、10Gb/s 以太网、第三层交换、虚拟专用网(virtual private network, VPN)、双址(源地址、目标地址)路由、权栈(IPv4, IPv6)路由、多路(CPU)对称处理、网络附加存储(NAS)、区域存储网络(SAN)、客户端服务器(Client/Server)模式、浏览器/服务器(Browser/Server)模式和浏览器-应用-服务器(Browser/Application/Server)模式，分布式互联网应用结构等。

除了有线网络，无线网络解决有线网络无法克服的困难。无线网络首先运用于不方便布线的地方，比如受保护的建筑物、机场等；或者经常需要变动布线结构的地方，如展览馆等。学校也是无线网络很重要的应用领域，一个无线网络系统可以使教师、学生在校园内的任何地方接入网络。另外，无线网络对于近海区域范围的网络接入更加适用，可以为任何近海、海岸、海岛提供 11Mb/s、22Mb/s、54Mb/s、108Mb/s 的网络接入。由于网络技术体系纷繁复杂，要求必须有一种熟悉各种网络技术的人员，完全从用户的网络建设需求出发，遵照网络建设的原则，为用户提供与需求相匹配的一系列技术解决方案。

3. 网络应用的集成

网络应用系统是指在网络基础应用平台上，网络应用系统开发商或网络系统集成商为用户开发或用户自行开发的通用或专用应用系统。常用的通用系统有 DNS、万维网、e-mail、FTP、VOD(视频点播)、杀毒软件(网络版)以及网络管理与故障诊断系统等。这些网络基本应用系统，可根据用户的需求、资金承担力及应用系统的负载情况，将两种应用系统集成在一台服务器上(如 DNS 和 e-mail)，以利于节约成本；或采用服务器集群技术将一种应用系统分布在两台(或多台)服务器上，以实现负载均衡。这些应用系统均需要数据库和应用服务器的支撑。

3.4　数据平台

数字海洋工程是以空间信息为基础(包含 GIS 在内)，对各类信息进行数据整合、融合、挖掘等深度开发的综合性的基础平台。其中，数据平台是利用数据库技术实现对空间数据，非空间数据，专题图形数据，人文、社会经济统计数据等存储、管理、更新等操作，并实现异源异构数据的集成与互操作。数据平台是整个数字海洋工程的基础建设部分，也是最重要的一环。脱离了数据平台，数字海洋工程就脱离了基础，不建设高效、精确的数据平台，数字海洋工程的上层应用也将遭遇瓶颈。

数据平台的建设质量，直接关系到整个数字海洋工程的质量与应用水平的优劣。数字海洋工程的建立需要有完备的信息基础设施，其内容包括信息获取、处理、分析、存储及传输等一系列步骤；同时要实现开放与共享，还应当制定一系列标准、规范与法规进行约束。

3.4.1　数据平台的结构

数据平台建设是极其复杂的工作。从类型上看，有基础空间数据、社会经济统计数据以及资源与环境等专题数据；从载体上看，有传统纸质的，有存在于各种系统中(包括网上)的、电子的和多媒体的，严格地说还有存在于各行业专家头脑中的知识“数据”；从形式、格式上看，有图形、图像、文本、表格等，有矢量的、栅格的各种存储形式。数据平台的逻辑结构如图 3-11 所示。

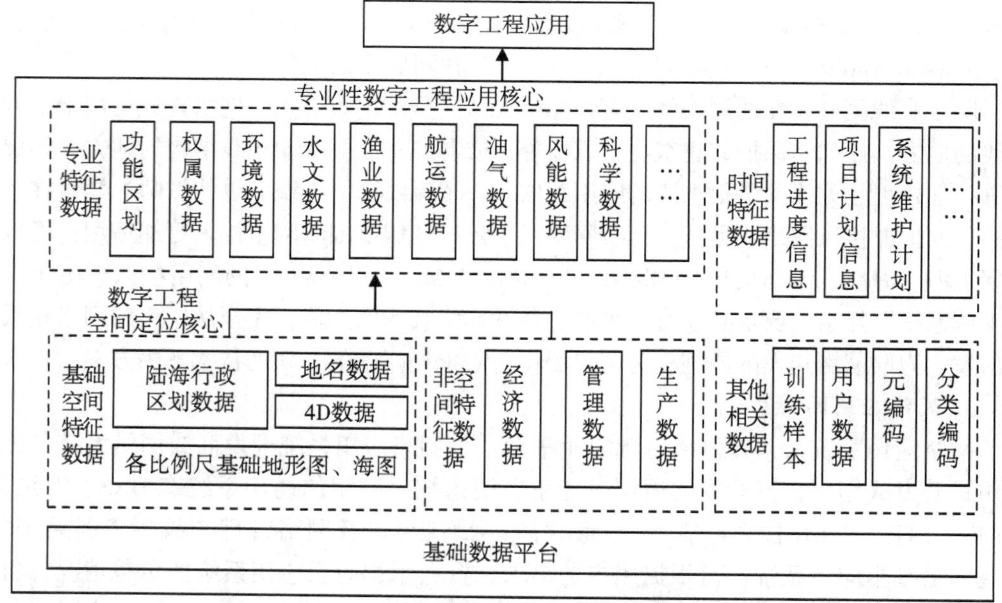

图 3-11　数字海洋工程数据平台逻辑结构

数字海洋工程的建立需要有完备的信息基础设施提供数据支持，包括数据的获取、处理、存储、管理、更新、应用、分发与服务等，同时实现系统的协作与共享。数据平台的建设有两种不同层次：一种是满足行业应用的需求，实现专业应用的数字工程；另一种是在专业数字工程应用的基础上，建立数据仓库，利用优化查询工具、统计分析工具及数据挖掘工具等对数据仓库实现联机分析处理(on-line analytical processing，OLAP)访问，实现数字海洋工程的智能化，为政府、企业提供决策支持服务。例如数据平台中各数据库的组织结构如图 3-12 所示，即数字高程模型(digital elevation model，DEM)、数字正射影像(digtal orthophotomap，DOM)、数字栅格地图(digital raster graphic，DRG)、数字线划图(digital line graph，DLG)和数字可量测实景图像(digital measurable image，DMI)。

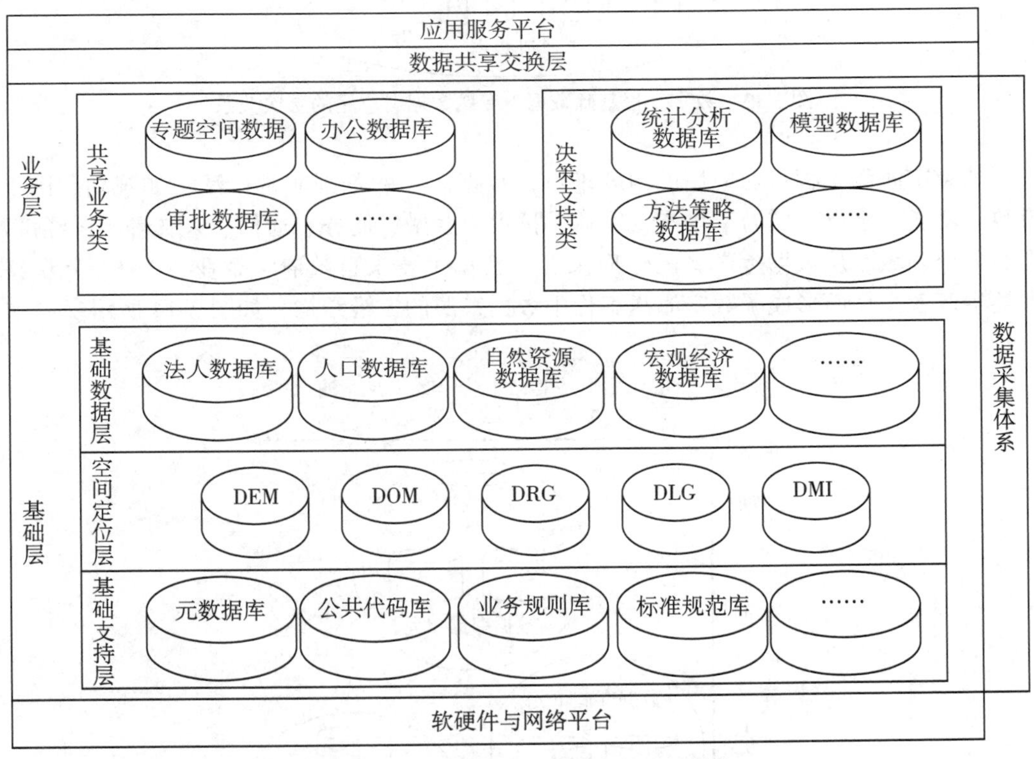

图 3-12　数据平台中各数据库的组织结构

从数据在数字海洋工程项目中的作用域来看，可以将其分为基础数据和专题应用数据，其中前者奠定了专业应用的数据基础，专题应用将在共享基础数据的基础上添加自己的应用数据，并反映领域应用的特色，如图 3-13 所示。

从数据表达的实体特征来看，可以将数据分为空间特征数据和属性特征数据。空间特征数据主要包括基础空间数据和专题空间数据。属性特征数据包括基础属性数据和专题属性数据，基础属性数据一般服务于数据工程各应用领域的全局，专题属性数据通常只服务于具体的领域应用，通常都以数字、符号、文本和图像等形式来表示。

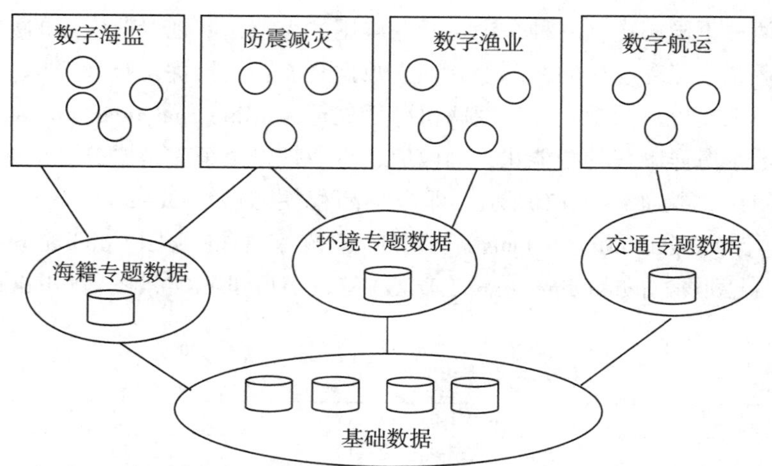

图 3-13　数字工程基础数据，专题数据和应用的层次关系

从数字海洋工程行业应用的角度来看，数据涉及的范围非常广泛，如规划、国土、市政、交通、水电、旅游、生态、农业、抗灾、金融、商务、通信、人文等国民经济建设的各个领域。从数据生产者的性质来看，数据主要来自政府、企业、个人(公众)三大类生产者，从而形成了数字海洋工程中数据来源的二维结构，如图 3-14 所示。

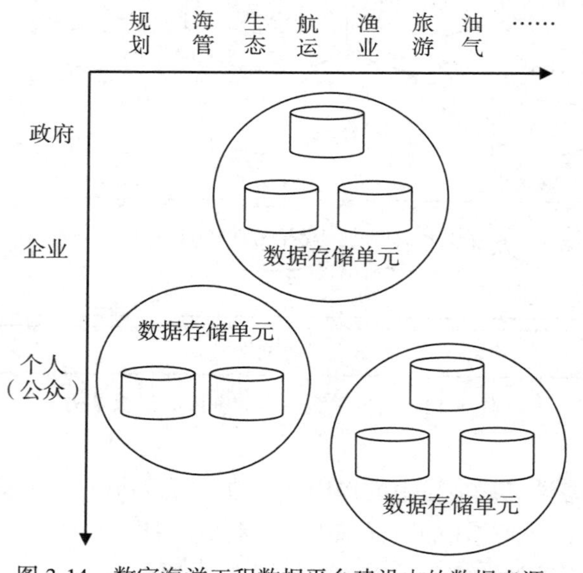

图 3-14　数字海洋工程数据平台建设中的数据来源

可以看出，政府、企业和个人在数字海洋工程应用的各类领域的数据获取中都有一定的贡献，但由于大多数数字海洋工程的应用带有公益性质，且数据生产需要大量的人

力、物力投入，这就决定了政府在数字海洋工程的数据生产、数据使用，以及整个项目建设中的主体作用。

在进行数据平台建设时，原始数据获取中一般要经历数据录入、数字化、数据预处理等流程，最后按照一定标准归入数字工程的数据平台存储单元中。除了原始数据获取外，还有很大一部分数据来源于后期的数据积累，即在数字海洋工程项目建设初步完成后，大多数数据可以通过项目提供的功能来实现长期的数据积累，如在海洋环境监测、海域使用保护、遥感影像调查等过程中获取的数据均可以用来进行进一步的数据分析。数字海洋工程中的数据由于涉及的领域众多，涉及的数据主体多样，使得数据的类型、结构、时态特征等都具有多样性，在实现一个共享的数据平台、数据服务时的难度将比一般系统更大。

3.4.2 数据平台数据分类

数据平台的核心内容是数据，数据分类是数据共享和数据选择的依据。数据平台的数据源是指数字海洋工程应用的数据库所需要的各种数据的来源。数字海洋工程应用涉及种类繁多的各种数据，但专业数字海洋工程应用所需数据应根据其涉及的专业领域情况进行取舍、选择，不是每个数字海洋工程应用都会涉及所有数据种类。按照不同的角度可以对数据的内容进行不同的分类。

1. 数据特征分类

数字海洋工程作为综合性的信息系统，数据建设是其核心和基础，所涉及的数据是空间数据与属性数据、非空间数据、多媒体数据、矢量数据与栅格数据、多比例尺数据、多时态数据、二维数据与虚拟现实数据的海量集成。数字海洋工程的数据源是指建立数字海洋工程应用系统的数据库所需的各种数据的来源，主要包括各种地形图与海图、航测与遥感图像，外业实测数据、文本资料、统计资料，多媒体数据、已有系统的数据以及现存的其他系统的数据等，这些都可以作为数字海洋工程应用系统的数据源，如图 3-15 所示。

数字海洋工程应用系统中的空间数据是指一切与地理空间分布有关的各种要素的图形信息、属性信息以及相互空间关系信息的总称。所谓要素，是指真实世界的具有共同特性和关系的一组现象或一个确定的实体及其目标的归纳表示。图形信息是以数字形式表示的存在于海洋地理空间实体的位置和形状，按其几何特征可以抽象地分为点、线、面、体四种类型；属性信息是指目标或实体的特定的质量或数量特征。赋给每个目标或实体的这种质量或数量称为属性值；空间关系是指各个实体或目标之间在空间上相互联系和相互制约的关系，包括位置关系、几何关系、拓扑关系、逻辑关系等。

综合各个方面，系统中的数据按照其特征可以划分为以下几种。

1) 基础空间特征数据

空间数据即具有公共地理定位基础的数据，主要反映事物地理空间位置的信息，记录的是空间实体的位置、拓扑关系和几何特征。空间特征指空间物体的位置、形状和大小等几何特征，以及与相邻物体的拓扑关系，如一条航道的具体位置坐标，位于哪个港

图 3-15　数字海洋工程的数据类型

口或哪个海域等。在数字海洋工程数据框架定义内的基础空间数据，主要包括各比例尺基础地形图、地名数据、行政境界数据等，甚至还可包括海图数据。基础空间数据可看作整个系统的空间定位核心。

2）专题特征数据

专题信息是指为各系统应用部门业务应用的各种专业性空间数据，包括海洋功能区划、海域使用保护管理、海洋生态环境监测、海洋灾害预警预报、海洋渔业生产管理、港口海事管理等，用于表示专业领域要素的地理空间分布及其规律，包括图形和属性数据。专题特征指的是地理实体所具有的各种专业性质，专题属性特征通常以数字、符号、文本和图像等形式来表示。专题数据具有专业性、统计性和空间性的特点。专业性是相对于基础信息的统一性而言的，即专题信息无论是内容还是应用范围，都有一定的特殊性。统计性是指专题信息大多采用统计的方法进行采集和记录，且许多专题信息已经建成了统计型的数据库。空间性是指各种专题信息都是在地理空间分布的，与空间位置有一定的关联，它们可以借助于基础信息确定其空间位置，进行空间分析，在此基础上进一步确定不同专题信息之间相互联系和相互制约的空间关系。专业空间数据与基础空间数据息息相关，是专业性数字海洋工程应用分析的核心，直接应用于业务管理中。

专业业务数据一般是专业性数字海洋工程应用的核心，针对具体的管理业务产生用于业务管理，例如海洋环境监测数据、海洋功能区划数据、海域使用保护管理数据、海洋渔业生产数据等都属于专题数据的范畴。根据数据的性质，专题数据又可以分为实时运行数据（直接从实时系统采集的当时的数据）、历史运行数据（数据库中保存的运行数据）、运行统计数据（对运行数据统计后生成的新的数据）等。

3)时间特征数据

时间属性是指地理实体的时间变化或数据采集的时间等。系统采集的工程施工进度信息、计划信息等数据属于此类数据。

4)非空间型数据

非空间型业务数据从数据性质上体现为属性数据，内容包括表格型数据、文档数据和多媒体数据。按逻辑结构分，可分为结构化数据和非结构化数据。结构化数据主要是指有一定结构，可以划分出固定的基本组成要素，以表格的形式表达的数据，可用关系数据库的表、视图表示，如各种统计报表等；非结构化数据是指没有明显结构，无法划分出固定的基本组成元素的数据，主要是一些文档、多媒体数据，如申请材料、各种文件、法规等。非空间型数据主要包括业务管理数据、经济数据、企业数据等。

5)参照推理型数据

例如港口航道清淤养护等级评价中需要多波束测深及相关知识数据，在港口建设决策支持中为了对特定专业的决策，需要决策专家知识。

6)管理维护型数据

管理维护型数据作为其他数据的解释和补充或辅助设计而存在，包括用户数据、元数据、地名数据和分类编码、生僻汉字和各类标准等数据，用户数据设置系统的访问用户和用户权限。元数据即数据的数据，也就是对现有数据的解释、定义和描述，比如对数据库中某些表结构的说明、字段名的说明等。在海量的数据存储中，元数据对数据库的管理和维护提供了清晰的结构。元数据不是自然存在的，是从现有的数据中提取出来的。

2. 数据结构分类

一般依据数字海洋工程应用系统的数据结构可细分为以下类型：

(1)地图数据。地图、地形图是数字海洋工程的重要数据源，地图的内容直观与丰富，包含着丰富的实体的类别和属性以及实体间的空间关系，是表示地理信息强有力的手段。地图数据通常用点、线、面及注记结构来表示地理实体及实体间的关系。地图数据主要包括海图、DEM、DOM、DRG 和 DLG 数据。

(2)分类或分级数据。如环境污染类型、土地利用类型数据，测量、地质，水文等分类数据。

(3)类型数据。如海岸线和底质类型的分布等。

(4)面域数据。如随机多边形的中心点、行政区域界线和行政单元等。

(5)网络数据。如航道交点、航道区、排水网、截流管网、污水收集管网等。

(6)样本数据。如雨量收集器、验潮站、监测点的分布区等。

(7)曲面数据。如高程点、等高线和等值区域。

(8)文本数据。主要用来描述空间对象的属性，如人口数据、经济数据、海水成分、环境数据、地名等；各行业、各部门的有关法律文档、行业规范、技术标准、条文条例等也属于数字海洋工程的数据。

(9)符号数据。如点状符号、线状符号和面状符号(晕线)等。

(10)音频数据。如电话录音、领导讲话等。

(11)视频数据。如重点管线、港口、监测站以及排水设备等情景录像。

(12)表格数据。包括各类办公表格、统计表格等，尤其是不同的政府部门和机构都拥有不同领域(如人口、基础设施建设、社会经济情况等)的大量统计资料，这些都是数字海洋工程的数据源，尤其是空间对象的属性数据的重要来源。

(13)图像数据。包括航空、航天图像，野外摄影照片、实景照片、重要建筑物的纹理照片等。其中的航空、航天图像数据是数字海洋工程的重要数据源，含有丰富的资源与环境信息，能提供各类专题所需要的信息，用于提取线划数据和生成数字正射影像数据、DEM 数据，还可在数字海洋工程支持下与多方面的信息进行信息复合和综合分析。

(14)实测数据。野外试验、实地测量等获取的实例数据可以通过转换、编辑直接进入数字海洋工程应用系统的数据库，以便进行实时的分析和进一步的应用。GNSS 所获取的数据也是 GIS 的重要数据源。

(15)统计数据。国民经济的各种统计数据常常也是数字海洋工程的数据源。如综合经济数据、农业经济数据、工业经济数据、交通运输业经济属性数据、建筑业经济属性数据等。

3. 数据专业分类

数字海洋工程应用系统的数据根据数据的专业领域分类，可以分为以下 6 种：

1)基础空间数据

基础空间数据是整个数字海洋工程中系统数据的空间定位核心，基础空间数据包括海岸带各类地形要素，如水系、湿地、交通、管线与垣栅、境界、地形与土质、植被等，还包括地名数据、行政区划数据等，有关的航空像片、卫星影像等也属于基础空间数据的范围。基础空间数据要求的精度较高，其主体是以矢量形式表示，栅格形式的数据包括航空像片、遥感图像、景点图片、数字高程模型。数字海洋工程中的基础信息一般有 1∶500、1∶1000、1∶2000 直至 1∶100 万等多种比例尺的数据；基础空间数据还包括海图数据中各类海洋要素，如水深、境界、港口航道、海底管线、助航标志等。这些数据分别为不同的部门提供数据支持和参考。

2)海洋功能区划数据

海洋功能区划是以合理利用海洋资源和保护海洋环境，规避资源利用与环境保护矛盾，解决各涉海行业之间的用海矛盾为目的，依据海区、海域和相邻陆域的自然与社会经济特征，制定海洋功能分类和海域使用方式分类，形成相应功能区划图和使用规划图，从而分别从宏观上和微观上提供各级政府监督管理海域使用和海洋环境保护的依据。海洋功能区划由相应的政府组织完成，并监督其实施。

海洋功能区划产生的数据包括区划依据和区划结果两部分。海洋功能区划依据中，空间数据包括海区利用现状调查统计以及环境质量评价等产生的空间分布；属性数据包括对海洋开发与保护状况，海域和海洋资源、海域管理与环境保护状况、面临的形势，海洋功能区划的指导思想、基本原则和主要目标等文字描述；海洋功能区划结果中，空间数据包括海洋功能分区的空间分布；属性数据包括对海洋功能分区的一级和二级用海功能要求说明，与功能开发配套环境保护要求和功能区划实施保障措施等的文字描述。

3)海域使用现状调查数据

海域使用现状调查是由国家及地方海域使用主管部门组织，采用综合利用遥感、视频定点监控、动态监测仪、人力踏勘等多种数据采集手段，通过发现用海异常区，定位与核查匿名举报．对海域使用现状的用海类型、用海面积、大型工程的施工进展情况等进行监测，对海域使用现场进行检验与核查等。及时掌握违规违法用海信息及围海造田等用海工程的施工进度，为现有用海的及时管理、目标用海项目的可行性评估以及新一轮海洋规划和海域使用规划等提供依据。

海域自然属性数据包括结合遥感、地面踏勘和评估分析所获得的岸线类型、分布及其变化、长度；各类岸滩位置与面积；河口、海湾等的位置、形态、面积、开阔度；海岛数目、面积、植被覆盖情况；填海工程前后动力及泥沙变化情况分析；海域环境质量状况影响分析；海底的水下地形测量结果及地形变化分析等。

社会经济与服务数据包括现场调查和评估分析所获得的各类海洋产业产值、从业人数、宗海价格；用海风险的评估；海域使用监测评价结果的年报、季报，用海风险的应急预案，通过网络、新闻媒体发布的相关服务数据等。

4)海域使用管理数据

海域使用管理是指海域使用管理部门为了保护海洋资源和生态环境，确保海域资源的科学、合理利用，而对持续使用特定海域3个月以上的排他性用海活动所采取的管制行为。海域使用管理的依据是海洋功能区划。

海域使用管理的属性数据主要包括所在海域的海洋功能区划和规划的利用方式描述；各种法规与技术规程；海域使用权申请报告、审核报告、确权文档、年审报告、使用权变更报告、使用金收取记录等。海域使用管理的空间数据主要包括海洋功能区划、海域使用规划图、宗海界址图、海籍界址点图、用海设计图等。

5)海洋环境管理数据

海洋环境管理作为公共管理的一部分，是以政府为主，海洋立法机关、海洋执法机关、企事业单位和公众等涉海组织团体共同参与，为协调社会发展与海洋环境的关系，保持海洋环境的自然平衡和持续利用，综合应用行政、法律、经济、科学技术和国际合作等手段，依法对影响海洋环境的各种行为进行的调节和控制活动。海洋环境管理的具体内容为：海洋环境规划管理、海洋环境质量管理、海洋环境技术管理等。

海洋环境管理数据包括政策法规类数据、环境基本情况数据、环境突发事件数据三个方面。其中，政策法规类数据包括涉海法律、行政法规、海洋发展规划及涉海地方政府制定的法规规章等；海洋环境基本情况数据包括各海域海洋水体的质量状况信息、海洋环境监测信息、海洋环境灾害预报警报信息等；海洋环境突发事件数据包括海上石油勘探开发溢油，海上船舶、港口污染事件，陆源排污，海洋倾废，危险化学品泄漏和大规模暴发的赤潮、浒苔，以及近海企业污染物排放信息，有害物质的使用、有害产品的制造等方面信息。

6)海洋渔业管理数据

海洋渔业信息化管理是渔业现代化的重要内容，是实现渔业现代化的一个重要支撑条件，它将主导着未来一个时期渔业现代化的方向。从渔业内部各产业结构角度看，渔业信息化是养殖业信息化、捕捞业信息化、加工业信息化及渔业装备与工程信息化的综合；从渔业经济和管理层面看，渔业信息化是渔业宏观决策信息化、渔业生产管理信息化、渔业市场信息化和渔业科技推广信息化的综合；从认识渔业对象发生发展规律看，渔业信息化是渔业对象信息化和渔业过程信息化的综合；从渔业信息自身属性看，渔业信息技术是渔业信息获取、存储、处理、传输、分布和表达的综合；从渔业信息技术的应用形式看，渔业信息技术是渔业管理信息系统、渔业资源与生态环境监测信息系统、渔业生产与执法过程管理调度系统、渔业决策支持系统、渔业专家系统、精准渔业系统、渔业流通电子商务系统和渔业教育培训等系统的综合。

海洋渔业管理数据包括全国渔业区划、渔业统计、海洋渔业生物资源、海洋捕捞许可证与船籍证管理、远洋信息管理系统等。在渔政管理方面，包括渔政船调度指挥基础数据、违法及涉外纠纷案件实时处理及档案数据、全国渔船船籍档案数据、全国渔船海上船位动态数据、国家 200 海里专属经济区与大陆架资源信息，渔业及相关法律法规数据、海洋捕捞许可证及捕捞配额管理数据、全国渔港监测管理数据、国家渔业水域环境监测与生态保护信息等基础数据。

3.4.3　数据平台集成

1. 异源异构数据集成

数字海洋工程建设要求在工程建设中解决异源异构数据的整合、集成与共享。异源异构数据整合和集成的目的是为数字海洋工程应用提供集成、统一、安全、快捷的信息查询、数据挖掘和决策支持服务，满足企业应用需要。在进行异源异构数据集成时，需要考虑的问题包括以下几个方面：

(1)集成性。各种原先孤立的业务信息系统数据经过整合、集成后，应该达到查询一个综合信息不必再到各个业务系统进行分别查询和人工处理，只要在整合、集成后的数据信息仓库中就可以直接访问到，即整合、集成后的综合信息仓库的数据是各异构业务数据的有机集成和关联存储，而不是简单、孤立地堆放在一个数据库系统里。

(2)完整性。异构数据源数据集成的目的是为应用提供统一的访问支持。为了满足各种应用处理(包括发布)数据的条件，集成后的数据必须保证一定的完整性，包括数据完整性和约束完整性两方面。数据完整性是指完整提取数据本身。约束完整性，约束是指数据与数据之间的关联关系，是唯一表征数据间逻辑的特征。保证约束的完整性是良好的数据发布和交换的前提，可以方便数据处理过程，提高效率。

(3)语义冲突(一致性)。不同业务信息资源之间存在着语义上的区别。这些语义上的不同会引起各种不完整甚至错误信息的产生，从简单的名字语义冲突，到复杂的结构语义冲突。语义冲突会带来数据集成结果的冗余，干扰数据处理、发布和交换。整合、集成后的数据应该根据一定的数据转换模式和商业规则进行统一数据结构和字段语义编码转换。

(4)访问安全性。由于数据的异源性，各业务数据系统有着各自的用户权限管理模式，访问和安全管理很不方便，不能集中、统一管理。因此为了保障原有数据的操作权限，实现对原有数据源操作权限的隔离和控制，就需要针对异源异构数据，设计基于整合、集成后的综合信息管理系统的统一的用户安全管理模式。

(5)异构性。异构性是异构数据集成必须面临的首要问题，主要表现在两个方面：①系统异构，数据源所依赖的应用系统、数据库管理系统乃至操作系统之间的不同造成了系统异构；②模式异构，数据源在存储模式上的不同。一般的存储模式包括关系模式、对象模式、对象关系模式和文档嵌套模式，它们的模式结构可能也存在差异。例如Oracle 所采用的数据类型与 SQL 服务器所采用的数据类型并不是完全一致的。

在数据平台建设时，应当充分考虑到其共享的复杂性与可操作性。数字海洋工程应用涉及各种各样的不同结构的数据库系统，这里所说的不同，可能是基于不同数据模型的数据库管理系统，如关系型的或对象型的；也可能虽然都是关系型的，但不同商家的产品其 SQL API 不尽相同。为了实现不同数据库间的数据共享，需要对异构数据库进行集成。异构数据库集成可以通过转换和标准化来实现。一般而言，目前解决异构数据库集成的主要技术有以下几种。

1)数据的迁移和转换

利用数据转换程序，对数据格式进行转换，从而能被其他的系统接收。它是通过周期性的同步更新数据库内容，简单地实现在数据库级分享信息。它有两种方式：基本复制方式和复杂复制方式。基本复制方式可以实现数据在两个具有相同结构的数据库之间移动；复杂复制方式需要数据的格式和方式变化，它实现数据在不同模型的数据库之间移动。这种方法的优点是对存在的应用系统没有任何冲击，但是这种方法对于数据更新频繁且实时性要求很高的场合不太适用。

2)使用中间件

当前多层结构数据库增加了一组服务，这组服务包括事务处理逻辑应用服务、数据库查询代理、数据库。随着这组服务的增加，客户端和服务器端的负载就相应减轻了，跨平台、传输不可靠等问题也得到了解决。增加的这组服务就是中间件(middleware)。中间件位于客户端与服务器之间的中介接口软件，是异构系统集成所需的黏接剂。现有的数据库中间件允许客户端在异构数据库上调用 SQL 服务，解决异构数据库的互操作性问题。功能完善的数据库中间件，可以对用户屏蔽数据的分布地点、DBMS 平台、SQL 语言或其扩展，特殊的本地 API 等差异，完成数据安全、完整传输，通过负载均衡来调节系统的工作效率，从而弥补两层结构的不足。常见的中间件有以下几类：通用 SQL API、通用网关、通用协议和基于组件技术的一致数据访问接口。

(1)通用 SQL API。即在客户端的所有应用程序都采用通用的 SQL API 访问数据库，而由不同的数据库管理系统服务器提供不同的数据库驱动程序解决连接问题。通用的 SQL API 又可分为嵌入式 SQL(embedded SQL，ESQL)和调用级 SQL。嵌入式 SQL 是将 SQL 嵌入到 C、Pascal、COBOL 等程序设计语言中，通过预编译程序进行处理，因而

SQL 的所有功能及其非过程性的特点得到继承。调用级接口则采用一个可调用的 SQL API 作为数据存取接口，它不需要预编译过程，允许在运行时产生并执行 SQL 语句。由于调用级接口更为灵活，现在应用较广，如微软的 ODBC、IBM 的 DRDA、Borland 的 IDAPI、Sybase 的开放客户端开放服务器(Open Client/Open Server)等。

(2)通用网关。网关(gateway)是当前流行的中间件方案。在客户端有一个公共的客户端驱动程序(gateway driver)；在服务器端有一个网关接收程序，它捕获进来的格式和规程(format and protocol，FAP)信息，然后进行转换，送至本地的 SQL 接口。

(3)通用协议。通用协议是指公共的规程和公共的 API，并且有单一的数据库管理接口。公共规程支持适用于所有的 SQL 方言的超级设置或容忍全部本地 SQL 方言通过。

(4)基于组件技术的一致数据访问接口。例如，微软推出的通用数据访问(universal data access，UDA)技术，分别提供了底层的系统级编程接口和高层的应用级编程接口。前者定义了一组 COM(组件对象模型)接口，建立了抽象数据源的概念，封装了对关系型及非关系型各种数据源的访问操作，为数据的使用方和提供方建立了标准；后者是建立在前者基础上的，它提供了一组可编程的自动化对象，更适合于采用客户端-服务器体系结构的各种应用系统，尤其适用于在一些脚本语言中访问各种数据源。

3)多数据库系统

异构数据库系统是由多个异构的成员数据库系统组成的数据库系统，异构性体现为各个成员数据库之间在硬件平台、操作系统或数据库管理系统等方面的不同。在数字海洋工程的应用环境下，从系统和规模上来解决异构数据库集成的方法为多数据库系统。所谓多数据库系统就是一种能够接受和容纳多个异构数据库，运行在不同的软硬件平台上多个数据库的集成系统，其对外呈现出一种集成结构，而对内又允许各个异构数据库的“自治性”。

这种多数据库系统和分布式数据库系统有所不同。多数据库系统不存在一个统一的数据库管理系统软件，而分布式数据库系统是在一个统一的数据库管理系统软件的管理与控制之下运行的。多数据库系统主要采用自下而上的数据集成方法，因为异构情况在前而集成要求在后，而分布式数据库系统主要采用自上而下的数据集成方法，全局数据库是各个子库的并集。多数据库系统主要解决异构数据库集成问题，可以保护原有的数据资源，使各局部数据库享有高度自治性，而分布式数据库系统是在数据的统一规划下，着重解决数据的合理分布和对用户透明的问题。当然，两者之间在技术上有很多交叉，可以互相借鉴。多数据库系统一般分为两类：

(1)全局统一模式的多数据库系统。多个异构数据库集成时有一个全局统一的概念模式，它是通过映射各异构的局部数据库的概念模式而得到的。

(2)联邦式数据库系统(federated database system，FDBS)。各个异构的局部数据库之间仅存在着松散的联邦式耦合关系，没有全局统一模式，各局部数据库通过定义输入、输出模式进行彼此之间的数据访问。到目前为止，没有商品化的多数据库系统，在数字海洋工程应用环境中实施有一定难度。

总之，数据集成是把不同来源、格式、特点、性质的数据在逻辑上或物理上有机地集中，从而提供全面的数据共享。目前通常采用联邦式、基于中间件模式和数据仓库等方法来构造集成的系统，这些技术在不同的着重点和应用上解决数据共享和为企业提供决策支持。

联邦数据库系统由半自治数据库系统构成，相互之间分享数据，联邦各数据源之间相互提供访问接口，同时联邦数据库系统可以是集中数据库系统或分布式数据库系统及其他联邦式系统。在这种模式下又分为紧耦合和松耦合两种情况，紧耦合提供统一的访问模式，一般是静态的，增加数据源比较困难；而松耦合则不提供统一的接口，但可以通过统一的语言访问数据源，其中的核心是必须解决所有数据源语义上的问题。

中间件模式是目前比较流行的数据集成方法。中间件模式通过统一的全局数据模型来访问异构的数据库、遗留系统、Web资源等。中间件位于异构数据源系统(数据层)和应用程序(应用层)之间，向下协调各数据源系统，向上为访问集成数据的应用提供统一数据模式和数据访问的通用接口。各数据源的应用仍然完成它们的任务，中间件系统则主要集中为异构数据源提供一个高层次检索服务。中间层提供一个统一的数据逻辑视图来隐藏底层的数据细节，使得用户可以把集成数据源看作一个统一的整体。这种模型下的关键问题是如何构造这个逻辑视图并使得不同数据源之间能映射到这个中间层。

数据仓库是在企业管理和决策中面向主题的、集成的、与时间相关的和不可修改的数据集合。其中，数据被归类为广义的、功能上独立的、没有重叠的主题。这几种方法在一定程度上解决了应用之间的数据共享和互通的问题。由于联邦数据库系统主要面向多个数据库系统的集成，其中数据源有可能要映射到每一个数据模式，因此也存在当集成的系统很大时，给实际开发将带来巨大的困难等问题。数据仓库技术则在另外一个层面上表达数据之间的共享，它主要是为了针对企业某个应用领域提出的一种数据集成方法，也就是我们在上面所提到的面向主题并为企业提供数据挖掘和决策支持的系统。

2. 数据共享服务

数据共享是数字海洋工程数据平台建设的根本目标，在数据平台设计时，应当充分考虑到共享的可能性与可行性。数字海洋工程应用涉及各种各样的数据，包括空间数据(主要是各种格式的地图数据)、非空间数据(如文字、图片、音频、视频等)。数据具有商品性与共享性。在信息时代，基础数据作为一种资源，它具有价值与使用价值，是可以用来交换流通的财产。采集到的原始数据或经过处理加工的专业数据都可以用于交换。同时，基础数据不同于一般的有形财产，可以被多个用户共同使用。不同的用户对同一地理空间信息从不同的角度进行分析挖掘，还可以产生新的增值数据。为保证系统数据的组织，系统间数据的连接、传输和共享，以及数据质量，必须在统一的空间定位框架下进行统一的数据分类，制定统一的数据编码系统、统一的图形分层体系和统一的数据记录格式。

3. 数据互操作服务

数字海洋工程应用涉及各种各样的数据，包括空间数据、非空间数据，从数据使用和共享的角度，数字海洋工程涉及的地理空间数据和非空间数据具有以下特征。

1)分布式海量数据

海洋地理空间信息的获取与一定的区域背景密不可分，同时，海洋地理空间信息的存储、维护和更新通常是由分散的地理信息库或专业机构完成的，无论是从技术上，还是实际需求上都不可能将全球或全国的各类海洋地理空间信息集中到一起管理，这些都决定了海洋地理空间信息具有分布式特征。此外，随着航海、航天以及计算机软硬件技术的飞速发展，海洋观测和监控数据每日以Terabyte(TB，1TB＝1000GB)，Petabyte(PB，1PB＝1000TB)的速度增长。如何更好地存储、管理和使用这些分散的海量地理空间信息，使之服务于数字海洋工程的建设已成为数字海洋工程建设与管理中亟待解决的问题。另外，对于各行业应用领域的非空间数据也是种类繁多、格式各异，数字化存储工作量很大。

2)数据格式多样

海洋地理空间信息的来源多种多样，主要通过以下几种途径获得：海图数字化、监测数据、实验数据、卫星遥感与水下调查数据、理论数值模拟与预测数据、历史数据、统计普查数据以及集成数据等。海洋地理空间信息来源的多样性决定了数据格式的多样性，从文本格式、压缩二进制格式到不同“标准”的地学数据格式，其中还包括一些自描述数据格式。数据格式的多样性是信息互访和共享的主要障碍。

3)数据商品性与共享性

在信息时代，海洋地理空间信息作为一种资源，它具有价值与使用价值，是可以用来交换流通的财产。采集到的原始数据或经过处理加工的专业数据都可以用于交换。同时，海洋地理空间信息不同于一般的有形财产，它可以被多个用户共同使用。

实现数据互操作是数字海洋工程建设需要解决的核心问题，除了政策和行政协调方面需要解决的问题外，技术上仍有大量的问题需要解决。数据共享有多种方法，其中最简单的方法是通过数据转换，不同的部门分别建立不同的系统，当要进行数据集成或综合应用时，先将数据进行转换，转为本系统的内部数据格式再进行应用。我国已经颁布了“地球空间数据交换格式标准”，使用该标准可以进行有效的数据转换。但是这种数据共享方法是低级的，它是间接的延时的共享，不是直接的实时共享。建立数字海洋工程应追求直接的实时数据共享，用户可以任意调入数字海洋工程各系统的数据，进行查询和分析，实现不同数据类型、不同系统之间的互操作。

3.5 服务平台

数字海洋工程是涉及多部门、多项业务、异构的、分布式的大型信息系统工程。要使该数字工程具有良好的整体性和可扩展、易维护等性能，保证工程的先进、实用和可持续发展，达到新老系统有效整合、资源共享、避免低水平重复建设和缩短应用系统建设周期等要求，就必须采用符合时代大型软件系统开发潮流的主流技术和架构，通过数据表示和交换方式的标准化，异源异构数据的集成，以及对信息资源实施统一管理和规范应用系统的开发，构建起基于分布式对象互操作技术的应用服务平台。通过应用服务平台这一中间层，将应用系统和基础设施有机地连接起来，实现信息资源的高度共享和应用系统的互联互通。应用服务平台是数字海洋工程的资源管理者和应用的服务者，在逻辑上是一个整体。它所管理的资源和用于服务的构件，物理上是分布于不同的网络节点并为整个数字海洋工程服务的。

3.5.1　服务平台结构

应用服务平台是基于灵活的目录服务系统和标准规范的信息交换格式构建应用集成、信息管理和共性服务等系统。它有效地屏蔽了底层硬件、操作系统、数据库的差异，提供事务、安全、高性能、可扩展性、可管理性和可靠性保障，提高开发效率，从整体上降低开发、部署、运行和维护应用系统的成本。一方面对内支持公文处理、公文交换、决策支持和信息管理等应用服务，另一方面对外支持灵活的公众管理和应用服务。该层一般采用面向对象、组件式设计等多项技术，提供的构件系统是跨领域、与具体业务无关、通用的基础服务，能随着领域需求的发展变化而扩展、伸缩。

应用服务平台的结构如图 3-16 所示，主要包括信息交换处理、工作流引擎、个性化管理、服务集成、通用业务构件等。

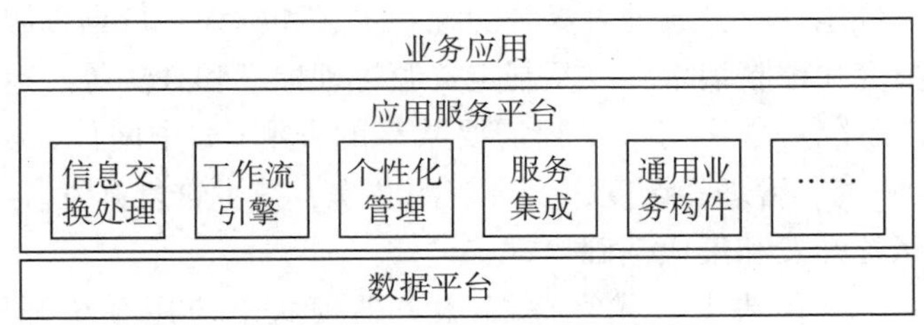

图 3-16　应用服务平台结构

1) 信息交换处理

数字海洋工程应用往往需要与诸多业务信息系统协同完成某项工作，这就需要系统进行相互的数据交换，以实现服务请求的转入和服务结果的反馈。

2) 工作流引擎

工作流引擎是数字海洋工程对各业务系统所提供的业务服务进行协调和统一调度的功能模块。由于数字海洋工程应用服务提供的是一种融合的大业务服务，因此，对于跨业务部门的工作流进行支持是应用服务平台的基本要求。该模块是整个数字海洋工程的业务枢纽，负责对整个框架下的业务应用进行总体调度，保证业务流程的通畅。

3) 个性化管理

数字海洋工程所面向的应用通常是较大规模的。因此，其所面临的客户群体具有较大的差异性，因此，必须提供个性化的服务功能，允许用户根据自己的偏好来定制所需要的业务服务。该模块为业务系统提供了个性化设计开发的工具，通过个性化管理模块，各个业务单位能够根据自身的特点设计出更符合业务流程的界面和功能选择。

4）服务集成模块

服务集成模块主要是针对非可信 Web 服务上的应用系统集成而言的，主要是在应用服务平台层次上提供进一步的应用服务整合与集成支持功能。该模块为各业务系统提供了相应的集成接口，确保了各业务应用能够方便地集成到应用服务平台之上。

5）通用业务构件

对于数字海洋工程来说，每一个业务应用系统所提供的服务中都有许多通用的功能模块。如果这些功能模块在各个业务系统中重复实现，不仅会造成资源的浪费，而且很难保证实现的正确性和一致性。因此理想的方案是在应用服务平台中实现这些通用的业务构件模块。该模块为各个业务应用提供可方便部署、开发的功能，实现在此基础上的各业务系统的个性化开发，缩短开发时间，使得系统的维护更加便捷。

3.5.2　服务平台内容与关键技术

1）资源统一管理和高度共享

在应用系统的建设和运行过程中所需要的资源主要包括应用服务器中间件、知识库、模型库、标准体系以及数据库等。另外，还包括可为各应用系统运行和数据存储所共享的硬件资源，如数据存储设备、高档服务器、网络设备等。

在应用服务平台建设中，通过对资源的统一定义和标识，依据资源定位和应用的业务流，设计任务调度和控制策略，以及制定资源管理标准和方法等。运用中间件平台的资源管理器或门户系统对数字海洋工程需要共享的资源（如中间件、资源目录、数据、身份认证等），实施统一管理和调度，实现资源共享，减少重复开发。

2）提供应用系统开发和集成基础

应用服务平台需要解决上一代客户端-服务器模式下应用系统开发时，系统很大程度上限制了应用的部署、兼容性和扩展性。应用开发总是存在低水平重复，系统运行维护及升级难度大，各应用系统间缺乏互操作能力，资源和系统整合问题不易解决。为了保证数字海洋工程的先进性和可持续发展，需要构建应用服务平台，结合应用系统的实际需求，在标准化的开发环境下构建符合标准的处理逻辑和业务逻辑，提升和规范应用系统开发，保证系统的扩充能力，后端系统集成能力以及系统安全运行等要求。

3）提供系统整合标准和技术手段

数字海洋工程中，要对原有尚有价值的应用系统进行改造，与新建的相关应用系统进行整合，就需要建立应用服务平台，确定技术实现方式和标准，运用中间件等技术来解决。

4）提供可视化服务

海洋信息应用模式已由桌面应用向基于 Web 的应用转变，越来越多的应用系统采用基于 Web 服务的方式实现，客户端仅需要浏览器即可。对于一些常规应用，例如海洋气象服务、海域使用保护管理相关的服务等，这种基于浏览器的瘦客户端方式较容易实现，有很多现成的框架或产品可以满足这些应用的需求，服务器端仅根据业务逻辑生成相应的动态页面即可。但对于空间信息相关的应用来讲，则需要一类特殊的服务-可视化服务。

基于 Web 的应用是在互联网环境下构建的，受网络带宽及客户端应用程序(即浏览器)的限制，直接把大量的空间数据发往客户端的浏览器，数据传输效率和 Web 浏览器直接对复杂的空间数据类型进行解析并加以应用能力等问题难以解决。因此，有必要在客户端和空间数据服务引擎两层之间再加上一个应用服务层，在这个服务层中，可以从空间数据服务引擎中获取空间数据，并可以根据客户端的请求实现各种应用，然后把应用的结果发往客户端，在浏览器中表现出来。例如，空间分析、业务逻辑、可视化及相关的人机交互功能等，都可以在这个服务层中实现。

基于 Web 的空间信息可视化服务往往是一种图形发布服务，应用服务器根据管理员的配置，从空间数据服务引擎中读取相应的空间数据，并将其渲染成一幅符合显示器分辨率的通用格式的图像数据。客户端的一些交互操作通过浏览器 URL 的方式发送给提供可视化服务的服务器，服务器即可渲染出符合 URL 请求的渲染后的图像，客户端得到图像后在浏览器中显示出来，这样就完成一次可视化服务请求。

目前，可提供可视化应用服务的软件产品很多，常用的有 ArcIMS，以及符合 OGC 规范的 MapServer、GeoServer 等开源产品。此外，OGC 也为相关的应用制定了一系列的规范，其中与可视化服务密切相关的是 Web 地图服务(Web map service，WMS)规范，该规范对应用服务的接口和客户端请求字符串格式均作了详细规定，而且对矢量和栅格数据的可视化应用均能很好地支持。

5)提供智能化服务

数字海洋工程的智能化体现在数字海洋工程终端应用中，通过分析模型和领域知识的支持，为决策提供参考依据。

分析模型(如叠加分析、缓冲区分析、空间关系分析等)是实践过程中人类对空间现象的认知的总结，是基于一种普遍的且具有良好结构的计算模型，计算机软件可以比较容易地支持其实现，在一些空间信息系统的基础软件平台中已经集成了这些基本空间分析功能；但由于专业分析模型不可能包容所有的与决策内容相关的因素(或特定的要求)，降低了计算机软件在解决这些问题的适应性，因此需要扩展软件系统的处理能力，使其应用的目标不仅能够处理普遍的模型问题，还可以适应特殊的决策问题。

智能技术的引入、空间信息学研究与智能技术的结合，特别是将特定的海洋领域知识引入到海洋空间信息应用中，并在计算机软件技术的支撑下，为认识海洋空间规律、进行合理决策提供强大的工具。数字海洋工程的智能化从其实现的层次上，可以在应用端完成，也可以在平台端完成。当智能化集成在应用端时，往往是一些针对专门问题而设计的分析模型及领域知识，这种方式在不同应用中缺乏共享机制，因此对于一些具有多应用共享特征的智能应用，一般集成在平台端实现，这样多个终端应用系统就可以共享其智能分析的服务功能。

3.6 安全平台

在当今的信息化时代，信息安全已成信息化建设的焦点问题之一。数字海洋工程不安全的因素来自内部和外部两个方面。内部是指政府机关内部，内部人员攻击、内外勾结、滥用职权；外部是指病毒传染、黑客攻击、信息间谍等。在数字海洋工程中，信息安全的要求十分突出。健全可靠的安全措施是数字海洋工程的根本要求，它是关系到国家机密的大事，也是关系到数字海洋工程能否成功运行的关键所在。为了保证信息系统的安全，需要完整的信息安全保障技术体系，具备保护功能、检测手段、攻击的反应以及事故恢复能力。因此，安全平台的建设是保证数字工程项目正常运转的关键环节。安全平台实质上是一种基础设施，是通过各种技术和非技术的途径，使建立在其上的应用系统、数据能够最大限度地运行和流通，保证数据不会被非法拦截和非法利用的有效方法。由于数字海洋工程涉及的专业领域面广泛、数据量大，以及应用、数据的分布性、共享性上的要求较高，因此安全隐患就比较突出，其安全平台建设就更为必要，难度也更大。

3.6.1 安全平台功能

数字海洋工程安全的功能需求要点有：维护数字海洋工程建设方信誉，保证数字海洋工程的稳定运行，保证数字海洋工程信息的秘密内容不被泄露，认证各种活动中的角色身份，控制系统中的权限，保证信息存储的安全，确保信息传输的安全，有系统的安全备份与恢复机制。

数字海洋工程中的安全平台是系统运行的安全保障体系，该安全体系的组成中既可以通过硬件措施实现，也可以利用软件功能来达到安全的效果。在实际工作中两者往往是结合在一起共同组成一个安全平台体系。安全平台的建设贯穿于数字海洋工程项目建设的准备、实施、运行全过程，即实现数字海洋工程物理安全、网络安全和信息(数据)安全等三大功能。

1)物理安全功能

物理安全功能是保证数字海洋工程项目中网络系统各种业务正常运行的基本前提，物理安全的措施主要包括环境安全、媒体安全、设备安全以及备份恢复等，即在保证基础设施防护如物理位置的安全性、防止物理通路的损坏、物理通路的窃听、对物理通路的攻击(干扰等)、保障网络硬件设备的安全，阻止盗窃和非法闯入以及防止电磁辐射、供电系统安全稳定等方面满足安全标准，并提供安全备份和恢复机制。

2)网络安全功能

网络安全功能是构建一个安全保密的网络传输平台和把好网络出入口，禁止外部无权用户的非法进入，防止从网络传输平台引入的攻击和破坏造成安全威胁，保证网络只给授权的用户使用授权服务，确保各种信息在网络系统中传输的安全和保密性。网络安全功能一方面需要实现网络信息流通，另一方面需要保证信息流通过程中数据的安全性，要在流通和安全等方面实现综合网络安全功能。

3)数据安全功能

数据安全功能是指对信息在数据收集、处理、存储，检索、传输、交换、显示、扩散等过程中的保护功能，保障在数据处理层面信息依据授权使用，不被非法冒充、窃取、篡改、抵赖。它是受非安全因素威胁所采取的安全措施，常与网络安全密切相关。数据安全功能涉及数据生产、流通、应用等多个环节，每个环节都可能存在安全隐患，保证数据安全主要通过用户签名、传输安全、存储安全、内容审计等功能模块实现。

3.6.2 安全平台结构

安全平台体系结构以 ISO 7498-2 为基础，从体系结构的观点描述了 ISO 基本参考模型之间的安全通信必须提供的安全服务及安全机制，并说明了安全服务及其相应机制在安全体系结构中的关系，从而建立了开放互联系统的安全体系结构框架。

数字海洋工程安全平台需要提供以下五种可选择的安全服务：身份认证(authentication)、访问控制(access control)、数据保密(data confidentiality)、数据完整性(data integrity)、防止否认(non-reputation)。

1)身份认证

身份认证是授权控制的基础。目前一般采用基于对称密钥加密或公开密钥加密的方法，采用高强度的密码技术来进行身份认证。比较著名的有 Kerberos，PGP 等方法。

2)访问控制

访问控制是控制不同用户对信息资源访问权限。对访问控制的要求主要有：

(1)一致性，也就是对信息资源的控制没有二义性，各种定义之间不冲突。

(2)统一性，对所有信息资源进行集中管理，安全政策统一贯彻。

(3)精确性，尽可能地提供细粒度的控制。

(4)审计性，对所有授权有记录可以核查。

3)数据加密

目前加密技术主要有两大类：一类是基于对称密钥加密的算法，也称私钥算法；另一类是基于非对称密钥的加密算法，也称公钥算法。加密手段一般分软件加密和硬件加密两种。软件加密成本低而且实用灵活，更换也方便；硬件加密效率高，本身安全性高。密钥管理包括密钥产生、分发、更换等，是数据保密的重要一环。

4)数据完整性

数据完整性是指通过网上传输的数据应防止被修改、删除、插入替换或重发，以保证合法用户接收和使用该数据的真实性。

5)防止否认

接收方要求对方保证不能否认收到的信息是发送方发出的信息，而不是被人冒名、篡改过的信息。发送方也会要求对方不能否认已经收妥的信息，防止否认对商业电子化系统很重要。电子签名的主要目的是防止抵赖、防止否认，给仲裁提供证据。

数字海洋工程安全平台可看作三维的信息系统安全体系结构，反映了信息系统安全需求和体系结构的共性，如图 3-17 所示。

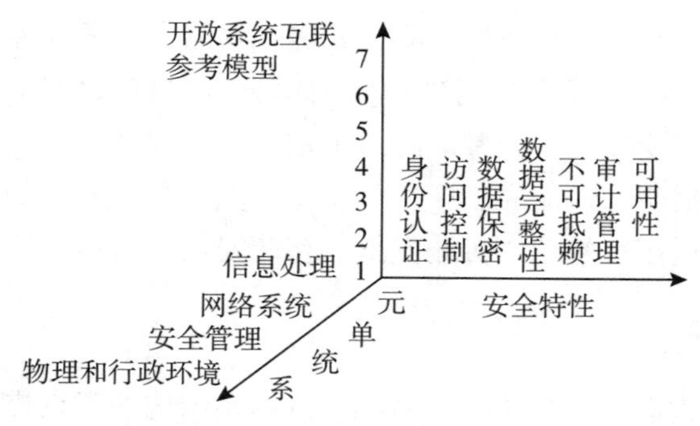

图 3-17　安全平台体系结构

三维结构特性分别是安全特性、系统单元及开放系统互联参考模型，基于 ISO 74982 的五种安全服务、审计管理及可用性。不同的安全政策、不同安全等级的系统可以有不同的特性需求。系统单元包括信息处理单元、网络系统、安全管理及物理和行政环境。信息处理单元由端系统和中继系统(网桥、路由器等)组成。端系统的安全体系结构要支持具有不同政策的多个安全域。所谓安全域是用户的信息客体及安全政策的集合。通过物理和行政的安全管理体制提供安全的本地用户环境以保护硬件；通过防干扰，防辐射、容错、检错等手段实现硬件对软件的保护；提供用户身份认证、访问控制等机制实现软件对信息的保护。

通信网络的安全为传输中的信息提供保护，支持信息共享和分布处理。通信网络系统安全支持包括安全通信协议、密码支持、安全管理应用进程、安全管理信息库、分布式管理系统等。通信网络安全要提供开放系统通信环境下的通信业务流安全。

数字海洋工程需要制定有关安全管理的机制，包括安全域的设置和管理、安全管理信息库、安全管理信息的通信、安全管理应用程序协议及安全机制与服务管理。物理环境与行政管理安全包括人员管理与物理环境管理、行政管理与环境安全服务配置和机制以及系统管理员职责等。开放系统互联参考模型的七个不同层次需要提供不同的安全机制和安全服务，为各系统单元提供不同的安全特性。

3.6.3　安全平台服务模型

参照国际标准化组织 ISO 在开放系统互联标准中定义的七个层次的网络互联参考模型，数字海洋工程安全平台可分为物理层、数据链路层、网络层、传输层、会话层、表示层和应用层。不同的网络层次有不同的功能，例如，数据链路层负责建立点到点通信，网络层负责路由，传输层负责建立端到端的进程通信信道。相应地，在各层需要提供不同的安全机制和安全服务，如图 3-18 所示。

在物理层要保证通信线路的可靠，不易被窃听。在链路层可以采用加密技术，保证通信的安全。在广域网、内部互联网环境中，地域分布很广，物理层的安全难以保证，链路层的加密技术也不完全适用。

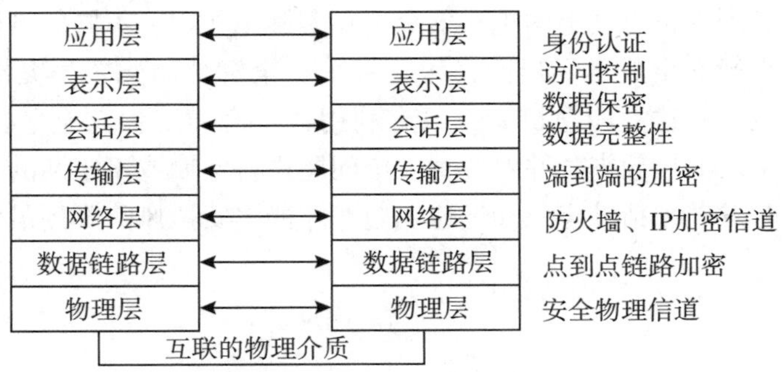

图 3-18　安全平台服务层次模型

在网络层，可以采用防火墙技术，如 TCP，IP 网络中，采用 IP 过滤功能的路由器，以控制信息在内外网络边界的流动。还可使用 IP 加密传输信道技术 Internet 协议安全性(Internet Protocol Security，IPSEC)，在两个网络节点间建立透明的安全加密信道。这种技术对应用透明，提供主机对主机的安全服务，但需要建立标准密钥管理。适用于在公共通信设施上建立虚拟的专用网。

在传输层可以实现进程到进程的安全通信，如现在流行的安全套接层(secure sockets layer，SSL)技术，是在两个通信节点间建立安全的 TCP 连接。这种技术实现了基于进程对进程的安全服务和加密传输信道，采用公钥体系做身份认证，有较高的安全强度。但这种技术对应用层不透明，需要证书授权中心，它本身不提供访问控制。

针对专门的应用，在应用层实施安全机制，对特定的应用是有效的，如基于简单邮件传输协议(Simple Mail Transfer Protocol，SMTP)的安全增强型邮件(Privacy Enhanced Mail，PEM)提供了安全服务的电子邮件、空间数据的水印技术，又如用于 Web 的安全超文本传输协议(Secure Hypertext Transfer Protocol，SHTTP)提供了文件级的安全服务机制。应用层安全的问题在于它针对特定应用，故缺乏通用性，而且一旦需求变化必须修改应用程序。

3.6.4　安全平台构建

构建安全平台包括安全需求分析、安全现状分析、安全平台建设规划、安全管理制度与应急措施、安全平台的实施等内容。在数字海洋工程安全平台的构建中，对其系统安全现状进行分析，设计出针对性的解决方案。例如，安全平台建设规划，可以从安全平台设计目标和解决思路、网络安全、主机安全、应用安全、数据安全、数据生产安全、数据交换安全、数据存储安全、用户身份认证、系统备份与恢复等方面实施。对于安全平台的管理可以从管理制度、审计评估、工程管理、安全监督、灾难恢复等方面实施。

安全性至关重要，信息安全是一个涉及面很广的问题，要想确保安全，必须同时从法规、管理、技术这三个层次上采取有效措施。高层的安全功能为低层的安全功能提供保护。任何单一层次上的安全措施都不可能提供真正的全方位安全。当然信息安全也是相对的，不可能做到真正意义上的绝对安全。在实际工作中，不同的阶段有着不同的安全需求，应综合平衡安全成本和风险，优化系统安全资源的配置，突出重点和关键问题，层层设置防范，并建立应急机制。只有利用数字海洋工程安全平台建设的综合特性，将各种安全手段汇集起来，并对各种安全问题进行定期或不定期的综合评估，提高对可疑事件的及时发现、精准定位和迅速响应，才能将安全风险降到最低程度。

第4章　数字海洋核心应用系统

4.1　海洋空间基础信息管理系统

数字海洋在逻辑层次上总体表现为：在数字海洋的信息基础设施和支撑环境平台上建立数字海洋空间信息基础设施的总体信息体系，包括海洋基础地理空间信息数据库、海洋地理空间信息共享与管理平台和海洋地理空间信息应用服务平台。并在此基础上建立数字海洋各种海洋信息平台、专业应用、综合决策支持地理信息系统，面向数字海洋内、外的各种信息实体和用户实体提供数字化、网络化、虚拟化、智能化的应用和各种服务，如图4-1所示。海洋空间基础信息管理系统是指海洋基础地理空间信息数据库、海洋地理空间信息共享与管理平台和海洋地理空间信息应用服务平台的总称，即扮演着数字海洋信息基础设施底盘的重要角色。

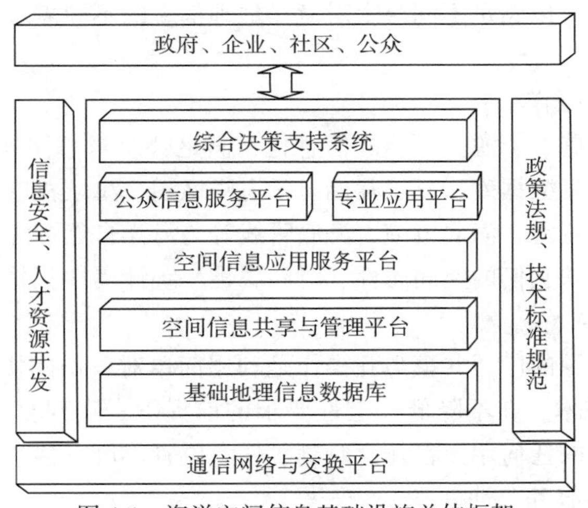

图4-1　海洋空间信息基础设施总体框架

海洋空间信息基础设施建设是一个规模庞大、技术复杂且时间跨度很大的系统工程。要保证这样复杂的系统工程能够充分发挥效用，必须首先将海洋空间基础信息管理系统这项重要信息基础设施建设好。

4.1.1　系统需求

海洋空间信息基础设施是数字海洋工程的基础和核心，没有一个强大的空间信息基础设施，数字海洋工程就不可能提供优质的海洋信息应用服务。海洋空间基础数据管理与应用服务的实现方式是建设一个能为数字海洋各种应用系统提供统一的可视化、多元异构空间基础信息服务的信息共享平台。该信息平台应具有标准化、开放性、可扩展性、先进性、实用性和安全性。信息管理及服务既要具有全局观念，又要有市场机制的促进。政府应制订统一的数据标准和规章制度，数据生产、管理单位可充分利用市场的杠杆作用建立数据生产、更新机制，以数据“养”数据，形成良性的信息资源发展机制。

本着空间信息资源集约利用的原则，进行全国统一的基础地理信息平台建设，从而可以实现空间数据的统一管理和数据共享，并与办公自动化系统相连接，为海洋综合决策支持系统提供平台和支持。海洋空间基础信息管理系统就是利用新一代信息技术(大数据、云计算、物联网)和 3S(GIS、GNSS、RS)技术，实现对海洋各种自然资源、生态环境、人工建(构)筑物等的空间定位和透明表达，建立全国统一、完备的海洋空间地理信息数据平台，建立覆盖全国乃至全球范围的、海量的、动态的海洋空间地理数据库，为政府决策、陆海一体化国土空间规划以及海洋管理提供数字化的基础数据，使之成为各类应用信息系统的海洋基础平台。

与海洋地理信息相关的海洋问题涉及海洋维权、海域管理、海洋环境、海洋工程、海洋牧场、海上交通等方面。因此，海洋领域的各种应用都有对海洋空间地理信息数据的需求。一个功能完善的基础地理信息平台，是能够按照空间位置对海洋各种基础地理信息进行输入、存储、更新、查询、分析、应用、显示和制图的技术系统。其应该包括以下几个方面的内容，以满足不同层次对海洋地理信息的不同需求。

1. 功能需求

1)信息共享与互操作

实现海洋基础设施、资源、环境的信息化，满足公众对海洋地理信息的一般需求。建立标准化的地理信息数据库，分层存储显示海洋区划、海域权属、航道交通、海上旅游、海洋生物、海洋资源、海底电缆、海底管线等与海洋自然资源和海洋开发保护密切相关的地理信息，反映它们的空间属性、时间属性、统计属性，并且在一个公众能接受的平台上向公众发布。

海洋空间信息资源的广泛共享与互操作是利用简单对象访问协议(SOAP)和可扩展标记语言(XML)等技术，在不降低安全性要求的前提下，实现复杂信息传输和功能调用，从而使各平台上的任何用户在任意时刻、任意位置都可以共享网络上的空间数据。

2)网络信息应用服务

建立基于海洋空间信息的海洋管理功能，满足政府相关职能部门管理工作对海洋地理信息的需求根据不同的职能部门、不同的工作内容，设计专用的海洋地理信息处理工具，具有进行诸如海域使用论证分析、海底管线设计、海面动态三维景观建模与显示等辅助管理分析的功能。

实时动态的网络空间信息应用服务以服务的形式面向用户，用户不需要购买、安装空间信息应用程序或组件，只需要直接调用远端服务，数据和逻辑的变更就能够实时地报告给用户，保证空间信息应用服务的动态自适应。

3)信息应用服务集成

基于空间信息分析系统的统计分析和辅助决策模型，构建应用服务集成环境，为决策者提供网络空间信息服务。例如针对海洋中存在的主要问题：海上应急救援、防灾减灾规划、海洋牧场选址、海洋经济统计与分析，结合海洋网络空间地理信息平台和其他统计资料，依靠科学有效的分析模型，进行各种空间分析或实时数据查询与显示。

空间信息应用服务集成和系统互操作将基于不同语言的、在不同平台上运行的各种空间信息分析处理程序集成起来。例如，在应用中需要从运行于 Windows 的程序中获取数据，然后把数据发送到 Linux 或 UNIX 应用程序中去进行处理。此外，即使是在同一个平台上，不同软件厂商生产的各种软件(如 ArcGIS 与 MapGIS)也具有不同的功能，而一项处理任务常常需要集成多种软件的功能才能够完成。应用程序可以用标准的方式把应用程序功能和数据“暴露”出来，形成标准的应用接口，进而实现系统互操作和应用服务的集成。例如，将“最短路径分析”与“海洋环境综合查询”两个应用进行集成，可以满足不同层次的应用需求，以单一的入口为用户提供简捷、方便的空间信息服务。

4)信息集成应用发布

空间信息应用服务的发布、分发和调用通过注册中心和空间信息资源目录可以轻易实现各种服务的发布、分发和调用。用户完成注册后，各种应用服务就可以让任何用户在任何时间、基于任何平台进行调用，实现一次注册、多处应用。基于这样的层次结构能够为空间信息的各种应用提供实用、可行的解决思路和实施方案。

2. 内容需求

海洋空间信息基础设施建设是数字海洋的基础和核心，海洋空间信息基础设施建设的内容主要包括以下几个方面：建立海洋空间数据生产、管理和更新的组织体系与管理措施；建立全海区范围基础地理信息数据库、空间数据管理与共享平台、空间数据应用服务平台等；制定数据规范和技术质量标准；针对政府和社会关注的海域，建设重点应用系统的示范工程；建立海洋空间信息基础设施集成和分发服务中心，为海洋工程建设和管理各行业、社会经济各部门提供海洋地理信息支持。

1)基础地理信息数据库

基础地理信息数据库包括大多数部门经常共同使用的基础地理空间数据集合。基础地理信息数据库致力于提供有共同格式、共享的基础地理数据，以便使用户能够集中精力在自己的数据应用和其他事务上。这种使用最多、每个人都能共享、按照一种公用标准维护的基础地理数据，可称为核心数据。基础地理信息数据库应设计为一个统一的、标准的、完善的数据源，它能提供海洋最有用的数据，即最新、最完整、最精确的数据；用户必须能够很容易地把自己的数据集成到基础地理数据上去。访问基础地理数据应该把费用减少到尽可能低的程度，数据的使用和分发在保证基础地理空间信息安全的条件下不应该再受到任何限制，基础地理数据是一种公共资源。

基础地理信息数据库提供了一个最普遍和共同需要的基础地理数据集合以及支持这些数据开发和应用的环境，换句话说，它的典型代表有海图数据、地形图数据等，即在一个海域里使用最频繁、经过共同标准认证、标准化和有说明的数据。它们为不同用户在其应用上添加自己的数据，编辑其他来源的数据，提供了一个规范化的公共基础．从而避免了重复建设、数据不一致等问题。

空间地理信息数据主要包括基本海图数据、地形图数据、控制测量数据、遥感影像数据以及其他与空间位置相关的海洋自然、人文信息等数据集。在海洋空间信息基础设施建设中，需要建设以下类型数据库：

(1)元数据库；

(2)控制测量数据库；

(3)基础地图数据库；

(4)海图数据库；

(5)水深/高程数据库；

(6)三维模型库；

(7)水文数据库；

(8)海岛数据库；

(9)海底管网数据库；

(10)地理编码和地名数据库；

(11)经济社会基本单元数据库。

海洋基础地理信息数据库是海洋空间地理数据基础设施，采取分布式数据库技术，分别由海洋空间数据中心和数据分中心来管理。海洋空间数据中心主要管理包括海洋自然资源与地理空间数据库、宏观经济数据库、人口基础数据库、法人单位数据库和企业基础数据库在内的海洋基础库，并可以通过海洋信息中心的信息交换共享平台解决各个跨部门应用之间的数据交换、信息共享、信息传递问题，以数据交换的方式实现政府部门内部所有公共业务数据的共享，为综合查询及业务应用系统提供全局的、透明的数据访问。

2)空间数据管理与共享平台

随着信息化的发展和数据生产部门与应用部门的分离，数据共享成为空间信息基础设施建设的重要目标之一。海洋领域的各个部门，包括政府、企业、学校、个人都需要使用海洋基础空间数据库中的数据，特别是使用海洋空间位置信息和属性信息，如海洋功能区划数据、海籍数据、基础海图数据，这些数据使用频繁，数据变化较快。在这种情况下给各部门提供数据服务，要考虑到数据的保密性和现势性，需要确立海洋空间信息基础设施数据管理、应用逻辑、网上服务和终端应用总体结构体系，建立数据共享平台来实施海洋空间信息的发布，进一步完善基于互联网的数据管理、分发技术，增强技术的安全性与可靠性。海洋空间信息共享的关键是建立信息共享与管理的平台。各个部门可使用这个平台请求所需的数据，也可以向平台发布自己的最新数据。信息共享与管理平台由数据中心进行统一管理。各部门的信息应用系统根据授权，可以直接访问海洋空间信息共享与管理平台，也可以通过数据中心提取所需数据后形成数据包发送。

空间数据管理与共享平台是基础性的空间信息应用平台之一。数据提供者用它对要发布的空间数据集产生相应的元数据库，并管理、更新和维护元数据库。用户通过元数据查询检索系统来查询、检索元数据库，以获取相应的空间数据集。空间元数据管理信息系统是实现网络环境下空间数据共享的关键。要实现有效的空间元数据管理，以实现空间数据源的抽取、集成和浏览导航，从而实现真正意义上的空间数据共享。

3)空间数据应用服务平台

建设空间数据应用服务平台，包括地图应用服务器、空间数据服务引擎、空间数据应用集成服务器、空间应用服务管理器。遵照流行的 Web Service 技术规范，为各专业应用系统、公用信息平台、决策支持系统，为在建和已经建成的电子政务系统、电子商务系统、地理信息系统，定义数据标准，提供接口，实现信息共享，从而避免重复建设。B/S 架构的应用程序需要摆脱独立方案的实现模式，需要舍弃复杂系统连接的实现方法。一个有效的应用绝对不应该是仅仅基于程序员以及那些复杂的代码。应当被即时的、快速的应用装配所取代。同时，这样的应用应该具备高可定制性。

使用 Web 服务(Web Service)，应用能够通过抽象和混合将自身的业务逻辑组件化。这种组件是被一次性部署到因特网，就可以使用和集成 Web 服务。通过采用 Web 服务，可显著降低开发的代价。同时，随着新的 Web 服务技术的出现，Web 服务在运行时态和动态装配方面将成为现实，同时每个用户甚至可以应用户的要求而进行实时装配。从外部使用者的角度来看，Web 服务是一种部署在 Web 上的对象/组件，它具备以下特征：

(1)完好封装性：Web 服务既然是一种部署在 Web 上的对象，它自然具备对象的良好封装性，对于使用者而言，它能且仅能看到该对象提供的功能列表。

(2)松散耦合性：这一特征也是源于对象/组件技术，当一个 Web 服务发生变更时，调用者是不会感受到这一点的。对于调用者来说，只要 Web 服务的调用界面不变，Web 服务的任何变更对他们来说都是透明的。

(3)协约规范性：使用协约的规范性特征源于对象，但相比于一般对象，其界面更加规范化和易于机器理解。使用协约的将不仅仅是服务界面，它将被延伸到 Web 服务的聚合、跨 Web 服务的事务、工作流等，而这些又都需要服务质量的保障。

(4)协议规范性：作为 Web 服务，其所有公共的协约全需要使用开放的标准协议进行描述、传输和交换。这些标准协议具有完全免费的规范，以便由任意方进行实现，使用标准协议规范。

(5)高度集成能力：由于 Web 服务采取最简单的、易理解的标准 Web 协议作为组件界面描述和协同描述规范，它完全屏蔽了不同软件平台的差异，实现了在当前环境下最高的可集成性，表现出它具有高度可集成能力。

4.1.2 总体结构

1. 数据中心框架

海洋空间数据中心，承担对海洋空间数据基础设施进行管理和维护的任务。该中心是海洋规模化基础地理空间数据生产单位，是权威的基础空间数据更新、存储、处理和分发服务中心，是国家海洋空间数据基础设施的组成部分之一。

海洋空间数据分中心应该设在海洋各部门、各区(县、市)，分别管理包括海洋规划管理、海籍管理、环境管理、养殖管理、航海管理、灾害管理、旅游管理和工程管理等在内的海洋综合管理数据库。这些专业数据都通过海洋信息中心的信息交换共享平台，同海洋基础地理空间数据集成，即定位在空间数据框架内，使海洋专业数据具有空间定位或空间分布特征，并在各部门、各行业之间进行数据交换和信息共享。

海洋数据中心是在海洋相关科学长期积累的基础上，依托成熟的数据库管理和 GIS 的标准，构建多分辨率、多时相、多类型的动态海洋时空数据平台，建立具有数据管理、维护、处理、加工等功能一体化的海洋数据中心，建立专题海洋数据同步节点和服务节点，为各类数据集中提供数据存储和管理平台，为各类业务系统提供数据支持。同时，利用数据仓库和数据挖掘技术，对海洋信息进行提取、集成、分析，为海洋管理科学决策提供支持。

海洋数据中心由五大类数据库构成：海洋地理环境基础数据库、海洋综合管理数据库、海洋应用服务数据库、海洋专题产品库和海洋元数据库。数据库系统分布式地部署在数据中心节点和各分节点。

海洋数据中心按照统一的空间数据框架和层次布局规划，构建分布式海洋地理环境基础数据库系统，并围绕海洋的应用系统需求，构建面向各个应用主题的海洋综合管理专题数据库和海洋信息产品库。通过整合各种异构数据库系统，集成多元、多源、异构的海洋数据，实现海洋数据的逻辑集中管理，以及远程数据交换与共享和对外信息交换。数据中心总体构架如图 4-2 所示。

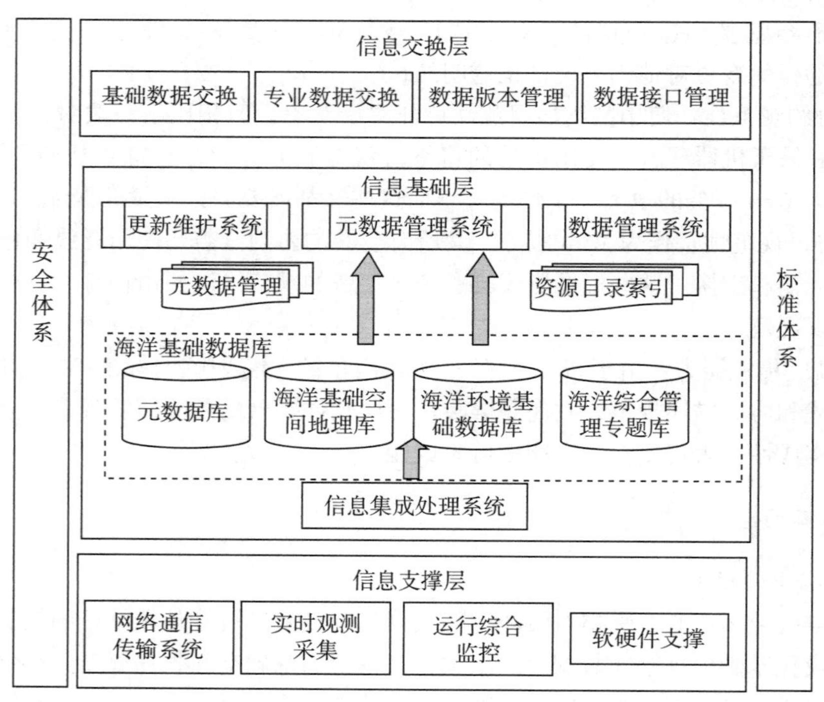

图 4-2　数据中心总体框架图

数据中心整体框架设计结构自下而上共分为三层：信息支撑层、信息基础层、信息交换层。各个层次之间通过相应的接口和 API 函数有机地连接起来，从总体上保证了系统工程模块化结构和功能构件划分。

具体层次包含主要内容如下：

(1)信息支撑层。包括网络通信传输系统，海洋实时观测采集系统、运行综合监控系统软硬件环境支撑等。

该层的核心内容以数据海洋主干网传输为基础，利用实时观测采集系统实现海洋信息(包括数据、文字、图表、图像、视频等)的动态监测、自动采集和实时在线分析，为海洋信息平台建设提供最基础、准确、可靠的数据源。

同时运行监控系统对数据中心内各个系统运行状况、网络传输情况等进行实时的监控以保证数据中心的正常运转。

(2)信息基础层。位于支撑层之上，是数据中心工程的核心，负责海域中所有对象、数据、信息、规律、方案和决策结果的存储、管理。主要建设内容包括海域多源数据集成系统、海洋自然资源数据库建设、海洋数据更新维护系统和海洋数据综合管理系统这四大部分。在此基础上实现对所有海洋资源数据的综合处理、存储、管理、维护、转换、备份等功能，为业务应用提供数据管理支撑。

(3)信息交换层。该部分通过定制的适配器为该系统工程之间的各类相关应用系统和业务数据间提供统一的、标准的、可靠的数据交换、共享功能。

该设计的核心解决了两个问题：一是解决海洋自然资源数据综合管理；二是提供后台信息应用服务。该框架将允许授权用户从任何地点、在任何时间获取海域的海洋信息，支持应用部门获取实时在线信息；集成海域内各类型管理对象的信息，实现无缝的全息描述；保证数据的动态更新，方便与海域内其他行业部门建立合作和伙伴机制，建立连接和互补机制。在共同的公共标准和开放信息标准下实现互操作。

数据中心物理拓扑结构包括：主库服务器区、数据备份及管理设备区、数据生产设备区、交换服务支撑设备区，如图 4-3 所示。

主库服务器区部署空间数据引擎服务器、中间件服务器、WebGIS 服务器、元数目录服务器，元数据网关服务器和共享管理数据库服务器。支持建立基础地理数据库、标准数据产品库、元数据服务系统以及数据服务系统等。数据生产设备区部署加工库服务器、数据加工 GIS/RS 服务器和 PC 工作站。在数据中心节点网络系统中，数据的生产加工与对外服务是分离的。数据的对外服务部署在隔离区，而数据的生产和加工部署于非对外服务区，通过数据的发布将生产数据发布到服务数据库中。交换服务支撑设备区部署 Web 中间件服务器、GIS/RS 中间件服务器、通用服务器和 PC 工作站。用于支持基础信息库系统的建立、维护。网络管理工作区部署入侵监测分析服务器和 PC 工作站。通过网络管理区实现对数据中心的网络拓扑结构、网络设备状态的实时监控。

2. 管理共享平台结构

空间数据共享与管理平台主要由空间元数据编辑器、服务器管理工具、元数据服务器、空间数据分发服务器、空间元数据网关和元数据库组成。空间元数据编辑器依照

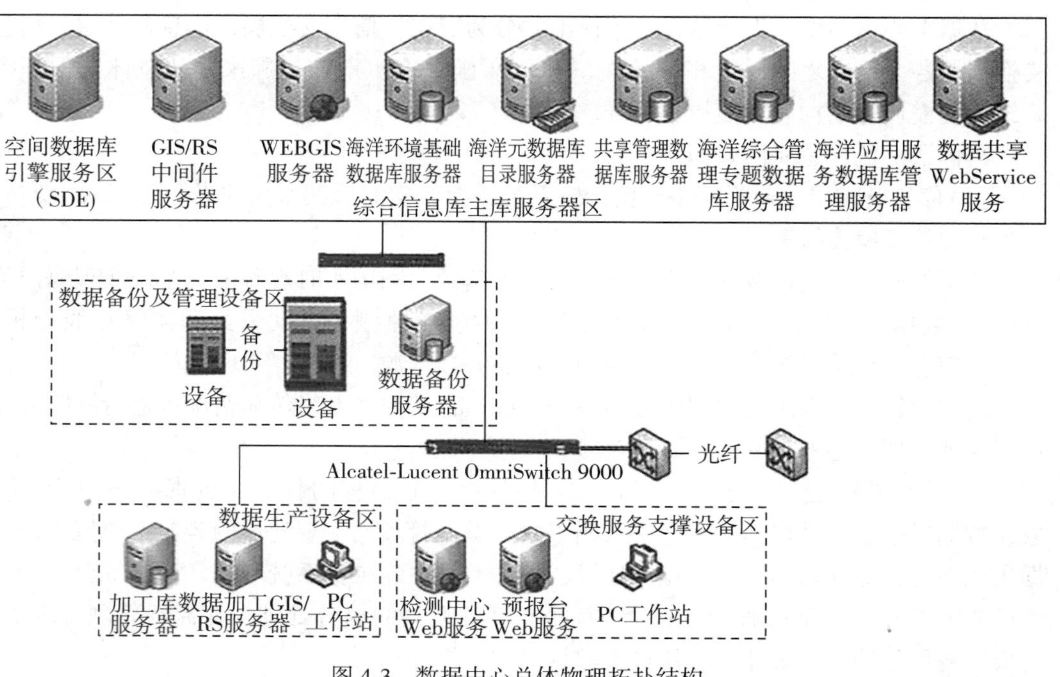

图 4-3　数据中心总体物理拓扑结构

NSII 空间元数据标准，以友好的用户界面让用户来编辑相关元数据，并以多种格式输出。然后，用户用元数据索引模块来为元数据建立索引，并将其加载到元数据库中。空间数据共享与管理平台采用 Client/Server 与 Browser/Server 混合的体系结构，具有严格的平台和操作系统无关性。建立在空间数据交换中心的元数据服务器与各空间数据库以星形结构实现网络连接。地理信息系统基础平台元数据管理信息系统的编辑器运行在各分布式空间数据库系统中，由该数据库系统的管理员负责向空间数据库系统中添加、更新、维护元数据，并实现与数据集的关联，以维护元数据与数据集的一致性、完备性和有效性。无发布能力的用户可通过编辑器将元数据提交给地理信息系统基础平台元数据服务器，由元数据服务器对其进行管理、维护。

空间数据管理与共享平台采用 Client/Server(简称 C/S)与 Browser/Server(简称 B/S)混合的体系结构，如图 4-4 所示，其具有严格的平台和操作系统无关性。用户无论是使用计算机还是工作站，无论是运行于 Windows 环境还是 UNIX 或 Macintosh 环境，都能使用该系统。建立在空间数据交换中心的元数据服务器与各空间数据库采用星形结构实现网络连接。空间元数据查询检索系统由元数据浏览器、www 服务器、空间元数据查询服务器、元数据库组成。

Browser/Server 模式主要用于一般的元数据查询。在这种模式下，只需通过浏览器(即元数据浏览器)，在元数据发布站点的查询页面上经过简单的输入就可以对元数据进行查询，包括关键字查询和条件组合查询。在 Client/Server 模式下，用户可以对元数据库执行更多的操作，使用 Z39. 50 客户机访问元数据库。Z39. 50 客户机与 Z39. 50 服

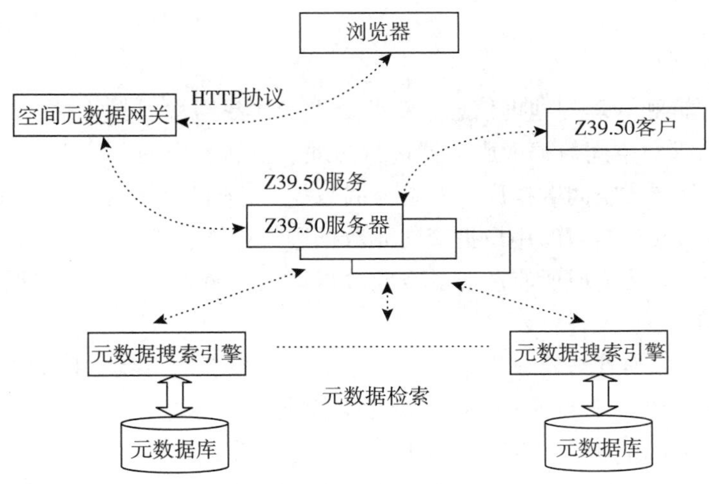

图 4-4 基于 C/S 与 B/S 的混合体系结构

务器在功能上是相互匹配的，Z39.50 客户机向 Z39.50 服务器请求所有已经实现的 Z39.50 服务。Client/Server 模式支持的查询语法也比 Browser/Server 丰富得多；相应地，它的操作也复杂得多。使用 Client/Server 模式要求用户对 Z39.50 协议和系统内部机制有比较深入的了解。

1)元数据编辑器

元数据编辑器提供一个所见即所得的编辑生成环境，具有可视化、交互式、多窗口的功能，向各分布式空间数据库导入元数据，并与数据集实现关联，以便于空间数据库统一管理数据集及其元数据，实现数据的一致性、完备性。编辑器还应具有向服务器提交元数据的加载功能，如图 4-5 所示为元数据加载过程结构。

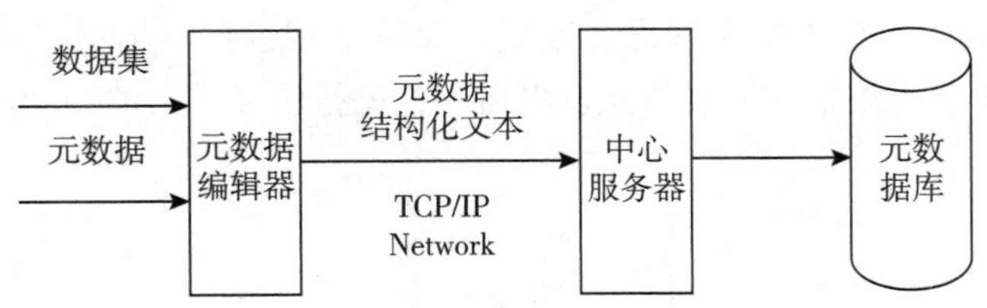

图 4-5 元数据加载过程结构

2)服务器管理工具

分别在服务端和客户端提供一组工具。服务端工具(服务器管理和日志查看)是为了使用户可以设置数据服务器，定义元数据，管理用户权限和监视系统及数据的使用状况。客户端工具是用来进行注册、维护和应用元数据库目录和资源数据的。功能包括节点管理模块(用于实现整个系统中节点的注册、增加、删除、配置等功能)、元数据服务器设置、空间数据服务器设置、用户账户的管理、数据服务器的登录、索引图、预定义词表、元数据服务器访问日志、数据服务器访问日志、数据访问的统计分析、数据建立的统计分析等。

3) 元数据服务器

提供易于配置和管理的地理信息系统基础平台元数据管理服务器，根据元数据浏览器或编辑器的请求对空间数据库服务器进行管理、更新、查询。其主要功能有：

(1) 管理各分布式空间数据库，对各空间数据库进行注册、管理和跟踪。

(2) 对无数据发布能力的用户提交的元数据进行存储、管理。

(3) 向某个、某几个或所有注册的空间数据库发送查询请求，并接受查询结果，负责向浏览器返回。

(4) 可帮助元数据管理者在指定的数据集上建立索引的工具。目前主要是将某个目录下的元数据文件做一个倒排表，以备做全文检索。

(5) 对其管理的各分布式空间数据集进行统计分析。

元数据服务器通过网络为远端的用户提供访问服务。用户可以按照开放式的网络传输标准搜索和取得数据。元数据浏览器采用通用浏览器，在浏览器端实现对海洋空间信息交换网络进行浏览、查询等请求的提交。浏览、查询界面符合用户查询习惯，由用户选择对某个数据库或所有数据库进行查询的方式，并按不同条件实现对数据交换中心的浏览、查询。浏览器提供多种查询方式以提交查询请求，如主题词查询、关键字查询、空间范围查询、时间范围查询、数据集系列查询等。

元数据服务器根据元数据浏览器的请求对空间元数据库进行查询、检索，接受查询结果，负责向浏览器返回。元数据查询服务器还可对其管理的各分布式空间数据集进行统计分析。同时，它可以对元数据发布能力的用户提交的元数据进行存储、管理。

4) 空间数据分发服务器

空间数据分发服务器提供用户获取特定数据集的功能，功能框架如图 4-6 所示。元数据对相应数据集的获取方式有详细描述。当用户选择下载方式时，在通过身份、权限认证后，可让用户与特定的 FTP 服务器建立连接，开始下载数据。当用户需要特定数据格式的数据集时，可向空间数据转换服务器发出请求，进行语义无损的空间数据转换。

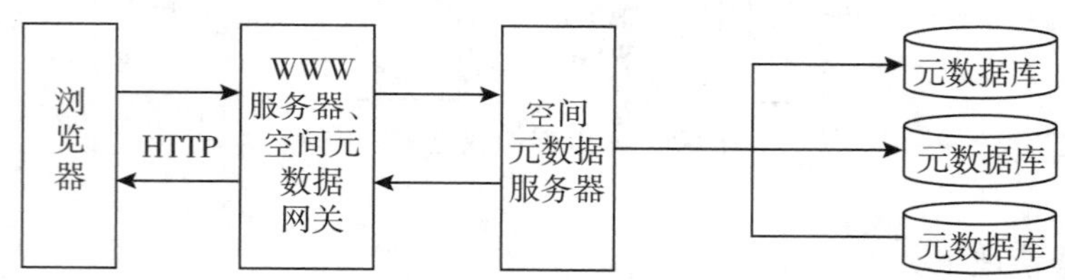

图 4-6　空间数据分布服务器功能框架

空间数据转换模块依据 NSII 空间数据转换标准及其实现方式对不同的空间数据格式进行语义无损的转换。

5) WebGIS 服务器

WebGIS 服务器提供用户浏览空间数据集的功能，当用户查询、检索到特定的元数据后，可从浏览器向 WebGIS 服务器发出请求，实现与 WebGIS 服务器的连接，对相应的空间数据集进行查询、浏览。

6)空间元数据网关

空间元数据网关可同时连接分布在因特网上的多个空间元数据服务器，并提供多服务器联合查询功能。空间元数据网关与元数据服务器之间实现信息搜索和提取，这种连接对浏览器用户是透明的，用户可以像使用普通网络搜索引擎一样使用空间元数据网关来完成对空间元数据的查询。

7)客户端

客户端工具由用户界面模块和协议处理传输模块构成，可以是基于 Z39.50 协议的应用程序、嵌入式构件(COM)或 Java Applet。由于系统所支持的查询语言不是一般用户能书写的，所以要由用户界面模块来负责与用户交互，输入查询条件和呈现查询结果。协议处理传输模块负责将用户界面模块收集到的查询参数组织成查询语句，再根据 Z39.50 协议产生系统消息，通过 TCP/IP 协议发送给元数据服务器。接受到返回结果后拆包，将查询结果交由用户界面模块显示。

8)浏览器

地理信息系统基础平台元数据浏览器采用通用浏览器。在浏览器端实现对海洋数据中心的浏览、查询等请求的提交。浏览、查询界面应符合用户的查询习惯，由用户选择对某个数据库或所有数据库进行查询的方式，并按不同条件实现对数据交换中心的浏览、查询。

3. 应用服务平台结构

海洋空间数据具有空间位置特征，在数字海洋工程应用领域中发挥越来越显著的作用。分布式系统是空间信息应用发展的主流方向，在分布式应用中，网络环境下的空间数据获取和空间应用服务共享，是提高空间信息应用效率的关键。在分布式空间信息应用系统中，可以基于客户-服务器模式，基于面向服务的体系架构(Service-Oriented Architecture SOA)成为分布式应用的主流架构，通过 SOA 可以实现细粒度的空间数据服务和空间信息应用服务，满足在异构环境下的空间数据共享和应用共享，也可以基于 SOA 的服务，快速搭建新的空间信息应用。作为一个典型的 SOA，可采用数据层-服务层-应用层的三层服务模型，在该模型中，所有的应用层的数据请求，都通过服务层传递到数据库进行处理，处理后的数据再通过服务返回给应用层。此外，应用层还可能向服务层获取部分通用的空间信息应用服务请求，如空间叠加、缓冲分析、距离查询、拓扑关系分析等各种空间分析服务。在空间信息应用中，高效的数据检索、分布式应用架构、空间数据服务共享及应用服务共享，是实现分布式空间信息处理和应用的基础。

空间信息服务平台要提供空间数据的共享性和应用服务的共享性，依据开放地理信息联盟(Open Geospatial Consortium，OGC)提出的地理标记语言(Geographical Markup Language，GML)技术，实现多源异构空间数据的集成与互操作，GML 是 XML 在地理数据编码中的具体应用，通过 GML 可以实现空间数据表示的统一性，从而解决异构系统中数据共享的难题。空间信息应用系统由于空间数据具有多源、异构等特征，造成数据访问的复杂性，因此实现空间数据的共享，就需要提供统一的空间数据访问接口，获取数据中心数据层的基础地理信息数据。此外，对一些通用的空间信息服务功能，在服务平台中可以集成一组空间分析应用包，如距离计算、面积计算、拓扑关系计算等，这样通过远程服务调用，就可以获取标准交换格式的空间数据和空间应用功能服务。为了满足各种空间信息应用的数据访问和应用服务功能需求，设计数据服务平台可以采用基于SOA 的四层架构，如图 4-7 所示，包括支撑层、数据存储层、系统服务层和终端应用层，本节介绍除支撑层之外的其他三层架构：

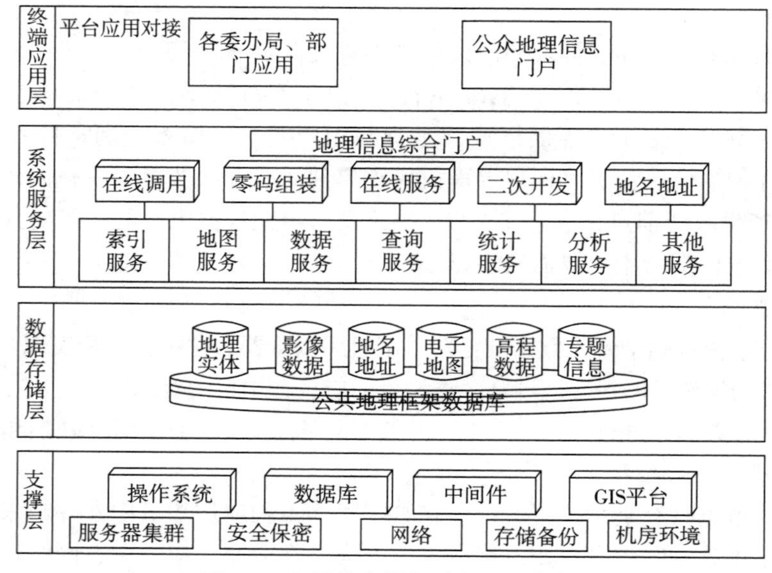

图 4-7　空间信息服务平台 SOA 架构

(1)数据存储层：提供空间数据的存储和索引实现，主要任务包括建立数据检索的空间索引系统，并对空间数据进行物理存储。数据存储层是整个空间信息服务系统的数据基础，通过在数据库中开发空间查询函数，结合空间索引，实现对特定空间对象的查询。这样可以增强系统的并发处理性能，提高数据访问的效率，降低对客户端的系统要求。对于数据存储层，可以通过 ODBC(Open Database Connectivity)或 JDBC(Java Data Base Connectivity)提供通用数据读取接口。

(2)系统服务层：提供元数据服务、空间数据服务，以及在空间数据服务基础上的一些通用应用服务，通过标准的数据服务接口和应用服务功能接口，对各类终端应用系统开放。系统服务层作为应用系统的一个中间层次，实现终端应用和数据层的交互，并同时负责接收客户端的其他应用请求，完成一些应用分析处理(如对空间分析功能的终端请求语句进行解析等)，把请求传递给相应的数据库服务器，进行数据提取，然后再对数据返回结果进行空间分析(如缓冲分析、叠加分析、路径分析、空间拓扑分析等)，最后将分析结果返回给终端应用系统，以便进行结果的显示和制图。系统服务层在数据传输上以 GML 的形式，进行请求响应，为了满足系统服务层的通用性，采用 Web 服务技术，通过标准的 Web 服务接口，为终端应用提供局域网或互联网环境下的跨平台应用服务支持，弥补了不同终端应用在调用数据服务时的差异性，最大限度地降低终端应用层开发的复杂度。这里，Web 服务将数据存储层的数据以 GML 的形式进行封装，基于 http 访问协议，完成终端应用系统服务的交互。

(3)终端应用层：是基于 Web、桌面或移动终端的应用系统，所有终端应用都可以用统一的访问模式，在其网络节点上发出空间数据和功能服务请求，并从系统服务层获取相应的服务，来构建满足特定需求的终端应用系统。对于各种终端应用系统，可以充分利用系统服务层共享的数据及提供的通用应用服务功能。这样可以在系统服务层的基础上，快速地构建任意复杂的终端应用系统。

以上架构实现中，核心的问题是满足快速数据提取。包括数据存储层的高效索引建立，以及系统服务层的各类服务接口，即数据服务和应用服务的实现接口。

4.1.3 基本功能

1. 海洋数据中心基本功能

海洋空间数据中心是权威的基础空间数据更新、存储、处理和分发服务中心。其主要职能包括以下几个方面：

(1)确定数字海洋工程 GIS 系统共同需要的基础地理单元实体及主要属性，以及这些数据的保密等级、保密类型。

(2)确定规范化公共海洋空间数据，并组织扩充空间数据以外的有共同需要的专题基础数据，生成统一格式的数字化产品。

(3)海洋空间基础数据的定期维护、更新。

(4)参与制定有关空间基础数据建设、使用与更新的法规政策。

(5)与各行业部门的信息交换共享平台集成，即保障各行业部门的信息定位在空间数据框架内，使专业数据具有空间定位或空间分布特征，并在各部门、各行业之间进行数据交换和信息共享。

海洋数据中心的主要功能是为应用系统和海洋地理信息平台提供异构、分布式数据集成和透明查询、检索服务。海洋数据中心配置：基础数据库、元数据库、信息产品库、数据存储与管理、数据共享与交换系统、数据安全系统。海洋数据中心的数据流程如图 4-8 所示。

(1)基础数据库构成海洋数据资源平台，为各类海洋应用提供数据支撑。

(2)信息产品库是在海洋基础空间地理数据库、海洋环境基础数据库、海洋综合管理数据库等数据基础上，利用统计分析、信息提取等技术手段，开发海洋基础信息产品及相关应用产品，对外发布，为服务对象提供服务。

(3)元数据库负责管理数据库，包括数据目录、数据库元数据、数据集元数据，按照元数据标准采集、建库，实现数据的管理和维护，为数据共享提供基础。

(4)数据共享与交换系统基于元数据库，建立数据中心数据共享与服务系统，实现网络数据交换和共享。

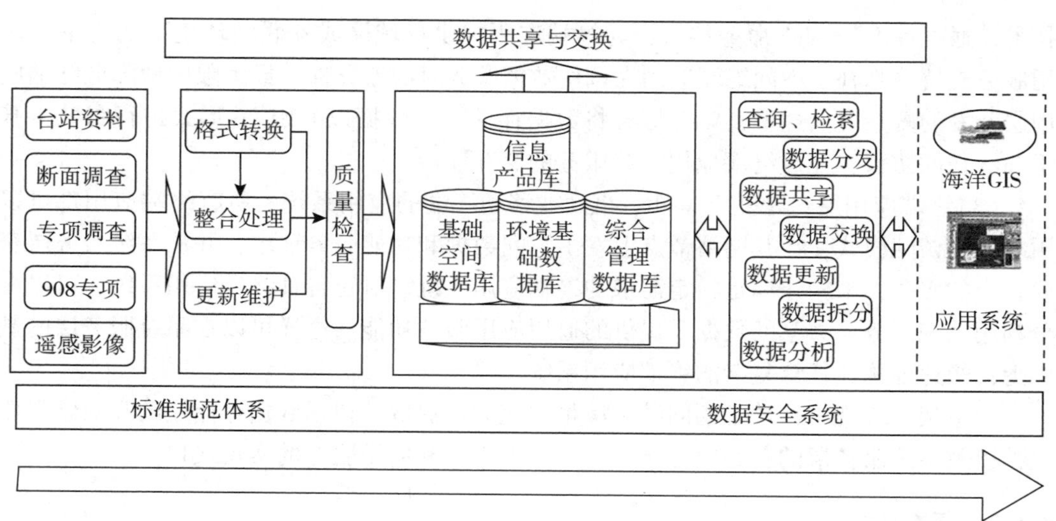

图 4-8　海洋数据中心的数据流程

(5)数据安全系统保证数据的存储、管理、交换、共享、发布都在安全的环境下进行，防止信息泄露与窃取等。

海洋数据中心的功能模块设计包括：基础数据库管理系统模块、信息产品库管理系统模块、数据中心数据库管理系统模块、数据共享与交换系统模块，功能结构如图 4-9 所示。

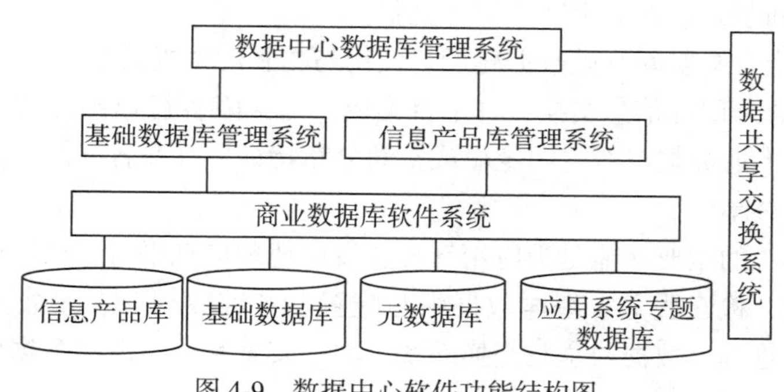

图 4-9　数据中心软件功能结构图

(1)基础数据库是相对产品数据库的。包括海洋基础空间地理数据库、海洋环境基础数据库、海洋综合管理数据库在内的数据中心建设中涉及的数据库内容。为便于基础数据库的使用及管理，基于成熟的商业数据库软件系统，设计能够对这些数据库进行管理的基础数据库管理系统模块。

(2)信息产品库管理系统的主要功能是服务于数据中心标准信息产品、成果产品的管理，并通过共享与交换系统，开展信息产品的对外服务。

(3)数据中心数据库管理系统是在基础数据库管理系统、信息产品库管理系统的基础上建立的中心整体的数据管理系统，功能是实现数据中心所有数据的管理。

(4)数据共享与交换系统的功能模块包括：①数据访问接口；②基于元数据目录服务的海洋信息共享服务系统；③产品信息共享系统。

2. 管理共享平台的基本功能

空间数据共享与管理平台要实现空间数据集和空间信息这两个层次上的共享，应具有以下功能。

(1)系统采用互联网连接各节点，各分布式节点具有相同的体系结构，独立生成、管理和维护自己的空间数据库和相关的空间元数据。数据字典管理支持依据定义的相关属性字段名和字段值以及数据描述等信息建立并编辑数据字典。

(2)空间元数据编辑器具有友好的用户界面，遵守空间元数据标准，具备元数据的建立、删除、导入、编辑、检查、修改、查询、检索、合并、导入、导出等功能，并且可以实现多种存储方式的转换。

(3)各分布式节点均遵守 Z39.50 协议，能满足用户在整个分布式网络系统中查询、检索空间元数据库的需求，使系统具有极大的互操作性和开放性。

(4)系统具有友好的元数据查询、检索界面，支持基于时间、位置、题目、关键词或其他查询要素的查询或联合查询，查询界面支持通用浏览器。空间索引具备各种空间索引的建立和撤销功能，包括图幅索引、行政区索引、对象范围索引、格网索引等。

(5)系统的元数据管理子系统具有启动、停止、配置 Z39.00 服务器的功能，可以简单地实现添加、连接和管理各个节点。

(6)系统具有空间数据浏览功能。当用户查询、检索到特定的空间数据后，系统提供 Web GIS 浏览的服务功能。显示控制具备数据分层、分类型显示的控制功能。

(7)系统提供多种数据获取方式。具备主流地理信息管理软件开放格式数据的直接读取功能，并能无损转换成本系统的内部格式；当用户查询、检索到特定空间数据后，可选择系统提供的数据获取方式进行数据获取。具备定制条件下的不同范围、不同形式、不同尺度、不同内容以及给定属性条件、空间条件的数据提取功能。

(8)用以实现海洋基础地理信息的编辑、处理、管理以及维护。空间数据编辑具备节点、线、面对象的编辑与处理功能，拓扑关系的自动建立功能，数据检查与处理功能，以及各种编辑操作的撤销与恢复功能；属性数据编辑具备地物属性项的插入、删除、改变功能，在数据编辑过程中检验非法属性值的功能，以及利用查询函数批量更新地物属性记录的功能；数据接边具备将被相邻图幅分割开的同一图形对象的不同部分拼接成一个完整的数据对象的功能。

(9)系统提供空间数据转换功能，依照空间数据转换标准实现空间数据集的语义无损的转换，数据转换具备坐标转换、投影转换、数据格式转换、矢栅转换等数据转换功能，以满足用户的需要。

(10)系统具备空间数据输出和制图输出的功能，空间数据输出包括格式转换和数据形式转换。制图输出的产品可分为普通地图和专题地图，对于普通地图，应具备国家标准图幅及自定义图幅输出功能；对于专题地图，应支持包括分段专题图、等级符号专题图、柱状专题图、饼状专题图、单值专题图、点密度专题图、标签专题图等多种专题制图类型。

(11)系统的空间数据仓库子系统具有依照系统集成方案从分布式空间数据源中抽取、融合信息的功能，以支持空间信息分析和模型分析。查询统计具备属性关键字查询、定制查询、空间选择查询、空间关系查询以及固定区域、任意区域的要素统计及结果可视化功能；空间量算具备距离、面积以及角度的量算功能，支持用户直接在地图上量算任意多个点之间的距离、任意多个点构成的多边形面积和任意方向角度；叠加分析具备多个数据集的无缝叠加功能，可进行集成显示、空间关系比较、属性关系比较等；缓冲分析具备缓冲分析功能，能够对一组或一类地物按缓冲距离条件建立缓冲区多边形图，并与指定图层进行叠加分析。

(12)系统具备安全管理功能。数据库用户分为管理员用户和普通用户，不同用户具有不同的操作权限，用户管理功能应包括创建不同级别的用户、修改用户权限、删除用户、锁定用户、解锁用户等功能；数据备份管理具备物理备份、逻辑备份、完全备份、增量备份等多种备份功能，便于根据实际情况选择备份方式；日志管理以记录数据库登录用户、操作动作、操作时间、操作类型以及服务器的关闭和启动时间等信息。日志管理功能包括日志自动记录、日志查询、访问量分析、工作量分析、日志备份等功能。

3. 应用服务平台基本功能

海洋空间数据应用服务平台将数字海洋空间框架数据集通过服务和共享交换的方式提供给政务机构、企事业单位、科研院所、社会大众，以满足它们不同的业务需求。它还具有空间分析功能和二次并接口。数据层主要是依托基础地理信息数据库，利用空间数据管理与共享系统进行海洋空间数据多比例尺集成、电子海图符号化配置、地名地址数据整合加工、数字地图切片输出，整合生产平台生产需要的地理实体数据、海图产品数据、电子地图切片等。应用服务平台通过在线地图、零码组装、标准服务和二次开发等多种模式向各类用户提供海洋空间地理信息服务，满足不同部门、不同用户的多样化应用需求。

1)地图应用服务

地图应用服务为用户提供在线的、实时的地图应用服务。服务的数据内容包括核心地理实体数据、地图产品数据、三维景观数据、地理编码数据以及其他数据等。服务的功能应包括：放大、缩小、漫游等浏览功能，用户兴趣区域的快速定位功能；距离、面积以及角度的量测功能；属性关键字、点击、单一条件、组合条件、定制、空间选择、空间关系、设定范围等查询检索及定位功能；个性信息单对象与批量标注功能；全局、设定条件、设定范围等统计及结果可视化功能；叠加、缓冲、最佳路径等空间分析功能；专题地图功能。

2)二次开发 API 服务

地图应用服务为各类用户提供了公共性的地图应用功能，用于满足用户的一般性定制需求。二次开发 API 服务主要是针对各类用户应用上的个性需求或深层次需求，使用 API 用户可以实现所有地图功能，完全可以满足用户的需求。

3) OGC 标准服务

开放式地理空间协会(OGC)是非营利性的、国际性的标准组织，负责地理空间及基于位置服务标准的制定工作。OGC 制定的标准已得到国内外的广泛认可。平台应支持 OGC 的相关标准，提供 OGC 规定的标准服务，具体包括网络地图服务(WMS)、网络覆盖服务(WCS)、网络要素服务(WFS)以及网络坐标转换服务(WCTS)等。根据实际需求确定项目拟提供 WMS 和 WFS 服务，其中 WMS 服务应实现 GetCapabitities、GetMap 和 GetFeatureInfo 接口，WFS 服务应实现 GetCapabilites、DescribeFeatureType、GetFeature 接口。

4) 地理编码服务

地理编码是将文本位置信息转变为空间位置的过程，用文本描述地理位置有多种形式，包括区域地名、通信地址、邮政编码、电话号码等，通过在线 GEOCoding 服务，实现文本位置信息空间化，使没有空间的信息位置描述信息具有空间性，具有空间地理坐标。地理编码服务实现的具体过程包括对外部数据中地名地址信息的规范化处理、智能匹配、未匹配数据的地址化、专题数据图层生成等。

5) 目录服务

目录数据是基于元数据库面向不同类型需要自动生成的树形结构信息，帮助用户发现、检索和定位空间数据。通过树状的目录结构可展现信息资源之间的相互关系；信息资源属性描述了信息资源的来源、服务对象、版本等，用于控制和管理资源。目录服务提供对数据目录依据标题、关键词、摘要、全文、地理范围、登载时间等方式的浏览、查询和检索，详细元数据信息查看，以及数据的图形预览等功能。

6) 元数据服务

元数据服务应提供元数据注册、元数据查询，元数据下载、在线编辑、数据预览等功能。元数据服务支持按标题、摘要、关键字、全文、空间范围、时间范围、数据类型等多种查询方式。

7) 服务注册管理服务

对于平台以外其他用户开发的服务，应提供注册管理服务，网络上所有的服务均可在平台上进行注册，并支持服务的查询、聚合和链接等功能。服务注册管理服务应提供的具体功能包括：服务元数据采集，支持手工采集和自动采集两种方式；服务元数据自动有效性检查；服务元数据提交(服务注册)；服务元数据自动更新；服务状态监测；服务元数据查询；同类型服务聚合；在线服务运行情况的统计分析等。

8) 认证服务

认证服务以接口的形式对外提供。系统级用户在开始使用平台提供的服务之前必须先调用认证服务接口进行用户验证，通过验证的用户将获得调用该服务的凭证。

9) 数据交换服务

数据交换服务用于将不同来源、不同格式、不同坐标系统的异构数据整合，并集成到共享的专题数据库，向用户提供数据显示、查询、浏览、共享及更新服务。具体实现采用逻辑集中和物理集中相结合的方式。

10)数据发布服务

能实现不同平台服务的注册、聚合与共享的功能。数据服务发布时，要求以规定OGC 标准服务形式：网络地图服务 WMS、网络要素服务 WFS 等进行，将数据的访问接口在平台上注册。

4.2　海洋功能区划管理信息系统

海洋功能区划是用来指导、约束海洋开发利用实践活动，以保证海上开发的经济环境和社会效益。同时，海洋功能区划又是海洋管理的基础。海洋功能区划管理通过对国家和沿海省市海洋功能区划各类信息的一体化综合管理，满足国家海洋功能区划管理的需求，并为其他相关政府部门和社会公众提供便捷的海洋功能区划信息查询服务。

4.2.1　系统需求

海洋功能区划管理信息系统构建，首先需要实现海洋功能区划的动态编制和科学管理，保证海洋功能区划工作的先进性和连续性，成为各类海洋管理信息系统建设的基础平台，为建设数字海洋工程奠定基础。同时，实现海洋信息资源共享和信息服务社会化，为海洋生产单位和社会公众了解海洋开发利用与管理情况提供有效服务。为海域使用管理、海洋环境保护和海洋资源管理工作提供有效的决策辅助工具，实现决策的科学化、规范化，提高办事效率。

海洋功能区划管理信息系统，就是要全面将海洋功能区划的目的、原则、指标、区划图、区划表用信息化技术深度在虚拟现实中展示，根据海域及海岛的自然资源条件、环境状况、地理区位和开发利用现状，并考虑国家或地区经济与社会持续发展的需要，将海域及海岛划分为具有不同类型最佳功能的区域，为海洋开发、保护与管理提供科学依据的基础性工作。因此，海洋功能区划是一项覆盖范围广、涉及因素多并具有较高科学性要求的分析规划工作，需处理和分析来源不同且类型各异的海量数据，系统的主要数据为电子(矢量)数据、文档、表格和图像(栅格)。同时，其功能区划一旦被政府所批准，又需要及时准确和直观形象地向社会公布执行。因此，海洋功能区划管理信息系统是数字海洋工程的重要组成部分。

为此，在海洋功能区划管理信息系统的构建中，以建立 1∶1 万~1∶5 万比例尺的海岸带基础信息数据库为起点，以地理信息系统技术管理海洋功能区划信息为工作重点。除了计算机技术、网络通信技术和数据库技术等构建管理信息系统的通用技术得到应用之外，一种由 3S(GNSS、RS、GIS)技术支撑的硬件、软件、数据组成的海洋地理数据的数字化采集、存储、管理、分析和表达的计算机支持系统，因其独特的空间分析和强大的地图可视化功能，在海洋功能区划管理信息系统的构建中得到了广泛的应用。利用 3S 技术将海洋功能区划中的空间关系模型在 GIS 上实现，GIS 不仅具有较好的空间信息可视化表达功能，即可以将抽象的功能区界址坐标以可视化地图的方式表现出来，而且基于 3S 技术有助于将基础地理空间数据、海域使用管理数据和高分辨率遥感数据等空间信息集成，为区划编制和落地实施服务。

4.2.2 总体结构

海洋功能区划管理信息系统的体系框架如图 4-10 所示，采用 SOA 技术构成的四层服务体系结构：硬件层、数据层、支撑层和应用层。数据层用来管理海洋基础地理信息、海洋功能区划有关的专题信息和海洋综合管理数据。该系统的数据层由空间数据库和区划专题数据库和综合信息数据库抽象而成，支撑层(也称技术支撑层)要实现自然资源、海洋环境信息和海洋功能区划专题信息的空间分析与综合统计，为海洋功能区划工作本身提供辅助工具。该系统的技术支撑层由系统的所有功能模块抽象而成，功能模块组件位于技术支撑层，在系统应用界面可以调取出来。应用层则是系统根据用户和管理者对数据的分析评价及查询、浏览和检索等操作，进行个性化的表达界面定制，提供与海洋功能区划有关的海洋管理决策辅助分析服务，为海洋管理工作提供有效直观的信息服务。

海洋功能区划管理信息系统的结构模式不仅取决于系统功能，而且还取决于系统的服务对象和所应用的信息技术。针对服务对象和功能的不同，可以将海洋功能区划管理信息系统分为用于海洋管理部门的空间数据管理系统和为大众提供信息服务的网络地理信息共享系统两部分，其各自功能分别采用 C/S 方式和 B/S 方式来实现，从而建立了 C/S 和 B/S 相结合的海洋功能区划管理信息系统结构模式。通过采用 B/S、C/S 多层混合结构模式，使海洋功能区划管理信息系统不仅具有海洋功能区划信息的查询和发布等基本功能，还可以进行海洋功能区划与海域管理信息的叠加分析，使海洋功能区划管理信息系统的功能得到进一步扩展。

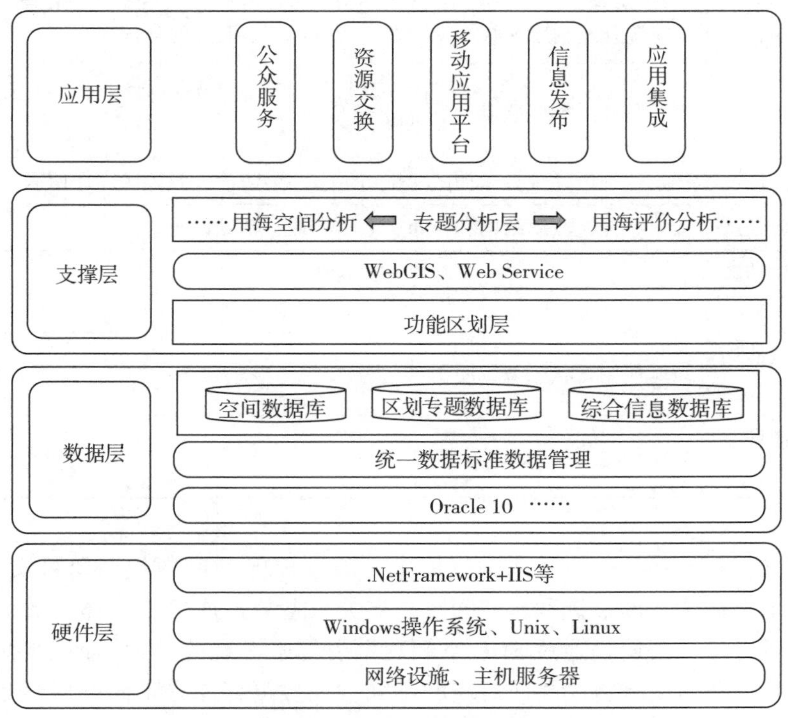

图 4-10 海洋功能区划管理信息系统结构框架

在数据层中，海洋功能区划管理信息系统空间数据库主要包括地图数据、海图数据、遥感影像数据，等等。根据用途和数据类型可分为数字栅格地图数据和数字线划地图数据，作为显示、查询、管理海洋功能区划数据和制作海洋功能区划图的基础数据。为了使系统的数据更全面，系统的空间数据库同时存储了陆地、海岛、海岸线、行政界线、水系、居民地、水深、交通、用海现状、遥感影像数据等矢量或栅格数据，表 4-1 为海洋功能区划管理信息系统空间数据总体框架结构表。

表 4-1　　**海洋功能区划管理信息系统空间数据总体框架结构表**

<table>
<tr><th colspan="2">要素类别</th><th colspan="2">图层构成</th></tr>
<tr><td colspan="2">基础地理信息</td><td colspan="2">居民地、铁路、公路、湖泊水库、单线河、双线河、高程点、等高线、行政界线、海岸线、干出线、岛屿、滩质、等深线、等深点、海部其他要素、格网、注记</td></tr>
<tr><td rowspan="7">专题信息</td><td>海洋环境</td><td colspan="2">地质地貌、气候和陆地水文、海洋水文、海水化学、海洋生物、海域环境质量、自然灾害</td></tr>
<tr><td rowspan="4">海洋资源及其开发现状</td><td>空间资源开发利用现状</td><td>港口、航道和锚地、旅游、农、牧业、林木和植被、工业和城市建设</td></tr>
<tr><td>矿产资源开发利用现状</td><td>油气田、固体矿产</td></tr>
<tr><td>海洋生物、化学、新能源开发利用现状</td><td>海水养殖、海洋渔业、增养殖业、禁渔区、盐业、地下水资源、风能、其他海洋能</td></tr>
<tr><td>自然灾害防护措施</td><td>防护林带、地下水、海岸防侵蚀、风暴潮灾害、泄洪区</td></tr>
<tr><td>其他</td><td colspan="2">特别保护区、自然保护区、排污区、污染防治、倾废区、保留区</td></tr>
<tr><td>社会经济</td><td colspan="2">人口状况、城镇结构和分布、海洋产业、基础设施</td></tr>
<tr><td rowspan="3">海洋综合管理信息</td><td>海洋功能区划</td><td colspan="2">各功能区类型并链接关系数据库</td></tr>
<tr><td>海域使用管理</td><td colspan="2">海域使用现状、海域使用登记</td></tr>
<tr><td>海洋环境保护</td><td colspan="2">海洋环境与生态保护</td></tr>
</table>

若空间数据存储在 Oracle 关系数据库中，通过 SDE 空间数据引擎可实现空间数据的检索和存取。因为空间数据和非空间数据被关系型数据库集成存储为数据表的形式，而空间数据的存取和解码是通过 SDE 空间数据引擎来实现的。为了便于对空间数据库进行更新维护，可以设计将功能区对应的不同空间数据存储在不同的属性表中。例如，广东省海洋功能区划专题图，在一级分类的基础上，又划分为二级分类，按二级分类进

行划分，广东省管辖海域将被划分成超过500个二级功能区。从空间数据的逻辑关系上看，每个一级功能区可能包含若干个二级功能区，实质是把一个大图斑划分成多个小图斑。因此，采用二级分类体系作为基本存储单元更符合空间数据库的数据存储单元设计。海洋功能区划的数据集中创建点数据和面数据，其中点数据包括测量控制点、港口码头、潮汐站、旅游点，等等；面数据包括保留区、工程用海区、海洋保护区、海洋资源利用区、渔业资源利用和养护区、港口航运区和特殊利用区，等等。

功能区划专题数据库提供系统的核心数据，主要包括海洋功能区划的图形数据、统计数据和元数据等。另外还包括海洋功能区划编制过程中形成和使用的相关技术文本、报告、图件、登记表、档案文档材料，以及描述各种数据、元数据的图像和多媒体(照片及音像资料)数据等。其中，元数据是对专题数据、图形数据、统计数据、多媒体数据等各种类型数据集的规范化描述，可以根据海洋功能区划数据库的特点加以补充。

综合信息数据库主要包括专题分析所需的自然条件、自然资源、社会经济等专题性评价与分析数据和海洋功能区划辅助分析所需的指标体系和社会经济发展数据。特别需要关注不同功能区其独有的自然属性、社会属性以及被认为赋予的特殊属性数据入库。综合信息数据库又称非空间数据库，是将海洋功能区划中各个功能区的海域自然属性、划分依据、管理要求、功能区类型、代码、相关附件的存储路径等以属性表的形式存储于关系数据库中。为了便于对综合信息库进行更新扩充，增加更多不同功能区的相关属性，将功能区对应的不同属性存储在不同的属性表中，各个属性表之间通过共同的主题建立关系。其优点是当需要扩充功能区属性时，只需要在相应的属性表中增加相应的字段或者增加相应的属性表即可，这样可以将对数据库的原有数据结构影响降至最低，也便于系统在功能调整或扩充时快速调整数据库。

功能区划专题信息—空间信息—综合信息数据库关联设计：在空间数据库中的数据集里的每一个功能区将具备一位的索引一代码，空间数据库中属性表均由与之相对应的字段(代码)，通过这一字段实现每个功能区与功能区划专题数据库中多个属性表内的数据建立数据关系。综合信息数据库则通过系统中关键字检索功能来与功能区划专题数据库或空间数据库进行关联。

技术支撑层包括功能区划层和专题分析层。功能区划层用来支持海洋功能区划研究设计、用海空间分析、功能区划分、功能区划编制等全过程。海洋功能区划需要综合考虑海域及相应陆域的自然资源、环境状况、地理区位，以及经济社会发展需求和海洋开发利用现状而划定的具有特殊优势功能，有利于资源的合理开发利用，能够发挥最佳整体效益的区域。海洋功能区划分是根据海洋功能区划的目的和海域的基本要素的分布变化规律，及其区域的差异性，按照规范和指标进行海洋功能区划分的过程，它是海洋功能区划工作中的主要环节。功能区划模块能依据《海洋功能区划技术导则》(GB/T 17108—2006)规定的主要方法，如指标法、叠加法、综合分析法提供自然条件、自然资源、环境保护、社会经济等专题的适宜性评价与指标比较分析，保障海洋功能区科学划分。

专题分析层以支持海洋功能区划应用于海域使用管理中用海申报、指标对比、用海审批；海域使用论证中用海空间分析、用海评价分析、用海适宜性评价、利益冲突用海评估等全过程。例如用海评价通常采用 GIS 叠加分析功能，通过分析用海类型与其所在海洋功能区划具体功能区的管理要求等属性，初步评估用海符合性，条件筛选，通过设置多重条件筛选出符合所有筛选条件的功能区数据，为决策者提供最优选择支持。

4.2.3　基本功能

国家发布的《海洋功能区划技术导则》(GB/T17108—2006)明确规定海洋功能区划管理信息系统“应具备数据管理、数据更新、信息查询、统计分析和功能区划图件打印、输出功能”，对海洋功能区划管理信息系统的基本功能做了统一规定。

海洋功能区划管理信息系统主要包括功能区划信息检索、数据维护、分类指标管理、系统日志以及海洋功能区划辅助规划与分析等功能模块，如图 4-11 所示。海洋功能区划信息检索主要提供海洋功能区划信息查询，包括查询功能区空间位置和属性信息以及功能区划的文本、登记表、图件、编制说明以及技术报告等。海洋功能区划信息检索模块设计主要实现打开/保存/关闭 MXD 文件 ArcG1S 软件生成的空间文件、添加 shp/lyr/img 格式数据等文件管理功能，以及实现地图移动、缩放、属性查看、视窗控制、数据量算等地图浏览功能；海洋功能区划数据维护主要提供海洋功能区划空间信息和属性信息的修改、更新等数据维护功能。系统输入输出数据主要为 shp 格式文件；输出主要是 jpg 图像、bmp 图像、word 文档等格式。输入输出数据均要求达到相关格式执行标准；海洋功能区划分类和指标管理依据《海洋功能区划技术导则》(GB/T 17108—2006)提供的 10 种类别，33 个级别功能区的修订和管理；系统日志模块主要记录系统运行情况及未知错误情况，以便日后进行优化修改；海洋功能区辅助划分管理根据现有海域使用情况和原有功能区的划分，在功能区编制和修订工作中提供功能区辅助划分等功能。该模块主要是实现区划编制、用海评估过程中条件筛选、适宜性评价等分析功能。

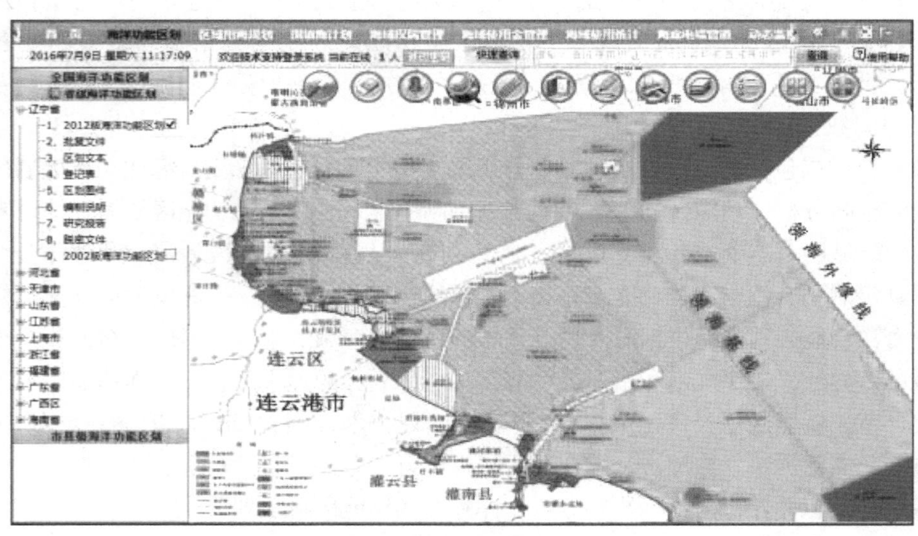

图 4-11　海洋功能区划管理信息系统功能模块

4.2.4 空间分析

海洋功能区划管理信息系统的海洋功能区划辅助规划与分析等功能模块的空间分析功能采用 GIS 空间分析组件实现。系统功能组件设计一般有：①文件管理组件，主要实现的功能有地图管理，主要是对地图文档(MXD 文件)进行管理，实现打开、保存、另存等功能。图层管理，主要实现图层的添加与删除、组合与拆分、顺序调整、标注与渲染等功能。②地图浏览组件，主要的功能有图层缩放，实现地图的放大与缩小、平移、图层刷新、全图显示等功能。属性查询主要是提供属性数据的查询，通过选中空间要素，可以查询到该空间要素的属性信息。量算主要是面积与距离的量算。③选择与查看组件。主要的功能有空间选择，通过划定一个几何多边形选定其范围内的海洋功能区划数据，并以高亮显示。属性选择，通过选定一定条件，选择海洋功能区划具体功能区中属性与之符合的海洋功能区划数据，并以高亮显示。④业务分析组件。主要的功能有用海评估，通过分析用海类型与其所在海洋功能区划具体功能区的管理要求等属性，初步评估用海符合性。条件筛选，通过设置多重条件筛选出符合所有筛选条件的数据。例如叠加分析功能通过调用 ArcEngine 实现要素之间的叠加分析。⑤系统日志组件，主要用于系统的故障排除、错误追踪等，通过记录系统运行状况、系统异常与错误、用户操作、数据修改等，方便系统故障排查。

在海洋功能区划辅助规划分析与评估中，常常采用的空间分析有很多种类型和方法，如空间查询与量算、缓冲区分析、叠加分析、网络分析、空间统计、空间插值等。空间查询是空间分析的基础，是 GIS 最基本的功能，任何空间分析都始于空间查询。

1. 海洋功能区划空间数据的查询

海洋功能区划空间数据的查询是指按一定的要求对海洋功能区划管理地理信息系统所描述的空间实体及其空间信息进行访问，从众多区划相关的空间实体中挑选出所需要的空间实体及其相应的属性。空间数据查询包括以下三种类型：

(1)基于属性(非空间)特征的空间查询：该查询主要在属性数据库中完成，这种查询通常基于标准的 SQL 查询语言实现，之后按照属性数据和空间数据的对应关系显示图形。例如，已有某省、市功能区的登记表及相应的区划图，现要找到港口区，通过对属性数据表查找开发利用区为港口区的记录，并显示这些记录相应的空间位置，即实现基于属性特征的空间查询。

(2)基于空间特征的查询：空间性是空间数据的主要特征，空间特征的查询通常是指以图形、图像或符号为语言元素的可视化查询。基于空间特征的查询，从查询的内部过程看，是属于“图到属性的查询”。这种查询首先借助空间索引在空间数据库中找出空间功能区对象，然后，再根据 GIS 中属性数据和空间数据的对应关系找出显示功能区对象的属性。

(3)空间特征和非空间(属性)特征的查询：空间特征和属性特征的联合查询不是简单地由定位空间特性查询结果显示相关的属性，也不是从属性特征的查询结果显示相关的空间位置。空间特征和非空间特征的混合查询是指查询条件同时包括了图形部分的内容和属性方面的内容，查询结果集应该同时满足这两个方面的要求。例如，从江苏省某海洋功能区划图上查找到南京的距离(查空间中距离)小于 500km、南通市以北(查空间中位置)、海域面积数大于 $10km^2$的开发利用功能区。其中查海域面积数大于 $10km^2$的开发利用功能区，属于属性查询；查找到南京的距离(查空间中距离)小于 500km 的开发利用功能区，属于空间距离查询；查找南通市以北的开发利用功能区，属于方位查询。

2. 海洋功能区划空间数据量算

空间数据量算是空间信息分析的定量化基础，海洋功能区划常用的空间数据量算包括几何量算、形状量算和距离量算等。空间数据量算的实质是对不同的点、线、面功能区划图斑或对象的几何量的估算。例如不同对象数据量算的含义如下：

- 点状地物(0 维)：坐标；
- 线状地物(1 维)：长度、曲率、方向；
- 面状地物(2 维)：面积、周长、形状；
- 体状地物(3 维)：体积、表面积等。

若量算功能区线段的长度计算，在矢量数据结构下，线表示为点对坐标(X，Y)或(X，Y，Z)的序列，在不考虑比例尺的情况下，线长度的计算公式为：

$$L = \sum_{i=0}^{n-1} [(X_{i+1} - X_i)^2 + (Y_{i+1} - Y_i)^2 + (Z_{i+1} - Z_i)^2]^{1/2} = \sum_{i=1}^{n} l_i \tag{4-1}$$

式中：L 为功能区量算线段总长度，X_i、Y_i 为量算线段上 i 的平面坐标，l_i 为 i 与 $i+1$ 点之间量算线段长度。

若量算功能区面状地物的面积计算，面状对象在计算机内部是以一系列首尾相接的坐标串表示的，按多边形顶点顺序依次求出多边形所有边与 X 轴(或 Y 轴)组成的梯形的面积，然后求其代数和。

$$\begin{cases} P_k = \dfrac{1}{2}(y_{k+1} + y_k)(x_{k+1} - y_k) \\ P = \displaystyle\sum_{k=1}^{n-1} P_k + \dfrac{1}{2}(y_n + y_1)(x_n - x_1) \end{cases} \tag{4-2}$$

式中：P_k 为按多边形顶点 k 和 $k+1$ 量算的边与 x 轴组成的梯形的面积，x_i、y_i 为多边形顶点 k 和 $k+1$ 的平面坐标。P 为功能区量算面状地物总面积，其中，(x_1、y_1)和(x_n、y_n)分别为多边形量算起点 1 和终点 n 的平面坐标。

3. 海洋功能区划缓冲区分析

缓冲区是指空间实体的一种影响范围或服务范围，根据数据库的点、线、面实体，自动建立其周围一定宽度范围内的缓冲区多边形实体，从而实现空间数据在水平方向得以扩展的信息分析方法。它是海洋功能区划中重要的空间分析功能之一。缓冲区分析的基本思想是给定一个空间对象或集合，确定它们的邻域，邻域的大小由邻域半径 R 决定。因此对象 O_i的缓冲区定义为：

$$B_i = \{x: d(x, O_i) \leqslant R\} \tag{4-3}$$

即对象 O_i的半径为 R 的缓冲区为距 O_i的距离 d 小于 R 的全部点的集合。d 一般是最小欧氏距离。

海洋功能区划适宜性评价中的空间扩散性因素，其影响会随着距离的增加按照一定的规律衰减，如渔港和道路交通因子对海域养殖功能的影响，对于这类评价因素就可以通过缓冲区分析确定其影响的范围和程度。

4. 海洋功能区划叠置分析

叠置分析是在统一空间参照系统条件下，对参加复合的各数据层经过某种几何的、逻辑的或算术的运算，生成新的数据层，它是空间信息系统中常用的提取隐含信息的手段之一。叠加分析不仅包含空间关系的比较，还包含属性关系的比较，它可以分为基于矢量数据结构的几何叠置分析和基于栅格数据的数学叠置分析。

1) 几何叠置分析

几何叠置分析要求选择同一地理空间区域、同一坐标系下的两层或多层矢量数据层进行叠置，根据参加叠置的各数据层的空间关系重新划分空间实体单元，使每个空间实体的属性组合一致，叠置结果生成的新数据层记录了重新划分的实体边界及相应的属性，并且其对应的属性数据库中包含了参加复合的各数据层的属性项。基于空间单元及其属性相关联的叠置分析原理，可以使海洋功能区划叠加分析的过程清晰直观，叠加结果利于查询和综合分析。此外，还可以进行多边形包含统计叠置，以精确地统计一种亚类区划要素在另一种子类要素某个区域多边形范围内的分布状况和数量特征，包括拥有的类型数、各类型的面积及其所占总面积的百分比等。这类叠置结果可以用于统计分析。

在海洋功能区划分析中，几何叠置分析主要用于空间区域的功能次序分析。在单项海洋功能分析的基础上，可以通过几何叠置分析，找出不同功能条件筛选方案的空间单元。海洋功能区划分的叠置分析应根据不同的分析需求综合运用上述方法，如多边形求交的方法形成图层就是由不同海域现状、自然属性或用海规划等形成的多功能区，多边形求和(Union)分析的输出图层既包含了重叠功能区也包括单一因素功能区，如图4-12所示。

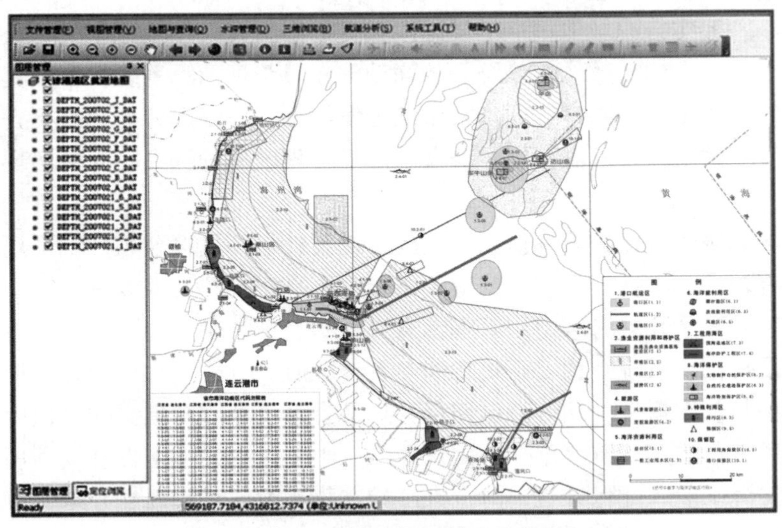

图4-12 海洋功能区划叠置分析

2)数学叠置分析

栅格数据的叠置分析是针对于同一坐标系、同一地理空间区域、同一分辨率的两层或多层栅格数据的操作，特别适合于叠加分析。在海洋功能区划分析中，主要运用算术组合叠置分析，可以对不同层面的数据基于数学运算的叠加，该方法将数个栅格图层叠置，将对应像元的属性值进行相加、相减、相乘、相除等算术组合。

综上所述，根据海洋功能区划的需要，可以选择不同的空间分析方法。

4.3　海域使用保护管理信息系统

海域使用保护管理信息系统是数字海洋工程中“八大”业务系统之一。为了实现海域使用权的有效管理，《中华人民共和国海域使用管理法》(以下简称《海域法》)第五条规定：“国家建立海域使用管理信息系统，对海域使用状况实施监视、监测。”《海域法》的这一规定明确了保障海域使用权管理效率和充分实现海域资源优化配置的具体要求和具体方式。因此，海域使用管理信息系统是有效管理海域使用权属的必备工具和根本手段，它将促进海域资源可持续利用和海洋经济的健康发展。

4.3.1　系统需求

海域使用保护管理信息系统建设的目标是为全面推进海洋功能区划、海域使用权属、海域有偿使用以及海域使用统计等制度提供技术手段。为海岛海岸带、海域勘界、海洋资质等各项海域管理工作提供现代化的管理手段和有效的辅助决策工具，进一步实现海域管理和决策的法治化、科学化、规范化。实现海域信息的资源共享和海域信息的社会化服务，为涉海单位、部门以及社会公众了解海洋开发利用与管理情况提供有效的信息服务。

海域使用保护管理信息系统在中国“数字海洋”统一标准框架下，围绕海域使用管理工作的核心，即实行海域使用许可证制度和贯彻海域有偿使用原则。在全国海域行政管理领域建立功能大体一致、接口统一的联动的海域管理信息系统。可改变各级管理机构各自开发的系统在数据共享、同步及系统开发深度、广度等方面参差不齐的局面，从而提高海域管理效率，全面服务社会公众。海域管理效率的提高将充分实现海域资源的优化配置。

为了确保海域使用保护管理信息系统的系统设计与开发符合软件工程规范，开发出规范的、具有较高共享性、可靠性的应用系统，提高系统开发的效率，需要采用软件工程的技术体系和方法开展海域使用管理信息系统设计。在开展用户需求分析的基础上，对系统的建设目标、系统结构、系统功能和系统的服务方式等加以合理的规划，明确系统的逻辑结构与基本框架，保证海域使用管理信息系统的成功建立和高效应用。

海域使用工作涉及所有使用某一固定海域三个月以上的排他性开发利用活动，例如海岸工程、滨海工业、环保工程、海上人工构造物、海底矿产勘探开采、海洋水产、海洋旅游、海洋公益服务等行业，而且各种行业之间是相互影响，有的甚至是相互冲突的。怎样解决海域使用功能之间的矛盾与冲突，怎样梳理好海域合理使用与环境保护之间的关系，怎样有效遏止海域使用中的“无度、无序、无偿”等问题，保护国家海域使用权和海域使用权人的合法利益，保护海域的可持续利用，是各级海洋管理部门需解决的问题。

在海洋可持续发展过程中，人人都是信息的使用者和提供者，包括开发、管理过程中形成的数据。从国家管理层到各级基层和个人都对信息有需求，海域使用是海洋综合管理最直接的形式。根据工作业务流程特点，海域使用管理业务可以分为窗口制管理业务和非窗口制管理业务两大类型，如图 4-13 所示。

窗口制管理业务是指对外承接海域使用业务申请，由多个部门或多个工作人员协同决策办公的业务，其中包括海域使用申请，海域使用可行性论证、审批，海域使用确权、登记、发证，海域使用年检，海域使用违章处罚和档案查询等业务。非窗口制管理业务是指外业测量、调查或由系统独立完成的工作，如海域面积测量、功能区划、海域评估、海籍管理、海域使用统计分析等。

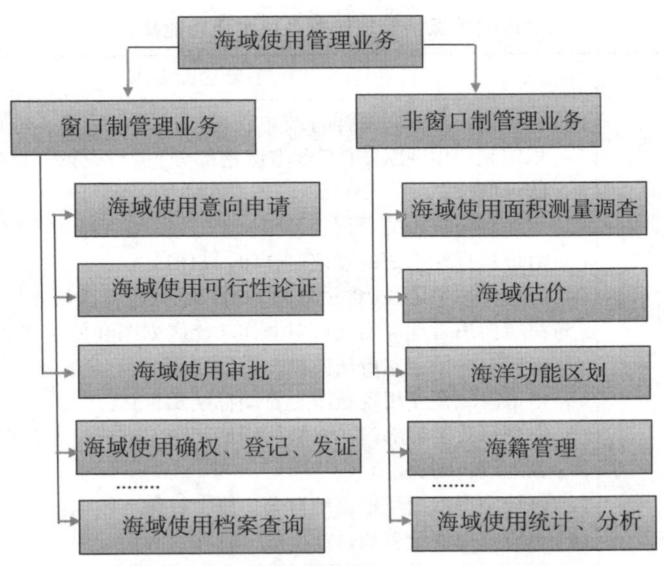

图 4-13　海域使用管理基本业务数据流

随着海洋开发利用强度的不断加大，海域管理工作日益复杂，及时掌握海域管理基础信息与动态信息的要求越来越迫切，提供及时、高层次的海洋经济、资源环境评价和管理决策支持也是迫切之需。所以对海域使用管理系统的需求进一步提升。

(1)实时、准确地获取海域使用信息，保持数据的现势性并及时更新数据，为管理决策提供依据。

(2)对违法或涉嫌违法用海的区域(点)进行高频率监测，为查究违法用海提供依据。

(3)实现对海洋环境变化的连续跟踪与高频率监测，用以指导海洋环境保护工作，避免各类危害环境、经济和社会的行为。

(4)寻求海域资源最佳配置方案，促进海洋经济协调发展。

(5)确立海域可持续利用的方式和渠道，实现海域资源保持与利用的平衡。

(6)建立规范、统一的海域管理数字化表达方式，提升海域管理的信息化水平。

(7)为社会公众提供海域使用管理信息服务。

因此，海域使用管理信息系统应具有优化的系统结构和完善的数据库系统，并且界面友好、易于使用、智能化，便于管理维护、数据更新快捷和系统升级容易，具有与其他系统数据共享、协同工作的能力。海域使用管理信息系统应将业务运行与管理和服务集成一体，实现内外业测图、数据处理、数据更新入库的一体化，实现办公自动化，建立一个完善、优质和高效的基础地理空间数据管理与服务体系。在数据库实现上，要实现空间要素图形与属性的一体化管理。

依据《海域管理信息系统建设技术规程》，海域使用保护管理信息系统的主要功能需求详见表 4-2。

表 4-2　**海域使用保护管理信息系统主要功能需求**

编号	管理业务	主要功能需求
1	海域使用审批、可行性论证	(1)在申请人正式向海洋行政主管部门提交申请前，可自行对海洋功能区划图和使用现状图(不含需保密部分)进行查询，以确定其申请被批准的可能性； (2)用海意向报告的登记、打印； (3)海域可行性论证的登记、打印、归档； (4)海域使用申请表(含示意图)的自动生成、打印、归档； (5)海域使用管理部门通过对海洋功能区划图和使用现状图进行查询分析，确定对海域使用申请的批复； (6)申请海域在使用现状图上自动标绘及量算； (7)海洋行政主管部门在海域使用现状图上进行长度和面积计算(包括用海界址线自动界定)； (8)海域使用审批呈报表的自动生成、打印、归档； (9)海域使用审批表的自动生成、打印、归档
2	海域使用确权登记、日常管理	(1)海域使用证(含使用证附图)的自动生成、打印、归档； (2)海域使用金自动计算、征缴提示、收取登记、收费凭证自动生成、打印； (3)海域使用年度登记记录、预警； (4)申请海域在使用现状图上正式标绘； (5)海域使用管理档案资料的保存、整理及打印，自动生成符合国家标准的档案著录单，各种类型的档案资料实体(录像、录音、照片等)的多媒体展示、检索； (6)对使用现状图和基础图的手动修改，此功能针对非法用海或国家批准未办海域使用证的情况及因自然力作用造成的海岸变更情况

续表

编号	管理业务	主要功能需求
3	海域使用统计分析	(1)海域使用申请统计。可以对所有海域使用申请按多种方式进行统计，形成海域使用申请统计图、表及申请清单，也可按地区、用途、申请人、时间等条件对海域使用审批进行检索、统计； (2)海域使用证发放统计。可以对所有发放的海域使用证进行多种方式统计，形成统计图、表及清单，也可按地区、用途、批准单位、时间等条件对海域使用证进行检索、统计； (3)海域使用金核算、统计； (4)海域使用年度登记、统计； (5)海域使用现状(包括未使用海域的统计)统计，包括对海域使用项目面积、个数、所占比例及其他属性的统计，统计图表的生成
4	日常工作	(1)各地涉海法律、法规的查询； (2)对数据获取权限的授予和收回； (3)对下级传送数据的入库确认； (4)图形编辑； (5)图形属性更新； (6)属性数据库维护； (7)文档资料编辑； (8)电子信箱； (9)数据的自动发送和接收； (10)网络查询； (11)联机帮助
5	信息输入、输出	(1)信息输入： ■　属性数据键盘输入 ■　图层空间数据屏幕数字化输入 ■　图层空间数据外部数据导入 (2)信息显示： ■　图层叠加显示 ■　图层放大、缩小、漫游 ■　空间数据和属性数据的动态连接显示 ■　图形信息的标注 ■　空间信息、属性信息和多媒体信息展示 ■　图形或特征对象的定位信息显示 ■　坐标显示和面积、长度量算 ■　文档资料、矢量图形、遥感图像显示 (3)信息查询： ■　空间信息查询功能 ■　属性信息查询功能 ■　空间与属性信息关联查询功能 ■　文档信息的快速查询 (4)信息输入： ■　图件格式转换、打印输出 ■　图件、文档、报表备份存档、网络发布

续表

编号	管理业务	主要功能需求
6	系统管理	(1)数据备份 (2)用户管理 (3)系统维护 (4)网站维护

4.3.2　总体结构

根据我国海域使用管理的特点、海域使用管理信息系统的总体目标与用户的功能需求，海域使用管理信息系统的体系结构可由基础体系层、信息体系层、应用体系层和服务体系层以及信息安全体系和标准规范体系组成，如图 4-14 所示。

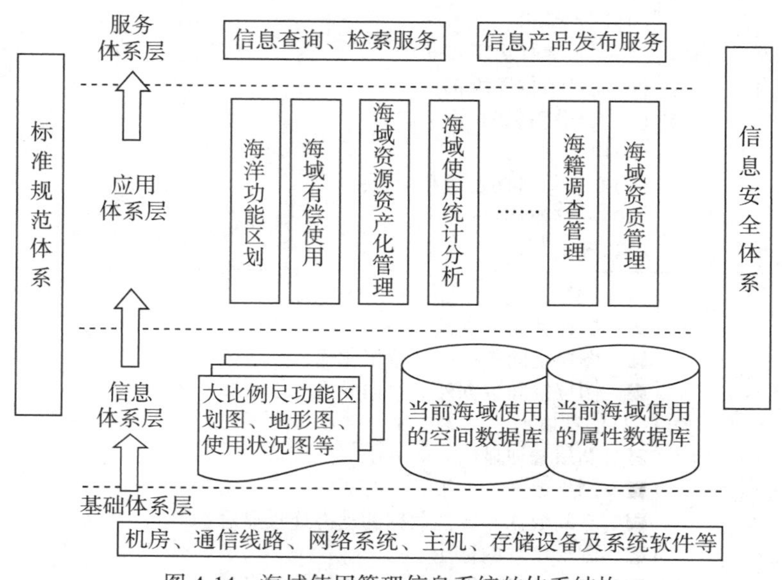

图 4-14　海域使用管理信息系统的体系结构

1. 基础体系层

基础体系层由计算机服务器系统硬件、软件、存储备份系统、物联网和网络通信设施及机房配套设施组成。

2. 信息体系层

信息体系层由大比例尺海洋功能区划图、大比例尺海图或地形图(范围从岸上 500m 至我国领海海域)、海域使用现状图，申请海域的社会、环境、资源等相关信息，以及海域使用申请数据和当前海域使用调查、申请、呈报、论证、权属登记、证书等管理工作数据组成。包括空间和属性数据库，为海域使用管理信息系统提供全部数据信息。海域使用管理业务涉及海域使用权属管理、海洋功能区划、海域资源资产化评估、禁用和限用管理等业务，这些业务形成了海域使用管理的业务数据。海域使用管理业务数据从数据性质看，可以分为空间数据和非空间数据两种；从业务上又可以分为基础数据与管理数据两大类，基础数据包括基础地理信息数据和海域权属数据等，管理数据包括海域使用意向申请数据、论证审批数据、登记发证数据、变更数据、年检数据、处罚数据等。在具体业务的办理过程中还形成了项目办理数据，记录具体流转过程及各个环节的办理意见。这些项目办理过程中形成的数据也是海域使用管理中的重要数据。在沿海地形图和近海海图的基础上，加测用海界址线，形成海域使用平面图。在海域使用管理中，图形的应用是核心，尤其是用海界址线的勘定是整个系统的核心图形数据。

海域使用管理信息系统信息体系层中的空间数据主要包括基础地理、海洋功能区划、海域使用现状、海域管理工作等信息。基础地理信息主要包括基础地理信息图层(包括岸线、岛屿、礁石、道路、堤、居民地等海洋和近岸地区的信息)，表 4-3 表示了基础地理矢量数据框架。用途不同对于基础地理信息比例尺的要求也不一样，在海域使用管理信息系统中，按照用户需求，均采用 1∶1 万或 1∶5 万基础地理信息数据；海洋功能区划信息包括海洋功能区划各图层，海洋功能区划是海域使用管理的法定依据，是进行海域使用综合管理的基础，任何海域的使用都离不开海洋功能区划的科学指导，因此，所有申请用海项目都必须严格经过是否符合海洋功能区划的要求来判断，并以此作为是否批准该用海项目的依据；海域使用现状信息包括有权属图层(已经依法确认海域使用权)和无权属图层(由于历史问题未经确权但仍在使用的海域，并将在海籍调查时重新审批并确权)；海域管理工作信息包括申请图层(处于申请阶段的海域)、呈报图层(处于呈报阶段的海域)、权属变更图层(已过用海终止年限并未续约的海域)和草图图层。

表 4-3　**基础地理数据框架**

要素类别	要素名称	数据描述	数据类型
境界	行政界线	国界、省界、市界、县界	线状
居民地	居民地	省、市、县、镇、乡政府驻地	面状
	居民点	乡级以下居民地	点状
海部要素	海岸线	海岸线	线状
	岛屿	全部有人岛，$500m^2$ 以上无人岛	面状
	滩质	各种滩质及干出礁	面状
	海面	海洋面	面状
	等深线	0、2、5、10、20、30m 等深线	线状
	水深点	水深点	点状
	干出线	干出线	线状
	海部点状	明礁、暗礁、灯塔、信号杆等	点状

续表

要素类别	要素名称	数据描述	数据类型
交通	公路	高速公路、主要公路、一般公路	线状
	铁路	铁路、电气铁路	线状
水系	单线河	单线河及单线渠	线状
	双线河	双线河及双线渠	面状
	湖泊水库	湖泊、水库及池塘	面状
地形	等高线	一定间隔的等高线	线状
	高程点	主要山峰高程	点状
	陆地	陆地面	面状
其他	格网	经纬网、公里网	线状
	注记	注记	点状

海域使用管理信息系统信息体系层中的非空间数据主要涉及调查表、申请表、审批呈报表、论证报告表、批准通知书、登记表及证书等各类文本、图形、表格信息，以及主要海洋资源、海洋环境、社会经济状况和海域使用的照片、声音、录像等多媒体信息及法律法规等文档资料。通过数据库管理方式，建立项目电子文件档案，并实现信息存储、查询、检索和输出等功能。具体可分为以下数据库：

- 海域使用申请表数据库；
- 海域使用审批呈报表数据库；
- 海域使用论证报告表数据库；
- 海域使用权批准通知书数据库；
- 海域使用权登记表数据库；
- 海籍调查表数据库；
- 文档资料数据库；
- 系统管理数据库。

信息体系层中数据的主要处理手段是将系统采集到的各类地图数据进行编辑，并产生拓扑关系，依据已经制定的空间数据模型，构筑空间数据库框架。对于每个空间数据库，都应根据已经制定的属性表结构，建立属性数据库。

3. 应用体系层

应用体系层由海洋功能区划、海域使用权属、海域有偿使用、海域资源资产化管理、海域使用统计、海籍调查管理等应用系统组成，为海岛海岸带、海域勘界、用海资质等各项海域管理工作提供现代化的管理手段和有效的辅助决策。海洋功能区划应用体系的建立，需要充分考虑被划分海区的相关属性与优势，包括区位优势分析、资源状况分析、自然环境分析、灾害风险评估分析以及社会经济状况分析等。

(1)区位优势分析：地理位置优势、区划区域的经济特点和对周边地区的影响；

(2)资源状况分析：该区的优势资源、蕴藏量和分布、资源开发对本地区经济的影响；

(3)自然环境分析：从收集到的大量自然环境资料中，归纳出有利于该海区资源开发利用的自然环境条件和制约因素；

(4)灾害风险评估分析：从收集到的大量历史资料，开展灾害风险评估，包括风暴潮灾害、泄洪能力、海岸浸蚀、防护林带状况、地下水分布与储量，等等；

(5)社会经济状况分析：通过对各行业的产业结构、产值和效益的分析，找出该海区经济发展的主导方向与主要问题。

海域使用管理信息系统的一个重要组成部分是海域使用权属、海域有偿使用以及海域使用统计等，所有这些都建立在对用海申请的审批、确权基础上，以便有效管理和有偿使用。对申请使用的海域进行综合分析与评价是开展海域使用审批、确权与有偿使用的最基本条件，主要包括以下内容：

(1)区域概况和区位分析：包括区位条件、自然条件、社会条件和区域经济状况。

(2)海域资源分析与评价：包括海域资源开发利用现状分析、使用地质地貌条件、波浪潮汐与泥沙状况以及海域基础条件综合评价。

(3)区域生产布局分析：包括海域使用与产业分布现状、涉海产业规划与发展需求、海洋产业相互关系与协调以及区域生产布局与发展分析等。

(4)功能选择比较分析：包括海洋功能区分布与功能指标体系、功能顺序与兼容、排他功能比较分析、功能区使用存在问题与重点保护目标以及功能区的维护及对毗邻海洋功能区的影响等。

(5)海洋灾害与防治对策：包括区域灾害种类与特点分析、工程自身稳定性与防灾能力预测、工程引发海域自然变异或灾害分析和防治对策、突发灾害对工程自身和毗邻海域资源环境的应急计划等。

(6)国防安全影响分析：包括区域国防战略要求以及使用海域的国防安全保障分析等。

(7)海域使用效益分析：包括自然效益(地质地貌、潮流场、海岸稳定性等是否改变)、经济效益(投入产出分析、市场需求预测等)、环境效益(功能区是否得到合理使用和整体维护)、资源效益(对毗邻资源敏感区保护等)、社会效益(增强社会的系统功能，改善区域整体环境)以及海域整体效益(功能的协同性、系统性和整体性是否最佳)。

海域有偿使用工作的主要内容是海域使用金的确定，一般可采用先计算没有经过人类劳动参与的天然海域的价值，再综合考虑使用海域的属性和优势加以确定。从理论上说，海域资源的价值 P 包括两部分：一部分是海域资源本身的价值，即没有经过人类劳动参与的天然产生的那部分价值 P_1；另一部分是基于人类劳动投入产生的那部分价值 P_2，即 $P=P_1+P_2$。

海域资源资产化管理包括海域资源的分类，各类别的基本定价、定价标准，评价指标体系，资源实物量，资源价值量，以及指标的调整和修订等信息。资源资产化管理的关键技术是海域资源计算机评估技术，这是海域合理使用的基础和可持续发展的前提，是海域有偿使用的科学依据。

4. 服务体系层

服务体系层由信息和信息产品发布及联机服务系统来实现，为用户提供全方位的服务。通过服务体系层能够优化组织国家至各级海域管理部门业务信息流，提供实时、准确的海域管理动态信息，进行评价、决策和信息公开服务，提高海域管理与服务效率。服务层逻辑结构如图 4-15 所示。

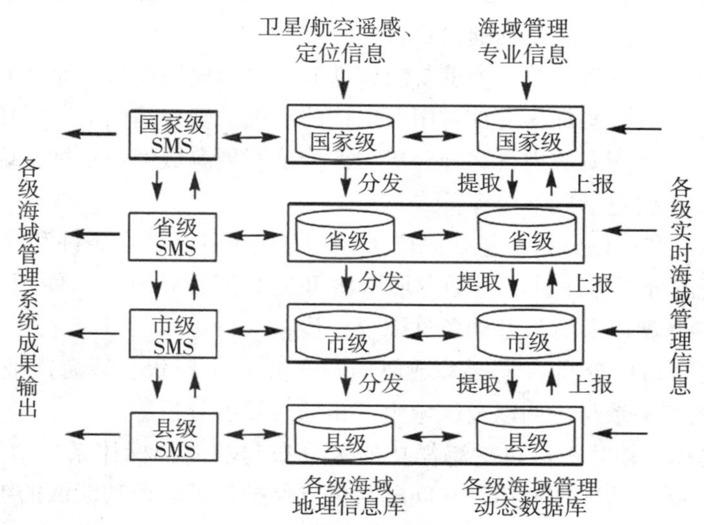

图 4-15　海域使用管理信息系统服务层逻辑结构

海域使用管理信息系统结构模型可采用客户/服务器(Client/Server，C/S)以及浏览器/服务器(Browser/Server，B/S)两种，如图 4-16 所示。系统数据集中存放在大型关系数据库中，系统将应用服务器与局域网用户连接，通过 IIS(Internet Information Server)与远程终端用户连接。

C/S 结构通常是局域网内采用的模式，是系统的主要组成模式，可以实现海域使用确权登记、查询统计、显示制图以及海域使用管理业务数据更新等相关功能。一般海域使用管理部门的经办人员都采用这种模式，其客户端采用包括 GIS 组件和工作流组件在内的各种组件集成开发的系统。B/S 结构是只需要查询浏览功能的用户使用的系统结构，用户可根据相应权限查询相应的海域使用信息和政策法规等。B/S 结构模型通过 Web 技术实现 Intranet 和 Internet 的统一，实现客户端基本只安装浏览器，目前已经占据主流地位。

根据“数字海洋”的总体实施方案，海域管理信息系统的建立和运行依托于公共支撑软件框架，该软件框架采用中间件技术集成与开发海洋信息基础平台，为海洋综合管理与服务信息系统所涉及的大型公共数据库、专题应用服务提供底层的数据接口和技术支持，具有统一安全认证和单点登录，支持海洋综合管理系统的大规模应用和多系统集成。公共支撑软件框架既是海域使用管理系统的搭建平台又是运行平台。在配合国家构

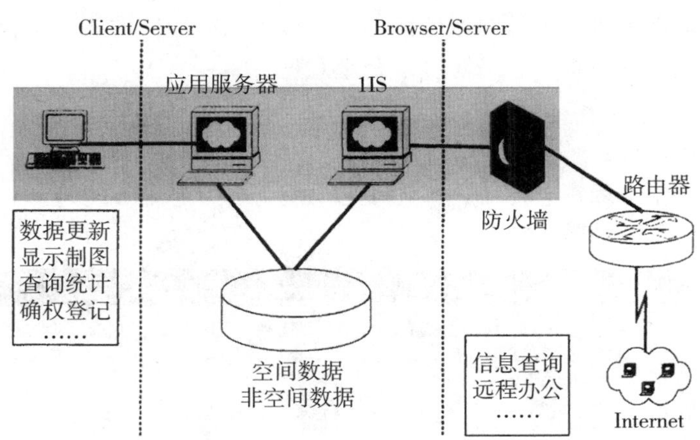

图 4-16 海域使用管理信息系统的结构模型

建公共支撑软件框架的基础上，进一步通过海域管理专题应用系统的业务基础组件开发，将业务流驱动组件等公共应用模块部分剥离出来，并结合智能表单技术、动态工作流与在线跟踪技术、ZJEE 技术、ArcGIS Server 等技术、面向服务的地理信息共享等关键技术，快速构建出统一、集成于公共支撑软件平台上的海域使用管理专题应用系统，运行平台实现对系统管理数据库、专题数据库的数据调用和进行海域管理业务系统的运行。

4.3.3 基本功能

海域使用管理信息系统是海洋行政主管部门依法行使海域使用管理的现代化管理工具，它实现了从海域申请审批、确权发证直至日常管理、统计归档的全过程办公自动化。它具有的综合信息分析、网上信息发布等功能，为海域使用辅助决策、依法用海提供了现代化、直观的方式。

海域使用管理信息系统是集地理信息技术、空间技术、网络技术、多媒体技术、制图技术等于一体的综合性信息管理系统。具备海域功能区划、海域资源管理与评估、海域使用法规规章、海域有偿使用管理、海域使用审批、海域使用确权登记和日常管理、海域使用可行性论证管理、海域使用证管理、海域使用检查监督管理、海域使用金征收管理、海域使用统计分析等决策服务能力，并具有相应的信息采集、传输、处理、统计查询、产品制作等系统功能。

1. 海域申请审批

申请审批模块主要包括受理初审、审查和审核三个方面。

1)受理初审功能

在海域使用的受理及初审阶段，需要填写海域使用申请表。因此，设计申请审批菜单，新建或选择受理及初审海域使用申请表。具体功能如下：

(1)受理海域使用申请，录入海域使用申请表的文字部分内容和海域坐标文件；

(2)在申请图层上画出申请海域的图形，计算申请海域的面积、周长及拐点数；

(3)从申请表建立呈报表，填写受理初审意见；

(4)打印呈报表、申请海域位置图、平面图及拐点坐标；

(5)定位申请海域；

(6)打包，呈报上级审查部门，如图 4-17 所示。

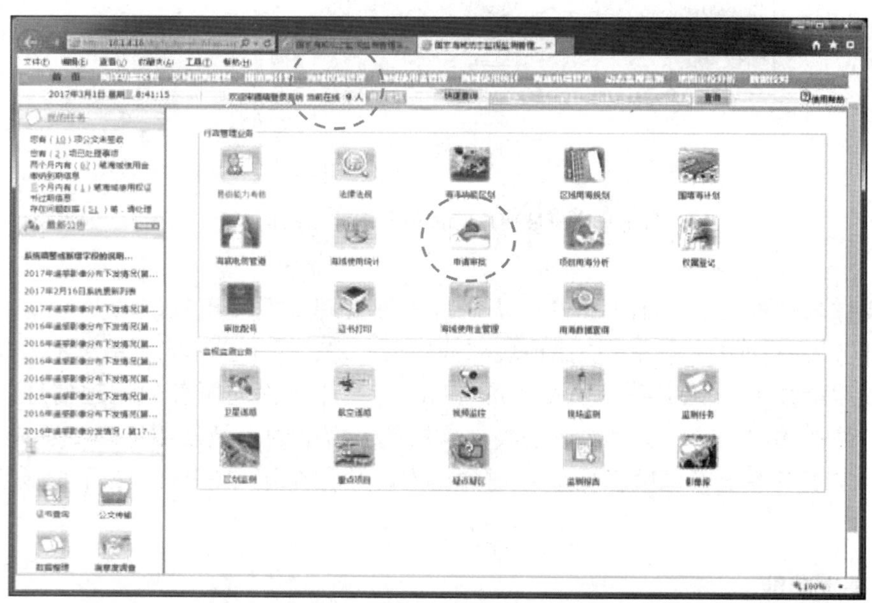

图 4-17　申请受理及审批模块

若采用从文本文件读入的方式导入坐标，则点击“导入坐标文件”按钮，通过选择文本文件所在目录直接将坐标读入。

2)海域使用审批呈报阶段

海域使用审批呈报过程包括审查阶段、审核阶段和批准阶段。

根据申请审批阶段的不同而有所不同。在审批呈报阶段主要设置了删除、修改、取消、查询、打印、浏览、退出、逻辑运算(<、≤、≥、>)、海域使用权属判断、功能区划判断、海域规划判断、更重要权属判断、上报呈报文件发送或呈报盘制作以及工作进程提示等功能。

审查阶段除修改申请海域位置外，一般只需填写审查意见。在申请审批菜单中选择“审查”，打开申请初审阶段呈报表，选择“修改”按钮，填写结束后，选择“保存”功能即可；若想放弃该修改则选择“取消”按钮。同样，操作结束后，即可转发或打印呈报表，也可制作呈报盘。另外，如果初审机关不同于审查机关，则在审查阶段可以导入初审机关上报的呈报文件，选择“导入呈报文件”按钮，输入呈报文件名即可。审查阶段具体功能如下：

(1)打开(导入)下级部门的审批呈报表。

(2)打开(导入)下级部门的审批呈报的申请海域图形文件到审批呈报图层。

(3)计算审批海域的面积、周长及拐点数。如果需要修正拐点坐标，选择坐标文件界面，对坐标文件进行修正。

(4)打开海洋功能区划图层判断是否符合要求，供海域使用受理部门参考。

(5)打开海域使用权图层判断申请海域是否存在用海重叠，是否规划设置更重要的海域使用权，供海域使用受理部门参考。

(6)在呈报表中填写审查意见，并打印呈报表、报批海域位置及拐点坐标。

(7)打包，呈报上级审查部门。

如图4-18所示为申请使用海域功能区划判断功能模块，选定申请使用海域拐点坐标，可进行海洋功能区划、海域使用权属、海域专项规划符合性判断。

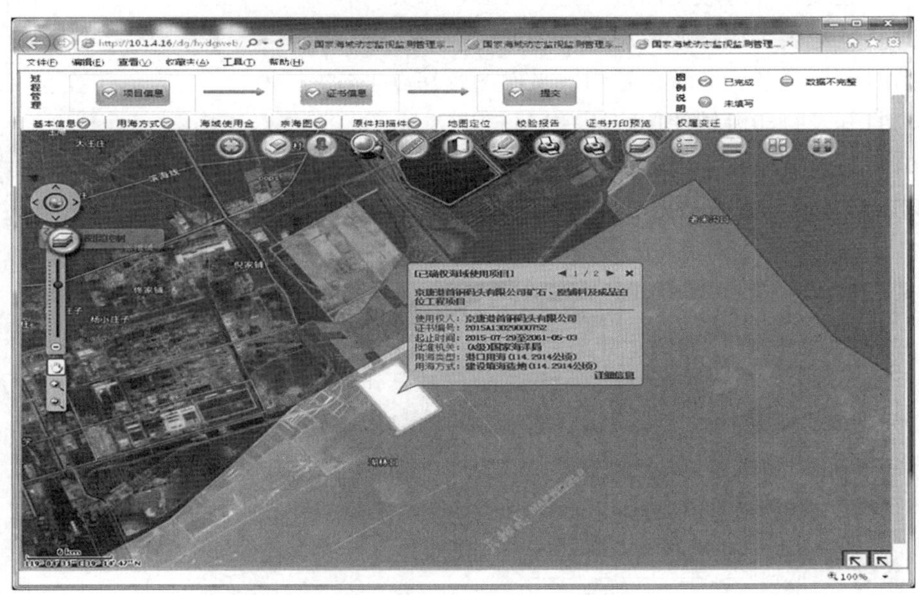

图4-18　申请使用海域功能区划判断模块

审核阶段同样除修改申请海域位置外，一般只需填写审核意见。在申请审批菜单中选择“审查”，打开审查阶段呈报表，选择“修改”按钮，填写相应的内容保存即可。同样，操作结束后，即可发布打印呈报表，也可制作呈报盘。审核阶段具体功能如下：

(1)选择审批呈报：审核。打开呈报表，或者点击“导入呈报文件”按钮导入呈报表，包括审批海域的坐标和图形。

(2)导入海域使用论证报告表，录入相关的内容。

(3)核算审批海域的面积、周长及拐点数。

(4)审核是否符合海洋功能区划的判断，供海域使用受理部门参考。

(5)审核是否设置海域使用权属的判断，供海域使用受理部门参考。

(6)在呈报表中填写审核意见，并打印呈报表、报批海域位置及拐点坐标。

(7)收到人民政府部门审批意见后，自动生成并填写海域使用权批准通知书。

(8)自动生成海域使用权登记表，并填写相关的内容。

2. 海域使用确权登记

确权登记模块主要包括登记、发证和年审三个方面。

1)登记

海域使用权登记表一般由海域使用确权信息、坐标文件、年度审查以及变更登记等四部分组成，部分相关内容直接从审批呈报表中转入，有些内容需要填写。用户可根据情况选择不同界面将信息填写到相应栏目中，在填写海域使用权登记表时，同样可以进行删除、修改、取消、查询、打印、浏览、退出等操作。当登记表填写完成后，可以打开海域使用权证书，填写海域使用权证的相关信息。具体功能如下：

(1)新建或打开海域使用权登记表并填写相关内容。

(2)从登记表生成海域使用权证登记册。

(3)打印登记表、海域位置图、平面图及拐点坐标。

(4)打开及打印海域使用权证登记册。

(5)从海域使用权登记表中生成海域使用权证书。

如图 4-19 所示为填写海域使用权登记表模块。

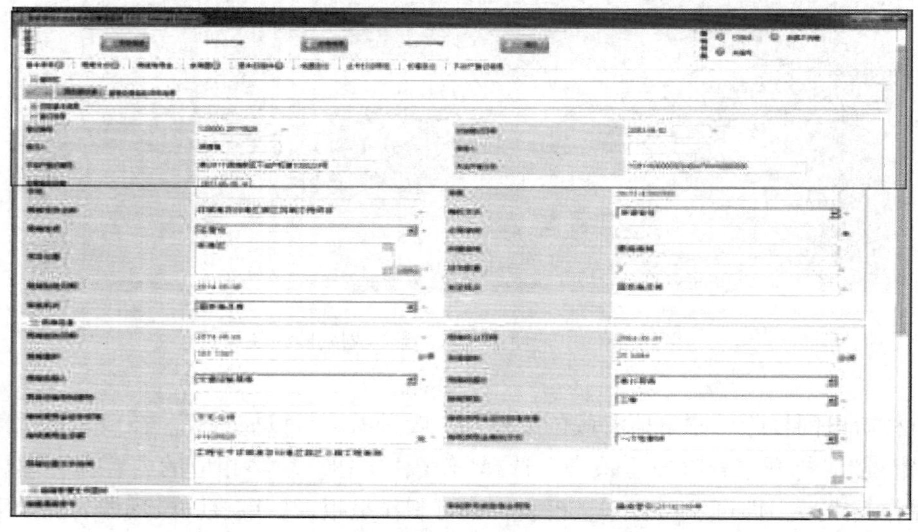

图 4-19　海域使用权登记表模块

2)发证

海域使用权证书一般由封面、正文、附图及坐标和年度审查四部分组成。海域使用权证书的内容可以从登记表中自动转入生成。海域使用权证书内容不能进行添加、删除的操作。海域使用权证书的打印可选择正本打印和副本打印功能。具体功能如下：

(1)打开海域使用权证书，选择“确权登记”功能按钮，打开海域使用权证书，或在海域使用权登记表中选择“打开(自动生成)使用权证书”按钮。

(2)打印海域使用权证书正本。

(3)打印海域使用权证书宗海图。

如图4-20所示为自动生成海域使用权证书宗海图模块。

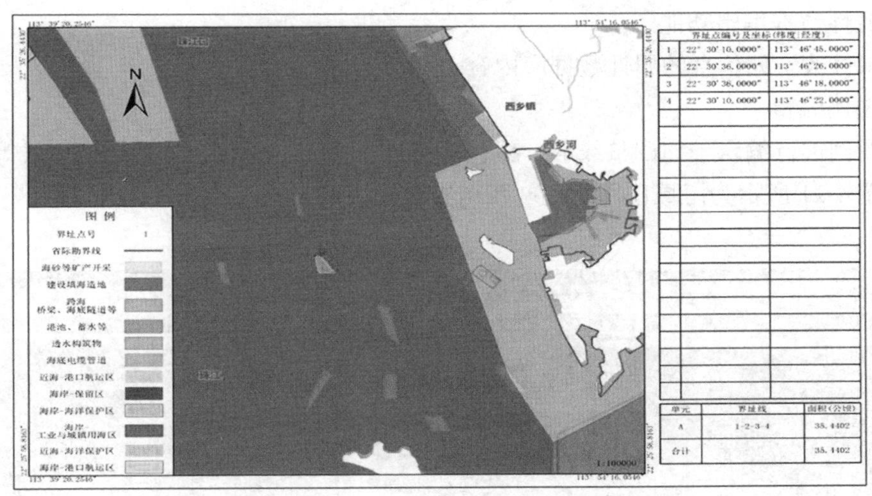

图4-20　自动生成海域使用权证书宗海图

3)年审

年审是海域使用管理部门对已经批准使用的海域进行的年度审查，确定是否按期交纳海域使用金、是否合理用海、是否私自转让等，并填写年度审查记录。用户可以通过添加、删除、更新、取消记录等功能实现对年度审查信息的操作，并在海域使用证的正本和副本上打印年度审查结果。具体功能如下：

(1)查询并打开相关的海域使用权登记表。

(2)特定查询海域使用权登记表。

(3)填写年审内容。

(4)变更登记，填写变更登记记录和删除、更新等功能。

(5)在海域使用权证书正副本上单独打印本年的年审内容。

3. 海域使用图层管理

图层管理模块主要涉及对图层放大、缩小、平移等操作，以及信息查询、图例管理等功能。

1)地图操作功能

(1)地图图层的打开、关闭。

(2)地图的放大、缩小、平移、固定比例尺显示。

(3)地图特征要素的属性查询。

(4)数据库内容到空间信息的定位查询。

2）编辑修改功能

（1）新建多边形图层。

（2）修改海域使用申请图层上的多边形区域。

3）地图量算功能

海域使用的面积量算、周长计算、拐点统计。

4）属性数据编辑功能

编辑修改空间信息的属性数据库内容。

5）图例编辑

对图例进行编辑，如调整线形、颜色、符号、填充、标注字体、标记方式等。

如图 4-21 所示为海域使用管理一张图查询模块。

图 4-21　海域使用管理一张图查询模块

4. 海域使用查询统计

用海查询功能模块主要包括对海域使用申请表、审批呈报表、海域使用权登记表、海域使用权证的查询统计。具体功能如下：

（1）查询海域使用申请表。

（2）查询海域使用审批呈报表。

（3）查询海域使用论证报告。

（4）查询海域使用权登记表。

（5）查询海域使用权证书。

（6）查询海域使用权批准通知书。

（7）查询权属调查表。

（8）对已经确权登记用海项目进行纵向查询。

用海统计功能模块，主要是对历年来海域使用数据进行统计分析，为用户提供直观的图表，呈现海域使用的情况。其中，包括各类用海面积分布统计、多年用海总面积比较、年度用海面积分布统计等信息。如图 4-22 所示为海域使用管理用海统计功能模块。

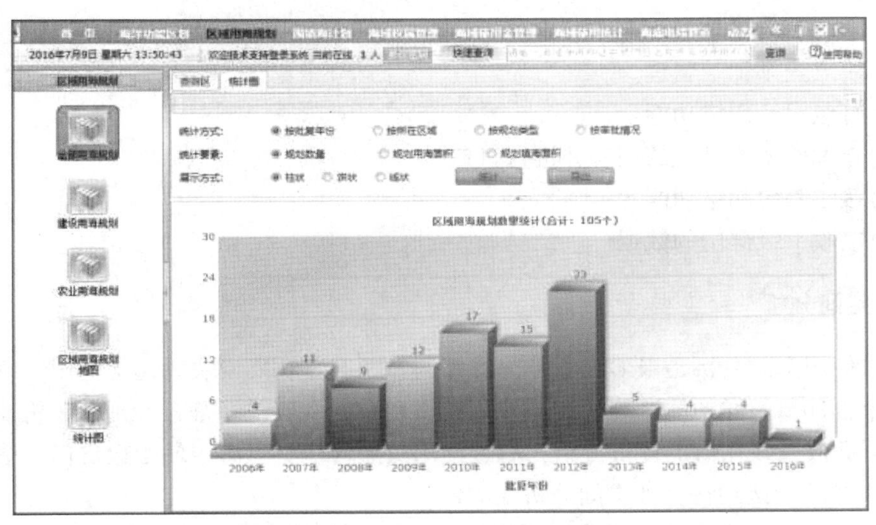

图 4-22　用海统计功能模块

5. 文档资料管理模块

文档资料管理模块主要包括对文档资料的查询与检索，具体包括：使用浏览器浏览对国家法律法规、海洋管理行业法律法规等的查询，以及采用通用查询方法对其他相关文档资料的查询、统计图、地图定位和打印输出，主要包括：海域使用图件、坐标文件等，如图 4-23 所示为海域使用管理功能模块。

图 4-23　海域使用管理功能模块

6. 系统与网络管理模块

系统管理模块主要包括密码管理、界面管理、用户登录记录管理和系统账户管理等。网络管理主要包括信息发布和数据交换等。具体功能如下：

(1)系统密码管理和系统账户管理。

(2)用户登录记录管理。

(3)打包发送网络功能。

(4)查询检索要打包的内容并进行打包。

(5)接收解包网络功能。

(6)接收下级部门的数据。

4.3.4　空间分析

海域使用空间分析是以 GIS 服务为支撑的专题服务功能模块。通常应用于海域使用权申请审批环节海洋功能区划、海域使用权属和海域专项规划符合性判断分析，违规用海管理，海底管线用海的评价分析，海域使用权流转变更、海域使用权价值评估等。

1)海洋功能区划符合性空间分析功能

审查申请用海管理人员可以利用海域使用空间分析功能，按需要分析的时间和海域，将海洋功能区划图和海域使用申请用海图叠置比较。依据海洋功能区划图对该块海域的功能定位，分析判断申请用海是否符合海洋功能区划，如图 4-24 所示。

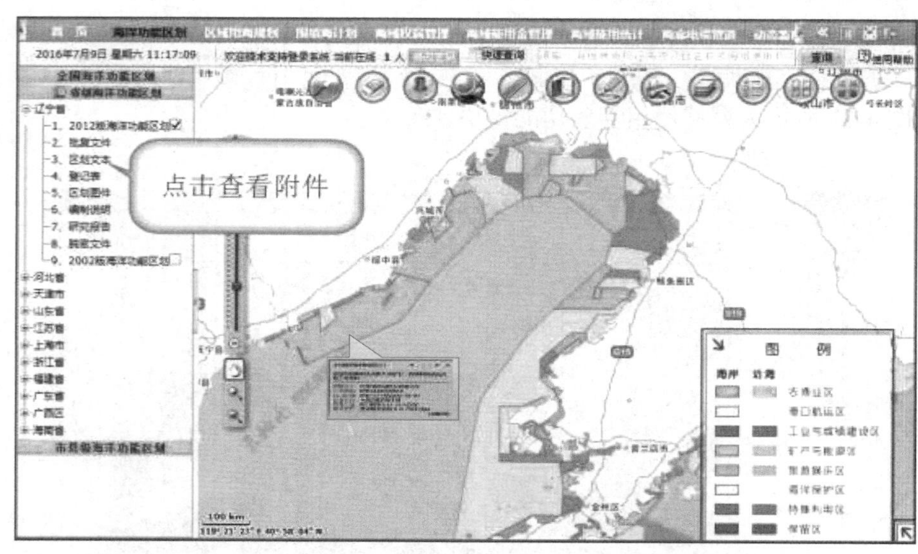

图 4-24　海洋功能区划符合性空间分析

2)违规用海信息空间分析功能

违规用海信息空间分析功能基于 GIS 空间分析模块，违规用海管理人员可以根据宗海信息图层的叠置分析功能，将不同时间和相同海域的两块用海进行是否重叠比较，图形可视化显示分析查看违规用海信息。查询分析包括违规用海名称、违规人姓名、违规用海面积、违规处理方式等。同时，海域相关法律法规管理功能可以对海域使用相关的所有法律法规信息进行管理，管理人员可以方便地浏览和完成违规用海处理的各种操作，如图 4-25 所示。

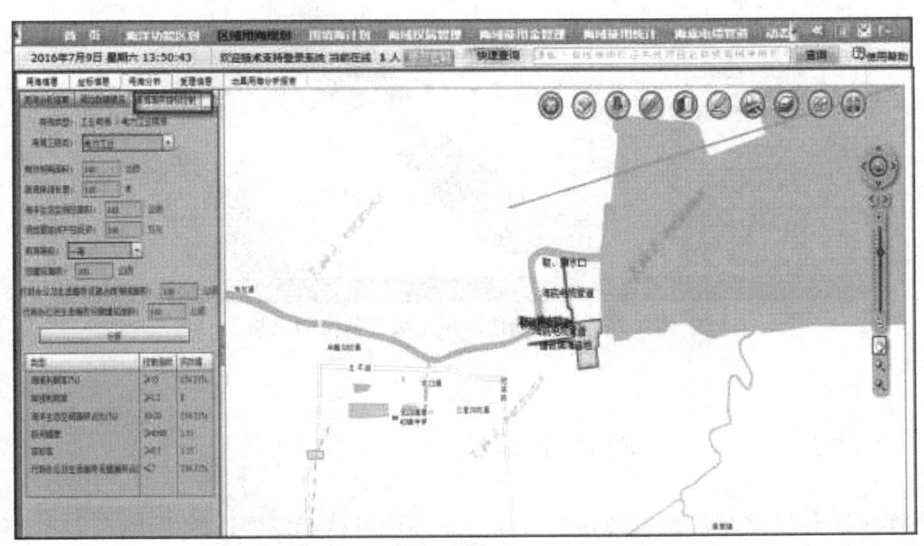

图 4-25　违规用海信息空间分析

3)海底管线用海的评价分析功能

海底管线用海的评价分析功能模块实现对海底管线及相关设施的二维与三维可视化查询功能。可以提供列表查询、空间选择查询、拓扑关联查询和综合条件查询等多种查询分析方式；海底管线评价分析还可以实现多维空间统计功能，例如二维交叉统计、分级统计，并用二维或三维多种统计图方式表现统计结果。为海底管线规划建设、管理和进一步评估提供管理决策依据。

4)海域使用权价值评估空间分析功能

海域使用权价值评估是对海域资源价值的评定，已成为海域资源合理使用的基础性工作，而海域定级在海域使用权价值评估中具有基础且重要的地位。依据海域定级技术体系，利用遥感影像自动提取海岸类型、海水质量、水深等指数。通过空间分析和属性计算，获取定级单元的各指标分值。利用权重和各指标分值进行加权计算获取定级单元综合分值，最后划分等级生成定级数据，如图 4-26 所示。

空间分析可以树状结构菜单的形式直观地展示各个专题分组下支撑分析所需地图、影像等数据源服务，还可以快速地将感兴趣的服务叠加到地图上，这样结合空间分析服务文字信息描述与地图叠加图形显示，可以为用户提供更直观的空间分析结果展示，从而支持用户判断哪个分析服务可以满足其需求，进一步提高系统的实用性。打开“菜单数据管理”，选择“专题服务”，开启“专题服务”窗口。

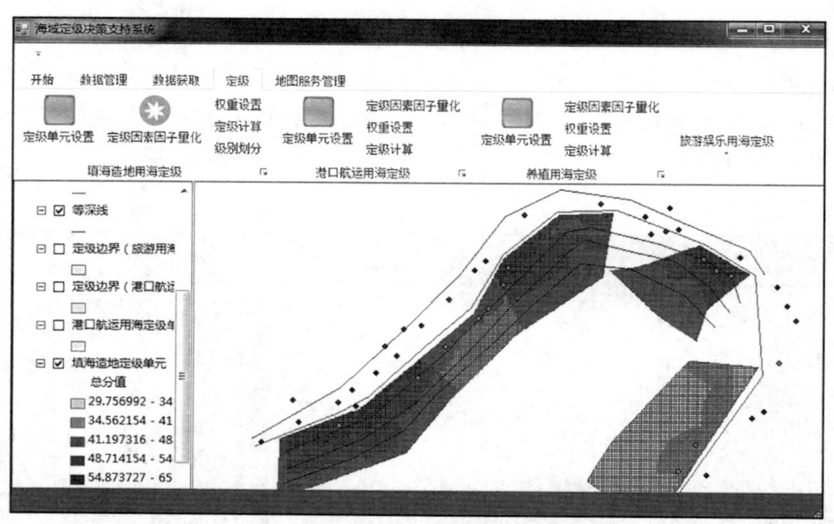

图 4-26　填海造地海域定级评估空间分析

4.4　海洋生态环境监测信息系统

海洋生态环境监测信息系统是为海洋生态环境可持续发展连续提供环境状况和污染水平信息，提升海洋生态环境监督管理能力和科学决策水平而建立的信息系统，是数字海洋工程的重要组成部分。

4.4.1　系统需求

规划设计和建立海洋生态环境动态监测和管理信息系统将推进生态环境工作的现代化和信息化，以实现最大限度地信息共享，为制定海洋生态环境的保护规划与政府综合决策提供科学依据。海洋生态环境监测保护信息系统应以海洋生态环境监管业务数据为基础，通过多元数据信息综合利用等技术，建立为国家和地方海洋生态环境监督管理与科学决策提供全面支撑的综合信息系统平台，实现数据集成与管理、分析评价与决策、行政审批与管理、政务公开与公众服务能力的全面提升。

振兴海洋经济，发展海洋产业，建设沿岸工程以及海洋生态环境的保护都离不开对海洋环境的了解。随着信息技术和海洋监测技术的发展，信息化逐渐融入传统的监测模式，目前获取的海洋信息量呈指数增长，监测数据逐渐呈现出复杂多元化的特点，如何以适当的方式分析处理监测数据并提取有用信息，这对海洋生态环境监测系统提出了更高的要求。海洋生态环境动态监测管理信息系统的建设是以海洋环境业务化监测和在线监测数据为基础，以网络传输为保障，以监测数据的采集、入库、管理和应用为核心，以服务为目标，集监测数据监管和服务一体化的综合性信息化工程。通过建立海洋生态环境动态监测与管理信息系统，建立起对海洋水环境、生物环境、底质环境、生态环境监测数据的入库、管理、应用为一体的系统，为海洋环境的决策管理提供依据，同时推动海洋经济发展。以江苏海州湾海域为例来说明地理信息共享平台的需求：随着海域使用保护管理工作的不断推进，日常监测数据越来越多，海域数据的处理仅仅依靠人工处理，工作量将会非常庞大，而利用计算机软件处理和分析这些数据，工作人员仅仅使用一些简单的操作即可完成大部分的分析工作，那将会大大提高工作效率。设计地理信息共享平台，界面要美观大方，操作上要尽量简单明了，由计算机代替人工来实现一系列数据处理分析工作，使管理工作更加规范化、自动化、科学化，从而达到提高管理效率的目的。同时，解决由于用户操作的失误所带来的各种问题，保证系统的稳定性；保证数据的正确性与有效性；实现严格控制有关数据的修改与删除，只有数据的录入者才能对数据进行修改等一系列的操作功能。

海洋生态环境监测信息系统的作用主要表现在以下五个方面：

(1)检验海洋生态环境政策效果的标尺，为各级政府制定海洋生态环境政策提供基本数据依据。

(2)政府监督管理海洋生态环境的基本手段，为海洋生态环境保护执法提供技术监督平台。

(3)海洋经济建设的基本保障，为海洋产业开发可行性提供技术评价决策服务。

(4)保障沿海人民群众美好生活的基础，为人类海上活动提供生态环境信息服务。

(5)预防赤潮等海洋生态环境灾害及海洋污染事故防治的基础性工作平台，为减灾防灾提供服务。

海洋生态环境动态监测信息系统的建立，旨在能动态监测、智能管理、综合分析、适时发布海域的海洋生态环境信息，为各级政府管理部门提供科学依据。系统设计的基本原则是：

(1)系统具有科学性和先进性：系统设计的技术起点要高，系统的硬件和软件配置要力求科学，功能齐全，技术先进。

(2)系统具有完备性和标准化：系统的数据内容要力求完备，要符合国家、行业颁布的标准和规范。

(3)系统具有实用性和兼容性：系统的数据产品要满足用户的需求，力求实用、好用。由于数据库数据来源呈多源性(有图形、图像、DEM、统计等)，数据格式多样性(有矢量、栅格、统计等)，系统需要在统一的管理体系下实现快速调用、匹配、分析处理，支持各种类型的检索查询，各种数据灵活集成机制并保持数据的兼容性。

(4)系统数据具有准确性和现势性：系统要保证数据的精确度，并不断更新，系统内的数据要保持实时更新，完善其数据库内容，保持良好的现势状态。

(5)系统运行具有可靠性和扩充性：系统通过采取访问权限、数据备份、防火墙等设计，以保证系统运行的可靠，同时系统在设计时要具有升级扩充的能力，以满足将来的需要。系统预留二次开发接口，包括地图基础接口、地理元数据服务接口和空间分析服务三种类型接口。

近年来，基于新一代物联网、大数据、云计算和人工智能等信息技术在海洋生态环境监测数据管理系统中的应用前景十分广泛。例如，基于物联网技术设计海洋环境监测的系统，可以实现海洋环境监测数据的智能化管理，基于大数据分析应用技术实现了海洋生态环境监测数据系统化、模块化，进一步提高了监测数据管理能力和应用水平。通过建立海洋生态环境监测管理系统，实现了对海洋生态环境监测数据的实时传输和分析，进而实现预测、预警海洋生态环境。

4.4.2　总体结构

1. 系统整体框架

海洋生态环境动态监测信息系统可分为基础设施平台和专业应用平台两大部分。专业应用平台主要包括海洋生态环境动态监测信息资源层、应用支撑层、应用组件层和用户应用层以及标准体系、安全体系五大部分，如图 4-27 所示。

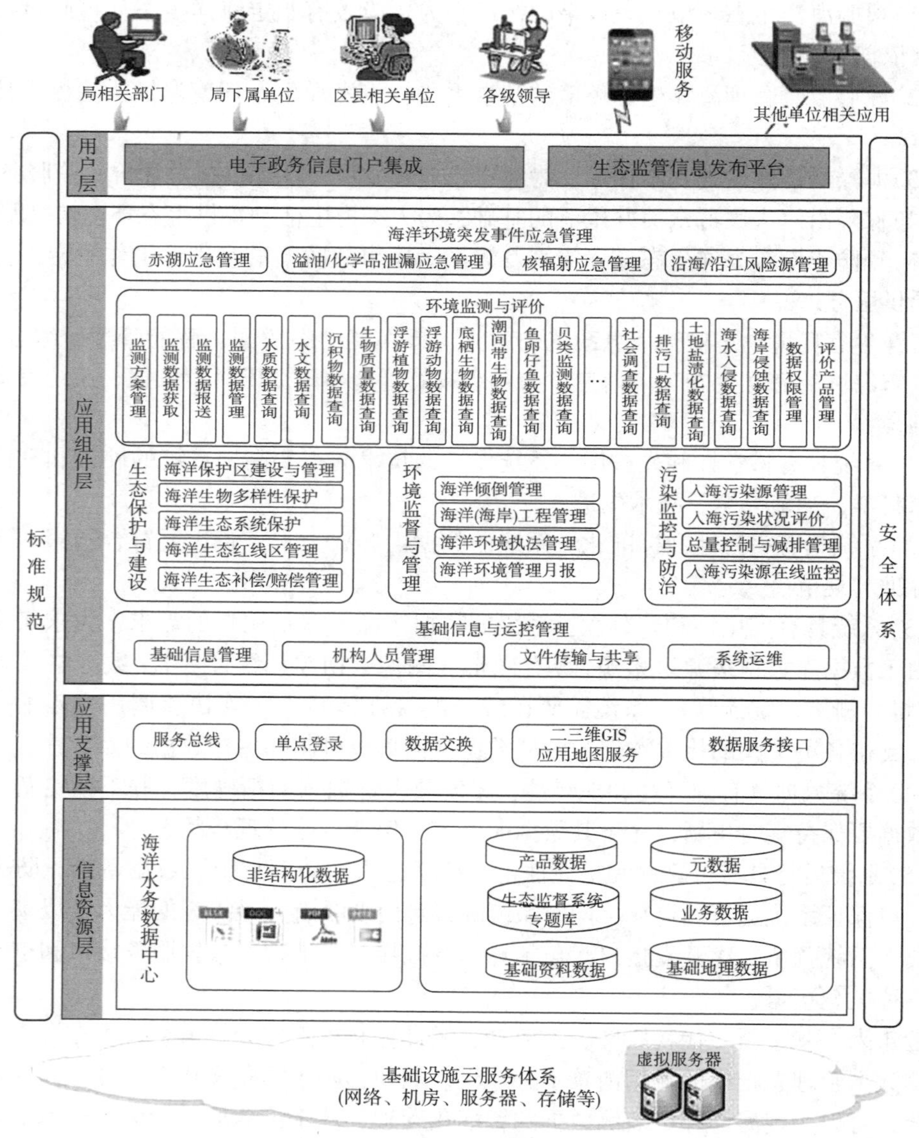

图 4-27　海洋生态环境监测信息系统整体框架图

(1)基础设施平台部分主要包括生态环境监测信息中心的系统软件、主服务器、存储备份服务器、网络系统与基础硬件设施、数据采集接收系统、生态环境监测设备以及机房及配套等，是保证整个信息体系运行的前提。基础设施可考虑在数字海洋工作整体环境中部署，系统所需的应用服务器采用虚拟机实现。

(2)信息资源层主要包括数字海洋基础地理、基础资料、生态环境专题产品以及业务数据；可以在现有的数字海洋工程数据中心建立生态环境监测管理系统的专题库，也可以建立海洋生态环境监测数据中心，实现系统数据的存储管理。

(3)应用支撑层主要包括服务总线、单点登录、数据交换、GIS 地图服务、数据服务接口等应用支撑服务。

(4)应用组件层是在信息资源层和应用支撑层的基础上集成和构建各个业务功能模块组件。例如：海洋生态环境监测管理系统中设计了 6 个功能模块，包括基础信息与运控管理、生态保护与建设、环境监督与管理、污染监控与防治、环境监测与评价和海洋环境突发事件应急管理等。根据应用类型再设计成若干个子功能组件。

(5)用户应用层主要实现以下两个方面的内容：一是与电子政务信息平台门户集成，根据登录用户的功能模块权限，将相应的组件嵌入电子政务办公系统；二是与其他信息系统集成，实现海洋生态环境监管系统的功能调用与数据共享。

2. *系统数据架构*

有效管理海洋环境监测信息是保障海洋生态环境监测质量的重要途径。因此，一方面应当建立科学可行的海洋生态环境监测管理制度，以保证海洋生态环境监测过程中所获得的相关数据能够及时且完整地应用到整个管理过程中。同时，海洋生态环境监测管理信息系统构建应当依托新一代信息技术，优化业务流程、数据结构和分析算法，实现海洋生态环境监测管理的自动化、智能化。

数据架构设计主要针对数据的分布策略和数据的流向进行设计。根据海洋生态环境监督管理的需求，海洋生态环境主要分为 6 类数据，包括：基础地理数据库、基础资料数据库、专题数据库、业务数据库、产品数据库以及元数据库，如图 4-28 所示。

(1)基础地理空间数据，包括 .shp 格式的海域及海岸带的电子地图。海域电子地图由面数据构成。海岸带的电子地图由点、线、面数据集组成，主要图层包括：行政区域、居民点、道路和水系等。

(2)基础资料数据，包括海洋遥感数据、海洋环境监测业务数据、海洋生物和生态数据、海洋资源数据、海洋经济统计数据以及海洋科技信息。

(3)专题信息数据，包括海洋污染监控数据、海洋生态保护数据、海洋环境保护数据、海洋环境应急数据以及海洋执法监察数据。

(4)海洋业务数据，包括海洋环境监测数据、海洋环境调查数据、海洋环境统计数据、海洋执法管理数据、以及海洋环境保护管理数据。以海洋环境监测业务数据为主的海洋业务数据例如，海洋气象、海洋水文、海水水质、海洋生物、浮游植物、海洋沉积物等。

(5)海洋产品数据，包括基础地理产品、海洋经济信息产品、海洋监测评价产品、

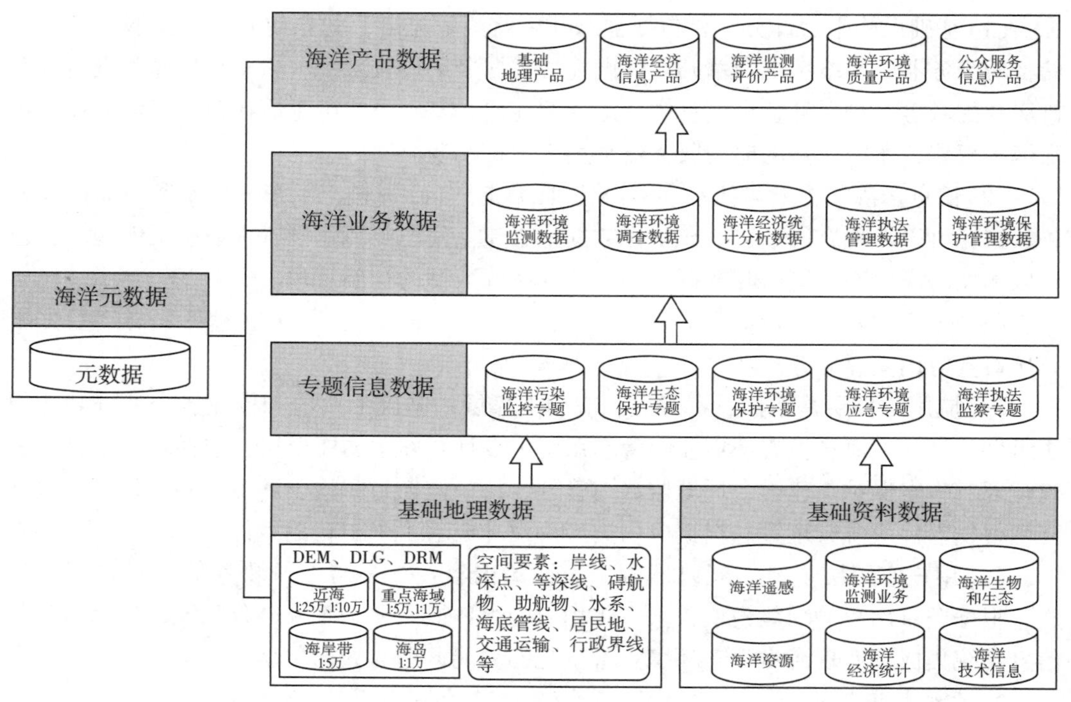

图 4-28　海洋生态环境监测信息系统数据架构

海洋环境质量产品以及公众服务信息产品。例如，海洋环境公报、海洋环境年报。

(6)海洋元数据，包括基础地理数据、基础资料数据、专题信息数据、海洋业务数据、海洋产品数据的元数据。

将各类各层次数据组成全局数据库模式，从而得到不同的系统数据架构。例如以海洋生态环境监测为主的数据库主要是用于存放通过各种监测手段得到的监测数据，包括海洋潮汐观测站数据、海洋水文气象站观测数据、海洋生态浮标监测数据等，具体如图 4-29 所示。

4.4.3　基本功能

1. 海洋环境监测数据管理与发布

我国海洋生态监测工作已列入国家业务化运行序列，按照国家统一部署，开展海洋环境监测、海洋环境监管与公益服务等多项监测工作。随着海洋环境监测工作的深入，国家不断加强海洋环境监测数据管理工作，完善管理机制和相关规章制度。进一步加强海洋环境监测数据的安全管理，提高监测数据传输的安全性与时效性，建设相应的信息服务系统。因此，海洋环境监测数据管理与发布系统是一套为监测机构上报数据，实现各监测单位批量上报监测数据报表，实现监测数据信息化管理与网络服务的信息系统，主要用于监测数据报送管理和网络发布，提高发布数据的准确性、实时性，实现监测数据的有效利用。数据通过逐级审核进入标准监测数据库后，可以通过调用数据库中数据

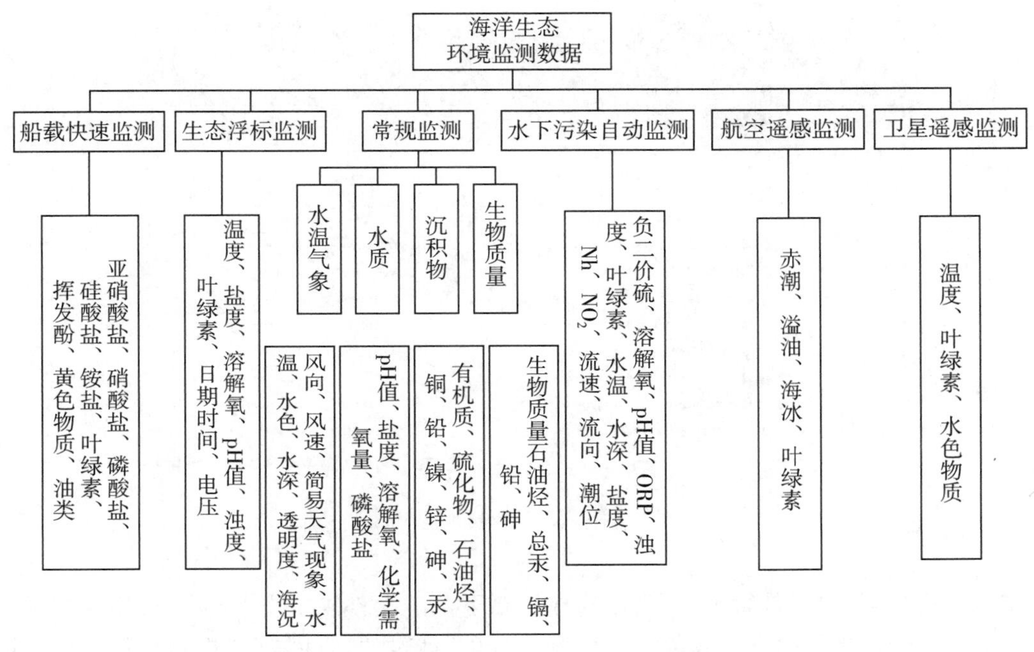

图 4-29 海洋生态环境监测数据模型结构图

做各种应用服务，例如数据查询、监测业务管理、数据共享、决策支持以及信息发布等。

按照功能目标要求和软件工程规范，开展充分的系统需求分析和科学的系统功能设计，系统主要功能模块包括文件管理模块、报表管理模块、成果管理模块和系统管理模块等。下面具体介绍其中主要功能：

1) 文件管理

文件管理模块是该系统的核心内容。用户可根据上级业务部门分配的监测任务和监测要素信息将本地文件上传到服务器，并对上传文件进行各种操作。当前用户的上传功能与其角色信息密切相关，另外，在上级单位没有给该用户分配监测任务信息的情况下，用户无法上传任何文件到服务端。

如图 4-30 所示，在左侧的操作面板，选择“全部文件”“报表”“资料”“图片”“其他”，可对右侧“文件管理”列表中的文件信息进行过滤，使列表信息更加条理直观，方便用户查看。

文件管理模块包括文件上传、文件下载、文件检索、文件删除、文件查看、文件压缩等功能。

用户上传权限可在用户管理中进行设置，用户可将本地文件上传至服务器。单击“上传文件”按钮，在上传窗体中选择“监测任务”以及“监测要素”，继续单击“上传文件”按钮，在文件上传窗体中选择目标文件路径上传，会显示“上传进度”窗体提示文件上传的进度。文件管理同时提供对文件的下载功能，用户可将服务器上的文件信息下载

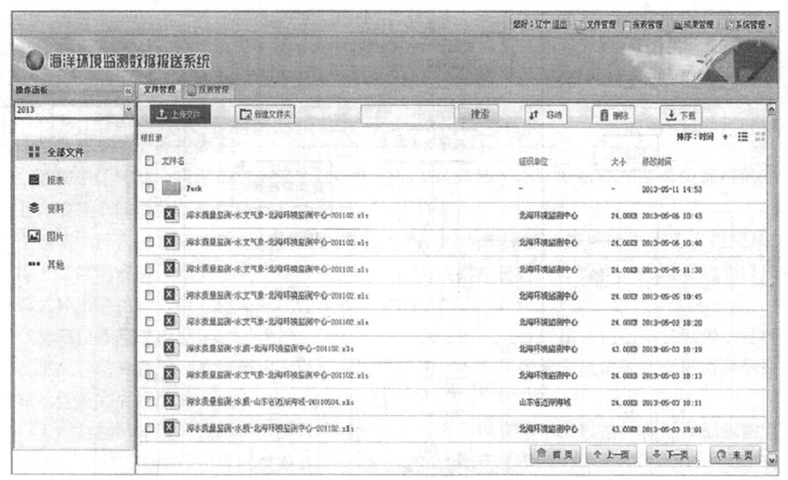

图 4-30　文件管理操作功能

到本地，用户可在“文件管理”列表中选择需要下载的文件，单击“下载”按钮，如果选中的文件已经被当前用户下载过，则会弹出“已下载过的文件信息”提示窗体，用户可查看下载过的文件名称以及下载的次数，确定是否继续下载。选择多个文件或文件夹进行下载，系统会自动将其打包为一个压缩文件，以提高传输效率和保持文件组织结构。

文件检索提供对文件管理信息的检索过滤，以便用户更快捷地找到目标信息，在搜索文本框中输入检索条件，单击“搜索”按钮，会在文件列表中检索出符合条件的目标信息。文件查看功能支持报表文件在线打开，可在线打开查看 Excel 类型报表文件。文件删除可对列出不需要的文件提供删除操作。

通过将大量文件打包成压缩文件上传到服务器，系统提供解压功能，并可保持文件的目录结构。“解压确认”窗体中包括“文件名”“问题描述”“操作”等信息，为避免重复上报造成的数据重复，如果解压的文件已经存在，则以选择“使用新文件”或“使用原文件”的操作，或者直接选择“全部使用新文件”按钮来更新。

报表上报管理主要通过系统实现在系统中生成标准格式的报表，进行报表可视化的编报，在编报的过程中直接进行初步质量控制，提高上报数据质量；其次批量导入报表并进行上报管理。

2)报表管理

报表管理的核心功能是数据质控管理。报表管理功能模块会解析用户上传至服务器的文档名称、内容(其中包括监测单位、监测区域、组织单位等内容)去分析此文档是否为报表文件，将报表文件用监测年份、监测任务、监测要素区分显示在报表管理列表中，用户可对报表文件进行提交、检查、审批、下载、重报、质控等操作。

如图 4-31 所示，单击“报表管理”按钮进入“报表管理”文件页面。

在左侧操作面板，提供接任务以及按要素的分类查询功能，选择“监测年份”检索当前年份的“监测任务”信息，选择“监测任务”信息，可对右侧报表管理列表，包括报

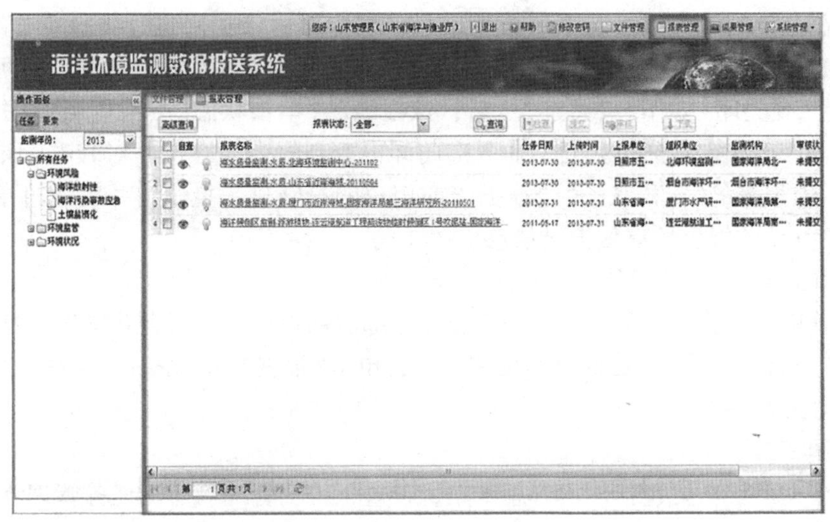

图 4-31 “报表管理”功能界面

表名称、任务日期、上传时间、上报单位、组织单位、监测机构、审核状态信息，进行过滤。

数据审查管理的主要目的是减少数据存储问题，提高数据质量。当用户提交数据报表后，客户端通过初步审查，对出现异常的记录进行复检和标注处理，使数据规范准确，形成可用于数据统计和入库的标准数据集。

(1)报表格式检查：

“格式检查”对报表提供最基本的格式检查功能，在新打开的“报表检查”界面中，在“待查报表”信息列表中选择目标报表信息，单击“格式检查”按钮，检查结果通过“待查报表”中的“检查”字段图标显示，检查的错误信息在右侧“错误信息”中显示。

(2)报表审核进度查询：

可查看报表的审核状态信息，在“待查报表”中选择目标报表文件，选择“审核进度”，在弹出的“报表审核记录”窗体中可查看审核信息，包括“审批单位”“审批时间”“审批用户”“审批结果”“审批意见”等信息。

(3)报表内容检查：

系统按照报表内容规则去解析报表的内容，在“待查报表”中选择目标报表信息。单击“内容检查”按钮，在弹出的报表检查窗体中，单击“开始检查”按钮，可对报表进行内容检查，检查结果在“检查结果”字段中显示，并可查看详细的检查错误结果(包括字段标准名称错误、计量单位不统一、组织单位名称错误、监测内存的值域检查、逻辑一致性检查等内容。

(4)报表审核：

审核需要当前用户的上级业务部门对当前用户已提交的报表信息进行审核(例如，用当前用户的上级业务部门用户登录系统时，打开“报表管理”列表，会看到列表中显示的下级业务部门已经提交上来的报表信息，用户可对该报表进行审核操作)。在“报表审核”窗体中，可以看到“提醒信息”以及“审核意见”，填写审核意见后，可进行“通过”/“拒绝”/“关闭”操作，“通过”之后，该报表的“审核状态”会根据当前用户的等级显示通过，该等级审核通过之后，业务部门即可看到报表内容，并对其继续审核；“拒绝”之后，该报表的“审核状态”会根据当前用户的等级显示拒绝，并可通过单击“报表状态”字段查看该报表的审核记录信息。

(5)报表合并：

同报表审核样，报表所属单位的上级业务部门用户可以进行合并操作，打开检查界面，在“待查报表”中选择目标合并报表文件，单击“报表合并”按钮，在右侧“报表合并结果”显示报表合并信息。

3)系统管理

系统管理模块主要包括用户管理、系统设置、机构管理、监测任务管理、报表模板管理、系统日志和数据库分发等内容。

(1)监测任务管理：

监测任务管理功能模块是系统核心模块之一。用户可对自己的下级业务部门分配不同类别的监测任务信息。同时，下级业务部门只能上传上级业务部门分配的任务文件、报表，若上级业务部门没有分配给用户任务信息，下级业务部门无法上传任何文件信息或者报表信息。

如图 4-32 所示，单击“系统管理”按钮，选择“监测任务管理”，进入“监测任务管理”界面。

图 4-32　“监测任务管理”界面

查询任务功能：输入“任务名称”“任务分类”“监测年份”检索条件，单击“查询”，在监测任务列表中检索出符合检索条件的监测任务信息。包括监测年份、任务类别、监测任务、任务编号等信息。

新增任务功能：单击“新增”按钮，在弹出的“新增任务”窗体中，填写监测任务信息，包括监测年份、任务类别、监测任务、任务编号、备注等信息。单击“保存”按钮完成。

任务编辑可选择监测任务列表中的数据，单击“编辑”图标，在弹出的“编辑任务”窗体中，修改需要修改的内容，单击“保存”按钮完成。

(2)报表模板管理：

报表模板管理模块为用户提供不同任务的、同任务不同要素的标准报表模板的下载功能。如图 4-33 所示，单击“系统管理”按钮，选择“报表模板管理”，单击进入“报表模板管理”窗体，报表模板管理可对报表模板进行导出使用。

图 4-33　“报表模板管理”功能界面

在“报表模板”列表中选择目标模板信息，单击“操作”字段中的“导出”按钮，即可将该报表模板导出。

(3)数据库分发：

数据库分发，实现对系统数据库生成下载功能。如图 4-34 所示，单击“系统管理”按钮，选择“数据库分发”，单击弹出“数据库分发”窗体。

在“数据库分发”窗体中选择“目标年份”“组织单位”“监测机构”以及数据库类型，例如 Ms Sql Server、Access、Excel，单击“生成”，在弹出的“提示”中单击“是”，保存到计算机。

2. 海洋环境监测数据处理

海洋环境监测数据处理业务系统是集监测数据报表合并、资料标准化处理、质量控制、数据统计与评价产品制作于一体的海洋环境监测数据处理系统。系统功能需求以服务海洋环境保护、海洋环境监测技术体系为主要依据，以整合与处理监测数据为基础，以实现监测数据处理的自动化、可视化和网络化总体目标。

海洋环境监测数据处理系统主要包括：配置数据表管理模块、报表批量导入与合并处理模块、标准化数据处理模块、数据集质量控制模块、评价与统计产品制作模块。各模块由若干函数组成完成一项独立功能模块，模块之间按照统一的协议进行通信或数据交换。

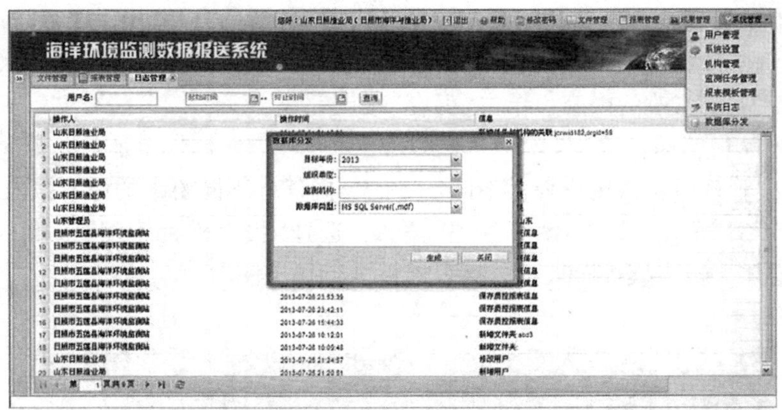

图 4-34　数据库分发功能

1)配置数据表管理模块

配置数据表是系统运行的基础数据支撑，运行配置数据表一般采用本地数据库设计，主要包括存储系统运行所必要的配置参数以及标准化数据表。如图 4-35 所示，用户可根据需要对配置数据表进行适当修改。

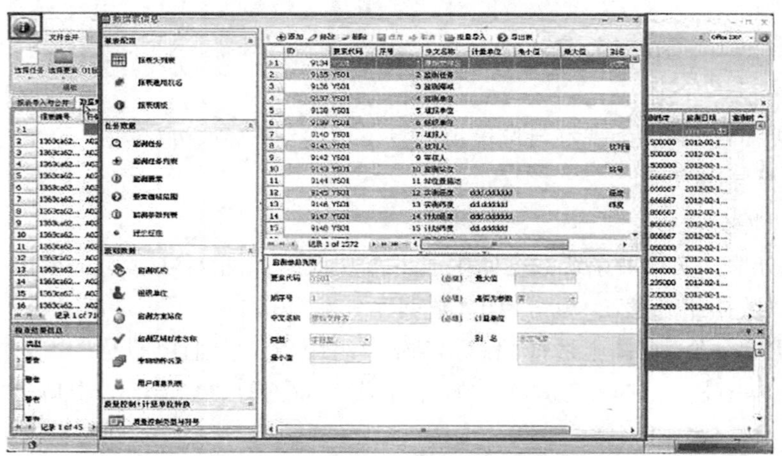

图 4-35　配置数据表功能

2)报表导入与合并模块

报表导入与合并的主要功能是按监测任务和监测要素对监测数据报表进行导入、报表格式初步检查和参数标准化一般功能流程如下：

(1)选择监测任务：

单击“选择任务”按钮，在下拉列表出现的监测任务中选择要合并报表的监测任务。

(2)选择要素：

单击“选择要素”，将显示该任务下的所有要素名称，在监测要素列表中选择要合并的监测要素名称。

(3)选择报表格式：

海洋环境监测数据报表大体可分为四种类型的格式：通用要素报表、调查要素报表、日报表和其他报表，根据报表的实际类型选择所需报表模板。

(4)导入报表：

单击“打开报表”按钮，批量选择要合并的报表文件，将其导入程序，导入后的报表文件名称和文件数将会显示在左侧的文件名列表区。

单击报表文件名，文件内容将在右侧的报表显示区显示，同时程序会对该报表格式、报表字段等进行初步检查，经过检查的报表显示“✓”，如图 4-36 所示。

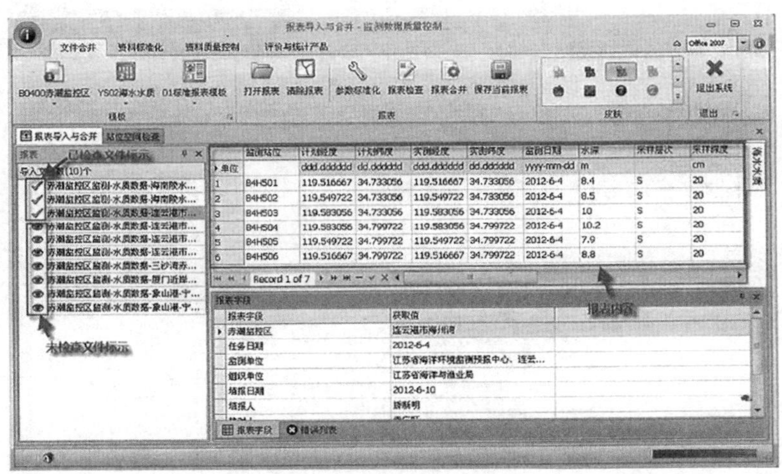

图 4-36　报表检查功能

(5)监测参数标准化：

单击“参数标准化”，程序将会调用配置文件中的“监测参数列表”对监测数据报表中的监测参数名称进行标准化匹配。若报表中出现无法与配置文件匹配的监测参数名称时，该参数将会显示在“错误”列表中。

若该参数为新的监测参数，则可单击“增加新字段”，将该名称添加到配置文件中。若该参数不是新的监测参数，只是已有参数的其他填报写法，则可单击所对应的“新值”单元格，在弹出的配置文件窗口中选择与其匹配的参数名称，进行参数匹配。

(6)报表检查：

单击“报表检查”，对监测报表格式、报表字段等进行初步检查。报表字段可在报表字段窗体中查看，错误信息可切换到错误列表中查看，如图 4-37 所示。

(7)报表合并：

单击“报表合并”按钮，可将导入的多个报表合并成一个总报表文件，报表合并结果将会在界面上显示。单击“保存当前报表”按钮，即可将合并后报表以 Excel 格式保存到计算机中，如图 4-38 所示。

图 4-37　报表错误显示

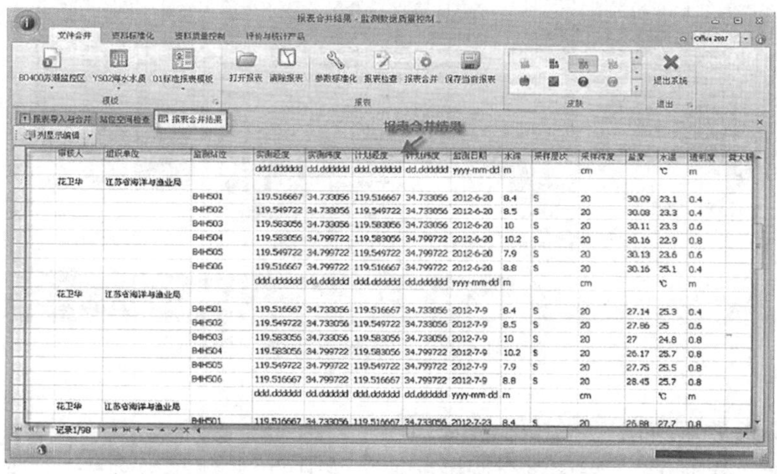

图 4-38　报表合并功能

3)标准化数据处理模块

标准化数据处理主要是对报表进行区域名称标准化、组织单位标准化、统一计量单位和数据补齐，单击各按钮对资料进行标准化处理。标准化数据处理模块主要功能有：

(1)打开合并报表：

单击“打开合并的报表”按钮，在弹出的对话框中选择报表路径和要导入的报表名称，将要素报表导入系统。合并报表的结果将会在系统界面上显示。

(2)区域名称标准化：

单击“区域名称标准化”按钮，系统将对照配置文件中的“监测区域标准名称”表，将区域名称标准化，并添加区域标准代码。

(3)组织单位标准化：

单击“组织单位标准化”按钮，系统将对照配置文件中的“监测方案站位”表和“组织单位”表，将组织单位名称标准化，并添加各监测站位的监测方案中计划经度、纬度。

(4)统一计量单位：

单击“统一计量单位”按钮，系统将对照各监测参数标准单位和配置文件中的“计量单位转换表”对报表中单位进行换算，将监测数据报表的单位转换成标准单位。

若报表中单位填写错误或未填写单位，系统将会在错误信息显示区提示，并提示错误具体内容、错误所在行和列等信息，资料处理人员根据提示进行修改后即可对报表错误计量单位进行批量修改操作。

(5)导出标准化报表：

选择“导出标准化报表”按钮，即可将界面上显示的报表结果以 Excel 格式保存到计算机中。

4)数据集质量控制模块

数据集质量控制主要是对数据进行空间位置检验、重复记录检验、数据类型检验、值域一致性检验、逻辑一致性检验、异常值检验、物种标准化等，并添加相应的质量符，按一定的要求输出数据集，并生成处理日志，如图 4-39 所示。

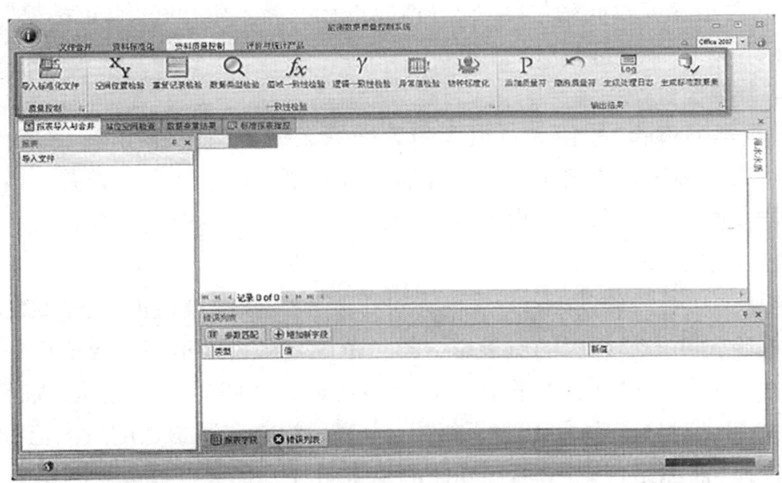

图 4-39 数据集质量控制功能

(1)导入标准化文件：

单击“导入标准化文件”按钮，选择已经标准化处理后的文件，将其导入系统，报表内容在界面中显示。

(2)空间位置检验：

空间位置检验主要对站位经度、纬度进行检验，检查站位落点所在位置，看其是否落在规定的海域，单击“空间位置检验”按钮后，系统读取站位经度、纬度并将站位位置显示在地图上，可由人工审核站位的着陆或偏离情况，如图 4-40 所示。

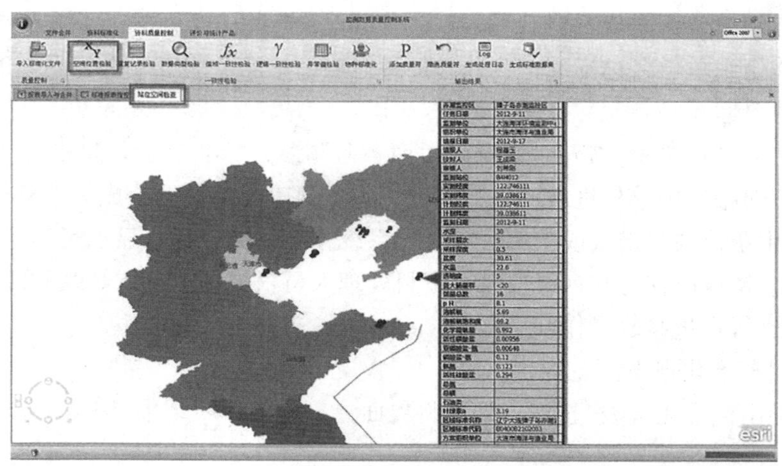

图 4-40　空间位置检验功能

(3)重复记录检验：

重复记录检验主要对报表填报、处理或合并过程造成的数据重复记录进行检验，单击“重复记录检验”按钮，系统对“日期经纬度相同”“日期站位编号相同”“同一站位不同经纬度”“同一经纬度不同站位编号”等情况进行检验。用户在“查重结果”界面可查看数据重复记录情况，并进行相应的处理。

(4)数据类型检验：

单击“数据类型检验”按钮，对报表中数据的数据类型进行检验，如数值型、字符型、时间型、日期型等，错误信息可在界面下方的错误信息列表中查看。错误信息列表详细列出了错误的类型、名称、出现错误的行号、列号和错误具体内容。

(5)值域一致性检验：

单击“值域一致性检验”按钮，系统将对比配置文件中设定的监测参数值域范围对参数值进行检验，并添加相应的质量符，超出范围结果将显示在错误信息列表中。

单击界面下方的“参数绘图”按钮，将界面切换到绘图界面，选择 x 轴和 y 轴参数，单击“绘图”按钮，对报表中参数进行绘图，直观地检查监测参数的最大值和最小值。

若 x 轴选择“监测站位”，y 轴选择监测要素名称，则可查看该监测要素在各站位分布情况。也可同时选择多个参数，查看多个参数在不同站位的数值分布情况，系统将以不同的颜色来绘制不同的参数图。

若 x 轴和 y 轴均选择监测参数名称，则可对监测参数与监测参数之间的相关关系进行分析。若参数之间存在正相关、负相关等关系，用此方法则可直观地检验数据的可靠性，如图 4-41 所示。

(6)逻辑一致性检验：

逻辑一致性检验主要对参数不同形态关系、同一物质在不同参数之间的关系、不同参数内在联系等关系进行检验，错误列表将在界面下方错误信息列表区进行显示，并详细列出错误的类型、名称，出现错误的行号、列号和错误具体内容，在报表显示窗口系统会高亮显示出现错误的单元格。

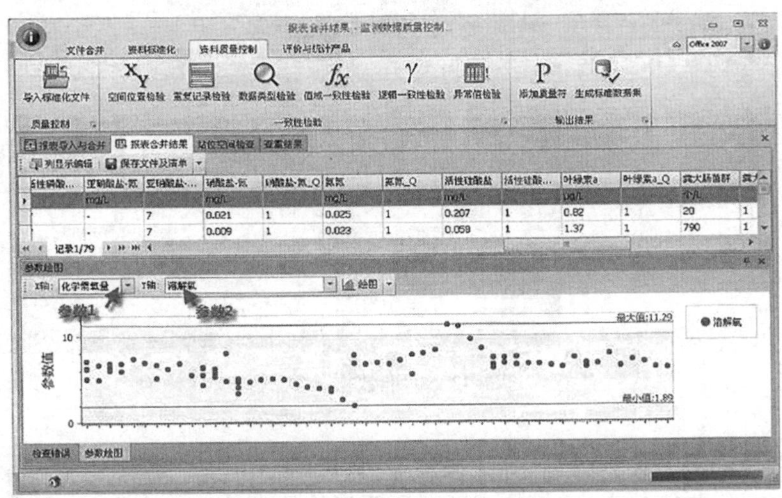

图 4-41　双参数相关关系图

(7)异常值检验：

异常值检验主要运用统计分析原理对数据分布情况进行分析，一组正常的监测数据，应来自具有一定分布的同一总体；若分析条件发生显著变化，或在实验操作中出现过失，将产生与正常数据有显著性差别的数据，此类数据称为离群数据或异常值。单击“异常值检验”按钮，系统将利用统计原理进行分析，并标示可疑数据。

(8)物种名称标准化：

单击“物种标准化”按钮，对报表中物种名称进行标准化处理，系统会查找标准物种名称库(用户可根据需求进一步更新标准物种名称库)，并增加相应的“标准中文名”“标准拉丁文”和“标准类群”三列，未找到的物种名称将会以红色高亮显示。

(9)生成标准数据集：

在完成现有的质量检验操作后，单击“添加质量符”按钮，每列监测参数后将会增加一列质量符，系统将对照质量检验类型对所有数据记录增加一列质量符。生成数据处理日志后，单击“生成标准数据集”按钮，选择数据集保存路径，填写数据集名称，系统会自动生成 3 个 Excel 格式的文件，分别为带质量符标准数据集、不带质量符标准数据集和基本信息表。

标准数据集显示了通过质量控制软件对报表进行处理后的最终成果，包括数据信息、方案信息、记录处理和质量控制结果，如图 4-42 所示。

5)评价与统计产品模块

评价与统计产品模块是面向应用层的模块，为提高海洋环境监测管理决策水平服务。系统将会按照海洋环境状况评价方法制作评价产品，例如水质评价产品。具体功能介绍如下：

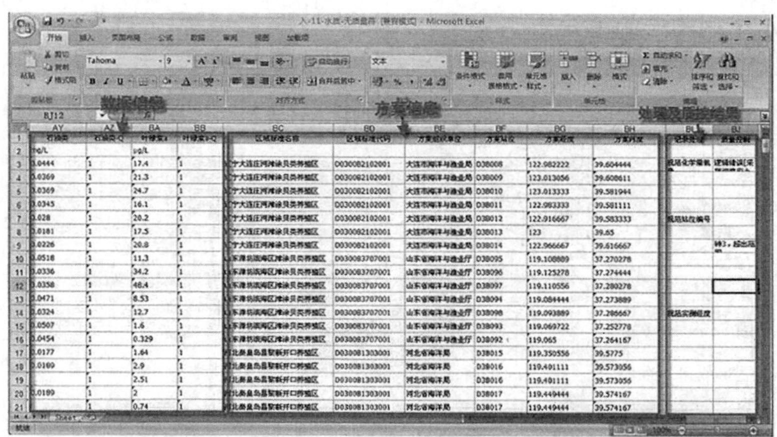

图 4-42　标准数据集实例

(1)选择产品类型：

在系统“评价与统计产品”模块，选择所要评价的产品类型。单击“产品类型”按钮，在弹出的产品类型窗口，单击所要评价的产品类型，如图 4-43 所示。

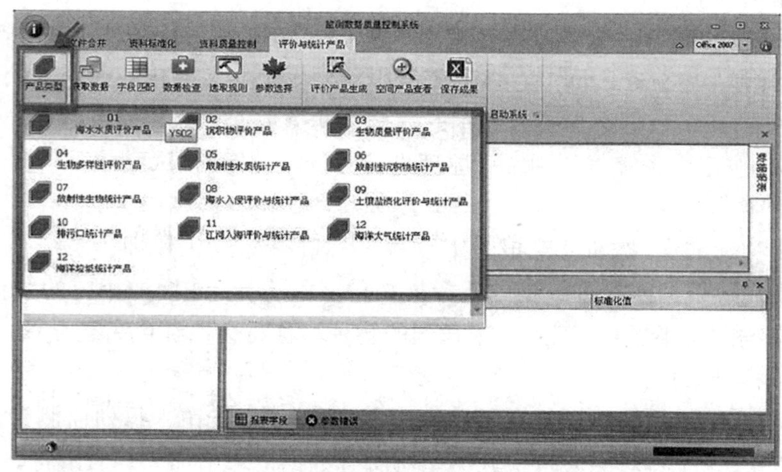

图 4-43　参数选择

(2)获取数据：

选择产品类型后，单击“获取数据”按钮，将会弹出“数据库中获取数据”的窗口，在此窗口设置参与评价的数据。

第一步：单击“选择要素”按钮，将会弹出监测要素名称，选择该类产品所对应的监测要素。

第二步：单击“选择年度”按钮，将会弹出数据库中该类要素的监测年份，选择要参与评价的数据的年份。

第三步：单击“选择任务”按钮，将会弹出包含该类监测要素数据的监测任务的名称，选择要参与评价的监测任务。

第四步：单击“字段匹配”按钮，进行关键字段的匹配与设置，包括监测任务、监测区域、监测站位、监测日期、采样层次、物种中文名、物种拉丁文。

第五步：选择完成后，单击“下一步”，系统将会根据选择内容读取海洋环境监测数据库中相应的数据，在系统界面上将会显示参与评价的数据，如图 4-44 所示。

图 4-44　评价数据显示

(3)数据检查：

单击“数据检查”按钮，在评价前对数据进行进一步的检查，检查内容包括：层号、站位编号、监测区域和监测日期。

(4)选取规则：

数据检查通过后，单击“选取规则”按钮，根据产品类型及监测数据情况，选择数据选取规则，具体内容包括：监测要素在“质量控制”出现“错误”或“可疑”的是否参与评价，“采样层次”为空的如何参与评价。

(5)参数选择：

单击“参数选择”按钮，系统会统计监测参数及该监测参数的数据频率(监测该参数的站位占总站位的比例)，用户可根据具体需要选择参与评价的参数名称，并可选择只取表层的数据参与评价还是多层取平均来参与评价，如图 4-45 所示。

(6)评价产品生成：

如图 4-46 所示，在选取完参数后，单击“评价产品生成”，系统将按配置参数制作评价产品，以水质为例，将计算生成“站位评价”“单因子评价”“参数统计”和“空间数据”等类型的产品。用户可在相应的界面切换查看，单击“保存成果”按钮，可将评价产品成果以 Excel 格式文件保存到本地计算机指定目录下。

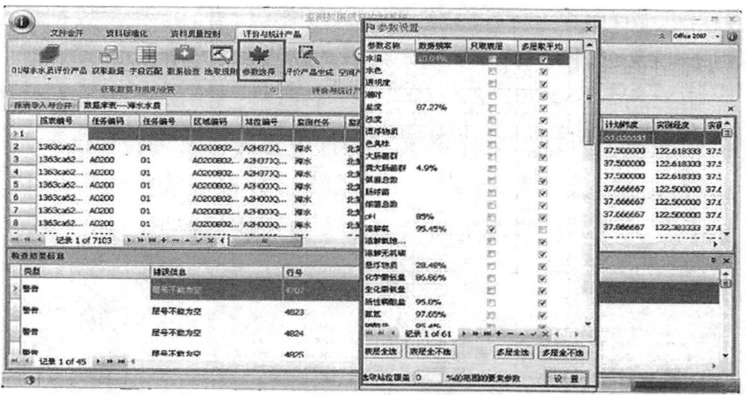

图 4-45　参数选择功能

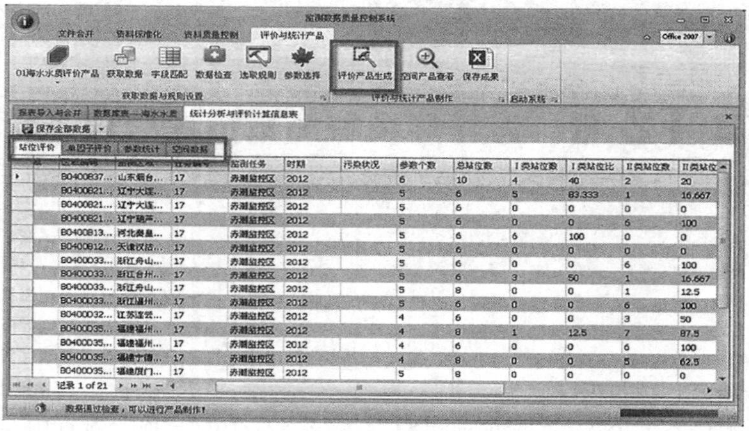

图 4-46　评价产品生成界面

4.4.4　空间分析

海洋基础地理空间数据是各项海洋环境管理、海洋环境监测以及海洋环境专题信息产品制作的基础数据。利用计算机分析海洋环境空间数据、获取综合或融合的海洋环境信息，支持海洋环境保护管理空间决策，成为满足各级海洋环境保护管理机构、涉海单位及社会公众对海洋环境管理、海洋环境保护、海洋环境监测、海洋环境地理空间等各方面信息需要的重要系统功能。特别是海洋环境保护综合管理信息系统，它包括国家、海区、省各级海洋环境管理、海洋环境监测所产生的各种信息以及面向海洋环境管理、环境保护科研和社会公众服务的各项专题应用综合信息。空间分析功能可服务如海洋功能区环境状况评价、海洋赤潮监测与统计评价、海洋生态保护监控区健康监测与服务功能评价、海洋倾废区倾废规划管理、海洋石油平台排污应急管理、海洋工程项目影响评估、陆源入海排污统计分析、养殖区环境状况评价等。下面以我国海洋环境保护管理综合信息系统为例介绍典型空间分析功能。

1. 海洋环境现状分析

海洋环境现状分析功能模块主要为海洋主管部门提供环境现状、环境风险、环境监管、公益服务等监测任务的分析评价信息，包括站位评价、单因子评价、参数统计、变化趋势等，并将信息直观、醒目地提供给用户，为海洋环境保护管理决策提供丰富的信息产品。海洋环境现状分析功能详见表 4-4。

表 4-4　　海洋环境现状功能列表

编号	参数名称	分析类型	空间分析功能
1	海水水质	污染面积	空间查询、站位空间定位、污染面积、专题制图
2	海水水质、沉积物、生物质量	站位评价	空间查询、站位空间定位、空间溯源、专题制图
	海水水质、沉积物、生物质量	单因子评价	空间叠加分析、站位空间定位、空间溯源、专题制图
3	海水水质、沉积物、生物质量、大气	参数统计	空间查询、空间叠加、专题制图
4	海水水质、沉积物、生物质量、大气	变化趋势	空间查询、空间叠加、缓冲区分析、专题制图
5	生物多样性(浮游植物、浮游动物、底栖生物、潮间带生物等)	多样性指数/多样性统计	空间查询、空间定位、空间叠加、专题制图

“海洋环境现状”模块的界面构成包括四部分：基于监测任务的功能模块列表、展示功能列表、数据按钮、数据显示，如图 4-47 所示。

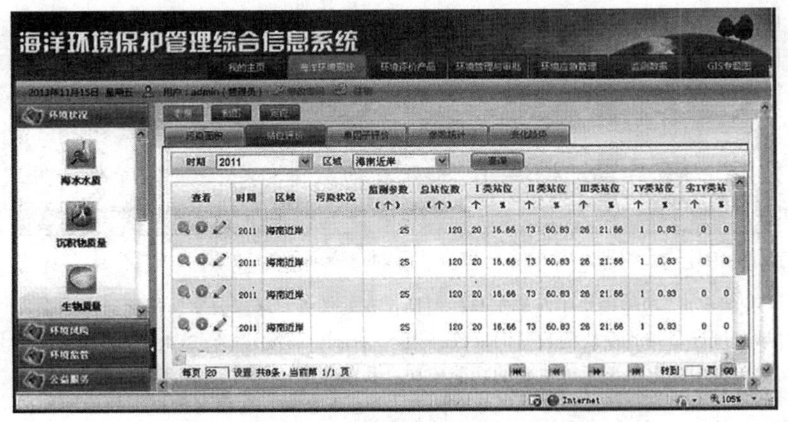

图 4-47　海洋环境现状模块的浏览查看

针对不同的监测任务所获取的监测数据，实现对于有评价标准的监测要素空间分析，如海水水质、沉积物质量、生物质量。如数据分析按钮功能的四种方式，如图 4-48

所示。

(1)站位评价功能：即实现区域内站位等级信息快速浏览，了解区域站位等级的信息；

(2)单因子评价功能：即实现区域某个单因子的污染等级和均值范围等情况；

(3)参数统计功能：即获取某个参数在某区域里的最大值、最小值、标准偏差、平均值等统计变化情况，并根据平均值获取该参数的污染水平；

(4)参数变化趋势功能：要素统计的累计成果，实现不同区域、不同时间段内某个要素的空间变化情况，掌握参数的时-空变化规律。

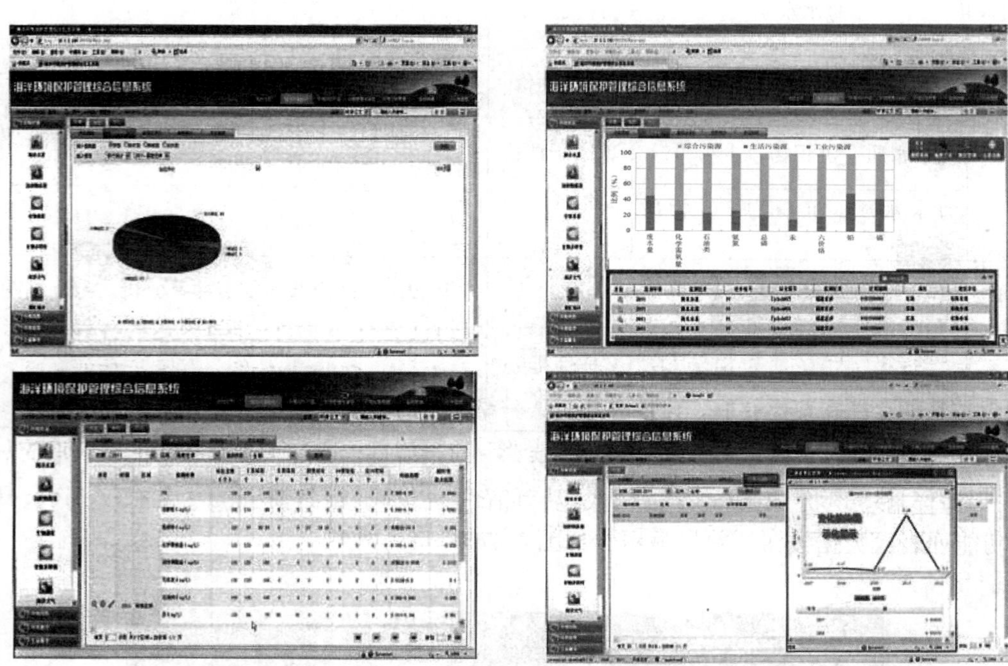

图 4-48　四种数据按钮功能方式实例

当选中数据分析按钮功能模块时，显示相应数据分析按钮的直观数据。通过查询条件——“时期+区域”的组合方式，可快速浏览查询空间和属性数据，对页面显示数据进行地图浏览或表单分页浏览。同时，该页面对于不同的监测区域还具有定位、溯源和空间查询的功能。

(1)定位。当单击某区域前的“定位”小按钮时，页面切换至定位图层，并对该区域的空间站位进行特殊显示。

(2)溯源。当单击某区域前的“溯源”按钮时，弹出该监测区域该时期内的原始监测数据集，以便核查。

(3)空间查询。当单击某区域的“查看”按钮时，弹出页面以表单形式展示该条详细记录；当单击表单中某条记录时，对应的专题地图上高亮显示查询空间信息。

2. 海洋环境保护区管理

海洋环境保护区管理模块主要为海洋主管部门提供全国海洋自然保护区、海洋特别保护区和海洋公园的管理功能。除了包括海洋保护区的基本信息：保护区名称、位置、面积、保护对象、主管部门、管理文件、科考报告等信息的收集、整理和入库之外，还提供设计开发海洋保护区管理功能模块，可实现保护区信息的空间查询、空间定位、功能区环境评价以及保护区总体规划分析。

充分利用 WebGIS 三维技术，积极探索海洋环境保护区三维空间分析，结合高精度高程数据和卫星遥感数据，实现了保护区的全景鸟瞰、地形地貌三维可视化、虚拟飞行。同时，通过加载不同时期遥感卫片和环境监测数据，实现了海洋环境保护区场景的空间叠加分析。通过 WebGIS 空间建立海洋倾倒区与倾倒区倾废、倾废发证、倾废监控信息的空间拓扑关联，石油平台与油气产量、平台排污、平台监控等信息的空间关联，实现关联信息的检索、趋势分析(缓冲区分析)和空间专题绘制等空间分析功能。可直接应用于海洋倾废发证受理、石油平台排污工程验收与绩效评估等海洋环境保护行政审批办公业务，从而提高了行政审批效率和质量，如图 4-49 所示。

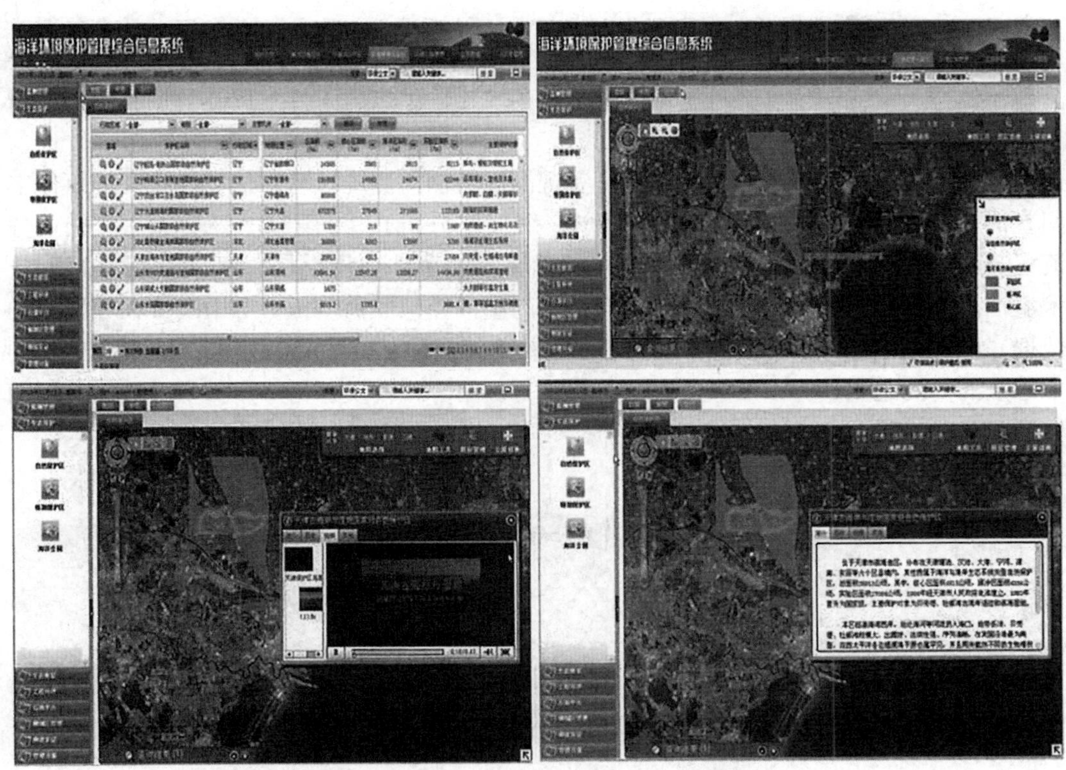

图 4-49　海洋环境保护区空间分析实例

3. 海洋溢油应急处理

海上溢油应急处理模块围绕溢油应急管理与处理工作需要，设计了应急预案、监测通报、事件记录、应急监测、处置案例、溢油事件、应急机构、应急设备等功能模块，如图 4-50 所示。

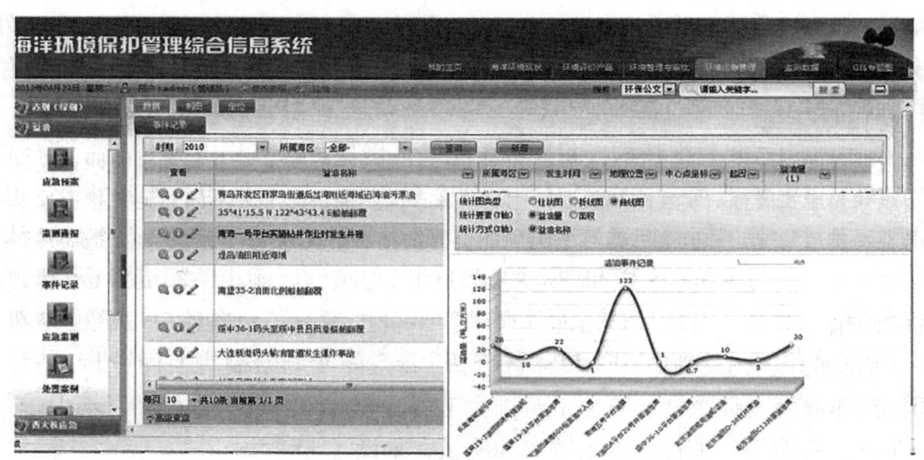

图 4-50　海洋溢油事件应急处理功能模块

事件记录、应急监测、监测通报、处置案例、应急机构、应急设备等功能模块主要管理溢油相关的专题信息，可实现管理信息的入库、编辑、附件上传、数据查看和更新等功能。

应急预案、处置案例、溢油事件可实现海洋溢油监测统计与评估，具有溢油事件空间查询、空间定位、空间溯源、扩散影响(缓冲区分析)、专题制图等功能，功能业务流程与海洋环境现状空间分析一致。特别针对溢油事件功能模块，建立了基于 Flex 技术溢油动态扩散模拟系统，实现了不同格式的溢油模拟数据(如 NETCDF、DSF2 格式的数据)实时加载和动态模拟；结合海洋环境敏感区，开发了环境敏感资源分布、离溢油中心点的空间距离量算以及敏感区动态定位等决策分析模块，为用户提供了空间分析的辅助工具，如图 4-51 所示。

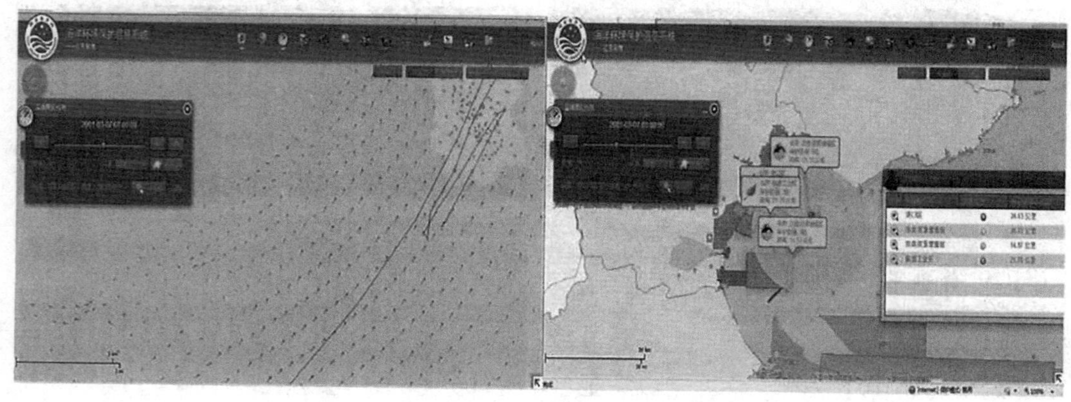

图 4-51　海洋溢油扩散动态模拟及扩散敏感区分析

4.5 海洋渔业生产管理信息系统

海洋渔业是海洋中重要的资源之一，如何有效地利用现代信息技术对海洋渔业资源行业管理和海洋渔业生产进行综合协调管理，从而为渔业管理、资源保护、海上安全指挥和调控提供决策支持，保障渔业生产安全和资源的可持续利用具有重要意义。

4.5.1 系统需求

海洋渔业管理是一种政府管理行为，属于公共管理的范畴，它包括渔业行政管理、渔业生产管理、渔业科技管理及渔业企业管理。其中渔业生产管理又细分为渔业生产的安全管理、组织管理、执法管理、资源环境管理、信息管理等方面。海洋渔业生产管理信息系统建设的目标是为全面推进海洋渔业生产安全管理、渔业生产组织管理、资源环境管理以及组织管理、执法管理等行政管理提供技术支撑平台和决策手段。也为海洋渔业企业各项生产管理工作提供现代化的信息管理手段和有效的辅助决策工具，从而进一步实现海洋渔业生产管理和决策的法治化、科学化、规范化。实现海洋渔业信息资源共享和海洋渔业信息的社会化服务，为涉海单位、部门以及社会公众了解海洋渔业生产与管理情况提供有效信息服务。

1. 渔业生产组织管理需求

渔业生产组织管理信息系统是指将信息技术贯穿于渔业生产全过程，进而提高渔业资源配置、组织管理和综合生产效率，渔业生产组织管理业务框架如图 4-52 所示。渔业生产组织管理需要实现渔业资源、渔情信息、远洋渔业、渔船监管以及渔业互保等渔业生产信息一体化管理。远洋渔业和渔业管理领域信息化发展较快。在远洋渔业领域，将 RS 技术和 GIS 技术应用于渔场预测，具备了地图基本操作、海洋图基本操作、渔情预报和产量分析四大功能，可以准确开展中西太平洋金枪鱼、西南大西洋阿根廷滑柔鱼等 10 个海区(鱼种)的渔情预报，并在海洋地图上直观地展现鱼群分布海域以及该区域鱼群产量。在渔业决策指挥方面，整合雷达监控、红外光电、地理遥感、飞行测绘、视频传输和 AIS 等信息化领域前端技术，形成了上下衔接、互联互通的信息化管理系统平台。

在利用地理信息系统进行渔政管理时，因为渔业捕捞行为数据包括渔船位置监控信息、渔捞日志和渔获组成信息等，因此渔政部门在捕捞行为空间管理上还需要有规范的措施和方法，精细渔业行为各环节信息的获得，如建立“主要保护的渔业种类每尾渔获信息登记系统”，以完善地理信息系统在渔业管理中的实用性。

针对当前全球范围内渔业资源整体衰退态势，渔政管理的主要责任在于严格控制捕捞量和限制捕捞行为，缓解捕捞对海洋生态和鱼类资源的影响，因此渔业管理部门一直试图更准确地掌握捕捞渔船位置和捕捞行为过程。需要构建基于北斗卫星定位系统、遥感技术、卫星通信技术以及计算机网络技术的渔业船舶智能指挥调度系统，通过船位信息调度、信息查询、通信指挥等功能满足系统可对渔船捕捞的违法行为进行判断、灾难

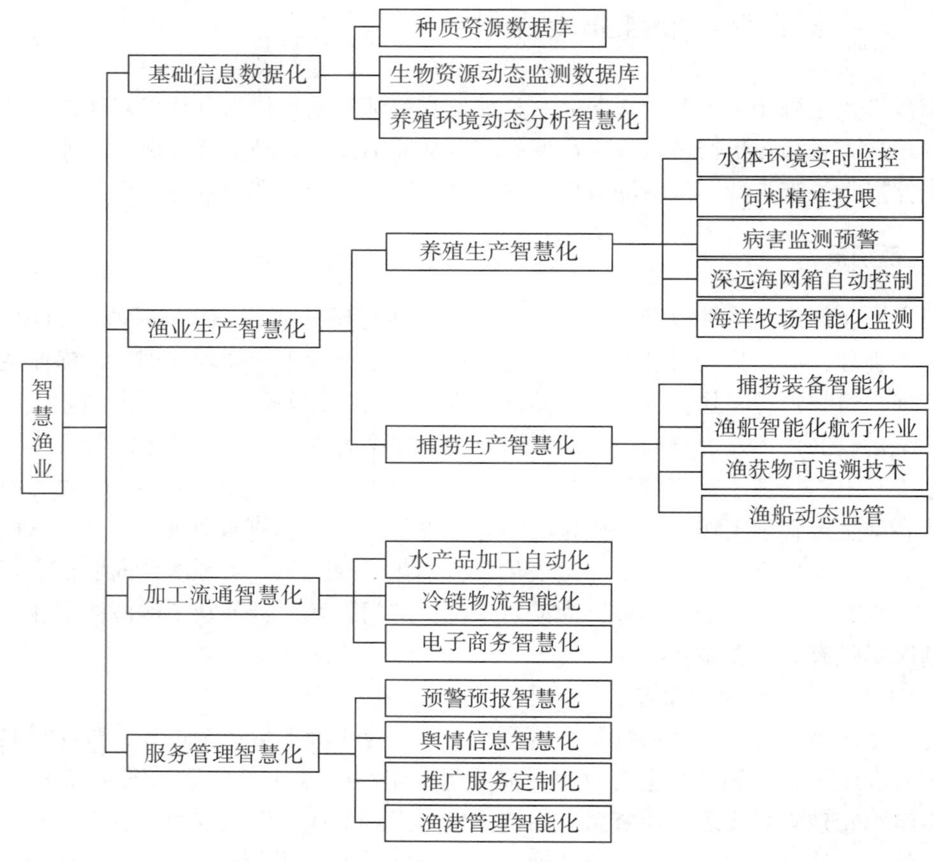

图 4-52　渔业生产组织管理业务框架

救助、海域资源管理和渔业生产组织管理等方面的业务需求。例如，可进行渔船动态跟踪、轨迹回放、违规报警、安全报警等。同时，渔业生产组织管理业务数据还需要相关生产辅助管理数据，主要包括渔业生产的公司信息、法人信息、船舶设备以及相关许可证件信息。渔业生产组织管理业务数据需求与属性见表 4-5。

表 4-5　**渔业生产组织管理业务数据需求与属性**

	数据类别	数据属性	数据来源
渔业生产信息	捕捞作业数据	下网时刻地点、起网时刻地点、渔获物重量	绞车操作手柄处获取放网和收网信号、电子捕捞
	养殖数据	温度、pH 值、溶解氧、氨氢、亚硝酸盐	物联网监测、传感器

续表

	数据类别	数据属性	数据来源
渔业生产信息	水产病害与防治数据	疾病/灾害名称、防治方法、检测手段	科学实验、相关业务系统
	水产品加工数据	加工许可、产品名称、生产要素	车间、相关业务系统
	渔药数据	药品名称、成分、药理、功能疗效、用法、适用对象	制药实验、相关业务系统
渔业装备与设施信息	渔业装备数据	名称、用途、规格型号	实验、生产厂家
	渔业设施数据	名称、用途、地点、规模	工程实验

2. 渔业生产安全管理需求

海洋渔业是海洋经济的重要组成部分，我国是世界上渔船数量最多的国家，据不完全统计，约拥有 31.28 万艘海洋渔船。超强台风、特大风暴潮等海上极端天气的袭击，给渔民的人身和财产安全造成巨大威胁。如何采取更加有效的管理措施，减少事故，降低损失，切实保护好渔民利益，是海洋渔业生产管理一项重要的职责任务。海洋渔业生产安全保障的好坏，严重影响渔民的生命财产安全和渔业的大局稳定。

建设海洋渔业生产安全管理与环境保障服务系统，必将是有效提升海洋渔业生产防灾减灾能力的一项重要举措。具体管理需求是建设统一的渔业生产安全保障管理信息系统，构建由国家节点、海区节点和省、市级节点组成的数据交换与共享服务中心，实现实时海洋环境监测数据通过专网专线传输至国家海洋预报中心和海区预报中心，制作海洋环境预报预警信息产品，然后经由国家、海区、省、市级节点发布给相应渔船上的渔民。同时，各级节点通过北斗卫星定位系统采集渔船动态定位数据并传输至国家和海区等节点。开发的渔业生产安全保障管理信息系统集成显示系统制作的渔区精细化网格风浪预报产品、海洋观测信息及台风等信息和渔船动态位置叠加显示的融合数据，可实现将实时监测和预报预警信息发送给相应渔船上的渔民，并通过专网专线将数据实时传输至国家、省区渔业生产管理部门。多元信息在一个界面中叠加显示，可以更加直观地为用户提供渔船海上安全保障辅助决策参考信息。

制作海洋渔业生产安全环境保障服务产品过程的主要业务需求，包括海浪预报产品、海面风预报产品，以及相应的预警报产品制作业务流程和需求分析如图 4-53 所示。

渔业生产安全管理系统需求分析可确定系统有 3 个主要业务对象：决策管理人员、业务管理人员、系统维护人员。决策管理人员是在技术层与业务层的基础上，在数据产品、实时数据可视化等多人机交互技术的支持下，通过查看海洋预报结果、海气环境影响范围、海上渔船动态分析进行综合评估，指挥渔船人员撤离的决策等。

业务管理人员完成对业务数据的检索、分析等。需要对大量的数据资料，通过分析

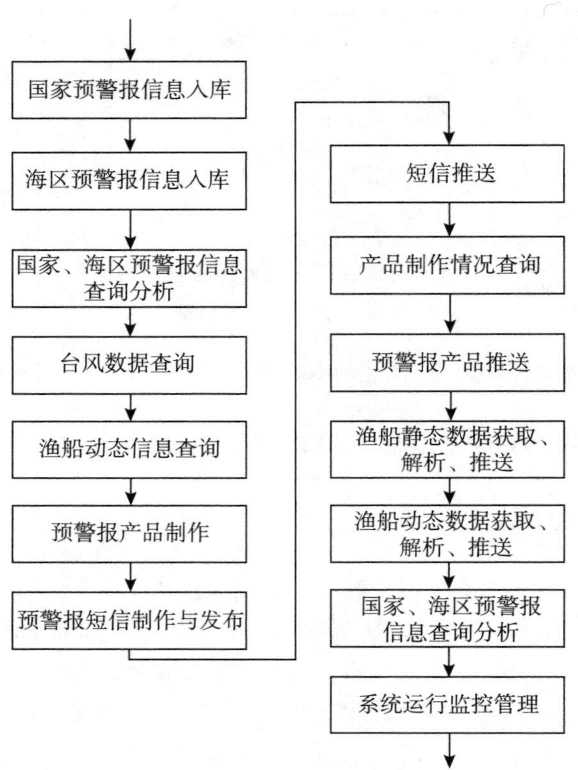

图 4-53　海洋渔业生产安全环境保障服务业务流程

和研判并制作出可靠的预报预警产品后上报管理人员，供分析决策。同时将预报预警产品发布给渔船，在灾害来临前进行及时撤离提供支持，从而降低人员和财产损失。

系统维护人员主要由值班管理人员负责。主要工作是负责对整个系统的日常维护和运行管理，特别是负责数据库管理和系统运行管理工作，保障网络环境的安全运行，比如设定数据库和系统用户权限，数据的整理备份，硬件的巡查维护，操作系统的环境优化，查看用户或系统提交的错误上报意见和建议，及时将系统运行问题提交给系统管理员，网络资源与安全监控。

渔业生产安全环境保障管理信息系统建设的核心是数据管理，建设内容主要是系统所需的规划空间数据和属性数据。系统所需的数据涉及内容多，按照数据类型的不同可分为 GIS 空间数据、结构化数据、文件数据等。GIS 空间数据主要包括基础的电子海图、预报等值线图、预报等值面图等 GIS 数据；结构化数据信息主要包括：渔船动态数据、渔船静态数据、预报数据等；文件数据包括各省的海面风及海浪预报产品文件等多种文件。

渔业生产安全环境保障管理数据需求与特征见表 4-6。

表 4-6　　渔业生产安全环境保障管理数据需求与特征

	数据类别	数据属性	数据来源
渔船渔港动态监测信息	渔船基本数据	船名、船号、船型、长度、宽度、船东、国籍、装备传感器	相关业务信息系统
	渔船运行和生产状态数据	油耗、发电机、舵机、推进系统、变频器、曳纲张力等设备运行数据	燃油箱出口流量计或油箱液位计
	渔港基本数据	名称、级别、经纬度、容纳量	相关业务信息系统
	渔船位置数据	经纬度、航速、航向	GPS、AIS、北斗等
	进出港数据	渔船编码、渔港名称、渔港位置、进出港时间、船员	RFID、视频监控设备、相关业务信息系统
	多媒体数据	语音、视频、图片	视频监控设备、通信设备等

3. 渔业资源环境管理需求

渔业资源为人类提供了重要的食物和蛋白质来源，也为世界 8%的人口提供了生计。针对渔业资源过度捕捞、环境影响所致鱼类资源衰退等人类面临的问题，渔业资源调查监测与保护管理对渔业及国民经济发展具有非常重要的意义。因此，渔业资源环境管理需要重点加强渔业资源调查、海洋环境监测、渔场渔情预测预报等。

在渔业资源调查管理方面，受不同的环境因子、资源密度、渔获量、渔民需求等因素影响，利用各种传感节点和无线通信网络对水生物种资源的有关数据进行采集，结合大数据技术进行观测、信息传输、存储、处理和分析越来越有必要。

渔业资源环境管理数据需求与特征见表 4-7。

表 4-7　　渔业资源环境管理数据需求与特征

	数据类别	数据属性	数据来源
渔业资源与环境信息	物种资源与生物特征数量	物种、形态特征、分类、分布特征、产卵场、栖息地、索饵场、洄游通道、生活习性	资源调查、文献、捕捞日志
	渔业水域资源与生产特征	水域名称、位置、环境状况、通见物种	资源调查、卫星遥感
	生物资源调查数据	物种、分布状况、资源量	资源调查、捕捞日志、声学探测
	生态环境调查数据	气候、水文、地形地貌、种群、生态结构	监测站点、浮标、潜标、卫星遥感
	声学数据	探鱼仪、声呐	声学数据分析平台

渔业资源调查管理信息系统以数据汇交整合和开放共享为原则，越来越多的数据交互式访问需要在异构平台、系统或数据间进行，以服务渔业科技创新和产业持续发展为目标，强化数据资源整合与服务，开展渔业资源调查数据在数据交换、数据安全、运行管理、共享服务等环节的标准规范建设，通过数字工程建立数据共享交换平台，保障数据的完整性、准确性与实时性，进而提供全面、准确、及时、有效的数据及信息服务。

海洋环境是鱼类赖以生存的环境基础，海洋环境的变化是在时间和空间变化的基础上自身特征的不断变化，并受到各种因素影响，其变化在很多时候是不可确切预测的，海洋环境与鱼类行为、资源分布的关系由此变得更加复杂，渔业生产需要提供实时可靠的渔场环境监测信息保障。渔场环境监测预报需要基于浮标、卫星遥感、志愿船等海上大数据平台，建立远洋渔场渔情分析预报及管理信息系统，该系统能实时发布有关渔场海域的海风、海浪、海流、气压等主要渔场环境预报信息，提供远洋渔业生产基本条件。海洋渔业环境监测数据需求与特征见表 4-8。

表 4-8　**海洋渔业环境监测数据需求与特征**

	数据类别	数据属性	数据来源
海洋立体观测信息	气象数据	温度、湿度、光照、风速、风向、雨量、视频	气象站、卫星遥感图像、相关气象数据中心等
	水文数据	温度、盐度、叶绿素、溶解氧、海流、海面高度、涡流	船载感知设备、浮标、潜标、相关海洋数据中心等
	遥感图像数据	图像、数据反演	海洋卫星、气象卫星、资源卫星等
	渔船作业海域地形地貌信息	坐标数据、深度数据	多波束测深仪、声呐设备

海洋鱼类资源变动和渔场分布与海洋环境关系极为密切，渔业资源环境管理信息系统需要运用 GIS 地理空间信息技术提供强有力的渔场渔情预测预报手段和工具。综合多种海洋环境信息分析影响鱼类资源分布和行为的环境因子，并建立渔业资源预测和作业渔场预报的专家系统。实现渔场渔产和渔场环境一张图，实现渔场渔情分析、渔情动态实时跟踪监测、渔业资源评估和海区渔业资源规划等功能。为作业渔船提供生产指导，可有效降低生产成本，提高渔业生产经济效益。

例如，利用 SeaWIFS 卫星遥感数据反演模型建立北太平洋渔场叶绿素浓度数据库，实时发布叶绿素浓度分布信息。依据鱿钓船在西大西洋获得的滑柔鱼及渔场环境因子信息，生成与海表温度、叶绿素、盐度、海表面高度的分布图，预报各渔区的渔产量等。海洋渔业生产管理综合数据库是远洋渔业生产辅助决策支持系统的数据基础，其数据数量、种类和质量是否满足需要直接影响到渔业生产组织管理的正确性和有效性。因此，在进行综合数据库建设过程中，对数据的质量、类型以及数据的组织结构、数据的集成模式和方案都需要有严格的控制和设计。根据海洋渔业生产管理业务构成，综合数据库可分为背景数据库、影像数据库、海洋环境数据库、渔业生产统计数据库、渔业生产动态数据库、渔获种类的生物学数据库、水文环境数据库、船舶档案数据库、水产品市场库、渔业法规库、信息产品数据库等。其中，渔业生产统计数据库主要包括渔业生产调查数据、渔业生产统计数据等。渔业生产数据主要用于生产的变动趋势分析、中心渔场的变动趋势分析、中心渔场与海洋环境的相关分析等。渔业生产动态数据库主要包括实时生产数据、实测的海洋环境数据(如温度数据、盐度数据等)、实时的GNSS船位数据等。该数据库主要用于管理在渔业生产作业过程中所获取的动态数据，通过对动态数据的质量检测，最终导入历史数据库，为进一步的数据分析提供数据来源。渔业资源种类的生物学数据库主要包括：渔业资源生物学调查数据、渔业资源生物学生产统计数据。生物学数据库主要用于分析在不同的时间和空间范围内，海场种群的胴长、体重、性成熟度、性比组成、摄食等级等生物学特征，为渔业资源评估提供依据。水文环境数据库主要包括海洋环境渔场生产调查数据，渔场水文环境统计数据、海洋渔场环境综合调查数据。该数据库主要用于管理和组织诸如水色、透明度、浮游生物、叶绿素、气温、流速、流向、风速、温度、盐度等实地的船测和调查数据，其中有些数据可用于遥感反演数据的验证或纠正。船舶档案数据库主要用于组织管理各大远洋渔业公司在海洋生产作业，并获得在各国专属经济区作业许可的生产船舶。水产品市场库主要用于组织和管理不同的渔获种类在不同的国家、不同地区的价格走势，以调节生产者的生产规模和生产配额。渔业法规库主要用于管理由不同组织、国家或部门所颁布的、适用于不同海洋范围、不同渔获种类的法规条目，以便于为海事纠纷提供法律依据。

4.5.2 总体结构

根据我国海洋渔业生产管理的特点和海洋渔业生产管理信息系统的总体目标与用户的功能需求，采用面向服务的技术架构体系进行分层设计，通过整合海洋渔业资源、环境、生产、管理、经济等各类基础数据资源，加强和规范渔业资源数据管理，形成有效的数据资源整合机制，推动渔业生产管理数据的汇聚、开放和共享。通过多源异构数据融合、大数据挖掘分析与应用、数值模拟、快速计算和可视化等一系列数据智能处理与分析方法，建立面向海洋渔业生产管理专题需求的数据应用与服务体系，实现对渔业生产数据资源的存贮、管理、共享及深度挖掘，提升海洋渔业生产管理的综合服务能力和决策能力。海洋渔业生产管理信息系统总体架构分为五层，即物理层、数据层、应用支撑层、应用服务层及展示层，如图4-54所示。

物理层作为渔业生产管理信息系统的基础设施部分，主要包括计算机服务器系统硬件、软件、存储备份系统、物联网和网络通信设施及机房配套设施。利用云计算、分布式存储等技术，实现存储、网络和计算等资源的统一分配和调度管理，保证数据及业务服务的快速响应。数据层将各类渔业生产终端设备或软件系统汇交的多源异构数据进行有效存储，建立高可信、高性能的数据资源索引机制，实现快捷方便的数据存储、访问、管理、调度等操作，并在此基础上建立渔业科学数据处理与存储体系。应用支撑层

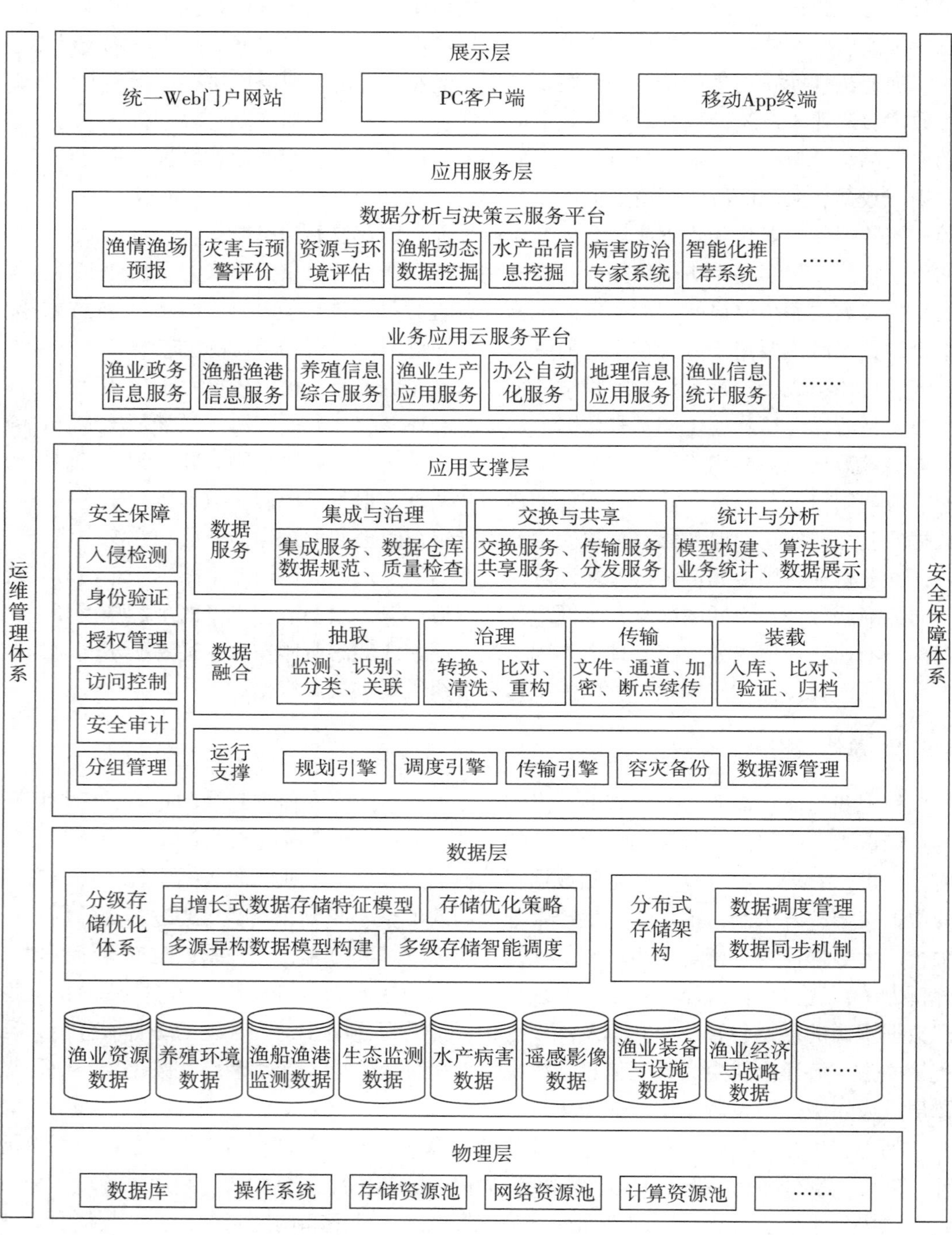

图 4-54　海洋渔业生产管理信息系统的体系结构

采用统一的面向业务模型的组件式架构，在保障数据安全可靠的基础上对异构数据按照主题的要求进行抽取、清洗、转换和装载，提供数据交换与共享、数据集成与治理、数据统计分析及展示等功能组件，实现服务之间的联动和统一调度，更好地支撑渔业生产管理数据交换与共享、数据管理与服务等业务。应用服务层围绕渔业科学数据构建业务应用及数据分析决策云服务平台，提供完整的云平台管理与服务功能。面向海洋渔业生产、渔业资源调查、渔船渔港监测、防灾减灾、渔业生产环境预报等不同应用主题，利用机器学习算法、数据建模、地图分析、可视化分析等技术构建各类智能分析与挖掘模型。为渔业生产数据的科学分析提供保障。展示层针对不同的应用终端，包括计算机、移动终端，提供一站式的数据与应用访问门户。

基于海洋渔业时空数据组织框架思想，以海洋渔业时空数据仓库为核心的北太平洋鱿鱼生产辅助决策支持系统的主体架构为例，如图 4-55 所示。北太平洋鱿鱼渔场信息产品制作与生产动态管理时空数据组织以海量的、多样的、动态的、多分辨率的海洋数据融合和协同处理分析为基础框架，在各种遥感信息、海洋环境调查、鱿鱼、金枪鱼渔业生产和专项科学调查空间数据的支持下，综合应用地理信息系统技术、数据库技术、人工智能技术以及渔情速预报技术，研究和开发北太平洋鱿鱼渔情速预报系统与远洋生产信息服务辅助决策支持系统，为我国北太平洋鱿鱼生产提供渔情信息服务，为渔业生产指挥提供决策支持和信息管理工具。

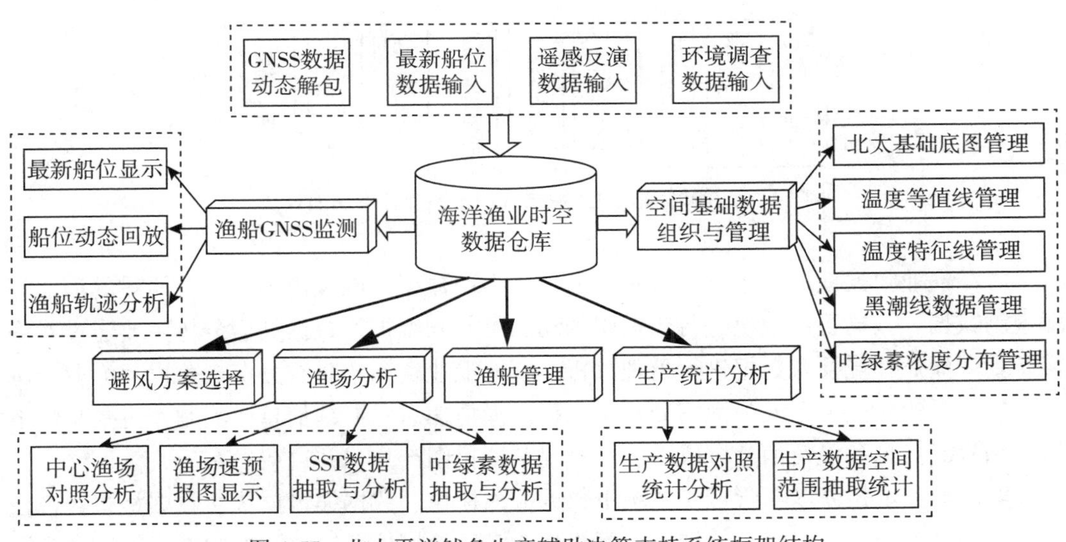

图 4-55　北太平洋鱿鱼生产辅助决策支持系统框架结构

4.5.3 基本功能

海洋渔业生产管理信息系统是海洋渔业行政主管部门、海洋渔业生产企业和依法开展远洋渔业生产安全管理和服务的现代化信息工具，它实现了从渔业资源调查、生产经营许可申请审批管理、渔业生产指导到渔场环境信息服务、渔业生产统计和渔业生产安全保障全过程信息管理。它具有的综合信息产品制作、预报分析、信息发布等功能，为海洋渔业安全生产辅助管理决策提供了现代化、信息化的方式。

海洋渔业生产管理信息系统是集地理信息技术、空间技术、网络技术、多媒体技术、绘图技术等于一体的综合性信息管理系统，应具备海洋渔业生产数据获取与管理、渔业资源与中心渔场预测预报、生产渔船“三证”审批与监管、渔业生产安全管理、海洋渔业经济统计分析等决策服务能力，并具有相应的信息采集、传输、处理、统计查询、产品制作等系统功能。

1. 海洋渔业生产数据获取与管理功能

从信息系统的基本功能来看，该系统应具备对规划渔业生产数据的采集、存储、分析、查询、输出(表格、地图)和管理等功能；对图形、属性数据可以输入和更新入库；对地图进行浏览(放大、缩小、漫游)；对有关海图及在图上进行几何量算(面积、长度等)；对空间信息进行空间查询。该系统设计互相独立又互有联系的子系统共同实现，每个子系统按照其内部功能的相对独立性又划分为若干个模块，每个模块执行一系列相互关联的具体功能。图 4-56 所示为指定海域渔业生产数据管理子系统的基本功能模块。

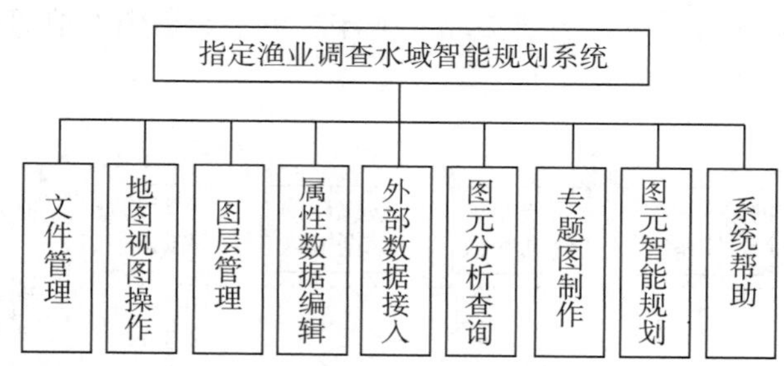

图 4-56　海区渔业生产数据管理子系统基本功能模块

海洋渔业数据获取，主要获取每周的捕捞生产数据，以及观测站点及船舶的渔业环境观测数据。数据管理主要进行数据库的动态更新和维护。数据处理分析主要通过对渔捞产量、渔业环境要素数据进行处理分析，获取渔业资源的时空分布规律以及渔业资源与环境要素的时空关系，为渔情分析系统提供渔情信息。专题信息产品制作主要是将卫星遥感海况信息和渔情信息合成，制作渔况速预报图产品，并进行发布。

海洋渔业数据获取与管理子系统由数据输入模块、数据编辑模块、数据格式转换模块、数据查询模块等组成。数据输入模块具有渔船捕捞信息统计数据的输入和岸台观测数据的输入功能，并且有数据输入过程的一致性检验、质量控制检验等功能。此外，数据输入模块还具有将 RS 数据和中心渔场预报数据转入 SQL 数据库、自动更新数据等功能。海洋渔业信息产品制作模块具有多源数据融合、矢量等值线生成、矢量符号制作图层与图集制作以及电子信息产品发布等功能。

文件管理功能模块主要包括对文档资料的查询与检索，具体包括：使用浏览器浏览对国家法律法规、海洋管理行业法律法规等的查询，以及采用通用查询方法对其他相关文档资料的查询和打印输出，主要包括海域使用图件、坐标文件等。

2. 渔业资源与中心渔场预测预报功能

海洋渔业生产管理信息系统的主要功能之一是提供渔业资源与中心渔场预测预报信息，渔业资源预测是指海洋渔业资源评估，中心渔场预报是指为渔业生产者提供动态渔海况速预报图等信息。

海洋渔业资源的评估预测系统，由专家系统(FS)和模型库系统(MBS)集成。其中，专家系统主要负责根据现有的统计资料(产量、渔获量等)、各类群体生物学参数、评估的需求和目标。利用专家系统中的专家知识对模型库中模型进行选择、对模型计算的结果进行判断和提供必要的解释，模型库系统由模型库和模型库管理系统两部分构成。模型库管理系统具有对模型库模型增加、删除、运行、修改等管理功能，以及模型运算结果可视化、模型与数据库的接口等功能。

例如，我国东海海洋渔业资源评估集成系统的功能构成如下：该集成系统主要是针对东海海区的主要鱼种(带鱼、鲐鱼、马面鲀)，在主要渔汛期的资源量、最大持续产量、可捕量进行评估和预测，结果以报表或图表的形式提供，该系统由专家知识库、推理系统、模型库和数据库等功能模块构成，如图 4-57 所示。

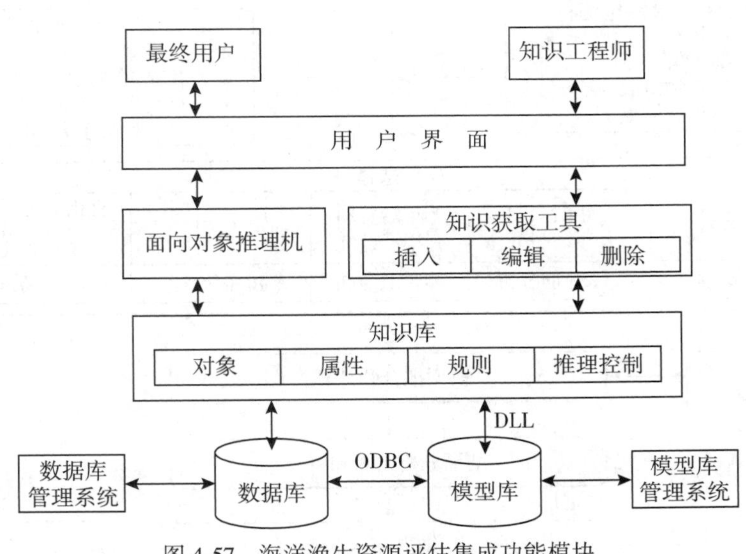

图 4-57　海洋渔生资源评估集成功能模块

知识库中主要保存模型选择规则，专家知识主要以规则的形式保存在知识库中。知识库中的知识采用面向对象的知识表示方法，将框架理论和语义网络相结合，采用面向对象的概念和技术来实现知识表示。一个知识库是由各种对象(object)组成的树型结构。这些对象对应于树中的节点，它们有定义自身外观的属性和定义自身行为的方法。通过设置推理节点的属性和编写实现行为的方法脚本，可以将推理的规则和控制策略与对象有机的结合在一起。知识获取和管理工具是一个可视化的知识库构造和管理程序。利用这个工具构造的知识库，可以在面向对象推理机中访问并进行推理。知识库可以建立在任何通用数据库系统之上。通过专家系统工具中的可视化知识获取和管理工具，知识工程师可以方便地添加、删除和修改专家知识，从而高效地建立、扩展和维护专家系统的知识库。推理机主要是将知识库中每个对象中的方法按一定顺序执行。每一个对象可以有三个方法：先序方法、中序方法和后序方法。推理机采用面向对象的推理机制。

模型库包括常用的渔业资源评估经典模型：实际种群分析模型(VPA)、Berverton-Holt 模型、Schaefer 和 Fox 模型、Leslie 模型、Delury 模型、生态转换模型、生长参数估算模型、种群死亡估算模型等。数据库中包含有东海渔业资源评估模型分析计算所需的各种数据，包括三种鱼的实际产量，捕捞努力量以及生物学测控参数等。

渔业资源评估集成系统的工作流程，如图 4-58 所示。

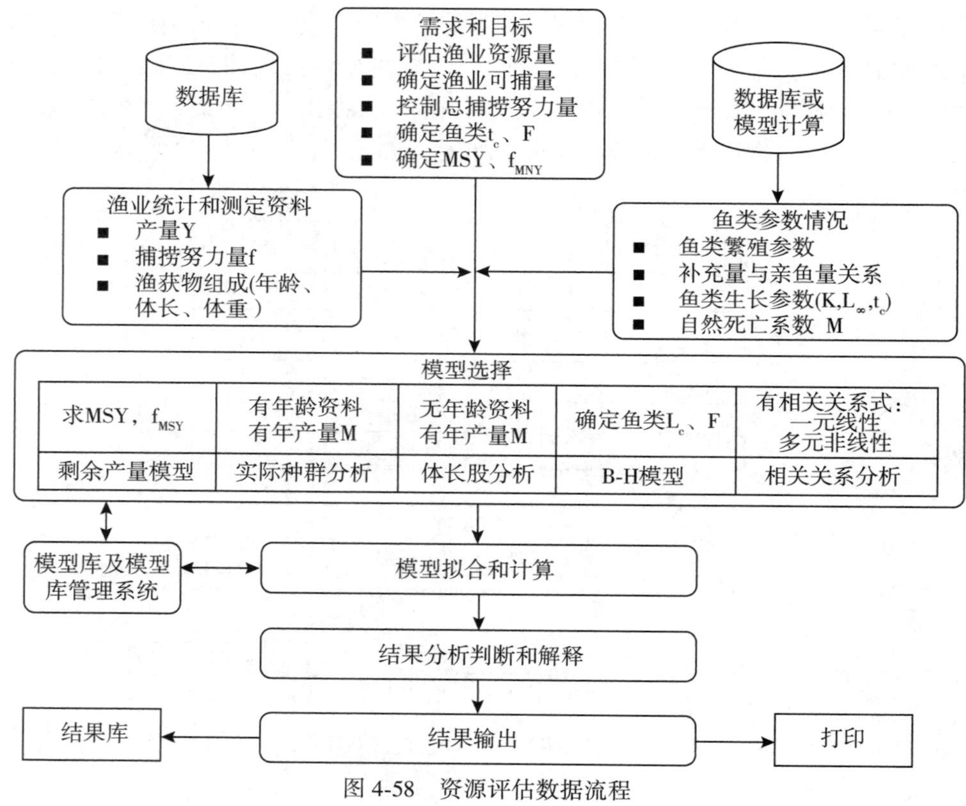

图 4-58　资源评估数据流程

东海海洋渔业资源评估集成系统的功能实现如下：

(1)数据输入。对数据库中现有数据的类型、数量、质量作进一步分析，并输入评估的需求和目标。

(2)系统根据专家知识，从模型库中选择合适的模型进行拟合和计算。

(3)输出拟合的模型及其参数，同时输出模型计算结果。

(4)系统利用统计学原理和专家知识对拟合的模型进行验证，对模型计算结果进行分析判断。

(5)系统根据专家知识提出资源评估结果(包括资源量、可捕量等)，并提出相应的决策建议。

中心渔场预报功能一般由基于范例推理的中心渔场预报系统完成。该系统由文件、范例、权值、选项等模块构成，如图4-59所示。

其中，文件模块具有从数据库存取范例数据功能，即具有范例库的更新功能；范例模块具有推理、查询、过滤、渔场修正等功能；权值模块具有环境要素设置权值的功能，以及渔情信息的更新功能。基于范例推理的中心渔场预报子系统向数据库提供本周速报中心渔场数据和下周预报中心渔场结果。

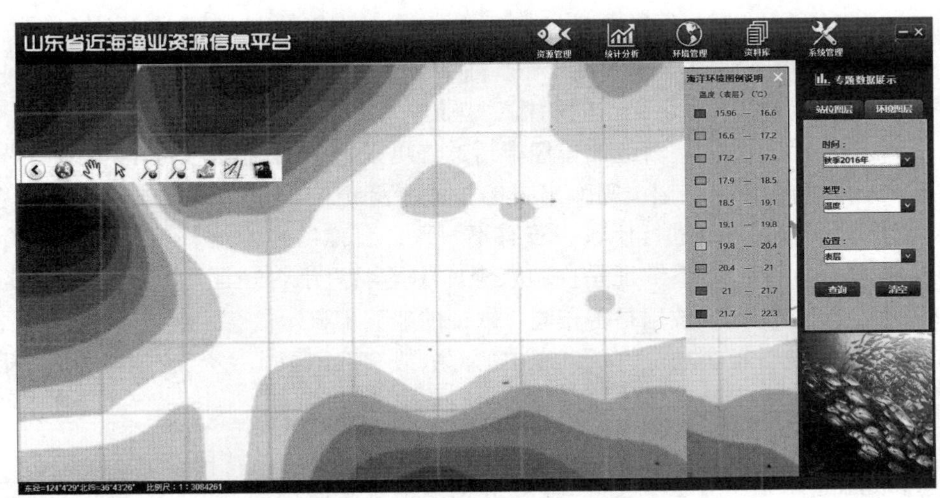

图4-59　中心渔场预报功能界面

3. 渔业生产渔船“三证”审批与监管功能

海洋渔业生产管理涵盖的内容很多，海洋渔业渔船装备审批与监管子系统主要功能针对渔船动态监控管理，以及“三证”(船舶登记证、船舶检验证、捕捞许可证)统一管理两大职能设计。随着《联合国海洋法公约》的实施和200海里专属经济区的确定，我国已分别与日本和韩国确定了中日渔业协定暂定措施水域和中韩渔业协定暂定措施水域，随之面临的问题是要对进入暂定措施水域捕鱼的双方渔船进行动态监控管理。远洋渔业渔船动态监控管理软件主要是针对这问题进行的开发。近年来，由于过度捕捞，我国近海海洋渔业资源严重衰退，渔业资源结构发生重大变化。因此，近海渔业资源养护已成为我国海洋渔业管理的迫切任务之一。进行资源养护需要控制过度捕捞，而控制过渡捕捞一方面要实行禁渔期制度，另一方面要对捕捞许可证的发放进行控制。目前由于造船批文、船舶检验证书发放、船舶登记证书发放和捕捞许可证发放，分别由船检部门、渔港监督部门和渔政部门发放和管理，近海渔业生产管理系统需要针对“三证”管理开发业务功能。

1)“三证”管理功能模块

“三证”管理模块由数据输入与转换、“三证”数据库管理、船舶检验证书、船舶登记证书、捕捞许可证相互检校、捕捞许可证发放管理、统计查询报表等功能模型构成。数据输入与转换模块具有手工输入、电子文件的导入功能。“三证”管理数据库管理功能包括船舶检验合格证、船舶登记证书、捕捞许可证三大类数据的管理。校验功能可以快速地对船舶检验合格证、船舶登记证书、捕捞许可证三大类数据的各项数据进行检校。可以检验出因渔政部门条块分割造成的船舶检验证、船舶登记证书、捕捞许可证三大类数据不一致的地方。捕捞许可证发放管理模块，将根据数据库的数据对申请者进行资格审查，判断并决定是否发放，然后进行换发或补发许可证。

数据输入模块包括船检数据、渔船登记和许可证数据的输入、编辑、删除记录等功能。输入方式分为文件输入和交互输入。文件输入用于大量数据的上传，如将原来Access 数据库中转换到 SQL SERVER 中。手工输入主要利用手工将各个数据资料录入数据库，手工录入时在工具栏上有“船检”“登记”“许可证”按钮。

许可证发放管理功能：若此船曾经申请过许可证，弹出信息“此船已申请捕捞许可证”；若此船未船检或未登记，则弹出未船检或未登记的信息。若此船已船检且登记，系统对船检和登记的记录进行比较，若有不一致，会弹出警告信息。“三证”检验包括查看缺证和查看冲突。查看缺证是检验三个库中的船只是否缺证。“三证”校验是检验三个库中同一只船的同一数据是否相同。缺证的船只不显示信息。

数据查询与统计报表功能为查询库中的部分或全部记录，从查询条件中可以设置查询或统计的条件。查询结果可以通过打印进行预览和打印。

2)渔船动态监控管理功能模块

渔船动态监控管理功能模块由 GNSS 和矢量电子地图系统构成。一般由投影转换、通信接口设置、电子地图漫游、目标实时跟踪、报警处理、轨道回放和信息查询等功能构成。投影转换功能是将渔船的 GNSS 经纬度坐标转换成墨卡托投影坐标，以便与电子海图进行配准。串行通信设置功能具有端口选择、通信参数设置等功能。电子地图漫游功能具有在对渔船监控的时候，可任意改变监控的范围大小、选择热点区域和热点船只等功能，可对电子地图实现放大、缩小、漫游、全图浏览、动态显示等，其主要功能模块如图 4-60 所示。

(1)目标的实时跟踪功能模块具有三种模式的移动目标实时跟踪功能：锁定目标船只，海图以被锁定的目标船只为中心做相对移动；锁定区域，把所关心的范围最大限度地显示到屏幕上，然后观察在该区域内的目标移动的情况；可选取区域和手工移动海图完成目标的监控。

(2)报警处理模块具有两种报警功能：违规报警，当渔船违规进入禁渔区、暂定措施区、他国专属经济区、与规定航线偏离等情况出现时，系统将根据动态目标当前位置以及移动的速度、方向等判断与特殊区域和航线的关系，然后决定是否报警；自动报警，当传输的信息突然消失或发回的数据中状态位含有报警信息，说明船只可能遇到了麻烦，立即报警。

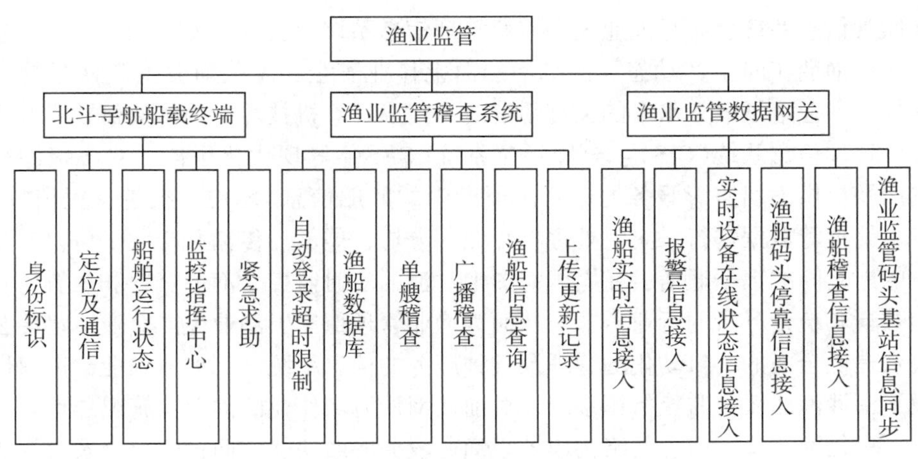

图 4-60　渔船监控管理功能模块结构

(3)轨迹回放模块：无论航行的渔船是否显示在监控中心，系统仍然可以把渔船的航迹等有关数据自动记录下来。当需要时，通过轨迹回放便可将船只处于某时刻的位置显示出来。其一为海事纠纷提供法律依据，其二也可对船的作业动态进行了解。

(4)信息查询：包括查询渔船信息，如船的位置、吨位、船主等相关信息；环境信息，如区域内的加油船位置、避风港、岛屿等信息。信息的查询能够帮助决策者做出正确的判断，如图 4-61 所示。

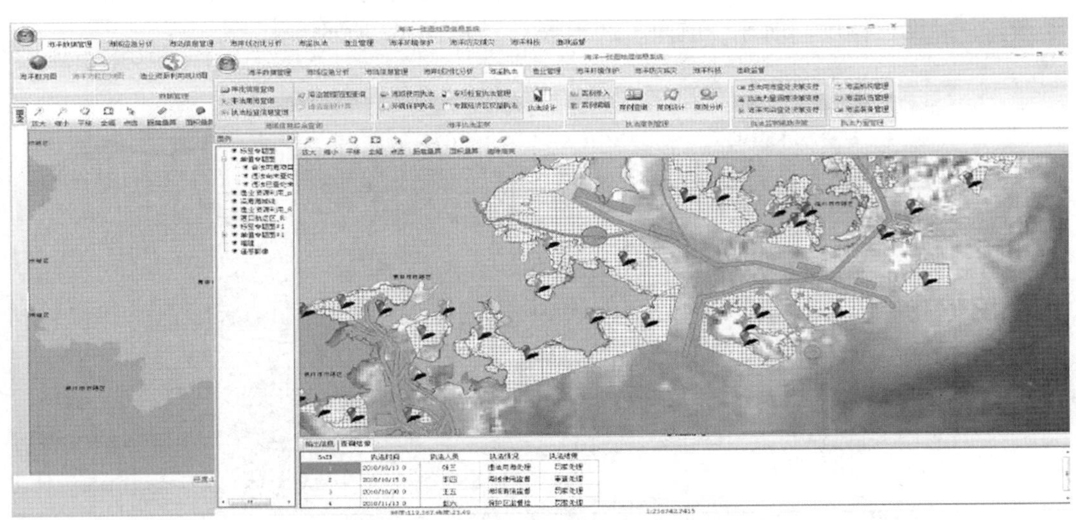

图 4-61　渔船监控管理信息查询功能界面

4. 渔业生产安全管理功能

渔业生产安全管理是一种政府公共管理行为，它通过专业业务管理信息系统，也就是渔业生产安全电子政务系统提升渔业生产安全管理的能力。渔业生产安全管理通过渔船动态监管信息系统、海洋渔业灾害应急管理信息系统等实现。渔船动态监管信息系统是用来掌握渔船实时生产动态、保障渔船海上作业安全、规范渔业生产秩序的信息系统，是提升渔业电子政务水平的关键系统之一。以计算机技术、网络通信技术和无线通信技术、地理信息系统(GIS)、全球定位系统(GNSS)等现代化手段，对各级渔船动态监管部门及提供渔船监管服务的运营商所产生的船舶信息(船位、报警、短信等)、业务信息、管理等数据进行采集、处理、存储、分析、展示、传输及交换，可以满足船舶导航、船岸之间的数据通信，在电子海图上对渔船实时监控，渔船资料和位置信息等数据存储共享和统计分析的行业需求。从而为渔业管理部门、渔业生产企业、渔船公司及社会公众提供全面的、自动化的管理及各种服务的信息系统。例如，农业部南海区渔政局建设了南沙渔船船位监控指挥系统，对前往南沙海域作业的渔船实施船位监控。主要功能有：一是渔业管理信息网络构建各级渔业政务网站功能，向社会公众及时提供渔业信息服务，促进了信息沟通。以全国海洋渔业安全通信网为平台，融合传统短波、超短波通信和卫星通信、移动通信等现代通信方式的海洋渔船安全通信保障体系，大大提高了海上作业渔船与陆地之间通信水平。二是以中国渔政管理指挥系统为代表的渔业电子政务系统功能，涵盖渔业和渔政管理主要业务内容。三是卫星船舶船位监测功能，应用于全国渔政船、远洋渔船和南沙作业渔船的监测，有效地提高了安全预警、海难救助、生产管理、执法指挥效率。

在渔船动态监视过程中，当需要对某一条或某几条渔船重点监控时，通过设置渔船的跟踪状态，就可以实现单船或多船的跟踪显示。还可以根据需要进行渔船轨迹的显示、渔船的基本属性信息显示(如船名、所属公司、船舶呼号等)和动态信息显示(如所经渔区、经度、纬度、航速、航向、产量等)，如图 4-62 所示。

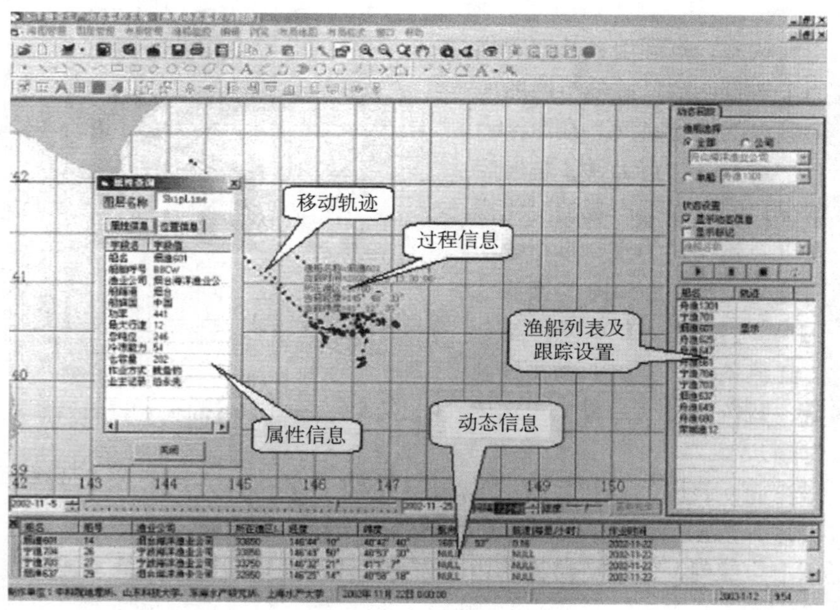

图 4-62　渔船动态跟踪监管信息显示

依据国家海洋渔业生产安全保障专题服务系统的规划要求及省级海洋减灾信息化建设需要，渔业生产安全保障专题服务主要功能是实现及时制作和发布精细化预报预警产品给相应渔民，并通过专网专线将数据实时传输至国家海洋预报中心和海区预报中心，提高渔业生产安全保障能力。因此，核心功能开发包括：

(1)按照统一的数字海洋工程建设技术规范，开发数据交换与共享的中间件。将各级海洋渔业生产管理的渔船基础数据、渔船动态定位数据和预警报产品、短信信息传输至国家和海区节点，同时将国家及海区的预警报产品进行数据解析和入库。

(2)开发海洋预警报集成显示功能模块。查询和参考国家和海区预报中心制作的预警报指导产品，同时结合台风气象数据的查询和分析，对海上渔船的实时数据进行统计分析，辅助业务人员分析判断需要推送产品的渔船。

(3)开发海洋预警报产品制作、推送、发布子系统功能模块。制作省级的精细化风、浪预警报以及其他海洋预警报产品，并将产品发布给渔船。

(4)开发平台监控管理功能模块，主要包括运行管理模块和网络管理模块。运行管理模块对数据服务器、系统资源的运行情况进行监控和管理，确保运行稳定；也包括密码管理、界面管理、用户登录记录管理和系统账户管理等。网络管理模块主要包括信息发布、数据交换和数据传输预警等。包括如下主要功能：

①打包发送网络功能；

②查询检索要打包的内容并进行打包；

③接收解包网络功能；

④接收下级部门的数据。

系统功能结构如图 4-63 所示。

海洋渔业生产安全管理信息系统是解决海洋渔船在茫茫大海中作业，生产环境恶劣，受气象、船况、航行路线等的影响非常大，需要有效的监管救助手段，解决海洋生产渔船海损、碰撞等安全事故应急处理的问题。由于突发事件发生后产生的最大问题之一就是信息的高度缺失，所以需要更好的数字海洋工程信息共享平台功能全、效率高、稳定性好的信息管理方法来解决这一问题。因此，海洋渔业生产安全管理信息系统是支撑预测预警、决策指挥、沟通协调等必不可少的信息平台，它具备通信、事件分析、决策指挥、紧急处理、检测与后果评估等功能。决策指挥功能是决策型系统的核心功能，系统应建设完善的预案库与专家库，并在事件处理后及时更新。同时在决策指挥系统内设置应急预案的查询、统计分析、快捷决策、启动执行等相关模块。

依据我国海洋渔业灾害应急管理组织架构，二级、三级指挥中心所应对的突发事件大多规模较小，应对难度较低，其系统所需求的功能以监测预警、指挥调度为主。而一级指挥中心所处理的海洋渔业突发事件通常具有规模大、成因复杂、应对难度高的特点，需求的功能以决策指挥为主，因此适于建设决策型系统，其主要使用人员为灾害应急指挥中心的领导。根据一级指挥中心的功能需求，针对重大或不明的海洋渔业突发事件，决策型系统的业务流程设计如图 4-64 所示。

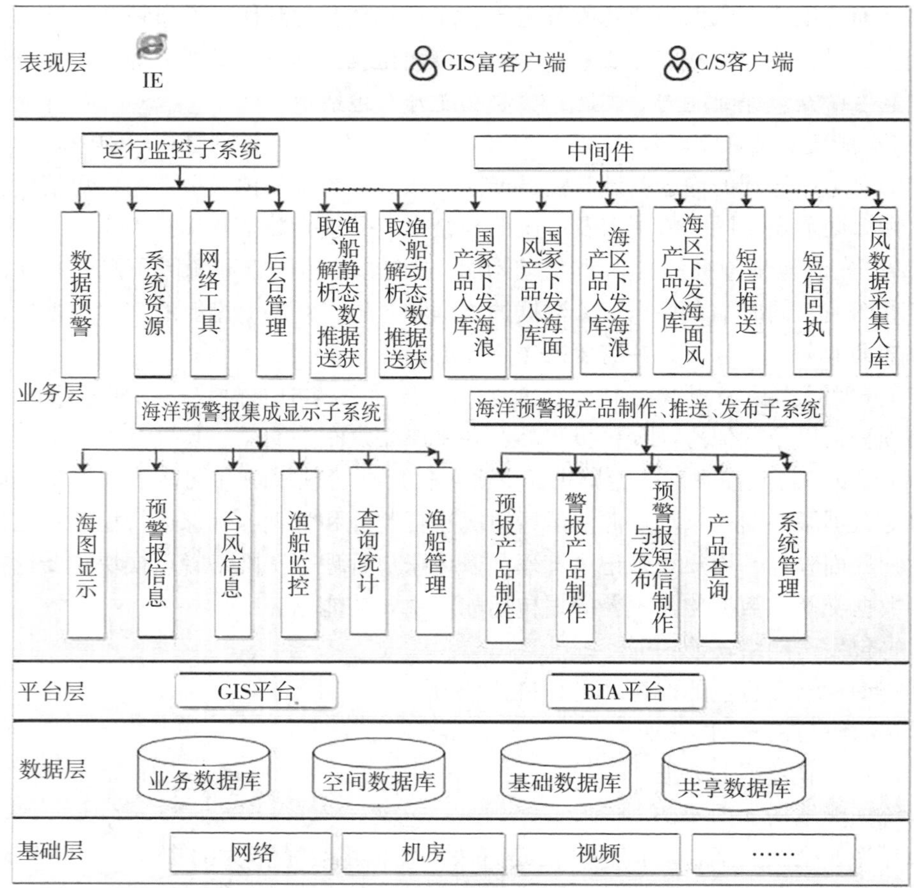

图 4-63　渔业生产安全管理系统功能结构图

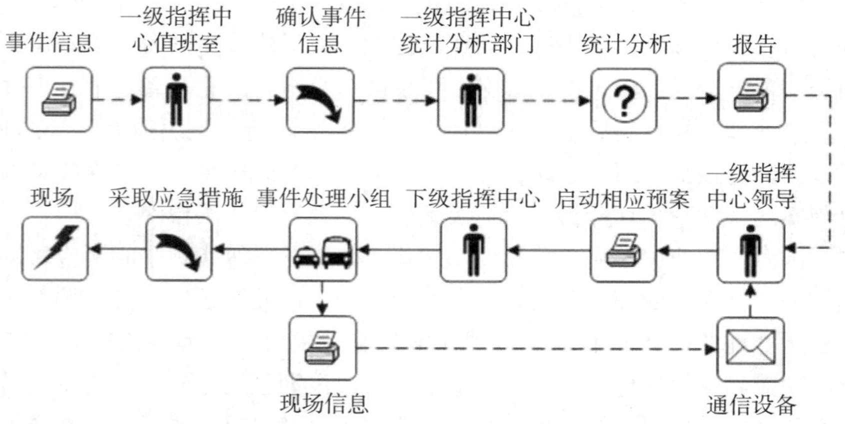

图 4-64　海洋渔业灾害应急管理决策的业务流程

依据管理的业务流程，决策系统功能模块划分为决策指挥、指挥调度和公众沟通三大功能模块。系统以数字海洋工程渔业数据中心为电子政务平台，实现各级、各子系统间数据信息、事件信息的报送和指令信息的下达。各应用子系统和海洋渔业数据中心的功能设计如下：

(1)海洋渔业数据中心功能。以预案库、专家库和资源库为主，负责对各类应急预案、案例、部门信息、专家信息、政策法规、海图、遥感影像等的收集、加工和存储，输出相关专题数据信息，传送到决策指挥系统。事后接收来自决策指挥系统的事件汇总信息和应急预案更新信息。

(2)决策指挥系统功能。接收来自上级部门系统的指令信息、下级和周边部门系统的事件信息以及海洋渔业数据中心的数据信息，借助统计分析工具分析信息并获得直观的事件报告，在预案库、专家库和资源库的协助下输出决策信息，传送到指挥调度系统和公众沟通系统。事后，将事件汇总信息和应急预案更新信息传送到海洋渔业数据中心。

(3)指挥调度系统功能。接收来自决策指挥系统的决策信息，借助大屏幕指挥系统、无线指挥系统等输出指令信息，传送到下级和周边部门系统以及公众沟通系统。

(4)公众沟通系统功能。接收来自决策指挥系统、指挥调度系统的各类信息，依据已定义好的相关格式自动发布于突发事件信息平台，同时输出公众留言信息，传送到决策指挥系统。系统功能结构和工作流程如图 4-65 所示，虚箭头表示系统的信息流方向，实箭头表示指令流方向。

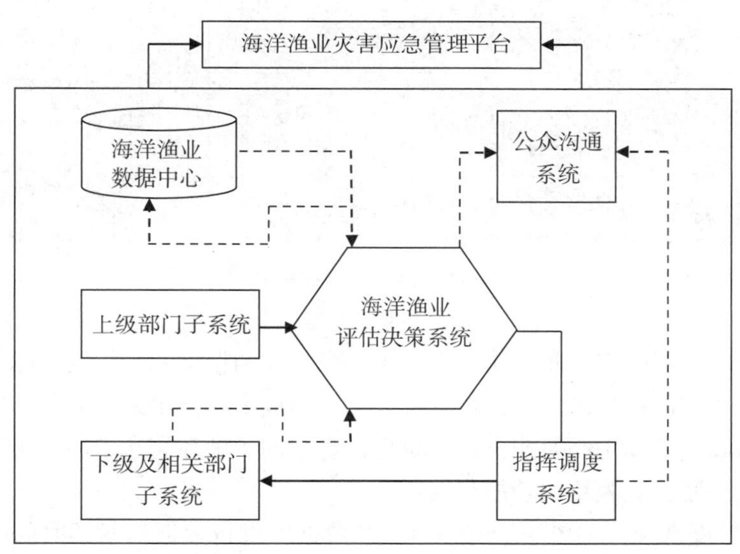

图 4-65　海洋渔业生产安全管理信息系统功能结构和工作流程

4.5.4　空间分析

1. 渔场中心动态分析

基于海洋渔场与海洋水文要素密切相关性，将渔场遥感融合信息与生产数据进行 GIS 空间配准，建立要素数据的空间聚类模式，从而实现水文信息和中心渔场信息相关联的空间分布规律的隐伏信息提取。利用 GIS 的空间分析功能刻画渔场上层渔获量同相应海表温度关系和鱼类资源的时空变化，可揭示海区渔业资源的漂移规律，分析上层鱼类资源聚集分布等，可实现渔场环境和渔业资源分布动态分析，揭示渔业资源运动规律，有助于渔场的寻找，对渔业生产具有指导作用。

以指定时间范围和时间粒度下的渔场为中心，运用空间叠加方法，将温度等值线、温度特征线、黑潮线、叶绿素浓度等海洋环境要素叠加在一起，以直观的手段动态表达中心渔场的变化趋势以及与各类同期环境要素的对比关系。主体分析功能模块包括渔场中心时空分布、渔场中心对照分析、渔场中心导航等，如图 4-66 所示。

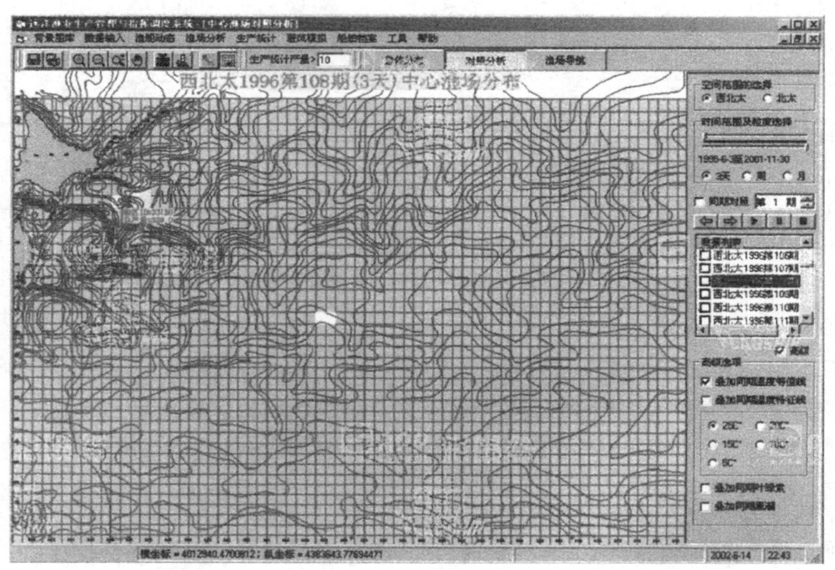

图 4-66　渔场中心动态分析

其中，中心渔场时空分布模块通过对生产数据库的检索和分年度汇总，形成历年总产量和分年度产量的以渔区为单元的统计数据，形成中心渔场的空间分布图、历年总产量的空间分布图。渔场中心对照分析模块提供直观的了解和表达中心渔场以及与其他环境要素的对应关系，该模块的功能包括：

(1)时间粒度选择：主要用于选择对生产数据库进行数据检索的时间间隔。例如可选择为 3 天、周、月，每一指定时间粒度的检索数据作为一期。

(2)同期对照：根据期号索引的选择，将在指定年度范围内的历史同期生产数据检索出来。如2000年第20期、2021年第20期等，并将各期期号列入期号列表框。

(3)期号列表：根据空间范围、时间范围、时间粒度等条件的选择，将满足条件的期号按时间先后顺序添加到期号列表框中。若用户关心其中的某一期信息，可以直接在列表框中点取该期号，则将该期的图形表达信息添加到海图窗口中；若用户想了解多期数据空间叠加后的对比情况，可选中相应多个期号，将所有期选中的图形信息统一添加到地图窗口中，通过要素叠加进行对比分析。

(4)同期环境要素的叠加：为了能同时分析和了解中心渔场分布以及与海洋环境要素的相关关系，通过选择设置分析环境要素，在观察中心渔场分布时，可同时叠加同期SST数据、同期温度特征线数据、同期叶绿素浓度数据、同期黑潮变化线数据等。通过空间位置对比，来了解中心渔场与环境要素的相关情况。

(5)中心渔场的动态展示：按照设置的时间间隔，对各期中心渔场信息进行循环动态播放。可以直观地了解中心渔场以及与海洋环境要素之间的空间变动趋势。

2. 远洋渔船避风决策分析

远洋渔船在生产过程中的最大危险是台风的袭击。若能在台风来临之前，及时掌握台风中心与渔船的相对位置、相对速度、最近会遇距离等，通过台风和渔船时空动态模拟分析，辅助决策渔船避风方案，将使台风对渔业生产的影响降到最低，则对远洋渔业的安全生产和提高生产效益起到重要的作用。例如在北太平洋生产作业的渔船主要从中国、日本、韩国等三个国家的电台获得台风信息。空间分析模块可设计通过对三方面台风信息的组织管理、模拟显示和表达，为渔业生产决策者提供直观的空间分析手段。该模块空间分析内容主要包括以下几个方面：当前台风强度、范围、移动路径等时空变化状态数据与渔船相对空间位置数据叠加显示和相关关系空间解析表达，最新台风信息的更新，最新船位信息的更新，台风影响趋势预测，渔船避风模拟，如图4-67所示。

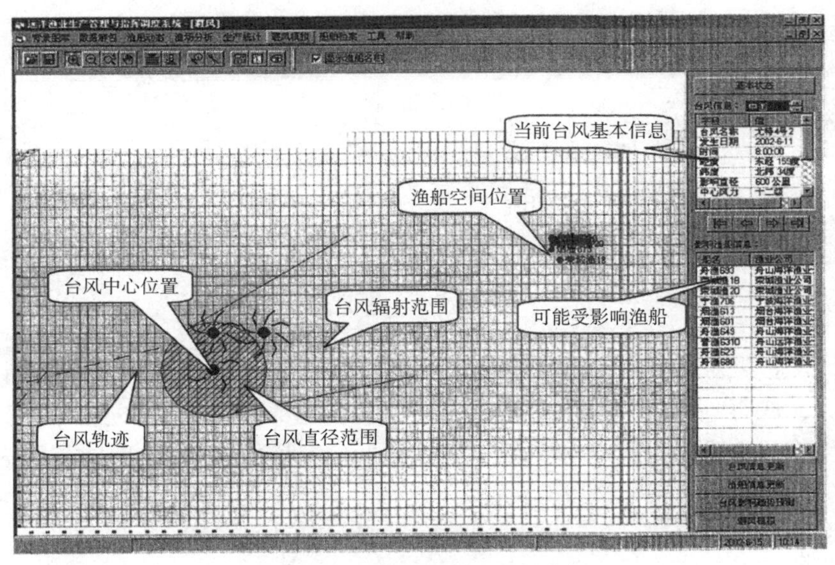

图4-67 远洋渔船避风空间分析

其中，实时船位信息一方面可通过 GNSS 数据包的解包过程来获取，另一方面可直接输入渔船的空间位置及相关信息，具体数据输入功能需要选择或添加的信息包括渔船名称、公司、渔船经纬度位置、日期、时间、航速、航向等。在船位信息的录入过程中，也可以实时显示渔船的最新位置。最新输入的数据最后并入船位动态数据库中，为渔船的动态监控提供数据源。台风影响趋势预测根据最新的台风信息(中心位置、前进方向、风速等)，通过输入台风影响夹角以及台风影响时间范围，绘制生成以小时为单位的台风影响趋势图，如图 4-68 所示。

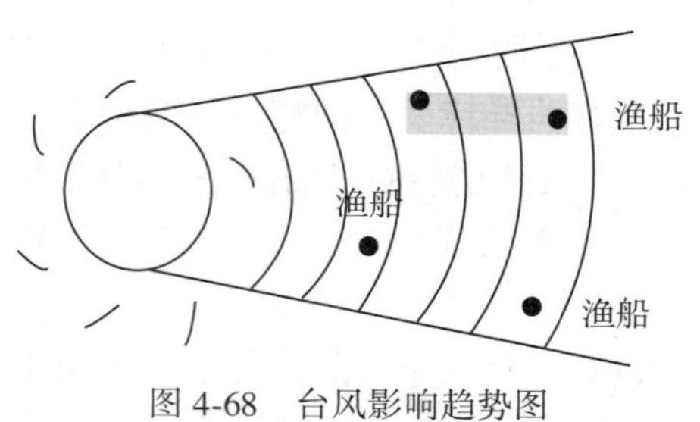

图 4-68　台风影响趋势图

根据台风的影响趋势，检索出在几小时后可能受到影响的渔船，并将其添加到列表框中，为决策者提供避风方案的选择和制定的可视化空间分析工具。渔船避风模拟即可选择检索出的可能受台风影响的渔船，通过台风影响趋势预测模型生成的台风影响趋势图与台风影响的渔船图层叠加显示和相关关系空间解析表达(空间距离和方位量测)，不断地修改输入选定渔船的逃避方向和前进速度。并以当前台风的行进方向、速度为基准，判断渔船的逃离路线和台风的行进路线是否会相遇，从而确定合理的避风方案，模拟示意如图 4-69 所示。

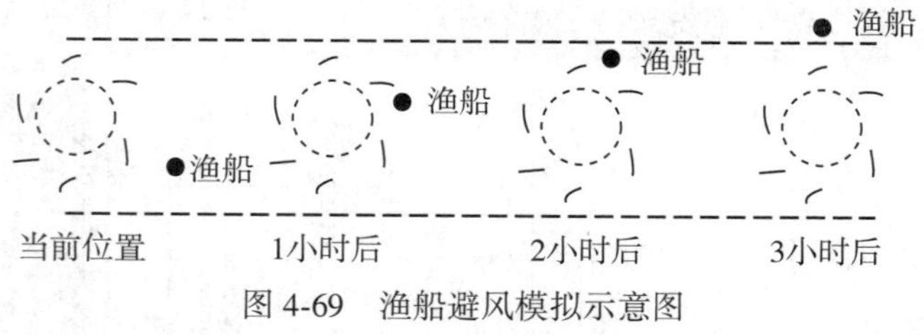

图 4-69　渔船避风模拟示意图

3. 渔业资源评估与生产统计分析

由于海洋鱼类对环境有一定的趋向性，海洋要素场空间上的配置不同，制约着海洋鱼类的分布，从而“调制”区域的鱼群密度。例如，鱼群的聚集受水温、盐度、叶绿素浓度等非生物环境因子的影响比较大。两种不同环境性质的水团之间的界面为海洋锋，可在沿海、近海或大洋任何区域形成。海洋锋似一道屏障，不同温、盐性质的生物居于两侧，而两侧产生的涡动引起垂向混合，又使两侧的生物更加密集。因此，海洋锋处往往形成好渔场。对上述海洋现象的有效识别和环境要素空间分析，对于鱼类栖息地评价、鱼类洄游规律研究、新渔场的开拓、渔业资源量的评估等都具有重要的参考价值。

渔业资源评估通过复杂海洋环境数据的集成，以多分辨率网格进行数据的统一管理，按照不同的时空尺度进行数据的抽取，形成进一步特征识别和要素分析的综合数据集。在大量的海洋渔业数据中寻求渔业生产数据同海洋环境数据之间关系的空间集群情况，从而深入揭示它们之间的关系。为了进一步挖掘它们之间的定量关系及其空间分布的规律，可采用动态聚类的方法从大量的长时间序列的渔业捕捞数据和环境数据中自动地抽取规律。所谓动态聚类是采用距离度量作为样本间相似度的度量，在确定了评价聚类结果质量的准则函数后，给定某个初始分类并用迭代算法找出使准则函数取极值的最好聚类结果。例如应用 ArcGIS 所提供的 isodata 动态聚类组件二次开发的功能模块，以温度和温度梯度作为影响渔获量的主要因素，在聚类分析时把温度、温度梯度和渔获量作为三个变量进行聚类，采用最小空间距离作为度量集群的指标。考虑到空间定位对这三个变量集群的影响，把相应的渔区格网的纵横坐标数据也作为两个变量参与分类，通过自组织的方式优化聚类结果。

海洋渔业数据分析子系统由数据预处理模块、统计特征分析模块、空间估值模块等构成。数据预处理模块包括空间数据检查，对数变换、标准化变换等；统计特征分析模块包括均值、方差、空间相关性、直方图分析等；空间估值模块包括距离权重反比法、Kriging 插值法等。随着渔业科学研究、生产、管理等任务日益复杂和多元化，单一的数据来源已远不能满足需求，渔业科技创新越来越倾向于对多领域科学数据进行实时高效的融合性分析。在海洋渔业领域，诸多研究工作需要将渔船船位、渔船生产、海洋环境等数据相结合，构建相应的机器学习模型，定量地进行捕捞努力量时空分析、核实渔民报告日志、预测和判别渔场分布区域、评估抛网捕鱼对底栖生物的影响、识别渔船作业状态及异常行为、制定经济决策等研究。例如，联合国粮食及农业组织(Food and Agriculture Organization of the United Nations，FAO)成立了渔业和水产养殖数据中心，建立了全球渔业生产、渔业船舶、生态系统、渔业资源、渔业技术、渔业经济和贸易、渔业治理、地理概况、食品安全等各类特色数据库，集成了全球渔业数据统计与分析信息系统、捕捞预测与资源评估模型、生态仿真模型以及各类模型构建平台。渔业科学数据中心围绕渔船轨迹大数据挖掘、渔船行为模式识别、捕捞作业时空分析、渔情渔区动态预测分析、资源环境与评估、病害灾害预警与评价、渔业资源管理与渔业生产决策分析等方向，利用数据集成、机器学习、人工智能等前沿信息技术，构建基于数据融合的智能分析模型，发现不同属性数据间的内在联系，创新数据分析模式，为渔业科学研究、生产、经营、管理和服务等领域提供融合分析与智能决策服务。

4.6 海洋灾害监测预警信息系统

在人类所面临的众多自然灾害中，把发生在海洋上和滨海地区，由于海洋自然环境异常或剧烈变化，且超过人们适应能力而发生的人员伤亡及财产损失称为海洋灾害。它主要包括风暴潮、地震海啸、飓风、海冰、赤潮等突发性较强的灾害，以及海岸侵蚀、海湾淤积、海咸水入侵、海平面上升、沿海土地盐渍化等缓发性灾害。世界上很多国家都受到严重的海洋灾害影响，例如，仅形成于热带海洋上的台风(在大西洋和印度洋称为飓风)引发的暴雨洪水、风暴潮、风暴巨浪，以及台风本身的大风灾害，就造成了全球自然灾害生命损失的60%。例如，2004 年 12 月在印度尼西亚苏门答腊岛，由于地震引发的毁灭性海啸；2005 年 8 月，飓风“卡特里娜”在美国肆虐以及登陆我国东南沿海的台风“麦莎”等海洋灾害，导致了严重的社会经济损失和人员伤亡。台风每年造成上百亿美元的经济损失，约为全部自然灾害经济损失的 1/3。我国濒临西北太平洋，海洋环境条件多变、海域面积辽阔、岸线漫长、岛屿众多，导致海洋灾害多样、频发，属于海洋灾害的“重灾区”。这些海洋灾害威胁着我国沿海经济的发展，对沿海地区人民生命财产和海上生产活动带来极大危害并造成重大损失。

在世界各国向海发展，大规模开发利用海洋的今天，沿海地区成为经济最发达的地带之一，对国家的经济发展起着主导作用，海洋灾害已成为制约沿海经济发展的因素之一。为保证沿海经济的正常发展，满足海洋开发和社会发展的需求，需要建立海洋灾害监测、预报、预警信息系统。因此，加强对海洋灾害的监测预警工作对改善海洋自然环境、减少灾害损失等具有非常重要的意义。

4.6.1　系统需求

海洋灾害监测预警工作是海洋强国战略的重要组成部分，也是保障海洋经济持续平稳发展，促进海洋生态文明建设和保护人民生命财产安全的重要基础性工作。目前，世界各国政府及从事海洋监测的科学家所公认的实施区域性海洋灾害监测及预警的总体目标如下：集成锚泊浮标网、岸基/平台基海洋监测站、巡航飞机、监测船及卫星和其他可利用的监测手段，组成海洋环境立体监测系统。全面系统的实时采集海洋动力环境、海洋生态环境和海洋气象信息，协同共享、智能分析处理及数据管理，提供风暴潮、海啸、海冰、台风、海洋污染等海洋灾害的监测预警信息，为区域性海洋防灾减灾和海洋环境管理提供实时信息的网络平台。从而提升海洋应急管理能力，满足海区海洋经济发展、应急管理、人民生活和国防安全等领域快速增长的环境保障需求，为海洋防灾减灾和海洋环境管理提供实时信息的网络平台。

海洋灾害时空分布、发生频率以及强度进一步加大，灾害的突发性、异常性、难以预见性日益突出。基于此结合新一代大数据、物联网等信息技术、3S(GNSS、RS、GIS)技术及多源海洋观测技术是构建实时海洋灾害监测系统的发展方向。即新型智能化海洋灾害监测预警系统要求多平台海洋环境传感技术、多平台遥感技术、数据实时通信技术、分布式数据库管理技术、网络化数据处理与自动化信息产品开发技术、规范化数据共享与智能信息服务等关键技术的发展，为建立各类业务化海洋灾害监测和预警信息应用系统奠定技术和物质基础。因此，以国家总体需求为驱动，建立海洋环境监测与灾害预警集成系统，是海洋监测技术发展的必然趋势。如图 4-70 所示，山东沿海海洋环境监测与灾害预警系统，集成了锚泊浮标网、岸基/平台基海洋监测站、巡航飞机、遥感卫星、监测船及其他可利用的监测手段，形成对山东沿海海域海洋环境的立体监测，能实时或准实时、长期、连续、准确地完成沿海区域内海洋动力、气象信息、生态要素的监测。数据分析处理提供风暴潮、赤潮、海浪、海冰、溢油等海洋灾害的监测和预警信息，完成海洋环境监测实时及历史数据处理分析、数据库管理、信息产品开发、数据共享与信息服务的技术设计与集成，及时准确地发布各种海洋灾害预报预警。为沿海地区及时准确地预测海洋灾害、有效地为进行防灾减灾提供技术支撑和决策依据，保障人民生命财产安全，保护海洋环境，促进经济社会发展。

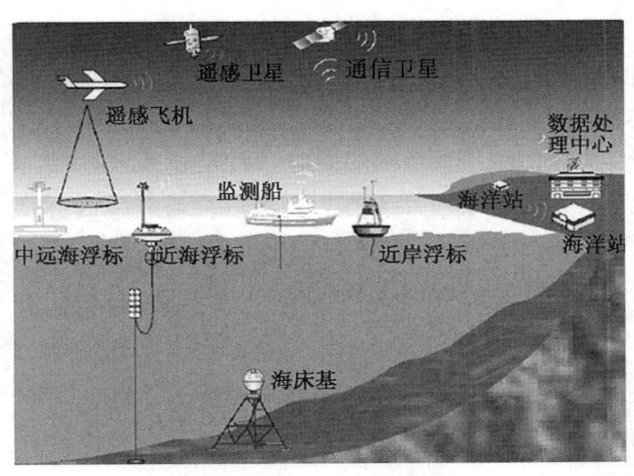

图 4-70　山东沿海海洋环境监测与灾害预警系统示意图

综上所述，为了预防台风、飓风、风暴潮、海啸等海洋灾害侵袭，离不开海洋灾害监测与预警信息系统。海洋灾害监测与预警信息系统建设必然成为“数字海洋工程”的组成部分。主要功能需求体现在以下三个方面：

(1)海洋监测卫星体系建设快速推进，形成连续稳定的业务服务能力，进而为海洋灾害监测预警系统提供实时、多尺度、多源感知层数据。

需要构建海洋水色、海洋动力环境、海洋监视监测 3 个卫星系列组成的海洋卫星观测数据综合应用体系，而且还建立海洋观测数据服务海洋灾害监测预警业务化运行模式。系列海洋卫星相结合形成综合观测能力，可以满足大部分海洋环境及灾害监测要素的需求，对海洋防灾减灾、权益维护、环境保护、海域管理、海上执法监察、海洋灾害与突发事件应急监测等业务的覆盖能力可达到 70%，对中国海洋战略目标的实现具有重要意义。

(2)海洋监测预警系统全球化趋势明显，构建“和谐海洋、安全海洋”理念会不断加强，基于物联网的海洋灾害监测预警应用层会越来越智能化、全球化。

目前，在应用卫星遥感技术监测赤潮、绿藻、海洋污染等环境灾害中取得了卓有成效的进展。一是许多海洋观测卫星陆续升空，获取了大量的水温、海浪、海流、海冰、叶绿素、溢油、海水污染、泥沙等信息；二是形成了以卫星遥感数据为更新手段，以地理信息系统技术为平台，以海上自动浮标和海洋站为数据源的多方位立体海洋环境监测网，并形成了世界范围的全球海洋观测系统(Global Ocean Observation System，GOOS)；随着物联网大规模普及，这一技术将会应用于物联网的海洋灾害监测预警系统。

另外，全球海洋信息网络不断完善。世界一些发达国家在加强海洋调查、观测的基础上，以政府为主导，地方公共团体、大学、科研机构、企业为参与者，密切合作，逐步完善了全球海洋信息系统。通过加强海洋信息收集协调、强化海洋信息管理职能等措施，逐步建立统一的海洋调查、观测、监视系统，构建区域性的海洋信息网络，并向全球海洋信息网络发展。这为未来物联网平台下的海洋灾害监测预警提供了有力的信息支持。

(3)海洋灾害监测预警信息系统与其他数字海洋工程子系统的集成与数据挖掘。

地球是一个生命共同体，灾害之间是相互联系的，特别是海洋灾害具有灾害链的特点，在不断完善海洋灾害监测预警系统的同时，要充分考虑与“数字地球“系统融合为一体，充分考虑平台设计与数字海洋工程子系统的集成共享这一总目标，加强顶层设计，共同规范行业标准，数字海洋工程大数据挖掘，以便减少重复建设和共享资源，协同共建海洋灾害监测预警体系，为创建共同的“美丽地球”走到一起来，达到全球防灾减灾的目的。

4.6.2　总体结构

我国海洋观测已初步具备全球海洋立体观测雏形，已拥有包括海洋站(点)、雷达、海洋观测平台、浮标、移动应急观测、志愿船、标准海洋断面调查和卫星等多手段的海洋观测能力，近岸近海观测已初步覆盖管辖海域，极地和大洋热点海域观测有效开展，卫星遥感观测手段趋于成熟，海洋观测数据传输效率大幅提高，海洋立体观测体系日趋完善。

海洋灾害监测预警系统结构设计为由海洋环境立体监测网、数据获取和网络管理平台、数据处理中心三个部分构成。系统体系结构如图 4-71 所示。

海洋环境立体监测网由多个监测系统组成，例如浮标监测网系统、岸基海洋环境观测网、海床基监测系统、船载监测系统、航空航天遥感系统。

(1)浮标监测网系统。浮标网的设计按照远海、近海、近岸三层进行考虑，即整个浮标网由远海浮标、近海浮标和近岸浮标三种浮标组成。主要测量气象要素、水文要素(如海浪、多层海流等)以及水质生态等参数。同时，用以监测海洋污染，赤潮和水质变化，监测风暴潮和台风的发展和走向趋势。

(2)岸基海洋环境观测网。布设岸基观测网是为了完善海洋环境监测站网，进一步加强对近岸海域海洋环境的长期、定点、连续、准确的动态观测，保障沿海多层面的海洋环境灾害、污染和生态环境监测预警能力。

岸基海洋环境灾害观测网的设计按照合理布局、重点突出、层次分明、技术先进的原则，具备对近岸海洋水文气象要素的连续实时观测的能力，并与浮标观测网有机结合，形成对台风、风暴潮等海洋灾害实时/准实时协同观测、数据自动化处理和灾害预报预警的智能化服务技术支撑。

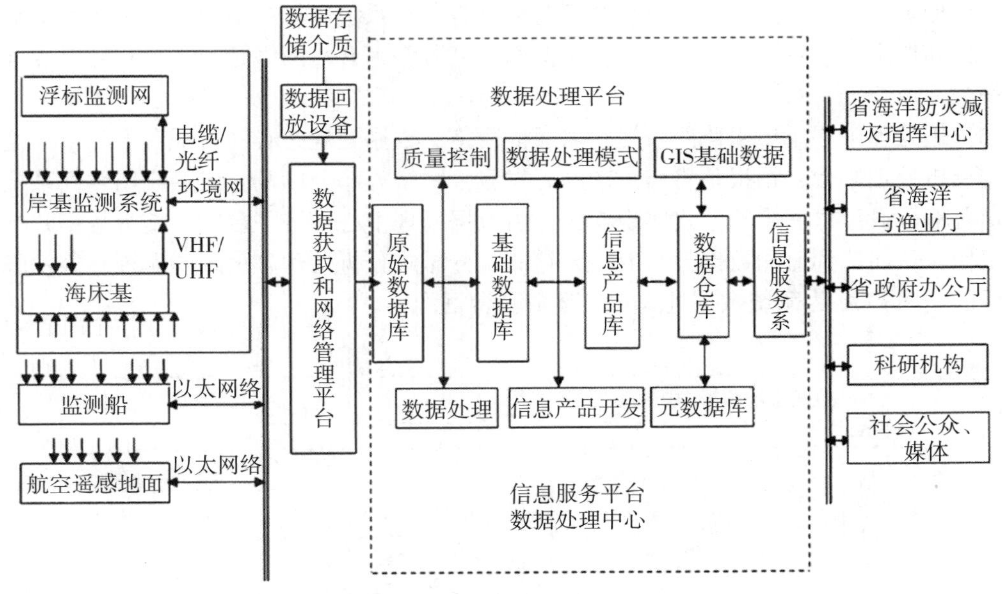

图 4-71　海洋灾害监测预警系统体系结构

(3)海床基监测系统。为了对观测海底环境进行定点、长期、连续测量的综合观测，需要布设海底自动监测装置，即海床基监测系统。海床基海洋监测系统具有长时间自动监测、数据实时传输、隐蔽性好等特点，是获取水下长期综合观测资料的重要技术手段。海床基设计在水下集成平台上安装了各种测量仪器和系统工作设备，在中央控制机的控制下按照预设的时间对海洋环境进行监测，主要监测对象包括波浪、海流剖面、水位、盐度、温度等海洋环境要素。监测数据在中央控制机内进行集中存储，并可通过水声通信的方式将最新数据实时传输至水面浮标系统，再由浮标通过卫星通信或无线通信转发至地面站。

(4)船载监测系统。针对沿海特别是河口、海湾等近岸海域污染严重，生态环境恶化，赤潮频发等问题，以“中国海警”“中国渔政”执法船为平台，集成船载仪器设备的监测技术、监测数据实时通信系统、信息产品制作等项工作，形成对近岸海域生态环境及其水文气象等背景参数实施快速、连续跟踪监测的能力，它是解决海上突发性灾害事件即时获取高时空分辨率监测数据，控制评估灾情，防震减灾的重要技术支撑。

(5)航空航天遥感监测。针对赤潮、溢油和海冰等目标的监测需求，以遥感卫星、飞机或无人机为平台，利用机载成像光谱仪、微波辐射计和微波散射计等设备，快速获取赤潮、溢油、海冰等各种高光谱、高时空分辨率海洋环境参量的反演技术和方法，形成对赤潮、溢油、海冰等海上目标的航空遥感定量化快速监测的能力。

数据获取和网络管理平台主要任务是根据分布式的各种监测系统和监测数据的信息量，按照预定的数据传输方式，获取各种异地异构监测系统的监测数据，并对监测数据进行预处理，建立分布式观测数据仓库；数据处理中心完成监测数据集成、监测预报预警数据处理、信息产品制作、数据共享与信息服务、系统运行控制管理。集成网络平台由数据获取平台、数据分析处理平台、信息产品服务平台、网络管理平台和异地数据备份平台组成。

数据处理中心主要由监测数据获取通信网络、数据处理中心网络平台、分布式监测数据分析处理平台、预报预警信息产品分发服务网络等部分以及相应的应用软件系统组成。各部分设计以网络的形式实现连接，由数据处理中心网络平台实施整个数据共享协同工作，从而达到监测数据云获取、云存储、分布式分析处理、信息产品统一分发服务的目的。图 4-72 为系统数据处理中心集成平台框图。

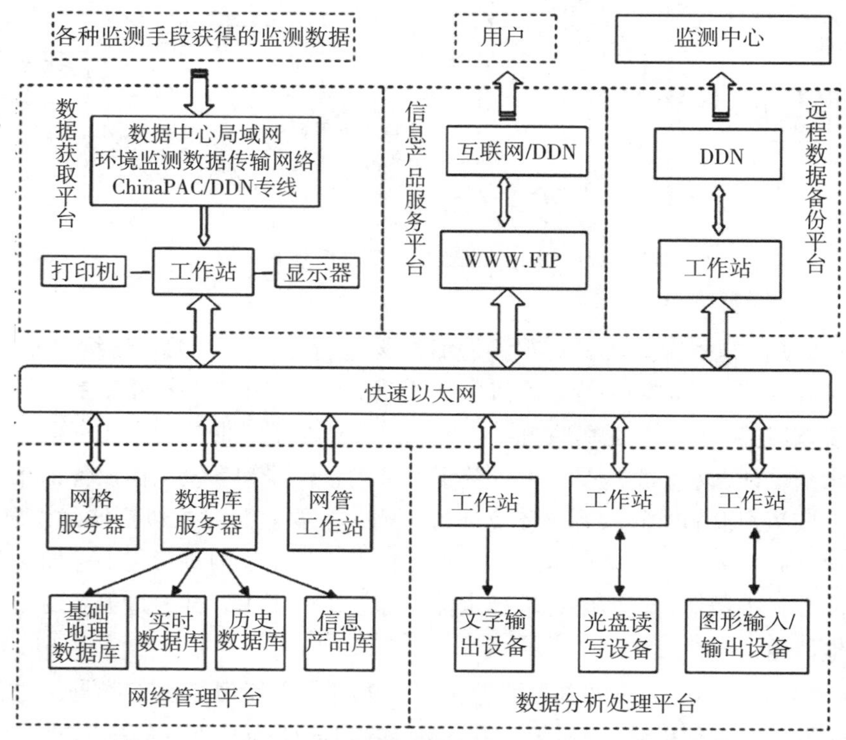

图 4-72　海洋灾害监测预警系统数据处理中心集成平台框图

结合广泛应用于数字海洋工程的面向服务的体系架构(Service-Oriented Architecture, SOA)的解决方案，海洋灾害监测预警系统总体结构可设计为 5 层架构，即海洋环境监测基础设施层、数据采集层、数据管理层、数据处理层和应用服务层五个部分，如图 4-73 所示。

通过面向服务的 SOA 体系架构技术特点，分析海洋环境监测预警系统主要模块及功能是现代和未来的发展方向。

4.6.3　基本功能

信息系统是获取信息、存储信息、传输信息、交换信息、处理信息、使用信息及管

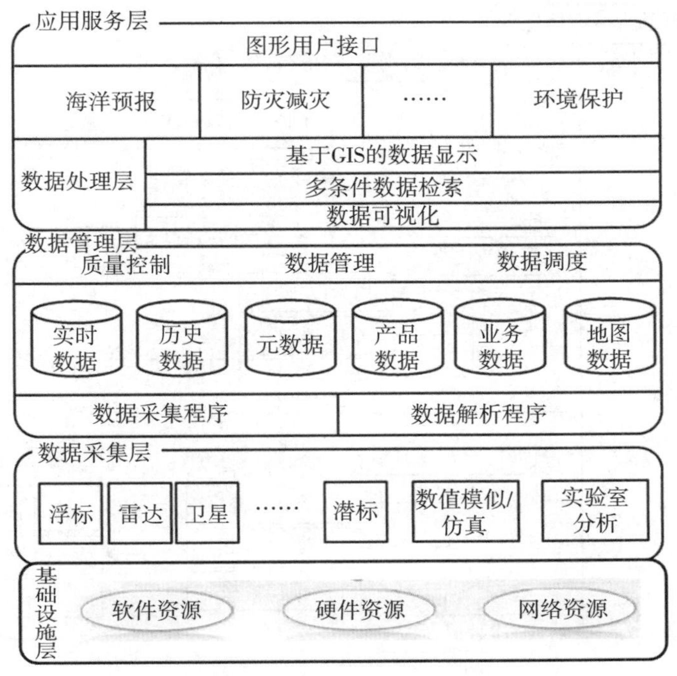

图 4-73　海洋环境灾害监测预警系统 SOA 层次架构

理信息的系统，是以“信息”为媒介不断地以先进的信息科技支持和服务的一种工具。现代信息系统往往嵌套多个功能子系统交织作用，各个功能子系统协同工作。例如：全球海洋观测系统是全球测地系统的沿海和海洋部分，由联合国各机构协调，约有 100 个海洋国家参与。这种全球端到端的观测网络、数据管理、产品生产和交互系统就有多个功能模块：全球海洋环境及气候变化预测模块、海洋灾害监测预警模块以及维持健康海洋生态系统、确保人类健康模块、促进安全高效海上运输模块等。总而言之，海洋灾害监测预警信息系统的建立是为了保证防灾减灾工作的顺利进行。

中国数字海洋综合管理信息系统面向国家、省级节点单位对海洋防灾减灾的管理需求，应该是基于数据仓库中的海洋防灾减灾专题数据库，构建海洋防灾减灾功能信息子系统。提供风暴潮、海浪、海冰、赤潮、溢油、海啸、“厄尔尼诺”事件等海洋灾害预测预警、灾情评估等相关信息服务，为国家与沿海省市建立海洋灾害应急响应机制、制定海洋灾害应急预案提供辅助决策支撑，最大限度地减轻海洋灾害造成的损失，海洋防灾减灾信息系统整体功能结构如图 4-74 所示。

海洋防灾减灾信息系统在体系结构上由国家和省市海洋防灾减灾信息系统组成。国家级海洋防灾减灾信息系统将依托现行业务体系运行，为海洋管理提供决策支持。省级海洋防灾减灾信息系统基于本级局域网络运行，省级各类海洋灾害数据由省级数据中心统一存储管理。海洋防灾减灾信息系统包括海洋防灾减灾管理、海洋防灾减灾调查、海洋灾害评价、海洋灾害预警、海洋数值预报等几部分，如图 4-75 所示。

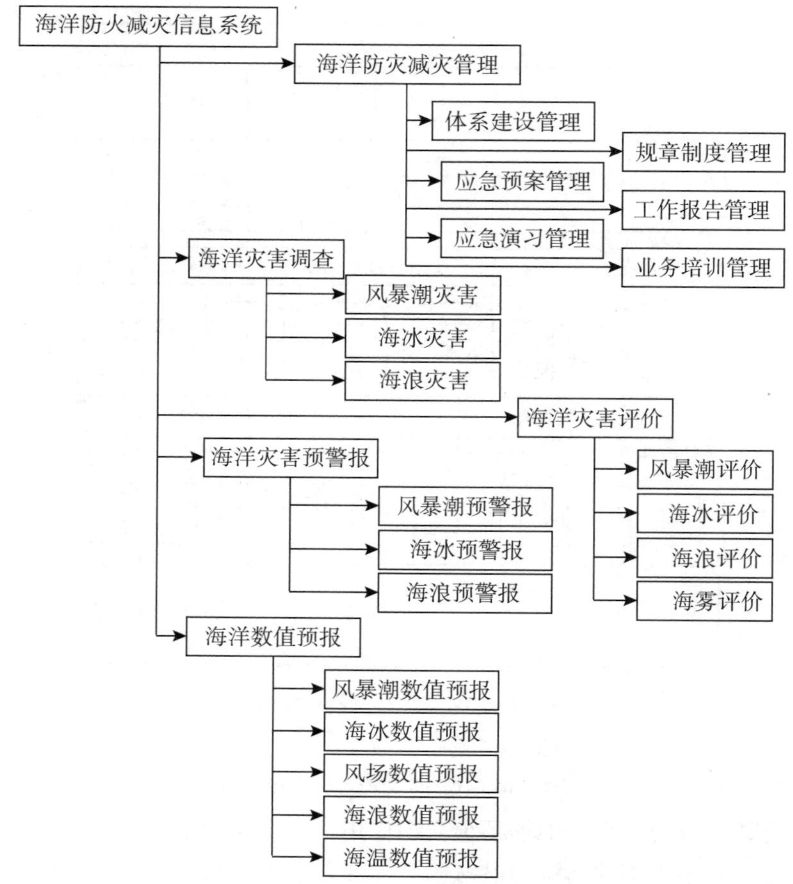

图 4-74　海洋防灾减灾信息系统功能模块

图 4-75　海洋防灾减灾信息系统主界面

(1)海洋防灾减灾管理模块：主要实现对体系建设、规章制度、应急预案、工作报告、应急演习和业务培训等内容的管理。

(2)海洋防灾减灾调查模块：在该功能模块中实现了包括风暴潮灾害、海浪灾害、海冰灾害在内的各类海洋灾害数据的查询统计功能。风暴潮灾害具体包含内容有风暴潮灾害统计、风暴潮漫滩调查、重点风暴潮漫滩区潮位观测、风暴潮受影响站点潮位统计、沿海验潮站最大风暴潮潮值统计等功能；海冰灾害具体包括海冰灾害、渤海和黄海北部冰情灾害调查、流冰观测、固定冰观测、表层海水温度观测、表层海水盐度观测等数据的查询与统计；海浪灾害具体包括海浪灾害统计、海浪灾害现场调查观测、重点区测波站观测记录、港口码头、重点海洋工程、渔港、养殖区、防护堤等信息的查询与统计。

(3)海洋灾害评价：该功能模块包含风暴潮、海冰、海浪、海雾等相关信息的评价与分析功能。风暴潮评价实现功能包括风暴潮对社会经济发展影响评价、风暴潮灾度登记评价、风暴潮受影响站点潮位统计、沿海验潮站最大风暴潮潮值统计等；海冰评价部分实现的功能包括海冰对社会经济发展影响评价、海冰冰期观测要素统计、海冰冰期时间要素统计等；海浪评价实现功能包括海浪灾害对社会经济发展影响评价、大浪成因年统计评价、大浪成因环比月统计和评价、大浪成因月统计、大浪成因统计等功能；海雾评价则包括海雾对社会经济发展影响评价、沿海气象站海雾年统计、沿海气象站海雾月统计等功能。

(4)海洋灾害预警报：该功能模块包含风暴潮预警报、海冰预警报、海浪预警报等功能。其中，风暴潮预警报包含台风风暴潮预警报、台风风暴潮海洋站增水、温带风暴潮预警报、温带风暴潮海洋站增水等项目的观测与预警；海冰预警报包括海冰预警报和海冰常规预报两部分；海浪预警报包括海浪警报、海浪常规预报两部分。

(5)海洋数值预报：该功能模块包括风暴潮数值预报、海冰数值预报、风场数值预报、海浪数值预报、海温数值预报等五个部分。其中，风暴潮数值包括台风风暴潮数值预报功能、温带风暴潮数值预报功能；海冰数值包括海冰数值预报以及海冰数值分析功能；风场数值包括风场数值预报以及风场数值分析功能；海浪数值包括海浪数值预报、海浪数值分析功能；海温数值包括海温海流数值预报、海温海流数值分析等功能。

中国数字海洋综合管理信息系统各功能部分均具有以下特征：软硬件相结合，离散数字型与连续模拟型相结合，各种功能部分相互交织、相互融合、相互支持，以形成主功能部分，如存储部分内含处理部分，管理控制部分内含存储、处理部分等。以上各部分发展都与科学领域的新发现、技术领域的创新密切关联，促进了信息科技与信息系统及社会的发展，发展中充满了机遇和挑战。

4.6.4 空间分析

海洋环境灾害监测预警系统在 GIS 技术支持下，可以开展海洋信息的时空变化空间分析。海洋环境灾害监测预警空间分析是指海洋灾害分析、模拟、预测和调控空间过程的一系列理论和技术，是对于海洋地理环境空间即将发生或预测未来可能发生的灾害现象的时空定量分析，其核心是操纵空间数据使之成为不同的形式，并且提取其潜在的信息，以海洋学原理为基础，通过分析算法，从空间数据中获取有关海洋灾害现象的空间位置、空间分布、空间形态、空间形成、空间演变等信息。

1. 风暴潮淹没空间分析

风暴潮对滨海城市和海岸带生态系统安全的影响是不容忽视的因素。利用海洋环境灾害监测预警系统中的遥感影像数据、矢量地图数据如海岸线、行政区划图、海域使用现状等数据和 DEM 数据，基于 ArcGIS 空间叠加分析技术，可以预测滨海城市或海岸带未来风暴潮淹没范围和淹没时长的。技术路线如图 4-76 所示。

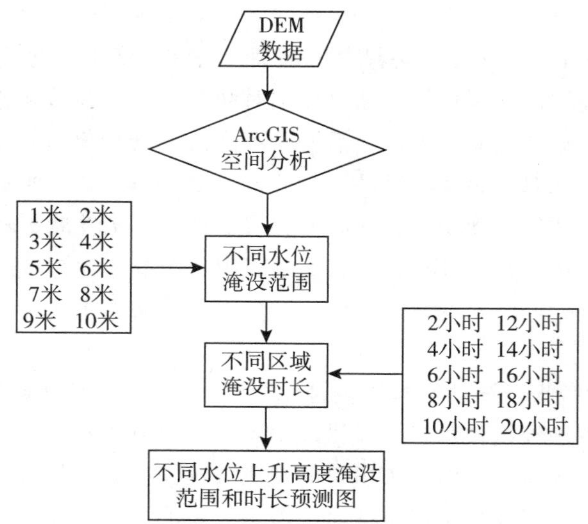

图 4-76　风暴潮淹没范围和时长预测模型

以宁波市风暴潮淹没范围和淹没时长的预测为例。基于宁波城市行政区域数据、DEM 数据，通过 ArcGIS 空间分析技术计算水位上升不同高度时的淹没区域并进行可视化处理。预测假设在风暴潮影响下水位分别上升 1m 至 10m 时，分析宁波市淹没区域。空间分析结果显示，随着风暴潮影响下水位的上升，宁波市的淹没区域面积也随之增大，如图 4-77 所示。

水位上升 1m 时，淹没区域主要集中于余姚市和慈溪市南部沿海岸线区域。随着水位高度的上升，淹没区域逐渐沿着海岸线向宁波市内部扩展。当水位高度上升至 7m 时，镇海区东南部大部分区域已全部被淹没，北仑区北部区域也均被淹没。此外，宁海县南部以及象山县南部部分区域也均被淹没。统计不同水位上升高度淹没面积百分比如下：水位高度上升 1m 时，淹没区域面积达 503. 57km^2，占总面积的 5. 49%。随着水位高度的上升，淹没区域面积也在不断扩大。当水位高度上升至 10m 时，淹没面积达 2104. 58km^2，占总面积的 22. 95%，比水位上升 1m 时增加了 1601. 05km^2。

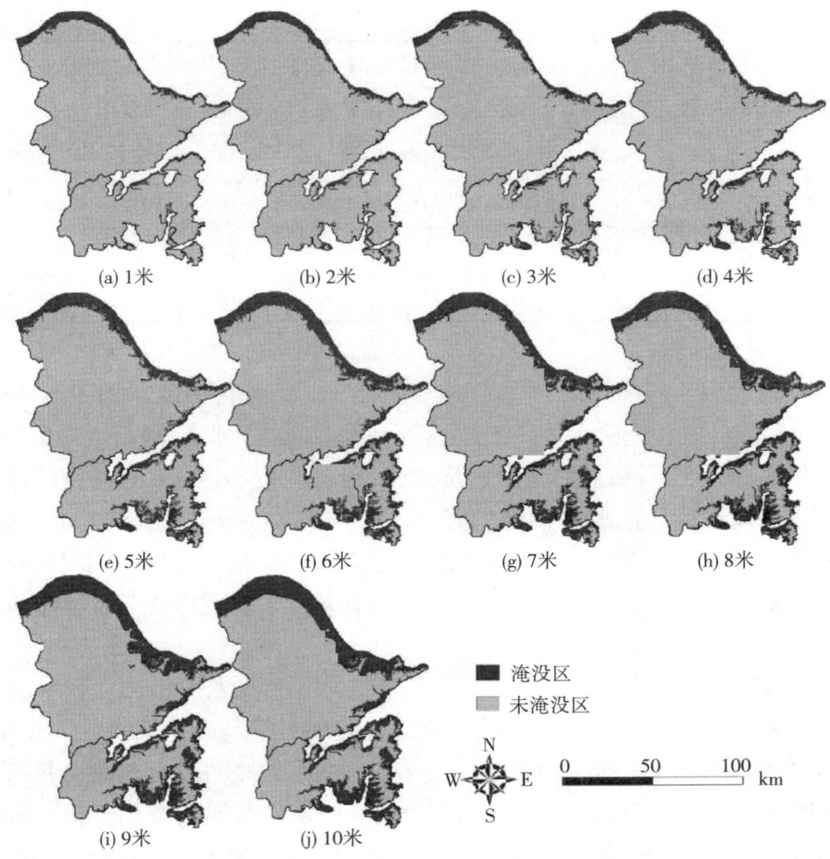

图 4-77　预测宁波市不同水位上升高度淹没范围示意图

同时，若根据实际经验假设，水位高度每上升 1m 其淹没时间增加 2h，即水位高度下降 1m 所用的时间为 2h。将水位上升 1m 至 10m 的淹没区域的淹没时长分别划分为 2h 至 20h，从而得到水位上升高度与对应的淹没区域面积以及淹没时长，见表 4-9。

表 4-9　**淹没区域面积及淹没时长**

淹没时长	淹没面积/km²									
	1	2	3	4	5	6	7	8	9	10
2	503.57	61.23	172.71	218.89	275.32	231.15	217.76	192.07	99.97	131.97
4	0	503.57	61.23	172.71	218.89	275.32	231.15	217.76	192.07	99.97
6	0	0	503.57	61.23	172.71	218.89	275.32	231.15	217.77	192.07
8	0	0	0	503.57	61.23	172.71	218.89	275.32	217.76	217.76
10	0	0	0	0	503.57	61.23	172.71	218.89	275.32	231.15
12	0	0	0	0	0	503.57	61.23	172.71	218.89	275.32

续表

淹没时长	淹没面积/km²									
	1	2	3	4	5	6	7	8	9	10
14	0	0	0	0	0	0	503.57	61.23	172.71	218.89
16	0	0	0	0	0	0	0	503.57	61.23	172.71
18	0	0	0	0	0	0	0	0	503.57	61.23
20	0	0	0	0	0	0	0	0	0	503.57

水位上升高度为 1m 时淹没区域面积是 503. 57km^2，该区域淹没的时间为 2h。当水位上升高度达到 2m 时，之前水位高度达到 1m 时淹没的区域淹没时长已经达到 4h，新增的淹没区域时长为 2h。到水位高度上升至 3m 时，水位高度 1m 的淹没区域淹没时长为 6h，水位 2m 淹没区域比水位 1m 时淹没区域的新增区域淹没时长为 4h，水位 3m 淹没区域比水位 2m 淹没区域的新增区域的淹没时长为 2h。依此类推，编程实现得到详细的水位高度与淹没区域面积以及淹没时长，编程计算即可在系统中自动完成风暴潮淹没时长预测。

2. 洪涝灾害空间分析

在全球气候变化下，洪涝灾害的风险评估与防御对策具有重大意义。在基于 3S 技术的数字海洋工程平台上，建立海滨城市防御洪涝灾害脆弱性空间地理数据库，即可在 GIS 空间分析的支持下对海滨城市区域的灾害防御体系进行空间叠加分析，分别得到洪涝灾害脆弱性空间分布图，结合海滨城市总体规划，给出城市空间规划布局的防灾科学依据和优化建议。

例如天津滨海新区作为全国综合改革试验区，位于海河流域下游，海陆交接，是典型的海滨城市。同时，这里也是洪涝、气象、地质等灾害多发地区，生态环境敏感和脆弱地区，受全球气候变化影响明显，滨海新区城市规划面临防灾减灾的巨大挑战。天津市滨海新区利用 GIS 空间分析技术，开展了滨海新区规划区域洪涝灾害脆弱性、风暴潮灾害脆弱性、地面沉降灾害脆弱性以及综合防灾脆弱性分析评估，有效地支撑了滨海新区总体规划编制和详细规划实施。洪涝灾害脆弱性空间分析具体工作如下：

1) GIS 空间分析数据库构建

空间叠加分析将不同主题层组成的数据层面，综合其要素所具有的属性进行叠加产生一个新数据层面的操作。其结果叠加分析可以分为点与多边形的叠加、线与多边形的叠加、多边形与多边形的叠加以及栅格图层叠加等。防灾脆弱性空间分析中常用的多指标综合评估方法就可以基于叠加分析得到。

防灾脆弱性空间分析数据库数据组织主要是以对象类为基本单位进行的，因此围绕类的定义，建立基于面向对象数据模型的 GIS 一体化空间数据库的技术路线。根据 Geodatabase(地理数据库)的对象组织思想，将其组织数据的基本技术路线归纳为以下几点：

(1)根据具体的地理对象选择数据源，根据逻辑关系对它们进行逻辑分组。

(2)定义对象要素之间的关系。通过对这些对象的识别和描述，设定它们之间的关系，将这些关系显示在图形上。

(3)正确使用空间地理对象的表达方式。用点、线、面来表示离散特征；用属性数据表链接表示属性数据。

(4)要素的匹配。在确定点、线、面的离散特征几何类型的基础上，根据几何类型将它们与 Geodatabase 模型中的对象要素进行匹配。制定特征之间的关系，设定拓扑关系，赋予对象属性类型。

(5)按照 Geodatabase 的结构来组织数据。在 Geodatabase 中，根据所匹配的要素指定相应的坐标系统；建立地理数据库和要素数据集并对其命名；根据特征类组织分组以及定义特征类的空间拓扑关系；定义空间关系和其他数据规则。

基于数据库建立方法与理论的支持，在 ArcGIS 平台上，建立 Geodatabase 防灾脆弱性空间分析数据库。

(1)首先设置数据库统一的地理坐标，如 CGCS2000 国家大地坐标系。

(2)人口密度插值。例如，根据《2020 年滨海新区统计年鉴》数据得到滨海新区人口分布情况，在数据库中新建点要素文件，按照人口分布情况建立点要素文件。应用 ArcGIS 中空间分析模块中的栅格插值，选择克里金插值方法，得到人口分布插值栅格图像。设置合适的等值距离，从栅格图像中提取人口分布等值线，以及人口分布等值线建立人口分布密度图。

(3)防风暴潮岸堤缓冲区建立。根据防潮岸堤界线，建立风暴潮灾害影响范围的缓冲区，滨海新区的风暴潮灾害风险与距离海岸线的距离成反比，即距离海岸线越近的地区遭受风暴潮侵害的风险越大，承受的灾害损失越严重；相反，与海岸线距离较远的地区遭受风暴潮侵害的风险和损失都相对较小。

(4)相对海平面上升数据入库。相对海平面上升数据主要包括地面沉降数据和海平面上升数据。其中地面沉降数据采用地面沉降分区数据，将滨海新区地面沉降累积量、地面沉降速率等特征数据输入数据库。海平面上升数据则包括年均海平面上升量和累计海平面上升量。

(5)河道水系缓冲区建立。将滨海新区中流域面积、河道长度、防洪标准、蓄滞洪区范围等要素输入数据库中，根据不同的行洪标准，分别在河道左右两岸建立不同距离的缓冲区，例如具有五十年一遇防洪标准的河道建立 10m 范围的缓冲区，十年一遇的河道周围建立 20m 范围的缓冲区等。

(6)滨海新区城市现状数据。根据滨海新区空间发展现状，将城市建成区现状数据导入数据库中，包括建成区域规模、面积、空间扩张方向等。

防灾脆弱性空间分析 GIS 数据库建立如图 4-78 所示。

2)洪涝灾害脆弱性空间分析

基于 GIS 数据库和 ArcGIS 软件平台，利用空间属性数据叠加。将历史上滨海新区各条出海口、河道洪涝灾害发生的频率和造成的损失情况作为属性数据，对滨海新区的

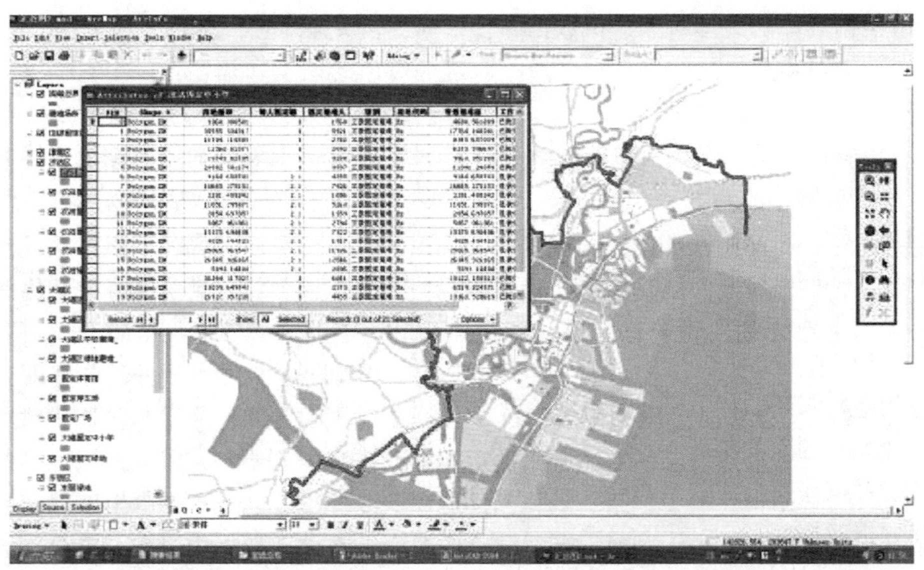

图 4-78　滨海新区防灾脆弱性分析 GIS 数据库

河道和水库等做缓冲区，根据河道防洪级别的不同设置不同的缓冲区宽度作为空间叠加要素之一；对蓄滞洪区的分区作为另一叠加要素进行，操作过程中应用空间识别、空间擦除和空间合并等工具，按照洪涝灾害风险性的大小分为低风险区、较低风险区、较高风险区和高风险区四个区，得到以下脆弱性分区空间叠加分析结果如图 4-79 所示。

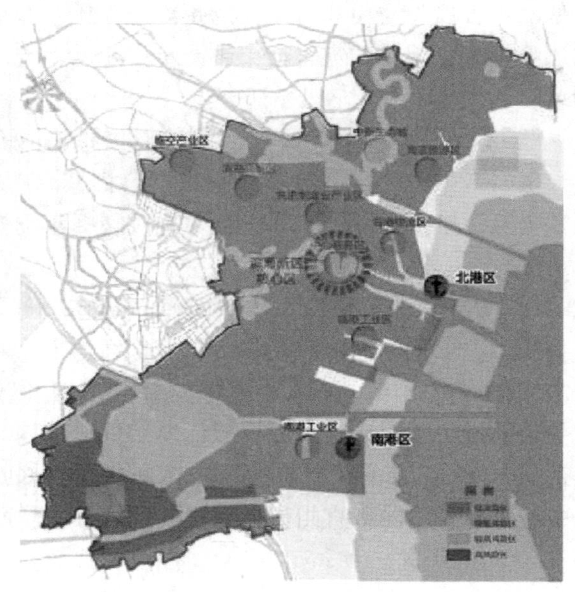

图 4-79　滨海新区洪涝灾害风险性叠加分布图

综合台风、风暴潮、海平面上升等引发滨海新区城市洪涝灾害的风险因素，同样以

GIS 缓冲区分析和虚拟现实等手段模拟洪涝灾害的发生过程，动态显示各种洪涝灾害风险的历史分布状况、统计信息以及实时海洋灾害的发生和变化趋势。运用空间叠加分析，结合高精度基础地理数据，即可分析各种灾害叠加在一起可能的最危险影响范围。为滨海新区海洋防灾减灾、海洋灾害预警、沿海海洋资源开发利用提供辅助决策。如图 4-80 所示，滨海新区近岸某一时段海域风暴潮导致的增水发生过程及洪涝灾害模拟，图中表达方式为水位与潮流的叠加变化空间分析效果。

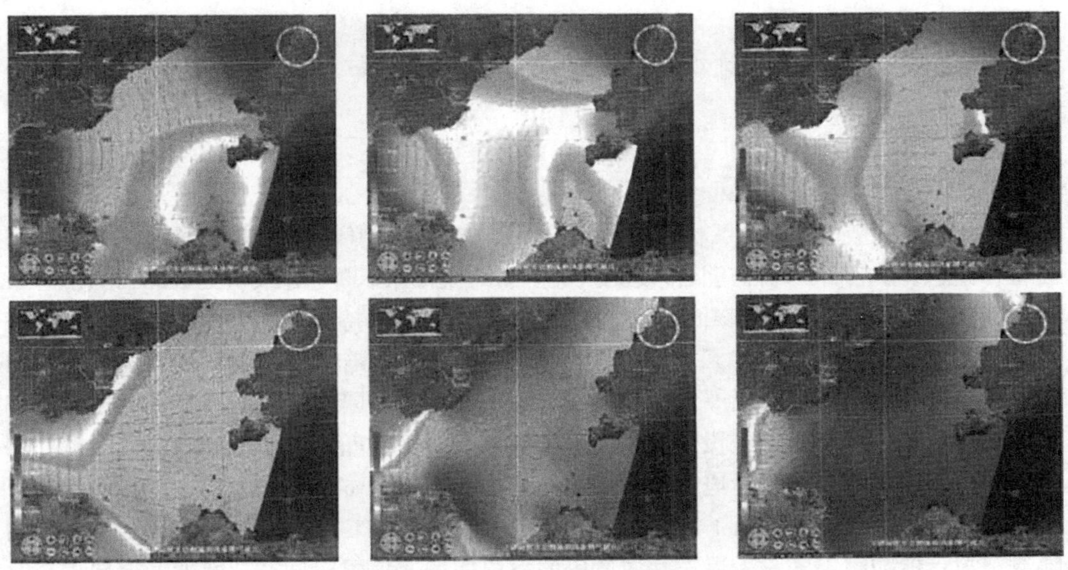

图 4-80　滨海新区近岸海域风暴潮灾害水位与潮流叠加变化空间分析

第5章　数字海洋工程建设标准与规范

5.1　数字海洋工程对标准的需求

5.1.1　数字海洋工程标准体系化建设背景

海洋在促进全球经济发展、保障安全、消除贫困及遏制气候变化等方面发挥着不可替代的关键作用；然而，海洋正日渐受到人类活动的威胁，不断退化或遭到破坏，为生态系统提供重要支持的能力持续降低。联合国已经将“保护和可持续利用大洋、大海和海洋资源促进可持续发展”作为全球可持续发展目标之一。世界各国纷纷投入海洋的科学研究和保护。由于各国经济社会发展水平、科技水平、文化的不同，海洋的开发和保护迫切需要标准的支撑。近年来，三大国际组织：国际标准化组织(International Organization for Standardization，ISO)、国际电工委员会(International Electro-technical Commission，IEC)和国际电信联盟(International Telecommunication Union，ITU)均加强了海洋技术标准的制定，国际标准制定已成为海洋领域竞争的重要战场。美国、日本、韩国、加拿大、欧盟等国家和组织正积极利用国际化组织开展海洋信息领域相关技术标准布局。2018 年，ISO 将年度最高荣誉奖项——劳伦斯·艾彻领导奖颁发给了 ISO 船舶与海洋技术委员会(ISO/TC8)。

海洋信息技术的发展和应用使数字海洋工程建设标准化的需求在不断增强。北斗卫星导航技术、高分遥感技术、海洋观测技术以及新一代高通量卫星和 LEO 卫星通信技术的等高速发展，带动了大量海洋观测项目。其中有代表性的是全球观测计划 GOOS。该计划由联合国教科文组织(UNESCO)下的政府间海洋学委员会(Intergovernmental Oceanographic Commission，IOC)牵头，全球约 40 个国家参与。通过全球领域各类浮标、海底缆阵列、船基传感器以及卫星，采集并共享大量海洋数据。著名的 Argo、IOOS 计划项目也已加入 GOOS 的协调机制。同时，信息化加速了海洋产业的发展。在海洋信息化的基础上，以物联网技术、大数据技术、云技术、3S 技术、区块链技术、人工智能技术、边缘计算技术为支撑的数字海洋工程，将进一步赋能海洋产业，支持如航运、渔业、油气及资源开发等海上传统产业升级转型，同时将不断催生新的业态，使陆上互联网发展红利逐步惠及海洋。以上技术和产业的发展迫切需求大量新的标准的制定。如无人航行器的发展需求对国际海事公约相关规范提出了新的挑战。标准是海洋高新技术产业化发展的基础和支撑。在新的海洋科技成果推出，形成新的经济增长点时，必须有相应的新标准形成和推出，这是科技成果从实验室走向批量生产、形成产业的必经之路。因此标准化工作必须在新技术发展过程中就提前介入，否则就会阻碍海洋科技成果产业化的进程。在海洋成果标准化的工作当中，应积极开展标准研究工作和标准制定工作，以保证在海洋高新技术成果转化到产业发展的进程时，能及时提供标准，促进海洋高新技术的产业化发展。

海洋强国的建设对海洋各领域的标准化需求不断增加，我国海洋标准化发展需根据国情和海洋强国建设需求，梳理现有和亟需的标准，实现我国海洋标准化从“以指标为导向”的传统标准化向“以应用为导向”的现代标准化战略转型的发展需求。海洋标准化工作可以发挥对海洋经济建设、海洋事业发展的基础支撑作用，满足海洋科技创新和产业发展的需求。建设海洋强国是一项长期的历史任务，需统筹规划、分步实施。就现阶段我国国情而言，海洋强国建设是兼顾海洋经济发达、海洋科技创新强劲、海洋生态环境优美、海上执法力量强大等多目标、多维度、多领域的复杂系统工程，涵盖海洋经济、科技、环保、文化、外交、军事建设等多个方面。迫切需要运用战略思维和系统思想，采用系统分析方法，明确细化海洋强国建设的目标任务和评价标准，为实现海洋强国战略目标提供政策引领和导向标准。综合标准化是标准化领域运用系统工程理论的现代标准化方法，科学确定海洋强国建设所需的指标相互协调的全套标准，可为顶层设计海洋强国建设发展战略提供科学依据，为动态优化海洋强国发展路径提供科学工具，为跟踪评估海洋强国建设进程提供衡量标尺，为引导管控沿海省市实施海洋强国战略提供行动指南。在海洋强国建设评价体系研究中创新地引入综合标准化方法，顺应我国建立完善海洋综合管理体制机制、提升海洋综合管控能力、提高海洋强国建设质量和效率的现实需求，是我国贯彻落实海洋强国战略的重要举措，实现海洋强国梦的有力武器。我国“十三五”规划部署了“拓展蓝色经济空间”战略任务，要求海洋标准树标杆、划底线，在壮大海洋经济，加强海洋资源环境保护，维护海洋权益中发挥更大的基础性、战略性作用。国家海洋事业发展，要求进一步强化标准对海洋法律法规的技术支撑和补充作用，使海洋标准化融入海洋经济社会发展的各个领域，成为国家海洋治理体系的重要组成和治理能力现代化的重要标志。

目前，数字海洋工程建设亟需顶层设计和标准体系建设完善。我国在智慧海洋领域已经有相关项目在独立实施建设，例如由同济大学牵头的国家海底科学观测网项目、由青岛海洋国家实验室崂山实验室牵头的“透明海洋”工程。国家发展与改革委员会批复在相关省份开展智慧海洋产业试点工作，还有各种智慧海洋专项建设。智慧海洋工程在如火如荼建设同时，存在项目建设和实施管理相对独立，获取数据存储和管理标准多样化，采用的技术标准源不同和不统一，信息开放共享体制机制不健全，各数字工程之间的信息无法有效共享，导致了信息冗余和信息孤岛。解决以上问题一方面要加强顶层的规划和设计，另一方面迫切需要数字海洋工程标准的体系化建设。

综上所述，数字海洋工程建设通过标准化的协调和优化功能，保证数字海洋工程建设的有效性、可靠性、安全性。标准化能有效地保障和促进信息共享，标准化能有效形成和促进业务协同，标准化是实现互联互通必不可少的前提和保障，标准化可以有效保证海洋数字工程建设的高效协同共享、高效运行维护。

5.1.2　标准在数字海洋工程建设中的作用

“没有规矩不成方圆”，标准是一种普遍遵循的协议，在该协议的框架下，产品、数据、应用等日常生活各方面的内容能够交流、共享。各行各业都制定有很多的标准，如计算机硬件标准、移动通信标准、工业制造标准等。在数字工程中，标准是一种保证工程建设顺利开展的基础条件，没有了标准的制约，开发的最终产品将很难实现共享、集成。

海洋数字工程建设是一个规模庞大、技术复杂的系统工程。其应用涉及诸多行业领域，数据种类繁多、建设步骤多，针对海洋大数据的复杂性和高维性，将数字海洋工程建设过程中相关的过程文档、数据产品按照标准规范的约束条件去执行，可以确保项目建设过程中管理、跟踪、集成和交换等的有效性，从而实现信息标准化、信息资源共享等应用需求，并力求实现系统的稳定性、高效性，保证系统数据库整体的协调性和兼容性。统一标准是建设数字海洋工程的基本要求，是网络互联互通、信息共享交换的前提。通过对海洋相关各部门、行业规范标准的整合，形成数字工程建设的统一标准体系。数字海洋工程标准应遵循自上而下的原则，解决各种标准之间的不协调现象，采用系统科学的理论和方法，参照与遵循国家、地方、行业相关规范和标准，依据国际相关标准，并充分了解数字海洋工程建设的需求，结合应用和管理的实际情况，制定开放的、先进的标准化体系，满足数字海洋工程的需求，形成数字海洋工程应用中各要素共享的基础。具体来讲，标准在数字海洋工程建设中的作用可以概括为以下几点：

(1)有效控制项目建设的管理。由于在数字海洋工程项目建设过程中涉及人力、财力、流程控制、进度控制等，可通过制定项目建设可行性分析、项目建设流程规范等标准达到有效对项目建设过程控制的目的。

(2)保证项目有效地发挥效益。例如可以通过技术手册、应用手册等各种标准文档，提供对数字海洋工程项目整体内容和使用方法的介绍等，使项目在海洋领域应用中发挥具体效益。

(3)满足可扩展性的需求。当某个领域的应用做局部调整时，由于项目建设是按照标准的统一规范实施的，因此可以提供方便的项目扩展机制。

(4)充分实现资源共享性。例如在海洋数据共享、应用共享方面，如果是按照标准或规范去进行项目建设，就能避免重复建设所带来的不必要浪费。例如可以通过建立政策法规，规定海洋基础地理空间数据必须共享，避免不同应用部门由于无法共享到已经存在的数据而不得不重复采集生产基础数据。

(5)保障项目的集成。数字海洋工程的各个子系统的应用，涉及各种分布异构的软件硬件环境、数据以及网络环境，只有标准化才有可能实现子系统共享、集成应用，发挥数字海洋工程的最大效益。

由此可见，标准和规范体系是数字海洋工程成功的基础和必要条件之一。

5.2 国内外信息标准化组织

数字海洋工程的数据来源非常广泛，包括多涉海洋专业、多种类型，且数量巨大，又要求相互兼容与协调。本节对各种标准化组织进行筛选后，选取了下列国内外相关组织进行简要的介绍。

5.2.1 国外信息标准化组织

1. 国际标准化组织 ISO/TC 211

ISO/TC 211 是国际标准化组织于 1994 年 3 月成立的“地理信息/地球信息业(Geographic Information/Geomatics)”标准化技术委员会，全球网站：https：//committee. iso. org/home/tc211，该委员会是从事数字地理信息领域标准化研究、国际标准制定工作的国际性组织。其宗旨是：适应国际地理信息产业的迅猛发展，促使全球地理信息资源的开发、利用和共享。其工作范围为数字地理信息领域标准化，主要职责是针对具有空间位置特性的对象或现象的标准化，以便规范地理信息数据管理(定义和描述)、采集、处理、分析、查询、表示和转换的方法、工具和服务，从而在不同用户、系统和位置间交换数字/电子形式地理信息数据。为直接或间接与地理空间定位有关的目标或现象信息，制定一整套结构化标准。规范地理信息数据管理(包括定义和描述)、采集、处理、分析、查询和表示，为不同用户、不同系统、不同地方之间的数据转换提供方法和服务。与其他相关信息技术标准和可能的数据标准相联系，为使用地理信息数据的部门提供标准框架。目前，参加 ISO/TC211 的积极成员(即 P 成员)超过 35 个、观察员(即 O 成员)有 32 个，并和许多有关国际组织密切合作。我国从该组织成立起即参与积极成员工作。国内的技术归口主管部门为自然资源部国家基础地理信息中心，具体承担技术归口管理工作，主要任务是负责组织国内专家参与 ISO/TC211 国际标准制定。

ISO/TC 211 共下设 11 个工作组，即框架和参考模型工作组(WG1)、地理空间数据模型和算子工作组(WG2)、地理空间数据管理工作组(WG3)、地理空间数据服务工作组(WG4)、专用标准工作组(WG5)、影像工作组(WG6)、信息行业工作组(WG7)、基于位置服务工作组(WG8)、信息管理工作组(WG9)、普适公共信息访问组(WG10)和质量控制特别工作组(SWG-QC)。

ISO/TC 211 研制地理信息标准时采用了结构化方式，如图 5-1 所示，将各项标准通过参考模型相联系，使用统一的概念模式语言，成为一个有机的整体，以求得最大限度的协调一致。

2. 国际开放地理空间联盟 OGC

国际开放地理空间联盟(Open Geospatial Consortium，OGC)是一个自愿性协调标准组织和国际产业联盟，成立于 1994 年，目前有企业、政府机构和高等院校等成员 473 家。全球网站 https：//www. opengeospatial. org/，OGC 主要是制定免费向社会各界开放的接口标准，并通过标准化支持各类系统和应用能够很方便地实现地理信息和服务的集

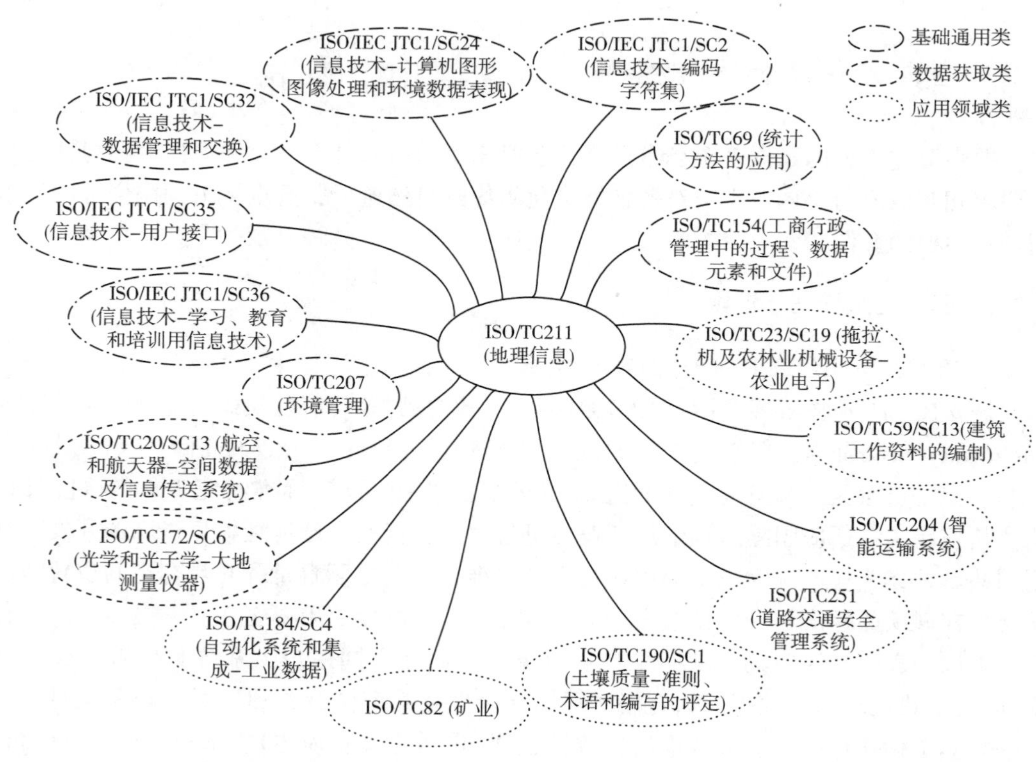

图 5-1　ISO/TC 211 联络标准化技术委员会情况

成与互操作。OGC 还开展标准符合性认证工作。

OGC 的目标是通过信息基础设施，把分布式计算、对象技术、中间件软件技术等用于地理信息处理，使地理空间数据和地理处理资源集成到主流的计算技术中。由于 OGC 所涉及问题的挑战性，使得在地理信息与地理信息处理领域中的著名专家参与了 OGC 的互操作计划(Interoperability Program，IP)。该项计划的目标是提供一套综合的开放接口规范，以使软件开发商可以根据这些规范来编写互操作组件，从而满足互操作需求。它所制定的规范已被各国采用，OGC 与其他地理数据处理标准组织有密切的协作关系，ISO/TC 211 也是其管理委员会成员。

OGC 致力于一种基于新技术的商业方式来实现能互操作的地理信息数据的处理方法，利用通用的接口模板提供分布式访问(即共享)地理数据和地理信息处理资源的软件框架。OGC 的使命是实施地理数据处理技术与最新的以开放系统、分布处理组件结构为基础的信息技术同步，推动地球科学数据处理领域和相关领域的开放式系统标准及技术的开发和利用。正式发布的 OGC 标准(Open GIS Standards)，包括 OGC 参考模型(OGC Reference Model (ORM))、抽象规范(Abstract Specification)和 OGC 实现规范(Implementation Standard)等规范性文件。

OGC 实行会员分级管理，共分为战略成员(strategic)、重要成员(principle)、技术成员(technical)、准成员(associate)四级成员，准成员又分为小型企业、省区级政府相关机构、非营利组织、市县级政府相关机构、高等院校、个人成员等6类。

3. 欧洲标准化委员会 CEN

欧洲标准化委员会(Comité Européen de Normalisation，法文缩写 CEN))，以西欧国家为主体、由国家标准化机构组成的非营利性国际标准化科学技术机构，欧洲三大标准化机构之一。总部设在比利时布鲁塞尔，官网：https：//www. cen. eu/。宗旨在于促进成员国之间的标准化协作，制定本地区需要的欧洲标准(EN，除电工行业以外)和协调文件(HD)，CEN 同欧洲电工标准化委员会(CENELEC)和欧洲电信标准学会(ETSI)是相互支持、互为补充的3个独立的标准化机构。CEN 与 CENELEC 和 ETSI 一起组成信息技术指导委员会(ITSTC)，在信息领域的互连开放系统(OSI)制定功能标准。

CEN/TC287 为欧洲标准化委员会/地理信息技术委员会，秘书处设在法国标准化研究所。CEN/TC287 的工作目标是：通过信息技术为现实世界中与空间位置有关的信息的使用提供便利。其标准化任务基于以下决议：数字地理信息领域的标准化包括一整套结构化规范，它包括能详细地说明、定义、描述和转化现实世界的理论和方法，使现实世界的任何位置信息都可被理解和使用。

4. 国际海事组织 IMO

国际海事组织(International Maritime Organization，IMO)，是联合国负责海上航行安全和防止船舶造成海洋污染的一个专门机构，总部设在英国伦敦，全球官网 http：//www. imo. org/)。理事会是国际海事组织的决策执行机构，国际海事组织理事会共有40名成员，分为 A、B、C 三类。其中10个 A 类理事为航运大国，10个 B 类理事为海上贸易量最大国家，20个 C 类理事为地区代表。中国是国际海事组织 A 类理事国。

国际海事组织的作用是创建一个监管公平和有效的航运业框架。涵盖包括船舶设计、施工、设备、人员配备、操作和处理等方面，确保这些方面的安全、环保、节能。该组织宗旨为促进各国间的航运技术合作，鼓励各国在促进海上安全，提高船舶航行效率，防止和控制船舶对海洋污染方面采取统一的标准，处理有关的法律问题。制定和修改有关海上安全、防止海洋受船舶污染、便利海上运输、提高航行效率及与之有关的海事责任方面的公约；交流上述有关方面的实际经验和海事报告；为会员国提供本组织所研究问题的情报和科技报告；通过用联合国开发计划署等国际组织提供的经费和捐助国提供的捐款，为发展中国家提供一定的技术援助。

5. 国际海道测量组织 IHO

国际海道测量组织(International Hydrographic Organization，IHO)是政府间国际组织，技术咨询性的国际机构，总部设在摩纳哥。当前由海道测量服务与标准委员会(HSSC)、区域合作委员会(IRCC)、财政委员会(FC)和成员规则工作组(SRWG)组成。我国是该组织的创建国，2017年成功当选为理事国之一。旨在促进航海资料的统一，推广可靠有效的海洋测绘方法，促进海道测量数据在航海中的应用。主要通过协调各国海道测量组织的活动，在世界范围内协调制定海道测量的统一标准，推广海洋测量方法，推动测绘科学与海洋学研究成果的应用，以及海图、航海资料和技术文件的通用与交流，相应制定发布了有关标准与出版物。IHO 的标准与出版物被各成员国和相关国际组织应用或引用，为推动国际海道测量技术进步发挥了重要作用，特别是 S 系列标准已成为各成员国开展海道测量工作的基本指导，促进各国海道测量服务能力建设。

海道测量服务与标准委员会(HSSC)是技术指导组织，也是 IHO 中最重要的标准化组织，其职责是推动海道测量数据、航海产品与服务等标准、规范和指南的编写，满足海道测量与其他用户的需求；分析航海者与其他用户关于海道测量产品与信息系统运用有关的需求，并提出解决问题的技术方案；协调政府间团体的海道测量服务、标准以及有关的技术行动。HSSC 由 9 个工作组与一个项目组组成：①S-100 工作组(S100WG)，是 HSSC 中最重要的工作组，它负责新型海道测量数据模型以及基于 S-100 的一系列生产规范的制定与修订，航海信息注册器的开发等。其系列规范主要包括电子海图产品规范(S-101)、海底地形产品规范(S-102)、表面流产品规范(S-111)等。②ENC 工作组(ENCWG)，主要维护 ENC 有关的生产与显示标准。重点修订系统显示标准(S-52)、数据交换标准(S-57)、数据检校标准(S-58)、系统测试数据集(S-64)、产生、维护和发布指南(S-65)、显示设备应用需求状况(S-66)等。③海图信息提供工作组(NIPWG)，主要开发和维护信息提供指南、解决方案和规范，以便船舶用户以最快的方式获取最新的航海信息。④数据保护规则工作组(DPSWG)，主要开发和维护 ENC 数据的保护规则，重点修订电子海图加密方案(S-63)，为各成员国提供统一的电子海图数据发布保护方案。⑤海图制作工作组(NCWG)，主要为纸图或数字海图制图提供专业的建议与指南，开发海图数据符号化显示规范，包括解决海图与航海信息、非航海信息实时叠加显示的问题。重点修订国际海图规范和海图详细说明(S-4)，国际海图规则的维护与作业指南(S-11)等。⑥数据质量工作组(DQWG)，主要开发描述数字海道测量信息质量指标和控制方法。⑦海道测量词典工作组(HDWG)，负责审查与更新字典中的定义等，以适应新技术的发展。⑧潮汐、水位、水流工作组(TWCWG)，主要协调与潮汐、水位、水流和垂直基准，包括综合水位和水流数据模型有关的问题。重点开发水面航行水位信息产品规范(S-104)、实时潮汐数据转化产品规范(S-112)、表面水流产品规范(S-111)等。⑨海洋法咨询团体(IHO 与国际大地测量协会联合组织)(ABLOS)，主要负责为联合国海洋法公约提供海道测量和地理科学方面的技术支持。重点修订海上边界产品规范(S-121)，海洋法技术手册(C-51)。⑩海道测量审查项目组(H2S PT)，主要负责有关海道测量的标准化工作；定义有关海道测量技术、标准、数据使用和培训等有关的内容。重点修订海道测量标准(S-44)。

国际海道测量组织 IHO 一直致力于标准的科学性、先进性。根据技术的发展和用户的需求，为推进全球海道测量服务，保证航海安全，不断推进已有标准的维护更新，以及新标准的制定。

5.2.2　国内信息标准化组织

1. 国家标准化委员会

中华人民共和国国家标准化管理委员会(Standardization Administration of the People's

Republic of China，SAC)是中华人民共和国国务院授权履行行政管理职能、统一管理全国标准化工作的主管机构，正式成立于2001年10月，官网：http：//www.sac.gov.cn/。以国家标准化管理委员会名义，下达国家标准计划，批准发布国家标准，审议并发布标准化政策、管理制度、规划、公告等重要文件；开展强制性国家标准对外通报；协调、指导和监督行业、地方、团体、企业标准工作；代表国家参加国际标准化组织和其他国际或区域性标准化组织；承担有关国际合作协议签署工作；承担国务院标准化协调机制日常工作。具体职责是：

(1)管理全国标准化信息工作。参与起草、修订国家标准化法律、法规的工作；拟定和贯彻执行国家标准化工作的方针、政策；拟定全国标准化管理规章，制定相关制度；组织实施标准化法律、法规和规章、制度。

(2)负责制定国家标准化事业发展规划；负责组织、协调和编制国家标准(含国家标准样品)的制定、修订计划。

(3)负责组织国家标准的制定、修订工作，负责国家标准的统一审查、批准、编号和发布。

(4)统一管理制定、修订国家标准的经费和标准研究、标准化专项经费。

(5)管理和指导标准化科技工作及有关的宣传、教育、培训工作。

(6)负责协调和管理全国标准化技术委员会的有关工作。

(7)协调和指导行业、地方标准化工作；负责行业标准和地方标准的备案工作。

(8)代表国家参加国际标准化组织(ISO)、国际电工委员会(IEC)和其他国际或区域性标准化组织，负责组织ISO、IEC中国国家委员会的工作；负责管理国内各部门、各地区参与国际或区域性标准化组织活动的工作；负责签订并执行标准化国际合作协议，审批和组织实施标准化国际合作与交流项目；负责参与标准化业务相关的国际活动的审核工作。

(9)管理全国组织机构代码和商品条码工作。

(10)负责国家标准的宣传、贯彻和推广工作；监督国家标准的贯彻执行情况。

2. 自然资源部测绘标准化研究所

自然资源部测绘标准化研究所(Surveying，Mapping and Geoinformation Standards of China，MGSC)，是我国唯一从事测绘地理信息标准化研究的科研机构。官网：中国测绘地理信息标准网 http：//www.csms.org.cn/，主要职责是承担测绘地理信息标准化发展战略和规划研究，为标准化决策提供技术支持；负责测绘标准体系建设与维护更新，开展重要的、基础的测绘地理信息标准化科研及标准制(修)订工作；负责测绘标准体系建设以及测绘标准的统筹、协调、指导、咨询等工作。

制(修)订从传统测绘、数字化测绘到信息化测绘涉及大地测量、工程测量、摄影测量与遥感、地图制图、地理信息系统等多专业、多学科国家、行业标准200余项，围绕信息化测绘的发展方向及构建“智慧中国”地理空间基础框架建设的目标，遵循先进性、系统性、实用性、协调性的原则，制定和修订了一大批新的测绘技术标准，有效解决了测绘地理信息各方面的急需，并为国家基础地理信息数据库建库和更新、地理国情监测等重大工程提供了及时标准化保障支撑服务。

3. 国家海洋信息中心

国家海洋信息中心(China Oceanic Information Network)。是自然资源部直属事业单位，官网：http：//www. nmdis. gov. cn/。主要职能是管理国家海洋信息资源，指导、协调全国海洋信息化业务工作，为海洋经济、海洋管理、公益服务和海洋安全提供海洋信息的业务保障、技术支撑与服务。具体职责是：

(1)拟订国家海洋信息发展规划、管理制度、标准和规范，开展国家海洋政策、法规及海洋事务对策研究；

(2)负责海洋资料收集、管理、处理和服务，承担海洋环境与地理信息服务平台和中国 Argo 资料中心的运行与管理；

(3)承担中国海洋档案馆和文献馆的建设与管理，提供档案和文献服务，对全国海洋档案工作实施业务指导；

(4)负责国家海洋经济运行监测评估业务化系统的建设和运行，承担海洋经济和社会发展的统计与核算等相关工作，编制《中国海洋事业发展公报》和统计公报；

(5)承担海洋行政管理和执法的业务化信息支撑，承担海岛监视监测系统的运行和管理，开展海洋规划、海洋功能区划研究和编制工作；

(6)承担业务化潮汐(流)预报、海平面变化预测和评价，制作发布海洋环境再分析产品，编制《中国海平面公报》；

(7)承担数字海洋系统开发与运行，承担海洋信息业务网络规划与建设的技术支撑；

(8)承担海洋环境信息保障体系的建设，开发专项海洋信息产品并维护信息网络，承担海洋信息安全体系规划与建设；

(9)负责海洋资料国际交换业务工作，承担国际组织有关海洋信息工作的国家义务和国际海洋学院西太平洋区域中心工作。

4. 中国标准化协会

中国标准化协会(China Association for Standardization，CAS)。是我国唯一的标准化专业协会，接受国家质量监督检验检疫总局的领导和国家标准化管理委员会的业务指导，是中国科学技术协会重要成员。官网：http：//www. china-cas. org/，CAS 从多方位向社会提供了标准制修订、标准化学术研究、国际交流、咨询等服务。中国标准化协会开展制定中国标准化协会标准(简称：CAS 标准)，为各专业领域提供个性化服务需求。与美国标准化协会(ANSI)、德国标准化协会(DIN)、日本规格学会(JSA)等发达国家标准化组织进行长期交流与合作。

中国标准化协会设立海洋标准化分会，秘书处设在国家海洋标准计量中心。海洋标准化分会的主要任务是：

(1)开展海洋标准化工作中共性问题和标准化理论的研究、学术交流；

(2)宣传国家有关标准化法律、法规和政策，普及标准化知识；

(3)组织标准化技术培训；

(4)组织起草海洋标准、提供标准化技术咨询服务；

(5)开展国际海洋标准化技术与信息交流活动，加强国际交流与合作；

(6)承担与海洋标准化有关的其他工作。

5.3 空间数据标准体系

标准与规范包括数据标准、软硬件技术标准、系统建设标准、法律法规、行业规范和政策等。这些标准、规范可能会随着应用、技术、法规和行业规范的发展而进行调整和补充。空间数据标准是指空间数据的名称、代码、分类编码、数据类型、精度、单位、格式等的标准形式。每个数字海洋应用系统都必须具有相应的空间数据标准。如果只针对某一地理信息系统设计空间数据标准，并不困难；若所建立的空间数据标准能为大多数数字海洋应用系统所接受和使用，就比较复杂和困难。我国建立了 GIS 有关的国家标准，内容涉及数据编码、数据格式、地理格网、数据采集技术规范、数据记录格式等。空间数据标准的制定对于地理信息系统的发展具有重要意义。

空间数据标准服务于多层次、多类型乃至社会公众和个人的用户，需要满足各种不同用户的需求；需要与其他信息系统进行信息交换等。这些应用需求均要求信息分类、数据格式、技术流程和设备配置等遵循一定的标准、规范、规程和约定，科学合理地组织系统涉及的信息，以确保信息交换共享、系统间互相兼容、系统各个环节和各个部分间上下连接，历史、现时和预测未来的信息相互可比等。保证系统数据库整体的协调性和兼容性，发挥系统的统一性、整体性和集成效应等；以达到数字海洋工程的各个子系统间、各个部门间、主管部门和社会公众间、上级部门间的联系等。因此，标准规范的制订和完善是系统设计前和系统建设中的一项重要工作，在全行业(或单位)范围内形成和完善系统标准体系，促进数字海洋工程的建设，确保系统的兼容和网络连接，实现数据共享。因此，空间数据的分类体系是设计数据标准的前提。在数字海洋中空间数据必须按统一的标准进行分类。通常应遵循以下原则：

(1)遵循已有的国家标准，以利于全国范围内的数据共享；

(2)遵循国务院有关部委以及军队正在使用的数据标准；

(3)遵循各领域中普遍使用和认同的数据标准；

(4)当各种数据标准相互矛盾时，应遵循由上而下的原则进行处理；

(5)制定新的数据标准时，应尽可能参考同类标准。

数据的标准与规范是数据共享的基础，包括核心数据和专题数据的标准与规范等，如大地测量控制点的水平与垂直坐标标准及名称、要素识别代码、元数据及位置精度等；正射投影数据的反射率编码标准、比例尺及投影等几何标准；高程数据的水平与垂直几何标准、高度与深度标准等；交通运输数据的分类与名称、要素识别代码标准等；水文数据的分类、名称、要素识别代码、海岸线标准等；行政单元界线的分类与标识代码标准等；海籍数据的各种测量、说明性参考及宗海与宗海的测量描述标准等。标准与规范制定的目的是为了统一表达，方便将不同地点、单位的同类或异类的数据继承和应用。空间数据标准体系结构如图 5-2 所示。

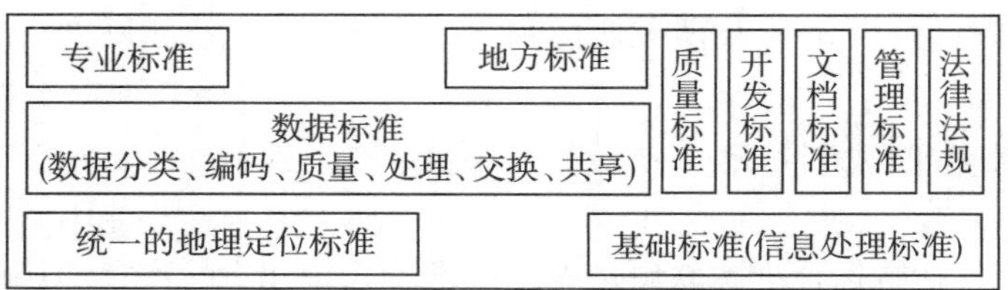

图 5-2　空间数据标准体系结构

1. 地理定位标准

在数字海洋工程的数据仓库建设中包括空间特征数据和属性特征数据两种类型，其中空间特征数据中的基础空间数据奠定了数字海洋工程统一的地理定位标准，主要包括坐标和高程基准。目前我国常用的坐标系有 CGCS2000 国家大地坐标系、1954 北京坐标系和 1980 国家大地坐标系；高程系统采用青岛验潮站测定的平均海水面作为高程基准面的有 1956 年黄海高程系统、1985 国家高程系统和以海区最低潮位作为基准的垂直(深度)基准。

2. 数据标准

数据库建设时必须对规范化、标准化原则予以高度重视。数据标准主要包括：空间定位标准、数据分类标准、编码体系和代码标准、各数据库与文件命名标准、元数据标准、符号标准、数据格式、交换标准、数据质量标准、数据处理标准、数据库建库作业流程与技术规定、数据库建设验收标准。其中，空间数据标准是指空间数据的名称、代码、分类编码、数据类型、精度、单位、格式的标准形式。已有与空间数据有关的国家标准，内容涉及数据编码、数据格式、地理格网、数据采集技术规范、数据记录格式等。元数据中含有大量有关数据质量的信息，通过它可以检查数据质量，同时元数据也记录了数据处理过程中质量的变化，通过跟踪元数据可以了解数据质量的状况和变化。

代表性数据参考标准主要是用于数据的空间地理定位、空间图形信息分类、编码、质量控制、数据处理、数据交换、数据库建库、元数据划分和提取规则等，有利于提高数据质量、精度，以及数据的高效存储，方便数据检索分析、输出及数据转换，最终达到数据共享和互操作的目标如表 5-1 所示。

表 5-1　**数据参考标准**

参考标准项目	编号	名　　称
空间定位标准	GB 104. 15	地理信息空间基础定位基本要求
数据分类标准	GB/T 13923—2022	基础地理信息要素分类与代码
	GB/T 18317—2009	专题地图信息分类与代码

续表

参考标准项目	编号	名　　称
编码体系和代码标准	GB/T 7027—2002	信息分类和编码的基本原则与方法
	GB/T 1.1—2020	标准化工作导则　第1部分：标准化文件的结构和起草规则
	GB/T 20001.3—2015	标准编写规则　第3部分：分类标准
	GB 14804—1993	1∶500，1∶1000，1∶2000地形图要素分类与代码
	GB/T 15660—1995	1∶5000，1∶1万，1∶2.5万，1∶5万，1∶10万地形图要素分类与代码
	GB/T 18317—2009	专题地图信息分类与代码
	GB/T 13923—2022	基础地理信息要素分类与代码
	GB/T 25529—2010	地理信息分类与编码规则
符号标准	GB 10001.1—2023	公共信息图形符号　第1部分：通用符号
	GB/T 18316—2008	数字测绘成果质量检查与验收
	GB/T 20257.1—2017	国家基本比例尺地图图式　第1部分：1∶500、1∶1000、1∶2000地形图图式
	GB/T 20257.2—2017	国家基本比例尺地图图式　第2部分：1∶5000、1∶10000地形图图式
	GB/T 20257.3—2017	国家基本比例尺地图图式　第3部分：1∶25000、1∶50000、1∶100000地形图图式
	GB/T 20257.4—2017	国家基本比例尺地图图式　第4部分：1∶250000、1∶500000、1∶1000000地形图图式
	GB/T 16831—2013	基于坐标的地理点位置标准表示法
数据格式与交换标准	GB/T 17797—1999	地形数据库与地名数据库接口技术规程
	GB/T 17798—2007	地球空间数据交换格式
	DZ/T 0188—1997	地学数字地理底图数据交换格式
数据处理标准	GB 104.6	测绘数据库数据更新规定
数据库建库作业流程与技术规定	GB 104.6	测绘数据库数据分层规则
	GB/T 20258.1—2019	基础地理信息要素数据字典　第1部分：1∶500、1∶1000、1∶2000比例尺
	GB/T 20258.2—2019	基础地理信息要素数据字典　第2部分：1∶5000、1∶10000比例尺
	GB/T 20258.3—2019	基础地理信息要素数据字典　第3部分：1∶25000、1∶50000、1∶100000比例尺
	GB/T 20258.3—2019	基础地理信息要素数据字典　第4部分：1∶250000、1∶500000、1∶1000000比例尺
	GB/T 305.14	1∶500、1∶1000、1∶2000地形数据库建立技术规程
	GB/T 305.15	1∶5000、1∶10000地形数据库建立技术规程

续表

参考标准项目	编号	名　　称
数据库建设验收标准	GB 203. 14	1∶500、1∶1000、1∶2000 地形数据库产品质量标准
	GB 203. 13	1∶5000，1∶10000 地形数据库产品质量标准
	CH 1003—1995	测绘产品质量评定标准
元数据标准	GB/T 19710. 1—2023	地理信息　元数据　第 1 部分：基础
	GB/T 17694—2023	地理信息术语

3. 基础标准

基础标准是指数据处理过程中所遵循的指导规范，包括：质量标准、开发标准、文档标准、管理标准和法律法规标准等。

1) 质量标准

质量标准贯穿数字海洋工程建设的全过程，利用质量标准作指导，可以对数字海洋工程的数据平台、软硬件平台和网络平台中涉及的各要素提出具体的质量要求，以满足数字海洋工程建设的需要，有利于数字海洋工程系统的建设，促进最终提交成果的质量，提高系统的可读性、可用性和易维护性。相关标准参见表 5-2。

表 5-2　**质量参考标准**

参考标准项目	编号	名　　称
质量标准	ISO 8402	规定与质量有关的术语
	GB/T 19000—2016	质量管理体系基础和术语
	ISODIS 9000—4	可靠性管理标准
	GB/T 25000. 23—2019	系统与软件工程-系统与软件质量要求与评价（SQuaRE）第 23 部分：系统与软件产品质量测量
	ISO 13011—1	对质量体系核查指南中核查步骤的规定
	ISO/TC 176	软件配置管理

2) 开发标准

开发参考标准主要是对数字海洋工程的软件开发提供规范指导。在系统开发阶段，在开发标准的指导下，可以增强开发代码的可读性，提高软件代码级的软件复用效率，方便软件开发代码的后期修改和维护。相关标准参见表 5-3。

表 5-3　**开发参考标准**

参考标准项目	编号	名　　称
开发标准	GB 8566—2022	系统与软件工程　软件生存周期过程
	GB/T 15697—1995	信息处理系统按记录组处理顺序文卷的程序流程
	GB/T 14079—1993	软件维护指南
	GB/T 11457—2006	信息技术软件工程术语
	GB/T 15538—1995	信息处理流程图编辑符号
	GB 13502—1992	信息处理程序构造及其表示的约定
	GB/T 14085—1993	信息处理系统计算机系统配置图符号及约定

3) 文档标准

文档标准规定了项目建设过程中各种文档的编写规定，从可行性分析、需求分析报告，到最后的用户操作手册，都应在文档标准的指导下完成。这样可以有效地提高文档编写的规范性和实用性，有利于提高整个系统的建设效率和进度，方便软件开发代码的后期维护和完善。相关标准参见表 5-4。

表 5-4　**文档参考标准**

参考标准项目	编号	名　称
文档标准	GB/T 8567—2006	计算机软件文档编制规范
	GB/T 9385—2008	计算机软件需求规格说明规范
	GB/T 9386—2008	计算机软件测试文档编制规范

4) 管理标准

由于数字海洋工程项目建设过程中的步骤较多、环节复杂，各个过程必须很好地协调才能保证项目建设的成功。管理标准可在数字海洋工程建设的进度控制、内容规定以及计算机配置、可靠性、可维护性等方面进行约束。参照管理标准进行数字海洋工程建设，有利于提高数字海洋工程建设的可控制性、软硬件配置管理，保证数据采集、处理、分析的质量以及开发软件代码的质量和应用性能，提高软件的可靠性和易维护性。相关标准参见表 5-5。

表 5-5　**管理参考标准**

参考标准项目	编号	名　称
管理标准	GB/T 12505—1990	计算机软件配置管理计划规范
	GB/T 12504—1990	计算机软件质量保证计划规范
	GB/T 14394—2008	计算机软件可靠性和可维护性管理
	GB/T 19000—2016	质量管理体系基础和术语

5) 法律法规标准

数字海洋工程建设专业领域涉及各种法律法规，在进行系统规划、设计、建设时，应遵守相关法律法规。数字工程建设中可能涉及的部分法律法规参见表 5-6。

表 5-6　**数字工程建设中可能涉及的代表性法律法规**

类型	名　称
信息化类	计算机软件著作权登记办法
	互联网信息服务管理办法
	计算机信息网络国际联网安全保护管理办法
	中华人民共和国计算机信息系统安全保护条例

续表

类型	名　　称
知识产权类	中华人民共和国技术合同法
	中华人民共和国技术合同法实施条例
	中华人民共和国专利法
行政类	中华人民共和国保守国家秘密法
	科学技术保密规定
	中华人民共和国测绘法
	中华人民共和国土地管理法
海洋法规类	中华人民共和国领海及毗连区法、中华人民共和国海洋法
	中华人民共和国专属经济区和大陆架法
	中华人民共和国海洋环境保护法
	中华人民共和国渔业法
	中华人民共和国海上交通安全法
	中华人民共和国海域使用管理法
	中华人民共和国港口法
	中华人民共和国渔业法实施细则
	中华人民共和国海洋倾废管理条例
	防治海洋工程建设项目污染损害海洋环境管理条例
	中华人民共和国航道管理条例

4. 专业标准

数字工程应用通常会涉及具体的专业应用领域，不同的行业有不同的专业应用标准，如规划、电力、交通、水利等均有自己的专业标准，仅以规划行业为例说明部分专业标准。在数字海洋工程建设过程中应根据所涉及的具体行业选择相应的专业标准。以 OGC 地理共享相关标准为例，参见表 5-7。

表 5-7　**专业参考标准**

类别	标 准 名 称
基础数据模型	参考空间基础框架模型(reference model)
数据制作模型	Web 地图服务(Web map service，WMS)
GML 编码	Web 要素服务(Web feature service，WFS)
影像数据交换	Web 覆盖服务(Web coverage service，wcs)
XML 表达	Web 处理服务(Web processing servlce，WPS)

开放地理空间联盟 OGC 规范为实现互操作提供了解决方案，让网络、无线和基于

位置的服务和主流的 IT 技术形成了一个完整的“geo-enable”网络。OGC 为 GIS 技术开发者提供规范，使复杂的空间信息和服务实现通信转换的无障碍并推动各种应用。它组织各成员单位制定了一系列地理信息共享方面的规范，包括 WMS、WFS、WCS、WPS、GML、KML 等。空间基础框架是地理要素的基础数据模型的抽象描述。在基础框架基础上发展而来的规范有如下功能：

(1) OGC 提供的完全的参考模型(reference model)。

(2) Web 地图服务(Web map service，WMS)：利用具有地理空间位置信息的数据制作地图。其中将地图定义为地理数据可视的表现。这个规范定义了三个操作：GetCapabilities 为返回服务级元数据，它是对服务信息内容和要求参数的一种描述；GetMap 为返回一个地图影像，其地理空间参考和大小参数是明确定义了的；GetFeatureInfo(可选)为返回显示在地图上的某些特殊要素的信息。

(3) Web 要素服务(Web feature service，WFS)：返回的是要素级的 GML 编码，并提供对要素的增加、修改、删除等事务操作，是对 Web 地图服务的进一步深入。OGC Web 要素服务允许客户端从多个 Web 要素服务中取得使用地理标记语言编码的地理空间数据，定义了五个操作：GetCapabilities 为返回 Web 要素服务性能描述文档(用 XML 描述)；DescribeFeatureType 为返回描述可以提供服务的任何要素结构的 XML 文档；GetFeature 为一个获取要素实例的请求提供服务；Transaction 为事务请求提供服务；LockFeature 为处理在一个事务期间对一个或多个要素类型实例上锁的请求。

(4) Web 覆盖服务(Web coverage service，wcs)：面向空间影像数据，它将包含地理位置值的地理空间数据作为“覆盖(coverage)”在网上相互交换。网络覆盖服务由三种操作组成：GetCapabilities，GetCoverage 和 DescribeCoverageType。GetCapabilities 为操作返回描述服务和数据集的 XML 文档。网络覆盖服务中的 GetCoverage 操作是在 GetCapabilities 确定什么样的查询可以执行、什么样的数据能够获取之后执行的，它使用通用的覆盖格式返回地理位置的值或属性。DescribeCoverageType 操作允许客户端请求由具体的 WCS 服务器提供的任一覆盖层的完全描述。

另外，还有 Web 处理服务(Web processing service，WPS)、Web 目录信息服务(Web catalog service，WCS)、简单要素的 SQL(simple features-SQL，SFS)、地理信息的 XML 表达 GML 和基于 XML schema 在现在及未来基于 Web 的二维地图、三维地球的浏览器上表达地理注记和可视化的 KML。

随着互联网、物联网等信息技术的快速发展，文字、图片、音频、视频等各类半结构化、非结构化的数据大量涌现，数据种类、规模、存储量飞速增长。围绕 SOAP 相 WSDL 的规范正在形成，基于表述性状态转移(representational state transfer，REST)架构的 Web 服务进展也很快。

5.4 数字海洋标准与规范

标准和规范体系是数字海洋工程成功的基础和必要条件之一。切实有效地开发与利用海洋信息资源和信息技术，保障数字海洋基础设施建设的优质高效和信息网络的互联互通，实现数字海洋工程各信息系统间的互操作和信息的安全可靠，是数字海洋工程建设所面临的关键问题。解决这些问题必须先抓好标准规范的制定和实施。

数字海洋标准化由数字海洋标准规范体系、管理体系和运行机制三部分组成。其中标准规范体系是由数字海洋工程建设相关的标准规范组成的科学的有机整体，是促进标准组成趋向科学化和合理化的技术手段；管理体系是数字海洋标准工作中应遵循的方针、原则、组织制度，是标准化工作的运转中枢；运行机制是指标准工作中所运用的方式、方法和组织形式，是编制、颁布标准和实施标准的具体手段。

5.4.1　数字海洋标准规范体系

数字海洋标准是在数字海洋工程建设中，对重复性事物和概念所做的统一规定，以科学、技术和最佳实践经验的综合成果为基础，以获得最佳秩序、促进最佳效益为目的，经有关方面协商一致，以特定形式发布，作为共同遵守的准则和依据。例如有关海域使用行业标准 HY/T 123—2009《海域使用分类》，就是通过数字来抽象表示 9 个一级类、30 个二级类所组成的海域使用类型分类体系，5 个一级类、20 个二级类所组成的用海方式分类体系。数字海洋工程涉及的标准很多，其他有关术语、数据、图示表达、地理信息等方面的标准，均可看成通过抽象的模拟符号或者数字对数字海洋所体现客观事实的替代。

所谓标准规范体系是在一定范围内将标准规范按其内在联系形成的科学的有机整体。数字海洋标准规范体系是应用系统科学的理论和方法，运用标准化工作原理，针对数字海洋工程建设制定的标准规范体系，是密切结合数字海洋工程中数字海洋基础信息平台、海洋综合管理信息系统、可视化系统建设等各技术环节，所制定的涉及数据采集、数字整合、产品加工、系统开发、网络交换和服务等实际需要的工程性标准规范体系。它反映了各标准规范的内容及其相互关系以及数字海洋标准规范体系的总体结构，具有系统性的特征。数字海洋工程标准体系框架的构建是按照 GB/T 13016—2009《标准体系表编制原则和要求》的规定，结合数字海洋工程的特点，整个海洋信息化标准体系框架由纵向结构与横向结构组成。纵向结构代表标准体系的层次，横向结构代表标准体系的标准化对象领域，如图 5-3 所示。

数字海洋工程标准化标准体系框架分为三个层次。第一层次是海洋信息化基础标准；第二层次是第一层次的下位类即门类专用标准；第三层次是第二层次的下位类即实用标准。其中，第二层次和第三层次的划分是依据海洋信息化发展现状及其发展需求，未按行政管理系统划分而按照海洋信息化活动性质的同一性划分。同时，不同层次的标准互相制约、互相补充，构成一个有机整体。数字海洋标准规范体系框架采用按信息技术自身同一性划分的方法，使其既不容易重复和交叉，便于理解，又突出数字海洋工程的特点，将数字海洋标准规范体系分为基础标准、专用标准和实用规范。其中，基础标准是指在数字海洋工程建设中具有广泛适用范围，具有通用性条款的标准，是标准规范体系中其他标准的基础，可直接应用，也可作为编制其他标准规范的基础。专用标准是指在标准规范体系中针对某一特定应用方面，具有一定通用性条款的标准，可直接应

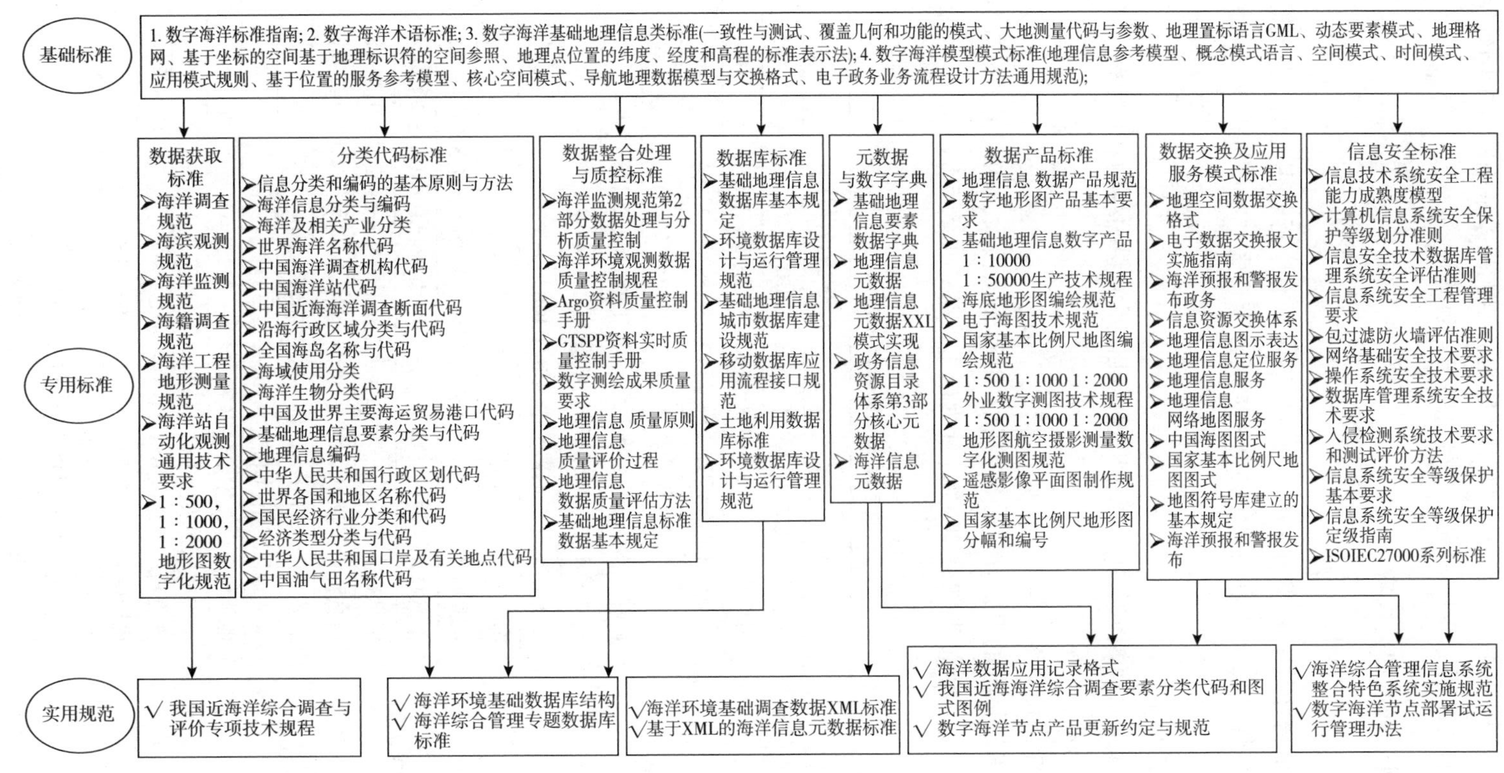

图5-3 数字海洋工程标准规范体系结构

用，也可作为编制专用标准的依据。实用规范是标准规范体系中针对中国数字海洋信息基础框架的具有专用性条款的标准，直接应用于项目建设。

5.4.2 数字海洋标准规范内容

1. 基础标准

基础标准是指在数字海洋工程标准规范体系中具有广泛适用范围、具有通用性条款的标准，为总体性和框架性标准，包括数字海洋标准指南、术语标准、基础地理信息类标准和模型模式标准。

1)数字海洋标准指南

数字海洋标准指南规定了数字海洋工程标准体系的层次结构和数字海洋工程标准规范制定或修订原则。

2)数字海洋术语标准

数字海洋术语标准的目的在于分清专业界限和概念层次，从而正确指导各项标准的制定和修订工作。术语标准共有 20 项，分为以下三类，见表 5-8。

表 5-8　**数字海洋术语参考标准**

类型	标准规范名称
海洋术语标准	海洋学综合术语(GB/T 15918—2010)
	海洋学术语　海洋生物学(GB/T 15919—2010)
	海洋学术语　物理海洋学(CB/T 15920—2010)
	海洋学术语　海洋化学(GB/T 15921—2010)
	海洋学术语　海洋地质学(GB/T 18190—2017)
	海洋学术语　海洋资源学(GB/T 19834—2005)
	海上油气开发工程术语(CB/T 14090—2020)
	海洋灾害基本术语(HY/T 0388—2023)
信息技术术语标准	信息技术　词汇　第 1 部分　基本术语(GB/T 5271. 1—2000)
	信息技术　词汇　第 4 部分　数据的组织(GB/T 5271. 4—2000)
	信息技术　词汇　第 6 部分　数据的准备与处理(GB/T 5271. 6—2000)
	信息技术　词汇　第 25 部分　局域网(GB/T 5271. 25—2000)
相关术语标准	地质矿产术语分类代码(GB/T 9649—2009)
	水文地质术语(GB/T 14157—2023)
	地球化学勘查术语(GB/T 14496—2023)
	工程地质术语(GB/T 14498—1993)
	测绘基本术语(GB/T 14911—2008)
	摄影测量与遥感术语(CB/T 14950—2009)
	地图学术语(GB/T 16820—2009)
	大地测量术语(GB/T 17159—2009)
	地理信息术语(ISO/TS 19104：2008)

3)基础地理信息类标准

数字海洋工程建设与地理空间信息密切相关，统一空间定位基准是数字海洋工程建设的基础。数字海洋标准体系属于地理空间信息标准体系的范畴，是定义、描述和管理针对直接或间接与地球上位置相关的目标或现象信息的系列标准。密切相关的基础地理信息类标准有9项，参考标准见表5-9。

表5-9 **数字海洋基础地理信息类参考标准**

标准规范名称	内容说明
地理信息：一致性与测试(ISO 19105：2000)	提供框架、概念和方法论，一致性与测试要达到的准则
地理信息：覆盖几何和功能的模式(ISO 19123：2005)	定义了空间范围属性的概念模式，标准中所指的范围是指从空间、时间或时空领域到要素属性值
地理信息：大地测量代码与参数(ISO TS19127：2005)	定义了大地测量代码、参数和识别数据元素的规则
地理信息：地理置标语言GML(ISO 19136：2007)	遵守ISO 19118的XML编码规则，定义XML模式句法规则、机制和协议；在遵守ISO 19100系列国际标准中规定的概念模型框架的基础上为传送和存储地理信息制定模型，它包括地理要素的空间和非空间性能
地理信息：动态要素模式(ISO 19141：2008)	标准为解决移动模式规定了一个概念模式，即一段时间内位置变化的要素。此模式包括等级、属性、相关集合，并为模式的操作提供了通用的概念框架以便执行，为各种领域解决移动要素问题提供了支持和依据
地理信息：基于坐标的空间参照(ISO 19111：2007)	标准定义描述基于坐标空间参照的概念模式。它说明定义一维、二维和三维坐标参照系所需要的最少数据。它允许补充其他说明信息，也说明从一个坐标参照系到另一个坐标参照系改变坐标值所需的信息
地理信息：基于地理标识符的空间参照(ISO 19112：2003)	定义了基于地理标识符的空间参照概念模式
地理点位置的纬度、经度和高程的标准表示法(ISO 6709：2008)	用于描述地理位置的坐标互换。它规定用于数据交换中的纬度和经度坐标的表示。规定除了经度和纬度之外，用于坐标类型的水平点位置的表示；它还规定了与水平坐标相关的高度和深度的表示，表示包括测量和坐标命令的单元
地理格网(GB 12409—2009)	规定了地理格网的划分与编码方法。适用于标识与地理空间位置有关的自然、社会和经济信息的空间分布，为各类信息的整合提供以格网为单元的空间参照

4)模型模式标准

模型模式标准规范是指通过顶层设计采用相关的建模技术和建模标准，对现实业务需求、业务流程和业务信息进行抽象分析，形成规范的业务模型、权限模型和数据模型，作为后续数字海洋工程设计开发的基础模型。标准主要规范对数据实体的概念、组成、结构和相互之间关系的描述规则，提出数据建模的方法、步骤，提出各类海洋信息资源的数据逻辑模型。数据模型有利于数据的标准化，并且能减少数据采集过程中的数据冗余。数字海洋工程建设需要大量有关海洋过程和海洋现象的时空数据，需要建立相关的海洋过程和海洋现象的时空模型和数据模型。密切相关的模型模式类标准有 9 项，参考标准见表 5-10。

表 5-10　**数字海洋模型模式类参考标准**

标准规范名称	内容说明
地理信息：参考模型（ISO 19101：2002）	标准是确定地理信息系列标准结构的指南，使数字地理信息能得到广泛应用。该参考模型描述了标准化工作的总体需求、研制和使用地理信息标准的基本原则。在描述这些需求和基本原则时，参考模型提出了地理信息与已有或将要出现的数字信息技术和应用相结合这一标准化工作的原则
地理信息：概念模式语言（ISO TS 19103：2005）	该技术规范为在 ISO 19100 系列标准中使用概念模式语言提供规则和指南。选择的概念模式语言是统一建模语言（UML）
地理信息：空间模式（ISO 19107：2003）	提供描述与操作地理要素的空间特征的概念模式
地理信息：时间模式（ISO 19108：2002）	定义用于描述地理信息时间特性的概念
地理信息：应用模式规则（ISO 19109：2005）	定义了创建应用模式和形成其文档的规则，其中包括定义要素的原则。应用模式为应用提供了所要求的对数据结构和内容的正规描述
地理信息：基于坐标的空间参照（ISO 19111：2007）	标准定义描述基于坐标空间参照的概念模式。它说明定义一维、二维和三维坐标参照系所需要的最少数据。它允许补充其他说明信息，也说明从一个坐标参照系到另一个坐标参照系改变坐标值所需的信息
地理信息：基于位置服务参考模型（ISO 19132：2007）	为基于位置的服务定义了参考模型和概念框架，描述了基于位置的服务应用互操作的基本原则
导航地理数据模型与交换格式（GB/T 19711—2005）	规定了导航地理信息所有的地理数据库的概念数据模型、逻辑数据模型和数据交换格式。阐述了这类数据库可能包含的内容（要素、属性与关系），并说明如何表达这些内容和如何定义关于数据库本身的相关信息
电子政务业务流程设计方法通用规范（CB/T 19487—2004）	业务建模是数据标准化的第一阶段，业务建模和业务流程分析为数据规范化提供手段，该规范提出的全程一体化建模方法融合了国际上流行的统一建模语言 UML 和集成定义方法 IDEF 的优点，基于业务模型提取元数据，全面支持数据规范化

2. 专用标准

专用标准是指在数字海洋工程标准规范体系中针对某一特定应用方面、具有一定通用性条款的标准，可直接应用，也可作为编制数字海洋工程实用标准规范的依据。专用标准包括数据获取标准、分类代码标准、数据整合处理与质量控制标准、数据库标准、元数据与数字字典、数据产品标准、数据交换与应用服务模式标准、信息安全标准等8类标准。

1）数据获取标准

数据获取标准指数字海洋建设中有关海洋调查、观测、海洋开发等过程中涉及数据获取方面的标准，密切相关的数据获取类标准有7项，参考标准见表5-11。

表5-11 **数字海洋数据获取类参考标准**

标准规范名称	内容说明
海洋调查规范（CB/T 12763：1-11—2007）	该国家标准共包括11个部分，其中第1部分总则中规定了海洋环境基本要素调查的基本程序、质量控制、计划编制、资源配置、调查作业、资料处理、报告编写、资料归档和成果鉴定与验收的基本要求。第2至第11部分规定了海洋水文观测、海洋气象观测、海水化学要素调查、海洋声光要素调查、海洋生物调查、海洋调查资料交换、海洋地质地球物理调查、海洋生态调查、海底地形地貌调查、海洋工程地质调查的基本要素、技术指标、观测调查方法和资料处理等内容
海滨观测规范（GB/T 14914：1-6）	规定了海滨水文气象观测的项目、技术要求、方法以及资料处理等内容
海洋监测规范（GB 17378.1-7—2007）	标准共包括7个部分，其中第1部分总则中规定了海洋环境质量基本要素调查监测的开展程序，包括计划编制、海上调查实施、质量控制、调查装备、资料整理和成果报告等基本方法，第2至第7部分分别为：数据处理与分析质量控制、样品采集贮存与运输、海水分析、沉积物分析、生物体分析、近海污染生态调查与生物监测
海籍调查规范（HY/T 124—2009）	规定了海籍调查的基本内容与要求
海洋工程地形测量规范（GB/T 17501—2017）	本规范规定了海洋工程地形测量的基本内容与要求，适用于1：500~1：50000比例尺图
海洋站自动化观测通用技术要求（HY/T 059—2002）	规定了海洋站自动化观测中各项观测项目和要素样本数据的采集、处理的技术要求等
1：500，1：1000，1：2000地形图数字化规范（CB/T 17160—2008）	规定了以1：500，1：1000，1：2000地形图为信息源，采用地形图扫描数字化手段获取地形图数据的方法和要求

2）分类代码标准

信息分类是根据信息内容的属性或特征，将信息按一定的原则和方法进行区分和归类，并建立起一定的分类体系和排列顺序。信息编码是将事物或概念赋予一定规律、易于计算机和人识别处理的符号，形成代码元素集合，代码元素集合中的代码元素就是赋予编码对象的符号，即编码对象的代码值，信息分类与编码标准，主要用于应用系统的开发、数据库系统建设，以保证信息的唯一性及共享和交换。相关的分类代码涉及标准有 19 项，参考标准见表 5-12。

表 5-12　**数字海洋分类代码类参考标准**

标准规范名称	内容说明
信息分类和编码的基本原则与方法（GB/T 7027—2002）	规定了信息分类的基本原则和方法
中华人民共和国行政区划代码（GB/T 2260—2007）	规定了我国县级及以上行政区划的数字代码和字母代码，适用于县级及以上行政区划的标识、信息处理和交换
海洋信息分类与编码（HY/T 075—2005）	规定了海洋信息分类、编码，并编制信息代码
地理信息编码（ISO 19118：2005）	规定了基于 UMI 模式建立编码规则的要求：进行编码服务的要求
海洋及相关产业分类（GB/T 20794—2021）	规定了我国海洋及相关产业的分类及代码
世界海洋名称代码（GB/T 12462—1990）	规定了世界大洋、海、海湾、海峡等名称的代码
中国海洋调查机构代码（HY/T 022—92）	规定了海洋调查机构代码
中国海洋站代码（HY/T 023—2010）	规定了海洋站名称代码
中国近海海洋调查断面代码（HY/T 024—92）	规定了近海海洋调查断面代码
沿海行政区域分类与代码（HY/T 094—2006）	规定了我国沿海县级及以上行政区分类与代码，规定了沿海行政区名称的字母缩写代码
全国海岛名称与代码（HY/T 119—2008）	规定了全国海岛名称的选取、代码结构和编码方法，适用于海岛的标识、管理、信息处理和数据交换过程
海域使用分类（HY/T 123—2009）	规定了海域使用的分类原则以及分类体系的划分，适用海域使用权取得、登记、发证、海域使用金征缴、海域使用执法监察以及海籍调查、统计分析、海域使用论证、海域评估、海域管理信息系统建设等工作对海域使用类型和用海方式的界定
海洋生物分类代码（GB/T 17826—1999）	规定了分布在我国近岸海域和管辖海域的海洋生物的分类系统的分类代码

续表

标准规范名称	内 容 说 明
中国及世界主要海运贸易港口代码(GB/T 7407—2015)	规定了中国及世界主要海运贸易港口代码的编码原则、代码结构和代码
基础地理信息要素分类与代码(GB/T 13923—2022)	规定了基础地理信息要素分类与代码，用以标识数字形式的基础地理信息要素类，用于基础地理信息数据采集、更新、管理、分发服务和产品开发
世界各国和地区及其行政区划名称代码(GB/T 2659：1-3)	规定了世界各国和地区名称的代码，适用于国内外信息处理与交换
经济类型分类与代码(GB/T 12402—2000)	规定了我国经济类型的分类和代码
中华人民共和国口岸及相关地点代码(GB/T 15514—2021)	规定中华人民共和国口岸及有关地点代码的编码原则、代码结构和代码
中国油、气田名称代码(GB/T 15281—2009)	规定了中国油、气田名称代码

3)数据整合处理与质量控制标准规范

数据整合处理与质量控制是数字海洋工程中建设海洋信息基础数据平台的关键，涉及数据整合处理与质量控制标准规范有6项，参考标准见表5-13。

表5-13　　**数字海洋数据整合处理与质量控制类参考标准**

标准规范名称	内 容 说 明
海洋监测规范　第2部分　数据处理与分析质量控制(GB 17378.2—2007)	规定了海洋监测数据处理常用术语及符号，离散数据的统计检验，均数差异的显著性检验，分析方法验证，内控样的配制与应用，分析质量控制图绘制等。适用于海洋环境监测中海水分析、沉积物分析、生物体分析、近海污染生态测查和生物监测的数据处理及实验室内部分析质量控制
数字测绘成果质量要求(GB/T 17941—2008)	规定了数字测绘成果的质量元素及其应达到的基本要求，适用于数字高程模型、数字正射影像图、数据栅格地图、数字线画图等数字测绘成果的检查验收与质量评定
地理信息质量原则(GB/T 21337—2008)	等同采用国际标准地理信息质量基本元素(ISO 19113：2002)，本标准确定了提供描述地理数据质量的基本元素，规定了质量信息报告的组成部分及组织数据质量信息的方法
地理信息数据质量　第1部分：总体要求(GB/T 21336.1—2023)	修改采用国际标准地理信息质量评价过程(ISO 19114：2003)。本标准确立了评价和记录数据质量结果的内容框架，规定了确定的评价地理数据集质量的主要程序，适用于所有类型的数字地理数据

续表

标准规范名称	内容说明
地理信息数据质量评估方法（ISO/TS 19138：2006）	定义了一套数据质量的评估方法。当为 ISO 19113 规定的数据质量子元素记录时使用本标准规定的方法
基础地理信息标准数据基本规定(GB 21139—2007)	规定了从数字基础、数据内容、生产过程和数据认定 4 个方面规定了基础地理信息标准数据的基本要求，适用于基础地理数据的生产、认定和使用

4）数据库标准

涉及数据库设计、建设、集成等方面标准有 6 项，参考标准见表 5-14。

表 5-14　**数字海洋数据类参考标准**

标准规范名称	内容说明
基础地理信息数据库基本规定(CH/T 9005—2009)	规定了基础地理信息数据库的含义、组成、分级和要求，适用于基础地理信息数据库的建设、管理和维护
环境数据库设计与运行管理规范(HJ/T 419—2007)	规定了环境数据库设计与运行管理需遵循的基本内容
基础地理信息城市数据库建设规范(GB/T 21740—2008)	规定了基础地理信息城市数据库建设的总体要求以及数据库系统设计、建设、集成、安全保障与运行维护的内容和要求
移动数据库应用编程接口规范(GB/T 20531—2006)	规定了嵌入式移动数据库产品应提供的应用编程接口，确定了该类数据库产品设计应用编程接口的一般原则，适用于移动或通用数据库系统的嵌入式版本的设计、实现、测试、升级等过程
土地利用数据库标准(TD/T 1016—2007)	规定了土地利用数据库的内容、要素分类代码、数据分层、数据文件命名规划、图形数据与属性数据的结构、数据交换格式和元数据等
环境数据库设计与运行管理规范(HJ/T 419—2007)	规定了环境数据库设计与运行管理需遵循的基本内容

5）元数据与数据字典

在数字海洋工程建设过程中，元数据描述了各类海洋信息资源，是建设数字海洋信息资源目录体系的基础和核心。在信息共享中的作用主要体现在信息资源的发现与定位、信息资源管理和信息资源整合等方面。数据字典为列出并定义全部相关元数据的一种信息资源。涉及数字海洋工程建设的元数据与数据字典标准有 18 项，参考标准见表 5-15。

表 5-15 **数字海洋元数据与数据字典类参考标准**

标准规范名称	内 容 说 明
基础地理信息要素数据字典　第 1 部分：1∶500、1∶1000、1∶2000 比例尺(GB/T 20258. 1—2019)	规定了 1∶500、1∶1000、1∶2000 基础地理信息要素数据字典的内容结构与要素的描述
基础地理信息要素数据字典　第 2 部分：1∶5000、1∶10000 比例尺(GB/T 20258. 2—2019)	规定了 1∶5000、1∶10000 基础地理信息要素数据字典的内容结构与要素的描述
基础地理信息要素数据字典　第 3 部分：1∶25000、1∶50000、1∶100000 比例尺(GB/T 20258. 3—2019)	规定了 1∶25000、1∶50000、1∶100000 基础地理信息要素数据字典的内容结构与要素的描述
基础地理信息要素数据字典　第 4 部分：1∶250000、1∶500000、1∶1000000 比例尺(GB/T 20258. 4—2019)	规定了 1∶250000、1∶500000、1∶1000000 基础地理信息要素数据字典的内容结构与要素的描述
地理信息元数据(GB/T 19710：1-2)	等同采用 ISO 19115：2003、JSO 19115：2003 地理信息元数据，本标准定义描述地理信息及其服务所需要的模式，它提供地理数据标识、覆盖范围、质量、空间和时间模式、空间参照系和分发等信息
地理信息元数据 XML 模式实现(GB/T 24357—2009)	等同采用地理信息元数据 XML 模式实现(ISO/TS 19139：2007)，旨在提供通用元数据的实现规则，在需要利用其他地理信息国家标准的地方也一并考虑。利用 ISO 19118 中定义的编码规则，规定如何从 GB/T 19710 的 UML 模型得出 XML 模式的技术细节
政务信息资源目录体系　第 3 部分：核心数据(GB/T 21063. 3—2007)	规定了描述政务信息资源所需的核心元数据及其表达方式，给出各核心元数据定义的著录规则，适用于政务信息资源目录的编目、建库、发布和查询
海洋信息元数据(HY/T 136—2010)	规定了海洋信息核心元数据内容，包括数据标识、内容、质量及其他有关特征

6)数据产品标准规范

数据产品标准规范主要用于规范数字海洋工程数据与服务产品，涉及相关标准规范 10 项。参考标准见表 5-16。

表 5-16 **数字海洋数据产品类参考标准**

标准规范名称	内 容 说 明
地理信息数据产品规范(ISO 19131∶2007)	本规范在其他 ISO 19100 系列国际标准的概念基础之上，为描述地理数据产品提供了规范要求，它描述数据产品规范的内容和框架

续表

标准规范名称	内 容 说 明
数字地形图产品基本要求(GB/T 17278—2009)	规定了数字地形图产品的分类、构成、产品标识、内容结构、数据质量等方面的基本要求，适用于数字地形图产品的研制与生产
基础地理信息数字产品 1∶10000 1∶50000 生产技术规程(CH/T 1005.1-4—2007)	“第 1 部分：数字线划图(DLG)”规定了 1∶10000，1∶50000 数字线划图(DLG)的数据采集技术、生产作业流程、作业方法及其质量控制要求。“第 2 部分：数字高程模型(DEM)”规定了 1∶10000、1∶50000 数字高程模型(DEM)的数据采集技术、生产作业流程、作业方法及其质量控制要求。“第 3 部分：数字正射影像图(DOM)”规定了 1∶10000、1∶50000 数字正射影像图(DOM)的数据采集技术、生产作业流程、作业方法及其质量控制要求，“第 4 部分：数字栅格地图(DRG)”规定了 1∶10000、1∶5000数字栅格地图(DRL)的数据采集技术、生产作业流程、作业方法及其质量控制要求
海底地形图编绘规范(GB/T 17834—1999)	规定了编制海底地形图的数据基础、作业方法和精度、各要素的编绘及海底地形图的印刷出版与更新等，适用于编制各种比例尺的海底地形图
电子海图技术规范(GB 15702—1995)	规定了制作电子海图的原则和方法
国家基本比例尺地图编绘规范　第 1 部分：1∶25000、1∶50000、1∶100000 地形图编绘规范(GB/T 12343.1—2008)	规定了编绘 1∶25000、1∶50000、1∶100000 地形图的基本要求、技术方法和地形图各要素的综合要求和技术指标
国家基本比例尺地图编绘规范　第 2 部分：1∶250000 地形图编绘规范(GB/T 12343.2—2008)	规定了编绘 1∶250000 地形图的基本要求、技术方法和地形图各要素的综合要求和技术指标
1∶500、1∶1000、1∶2000 外业数字测图技术规程(GB/T 14912—2005)	规定了采用外业数字测图的方法测绘 1∶500、1∶1000、1∶2000 数字地形图的技术规定和精度要求
1∶500、1∶1000、1∶2000 地形图航空摄影测量数字化测图规范(GB/T 15967—2008)	规定了用解析航空摄影测量方法进行 1∶500、1∶1000、1∶2000 地形图数字化测图作业的基本要求和成果精度要求
遥感影像平面图制作规范(GB/T 15968—2008)	规定了 1∶100000、1∶250000、1∶1000000 遥感影像平面图的规格、精度及制作的基本要求
国家基本比例尺地形图分幅和编号(CB/T 13989—2012)	规定了国家基本比例尺地形图的分幅、编号及编号应用的公式。本标准适用于 1∶1000000~1∶5000 地形图的分幅和编号

7)数据交换及应用服务模式标准

数据交换及应用服务模式标准指数字海洋工程建设中涉及海洋数据及产品格式、交换接口、图式图例及应用服务模式方面的标准规范，涉及相关标准规范 19 项，参考标准见表 5-17。

表 5-17　**数字海洋数据交换及应用服务模式类参考标准**

标准规范名称	内 容 说 明
地理空间数据交换格式(GB/T 17798—2007)	规定了矢量、栅格两种地理空间数据的交换格式，适用于矢量、影像和格网地理空间数据交换
电子数据交换报文实施指南(GB/T 19254—2003)	规定了电子数据交换(EDI)报文标准的设计原则和标识方法，适用于我国 EDI 报文标准的制定、应用及管理维护
政务信息资源交换体系　第 1 部分：总体框架(GB/T 21062.1—2007)	规定了政务信息资源交换体系的总体技术架构，规定了政务信息资源交换体系技术支撑环境的组成
政务信息资源交换体系　第 2 部分：技术要求(GB/T 21062.2—2007)	规范了政务信息资源交换体系技术支撑环境的功能组成及要求，规定了信息交换系统间互联互通的技术要求
政务信息资源交换体系　第 3 部分：数据接口规范(GB/T 21062.3—2007)	规定了在信息交换时封装业务数据采用的数据接口规范，提出了交换指标项
政务信息资源交换体系　第 4 部分：技术管理要求(GB/T 21062.4—2007)	规定了政务信息资源交换体系的技术管理总体架构、管理角色的职责、交换体系各环节的技术管理要求
地理信息图示表达(GB/T 24355—2023)	等同采用国际标准地理信息图示表达(ISO 19117：2005)。该标准详细介绍了地理数据集图示表达机制，并为应用开发提供了一个通用的利用该机制进行要素实例图示表达的指南
地理信息定位服务(ISO 19116：2004)	定义接口的数据结构和内容，该接口使位置数据提供设备和位置数据使用设备能够通信，以便位置使用设备能获得并明确地解释位置信息并确定观测结果是否满足使用要求
地理信息服务(ISO 19119：2005)	标准标识和定义用于地理信息服务接口的体系结构模型，并定义该体系结构模型与开放式系统环境模型的关系。本标准指定的地理信息服务体系结构是为了满足以下目的：提供抽象框架以便允许特定服务的协调开发；通过接口标准实现可互操作的数据服务；通过服务元数据的定义支持服务目录开发；允许将数据实例与服务实例分离；实现一个提供者的服务可基于另一提供者的数据；定义能按多种方式实现的抽象框架
地理信息网络地图服务(ISO 19128：2005)	规定了从地理信息中自动产生空间参照地图的网络地图服务的行为标准。它规范了为获取地图描述而检索地图的操作，并对地图要素显示提出质疑
中国海图图式(GB 12319—2022)	海图符号的规格和海图各要素在图上的表示方法，适用于测制、出版各种比例尺航海图

续表

标准规范名称	内容说明
国家基本比例尺地图图式　第 1 部分：1∶500、1∶1000、1∶2000 地形图图式（GB/T 20257.1—2017）	规定了 1∶500、1∶1000、1∶2000 地形图上表示的各种自然和人工地物、地貌要素的符号和注记的等级、规格和颜色标准、图幅整饰规格以及使用这些符号的原则、要求和基本方法
国家基本比例尺地图图式　第 2 部分：1∶5000、1∶10000 地形图图式（GB/T 20257.2—2017）	规定了 1∶5000、1∶10000 地形图上表示的各种地物、地貌要素的符号和注记的等级、规格和颜色标准、图幅整饰规格以及使用这些符号的原则、要求和基本方法
国家基本比例尺地图图式　第 3 部分：1∶25000、1∶50000、1∶100000 地形图图式（GB/T 20257.3—2017）	规定了 1∶25000、1∶50000、1∶100000 地形图上表示的各种地物、地貌要素的符号和注记的等级、规格和颜色标准、图幅整饰规格以及使用这些符号的原则、要求和基本方法
国家基本比例尺地图图式　第 4 部分：1∶250000、1∶500000、1∶1000000 地形图图式（GB/T 20257.4—2017）	规定了 1∶250000、1∶500000、1∶1000000 地形图上表示的各种地物、地貌要素的符号和注记的等级、规格和颜色标准、图幅整饰规格以及使用这些符号的原则、要求和基本方法
地图符号库建立的基本规定（CH/T 4015—2001）	规定了建立各类地形图符号库的基本原则，适用于地形图符号库的设计、建立、维护、更新和管理
海洋预报和警报发布　第 1 部分：风暴潮预报和警报发布（GB/T 19721.1—2017）	确立了风暴潮预报和警报发布的原则，规定了风暴潮预报和警报发布的等级划分条件和预报和警报发布的内容、程序、技术要求等
海洋预报和警报发布　第 2 部分：海浪预报和警报发布（GB/T 19721.2—2017）	规定了海浪预报和警报发布的原则、发布了海洋预报和警报发布的等级划分条件和预报和警报发布的内容、程序、技术要求等
海洋预报和警报发布　第 3 部分：海冰预报和警报发布（GB/T 19572.3—2017）	确立了海冰预报和警报发布的原则，规定了海冰预报和警报发布的等级划分条件和预报和警报发布的内容、程序、技术要求等

8）信息安全标准

信息安全系列标准规范将单一的安全技术和保障手段上升到安全管理体系的层面，是信息系统安全体系建设的重要组成部分。涉及相关标准有 12 项。参考标准见表 5-18。

表 5-18　**数字海洋信息安全类参考标准**

标准规范名称	内容说明
信息安全技术-系统安全工程-能力成熟度模型（GB/T 20261—2020）	提供系统安全工程的一个过程参考模型，关注的是信息技术安全领域内某个或若干个相关系统实现安全的需求，主要描述了用来实现信息技术安全的过程，尤其是过程的成熟度

续表

标准规范名称	内 容 说 明
计算机信息系统　安全保护等级划分准则(GB 17859—1999)	规定了计算机信息系统安全保护能力的五个等级，第一级为用户自主保护级；第二级为系统审计保护级；第三级为安全标记保护级；第四级为结构化保护级；第五级为访问验证保护级，本标准适用于计算机信息系统安全保护技术能力等级的划分、计算机信息系统安全保护能力随着安全保护等级的增高，逐渐增强
信息安全技术　数据库管理系统安全评估准则(GB/T 20009—2019)	规定了按照 GB 17859—1999 的五个安全保护等级对数据库管理系统安全保护等级划分所需要的评估内容
信息安全技术　信息系统安全工程管理要求(GB/T 20282—2006)	规定了信息系统安全工程的管理要求，是对信息系统安全工程中所涉及的需求方、实施方与第三方基本要求，各方可以此为依据建立安全工程管理体系。本标准适用于信息系统的需求方和实施方的安全工程管理
信息安全技术　包过滤防火墙评估准则(GB/T 20010—2005)	规定了按照 GB 17859—1999 的五个安全保护等级对采用“传输控制协议/网间协议(TCP/IP)”的包过滤防火墙产品安全保护等级划分所需要的评估内容。本标准适用于包过滤防火墙安全保护等级评估
信息安全技术　网络基础安全技术要求(GB/T 20270—2006)	规定了各个安全等级的网络系统所需要的基础安全技术的要求。本标准适用于按等级化要求进行的网络系统的设计和实现
信息安全技术　操作系统安全技术要求(GB/T 20272—2006)	规定了各个安全等级的操作系统所需要的安全技术要求，本标准适用于按等级化要求进行的操作系统安全的设计和实现
信息安全技术　数据库管理系统安全技术要求(GB/T 20273—2019)	规定了各个安全等级的数据库管理系统所需要的安全技术要求，本标准适用于按等级化要求进行的数据库管理系统安全的设计和实现
信息安全技术　入侵检测系统技术要求和测试评价方法(GB/T 20275—2021)	规定了入侵检测系统的技术要求和测试评价方法。技术要求包括产品功能要求、产品安全要求、产品保证要求，并提出了入侵检测系统的分级要求，本标准适用于入侵检测系统的设计、研发、检测和实现
信息安全技术　信息系统安全等级保护基本要求(GB/T 22239—2019)	规定了不同安全保护等级信息系统的基本保护要求，包括基本技术要求和基本管理要求，适用于指导分等级的信息系统的安全建设和监督管理
信息安全技术　信息系统安全等级保护定级指南(GB/T 22240—2020)	依据国家信息安全等级保护管理规定制定本标准
ISO/IEC27000 系列标准	ISO/IFC27001《信息安全管理体系要求》源于 BS 7799—2《信息安全管理体系规范》，是建立信息安全管理体系的一套规范，其中详细说明了建立、实施和维护信息安全管理体系的要求

5.4.3 数字海洋工程实用规范

数字海洋工程实用规范是标准体系中针对某一适用范围的、具有专用性条款的标准，是指具有针对某个目标、对某一类信息、实现某种操作的标准，形成数字海洋建设的实用规范体系。例如应用得比较多的实用规范有 7 项，参考标准见表 5-19。

表 5-19　**数字海洋实用规范参考标准**

标准规范名称	内容说明
我国近海海洋综合调查与评价专项技术规程	规定了近海海洋综合调查与评价的基本要求，规程包括海洋水文、海洋气象和海气边界层等综合调查技术要求和评价要求
海洋专题数据产品制作规范	规定了海洋专题数据处理任务分工、数据处理流程、数据集制作要求。包括《海流预报产品制作规范》(HY/T 0373—2023)、《海温预报产品制作规范》(HY/T 0374—2023)、《海浪预警报产品制作规范》(HY/T 0375—2023)、《风暴潮预警报产品制作规范》(HY/T 0376—2023)、《海啸警报产品制作规范》(HY/T 0377—2023)、《海冰预警报产品制作规范》(HY/T 0378—2023)
数字海洋节点产品更新规定与规范	规定了数字海洋节点产品更新技术要求
海洋环境基础调查数据 XML 标准	规定了描述网络上的调查数据内容和结构的标准
海洋科学数据库建设标准	规定了海洋科学数据库建设总体要求，海洋科学数据库建设流程和质量要求，国际通用代码；中国近海和西北太平洋温盐深密数据库规范
海洋数据应用记录格式(GB/T 12460—2006)	规定了海洋气象数据、水文数据、海洋生物数据、海洋化学污染数据、海洋声光、水深数据、海洋地质和海洋台站记录数据的结构要求、以及代码格式
基于 XML 的海洋信息元数据标准	规定了海洋信息进行分类统一编码，将海洋信息元数据分为文件状态信息元数据标准、数据库状态信息元数据标准和计算机服务元数据标准，并给出了 XML Schema 定义。规定了文件命名的原则，编号规则和编码方法
我国近海海洋综合调查要素分类代码和图式图例规程	规定了我国近海海洋综合调查要素分类代码和图式图例的规程
近海可再生能源调查技术规程	规定了近海可再生能源调查内容与技术指标、调查基本方式和方法、数据统计处理方法、数据整理和资料汇编

下编：实践篇

秉承“教学做合一”的原则，将数字海洋工程基础理论与数字海洋应用系统设计与开发实践有机结合，基于联合国教科文组织 CDIO (Conceiving-Designing-Implementing-Operation)工程教育改革创新人才培养模式下创新应用项目引导驱动的数字海洋工程教育实践体系和国际高等工程教育盛行的 CBE(Competence Based Education)的能力本位教育方法，培养学生在数字海洋工程实践中创新应用能力。

第 6 章　数字海洋工程设计

6.1　数字海洋工程建设的基本原则

数字海洋工程是一种面向各海洋领域应用、面向所有用户的广域分布的信息基础设施；是在现代高新科技背景下，各种海洋信息系统建设由点到面发展的一个基于网络的面向国家级、省级、市级，并能为将来县级用户预留接口的网络信息系统。数字海洋工程初期的开展主要集中于一些业务数据具有“强”空间分布特性的部门，例如海洋功能区划、海洋使用管理和海洋环境监测等。随着数字海洋工程应用领域的不断扩展，许多其他领域的机构也开始采用数字海洋工程技术，包括业务数据具有“弱”空间分布特性，数字海洋工程技术服务覆盖整个海洋专门业务。由于服务的专业对象日益复杂，技术要求不断提高，数字工程的建设需要经历一个大而复杂，且相对长期的过程。其涉及的对象、建设的内容、影响的广度和深度都是其他系统工作难以比拟的。

数字海洋工程的建设不是简单的原理及方法的堆砌，而必须是基于系统科学方法的思想指导下的工程化建设过程。根据具体工程的各部分工作先后次序的差异、用户急需程度的不同，也为了保证阶段性成果尽快投入运转，尽快收到实效，可以对具体数字工程项目进行分期划分。由于项目实施的不同阶段各有不同侧重点，投入力度也应有所侧重，前期工程应奠定系统的基石与核心，是工程实施工作的重点，后续工程则是完善与巩固提高的过程。数字海洋工程需要技术、资金、人力和物力的大量投入，需要统筹规划，分步实施。数字海洋工程总体建设目标：

(1)功能实用，技术先进。从实用的观点出发来考虑网络系统的总体结构，满足系统技术要求，同时应该选用先进的符合国际标准的可以用于开发的产品。

(2)模块开发，便于扩展。数字海洋工程应该采用模块化设计，对用户需求的变化，能够快速做出调整；同时系统又具备一定的开放性，以保证系统未来的扩展。

(3)工程设计，性能可靠。在系统设计过程中充分考虑软件工程过程的要求，在达到系统业务需求的前提下，确保更高的可靠性。

(4)无缝集成，运行高效。数字海洋工程是在数字海洋数据仓库、三维可视化系统、运控系统等基础之上搭建的网络化应用平台，平台必须满足与其他单元的可集成要求。系统可集成性一方面要体现数字海洋整体的集成，使系统处于数字海洋信息基础框架之中；另一方面，在综合管理系统内部，构成综合管理系统的所有子系统均能有机集成，保证整体系统的高效性。

数字海洋工程设计原则：

(1)统一性原则：

系统建设本着统一规划、分步实施原则，做到统一标准、统一界面、统一用户管理、统一认证、统一交换、统一管理。以应用需求为导向、以网络互联为基础、以信息资源共享为核心，提高工作效率和服务水平。

(2)可扩充性原则：

系统基于平台化定制生成，采用基于组件技术构建应用软件系统，便于系统扩展和应用部署，并且这种基于平台化构建的系统在业务流程定制、组织机构定制等方面非常灵活，从而使得系统在技术上和业务上都有着极强的扩展性。

(3)可靠性原则：

系统需要提供长期连续不断的可靠运行，因此必须配备完善的可靠性措施。根据系统业务化运行的要求，设计稳定可靠的系统架构；项目建设中要加强对项目的质量管理和性能优化测试等工作，以保证交付的成果准确；建立包括网络、服务器、数据库性能的监控和故障恢复策略，保证物理层的高度可靠；充分考虑项目关键应用的可靠性要求，在关键环节配备多种高可用性方案，最大限度上杜绝影响系统正常运行的因素；同时在运行维护制度上进行不断完善，保障系统的可靠运行。

(4)信息安全原则：

系统建设根据相关信息安全管理的规定，结合本系统建设的实际情况，坚持适度安全、技术与管理并重、分级与多层保护和动态发展等原则。

(5)实用性原则：

系统的建设要面向未来，技术必须具有先进性和前瞻性，但同时也要坚持实用性原则。在满足系统高性能的前提下，坚持选用符合标准的，先进成熟的产品和开发平台，构建一个投入合理、功能实用的系统。

(6)开放性和先进性原则：

所选系统平台应遵循国际、国内开放系统标准及协议，属于当前业界的主流产品，并已经得到广泛使用，占有较高的市场份额。同时系统设计理念先进，确保系统的开放性和先进性。

6.2　数字海洋工程建设规划与准备

数字海洋工程的实施一般分成了相对独立三大项，并按照实施的先后顺序进行了组织。宏观上分为工程前期规划与准备、工程设计与实施、工程交付与运行使用三大步骤。依据数字海洋工程总体框架，数字海洋工程建设规划包括基础层规划、应用层规划、服务层规划以及通用技术规划、信息安全规划和工程组织准备等。

6.2.1　基础层规划

指数字海洋基础地理空间信息共享平台的内容与技术规划。数字海洋的典型特征是与海洋基础地理空间信息存在密切关系。主要表现在数字海洋的大部分海洋管理和服务信息系统或多或少地依赖于海洋基础地理空间信息。通过海洋基础空间信息共享平台系统，可以支撑基于基础地理空间信息的数字海洋各类管理信息系统的正常运转，可以提高各类关联海洋基础地理空间信息的各类管理信息系统的运行效率和服务水平。

1. 海洋空间信息共享平台内容规划要求

(1)海洋基础空间数据采集加工。满足相关专业规范的数据精度，采集图形、属性、文档图表和多媒体数据，要素分类及代码体系符合国标行标规范，拓扑处理、属性参考、数据分层，分层、属性和接边检查处理，常用平台数据格式双向转换。

(2)海洋基础空间数据输入输出。支持电子海图、海洋调查(例如908专项)海底地形地貌图、海岸带4D(DLG、DEM、DOM、DRG)数据等转入，支持以图纸和成果表形式保存的资料录入，支持图片、照片、文本、数字扫描输入，支持存在于其他系统的数据导入，符合制图标准的各种规格图纸输出，专题图制作输出，矢量图与影像图叠加输出。

(3)海洋基础空间数据编辑处理。符合标准的图形属性数据编辑，符合标准的图示图例数据编辑，数据拓扑处理，数据质量检查，地图投影交换处理，数据拼接。

(4)海洋基础空间数据建库管理。数据预处理、数据入库，数据库完整性和一致性数据检查，查询数据更新时间、结果和范围，历史数据存储与恢复，按图层、图幅、制定范围和要素级更新，多种数据备份和恢复。

(5)海洋基础空间数据查询统计分析。快速定位至查询工具，现状和历史图形与属性组合SQL查询，元数据与图形数据互查，图形与属性数据互查，查询统计和输出结果的电子化和打印输出，坐标、长度、高差、面积的计算和统计，任意剖面、区域切割，任意带状图制作，缓冲、叠加、网络和三维空间统计分析。

(6)海洋基础空间信息共享服务。实现基础空间数据共享框架体系，依托基础空间数据共享框架标准，实现共享框架数据导入导出，依托共享框架数据实现多行业空间信息共享。

(7)海洋基础空间信息分发服务。说明数据加工类型，数据库、元数据、字典等数据与服务目录，信息检索工具，应用程序目录、功能、操作和示例说明，数据显示、表率、整饰和服务内容说明，分发数据的产品使用和产品表示说明，常用数据格式转换服务，分发服务数据更新，实现本地分发和远程分发，分发服务安全机制。网上浏览、查询、分析和下载，提供特定用户数据服务，实现分发服务监管。

(8)海洋基础空间信息系统维护。系统基础环境安全，网络划分合理网段，网络安全、入侵、病毒、访问的检测，操作系统安全措施，数据安全措施，应用系统软件安全措施，独立安全审计和监控，设置操作系统管理权限，设置数据库系统管理权限，设置应用系统管理权限，网络设备管理权限分级设置，基础空间数据分级分类保护，系统和网络软件备份，海洋基础空间数据备份，软件升级保证系统和数据安全，硬件升级保证系统和数据安全。

2. 海洋空间信息共享平台技术规划要点

(1)动态查询分析技术。可配置统计条件生成/工具，基于图形的统计分析/工具，基于属性的统计分析/工具。

(2)专题表现生成技术。基于图形统计结果的专题报告生成/工具，基于属性统计结果的专题报告生成/工具，图文表一体化专题报告生成/工具。

(3)维护配置管理技术。数据配置管理/工具，硬件配置管理/工具，软件配置管理/工具，网络配置管理/工具，人员配置管理/工具，权限配置管理/工具。

(4)数据导入导出技术。图形数据导入导出，属性数据导入导出，多媒体数据导入导出，数据格式转换规则定义。

3. 海洋空间共享信息标准与框架规划要求

(1)编制海洋基础空间信息共享框架标准。

(2)编制海洋地理信息编码标准。

(3)建设海洋基础空间信息共享框架数据库。

(4)初步实现海洋功能区划、海域使用保护管理、海洋环境监测和交通海事行业等空间信息共享。

(5)初步实现关联空间信息行业的空间信息共享需求。

6.2.2　应用层规划

数字海洋的应用层由海洋领域多专业管理信息系统组成。规划首先需要依据已有的《海域管理信息系统建设技术规程》《海洋功能区划管理信息系统建设技术规程》，制定《海洋领域行业信息化示范工程技术导则》和《数字海区示范工程技术导则》等具体规划细则，这里举例说明应用系统的规划要点。

1. 基于空间信息应用系统规划要求

(1)海洋功能区划管理信息系统：规划“两证一书”管理；规划监测管理；规划政府网站；规划管理案卷数据库；规划管理空间数据库；规划监测数据库。

(2)海域使用保护管理信息系统：海域使用动态监测管理；海籍权证管理；海域权属交易管理；海域使用申请“环评、论证”管理；海域使用权人资质信用管理；海域使用管理政府网站；海域权属交易数据库；海域使用权人信用数据库；海域使用动态监测业务管理数据库。

2. 关联空间信息应用系统规划要求

(1)海洋环境监测管理信息系统：海洋环境监测设施管理信息；海洋环境水质管理；海洋环境大气管理；海洋环境政策法规管理；海洋环境状况预报发布；海洋环境灾害预警；海洋环境技术管理；海洋环境安全管理；海洋环境监测数据库。

(2)海洋渔业综合管理信息系统：海洋渔业设施管理；海洋渔业生产管理；海洋渔业生产安全管理；海洋渔业市场管理；海洋渔业产品检疫检验管理；海洋渔业生产数据库；海洋渔业政策法规管理；海洋渔业生产服务网站；海洋渔业生产物资管理。

3. 基于/关联空间信息应用系统共性技术要点

(1)工作流程支撑技术。包括可视化工作流配置界面、图形化工作流配置界面、业务流程配置/工具、事件定义配置/工具、业务角色配置/工具、业务表单配置/工具、组织机构配置/工具、角色权限配置/工具、事件督办配置/工具等。

(2)内容管理支撑技术。包括多媒体数据输入、存储、查询和输出/工具、多媒体数据编辑、整合和专题制作/工具、多媒体数据发布模板定义/工具、多媒体数据发布/工具等。

(3)表单自动生成技术。包括输入表格生成/工具、输出表格生成/工具、统计表格生成/工具等。

(4)信息检索查询技术。包括信息全文检索查询/工具、信息搜索引擎等。

(5)动态统计分析技术。包括可配置统计条件生成/工具、基于图形的统计分析/工具、基于属性的统计分析/工具等。

(6)专题表现生成技术。包括基于图形统计结果的专题报告生成/工具、基于属性统计结果的专题报告生成/工具、图文表一体化专题报告生成/工具等。

(7)图文表管一体化技术。包括 GIS 数据编辑、管理、分析和专题制作，RS 数据编辑、管理、分析和专题制作，办公 office 软件环境融合，基于业务流程的图、文、表、管一体化管理等。

(8)维护配置管理技术。包括数据配置管理/工具、硬件配置管理/工具、软件配置管理/工具、网络配置管理/工具、人员配置管理/工具、权限配置管理/工具等。

(9)数据导入导出技术。包括图形数据导入导出、属性数据导入导出、多媒体数据导入导出、数据格式转换规则定义等。

6.2.3 服务层规划

数字海洋服务层总体上以电子政务、电子商务和政府公众服务网站方式集中体现。在数字海洋初级阶段的总体规划设计中，以政府信息门户网站服务为代表的信息服务，成为数字海洋管理和服务的主要渠道。海洋服务政府信息门户网站总体规划如下：

1. 海洋服务政府信息门户网站内容规划要点

(1)海洋行政管理方面。包括行政管理领导、行政管理工作、行政管理动态、海洋行政法律法规、行政管理领导信箱(例如海湾长信箱)等。

(2)海洋经济方面。包括海洋经济工作、海洋牧场建设、港口航道设施建设、渔港建设、临港开发园区、海洋经济产业基地等。

(3)海洋生态环境方面。包括海洋环保监测预警、用海环境评价、海洋生态保护与修复、海洋生物保护、海洋历史文化、风景名胜保护、海洋生态环境信息产品制作与发布等。

(4)海洋文化方面。包括海洋文化保护规划、海洋文化建设、海洋历史文化保护、风景名胜保护、海洋文化宣传展示、海洋旅游设施开发建设等。

(5)网上业务办公方面。包括办事指南、在线办理、在线答疑、审批目录等。

(6)数字地图方面。包括天地图 API、海洋卫星专题影像图、海岸带行政区划图、电子海图、海洋功能区划图、海洋使用现状图、海籍图、海岛图、海洋文化教育专题图、海区公共交通图等。

2. 海洋服务政府信息门户网站技术规划要点

(1)信息发布技术。为了方便政府信息的发布、管理、维护和交流，提高日常处理效率，需要采用一套基于 Internet 的网上发布与管理技术，集内容生成、审批、发布功能于一体，满足政府信息门户网站管理发布的基本需求。

(2)信息检索技术。包括全文检索工具和搜索引擎工具，在 Internet 和 Intranet 快速搜索全文或信息目录。

(3)权限维护技术。在网络和异构数据库环境下，用户访问角色和权限分配与管理的工具。

(4)信息加密技术。系统提供统一的加密工具，保证信息的私密性和完整性。系统中的敏感信息都应该加密存储，如用户口令、信用卡号码、带有密级的公文等。

(5)电子邮件技术。在 Internet 和 Intranet 环境下，方便配置和收发电子邮件。

(6)消息平台技术。提供完善的消息工具：通过浏览器页面上的动态符号文字提醒进行自动提醒。提醒信息主要包括待办工作、通知、收到文件等。提醒方式可以定制，支持声音、弹出对话框、播放程序等形式。

6.2.4　安全层规划

网络信息系统的安全性至关重要，而且涉及网络信息系统的各个方面。从系统体系结构角度出发，对应于 OSI 开放式体系结构模型，规划出数据中心网络安全的体系结构。网络通信系统的安全建设可划分为 6 个层次：环境层、硬件层、网络层、操作系统层、数据库层、应用层。这 6 个层次之间彼此关联，构成一个自底向上的安全链，共同保障整个系统的安全。

1. 系统环境安全

网络信息系统一般都有一个集中型的硬件放置环境，即中心机房。机房的安全可以从以下几个方面考虑。

(1)供配电系统。网络信息系统的供配电系统要求保证对机房内的主机、服务器、网络设备、通信设备等的电源供应在任何情况下都不会间断，做到无单点失败和安稳可靠，这就要求两路以上的市电供应，N+1 冗余的自备发电机系统，还有能保证足够时间供电的 UPS 系统等。

(2)防雷接地系统。为了保证网络信息系统机房的各种设备安全，要求机房设有四种接地形式，即计算机专用直流逻辑地、配电系统交流工作地、安全保护地、防雷地。

(3)消防报警及自动灭火系统。为实现火灾自动灭火功能，在网络信息系统设备的放置地，还应该设计火灾自动监测及报警系统，以便能自动监测火灾发生，并且启动自动灭火系统和报警系统。

(4)门禁系统。对于大型网络信息系统，安全易用的门禁系统可以保证网络信息系统的物理安全，同时，提供管理的效率，其中需要注意的原则是安全可靠、简单易用、分级制度、中央控制和多种识别方式的结合。

(5)保安监控系统。网络信息系统的保安监控包括如闭路监视系统、通道报警系统和人工监控等。

2. 硬件设备安全

硬件安全分为两个层面：主机系统的安全和存储系统的安全。为了保证主机系统的安全，首先应该关注单机设备的高可靠性。为了充分保证关键主机设备的高可靠性，特别是处理器高可靠性，一种有效的做法是采用 SMP 技术(多线程)。另一种保障主机系统硬件安全的有效手段是采用集群技术。集群技术可以有效地应对主机系统的安全风险，大大提高系统的整体性能。

存储系统的安全。存储系统是网络信息系统关键数据的物理放置地，存储系统的安全性应当高度重视。保障存储系统安全的主要手段是备份技术，通常采用的技术有：磁盘阵列技术、磁带技术、NAS(网络附加存储)、SAN 技术(存储区域网)等。具体实施可以根据实际情况采取相应的手段。

3. 网络通信安全

网络安全问题在网络信息系统的技术设计中是重要的问题之一，网络信息系统提供的业务运行、业务协作、客户端访问、数据存取与备份等各项内容均与网络安全有紧密的联系。网络信息系统的安全问题可分为三个层次：系统自身的安全防护、系统为使用者提供安全服务所需的安全防护和数据传输过程中的安全保证。应该合理设计网络拓扑结构、实施网络安全监测系统、防火墙系统、入侵检测系统、病毒防范系统、智能卡系统和数据加密系统。

(1)安全的网络拓扑结构。通过合理划分网段，利用网络中间设备的安全机制控制各网段间的访问，保证网络安全。例如：核心数据服务网段和应用服务网段的划分方法。以此防止预攻击探测、窃听等方法搜集信息，然后避免 IP 欺骗、重放或重演、拒绝服务攻击、分布式拒绝服务攻击、篡改和堆栈溢出等大量安全隐患和威胁。

(2)网络安全监测系统。寻找一种能查找网络安全漏洞、评估并提出修改建议的网络安全扫描工具，利用优化系统配置和打补丁等各种方式最大可能地弥补最新的安全漏洞和消除安全隐患。

(3)防火墙系统。防火墙的目的是要在内部、外部两个网络间建立一个安全控制点，通过允许、拒绝或重新定向经过防火墙的数据流，实现对进出内部网络的服务和访问的审计和控制。具体来说，设置防火墙的目的是隔离内部网和外部网，保护内部不受攻击，实现以下基本功能：禁止外部用户进入内部网络，访问内部机器；保证外部用户可以且只能访问到某些指定的公开信息；限制内部用户只能访问到某些特定的 Internet 资源，如 www 服务、ftp 服务(File Transfer Protocol 文件传输协议)、Telnet 服务(Telnet 协议通过网络提供远程登录或虚拟终端能力)等。防火墙有两类，即标准防火墙和应用层网关(Applications layer gateway)，随着防火墙技术的进步，在应用层网关的基础上又演化出两种防火墙配置，一种是隐蔽主机网关，另一种是隐蔽智能网关(隐蔽子网)。

目前技术最复杂而且安全级别最高的防火墙是隐蔽智能网关，它将网关隐藏在公共系统之后使其免遭直接攻击。

(4)网络实时入侵检测系统。防火墙虽然能抵御网络外部安全威胁，但对网络内部发起的攻击无能为力：动态地监测网络内部活动并做出及时响应，要依靠基于网络的实时入侵监测技术。通过监控网络上的数据流，从中检测出攻击的行为并给予响应和处理，实时入侵监测技术还能检测到绕过防火墙的攻击。

(5)病毒防范系统。病毒防范系统应在文件服务器、E-Mail 服务器等最易感染或传播病毒的服务器上安装。实施办法是在需要病毒防范功能的服务器上安装病毒防范软件，通过统一的控制台对信息系统的所有病毒防范系统进行管理，包括统一的分发、维护、更新和报警等。

(6)智能卡系统。智能卡就是密钥的一种媒体，由授权用户持有并由该用户赋予它一个口令或密码字。该密码与内部网络服务器上注册的密码一致。当口令与身份特征共同使用时，智能卡的保密性能还是相当有效的。将其应用在网络信息系统中可以提升整个系统的安全性。

(7)数据加密系统。当前数据加密系统中采用的数据加密技术主要分为数据传输技术、数据存储技术、数据完整性的鉴别技术以及密钥管理技术四种。应该结合实际需要采用 PKI 认证(公钥基础设施)加密体系、CA 技术(数字证书认证中心)、VPN 技术(虚拟专用网)等已经被广泛应用的成熟技术。

4. 操作系统安全

操作系统安全也称主机安全，由于现代操作系统的代码庞大，从而不同程度上都存在一些安全漏洞。另外，系统管理员或使用人员对复杂的操作系统和其自身的安全机制了解不够，配置不当也会造成安全隐患。一个安全操作系统必须具备几个方面的特征：①能进行身份认证和验证；②能进行访问控制；③能防止对象重用；④能对日常操作进行审计等。

对操作系统这一层次需要功能全面、智能化的检测，以帮助网络管理员高效地完成定期检测和修复操作系统安全漏洞的工作。系统管理员要不断地跟踪有关操作系统漏洞的发布，及时下载补丁来进行防范，同时要经常对关键数据和文件进行备份和妥善保存，随时留意系统文件的变化。

5. 数据库安全

许多关键的业务系统运行在数据库平台上，如果数据库安全无法保证，其应用系统也会被非法访问或破坏。数据库安全隐患集中在：

(1)系统认证：口令强度、账号时限、登录攻击等。

(2)系统授权：系统访问权限、角色操作权限、登录时间超时等。

(3)灾难回复：备份恢复的策略。

(4)系统完整性：数据安全、存储安全。

针对上述的安全问题．数据库的安全保护主要考虑如下几条原则：

(1)应有明确的数据库存取授权策略；

(2)重要信息在数据库中应有安全保密和验证措施；

(3)关键的数据库信息应进行安全备份，以防止突发灾难；

(4)可以采用基于数据库的扫描检测技术，检查数据库特有的安全漏洞，全面评估所有安全漏洞和认证、授权、完整性方面的问题。

6. 应用安全

网络信息系统在进行应用设计时应充分考虑安全性问题，例如：身份验证、访问控制、故障恢复、安全保护、分权制约等。与此同时，制定应用开发规则，采用什么样的开发方法关系到应用系统的安全。例如采用面向目标的程序设计开发方法及 Java 技术实施应用就可以提高可靠性和安全性。

6.2.5 工程前期准备

前期准备阶段是指数字海洋工程建设的任务提出到调研立项这一过程。一般包括：调研考察、可行性与必要性分析研究、工程实施环境准备、总体工程筹划、论证立项五个步骤。

(1)调研考察：管理、业务、服务等方面实际工作中的原始需求是推动数字海洋工程建设任务提出的直接动力。当数字海洋工程建设纳入议事日程后，首先要做的就是调研考察。其内容主要包括：原始需求调查、现有相关实例、当前相关支撑技术发展、工程建设环境的调查等。

(2)可行性与必要性分析研究：调查获得的材料、信息需要结合技术、经济、社会以及相关现状等各方面的因素综合分析，得出可行性分析报告和项目建议书，并组织专家和领导进行评估，并形成工程建设意见和建议。

(3)工程实施环境准备：若可行性分析报告评估后拟进行立项，那么就要根据评估意见和建议为数字海洋工程的实施进行环境准备。

(4)总体工程筹划：总体规划是对工程建设作全面、长期的考虑。该步骤需要对需求做进一步的调查，综合各种因素作进一步分析，提出工程建设的阶段划分以及人力、财力、物力要求和各阶段的投入计划。

(5)论证立项：基于可行性分析报告和环境准备情况的基础上，形成立项报告，并组织相关领域的专家进行评估。形成专家评估意见后连同立项报告提交主管领导或部门进行审批。审批通过即可进行下一个环节——设计与实施。

6.3 数字海洋工程建设的设计与实施

数字海洋工程建设实施，首先要设计数字海洋工程总体框架和详细实施方案。一般工程构架设计与实施阶段包括详细调查分析、总体构架与细节设计、实施三个步骤。

6.3.1 详细调查分析

详细调查分析是对现状和需求的更深层次的发现，并进行系统、详细的分析，形成需求分析报告为下一步的设计作准备。

海洋事业的迅速发展，都得益于海洋调查、海洋观测、海洋测量和海洋技术等领域的不断改进，获取海洋基础数据和信息手段的不断丰富，为各项海洋工作提供了及时有效的信息产品服务和重要的技术支撑。调查分析各项海洋工作的发展对海洋信息的需求将更加迫切，海洋管理的信息需求主要调查分析如下几方面。

1）维护海洋权益和国家安全的信息需求

进入 21 世纪以来，世界处于大变革、大调整、大变化之中。和平与发展仍然是时代主题，然而全球性挑战日益增多，新的安全威胁因素不断出现。海洋是人类赖以生存的“蓝色国土”，它承载着众多丰富的自然资源，蕴藏了巨大的经济利益。当前，世界各国，特别是我们的周边国家已对此有了充分且深刻的认识。我国在东海大陆架、钓鱼岛、黄海、南海都不同程度地存在着资源被掠夺，或者资源被侵占的现象，海洋权益受到严峻挑战。在当今这个信息时代，能否全面掌握并操控领海范围内的相关海洋信息，拥有对全球海洋信息的控制权，直接关系着一个海洋大国的命运和未来。将海洋信息发展与应用作为一项长期的战略任务，是维护海洋权益、建设海洋强国的必由之路。

2）实施海洋开发战略部署的信息需求

海洋信息产生于人类对海洋开发利用的过程，要不断升华这一过程同样离不开海洋信息的支持。当前，海洋开发已不再局限于传统意义上的航行、捕鱼、制盐，而随着社会发展和大量先进的科学手段在海洋活动中得到应用，旅游、可再生能源、油气、渔业、港口和海水等已经成为海洋资源开发利用的主要方向。海洋开发对于科学技术的依赖性越来越强，对于海洋的认识程度和海洋信息的掌握程度直接决定着海洋开发利用的层次与水平。只有掌握全面丰富的海洋信息资料，同时结合科学先进的信息集成、展示、提炼和分析等应用手段，才能为海洋开发提供可靠的信息保障，才能尽可能规避海洋开发的破坏性、随意性与盲目性，实现海洋开发利用的科学规划与合理部署。

3）促进我国海洋可持续发展的信息需求

改革开放以来，我国海洋经济迅速发展，但是基于开放型、资源型发展基础上的快速增长，造成了一段时期内的海洋资源过度开发与浪费、海洋环境严重恶化。为了避免海洋开发中可能出现的无序状态，保证海洋经济发展、海洋资源利用与海洋环境保护的协调统一，走可持续发展道路已明确成为我国海洋事业发展的基调与原则，而以遥感、测绘与通信等为核心的海洋信息技术是拓宽海洋可持续发展道路的重要方式。高分辨率的海洋遥感数据、实时的海洋监测数据、长时段的数值模拟研究等无疑会成为探索海洋生物多样性、研究海洋气候变化、预测海洋生态环境演变等关键问题的重要突破。

4）推动我国海洋管理科学化和现代化的信息需求

海洋管理在世界各国尤其是在海洋大国的国家利益中占有非常重要的位置。随着《海洋环境保护法》《海域使用管理法》和《海岛保护法》的颁布与实施，我国海洋管理工作已经开始走向法治化管理轨道。随着海洋管理工作的不断深入，对信息技术的需求也在不断提高。利用“3S”、数据库和计算机网络等高新技术手段，建立规范的海洋管理信息系统以及各类数据库，实现海洋信息采集、存储、检索、分析，交换和集成全流程的数字化，这一全新的信息化管理模式，较之传统的管理手段，不仅可以规范管理过程、提高工作效率、增强服务能力。而且可以通过为海域使用管理、海洋环境保护、海洋资源管理和海洋执法监察等工作提供更加翔实有效的辅助决策信息，提升海洋管理决策的科学化水平。

6.3.2 工程总体构架与细节设计

总体构架与细节设计是在详细调查分析阶段所确定的需求分析报告的基础上进行概要设计和详细设计的。

数字海洋工程设计是遵照国家信息化的战略部署在海洋领域开展的工作，以数字海洋作为我国海洋信息化的重要体现，其目的是服务于国家的“海洋开发”整体战略，立足于“为国家决策服务、为经济建设服务、为海洋管理服务”，数字海洋工程设计应该以“维护海洋权益与国家安全、保护海洋生态与环境、提高海洋资源利用水平、促进海洋经济发展”为应用目标，形成海洋信息应用与决策支持服务能力以及对海上突发事件的应急响应能力，全面提高海洋管理科学化与社会化服务水平，为海洋可持续利用发展提供有力支撑。

随着新一代信息技术的飞速发展以及 GIS 被广泛应用于社会生产实践，进行数字工程建设成为一股热潮。许多部门机构为了进行信息化建设，纷纷着手建设适合需要高效的基于 GIS 应用系统的数字工程。数字工程设计目标就是通过优化系统设计方法，严格执行软件工程开发的阶段划分，进行各阶段质量把关以及做好项目建设的组织管理工作，达到增强数字工程系统的实用性、降低系统开发和应用的成本、延长系统生命周期的目的。选用合适的系统设计方法，可大大减少系统设计过程中的错误。这一点在系统设计过程中是十分重要的。实践证明，在系统实施和测试过程中发现错误，有 65%是由于系统设计不周造成的，而且，在这个阶段才发现错误并要进行改正的话，不仅需要进行很大的投资，而且大量的返工使得系统建设的周期被延迟。由此可见，在数字海洋工程开发过程中，进行合理、高效的数字海洋工程设计，是降低系统开发成本，提高系统建设效率、加强系统实用性的关键。

数字海洋工程软件不同于一般程序，它的一个显著特点是规模庞大，而且其程序复杂性将随着程序规模的增加呈指数上升。因此，要克服数字海洋工程软件危机，在开发过程中，就必须充分认识到数字海洋工程软件开发是一种组织良好、管理严密、各类人员协同配合、共同完成的工程项目，必须进行人员的分工合作、统一软件开发风格、制定软件开发的标准以及确定各层模块的开发目标等。数字海洋工程软件本身的特点给开发和维护带来一些困难，但是人们在长期的开发和使用数字海洋工程软件的实践中，总结出了许多成功的经验，数字海洋工程软件设计就是这些经验的主要表现形式。

由此可见，无论是从数字海洋工程软件开发的质量、效率、开发成本，还是从应对日益增长的软件需要和维护不断膨胀的软件数量角度来看，数字海洋工程设计都是在软件数量急剧膨胀、软件规模不断扩大的情况下，进行数字海洋工程开发所必须采纳的方法和实施的步骤。数字海洋工程设计强调的需求分析，根据应用领域的特点，数字海洋工程设计中的需求分析方法也不相同。需求分析是数字海洋工程设计的最基础的内容，需求分析的成功与否，直接关系到数字海洋工程建成后用户对数字海洋工程系统的接受度；数字海洋工程设计的另一内容是制定项目计划管理方案，项目计划管理方案的确定可以保证系统开发的人员安排以及对软件开发成本和进度的正确估计。而数字海洋工程设计中的系统设计可以确保对系统需求的实现和系统开发技术标准统一，以及系统功能的整体性，是保证系统质量的关键。数字海洋工程设计的系统实施和维护阶段对系统实现，并完成后期维护工作，保证系统的正常运行以及系统升级管理等具有重要意义。总之，数字海洋工程设计是满足人们对数字海洋工程系统日益增长的功能需求和维护好数量不断膨胀的数字海洋工程应用软件，保证数字海洋工程开发质量、提高效率、降低开发成本的一个重要手段，是人们在长期的系统开发和系统使用过程中总结出来的宝贵经验。

数字海洋工程作为一个特殊的软件工程领域，其主要特点是海量数据存储及空间数据与属性数据一体化管理，基于数字海洋工程本身的特殊性，数字海洋工程设计也有其自身的特点：

(1)数字海洋工程处理的空间数据，具有数据量庞大、实体种类繁多、实体间的关系复杂等特点。因此，在数字海洋工程设计过程中，不仅需要对系统的业务流进行分析，更重要的是必须对系统所涉及的地理实体类型以及实体间的各种关系进行分析和描述，并采用相关的地理数据模型进行科学表达。这些地理数据模型包括传统层次模型、网状模型、关系模型以及面向对象模型。基于地理数据的特点，面向对象模型对地理数据进行描述具有很大的优势。面向对象模型以接近人类思维方式，将客观世界的一切实体模型化为对象。每一种对象都有的内部状态和运动规律，不同对象之间的相互联系和相互作用就构成了各种系统。

(2)数字海洋工程设计以空间数据为驱动。数字海洋工程从某种意义上说就是一种空间数据库，数字海洋的功能是为海洋空间数据库提供服务，其主要任务是空间数据分析统计处理和辅助决策。因此，与一般软件以业务为导向建设系统的思想不同，数字海洋工程设计以数据为导向进行系统建设，系统的功能设计以提高数据的存储、分析和处理效率为原则。

(3)数字海洋工程投资大、周期长、风险大、涉及部门繁多。因此，在数字海洋设计中，项目管理是一个十分重要的部分。在项目计划管理中，需要完成以下工作：估计系统建设的投资效益，评估系统建设的风险性和必要性，制定系统的建设进度安排，保证系统建设的高效性，建立系统建设的组织机构和进行人员协调等。

6.3.3　工程实施

工程实施是工程的具体实现，包括标准平台的最终建立，网络平台、软硬件平台的整合更新，数据平台的整合搭建，专业应用平台的设计完成、组装与测试等。从建设内容时间顺序上，可分成五个时间段，即标准平台实施、网络平台实施和软硬件平台实施、安全平台实施、数据平台实施、应用平台实施以及专业应用实施。调查分析、设计、实施贯穿于每个平台实施的过程之中，具体的实施过程将在后续章节中作进一步阐述。

系统实施阶段的任务可概括为以下五个方面：

(1)硬件和软件的购置及安装。包括计算机、显示设备、存储设备、扫描仪、绘图机等输入、输出和分析处理设备以及各种支撑软件，如操作系统、数据库系统、编译系统的配置安装。

(2)程序的编写与调试。由于各模块的详细设计已经形成，只需要编写相关程序。一般的处理办法是自编程序，但对于一些比较特殊的成熟的算法可购买，程序编写后要进行程序测试，以减少程序的错误。

(3)系统的安装与调试，即对系统硬软件的安装及调试。

(4)培训服务。在购买硬件、编写软件的同时，应对用户进行培训。同时，这也是考验及检查系统结构、硬件设备和应用程序的过程。

(5)系统中有关数据的录入或转换。指的是各种地图数据及属性数据的输入或者从其他系统转化过来的过程，这个工作量是相当大的，需要耗费大量人力、物力和时间。

上述这几项工作之间存在着互为条件又互相制约的关系。没有模块的详细设计就无法编写程序；没有系统的安装，就无法培训操作人员；没有操作人员，数据就无法录入。同时，各项工作之间并不是都是彼此相继进行的，实施工作的总时间也不是各项工作时间段的简单相加。项目负责人应该依据实际情况，确定详细的系统实施计划，为各项工作安排相应的人力和进度表。

6.3.4 交付使用

交付使用阶段是数字海洋工程各平台按照总体规划和设计方案实施完成后的成果交付以及投入使用的过程，主要包括调试运行、工程验收、运行维护、评价更新、培训支持等。

(1)调试运行：该阶段是工程模拟真实环境测试检验各平台及相互配合是否符合建设目标，满足建设要求，该阶段可能是一个反复的过程，需要与设计实施阶段进行反复交流。该阶段的成功通过是数字海洋工程建设的一个里程碑。

(2)工程验收：验收是组织相关专家、领导、用户等根据试运行的报告和工程建设目标和指标体系进行审核、检查。该阶段的顺利通过标志着数字海洋工程建设的完成。

(3)运行维护：通过验收后，数字海洋工程将正式投入运行使用。这一过程是一个长期的过程，需要对数字海洋工程的各个平台进行维护活动，如监控、升级等。

(4)评价更新：是对数字海洋工程绩效及运行过程积累的问题进行评价，并准备新的请求。

(5)培训支持：系统的正式运行需要相配套的专业人员和技术人员。对这些人员的培训是一个长期的不断进步的过程。

6.4　数字海洋工程设计方法

为了保证数字海洋工程开发质量，降低开发费用及提高系统开发的成功率，必须借助科学的设计方法。

6.4.1　数字海洋工程设计理论基础

1. 数字海洋工程学思想

数字海洋工程设计的理论基础是工程学思想。系统工程学是研究如何应用科学知识，特别是工程学原理来提高系统分析和设计效率、提高系统质量、降低系统建设成本的学科。而数字海洋工程学是数字海洋本身发展和将系统工程学思想引入数字海洋工程设计的产物。数字海洋工程学在促进数字海洋工程的推广应用，加快数字海洋工程软件产业的发展方面具有十分重要的意义，可以看作数字海洋工程设计的方法学。数字海洋工程学特点包括以下几个方面。

1) 以空间信息系统工程优化为目的

除空间数据，数字海洋工程所涉及的数据还包括关系型数据、视频、音频、动画等多种数据。这些数据均按照统一地理空间坐标进行关联和索引。由于处理和应用的空间特性，数字海洋工程在系统设计、数据管理、功能组织和流程安排上都必须遵循和依据自身固有的逻辑和准则，也就决定了数字海洋工程学必须去研究和发掘其他学科所没有或不能把握的客观规律。

2) 跨多学科交叉融合

数字海洋是一门多学科交叉的领域，而数字海洋工程学是根据海洋科学、地理信息科学、系统工程学、软件工程学等学科特点形成的一套程序化的基本工作技术和方法，也就是为了达到预期目的，运用系统工程思想和最优化技术解决问题的工作程序和步骤。数字海洋工程设计必然和众多学科有着密切的联系。

3) 数字海洋工程学直接为可持续发展提供决策支持

数字海洋工程应用领域广泛，是国家或海洋空间信息基础设施建设的基本内容。数字海洋工程包括海洋功能区划、海洋使用保护管理、海洋生态环境管理、海洋资源开发管理、海洋经济发展、全球变化问题、海洋可持续发展等。数字海洋工程建设以 GIS 海量空间数据处理和管理为核心，进行空间分析、数值模拟、统计分析，并为可持续发展提供决策支持。

4) 与数字海洋产业化密切联系

研究机构和企业界的积极参与和技术创新一直是数字海洋工程学的主要内容之一。数字海洋工程学既是理论体系，又是现实的生产力，是数字海洋产业化的重要保障。因此，必须从产、学、研、政互动的高度把握我国数字海洋工程学的发展，研究数字海洋工程学体系和方法论。

2. 数字海洋工程学体系

数字海洋工程学体系主要由任务、基础理论和方法论三方面组成。它的基本任务是运用系统论的理论和方法，实现数字海洋工程的最优设计、最优管理和最优运行，求得系统总体最优化。其基础理论主要包括系统学、地理信息科学、海洋科学和系统工程学等。方法论是根据这些理论而形成的一系列程序化的基本操作技术与方法，也是为了达到预期目标，根据系统工程思想，采用最优化技术解决问题的工作程序步骤。许多学者、工程师和系统分析人员，在数字海洋工程项目的实施过程中，对数字海洋工程的实施方法进行了大量的研究与探索。

由于不同数字海洋工程的差异性和复杂性，公式化地制定一套数字海洋工程设计方法显然是不现实的，也抹杀了数字海洋工程建设的创造性和能动性。但是，实践证明，通过对数字海洋工程的研究，采用通行的标准法则，能够总结形成一些针对特定问题集的一般方法，供工程人员剪裁、取舍和参考运用。如图 6-1 所示为 GIS 工程的三维结构，是系统工程学创始人之一霍尔(A. D. Hall)提出的，是目前比较经典的、影响较大的 GIS 系统工程基本方法。它将系统工程活动的方法体系分为前后紧密衔接的七个步骤和七个阶段，并同时考虑到为完成各个步骤和阶段所需的各种专业知识。其中，时间维表示工作阶段，即按照时间顺序划分的 GIS 工程活动的具体过程；逻辑维表示按照 GIS 工程方法分析问题和解决问题的逻辑思维过程，一般分为图 6-1 中所示的逻辑维上的几个步骤；知识维表示为完成上述各个步骤、各个阶段所需的知识和专门技术，图中列出了可能涉及的一些学科。

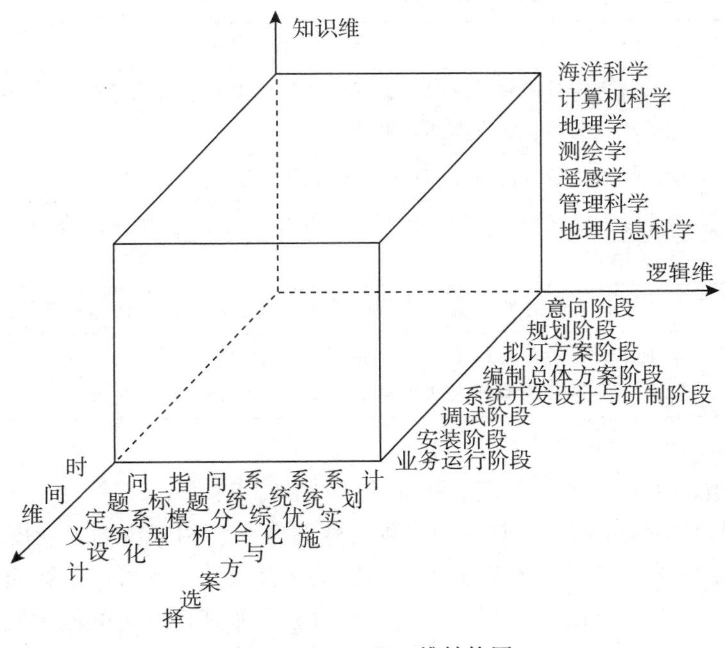

图 6-1　GIS 工程三维结构图

3. 数字海洋工程学基础

数字海洋工程学来源于系统工程学、软件工程学、地理信息科学和海洋科学的结合，系统学、系统工程学、软件工程学、地理信息科学都是其理论基石。

1) 系统学思想

“系统”一词最早出现在古希腊语中，原意是指事物中的共性和每一事物应占据的位置，也就是部分组成整体的意思。随着现代科学技术的发展，人们对于系统概念认识不断深化，逐渐发展成以各种类型的系统作为研究对象的完整的系统科学体系，包括其基础理论——系统学和应用理论——系统工程学。

系统可以定义为由相互作用、相互依赖的若干组成部分(要素)构成的具有一定功能的有机整体。系统不是不可分割的单一体，而是一个可以分成许多部分的整体，这个整体又是一个更大系统的组成部分。每一个系统都有其独特的层次结构、功能与环境。表 6-1 说明了系统的一般特征及其对系统设计的影响。

2) 系统工程学

“系统工程”这个专用名词在 20 世纪 40 年代由美国贝尔电话公司提出，后来逐步成为一门组织管理技术。一般认为，系统工程是以大型复杂系统为研究对象，按照一定目标对其进行研究、设计、开发、管理和控制，以期达到总体效果最优的理论和方法。在系统科学体系结构中，系统工程学属于工程技术类，是一门应用性很强的学科。系统工程是包括了很多类工程技术的综合性技术与方法。它可对众多领域提供一般性的方法。

表 6-1　**系统的一般特征及其对系统设计的影响**

一般特征	对系统设计的影响
整体性	对系统进行分析和设计时，必须以整体为基础，充分考虑系统各个要素或各层次的相互关系，实现整体效果最优
层次性	层次结构决定系统目标和功能分解的认知途径
相关性	各个要素之间相互作用、相互依赖的关系决定要素间的功能布局及系统的内在结构与性质
功能性	分析设计系统时要根据系统的目标层次设定其要素的状态和功能结构
动态性	系统分析时要考虑系统的生命周期、系统环境适应性，以及要求系统能随着环境的变化不断调整其内部各要素的状态、功能与相互关系

相对于一般的工程技术，系统工程学具有以下特点：

(1) 系统工程学研究的对象是一个表现为普遍联系、相互影响、规模和层次都极其复杂的大系统。它既可以是自然系统，也可以是社会系统；既可以是物质系统，也可以是非物质系统。一些复杂的巨系统都是其研究对象，尤其是对于类似大气系统、海洋系统、环境系统这样的巨系统，只有借助系统工程学，才能进行深入研究。

(2) 系统工程学的知识结构复杂，是自然科学和社会科学相交叉的边缘学科。传统工程的知识基础一般仅限于自己的专业领域，只要对本专业的知识有较深的研究，才能基本上解决工程建设问题。而系统工程则要用到自然科学(如数、理、化、生等)和社会科学(如社会学、心理学、经济学等)的多种知识，是多学科综合的研究领域。

(3)从某种意义上讲，系统工程学是方法学，是泛化系统的研究方法。在研究问题时，系统工程从总体最优出发，综合考虑经济、社会、环境因素的制约，所采纳的衡量总体效益的指标具有整体性和综合性。在处理复杂问题时，系统工程往往采用定性与定量相结合的方法，不仅要有科学性，还要有艺术性和哲理性。

(4)系统工程学是目的性很强的应用学科。在实际问题的解决过程中，系统工程要实现三个目的：一是最合理地提出任务，按照环境条件的制约和需要的可能性，使主观目标的提出更趋合理。二是最好地完成任务，通过系统分析和系统设计，选择合理的技术途径和方法来形成最佳设计效果。三是最有效地运行，通过科学管理，使系统发挥最好的运行效果。上述三个目的的具体实现需要经过环境分析、系统分析、应用研究三个阶段来实施。

3)地理信息科学

地理信息科学是研究地理信息的本质特征与运动规律的一门学科，其研究对象是地理信息。它通过对地理信息技术中的一般性问题和规律性问题进行研究，对数字海洋工程学提供指导。

地理信息科学涉及地理科学哲学、基础理论、应用方法、技术系统，以及产业发展和制度创新等层面的内容。通常，地理信息科学体系被划分为三个层次：理论地理信息科学、技术地理信息科学和应用地理信息科学。如图 6-2 所示为地理信息科学的三个层次的示意图。

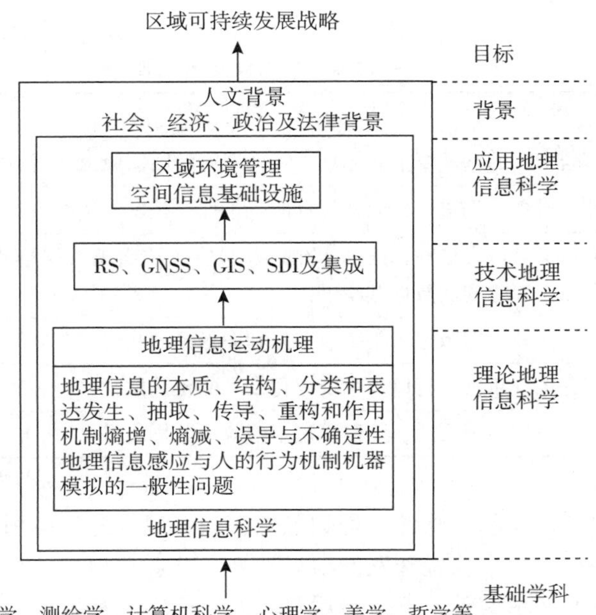

图 6-2 地理信息科学的三个层次

在图 6-2 中：RS、GNSS、GIS、SDI 分别表示遥感、全球导航定位系统、地理信息系统和空间数据基础设施。

(1)理论地理信息科学。其基础理论和核心内容包括：

①地理信息的本质、结构、分类和表达。

②地理信息的发生、抽取、传导、重构和作用机制。

③地理信息运动过程中的熵增、熵减、误导和不确定性问题。

④地理信息运动过程中人的感应与行为机制。

⑤地理信息运动机器模拟的一般性问题等。

(2)技术地理信息科学。技术系统是地理思维的物化和地理知识的载体，是地理信息运动机理研究的新的语言和手段。技术地理信息科学研究地理信息技术系统开发、集成与使用，主要包括 RS、GNSS、GIS 和空间信息基础设施等支撑技术的研究。

(3)应用地理信息科学。主要包括资源与环境、经济和社会的区域战略规划与管理、空间信息基础设施的建设等。

6.4.2　数字海洋工程设计内容

数字海洋工程设计应当根据数字海洋工程学的设计思想来开展，使数字海洋应用系统满足科学化、合理化、经济化的总体要求。在整体设计上，要坚持采用系统工程的思想和设计原则，以定性设计为要，着重确定原则，总揽全局；在实施方案的设计上，要深入研究、详细描述，对各类细节都要制定出规范和技术说明文件；在实施和运行过程中，要制定管理和维护措施，科学地管理、调试和维护，保证系统正常运行，为科研、生产和管理决策提供可靠的数据和科学可行的方法及手段。数字海洋工程设计的基本原则见表 6-2。

表 6-2　**数字海洋工程设计基本原则**

基本原则	具体内容
标准化	符合 GIS 的基本要求和标准，符合现有的国家标准和行业规范
先进性	硬件设备的先进性，软件设计的先进性，技术方法的先进性，管理手段的先进性
兼容性	数据具有可交换性，选择标准的数据格式和实现数据格式转换功能，实现与不同数据库之间的数据共享
高效率	具有高效率的数据采集工艺方法和图形处理能力、存取能力、管理能力等
可靠性	保证系统正常运行以及系统运行结果的正确性
通用性	系统数据组织灵活，可以满足不同应用分析的需求

数字海洋工程设计是利用软件工程的思想，结合数字海洋应用软件开发的特点和开发目标，制订数字海洋应用软件开发的项目计划，并对软件的用户需求和可行性进行分析，从而设计软件的技术实现方案，最后对软件进行实施和维护。数字海洋应用软件开发与一般信息系统开发有一定的差异，从设计重心、数据库建设以及设计方法三方面比

较主要体现在如下几方面：

(1)设计重心：数字海洋工程设计处理的是海量空间数据，数据库设计在数字海洋工程设计中尤其重要。而一般信息系统设计以软件功能实现为其设计重心。

(2)数据库建设：数字海洋工程设计不仅要进行属性数据库的设计，更要进行空间数据库的设计，包括空间数据结构、存储方式、管理机制等。而一般信息系统设计只要建立属性数据库。

(3)设计方法：数字海洋工程设计以业务需求为导向，以空间数据为驱动进行系统设计。而一般信息系统设计以业务需求为导向、以功能驱动进行系统设计。

一般来说，数字海洋工程设计包括软件设计和数据库设计两部分内容。

1)软件设计

数字海洋工程软件设计在数字海洋应用系统软件开发中具有十分重要的地位，是构建一个高效的数字海洋应用系统的关键。它从总体出发，统领全局，保证了数字海洋工程软件的开发效率和开发质量。首先，它通过进行系统的工程管理，保证了系统建设的进度和软件质量；其次，它对系统开发方法进行设计，针对数字海洋工程软件设计的特点，采用最适合的软件生存周期模型，确保了应用系统的用户接受度和系统功能设置的合理性；最后，它对系统技术实现方案进行设计，确保软件开发风格的统一和各功能模块之间的有机联系。

数字海洋工程软件设计一般采用合适的软件生存周期模型来开发，它能起到以下两方面作用：①它允许以图表和逻辑表达式的形式来描述定义和生产两个阶段；②它提供了一种有目的和有规划的方式来建立质量保证体系。最常用的软件生存周期模型有瀑布模型，它将软件过程分为可行性分析、需求分析、总体设计、详细设计、编码、系统运行和维护六个阶段，并规定了它们自上而下、相互衔接的固定次序，如同瀑布流水，逐级下降。瀑布模型各阶段的任务见表6-3。

表6-3　**瀑布模型各阶段任务划分情况表**

阶段名称	任务安排	标准文档
需求分析	用户需求调查、确定系统建设目标和用户对系统的功能和性能要求，分析系统建设的可行性	需求分析报告
项目管理方案设计	对系统建设过程进行总体规划，包括对工作区域和可用资源的规定、开发成本估算、开发平台和开发工具选择、工作任务和进度安排等内容	项目管理计划方案书
总体设计	将系统的需求转换为数据结构和软件体系结构，即数据设计和体系结构设计	总体设计报告
详细设计	系统总体设计阶段确定下来的软件模块结构和接口描述具体地实现，得出实现系统目标技术的精确描述	报告
系统实施、运行、维护	根据详细设计报告的描述对系统的模块、函数和界面进行实现，并试运行和进行系统调试，以及对系统进行日常的维护	软件代码和系统维护报告

瀑布模型软件生命周期过程虽然是一种较成熟和完善的软件过程，但它也存在很多缺陷，如缺乏灵活性、软件模块重用性差、开发周期长、修改困难、难以维护等。为了适应不同软件开发的需求，陆续出现了很多其他的软件过程，如快速原型模型、增量模型、螺旋模型等。在具体数字海洋工程软件开发中应根据项目具体情况选择合适的软件生存周期模型。

2) 数据库设计

数据库系统是存储、管理、处理和维护数据的软件系统，包括数据库、数据库管理员及相关软件。数据库是长期存储在计算机系统中有组织的、大量的、可共享的数据集合，数据库的核心是数据模型。

数据模型是一种形式化描述数据、数据之间联系以及有关语义约束的方法，数据库系统用它来提供信息表示和操作的形式框架。数据模型包括能精确描述系统的静态结构(数据结构)、动态结构(操作的集合)和完整性约束条件三部分。从文件系统算起，数据模型的发展经历了四代：文件模型、经典数据模型(网状、层次和关系模型)、语义数据模型和专用数据模型。除此之外，还可以把数据模型分为两种类型：一是独立于任何计算机实现的数据模型(如 E-R 模型、语义网络模型)，该类数据模型能方便、直接地表示现实世界的各种语义，便于用户理解，常用于数据库设计中由现实世界到信息世界的第一次抽象。二是直接面向数据库中数据逻辑结构的数据模型，用于计算机上的实现。该类数据模型需要一套完整严格的形式化定义，以及一组严格定义语法和语义的语言，可用它来定义、操纵数据库中的数据。

在数字海洋工程数据库设计和建设实例中，由于空间地理信息结构的复杂性、应用要求的多样性，同时考虑到数据共享、数据更新和动态维护等诸多问题，数字海洋工程数据库的设计内容和步骤有很大不同，很难有统一的设计思路，设计工作的好坏往往取决于设计者的开发经验、工程组织和数据源准备等方面。同时，数据库设计与整个系统设计的相关环节是紧密结合的，有必要将软件工程的方法和工具应用于数据库设计中，软件系统与数据库系统设计过程中相对应的关系如图 6-3 所示。

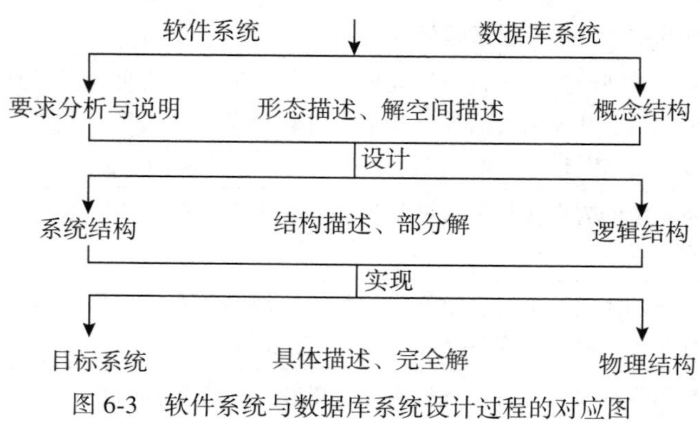

图 6-3　软件系统与数据库系统设计过程的对应图

值得指出的是，海洋空间地理数据库是一种应用于地理信息处理和信息分析领域的工程数据库，它管理的对象主要是地理数据(包括空间数据和属性数据)，它要求数据库系统必须具备对海洋地理对象(大多为具有复杂结构和内涵、相互关联的复杂对象)进行建模、操纵、分析和推理的功能。由于关系数据库系统主要操纵诸如二维表这样的简单对象，无法有效地支持以复杂地理实体对象(如图形、图像)为主体的数字海洋地理空间应用。因此，需要研究并设计满足空间数据存储和空间操作处理要求的高效空间数据库管理系统。Oracle，Infomix 等数据库公司都推出其可用于空间数据存储的全关系型数据库产品。常用的设计方案还有文件与关系数据库混合管理模式，ESRl 公司推出的 Geodatabase 数据模型，它基于面向对象技术，在通用的关系型数据库的基础上建立数据库，通过空间数据引擎进行访问，这种对象关系数据库管理模式已经在多领域投入使用，是一种较优越和高效的空间数据库管理模式。

6.4.3 数字海洋工程设计方法

人们在大量的系统开发实践中，探索和发展了许多指导系统开发的理论和方法，如结构化生命周期法、原型法和面向对象的开发方法等，这些方法都相对成熟和完善，而且在实践中应用相当广泛。同时，软件分析与设计时至今日也形成许多新型的系统设计方法和技术，例如有快速应用设计开发、联合应用设计开发、并肩式设计开发等，这些系统设计方法从不同的角度满足客户/服务器应用设计开发的需要。此处主要对三种基本的设计方法进行简介，并对它们进行比较，从而提出适合于现阶段数字海洋工程的设计方法。

1. 结构化生命周期法

结构化生命周期法的基本思想是将数字海洋应用系统开发看作工程项目，有计划、有步骤地进行开发工作。结构化设计方法求解问题的基本策略是从功能的角度审视问题域。它将应用程序看成实现某些特定任务的功能模块，其中子过程是实现某项具体操作的底层功能模块。在每个功能模块中，用数据结构描述待处理数据的组织形式，用算法描述具体的操作过程。虽然各种业务信息系统处理的具体内容不同，但所有系统开发过程可以划分为六个主要阶段。

1)系统开发准备阶段

当现行系统不能适应新形势的要求时，用户将提出开发新系统的要求。有关人员进行初步调查，然后组成专门的新系统开发筹备小组，制订新系统开发的进度和计划，负责新系统开发中的一切工作。该阶段虽不属系统分析与设计的正式工作阶段，却是不可缺少的。如果新系统开发采取外包方式，本阶段还包括招投标过程。

2)调查研究及可行性研究阶段

系统分析员采用各种方式进行调查研究，了解现行系统的界限、组织分工、业务流程、资源及薄弱环节等，绘制现行系统的相关图表。在此基础上，与用户协商方案，提出初步的新系统目标，并进行系统开发的可行性研究，提交可行性报告。

3)系统分析阶段

系统分析阶段是新系统的逻辑设计阶段。系统分析旨在对现行系统进行调查研究的基础上，使用一系列的图表工具进行系统的目标分析，划分子系统以及功能模块，构建出新系统的逻辑模型，确定其逻辑功能需求，交付新系统的逻辑功能说明书，系统分析也是新系统方案的优化过程，数据流程图是新系统逻辑模型的主要组成部分，它在逻辑上描述了新系统的功能、输入、输出和数据存储等，从而摆脱了所有物理内容。

4）系统设计阶段

系统设计阶段又称新系统的物理设计阶段。系统分析员根据新系统的逻辑模型进行物理模型设计，并具体选择一个物理的计算机信息处理系统。这个阶段还要进行人-机过程的设计、代码设计、输入、输出、文件数据库设计及程序模块、通信网络设计等，系统设计的关键是模块化。

5）系统实施阶段

系统实施阶段是新系统付诸实现的实践阶段，主要是实现系统设计阶段所完成的新系统物理模型，为了保证程序和系统调试正常运行，首先要进行计算机系统设备的安装和调试工作，然后程序员根据程序模块进行程序的设计、代码编写和调试工作。为了帮助用户熟悉、使用新系统，系统分析人员还要对用户及操作人员进行培训，编制操作、使用手册和有关文档。

6）维护和评价阶段

系统的维护和评价是系统生命周期的最后一个阶段，也是很重要的阶段，新系统是否有持久的生命力取决于此阶段的工作。数字海洋工程是复杂的大系统，系统内外部环境、各种人为和机器因素的影响要求系统能适应这种环境，不断地修改完善，这就需要进行系统维护。这期间修改的内容是多方面的，如系统处理过程、程序、文件、数据库甚至某些设备和组织的变动。系统的评价，广义上贯穿于系统开发过程的始终，这里主要指系统开发后期自评价。旨在将建成的新系统与预期的目标做一比较，不同的指标综合体现为用户的满意程度-可接受性。

通过以上各阶段工作，新系统代替老系统进入正常运行。但是系统的环境是不断变化的，要使系统能适应环境且具有生命力，必须经常进行少量的维护评价活动。当系统运行至一定的时间，再次不适应系统的总目标时，有关部门又提出新系统的开发要求，于是另一个新系统的生命周期开始了。

2. 面向对象设计法

面向对象（Object-oriented，Object-orientation，OO）是在结构化设计方法出现很多问题的情况下应运而生的。对象是指世界上的事物的认识形成概念，这些概念可以感知和推理世界上的事物，概念应用到的事物称为对象。对象可以是真实的或是抽象的，这取决于研究问题的目的，对象是面向对象方法的最基本元素。具有一致数据结构和行为（即操作）的对象抽象成类，它反映了与应用有关的重要性质，而忽略掉其他一些无关的内容。每个类都是个体对象可能的无限集合，每个对象都是其相应类的一个实例。类中的每一个实例均有各自的属性值，它们的属性名称和操作是相同的。在一个已有类的基础上加入若干新内容形成新类使之具有层次关系，则这种具有层次关系的类的属性和操作可以采用继承机制进行共享，继承可以减少设计和程序实现中的重复性。在面向对象的术语中，这个已存在的类被称为父类，使用继承由父类所定义的新类被称为子类。

面向对象不仅是具体的软件开发技术和策略，而且是一整套关于如何看待软件系统与现实世界的关系，用什么观点来研究问题并进行求解，以及如何进行系统构造的软件学方法。面向对象思想将现实中的事物进行抽象理解，通过使用对象、类和属性等抽象概念，构造出所需要的软件系统。面向对象思想用对象作为事物的抽象表示，这也就成为面向对象软件系统的基本组成单位。而对象的方法和属性又分别代表对象的动态特征和静态特征，二者结合在一起则构成独立的实体。在整个面向对象软件系统构造的过程中又会产生封装性、继承性、多态性、耦合性等特性，它们是构造面向对象软件系统时的产物，同时又能在一定程度上反映面向对象软件系统的软件体系结构。通过面向对象思想，人们设计出了面向对象程序设计语言，如 Java、C++等，它们都有着面向对象的特征：

(1)对象唯一性：每一个对象都有属于其本身的标识，该标识是相互独立的，使用该标识可以区分不同的对象。

(2)分类性：分类性就是把拥有相同属性与操作的对象抽象成一个类，这里的属性与操作是与实际应用密切相关的，再通过主观抽象产生出来类，该类就是这些属性与操作的集合。

(3)继承性：继承性是指子类在拥有自身属性与方法的同时，还可以使用父类的属性和方法。这样，在实例化一个类对象的时候，不仅可以使用其自身的属性和方法，还可以使用其父类的属性和方法。这种机制的使用，很大程度上降低了开发的成本，提高了开发的效率。

(4)多态性：多态性分为很多种类，有重载多态、包含多态、参数多态等，它们有着共同的特征，概括来说就是当不同的对象收到同样的消息时会产生不一样的行为。

系统分析与设计是为了解决人的抽象思维向计算机语言转化的问题，对于不同目的分析有不同的设计。人们研究和理解所要实现的系统，并将研究结果以文档形式表达。在面向对象的分析与设计中，分析与设计采用的工具差异较小。人们采用相同的思路研究事件，使用相同的对象层次图，在这个层次中，子类继承父类的属性和方法。面向对象的实现工具提供了支持分析所形成的模型构造块，因此，使用面向对象的分析与设计能自然转换，设计变得简单，而重点移到了分析阶段。面向对象的分析是分析系统中的对象和这些对象之间相互作用时出现的事件，以此把握系统结构和系统的行为。面向对象的设计则将分析的结果映射到某种实现工具上，这个实现工具可以是面向过程的，也可以是面向对象的。当实现工具是面向对象时，这个映射过程有着比较直接的一一对应关系，可以认为采用了相同的概念模型。

使用面向对象思想进行的开发流程包括：面向对象的分析(Object Oriented Analysis，OOA)、面向对象的设计(Object Oriented Design，OOD)、面向对象的实现(Object Oriented Programming，OOP)三个阶段，基于统一建模语言(UML)进行各阶段设计和开发。

1）面向对象的分析（OOA）

面向对象分析过程由相关人员和用户合作完成，主要根据用户需求进行标准化面向对象模型的严谨表述和工作确定，以此来形成其分析的模型，即 OOA 模型。用恰当的模型来表达用户的需求是 OOA 的第一任务。一般情况下，首选工具是采用 UML 的用例模型，基于该用例模型 OOA 分析员能够完成系统边界、主要功能和活动的确立。

对象和类的辨别是在用例建立之后开始进行的。在利用面向对象技术开发的程序中，其难度最大的一项任务便是对类进行辨别，其实质问题是抽象化问题域的实体，这就要求 OOA 分析员具备熟练的问题认识和抽象能力，并且要对用户需求的问题域有深刻的认识，从而进一步深化研究问题域和系统功能。在依次确定对象的属性、操作和各对象间关系之前需先定义类和对象，便于进行下一步系统动态和静态模型的创建工作。

2）面向对象的设计（OOD）

面向对象的设计与面向对象的分析不同，面向对象的分析所建立的 OOA 模型只与问题域有关系，独立于现实的真实环境，描述的是反映问题域的对象和类以及它们直接的相互关系，属于分类活动。但是面向对象思想是基于 OOA 模型，再在该模型基础上进行其他类的加入和实现，建立一个 OOD 模型。基于 OOA 模型在 OOD 阶段引入页面管理、使命管理与数据管理，使得 OOA 模型进一步扩充。系统人机交互界面包括操作用户如何使用系统、系统中的命令以何种通道响应、系统中的信息以何种方式显示等内容。分别在界面管理中进行界面设计、在任务管理中进行系统资源管理等功能设计、在数据管理中主要进行系统与数据库的接口（包含接口类和类的对外接口）设计等工作。OOD 模型除了包括以上三部分，还包括 OOA 模型中的“问题逻辑”工作。在此基础上，首先 OOD 模型完成深入细化分析、设计与验证，然后才能建立成熟的 OOD 模型。

3）面向对象的实现（OOP）

在实现面向对象设计的编码过程中，主要流程如下：首先，确定所需的面向对象编程语言；其次，应用所选编程语言完成公式、图表、说明和规则等软件系统的详细描述和编码；最后，将各模块代码集成为一个完整的软件系统。

面向对象的设计方法有多种，主要有面向对象建模技术（object-oriented model technique，OMT）和统一建模语言（unified modeling language，UML）。

（1）面向对象建模技术：OMT 采用对象模型、动态模型和功能模型等来描述一个系统。用这种方法进行系统分析与设计所建立的系统模型，在后期用面向对象的开发工具实现“转换过程”是很自然的。

对象模型描述的是系统的对象结构，是三种模型中最重要的模型。对象模型通过描述系统中的对象、对象间的关系、标识类中对象的属性和操作来组织对象的静态结构，它描述了动态模型和功能模型中的数据结构，其操作对应于动态模型的事件及功能模型中的功能。通常，对象模型用含有对象类的对象图来表示，这种表示方法有利于通信交流和对系统结构进行文档化。

动态模型描述与时间和操作顺序有关的系统属性。动态模型是对象模型的一个对照，它表示和时间与变化有关的性质，描述对象的控制结构。动态建模的主要概念是事件，它表示外部触发，它的状态表示对象值。动态模型关心“控制”，“控制”是用来描述操作执行次序的系统属性。通常，动态模型用状态图来表示，一张状态图表示一个类的对象的状态和事件的正确次序。

功能模型描述了系统中所有的计算，它描述了由对象模型中的对象唤醒和由动态模型中的行为唤醒的功能。功能模型只考虑系统做什么，而不关心怎样做和何时做；它描述了一个计算运行的结果，而不考虑计算值的次序。通常，功能模型的描述工具是数据流图，数据流图说明数据流如何从外部输入经过操作而到外部输出。

OMT 是从三种不同的角度建立系统的面向对象模型的技术。OMT 主要有两个特点：一是使用领域专家或用户熟悉的概念和术语，因而有助于对问题的理解和与用户通信交流；二是对应用域的对象和计算域中的对象使用一致的面向对象的概念和表示法来建模、设计和实现，不必在各阶段进行概念转换，因而方便了开发工作。

OMT 使用表 6-4 所示的步骤对应用域建模和在系统设计阶段对模型增加实现细节。

表 6-4 **OMT 建模步骤**

步骤	内　容	目　标
系统分析	从问题陈述入手，与需求一起工作，以理解问题要求，主要包括对象建模、动态建模、功能建模等内容	简洁明确地抽象出目标系统必须做的事情，对真实世界建模
系统设计	系统设计是问题求解及建立解答的高级策略，其内容包括将系统分解为子系统的策略、子系统的软硬件配置、详细的设计框架等	决定系统的整体风格；使多个设计者能独立地进行子系统设计；确定需优化的性能，选择问题处理的策略和初步配置资源
详细设计	详细设计强调数据结构和实现类所需的算法。在分析模型的类中增加计算机化的数据结构和算法，并使用统一的面向对象的概念和符号表示法来表达	在分析的基础上，对设计模型加入一些实现方面的考虑，将系统设计中的一些实现细节加入设计模型中
软件编程	使用具体的程序设计语言、数据库或硬件来实现对象设计中的对象和关联	实现系统

(2)统一建模语言：UML 是一个通用的标准建模语言，可以对任何具有静态结构和动态行为的系统进行建模。而且，UML 适用于系统开发过程中从需求规格描述到系统完成后试的不同阶段。

在需求分析阶段，通过用例来捕获用户需求，并采用用例建模，来描述对系统感兴趣的外部角色及其对系统(用例)的功能要求。在系统分析阶段，主要关心问题域中的主要概念(如抽象、类和对象等)和机制，需要识别这些类以及它们相互间的关系，并用 UML 类图来描述。为实现用例，类之间需要协作，可以用 UML 动态模型来描述。但是，在分析阶段，只对问题域的对象(现实世界的概念)建模，不考虑定义软件系统中技术细节的类(如处理用户接口、数据库、通信和并行性等问题的类)，这些技术细节将在设计阶段引入。在设计阶段为构造阶段提供更详细的规格说明。编程(构造)是一个独立的阶段，其任务是用面向对象编程语言将来自设计阶段的类转换成实际的代码。

采用 UML 模型进行系统的分析和设计具有以下优点：①在面向对象设计领域，存在数十种面向对象的建模语言，都是相互独立的，而 UML 可以消除一些潜在的不必要的差异，以免用户混淆；②通过统一语义和符号表示，能够稳定地面向对象技术市场，使项目根植于一个成熟的标准建模语言，从而可以大大拓宽所研制与开发的软件系统的适用范围，并大大提高其灵活程度。

UML 模型构成如图 6-4 所示。在开发人员对系统需求和特点深入研究和分析的过程中，统一建模语言 UML 就是将信息系统抽象成一个模型，从而在高效开发的基础上为模型建立提供有效支撑。基于能够详细刻画本系统设计思路的目的，采用 UML 来辅助设计过程中的工作，从而更好地与系统的各类开发人员进行沟通。

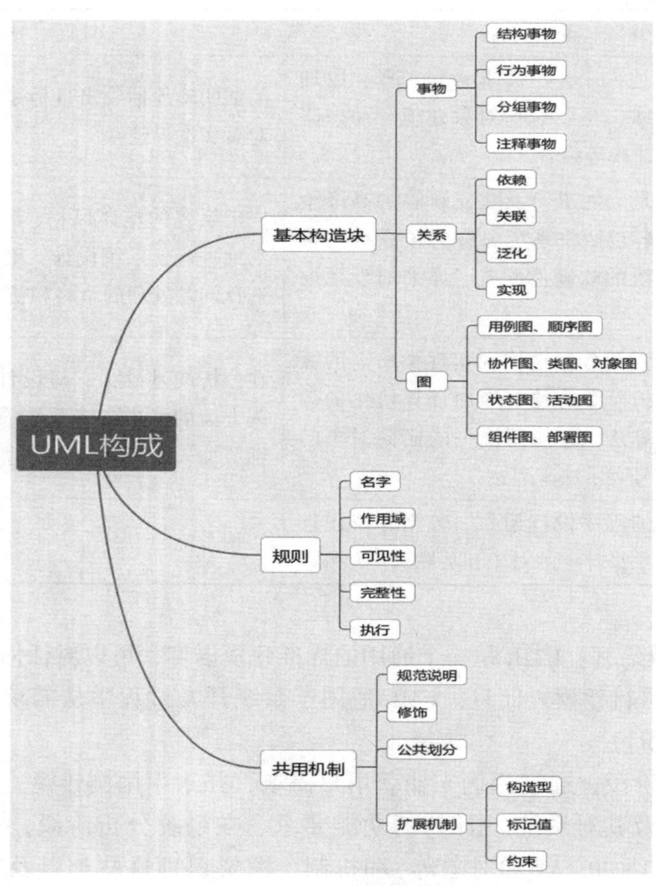

图 6-4　UML 模型构成

6.5　数字海洋系统需求分析

数字海洋应用涉及政治、军事、经济、社会和管理等多个重点领域，包括军事活动、海上维权、海上执法、港务管理、水务管理、海洋环境管理、海域使用管理、海上重大工程、海洋产业活动、海洋科技成果转化与交易、科研教育与知识创新服务、海洋灾害预警预报、信息发布和信息咨询等。每个领域都有独特的需求，如何整合需求的特殊性与系统的通用性是亟须解决的问题，包括数据结构、系统平台、数据传输、系统安全和模型库等方面。

6.5.1　需求分析流程

需求分析是在明确系统目标的基础上分析系统的功能和性能，对系统目标和任务在具体实现上进行设计和细分。常用的需求分析流程有如下两种：

1)结构化分析方法

结构化分析方法采用自顶向下、逐层分解的系统分析方法来定义系统需求。在此基础上，可以作出数字海洋应用系统的规格说明，并由此建立应用系统的一个自顶向下任务分析模型。如图6-5所示，结构化分析方法的要点是将数字海洋应用系统开发的全过程划分为若干阶段，而后分别确定它们的任务，同时把系统的逻辑和物理模型，即系统“做什么”和“怎么做”分开，以保证其在各阶段任务明确，实施有效。

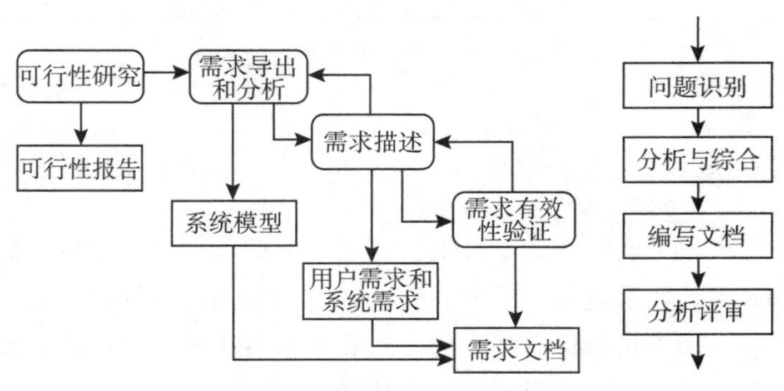

图6-5　结构化需求分析流程

2)面向对象分析方法

面向对象分析方法通过自底向上提取对象并进行对象的组合来实现系统功能和性能分析。如图6-6所示，它提取的对象包括数字海洋应用系统的实体、实体属性和实体关联以及系统的方法、函数和它们之间的关联等。通过自底向上的分析方法，根据各实体和各函数方法的关联度分析，逐步向上进行功能和实体的综合，最后得到系统的功能模块和性能要求。

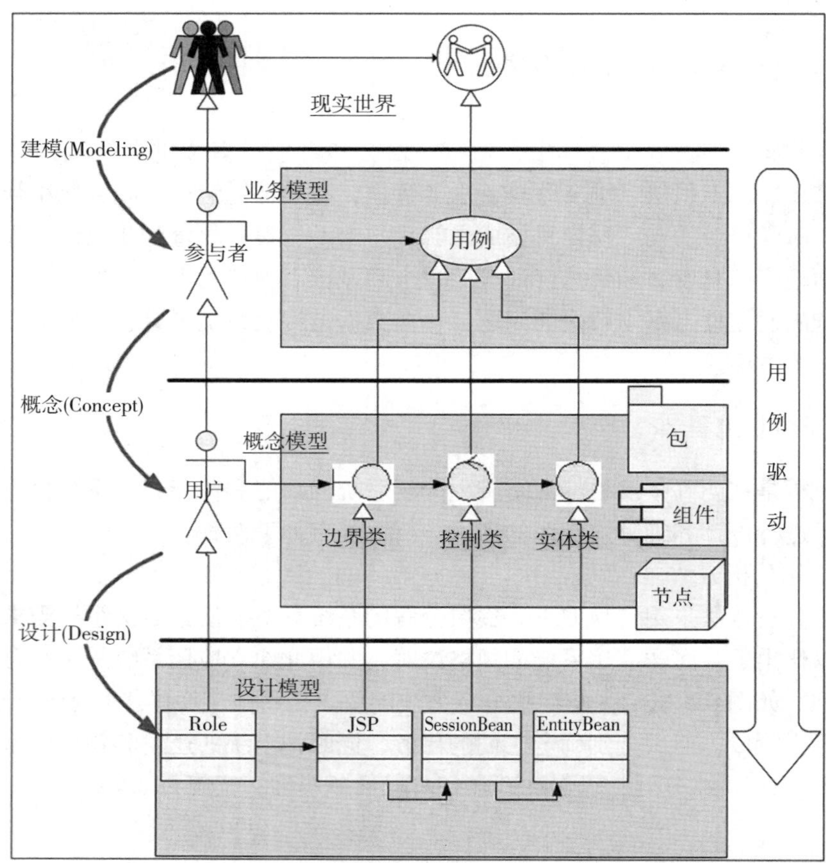

图 6-6　面向对象需求分析流程

6.5.2　需求分析工具

在进行系统需求定义或调查的基础上，对定义或调查结果的分析，需要利用统一的表达方法和工具对系统需求进行分析和表达，以此作为系统设计的基础。进行系统分析的方法有很多，包括结构化分析方法、面向对象分析方法等。不同的系统分析方法所采用的分析工具有很大的差异，所得到的系统功能划分、结构体系及数据模型等成果的表达方式也有很大不同。本节以结构化分析方法为例介绍分析工具。

1. 结构化系统分析工具

由于软件总是对数据进行加工，因此从原则上讲，可以用数据流方法来分析任意一种应用问题，数字海洋应用系统也不例外。数字海洋工程结构化分析是面向数字海洋应用数据流而进行需求分析的过程，它采用数据流模型(数据流图)来模拟数据处理过程。具体地讲，就是用抽象模型的概念，按照软件内部数据传递、数据变换等关系，将数字海洋应用系统自上向下逐层分解，直至找到满足系统功能要求的实现为止。

结构化分析常用的分析工具主要有数据流模型(数据流图)、数据字典以及对数据流进行描述的加工逻辑说明。数据流图是结构化分析的核心部分，它通过一套分层次(由综合到具体)的数据流图，辅以数据字典、说明工具描述数字海洋应用系统。

1)数据流模型

数据流模型是软件系统逻辑模型的一种图形表示，它描述了数据流动、存储、处理等逻辑关系，一般采用数据流图(data flow diagram，DFD)来表示。数据流图的基本构图要素见表6-5，数据流图包括加工、外部实体、数据流、数据存储文件及基本成分备注。

表6-5　**数据流图基本构图要素**

要素名称	构图要素	要素说明
加工	椭圆	输入数据在此进行变换产生输出数据，要注明加工的名字
外部实体	矩形	数据输入的源点或数据输出的汇点，要注明源点和汇点的名字
数据流	→	被加工的数据与流向，应给出数据流名字，可用名词或动词性短语命名
数据存储文件	=	需用名词或名词性短语命名

海域使用管理系统的数据流图如图6-7所示。

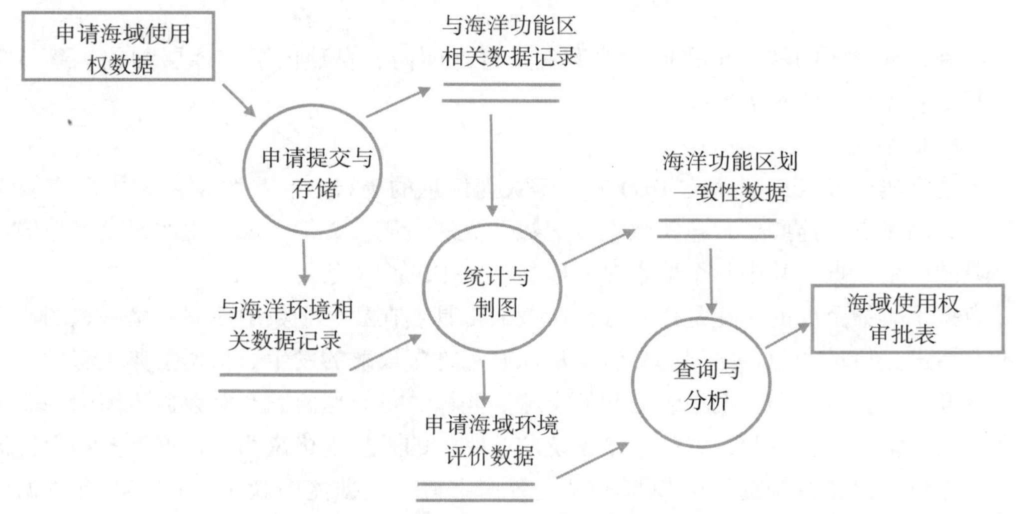

图6-7　海域使用管理系统的数据流图

对于大型的GIS软件系统，如果只用一张数据流图表示所有的数据流、处理和数据存储，那么这张图将十分复杂、庞大，而且难以理解。可以采用分层的数据流图，层次结构的数据流图可以很好地解决这个问题。分层的数据流图起到了对信息进行抽象和保密的作用。由于高层次的数据流图不体现低层次的数据流图的细节，因此可暂时掩盖低层次数据处理的功能和它们之间的关系。

如图 6-8 所示，按分层的思想将数据流图划分为顶层 DFD、中间层 DFD、底层 DFD 三种。顶层数据流图的结构简单，它描述了整个数字海洋应用系统的作用范围，对应用系统的总体功能、输入和输出进行了抽象，反映了应用系统和环境的关系。中间层数据流图是通过高层数据流和数据加工得到的。层次较高的数据流图经过进一步分解得到层次较低的数据流图，一张中间层数据流图具有几个可分解的加工，就存在几张对应的低层次的数据流图。高层次的数据流图是相对应的低层次图的抽象表示，而低层次的数据流图表现了它相应的有关数据处理的细节。

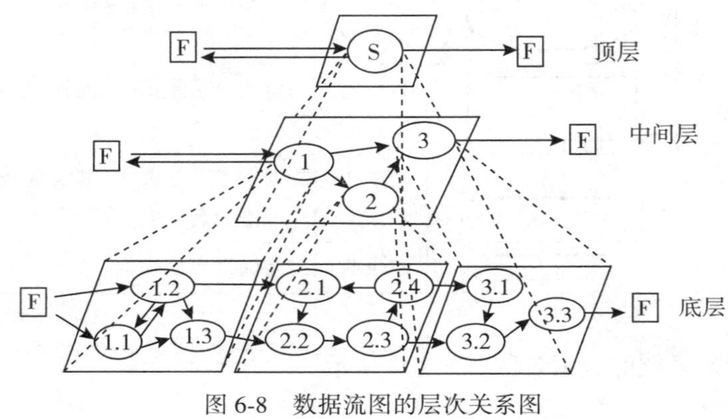

图 6-8　数据流图的层次关系图

绘制数据流图的基本步骤概括地讲就是自外向内、自顶向下、逐层细化、逐步求精。其绘制流程如图 6-9 所示。

2)数据字典

数据字典(data dictionary，DD)是关于数据信息的集合。它是数据流图中所有要素严格定义的场所，这些要素包括数据流，数据流的组成、文件、加工说明以及其他应进入字典的一切数据，其中每个要素对应数据字典中的一个条目。

数据字典最重要的用途是作为分析阶段的工具。在数据字典中建立严格一致的定义有助于增进分析员和用户之间的交流，从而避免许多误解的发生。数据字典也有助于增进不同开发人员或不同开发小组之间的交流。同样，将数据流图和对数据流图中的每个要素的精确定义放在一起，就构成了系统的、完整的系统规格说明。数据字典和数据流图一起构成了信息系统的逻辑模型。没有数据字典，数据流图就不严格；没有数据流图，数据字典也就没有作用。

实现数据字典的常见方法有三种：全人工过程、全自动过程和混合过程。全自动过程一般依赖数据字典处理软件来完成。混合过程是指利用已有的使用程序(如正文编辑程序、报告生成程序等)来辅助人工过程。数据字典的任务是对数据流图中出现的所有

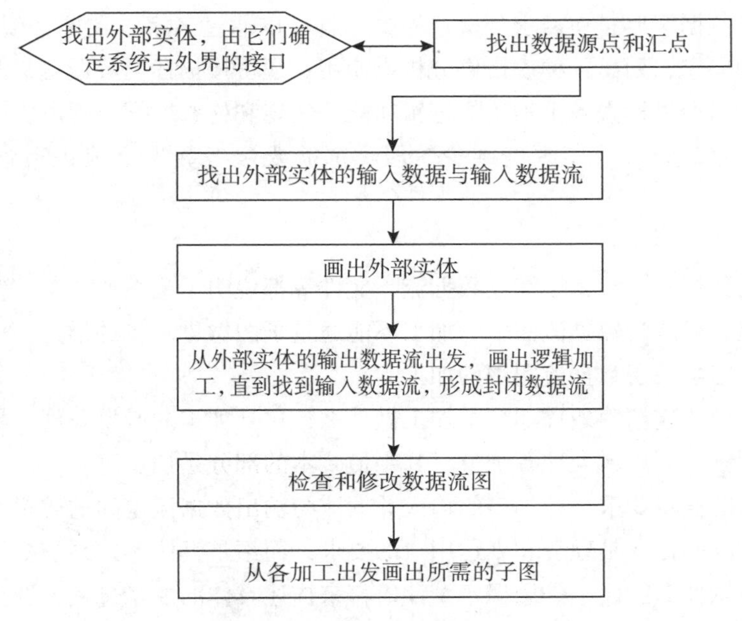

图 6-9　数据流图绘制流程

被命名的图形要素在数据字典中作为一个词条加以定义，使得每一个图形要素的名字都有一个确切的解释。因此，数据字典中所有的定义必须是严密的、精确的，不得有含糊和二义性。数据字典的主要内容包括数据流图中每个图形要素的名字、别名或编号、描述、定义、位置等。表 6-6 列出了数据字典中四个不同词条应给出的内容。

表 6-6　**数据字典中四个不同词条定义及内容**

项目	描　述	词条内容	注　释
数据流	数据结构在系统内传播的途径	数据流名；说明；数据流来源；数据流去向；数据流组成；每个数据流的流通量	“说明”用来简要介绍数据流产生的原因和结果；“数据流组成”是介绍数据结构
数据要素	构成数据流图的数据结构，是数据处理的最小单位	数据要素名；类型；长度；取值范围；相关的数据要素及数据结构	“类型”可以分为数字(离散值，连续值)，文字(编码类型)等
数据文件	保存数据结构	数据文件名；简述；输入数据；输出数据；数据文件组成；存储方式；存取频率	“简述”介绍文件中存放的是什么数据；“存储方式”包括顺序、随机、索引等几种
加工逻辑	加工逻辑复杂，一般用一段程序	加工名；加工编号；简要描述；输入数据流；输出数据流；加工逻辑	“加工编号”反映该加工的层次；“简要描述”是对加工逻辑及功能简述；“加工逻辑”介绍加工程序和加工顺序

通过建立数据字典，在需求分析过程中，就可以通过名字方便地查阅数据的定义；也可以按各种要求，列出各种表格供分析员使用；还可按描述内容或定义来查询数据的名字；甚至可以通过检查各个加工的逻辑功能，实现和检查数据与程序之间的一致性和完整性。在后续的设计、实现到维护阶段，都需要参考数据字典进行设计、修改和查询。

3）加工逻辑说明

在分层的数据流图中，子图及数据流、文件等都说明了父图的加工，实际上就是给出了定义。但最底层的数据流图中的加工不能通过子图做进一步的描述，所以必须有一个加工说明来定义底层数据流图中的加工。

加工逻辑说明应精确地描述一个加工做什么，包括加工的激发条件、加工逻辑、优先级别、执行频率、出错处理等细节，其中最基本的部分是加工逻辑。加工逻辑是指用户对这个加工的逻辑要求，即加工的输入数据流与输出数据流之间的逻辑关系。特别应注意，分析阶段的任务是理解和表达用户的要求，而不是具体考虑系统如何实现，所以对加工应说明做什么，而不是用程序设计语言来描述具体的加工过程，即加工逻辑说明的重点是描述加工实现的策略而不是加工实现的细节。

用于写加工逻辑说明的工具有结构化语言、判定表和判定树。结构化语言是一种介于自然语言和形式化语言之间的半形式化语言，它使用有限的词汇和语句来描述加工逻辑。结构化语言的词汇表由英语命令动词、数据字典中定义的名字、有限的自定义词和控制结构关键词(如 if-then-else，while-do，repeat-until，case-of)等组成。语言的正文用基本控制结构进行分割，加工的操作用自然语言短语来表示。其基本控制结构有简单陈述句结构、判定结构和重复结构。

在某些数据处理问题中，数据流图的处理需要依赖多个逻辑条件的取值，这些取值的组合可能构成多种不同情况，相应需执行不同的操作。这类问题用结构化语言来叙述很不方便，最适合使用判定表作为表示加工说明的工具。判定表为说明复杂的决策逻辑提供了一种形式化的以表格为基础的表示方法，它能够自动地实现对诸如完整性和无歧义性等特点的检测。一个判定表由两部分组成，顶部列出不同的条件，底部说明不同的操作。判定表通常包括四个要素：基本条件、基本操作、条件项、操作项。如表 6-7 所示，为某海洋使用管理部门核发海域使用权证书、用海申请不受理通知书流程的判定表。

表 6-7　**申请用海判定表举例**

规则号		1	2	3	4	5
条件	申请宗海面积	≤500	≤100	≤50	≤10	≥1000
	符合功能区划情况	✓	×	✓	×	✓
	海洋环境评价情况	×	✓	✓	✓	✓

续表

规则号		1	2	3	4	5
操作	不受理	✓	✓		✓	✓
	受理			✓		
	发放海域使用权证书			✓		
	发用海申请不受理通知书	✓	✓		✓	✓

其中，基本条件列出了各种可能的条件。除去某些特殊问题，通常判定表对各条件的先后次序不予要求。基本操作列出了可能采取的操作。这些操作的排列顺序没有限制，但为便于阅读也可令其按适当的顺序排列；条件项给出各个条件的取值组合；操作项是和条件项紧密相关的，它指出了在条件项的各种取值组合的情况下应该采取什么操作。这里将任一条件取值组合及其相应要执行的操作称为规则，它在判定表中是贯穿条件项和操作项的一列。显然，判定表中列出了多少个条件取值的组合，也就有多少条规则，即条件项与操作项有多少列。

判定表能够把在什么条件下，系统应完成哪些操作表达得十分清楚、准确。这是用语言难以准确、清楚表达的。但是用判定表描述循环结构比较困难。有时，判定表可以和结构化语言结合起来使用。

判定树也是类同于判定表作为表示加工说明的常用工具。应该说判定树是判定表的另一种表达形式，本质完全一样。所有用判定表能表达的问题都能用判定树来表达。事实上，判定树比判定表更加直观，用判定树来描述具有多个条件的数据处理更容易被用户接受。判定树的分支表示各种不同的条件，随着分支层次结构的扩充，各条件完成自身的取值，判定树的树叶子给出应完成的操作，如图 6-10 所示，为某海洋使用管理部门核发海域使用权证书、用海申请不受理通知书流程的判定树。

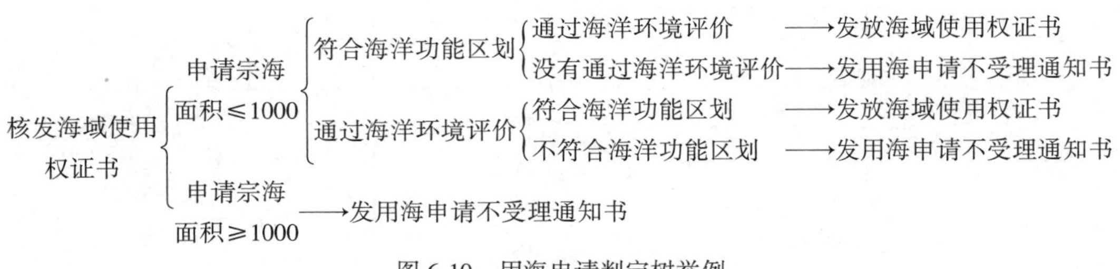

图 6-10 用海申请判定树举例

2. 面向对象系统分析工具

建模语言的重点技术在于处理不同种类的图，数字海洋应用系统模型便是通过不同种类的图进行多角度展现，从而通过多个特定角度反映一个复杂系统。视图包含了图的概念，图则是系统实际信息的刻画。而视图刻画的是集结在一起的、视角相类似的图，这样更便于对图内容的理解。UML 中定义了 9 种图，分别包括用例图、类图、对象图、状态图、顺序图、协作图、活动图、组件图和部署图。同时，UML 定义了 5 种视图，分别包括用例视图、逻辑视图、进程视图、组件视图、部署视图。UML 建模工具主要有 Visio，Rational Rose，Power Design 等。

(1)用例视图：如图 6-11 所示，定义了系统的需求，因此约束了描述系统设计和构造的某些方面的所有其他视图；定义系统的外部行为是最终用户、分析员和测试员所关心的。

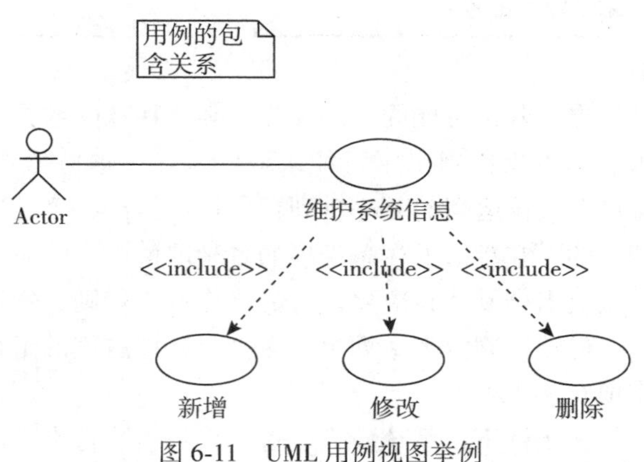

图 6-11　UML 用例视图举例

(2)逻辑视图：如图 6-12 所示，描述了支持用例视图规定的功能需求的逻辑结构。它由程序组件的定义，主要是类，类所包含的数据、类的行为以及类之间交互的说明定义，又称为设计视图。

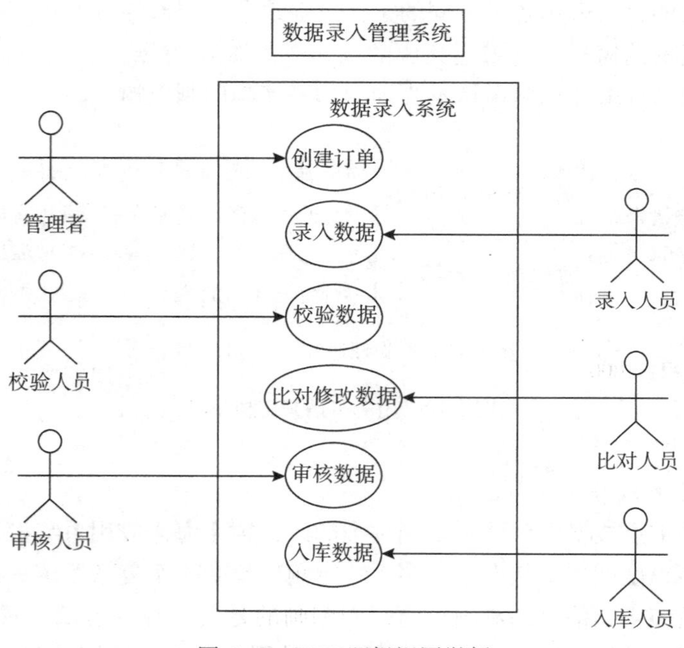

图 6-12　UML 逻辑视图举例

(3)进程视图：如图 6-13 所示，进程视图包括形成并发和同步机制的进程和线程。

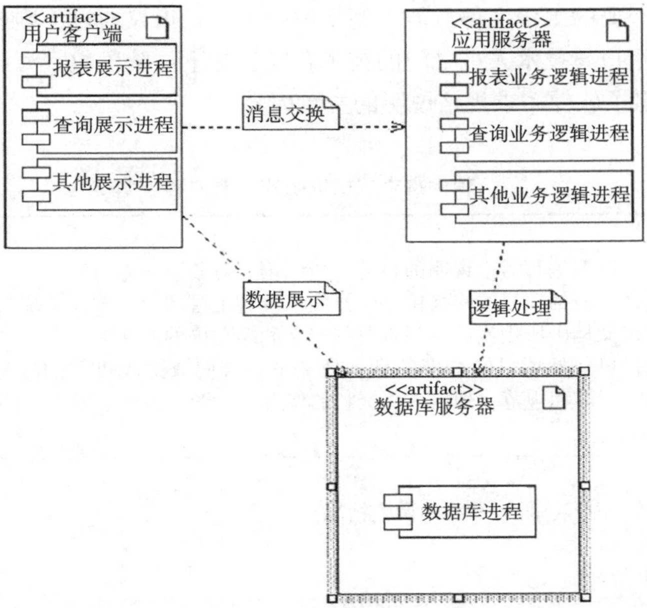

图 6-13 UML 进程视图举例

(4)组件视图：如图 6-14 所示，描述构造系统的物理组件，这些组件包括如何执行文件代码库和数据库等内容。这个视图包含的信息与配置管理和系统集成这类活动有关，又称为实现视图。

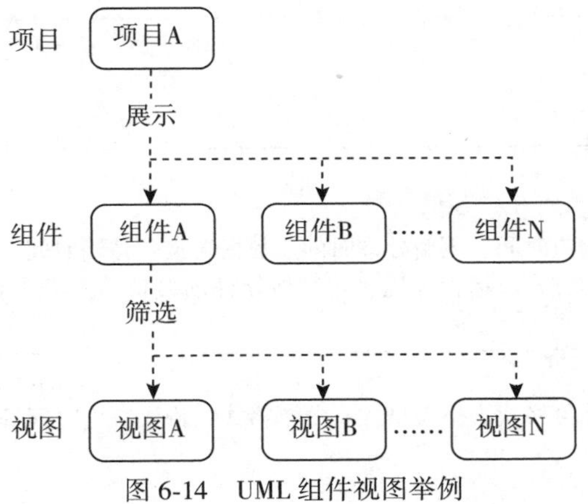

图 6-14 UML 组件视图举例

6.5.3 需求分析文档

数字海洋工程的需求分析文档是指软件需求规格说明，它是在结构化分析的基础上建立的自顶向下任务分析模型。规格说明描述了数字海洋应用系统的需求，是联系需求分析与设计的重要桥梁。同时，软件需求规格说明书作为系统分析阶段的技术文档，是提交审议的一份必要的工作文件。需求规格说明书一旦审议通过，则成为有约束力的指导性文件，作为用户与技术人员之间的技术合同，是下一阶段数字海洋应用系统设计的依据。表 6-8 列出了软件需求规格说明的主要内容。

表 6-8　**软件需求规格说明的主要内容**

1. 引言 1.1　编写目的(阐明编写需求说明的目的，指明用户对象) 1.2　项目背景(应包括项目的委托单位、开发单位和主管部门、软件系统与其他系统的关系) 1.3　定义(列出文档中所用到的专门术语的定义和缩写词的原文) 1.4　参考资料(可包括项目经核准的计划任务书、合同或上级机关的批文；项目开发计划；文档所引用的资料、标准和规范，列出这些资料的作者、标题、编号、发表日期、出版单位或资料来源)
2. 项目概述 2.1　项目目标、内容、现行系统的调查情况 2.2　运行环境 2.3　条件与限制
3. 数据描述 3.1　静态数据 3.2　动态数据(包括输入数据和输出数据) 3.3　数据流图 3.4　数据库描述(给出所使用数据库的名称和类型) 3.5　数据字典 3.6　加工逻辑说明 3.7　数据采集
4. 功能需求 4.1　功能划分 4.2　功能描述
5. 性能需求 5.1　数据精确度 5.2　时间特性(如响应时间、更新处理时间、数据转换与传输时间、运行时间等) 5.3　适应性(在操作方式、运行环境、与其他软件的接口以及开发计划等发生变化时，应具有的适应能力
6. 运行需求 6.1　用户界面(如屏幕格式、报表格式、菜单格式、输入输出时间等) 6.2　硬件接口 6.3　软件接口 6.4　故障处理
7. 质量保证 8. 其他需求(如可使用性、安全保密、可维护性、可移植性等)

6.6 数字海洋系统总体设计

在系统需求分析阶段确定系统建设的目标和任务之后，需要进行系统的总体设计。总体设计阶段的主要任务是将系统需求转换为数据结构和软件体系结构，即数据设计和体系结构设计。数据设计就是把分析阶段所建立的信息域模型变换成软件实现中所需的数据结构。体系结构设计则是把系统的功能需求分配给软件结构，形成软件的模块结构图，并设计模块之间的接口关系。在总体设计阶段，各模块还处于黑盒子状态，模块通过外部特征标识符(如名字)进行输入和输出。使用黑盒子的概念，设计人员可以站在较高的层次上进行思考，从而避免过早地陷入具体的条件逻辑、算法和过程步骤等实现细节，以便更好地确定模块和模块之间的结构。

6.6.1 总体设计方法

总体设计的任务是要求系统设计人员遵循统一的准则和采用标准的工具来确定系统应包含哪些模块、用什么方法联结在一起，以构成一个最优的系统结构。总体设计可以采用结构化设计方法和面向对象设计方法进行实现。

1. 结构化设计方法

结构化设计方法是由问题结构导出系统结构，即问题结构到系统结构的映射。问题结构主要用数据流图(DFD)来描述系统的逻辑模型，而系统结构是指用系统的模块结构图来描述软件结构。通过自顶向下分解和层次组织的方法来简化系统，产生模块结构。为使系统设计流程易于理解，结构化设计使用了两种主要图表工具：伪码和结构图。伪码描述的是模块的处理逻辑，用来表达程序的设计思路；结构图用于描述软件的总体结构，采用自顶向下、层次组织方法。结构化设计提供了两种设计策略，它们分别是面向过程的数据流方法与面向数据结构的 Jackson 方法和 Warner-Orr 方法。结构化设计方法提供一组评价系统设计质量的准则，如耦合、内聚、扇入和扇出、信息隐蔽以及模块化等。

采用结构化设计方法进行系统总体设计的最大优势是它提供了一种便于衡量软件设计质量的广泛的评价准则。这些评价软件设计质量的主要准则包括以下几方面。

1)模块化

软件可以简单地理解为模块的集成。目前，几乎所有的软件体系结构都体现为模块化。模块化是软件设计的一个基本准则，它使得一个程序易于为人们所理解、设计、测试和维护。高层模块可使我们从整体上把握问题，隐蔽细节以免分散人们的注意力，在需要时，又可以深入较低的层次以了解进一步的细节。模块化往往将较复杂的问题转化为一些简单问题的集合，使我们可以将工作量分散到各个工作组以解决各个问题。

模块化原则是采用结构化设计方法进行总体设计应遵循的基本原则之一，它要求：①每一个模块表示一个自我包含的逻辑任务；②每个模块都是简单的；③每个模块都是封闭的；④每个模块都是可以独立测试的；⑤每个模块对应独一、独立的程序功能；⑥

每个模块有单一的入口和出口；⑦每个模块都有一个标准返回点返回上层模块开始执行该模块的那一点；⑧可以把多个模块组合成较大的模块，而不必了解模块内部构造的知识；⑨每个模块都有严格规定的接口，其中包括由入口和出口形成的控制连接、由参数和共享的公用数据形成的数据连接以及由模块间的服务支持形成的功能连接。

2)抽象化

抽象是抽出事物的本质特性而暂时不考虑它们的细节，它反映在数据和过程两方面。在模块化问题求解时，在最高抽象级可以采用面向问题环境语言的抽象术语进行叙述；而在较低抽象级，则可采用过程性术语。模块化的概念加上逐步求精的方法将面向问题的术语和面向实现的术语两者结合起来，前者是后者的一种抽象。在软件模块结构图中，下层模块是上层模块的细化，因此顶层或上层模块抽象程度较高，而在下层模块中则体现功能实现的细节。抽象说明了模块化设计的特征。“抽象”帮助定义构成软件的过程实体。

3)独立性

模块独立性的概念是模块抽象的直接结果，是保证软件质量的关键性因素。采用结构化设计方法进行系统总体设计强调把系统设计成具有层次的模块化结构。模块独立性程度较高的软件，其功能易于划分，接口简单。因此，开发、测试和维护都较容易，修改引起的副作用也较小。

模块独立性由两个定性的标准来度量，即内聚(cohesion)和耦合(coupling)。内聚是模块内部各成分之间的联系，如果一个模块的内聚度大，模块的独立性就会提高。耦合是指模块间的联系，耦合度是对模块独立性的直接衡量，很显然，模块间联系越小，模块的独立性就会越高，耦合度就会降低，在系统中，内聚度和耦合度是相互联系的，模块的内聚度越高，则耦合度就越低。

采用好的设计规则改进软件结构，提高模块独立性，设计出软件初步结构以后，应该审查和分析这个结构，通过模块的分解和合并，力求降低模块耦合度，提高模块的内聚度。例如，多个模块公用的一个子功能可以独立成一个模块，供这些模块调用。有时则可通过分解或合并模块以减少控制信息的传递及对全局数据的引用，从而降低模块接口的复杂程度。经验表明，模块规模应当适中，过大则可能导致独立性降低，造成开发、测试和维护的不便。

2. 面向对象设计方法

面向对象设计(Object-Oriented Design，OOD)是面向对象分析(Object-Oriented Analysis，OOA)阶段的延伸。面向对象的系统分析与设计方法使人们分析、设计一个系统的方法尽可能接近人们认识客观世界的方法。其基本思想是对问题域进行自然分解，以更接近人类思维的方式建立问题域模型，从而使设计出的软件尽可能直接描述现实世界，构造出模块化的、可重用的、可扩展的、可维护性好的软件，并能控制软件的复杂性和降低开发维护费用。

使用面向对象的设计方法，同样需要构建软件的体系结构。首先，需要将系统划分为子系统，可以使用包来描述子系统，根据子系统提供的操作定义它们的接口，然后设计子系统的概念模型。对复杂的子系统，可以继续将其分解，得到更简单的子系统，直到得出子系统内待解决问题域中的类。确定子系统中存在的类及类之间的关系，并定义子系统的接口及关系后，便完成了系统的静态建模工作。接下来需要描述待解决问题域中类的动态行为，从而建立问题解决过程的系统动态模型。

采用 UML 的静态建模机制，需要构建用例图(use case diagram)，类图(class diagram)、对象图(object diagram)、包(package)、构件图(component diagram)和配置图(deployment diagram)。下面从类图及其表示、类的关系以及包三个方面来阐述 UML 静态建模的方法。

人们在认识客观世界时，会很自然地把自己所认识的实体进行分类。为了描述一个软件系统，识别其中的对象并将其抽象为类是极为关键的。类和对象是在问题域中客观存在的，系统分析员的主要任务就是通过分析找出这些类和对象。首先，找出所有候选的类和对象；其次，从候选的类和对象中筛选出不正确的或不必要的。最后，确定所选的类的属性和操作。

如何找出候选的类和对象呢？对象是对问题域中有意义的事物的抽象，它们既可能是物理实体，也可能是抽象概念。在分析问题时，可以参照下述 5 类常见事物的分类方法，找出在当前问题域中的候选类和对象。

(1)可感知的物理实体，例如飞机、汽车、书和房屋等。

(2)人或组织的角色，例如医生、教师、雇员、计算中心和财务处等。

(3)应该记忆的事件，例如旅行、演出、访问和交通事故等。

(4)两个或多个对象的相互作用，通常具有交易或接触的性质，例如购买、纳税等。

(5)需要说明的概念，例如政策、保险政策和版权法等。

除以上识别类和对象的方法以外，还可以采用以下两种较为正规的方法。第一种是通过实体-关系模型来识别类和对象。在实体-关系图中，实体很有可能成为对象，而那些实体的属性则表示成最终要由对象进行存储的数据。实体之间的关系有可能建立“关联对象”，而所谓关系的“基数(值的对应)”和“条件性”则有可能成为维持这些关系的对象行为。第二种方法是基于用例图来识别类和对象。在用例图中常常可以找出许多的类和对象，如执行者、事件、用例控制者、扩展用例等。筛选正确的类和对象主要依据表 6-9 中所列标准。

表 6-9　**筛选正确的类和对象参考标准**

名称	参考标准
冗余	如果两个类表达了同样的信息，则应该保留在此问题域中最富于描述的类
无关	现实世界中存在许多对象，不能把它们都纳入系统中去，仅需要把与本问题密切相关的类和对象放进目标系统中。有些类在其他问题中可能很重要，但与当前要解决的问题无关，同样也应该把它们删掉

续表

名称	参考标准
笼统	在需求陈述中常常使用一些笼统的、泛指的名词，虽然在初步分析时把它们作为候选的类和对象列出来了，通常把这些笼统的或模糊的类去掉
属性	在需求陈述中有些名词实际上描述的是其他对象的属性，应该把这些名词从候选的类和对象中去掉。当然，如果某个性质具有很强的独立性，则应把它作为类而不是作为属性
操作	在需求陈述中有时可能使用一些既可作为名词，又可作为动词的词，应该慎重考虑它们在本问题中的含义，以便正确地决定把它们作为类还是作为类中定义的操作
实现	在分析阶段不应该过早地考虑怎样实现目标系统。因此，应该去掉仅和实现有关的候选的类和对象

从候选的类和对象中筛选出了不正确的类和对象后，需要进一步确定对象属性。属性是对象的性质，借助属性可对类和对象和结构有更深入与更具体的认识。一般来说，确定属性的过程包括分析和选择两个步骤。第一步，分析：在需求陈述中用名词词组表示属性，例如，“汽车的颜色”或“光标的位置”。往往用形容词表示可枚举的具体属性，例如，“红色的”“打开的”。但是，不可能在需求陈述中找到所有属性，分析员还必须借助领域知识和常识才能分析得出需要的属性。第二步，选择：认真考察经初步分析而确定下来的那些属性，从中删除不正确的或不必要的属性。

属性仅仅表示了需要处理的数据，对数据的具体处理方法的描述则放在操作部分。存取或改变属性值或执行某个动作都是操作，操作说明了该类能做什么工作。操作通常又称为函数，它是类的一个组成部分，只能作用于该类的对象上。从这一点也可以看出，类将数据和对数据进行处理的函数封装起来，形成一个完整的整体，这种机制非常符合问题本身的特征。

关联用于描述类与类之间的连接。由于对象是类的实例，因此，类与类之间的关联也就是其对象之间的关联。类与类之间有多种连接方式，每种连接的含义各不相同(语义的连接)，但外部表示形式相似，故统称为关联。关联关系一般都是双向的，即关联的对象双方彼此都能与对方通信。反过来说，如果某两个类的对象之间存在可以互相通信的关系，或者说对象双方能够感知另一方，那么这两个类之间就存在关联关系。描述这种关系常用的字句是“彼此知道”“互相连接”等。

静态建模还需要设计类和对象的继承关系。一个类的所有信息(属性或操作)能被另一个类继承，继承某个类的子类中不仅可以有属于自己的信息，而且还拥有了被继承类中的信息。例如，船舶是交通工具，如果定义了一个交通工具类表示关于交通工具的抽象信息，如启动、行驶等，那么这些信息(通用元素)可以继承到船舶类(具体元素)中。引入继承的好处在于由于把一般的公共信息放在父类中，处理某个具体的特殊情况时只需定义该情况的个别信息，公共信息从父类中继承得来，增强了系统的灵活性、易维护性和可扩充性。程序员只要定义新扩充或更改的信息就可以了，旧的信息完全不必修改，仍可继续使用，这样大大缩短了维护系统的时间。

6.6.2 总体设计工具

1. 结构化总体设计工具

系统总体设计阶段采用一些特殊的表达工具用来表达系统的数据结构和软件体系结构。

1) 层次图

层次图(hierarchical chart)是在软件总体设计阶段最常用的工具之一，用来描述软件的层次结构。图 6-15 所示为某海域定级信息系统的局部层次图，图中的每一个方框代表一个模块，方框间的连线表示模块的调用关系。层次图适合在自顶而下设计软件的过程中使用。

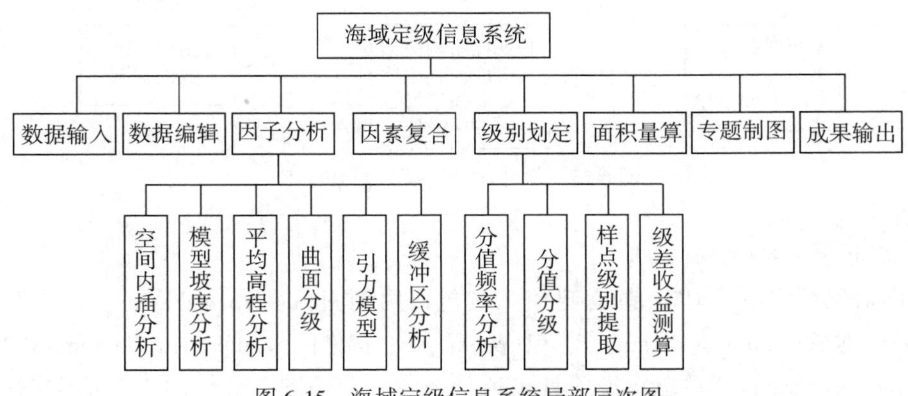

图 6-15　海域定级信息系统局部层次图

2) HIPO 图

HIPO 图是指"层次+输入/处理/输出图"的英文缩写。HIPO 图由 H 图(即层次图)和 IPO 图两部分组成。这里的 H 图是在层次图的基础上对每个方框进行编号，使其具有可跟踪性。编号规则如下：最顶层方框不编号，第一层中各模块的编号依次为 1.0，2.0，3.0，…；如果模块 2.0 还有下层模块，那么下层模块的编号依次为 2.1，2.2，2.3，…；如果模块 2.2 又有下层模块，则下一层各模块的编号根据上面的规律依次为 2.2.1，2.2.2，2.2.3，…，依此类推，如图 6-16 就是采用 H 图表达的内容。

和 H 图中每个方框相对应，应该有一张 IPO 图描述这个方框所代表的模块的信息处理过程。IPO 图使用简洁的方框来方便地描述数据输入、数据处理和数据输出三部分之间的关系。值得强调的是，HIPO 图中的每个 IPO 图都应该明显地标出它们所描绘的模块在 H 图中的编号，以便跟踪了解这个模块在软件结构中的位置。如图 6-17 描述的是图 6-16 中的缓冲区分析模块，对应的编号是 3.6。

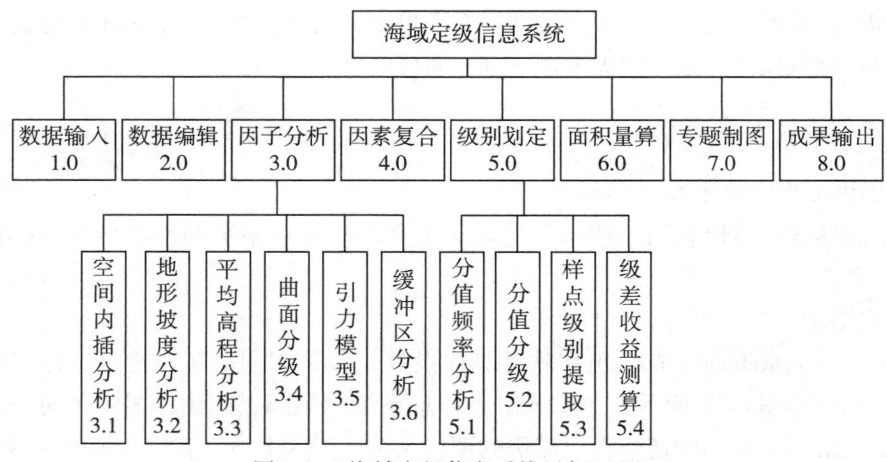

图 6-16　海域定级信息系统局部 H 图

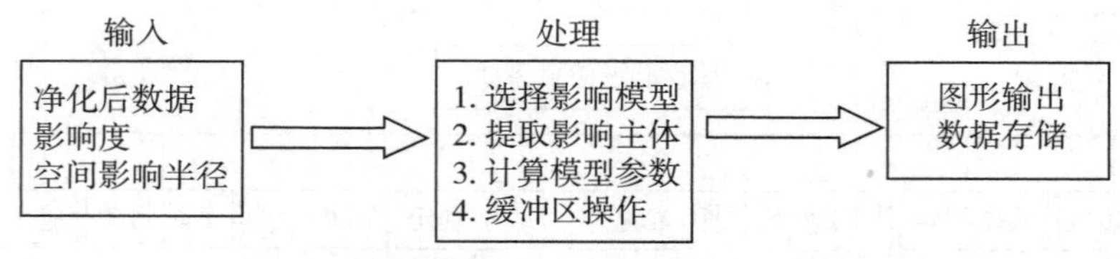

图 6-17　缓冲区分析模块的 IPO 图

2. 面向对象系统设计工具

面向对象系统设计 UML 静态建模工具包括用例图(use case diagram)、类图(class diagram)、对象图(object diagram)、包(package)、构件图(component diagram)和配置图(deployment diagram)；动态建模工具包括状态图、顺序图、合作图以及活动图等。下面介绍 UML 建模的主要工具。

1)类图

类图是表示类的直观方法。如图 6-18 所示，类图通常表示为长方形，长方形又分三个部分，分别用来表示类的名字、属性和操作。

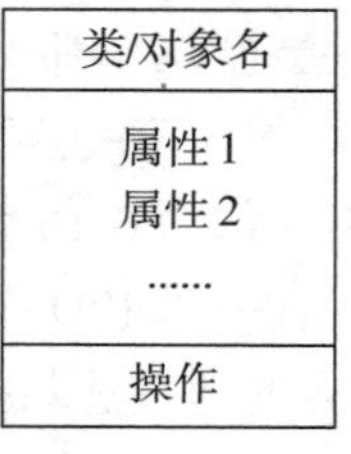

图 6-18　类图结构

(1)名字：类的名字一般写在长方形的最上面，给类命名时最好能够反映类所代表的问题域中的概念。比如，表示养殖用海类产品，可以直接用“养殖用海”作为类的名字。另外，类的名字含义要清楚准确。类通常表示为一个名词，既不带前缀，也不带后缀。

(2)属性：类的属性放在类名字的下方，用来描述该类的对象所具有的特征。属性表示了需要处理的数据，例如在图 6-19 中，“船舶”是类的名字、注册号、(生产)日期、最高时速、颜色都是“船舶”的属性。

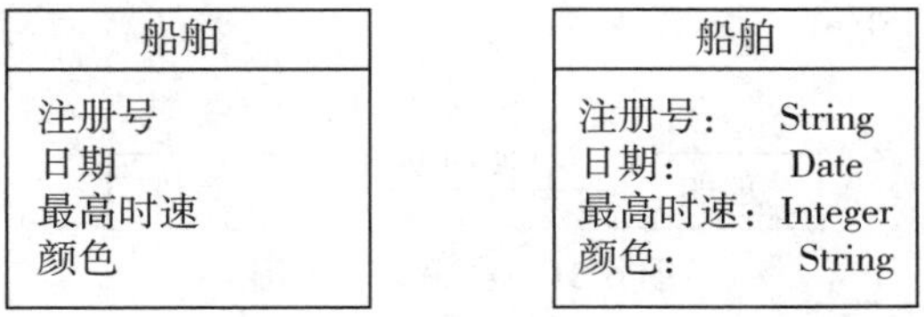

船舶
注册号 日期 最高时速 颜色

船舶
注册号：　String 日期：　Date 最高时速：Integer 颜色：　String

图 6-19　类图示例一：属性

正如变量有类型一样，属性也是有类型的，属性的类型反映属性的种类。比如，属性的类型可以是整型、实型、布尔型等基本类型。除了基本类型外，属性的类型可以是程序设计语言能够提供的任何一种类型，包括“类”这种类型。

(3)操作：类的操作放在类属性的下方，即操作部分位于长方形的最底部，对数据的具体处理方法的描述则放在操作部分。存取或改变属性值或执行某个动作都是操作，操作说明了该类能做什么工作。操作通常又称为函数，它是类的一个组成部分，只能作用于该类的对象上。从这一点也可以看出，类将数据和对数据进行处理的函数封装起来，形成一个完整的整体，这种机制非常符合问题本身的特征。

在类图中，一个类可以有多种操作，每种操作由操作名、参数表、返回值类型等几部分构成，标准语法格式为：

操作名(参数表)：返回值类型{性质串}

注意，操作只能应用于该类的对象，比如，drive()只能作用于小汽车类的对象，如图 6-20 所示。

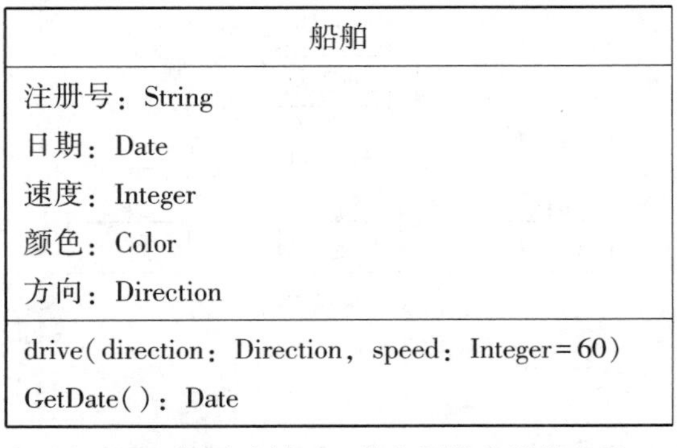

船舶
注册号：String 日期：Date 速度：Integer 颜色：Color 方向：Direction
drive(direction：Direction，speed：Integer=60) GetDate()：Date

图 6-20　类图示例二：带有属性和操作的类

2) 关联

根据不同的含义，关联可分为普通关联、递归关联、限定关联、或关联、有序关联、三元关联和聚合等 7 种。比较常用的关联有普通关联、递归关联和聚合。

(1) 普通关联。普通关联是最常见的一种关联，只要类与类之间存在连接关系就可以用普通关联表示。比如，作家使用计算机，计算机会将处理结果等信息返回给作家，那么，在其各自所对应的类之间就存在普通关联关系。普通关联的图示是连接两个类之间的直线，如图 6-21 所示。

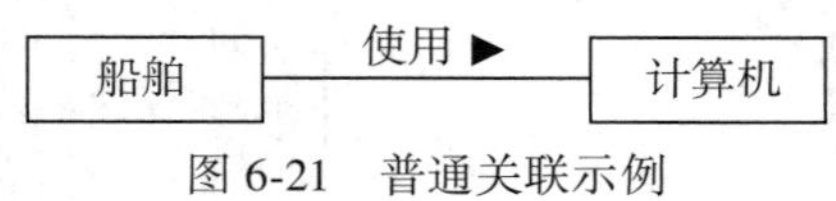

图 6-21　普通关联示例

(2) 聚合关联。聚合是关联的特例。如果类与类之间的关系具有整体与部分的特点，则把这样的关联称为聚合。例如，汽车由车轮、发动机、底盘等构成，则表示汽车的类与表示轮子的类、发动机的类、底盘的类之间的关系就具有整体与部分的特点，因此，这是一个聚合关系。

聚合的图示方式为在表示关联关系的直线末端加一个空心的小菱形，空心菱形紧挨着具有整体性质的类，聚合关系中可以出现重数、角色和限定词，也可以给聚合关系命名，图 6-22 所示的聚合关系表示海军由许多军舰组成。

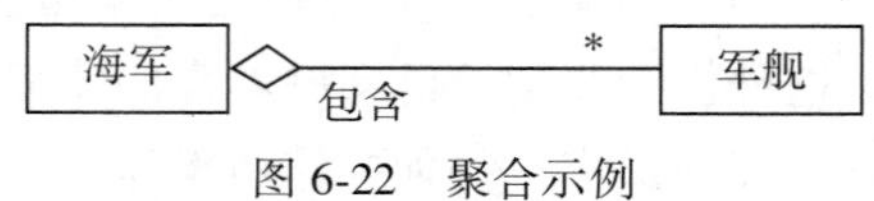

图 6-22　聚合示例

3) 继承

父类与子类的继承关系图示为一个带空心三角形的直线。空心三角形紧挨着父类，如图 6-23 所示，图中“交通工具”是父类，“小汽车”、“船”、“货车”类是从其派生出的子类。

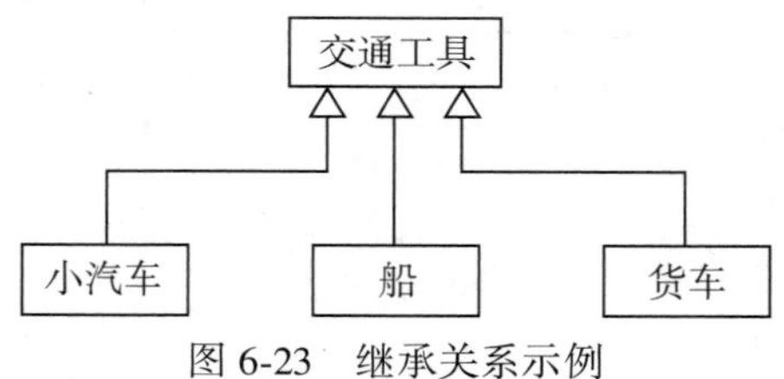

图 6-23　继承关系示例

4) 包

包是一种组合机制，把许多类集合成一个更高层次的单位，形成一个高内聚、低耦合的类的集合。包图所显示的是类的包以及这些包之间的依赖关系。严格地说，这里所讲的包和依赖关系都是类图中的元素，因此包图仅仅是另一种形式的类图。

包的图示为类似书签卡片的形状，由两个长方形组成，小长方形(标签)位于大长方形的左上角。如果包的内容(比如类)没被图示出来，则包的名字可以写在大长方形内，否则包的名字写在小长方形内，如图 6-24 所示。

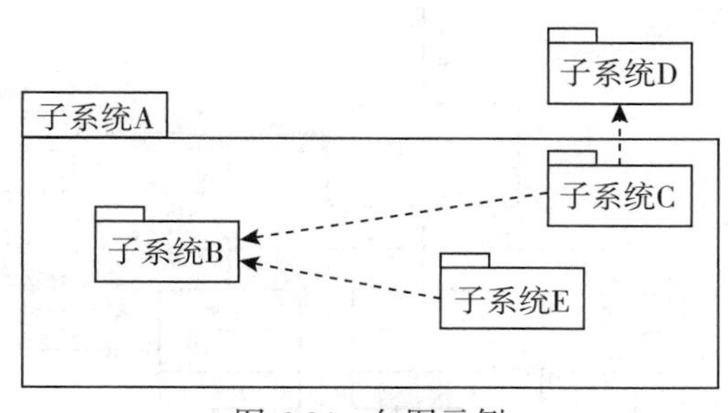

图 6-24 包图示例

类图显示了模型的静态结构，特别是模型中存在的类、类的内部结构以及它们与其他类的关系等。图 6-25 中类图展示了所构建系统的所有实体、实体的内部结构以及实体之间的关系。即类图中包含从用户的客观世界模型中抽象出来的类、类的内部结构和类与类之间的关系。类图是面向对象建模的主要组成部分，它既用于应用程序的系统分类的一般概念建模，也用于详细建模。它是构建其他设计模型的基础，没有类图，就没有对象图、状态图、协作图等其他 UML。

5)状态图

为了描述领域类的动态行为，UML 动态建模可以是动态图(如状态图、顺序图、活动图、合作图)。

状态图用来描述一个特定对象的所有可能状态及其引起状态转移的事件。大多数面向对象技术都用状态图表示单个对象在其生存周期中的行为。一个状态图包括一系列的状态以及状态之间的转移。

所有对象都具有状态，状态是对象执行了一系列活动的结果。当某个事件发生后，对象的状态将发生变化。状态图中定义的状态有初态、终态、中间状态及复合状态。其中，初态是状态图的起始点，而终态则是状态图的终点。一个状态图只能有一个初态，而终态则可以有多个。中间状态的图示包括两个区域：名字域和内部转移域，如图 6-26 所示，圆角矩形中上方为名字域，下方为内部转移域。图中内部转移域是可选的，其中所列的动作将在对象处于该状态时执行，且该动作的执行并不改变对象的状态。Entry、Exit 分别为入口动作、出口动作。

状态图中状态之间带箭头的连线称为转移。状态的变迁通常是由事件触发的，此时应在转移上标出触发转移的事件表达式。如果转移上未标明事件，则表示在源状态的内部活动执行完毕后自动触发转移。在面向对象技术中，对象间的交互是通过对象间消息的传递来完成的。在 UML 的 4 个动态模型中均用到消息这个概念。通常，当一个对象调用另一个对象中的操作时，即完成了一次消息传递。当操作执行后，控制便返回到调

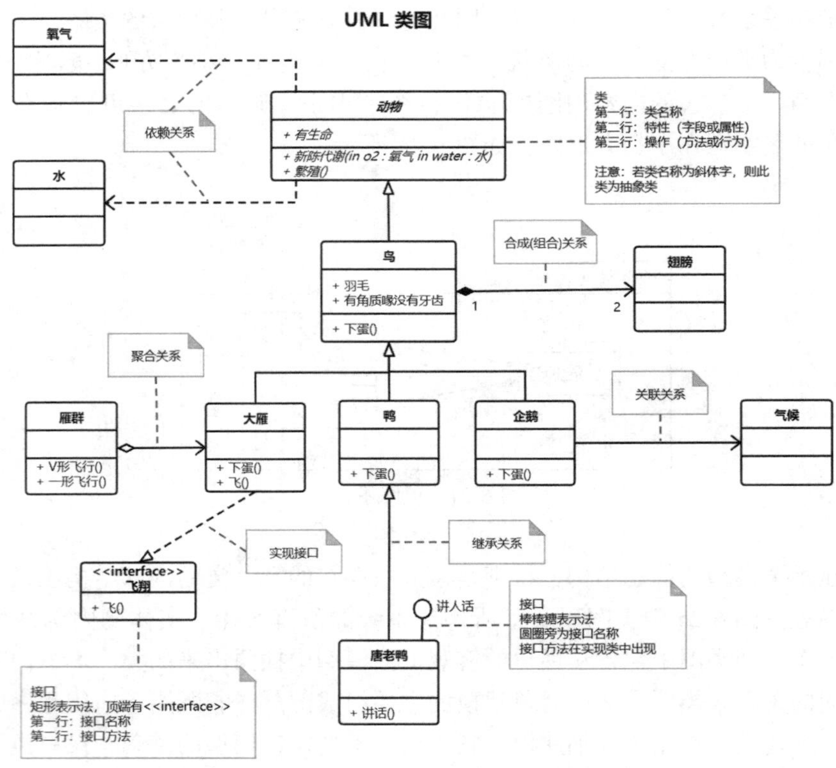

图 6-25　类图示例三：带有属性、操作、关联、继承和包的类

用者。对象通过相互间的通信(消息传递)进行合作，并在其生存周期中根据通信的结果不断改变自身的状态。

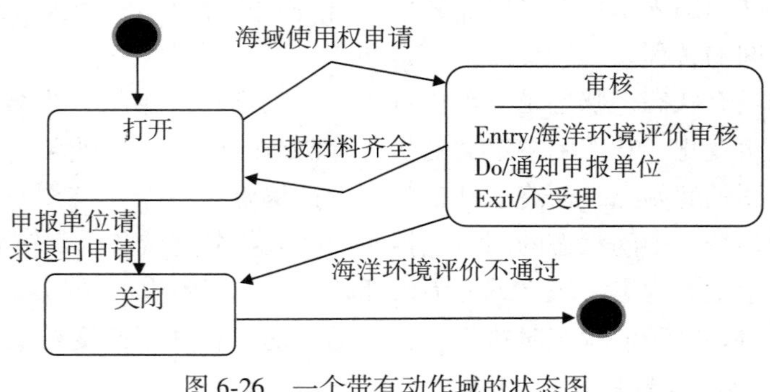

图 6-26　一个带有动作域的状态图

消息的图形表示是用带有箭头的线段将消息的发送者和接收者联系起来，箭头的类型表示了消息的类型，如图 6-27 所示。UML 定义的消息类型有三种：

(1)简单消息表示简单的控制流。用于描述控制如何在对象间进行传递，而不考虑通信的细节。

(2)同步消息表示嵌套的控制流。操作的调用是一种典型的同步消息。调用者发出消息后必须等待消息返回，只有当处理消息的操作执行完毕后，调用者才可以继续执行自己的操作。

(3)异步消息表示异步控制流。当调用者发出消息后不用等待消息的返回即可继续执行自己的操作。异步消息主要用于描述实时系统中的并发行为。

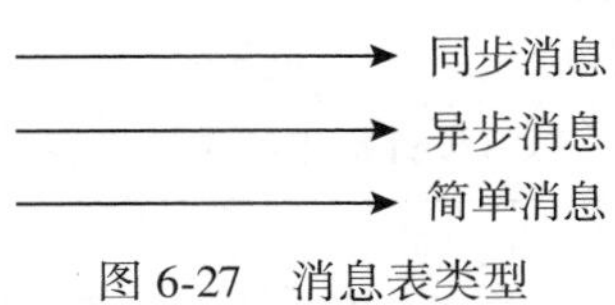

图 6-27　消息表类型

6)顺序图

顺序图用来描述对象之间动态的交互关系，着重体现对象间消息传递的时间顺序。顺序图存在两个轴：水平轴和垂直轴。水平轴表示不同的对象，垂直轴表示时间。顺序图中的对象用一个带有垂直虚线的矩形框表示，并标有对象名和类名。垂直虚线是对象的生命线，用于表示在某段时间内对象是存在的。对象间的通信通过在对象的生命线间画消息来表示。消息的箭头指明消息的类型。

顺序图中的消息可以是信号或操作调用。当收到消息时，接收对象立即开始执行活动，即对象被激活了。通过在对象生命线上显示一个细长矩形框来表示激活。消息可以用消息名及参数来标识，在顺序图的左边可以有说明信息，用于说明消息发送的时刻、描述动作的执行情况以及约束信息等。一个典型的例子就是用于说明一个消息是重复发送的。另外，可以定义两个消息间的时间限制，如图 6-28 所示。

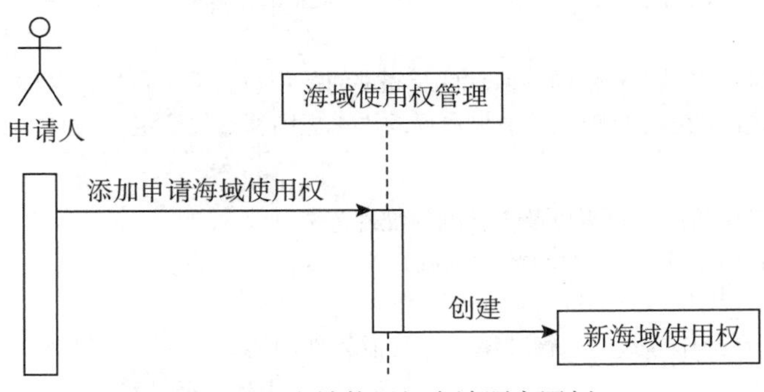

图 6-28　海域使用权申请顺序图例

一个对象可以通过发送消息来创建另一个对象，当一个对象被删除或自我删除时，该对象用“X”标识。

UML 建模是很灵活的过程，使用者不必面面俱到地画出各种图。对于每一幅图，只有在必要时，比如能帮助分析、设计、指导编码、加深理解、促进交流等才需要画出，这样的图对建模才有意义，否则会浪费精力而事倍功半。

6.6.3　总体设计文档

总体设计文档主要包括系统总体设计报告和系统设计图、表等文档资料。结构化系统总体设计阶段的最终结果是系统总体设计报告，它是下一步系统实施的依据。表 6-10 列出了系统总体设计报告的主要内容。考虑到数据库设计在数字海洋工程设计中的重要地位，总体设计报告应该包括数据库的总体设计。

表 6-10　**总体设计报告的主要内容**

1. 引言 1.1　编写目的(阐明编写本软件设计说明书的目的) 1.2　项目背景(给出待开发的应用系统软件的名称；说明本项目的提出者、开发者及用户)
2. 用户需求分析成果概述 2.1　系统功能需求情况 2.2　系统性能需求情况 2.3　条件与限制
3. 总体设计 3.1　设计目标、依据和方法 3.2　软件结构体系 3.3　软、硬件配置方案 3.4　软件模块设计 在 DFD 图的基础上，用模块结构图来说明各层模块的划分及其相互关系，划分原则上应细到程序级(程序单元)，每个单元必须执行单独一个功能(即单元已不可再细分)
4. 接口设计说明 4.1　内部接口：说明本软件内部各模块间的接口关系，包括：名称、意义、数据类型、有效范围、I/O 标志 4.2　外部接口：说明本软件同其他软件及硬件间的接口关系，包括：名称、意义、数据类型、有效范目、I/O 标志、格式(指输入或输出数据的语法规则和有关约定)、媒体用户接口
5. 数据库设计 5.1　目的、引用的法规政策以及遵循的标准规范 5.2　数据库总体设计(包括空间数学基础、命名规范、编码标准、分层分幅标准以及属性表的设计等) 5.3　适应性(在操作方式、运行环境、与其他软件的接口以及开发计划等发生变化时，应具有的适应能力
6. 界面设计 6.1　屏幕格式 6.2　图表格式 6.3　菜单格式 6.4　输入、输出时间

6.7 数字海洋系统详细设计

在数字海洋系统详细设计阶段，主要是通过数字海洋应用系统需求分析的结果，设计出满足需求的数字海洋产品软件系统实现方案。一般说来，面向对象设计方法支持面向对象语言快速实现原型。面向对象语言有支持面向对象的概念，如封装、继承、多态、将数据抽象化等特点。面向对象语言通常都提供丰富的类库和强有力的开发环境。如 C++中一般用类来实现封装；Java 的类有层次之分，子类继承父类的属性和方法，重用性较好。大多数面向对象语言都提供一个实用的类库。因此，面向对象实现主要包括两项工作：把面向对象设计结果翻译成用某种程序语言书写的面向对象程序；测试并调试面向对象的程序。

然而，结构化系统总体设计阶段虽然已经确定了软件的模块结构和接口描述，划分出不同的数字海洋应用目标子系统，即各个功能模块，并编写了总体设计文档。但此时每个模块仍处于黑盒子级，需要进行更进一步的设计。详细设计阶段的根本目标是确定怎样具体地实现所定义的系统，也就是为各个在总体设计阶段处于黑盒子级的模块设计具体的实现方案。因此，还需要进行详细设计阶段工作。下面介绍结构化详细设计方法。

6.7.1 详细设计方法

详细设计是数字海洋工程结构化系统开发的一个步骤，是对总体设计的细化，就是详细设计每个模块实现算法所需的程序结构。

1. 详细设计原则

结构化程序设计遵循以模块功能和处理过程设计为主的基本原则。结构化程序设计技术采用自顶向下、逐步求精的设计方法和单入口、单出口的控制结构，并且只包含顺序、选择和循环三种结构。结构化程序设计的目标之一是使程序的控制流程线性化，即程序的动态执行顺序符合静态书写结构，这就增强了程序的可读性，不仅容易理解、调试、测试和排错，而且给程序的形式化证明带来了方便。结构化程序设计基本准则也在详细设计方法实践中应用。

结构化程序设计原则具体表现在以下五个方面：

(1)尽量少用或不用 goto 语句。

(2)采用自顶向下逐步求精的设计方法。

(3)采用顺序、选择、循环三种基本结构组成程序的控制结构。

(4)尽量使用单入口/单出口的控制结构，减少传递参量(数)的个数。

(5)提高模块的内聚度，降低模块间的关联度。

2. 详细设计内容

系统详细设计的主要内容是在具体进行程序编码之前，根据总体设计提供的文档，细化总体设计中已划分出的每个功能模块，为之选一具体的算法，并清晰、准确地描述出来，从而在具体编码阶段可以把这些描述直接翻译成用某种程序设计语言书写的程序。其设计成果可用程序流程图描述，也可用伪码描述，还可用形式化软件设计语言描述。详细设计的结果基本上决定了最终程序代码的质量。

详细设计以总体设计阶段的工作为基础，但又不同于总体设计阶段，这主要表现为以下两个方面：

(1)在总体设计阶段，数据项和数据结构以比较抽象的方式描述。例如，总体设计阶段可以声明矩阵在概念上可以表示一幅遥感图像，详细设计就要确定用什么数据结构来表示这样的数字矩阵。

(2)详细设计要提供关于算法的更多细节，例如，总体设计可以声明一个模块的作用是对一个表进行排序，详细设计则要确定使用哪种排序算法。总之，在详细设计阶段为每个模块增加足够的细节，使得程序员能够以相当直接的方式对每个模块编码。

因此，详细设计的模块包含实现对应的总体设计的模块所需要的处理逻辑，主要内容有：①详细的算法；②数据表示和数据结构；③实现的功能和使用的数据之间的关系。

详细设计的具体任务包括：

(1)细化总体设计的体系流程图，绘出程序结构图，直到每个模块的编写难度可被单个程序员所掌握为止。

(2)为每个功能模块选定算法。

(3)确定模块使用的数据组织。

(4)确定模块的接口细节及模块间的调度关系。

(5)描述每个模块的流程逻辑。

(6)编写详细设计文档。主要包括细化的系统结构图及逐个模块的描述，如功能、接口、数据组织、控制逻辑等。

6.7.2　详细设计工具

数字海洋应用系统详细设计的任务是给出软件模块结构中各个模块的内部过程描述，也就是模块内部的算法设计。根据软件工程的思想，在数字海洋应用系统软件设计过程中，系统设计和系统实现是两个阶段的任务，通常由不同的工作人员来进行。因此，需要采用一种标准的、通用的设计表达工具来实现两个阶段的沟通，使设计人员设计的系统，编程实现人员通过分析设计的文本和资料得到无歧义的理解，即详细设计表达工具的选择可以促进系统设计成果的表达和实现。详细设计的表达工具可分为图形、表格和语言三种。主要图形工具包括程序流程图、盒式图、PAD 图，表格有判定树和判定表，语言有类程序设计语言等。无论是哪种工具，对它们的基本要求都是能够提供对设计的准确描述，即能指明控制流程、处理功能、数据组织以及其他方面的实现细节，从而方便在编码阶段把设计描述直接翻译成程序代码。

1. 程序流程图

程序流程图(program flow chart，PFC)又称为程序框图，它是应用得最广泛的描述过程的方法，具有简单、直观、易于掌握的优点，特别适用于具体模块小程序的设计。图 6-29 所示为国家标准《信息处理-数据流程图、程序流程图、程序网络图和系统资源图的文件编制符号及约定》(CB1525 89)流程图符号，图中符号说明如下：

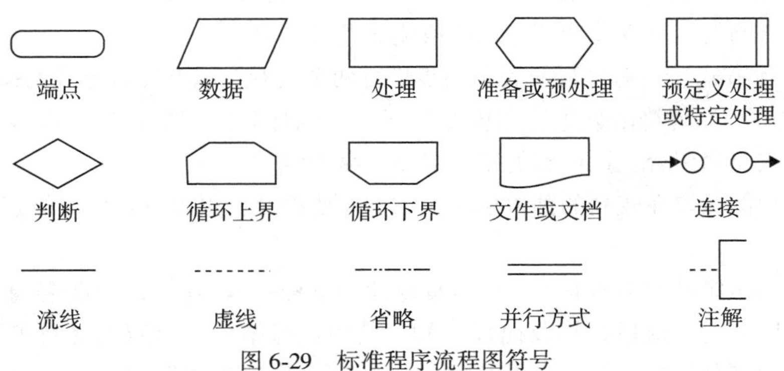

图 6-29 标准程序流程图符号

(1)端点。扁圆形表示转向外部环境或从外部环境转入的端点符。例如，程序流程的起始或结束，数据的外部使用起点或终点。

(2)数据。平行四边形表示数据，其中可注明数据名称、来源、用途或其他的文字说明。此符号并不限定数据的媒体。

(3)处理。矩形表示各种处理功能。例如，执行一个或一组特定的操作，从而使信息的值、信息形式或所在位置发生变化，或是确定对某一流向的选择。矩形内可注明处理名或其简要功能。

(4)准备。六边形符号表示准备。它表示修改一条指令或一组指令以影响随后的活动。例如设置开关、修改变址寄存器、初始化例行程序。

(5)特定处理。带有双纵边线的矩形表示已命名的特定处理。该处理为在其他地方已得到详细说明的一个操作或一组操作，例如子程序、模块。矩形内可注明特定处理名或其简要功能。

(6)判断。菱形表示判断或开关。菱形内可注明判断的条件。它只有一个入口，但可以有若干个可供选择的出口，在对符号内定义的条件求值后，有一个且仅有一个出口被激活。求值结果可在表示出口路径的流线附近写出。

(7)循环界限。循环界限为去上角矩形表示循环上界和去下角矩形的循环下界构成，分别表示循环的开始和循环的结束。一对符号内应注明同一循环标识符。可根据检验终止循环条件在循环的开始还是在循环的末尾，将其条件分别在循环上界内注明(如：当 A>B)或在循环下界内注明(如：直到 C<D)。

(8)文件。用底部为波浪线的矩形框表示，其内部可标注程序中用到的文件名。

(9)连接。带有箭头的圆表示连接符，用以表明转向到其他流程图，或从其他流程图处转入。它是流线的断点。在图内注明某一标识符，表明该流线将在具有相同标识符的另一连接符处继续下去。

(10)流线。直线表示控制流的流线。流线的标准流向是从左到右和从上到下。沿标准流向的流线可不用箭头指示流向，但沿非标准流向的流线应用箭头指示方向。

(11)虚线。虚线用于表明被注解的范围或连接被注解部分与注解正文。

(12)省略。若流程图中有些部分无须给出符号的具体形式和数量，可用三点构成的省略符。省略符应夹在流线符号之中或流线符号之间。

(13)并行方式。一对平行线表示同步进行两个或两个以上并行方式的操作。

(14)注解。注解符由纵边线和虚线构成，用以标识注解的内容。虚线须连接到被注解的符号或符号组合上。注解的正文应靠近纵边线。

使用流程图可以在较高的抽象层次上进行概要设计，也可以在代码级别上进行详细的过程设计。

结构化的程序设计中所有的程序过程仅使用三种基本的控制结构来描述，这三种基本结构是顺序结构、选择结构及循环结构。其中选择结构又分双选择及多情况选择两种，循环结构又分先判定型循环及后判定型循环。程序流程图规定了 5 种基本控制结构，分别对应上述程序过程。程序流程图也称为程序框图，程序流程图所使用的 5 种基本控制结构的标准符号如图 6-30 所示。

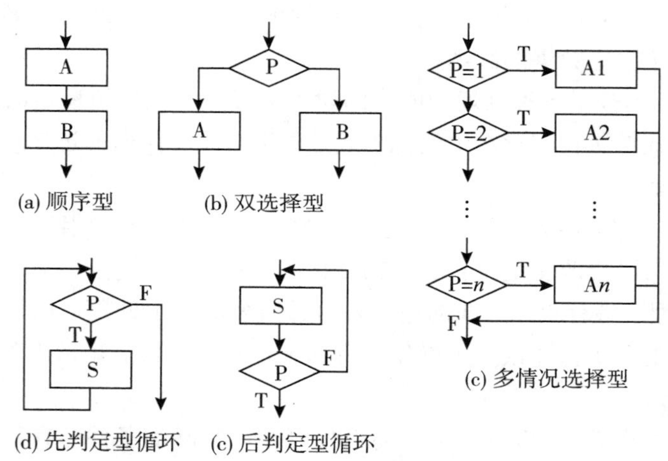

图 6-30　程序流程图的 5 种基本控制结构

在程序流程图中，结构化单元可以嵌套，例如一个 if-then-else 构造单元的 then 部分是一个 repeat-until 构造单元，而 else 部分是一个选择构造。这个外层的选择构造单元又是顺序构造中的第二个可执行单元。图 6-31 所示为结构化单元嵌套示意图，以此嵌套结构可以导出复杂的程序结构。

2. N-S 盒图

N-S(box-diagram)盒图是另一种用于详细设计表达的结构化图形设计工具。与 PFC 相比，N-S 盒图具有功能域表达明确、容易确定数据作用域的优点。作为详细设计的工具，N-S 盒图易于培养软件设计的程序员结构化分析问题与解决问题的习惯，它以结构

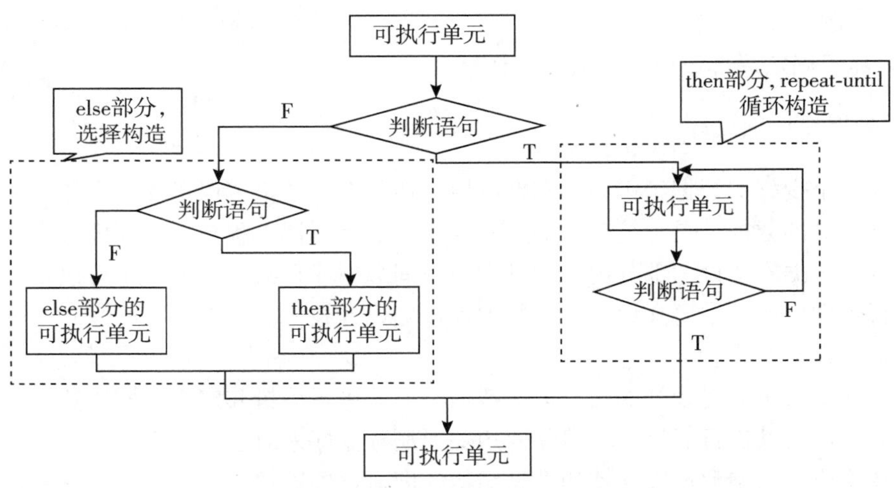

图 6-31 结构化单元嵌套示意图

化方式严格地实现从一个处理到另一个处理的控制转移。每一个 N-S 盒图开始于一个大的矩形，表示它所描述的模块，该矩形的内部被分成不同的部分，分别表示不同的子处理过程，这些子处理过程又可进一步分解成更小的部分。在 N-S 盒图中，为了表示 5 种基本控制结构，规定了 5 种图形构件，其基本结构如图 6-32 所示。

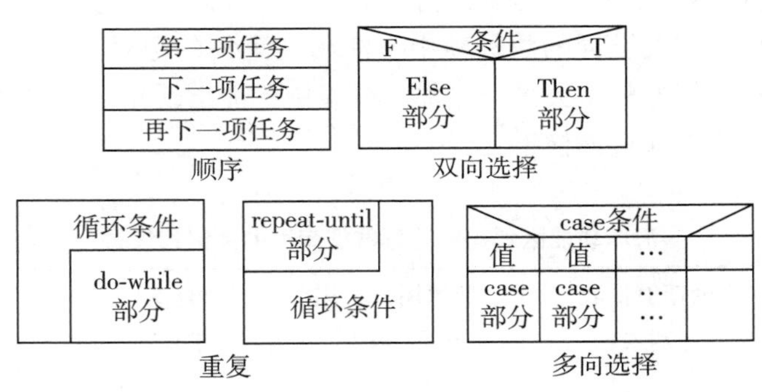

图 6-32 N-S 盒图基本结构

其中，顺序控制结构表示按顺序先执行处理第一项任务，再执行处理下一项任务；双向选择控制结构表示若条件取真值，则执行 T 下面框中 Then 的内容；取假值时，执行 F 下面框中 Else 的内容；重复控制结构中先判定循环表示，先判断循环条件的取值，为真则执行 do-while 部分，为假则终止循环。后判定循环表示，先执行 repeat-until，再判断循环条件的值，为假则再次执行 repeat-until，为真则终止循环；多向选择控制结构表示给出了多出口判断的图形表示，case 条件为控制条件，根据 case 条件的取值，相应地执行其值下面各框的 case 部分内容。

N-S 盒图具有如下一些特征：

(1)是一种清晰的图形表达式，能定义功能域(重复或 if-then-else 的工作域)。

(2)控制不能任意转移。

(3)易于确定局部或全局的数据工作域。

6.7.3　数据库详细设计

建立一个良好的数据组织结构和数据库，使整个系统都可以迅速、方便、准确地调用和管理所需的数据，是系统开发的必然要求。数字海洋工程数据库建设分为关系型数据库和空间数据库建设两部分内容，其中，空间数据库在某些情况下也可以用关系型数据库进行管理。此处主要介绍关系型数据库详细设计技术。

1)数据结构规范化

在系统定义阶段对系统的数据流、数据类型等进行分析和定义，并用数据流图、数据字典等手段对其进行了描述，但是要用关系型数据库来对这些数据进行管理，还必须将它们转换成关系型数据库支持的数据结构，即对这些数据进行规范化的重新组织，其组织模式称为建立关系数据库的基本范式。

(1)第一范式：

第一范式(first nonnal form，1st NF)要求同一张表中没有重复项出现，如果有则应将重复项删除。这个删除重复项的过程称为规范化处理。

(2)第二范式：

第二范式(sencond normal form，2nd NF)要求每个表必须有一个(而且仅一个)数据元素为主关键词(primary key)，其他数据元素与主关键词一一对应。主关键词在表中必须具有唯一性，作为主关键词的数据项中不能出现重复的记录。如表 6-11 所示，其中预审项目表中的项目编号是主关键词，那么该表中不能出现相同的项目编号。设置关键词大大方便了表的维护和查询检索。

表 6-11　　**海洋功能区划实施管理数据库表的关键词设置**

预审项目表(基表)	审查项目表(基表)	养殖用海转用方案(基表)	补充港口用海方案(基表)	征海方案(基表)
项目编号(主关键字)	项目编号(主关键字)	项目编号(主关键字)	项目编号(主关键字)	征海编号(主关键字)
项目名称	项目名称	项目名称	补充港口用海责任单位	被征用海域权属单位
项目承担单位	养殖用地面积	拟使用年度计划指标	补充港口用海承担单位	权属状况
申报时间	用海面积	拟使用结转计划指标	已补充港口用海面积	征海补偿费用标准
……	……	……	……	……

(3)第三范式

第三范式(third normal form, 3rd NF)是指表格中的所有数据元素不但要能够唯一地被主关键词所标识，而且它们之间还必须相互独立，不存在其他的函数关系。也就是说，对于一个满足 2nd NF 的关系表来说，表中有可能存在某些数据元素的函数还依赖于其他非关键词数据元素的现象，如图 6-33 所示。

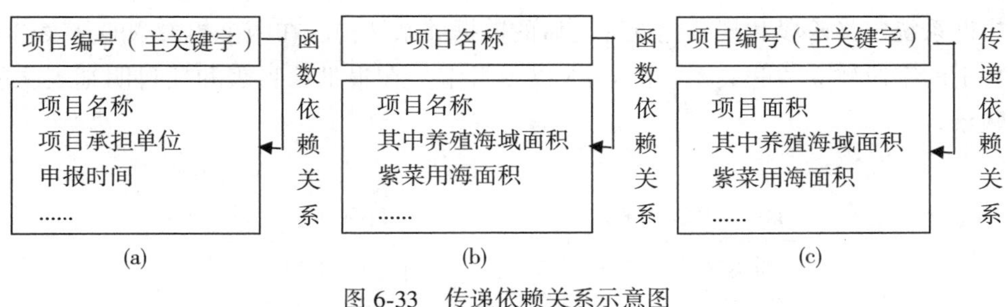

图 6-33 传递依赖关系示意图

在图 6-33(b)中，项目面积，其中养殖海域面积、紫菜用海面积等数据项函数依赖于项目名称，而图 6-33(a)显示项目名称函数依赖于项目编号，故项目面积、其中养殖海域面积、紫菜用海面积等数据项能通过项目编号唯一地被标识(见图 6-33(c))。这种在同一张表中 A 函数依赖于 B，而 B 函数依赖于 C 的现象被称为“传递依赖”(transitive dependence)。3rd NF 为了确保关系数据库能够唯一并准确运行，要求必须在数据结构中消除这种传递依赖的现象。消除这种传递依赖的方法有两种：一是设法取消 A 对于 B 的函数依赖关系，使 A 函数直接依赖于 C(主关键词)，如图 6-34 所示。另一种方法是建立一独立的表，如图 6-33(a)、(c)所示。

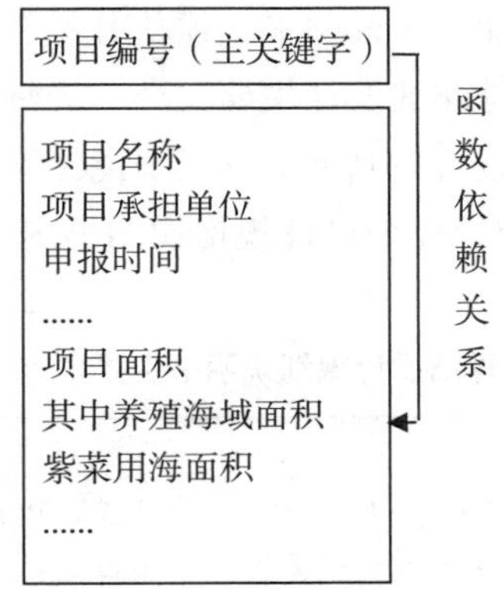

图 6-34 直接取消传递依赖关系示意图

2)关系型数据库建库

在按照关系型数据库数据规范进行数据基本结构的规范化重组后，要进行关系型数据库的建库工作，还必须根据具体的关系型数据库管理信息系统的数据格式要求来开展数据库的建库工作，也就是在关系型数据模型的基础上将数据结构和数据库进行物理实现，这包括三方面的工作：建立基表，确定基表之间的关联，数据安全性管理。

(1)建立基表：经过编码和表的规范化处理后，已经可以确定每个基表是规范的，结合所采用的关系型数据库管理信息系统的数据模型进行表的计算机实现。

(2)基表关联的建立：大多数关系型数据库管理信息系统都提供表的关联分析功能，根据系统定义阶段和规范化处理之后的数据关系结构，在两个相关联的基表内可以通过特定的字段建立关联关系。图 6-35 以项目编号在报批项目表和项目明细表之间建立了联系。

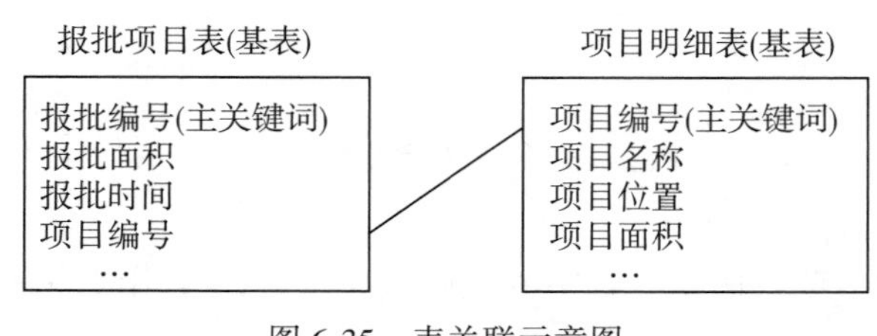

图 6-35　表关联示意图

(3)数据安全性管理：一般关系型数据库管理信息系统都提供数据安全保密的一些功能。系统所提供的安全保密功能一般有 8 个等级(0~7 级)，4 种不同方式(只读、只写、删除、修改)，而且允许用户利用这 8 个等级的 4 种方式对每个表自由地进行定义，这对确保系统的正常运行是非常重要的。

6.7.4　详细设计文档

详细设计文档包括详细设计规格说明书、模块开发卷宗中模块说明表和详细设计评审报告，详细设计规格说明书是详细设计主要文档。详细设计规格说明书描述系统各组成部分的内部结构和表达详细设计的成果。根据国家标准(GB 8567—88)《计算机软件产品开发文件编制指南》的规定，详细设计规格说明书内容体系见表 6-12。

表 6-12　**详细设计规划说明书主要内容**

内容
1. 引言 　　1.1　背景(说明该软件系统名称、开发者、详细设计原则和方法) 　　1.2　参考资料(列出有关参考资料名称、作者、发表日期、出版单位) 　　1.3　术语和缩写语(列出本文件中专用的术语、定义和缩写语)
2. 程序(模块)系统的组织结构 　　用图表列出本程序系统内每个模块(或子程序)的名称、标识符，以及这些模块(或子程序)之间的层次关系

续表

3. 模块(或子程序)1(标识符)设计说明 从本文件3开始，逐个给出上述每个模块(或子程序)的设计考虑 3.1 模块(子程序)描述(简要描述本模块(子程序)的目的意义、程序的特点) 3.2 功能(详细描述此模块(子程序)要完成的主要功能) 3.3 性能(描述此模块(子程序)要达到的主要技术性能) 3.4 输入项(描述每一个输入项的特征，如标识符、数据类型、数据格式、数值的有效范围、输入方式) 3.5 输出项(描述每一个输出项的特征，如标识符、数据类型、数据格式、数值的有效范围、输出方式) 3.6 处理过程(详细说明模块(子程序)内部的处理过程，采用的算法、出错处理) 3.7 接口(分别列出和本模块(子程序)有调用关系的所有模块(子程序)及其调用关系，说明与本模块(子程序)有关的数据结构) 3.8 存储分配 3.9 注释设计 3.10 限制条件(说明本模块(子程序)运行中受到的限制条件) 3.11 测试计划
4. 模块(或子程序)2(标识符)设计说明 用类似3的方式，说明第二个模块(子程序)乃至第N个模块(或子程序)的设计考虑

模块开发卷宗中模块说明表是对规划说明书中简要介绍的模块进行详细的全面的描述，并设计出它们的实现算法，其具体内容见表6-13。

表6-13 **模块说明表**

制表日期： 年 月 日

模块名：	模块编号：	设计者：
模块所在文件：	模块所在库：	
调用本模块的模块名：		
本模块调用的其他模块名：		
功能概述：		
处理描述：		

续表

<table>
<tr><td colspan="7">引用格式：</td></tr>
<tr><td colspan="7">返回值：</td></tr>
<tr><td></td><td>名称</td><td>意义</td><td>数据类型</td><td>数值范围</td><td colspan="2">I/O 标志</td></tr>
<tr><td>内部接口</td><td></td><td></td><td></td><td></td><td colspan="2"></td></tr>
<tr><td></td><td>名称</td><td>意义</td><td>数据类型</td><td>I/O 标志</td><td>格式</td><td>媒体</td></tr>
<tr><td>外部接口</td><td></td><td></td><td></td><td></td><td></td><td></td></tr>
<tr><td>用户接口</td><td></td><td></td><td></td><td></td><td></td><td></td></tr>
</table>

详细设计完成之后，还需要对设计的成果进行评审，以保证设计的质量。详细设计评审报告审议项目如下：

(1)审议项目内容。

(2)详细说明书是否与总体设计说明书一致？

(3)模块设计质量：模块独立性、接口关系、规模是否适中？逻辑是否清晰简单？数据结构、输入与输出是否合理？

(4)是否按结构化程序设计原则进行设计？

(5)规定符号的使用、确定命名规则。

(6)模块测试用例合理性和完整性。

(7)文档齐全并符合有关标准规定。

第 7 章　数字海洋工程实施

数字海洋工程技术是以现代信息技术和海洋空间信息技术为基础发展起来的综合性高技术，是采用海洋空间信息技术对海洋空间信息资源进行采集、加工、开发、应用、服务、营运的全部活动，以及涉及这些活动的各种设备、技术、服务、产品的实体的集合体。由于空间信息科学技术、计算机科学技术、通信技术、海洋技术的发展和应用的普及，特别是新一代互联网技术和大数据技术、云技术的日趋成熟，许多机构开始应用数字工程技术在空间信息基础框架下进行专业信息的管理。并从信息管理的数字化空间化出发，进一步提升专业功能的技术层次，从而实现透明海洋空间决策支持，解决海洋信息看得见、摸得着等长期困扰人们理解海洋、认知海洋的问题，以达到保护海洋、经略海洋的目标，发展数字海洋工程的建设。

7.1　数字海洋工程化实施流程

7.1.1　数字海洋工程化思想

数字海洋工程建设依据数字工程建设的基本原则，它的工程化包括与空间位置相关的各类技术所形成的数字资源与产业活动，具备“地理空间”和“信息技术”两大构成要素，决定了其服务于空间信息应用的特征：

(1)当代高新科技结合紧密，数字海洋工程在技术上具有前沿性、集成性和智能性。与当代高新科技结合紧密是数字海洋工程的首要特性，也是它具有旺盛生命力的源泉。海洋空间信息技术始终与人类最新科技发展步调一致，大数据、云计算、5G/6G通信、AI技术、航空航天、深海探测等技术无不在海洋空间信息产业领域发挥着重要的作用。反过来，海洋空间信息技术与产业的发展，也带动了相关技术与产业领域的拓展与进步。这就是所谓的产业关联度，海洋空间信息产业的关联度大于 1∶10。这里的产业关联度实际上就是由技术的关联而引起的产业链的放大效应。

(2)海洋空间信息的载体性使数字海洋工程的应用具有广泛性、基础性、兼容渗透性。地球空间是承载人类物质积累和精神积累的唯一空间。人类本身就是地球空间演化的产物，人类的一切活动无不与生存环境息息相关。在人类日常所接触的信息中，至少80%与空间位置有关。所以，海洋空间信息的应用天生具有很强的兼容性和渗透力，涵盖人类认知海洋、保护与开发海洋的方方面面。

(3) 支撑数字海洋工程的学科具有交叉性、综合性和复杂性。这个特性可以很容易从以上两点推理得到。数字海洋工程技术本来就是地球空间信息科学、计算机科学技术、通信技术、信息科学、系统科学和海洋科学的多学科交叉和融合，它在具体海洋领域的应用，进一步增强了学科的综合性与复杂性。

数字海洋工程具有明确的完成目标，并以此目标决定其价值，因此工程项目的成败取决于是否完成了预定的目标，在完成项目确立的目标的过程中，由于环境因素的影响，总是伴有技术、人员、客观环境变化等方面的不确定性，因此最根本的问题是对项目建设过程的管理控制。

数字海洋工程化的四维体系结构如图 7-1 所示，其中，时间维反映了工程实现的过程，逻辑维表示了用系统工程方法解决问题的步骤，知识维则表示工程可能涉及的专业知识领域，环境维用以适应环境多变的系统工程问题，加强环境分析在数字海洋工程中的重要性。

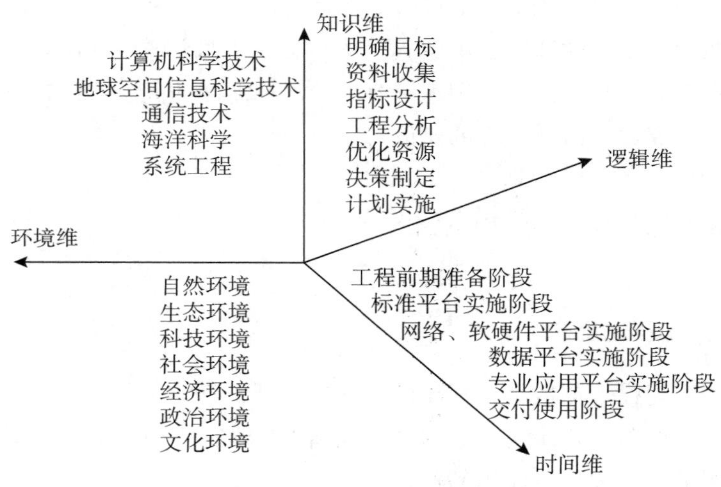

图 7-1　数字海洋工程的四维体系结构

技术方法的运用是在管理控制的支配下进行的，而技术方法又为管理控制提供了依据。管理控制要在关键的时刻对工程进行检查监督，保证不出现偏离目标的错误，要做到这一点，选定这些关键时刻作为管理决策点是很重要的。一方面，在决策点处工程的进展需要有一个好的交接，要检查前一阶段的工作是否已经按预定目标完成，从而决定下一步的行动方针。如果不符合要求，则还要重复前一段的工作。从这个意义上来说，前面所述阶段与步骤的划分是管理决策的需求。另一方面，为了进行决策，要求各个阶段和各个步骤的工作在技术上具有可交付性，也就是各个阶段或步骤的工作结束时，必须有一份相对完整的成果交付出来供下一阶段的工作使用。

7.1.2　数字海洋工程实施框架

数字海洋工程初期的开展主要集中于一些业务数据具有“强”空间分布特性的部门，

例如海洋功能区划、海域管理、海事交通等。随着数字海洋工程应用领域的不断扩展，许多其他领域的机构也开始采用数字工程技术。在这些机构中，业务数据具有比较“弱”的空间分布特性，数字海洋工程技术服务于其专门业务。例如环境监测部门可以采用数字工程技术来分析不同海域海表温度或溶解氧变化的趋势，建立区域蓝藻预测模型。由于服务的专业对象日益复杂，技术要求不断提高，数字海洋工程的建设需要经历一个大而复杂，并且相对长期的过程。其涉及对象的动态复杂性、建设的内容及可视化、影响的广度和深度都是其他系统工程难以比拟的。

数字海洋工程项目的组织不是简单的原理及方法的堆砌，而必须是基于系统科学方法的思想指导下的工程化建设过程。根据具体工程的各部分工作先后次序的差异、用户急需程度的不同，也为了保证阶段性成果尽快投入运转，收到实效。可以对具体数字海洋工程项目进行分期划分。由于项目实施的不同阶段各有不同侧重点，投入力度也应有所侧重，前期工程即应奠定系统的基石与核心，是工程实施工作的重点，后续工程则是完善与巩固提高的过程。数字海洋工程需要技术、资金、人力和物力的大量投入，也需要统筹规划，分步实施。一般数字海洋工程的实施构架如图 7-2 所示。

7.1.3 数字海洋工程实施流程

依据数字海洋工程的构架，可以将数字海洋工程的实施划分成相对独立的大项，并按照实施的先后顺序进行组织。宏观上分为工程前期准备、工程构架设计与实施、交付使用三大步骤。具体实施流程：

1. 工程前期准备

前期准备阶段是指数字海洋工程建设的任务提出到调研立项这一过程。一般包括：调研考察、可行性与必要性分析研究、工程实施环境准备、总体工程筹划、论证立项五个步骤。

(1)调研考察：管理、业务、服务等方面实际工作中的原始需求是推动数字海洋工程建设任务提出的直接动力。当数字海洋工程建设纳入到议事日程后，首先要做的就是调研考察。其内容主要包括：原始需求调查、现有相关实例、当前相关支撑技术发展、工程建设环境的调查等。

(2)可行性与必要性分析研究：调查获得的材料、信息需要结合技术、经济、社会以及相关现状等各方面的因素综合分析，得出可行性分析报告和项目建议书，并组织专家进行评估，并形成工程建设意见和建议。

(3)工程实施环境准备：若可行性分析报告评估后拟进行立项，那么就要根据评估意见或建议为数字海洋工程的实施进行环境的准备。

(4)总体工程筹划：总体规划是对工程建设作全面、长期的考虑。该步骤需要对需求做进一步的调查，综合各种因素作深入分析，提出工程建设的阶段划分，以及人力、财力、物力要求和各阶段的投入计划。

(5)论证立项：基于可行性分析报告和环境准备情况的基础上，形成立项报告，并组织相关领域的专家进行评估。形成专家评估意见后，与立项报告一并提交主管部门进

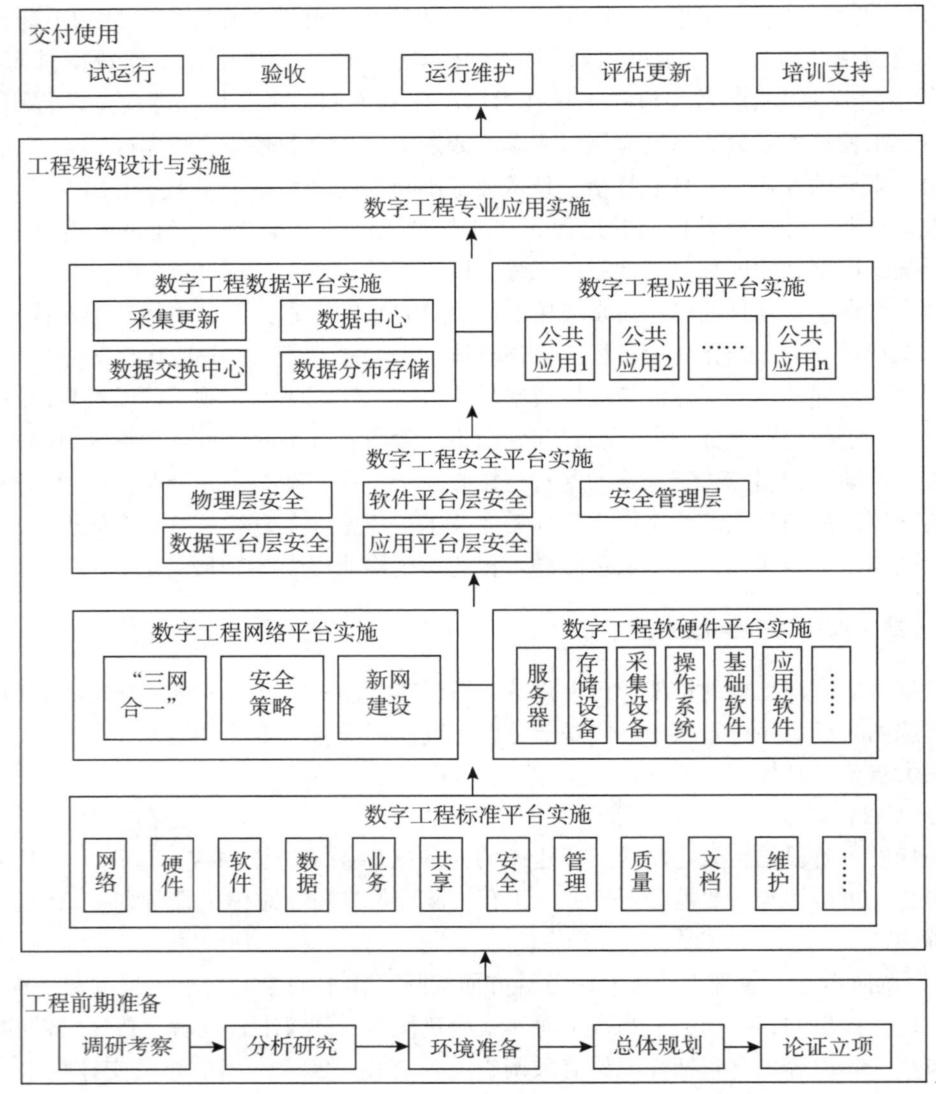

图 7-2　数字海洋工程的实施构架

行审批。审批通过即可进行下一个环节：设计与实施。

2. 工程构架设计与实施

工程构架设计与实施阶段包括详细调查分析、总体与细节构架设计、实施三个步骤。

(1)详细调查分析是对现状和需求的更深层次的发现，并进行系统、详细的分析，形成需求分析报告为下一步的设计作准备。

(2)总体与细节构架设计是在详细调查分析阶段所确定的需求分析报告的基础上进行概要设计和详细设计。

(3)实施主要是进行工程的具体实现，包括标准平台的最终建立，网络平台、软硬件平台的整合更新，数据平台的整合搭建，专业应用平台的设计完成、组装与测试等。

从建设内容时间顺序上，可以将数字海洋工程实施流程分成五个实施阶段，即标准平台实施、网络平台实施和软硬件平台实施、安全平台实施、数据平台实施、应用平台实施以及专业应用实施。调查分析、设计、实施贯穿于每个平台实施的过程之中，具体的实施过程将在后续章节中作进一步阐述。

3. 交付使用

交付使用阶段是数字海洋工程各平台按照总体规划和设计方案实施完成后的成果交付以及投入使用的过程，主要包括试运行、验收、运行维护、评价更新、培训支持等。

(1)试运行：该阶段是数字海洋工程模拟真实环境测试检验各平台及相互配合是否符合建设目标，满足建设要求，该阶段可能是一个反复的过程，需要与设计实施阶段进行反复交流。该阶段成功通过是数字海洋工程建设的一个里程碑。

(2)验收：验收是组织相关专家、领导、用户等根据试运行的报告和工程建设目标和指标体系进行审核、检查。该阶段的顺利通过标志着数字海洋工程建设的完成。

(3)运行维护：通过验收后，数字海洋工程将正式投入运行使用。这一过程是一个长期的过程，需要对数字海洋工程的各个平台进行维护活动，如监控、升级等。

(4)评价更新：是对数字海洋工程绩效及运行过程积累的问题进行评价，并准备新的请求。

(5)培训支持：系统的正式运行需要相配套的专业人员和技术人员。对这些人员的培训是一个长期的不断进步的过程。

7.2 标准平台实施

数字海洋工程的建设是一系列的人员制度、设备、数据、软件及各种工程技术等互相配合、互相作用的综合活动，标准平台是指导其他各平台建设和专业应用的基础性工作。标准平台的实施是以获得最佳秩序和效益为目的，以设计、开发、管理、维护等过程中大量出现的重复性事物和概念为对象，以制定和组织实施标准体系及相关标准为内容的有组织的系统活动，是关系到数字海洋工程系统建设成败的关键环节。

7.2.1 标准平台实施流程

在数字海洋工程建设过程中，将涉及诸如开发技术和管理的关系、阶段划分与工程实施方法的关系、子系统数据分类、编码及数据文件命名规则、各子系统之间的信息共享、系统与其他系统的接口和兼容性以及适应数字海洋信息化建设的要求程度等，因此必须制定或采用有关技术标准，以规范系统的建设，从而使它具有强大的生命力和广泛的适用性。

数字海洋工程标准化平台的实施流程为：

(1)调查工程建设的总体需求和目标，对工程涉及的技术层面和管理层面的相关标准进行搜集。包括国际标准、国家标准、行业标准、地方门标准以及内部的一些标准和规范。

(2)对这些标准进行梳理分析、整理，对于某些方面没有现行标准和规范参考的需要制定相关标准。

(3)经过标准整合和制定后，形成统一的数字海洋工程实施和运行标准体系。由于每个数字海洋工程项目的实施和运行都有一定的特殊性，因此在一统的标准体系下，要根据需求和工程建设要求进行标准条目的进一步细化，形成既有指导性标准又有具体可操作依据的标准体系。

(4)标准体系的建立除了标准本身之外，还需要建立一套标准的参照机制，即规定具体数字海洋工程建设和运行过程中应该如何参照标准体系。

数字海洋工程标准化实施过程总体流程如图 7-3 所示。

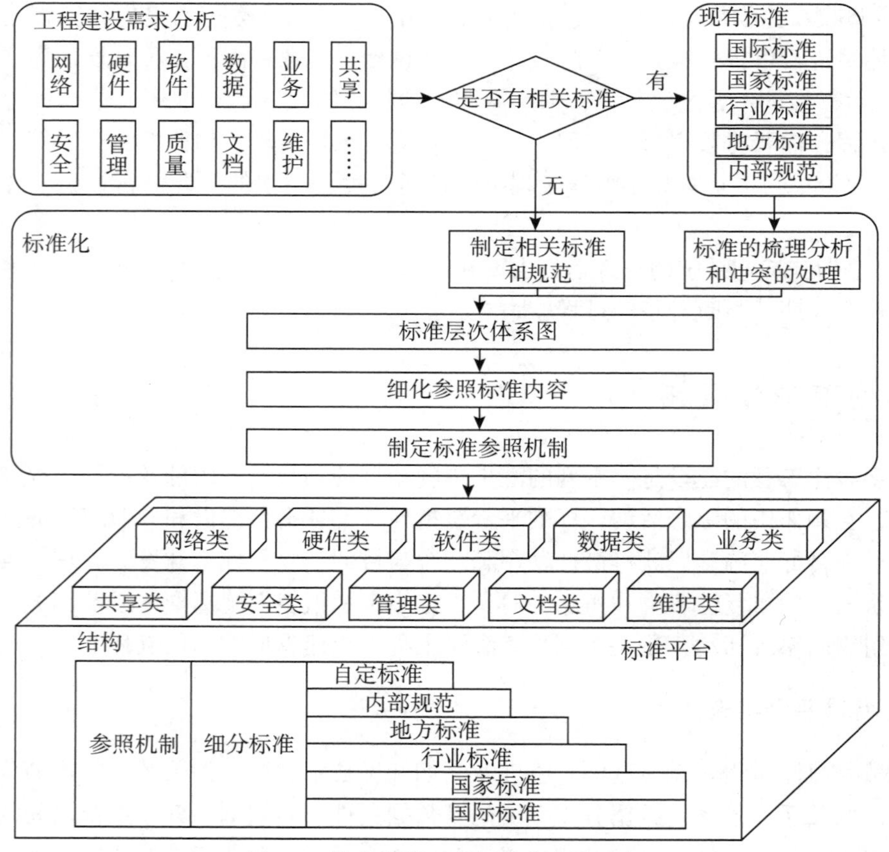

图 7-3　数字海洋工程标准化实施流程

7.2.2　标准体系建立

标准化是指为在一定的范围内获得最佳秩序，对实际的或潜在的问题制定共同的和重复使用的规则的活动。标准化活动的主要内容包括建立、完善和实施标准体系，制定、发布标准，组织实施标准体系内的有关国家标准行业标准和企业标准，并对标准的实施进行监督、合格评定和分析改进等。在数字海洋工程的标准化工作中，除了遵从现有相关标准之外，有时还要针对工程的特点和需求制定工程内部的标准，实施时所制定的技术标准或法律法规应与有关的国家法律法规、行业标准、相关部委颁发的标准和地方标准、各种规范以及有关指导性技术文件相一致。

各类标准存在一定的分级，主要包括以下几种。

(1)国际标准(international standard)：由国际标准化机构正式通过的标准，或在某些情况下由国际标准化机构正式通过的技术规定，通常包括两方面标准：①国际标准化组织(ISO)和国际电工委员会(IEC)制定的标准；②国际标准化组织认可的其他22个国际组织所制定的标准。

(2)国家标准(state standard)：由国家标准化主管机构批准、发布，在全国范围内统一的标准。

(3)行业标准(trade standard)：在全国某个行业范围内统一的标准。行业标准由国务院有关行政主管部门制定，并报国务院标准化行政主管部门备案。当同一内容的国家标准公布后，则该内容的行业标准即行废止。

无论数据生产还是项目实施、管理标准化思想的引入都可以提高数字海洋工程应用的可靠性，可维护性和互操作性，提高项目人员之间的通信效率，减少差错和误解；有利于项目管理，有利于降低运行维护成本，缩短建设周期。而数字海洋工程项目的规范、标准是一个内容丰富、种类繁多的体系。

标准化体系的构建主要是指制定、颁布和实施这一系列标准，主要从编制标准体系表、制定数据分类编码标准、建立数据交换标准等几个方面进行标准化体系构建。

1. 确立标准化体系

数字海洋工程标准化体系的建立，是将数字海洋工程技术活动纳入正规化管理的重要保证。在标准体系表的制定过程中，必须遵守国家相关的法律、法规，特别是《中华人民共和国标准化法》(以下简称《标准化法》)和《中华人民共和国标准化法实施条例》(以下简称《标准化法实施条例》)。

1)制定数字海洋工程技术标准的主要对象

标准的特有属性，使得对信息技术标准制定的对象有特殊的要求。按照标准化对象，通常把标准分为技术标准、管理标准和工作标准三大类。制定标准的主要对象，应当是数字海洋工程技术领域中最基础、最通用、最具有规律性、最值得推广和最需要共同遵守的重复性的工艺、技术和概念。针对数字海洋工程领域，应优先考虑作为标准制定对象的客体有：

(1)软件工具。例如软件工程、文档编写、软件设计、产品验收、软件评测等。

(2)数据。数据模型、数据质量、数据产品、数据交换、数据产品评测、数据显示、空间坐标投影等。

(3)系统开发。例如系统设计、数据工程、标准建库工艺等。

(4)其他。例如名词术语、管理办法等。

在制定地理信息技术标准时，要遵守标准工作的一般原则，采用正确的书写标准文本的格式。我国颁布了专门用于制定标准的一系列标准，详细规定了标准编写的各种具体要求。

2) 编制标准体系表

围绕数字海洋工程技术的发展，所需要的技术标准可能有多个，各技术标准之间具有一定内在的联系，相互联系的技术标准形成标准体系，具有目标性、集合性、可分解性、相关性、适应性和整体性等特征，是实施编制整个标准体系表的指南和基础。

标准体系表对国内、国外标准的采用程度一般分为三级：等同采用、等效采用和非等效采用。我国标准机构对标准体系表的编制具有详细的规定。实际标准化体系构建过程中，在技术标准的采用上应参照国际标准，首先选用国家标准．依次是行业标准、部颁标准和地方标准。在没有相关标准的情况下，应根据实际需要，采用相应的技术规范或指导性技术文件，或自行制定必要的工程技术规范和规程。根据我国标准化法的规定和有关标准化文件要求，数字海洋工程应用项目在设计、实施、应用过程中，要实现标准化的目标，必须遵循下列原则：

(1) 对系统中凡是需要统一的技术要求，只要有相应的现行国家标准，就必须贯彻执行国家标准。

(2) 如没有国家标准而有相应的行业标准，则执行相应的现行行业标准。

(3) 如没有国家标准和行业标准，但有相应的现行地方标准则执行相应的现行地方标准。

(4) 如既没有国家标准和行业标准，也没有相应的地方标准，而有相应的国际标准或类似国外的先进标准，则可先参照采用国际标准或国外先进标准，同时建议立项制定相应的国内标准。

(5) 如果没有任何相应的标准，但有相应的内部规范或指导性技术文件，则应借鉴采用相关规范或文件；并积极创造条件，加快申请立项。按照一定的制定程序和编写要求，制定相应标准。

2. 制定数据分类编码标准

空间图形和空间数据表达方面的标准主要涉及地图要素的位置和位置精度等，如地图比例尺和投影均属空间信息标准的范畴；空间信息的分类编码可以根据具体需要直接应用于数字地图之中。

空间信息的分类原则上是将各门类信息逐步细化，形成多级分类码，上一层是下一层的母类，同位类之间形成并列关系。它们之间的逻辑关系和规则为：下位类的总范围与上位类范围相等；一个上位类划分为若干下位类时，应采用同一基准；同位类之间不能相互交叉重叠，并对应同一个上位类；分类要依次进行，不能有空层或加层。一般具有两种方法：线分类法和面分类法。线分类法是将分类对象根据一定的分类指标形成相应的若干个层次目录，构成一个有层次的、逐级展开的分类体系；面分类法是将所选用的分类对象的若干特征视为若干个“面”，每个“面”中又分彼此独立的若干类组，由类组组合形成类的一种分类方法。对地理空间信息的分类一般采用线分类法。空间信息的编码设计是在分类体系基础上进行的，一般在编码过程中所用的码有多种类型，例如顺序码、数值化字母顺序码、层次码、复合码、简码等。我国所编制的空间信息代码中，以层次码为主。层次码一般是在线分类体系的基础上设计的。

层次码是按照分类对象的从属和层次关系为排列顺序的一种代码，它的优点是能明确表示出分类对象的类别，代码结构有严格的隶属关系，例如，GB/T 2260—2007《中华人民共和国行政区划代码》是采用了层次码作为代码的结构。

空间信息的编码要坚持系统性、唯一性、可行性、简单性、一致性、稳定性、可操作性、适应性和标准化的原则，统一安排编码结构和码位。在考虑需要的同时，也要考虑到代码应简洁明了，并在需要的时候可以进一步扩充，最重要的是要适合于计算机的处理和方便操作。表 7-1 为数字海洋基础信息的分类编码片段，从中可以对分类编码有一个直观的了解。

表 7-1　**数字海洋基础信息的分类编码片段**

<table>
<tr><th colspan="2">主门类</th><th colspan="2">一级子类</th><th colspan="2">二级子类</th></tr>
<tr><th>名称</th><th>编码</th><th>名称</th><th>编码</th><th>名称</th><th>编码</th></tr>
<tr><td rowspan="13">水文气象
地质信息</td><td rowspan="13">05</td><td rowspan="6">水文数据</td><td rowspan="6">0501</td><td>水体数据库</td><td>050101</td></tr>
<tr><td>汇水面积</td><td>050102</td></tr>
<tr><td>潮汐分布分级</td><td>050103</td></tr>
<tr><td>潮流分布</td><td>050104</td></tr>
<tr><td>波浪情况</td><td>050105</td></tr>
<tr><td>冰况</td><td>050106</td></tr>
<tr><td rowspan="5">气象数据</td><td rowspan="5">0502</td><td>降水量分布</td><td>050201</td></tr>
<tr><td>暴雨强度</td><td>050202</td></tr>
<tr><td>气温</td><td>050203</td></tr>
<tr><td>风况</td><td>050204</td></tr>
<tr><td>雾况</td><td>050205</td></tr>
<tr><td rowspan="2">地质及地震</td><td rowspan="2">0503</td><td>工程地质</td><td>050301</td></tr>
<tr><td>地震基本烈度</td><td>050302</td></tr>
<tr><td rowspan="3">社会经济信息</td><td rowspan="3">06</td><td rowspan="3">社会经济</td><td rowspan="3">0601</td><td>人口分布</td><td>060101</td></tr>
<tr><td>重要单位</td><td>060102</td></tr>
<tr><td>重要设施</td><td>060103</td></tr>
</table>

3. 建立数据交换标准

不同的平台软件工具，记录和处理同一类别信息的方式是有差别的，这往往导致不同软件平台上的数据不能共享。数据交换标准应在参考国际和国家的数据交换标准的基础上提出。目前常用的国际国内空间数据交换标准有：美国国家标准协会(ANSI)空间数据转换标准(sdts)；中国国家标准：地球空间数据交换格式标准(vct)；Esri shape 数据格式标准(shp)；Maplnfo 交换文件格式标准(mif)；AutoDesk 文件格式标准(dwg、dxf)等。

在数据转换中，数据记录格式的转换要考虑相关的数据内容及所采用的数据结构。如果纯粹为转换空间数据而设立的标准，那么需要重点考虑的是：①不同空间数据模型下空间目标的记录完整性及转换完整性，例如由不同简单空间目标之间的逻辑关系形成的复杂空间目标，在转换后其逻辑关系不应被改变；②各种参考信息的记录及转换格式，例如坐标信息、投影信息、数据保密信息、高程系统等；③数据显示信息，包括标准的符号系统、颜色系统显示等。

对于空间信息，除了考虑上述数据的转换格式外，还应该多考虑下列内容：①属性数据的标准定义、值域的记录及转换；②地理实体的定义及转换；③元数据的记录格式及转换等。空间信息的数据交换标准，应以一定的概念模型为基础，不但用于交换空间数据，而且是在地理意义层次上交换数据，不但注重空间数据的数据格式，而且注重属性数据的数据格式以及空间数据、属性数据之间逻辑关系的实现。

7.3　网络与软硬件平台实施

7.3.1　网络与软硬件平台实施流程

数字海洋工程应用范围广泛，体现在应用领域的广泛性、覆盖区域的交叉性。并且，数据量庞大，需要业务协同、信息共享、互联互通和安全可靠。一个数字海洋工程项目成功与否，与网络平台的选择及应用环境的状况密不可分。选择成熟、稳定的平台，既便于系统的维护，又便于与其他系统接口。网络平台的实施过程如图 7-4 所示。

网络平台、软件平台和硬件平台的实施在某些方面具有一定的相似性，并且密不可分。网络平台离不开软硬件环境的支持，而没有软件平台，硬件平台发挥不了很好的作用，硬件平台则需要通过软件平台为各种应用提供硬件载体。三者在实施过程中往往需要综合考虑，并行进行。

网络与软、硬件平台的实施从大的方面可以分为两个部分：调研分析和设计实现。调研分析主要包括现状调研和需求分析；设计实现包括结合网络平台，设计软硬件平台的架构、配置，对现有的硬件和软件进行整合，并选购新的软件、硬件以实现软硬件平台的目标。

7.3.2　网络平台的实施

网络的互联互通和安全可靠是实现业务协同、信息共享的基础。数字海洋工程网络

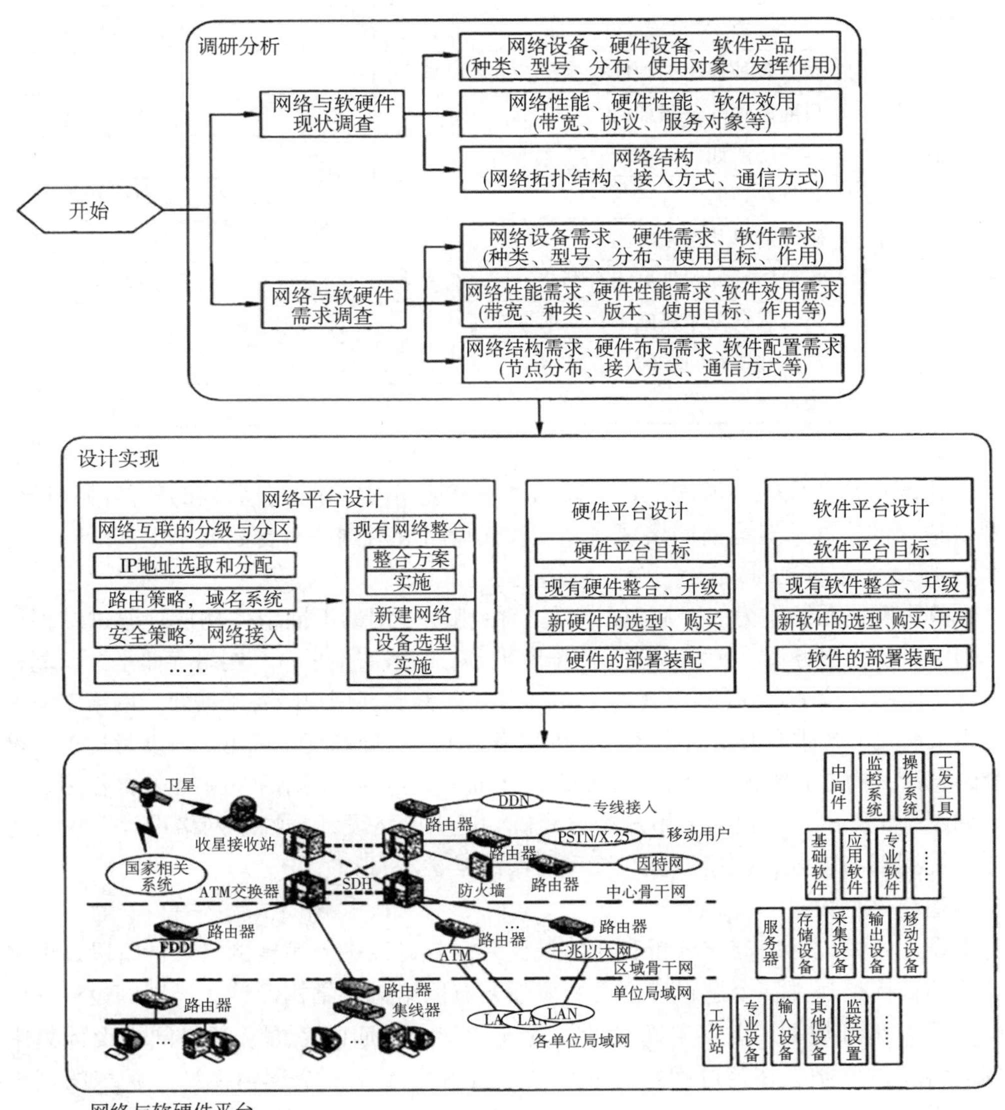

图 7-4　网络与软硬件平台实施流程图

的建设离不开我国网络基础设施和信息化建设的实际。我国网络基础设施的建设，从中央到地方的各级政府在不同程度上建立了局域网，或通过广域网建立了纵向专网。当前数字海洋工程在网络方面面临的建设主要是与已经建设网络的部门需要互联互通。

1. 现状与需求分析

网络平台建设的调研主要是了解建设单位内部以及相关部门和社会团体之间的网络现状，以及对未来的期望。具体包括以下内容，见表 7-2。

表 7-2　　**网络现状与需求分析**

状态	内　容
现状	现在各种在用的硬件有哪些，分属哪些部门？
	目前设置的缺陷如何？
	网络功能如何？
	共享性如何？
	硬件清单和连接总图
期望	需要增减的硬件可能有哪些，何时会发生？
	是否有资金来实施增补，预算如何？
	对硬件的倾向性怎样？
	硬件设置一览图

上述调查是获取数字海洋工程建设的网络环境情况的手段，后续的整体网络设计以及网络整合都将基于对当前网络现状和工程建设目标对网络平台的要求上。

2. 网络平台的规划设计

计算机网络系统作为一个有机的整体，由相互作用的不同组件构成，通过结构化布线、网络设备、服务器、操作系统、数据库平台、网络安全平台、网络存储平台、基础服务平台、应用系统平台等各个子系统协同工作，最终实现用户的各项需要。网络工程实质上是将工程化的技术和方法应用于计算机网络系统中，即系统、规范、可度量地进行网络系统的设计、构造和维护的全过程。传统的生命周期过程在网络工程中也发挥作用。

如图 7-5 所示，它包括了用户需求分析，逻辑网络设计，物理网络设计，执行与实施，系统测试与验收，网络安全、管理与系统维护等过程。

1) 逻辑网络设计

当设计者完成网络需求分析和通信规范后，就可以进入逻辑网络设计阶段。逻辑网络设计的目标是建立一个逻辑模型，主要任务有网络拓扑结构设计、局域网设计、广域网设计、IP 地址规划、名字空间设计、管理和安全方面的考虑。逻辑网络设计集中解决“如何做”的问题，在该过程中，网络设计者首先建立一个逻辑模型。系统的逻辑模型允许用户、设计者和实现者看到整个系统是如何工作的，为大家提供参照物。通常，其主要任务有：确定网络拓扑结构、规划网址、选择路由协议、选择技术和设备。

图 7-5 中的逻辑网络设计、物理网络设计方法是可以循环反复的。为避免从一开始就陷入细节陷阱中，应先对用户需求有一个全面的了解，以后再收集更多有关协议行为、可扩缩性需求、优先级等技术细节的信息。逻辑设计和物理设计的结果可以随着信息收集的不断深化而变化，螺旋式地深入到需求和规范的细节中。逻辑设计必须充分考虑到厂商的设备有档次、型号的限制，以及用户需求会不断变化和发展，因此，不必过分拘泥于用户需求的指标细节，相反地，应当在设计方案经济性、时效性等方面具有一定的前瞻性。

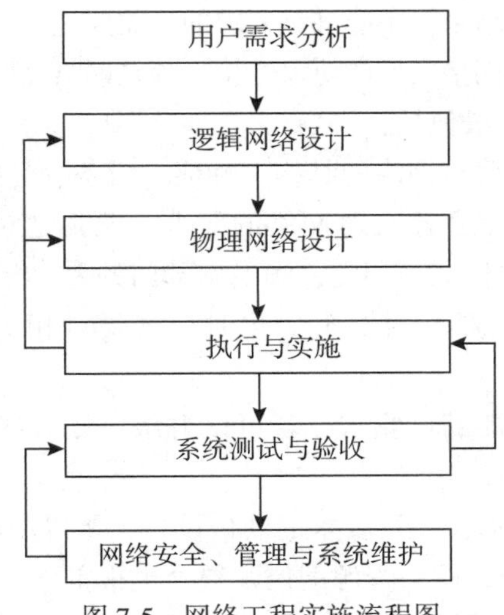

图 7-5 网络工程实施流程图

2) 物理网络设计

物理网络设计的主要任务有：结构化布线系统、网络机房系统和供电系统的设计。在物理网络设计中应采用系统集成的方法。首先要考虑系统的总体功能和特性，再选用各种合适的部件来构造或定制所需要的网络系统。也就是说在选择设备时，根据系统对网络设备或部件的要求，仅需要关注各种设备或部件的外部特性即接口，可忽略这些设备或部件的内部技术细节。这种方法使得开发网络系统的周期大大缩短，成本大大降低，从而减少了系统实现的风险。

网络机房系统主要包括设备和机房环境。机房环境又包括卫生环境、温度与湿度环境以及系统防电磁辐射的环境。供电系统主要考虑以下几个方面的因素：计算机网络系统中设备机房的电力负荷等级，供电系统的负荷大小，配电系统的设计，供电的方式，供电系统的安全，机房供电设计以及电源系统接地设计。

3) 网络安全设计

由于计算机网络具有连接形式多样性、终端分布不均匀性和网络的开放性、互连性等特征，致使网络容易受黑客、恶意软件和其他不轨行为的攻击，所以网上信息的安全和保密是一个至关重要的问题。解决网络安全问题的一般设计步骤如下：确定网络资源—分析安全需求—评估网络风险—制定安全策略—决定所需安全服务种类—选择相应安全机制—安全系统集成—测试安全性、按期审查—培训用户、管理者和技术人员。

3. 网络资源整合

网络资源的整合可以从两个方面来考虑：一是网络的互联互通；二是建设单位内部的网络软硬件资源的调配。

我国的信息化建设，已形成了大量的不同标准的网络系统。数字海洋工程的建设不能完全抛弃这些网络系统，而要将对这些网络系统进行评估，尽量将有用的资源进行整合，使得各种大小不同、结构不同的网络系统互联互通。对于那些没有建立网络的部门需要建立新的网络，对那些现有网络系统不能满足要求的，需要进行设备升级和设备整合。采用相应的网络连接设备，统一网络交换的协议、接口等是网络互联互通的主要措施。

网络资源整合的步骤一般包括：

(1)充分调查了解当前已有网络的结构、性能、设备、运行、用途、连通等。

(2)充分分析数字海洋工程建设对网络的要求，尤其是对某网络所在部门的要求，尽可能在网络所在部门内部作适当调整，满足本部门的要求，避免大的改动。

(3)当部门整合或者职责范围发生变化时，需要对相关用途的设备进行全局的调配。

(4)如硬件设备性能不能满足要求，若可以升级，则升级后再按照步骤(2)(3)进行整合。

(5)对于不能满足数字海洋工程要求的硬件设备，予以淘汰。

除了网络的互联互通外，网络资源的调配整合也很重要。假设某数字海洋工程涉及的用户范围存在多个孤立的子网，如何将这些子网互联互通，如何使得互联互通后的网络符合数字海洋工程的需要。一般从以下两方面考虑：①各个子网之间的互联互通。②每个子网内是否符合整体数字海洋工程的需求。如果不满足，若结构不合理，就调整结构，若设备不合理就调整更换设备。对于不满足要求的设备就淘汰。

除了前面所说的内部专网外，作为基础设施的电信、有线电视、互联网这三大网的融合也是目前的重要建设内容。如图 7-6 所示，三网合一的通信网络是一个覆盖全球、功能强大、业务齐全的信息服务网络，采用超大容量光导纤维构成地面的骨干网，为全球任一地点采用任何终端的用户提供综合的语音、数字、图像等多种服务。这一全球网络将是以 IP 协议为基础，所有网络将向以 IP 为基本协议的分组网统一。

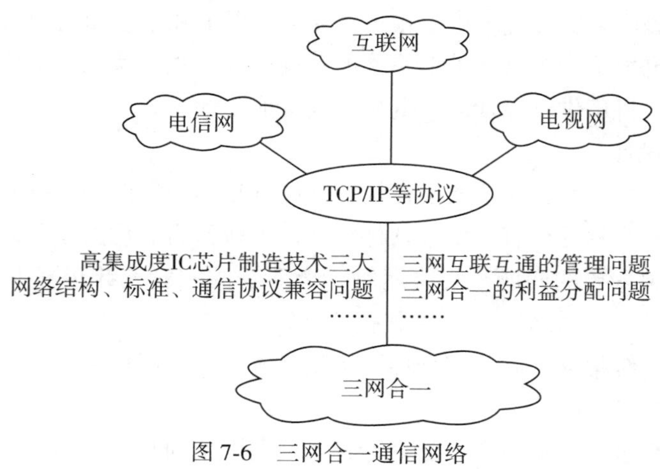

图 7-6　三网合一通信网络

作为全球一体化的综合宽带多媒体通信网，三网合一是数字海洋工程的外网环境的最终目标。该环境的建立将极大促进数字海洋工程的应用推广，促进数字海洋工程为更广泛的用户提供更加全面的服务。

7.3.3 硬件平台实施

硬件平台是其他平台建设的基础，为其他平台提供了一个硬件环境。各种应用、数据、服务都将在该平台上实现。硬件平台的建设流程包括：硬件环境调研、硬件平台规划、采购硬件及现有硬件整合、硬件平台的部署。硬件包括的内容繁多，包括网络设备、计算机及相关外设、专业设备等。由于网络设备的选型、整合等在网络平台实施时，会根据网络平台建设的要求统一设计，选购、整合、部署等。因此，这里所说的硬件平台是指整个数字海洋工程实施运行所需的计算机及相关外设和专业设备等。

1) 现状与需求分析

数字海洋工程的总体要求和当前的硬件现状是硬件平台实施的依据。硬件平台建设的调研主要是了解建设单位内部以及相关部门和社会公众的硬件现状以及对未来的期望。硬件平台的现状与需求分析主要包括以下内容，见表 7-3。

表 7-3 **硬件现状与需求分析**

状态	内　容
现状	现在各种在用的硬件有哪些，分属哪些部门？
	目前硬件的缺陷如何？
	硬件清单和连接分布总图
期望	需要增减的硬件可能有哪些，何时会发生？
	是否有资金来实施增补，预算如何？
	对硬件的倾向性怎样？
	硬件设置一览图

2) 硬件平台的规划

硬件平台的规划是指对各种物理设备的性能、参数、型号等的设定和各种物理设备的分布设计。硬件平台的规划可从以下四个层面考虑。

(1) 数据层面：主要包括数据采集、存储、传输、共享四个方面。

(2) 应用层面：主要指数字海洋工程的各种不同应用，这里主要包括部门内部的业务应用以及对外的服务等。

(3) 管理层面：主要指对数字海洋工程运行的各个方面的管理功能，如各类监控等。

(4) 硬件资源共享层面：在网络环境中，管理员和用户除了使用本地资源外，还可以使用其他计算机上的资源。资源共享极大地方便了用户，也有效地利用了资源，节省了资源的重复性浪费。通过计算机网络，不仅可以使用近距离的网络资源，还可以访问远程网络上的资源。用户可以使用远程的打印机、远程的扫描仪及远程的硬盘等硬件资源。资源共享主要考虑的问题是：资源共享的范围、硬件资源的负载容量、共享范围的使用需求等。综合这些方面，再考虑哪些设备要共享，共享在多大范围进行等。硬件平台规划流程如图 7-7 所示。

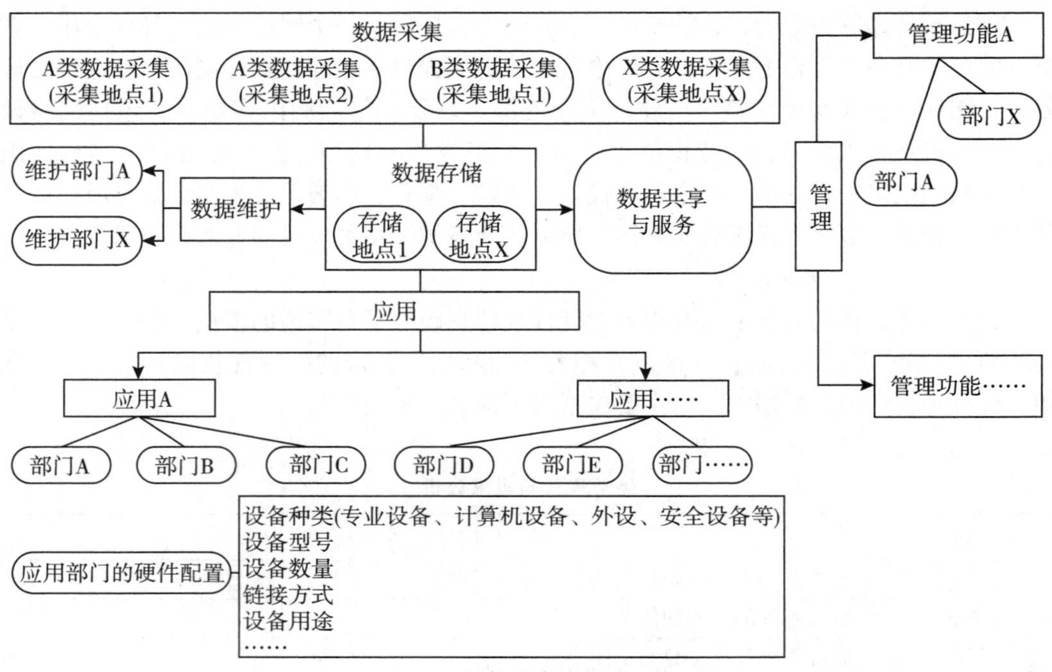

图 7-7　硬件平台规划流程图

从上述四个层面出发，对每项内容进行细分，分别考虑需要什么样的设备，需要多少，设备安置在什么地点等。按照硬件平台规划流程的思路规划完成后将形成一个硬件平台规划图，如图 7-8 所示。

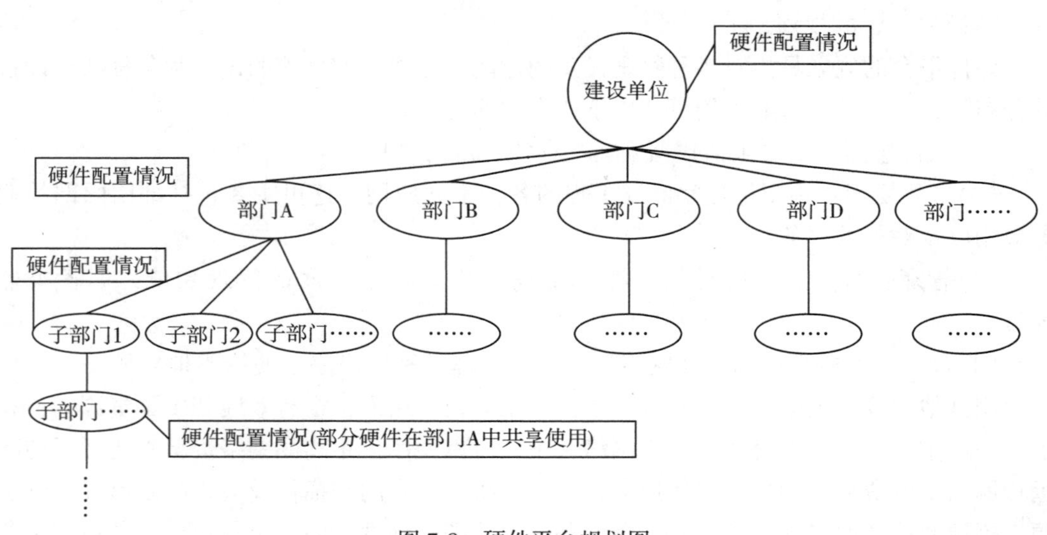

图 7-8　硬件平台规划图

3)现有硬件整合升级

数字海洋工程建设可能在建设单位或多或少地有了一些硬件设备，对于这些过程信息化建设的投资需要保护，因此作为数字海洋工程建设的硬件平台实施需要充分考虑到现有硬件的整合升级加以利用。硬件整合升级大致包括以下几个方面：

(1)充分调查、了解当前已有设备的参数、性能、运行情况、用途、所在部门、使用人等。

(2)充分分析数字海洋工程建设对硬件的要求，尤其是对当前设备所在部门的要求，尽可能在设备所在部门内部调配，满足本部门的要求。

(3)当部门整合或者职责范围发生变化时，需要对相关用途的设备进行全局调配。

(4)当硬件设备的性能不能满足要求，若可以升级，则升级后再按照步骤(2)(3)进行整合。

(5)对于不能满足数字海洋工程要求的硬件设备，予以淘汰。

4)新硬件的选型

硬件平台仅靠原有硬件的整合一般是不够的，新技术的使用和新需求的提出往往需要大量新设备的支持。当前市场上的各类硬件品牌众多，性能各异，价格也不同。总体来说，硬件的选型应当遵循以下原则：

(1)开放性。选择的硬件和网络工程实施性要好，支持全部流行协议，如传输控制/网际协议(transfer control protocol/internet protocol，TCP/IP)、网间数据包交换协议(internetwork packet exchange，IPX)等，保证系统之间的可连接性和可操作性。网络能支持不同厂商的系统，并使各个系统之间能够以统一的界面对文件、数据以及应用系统进行访问。

(2)可用性。在网络带宽效率、时速、负载、故障频率等物理性能上有满意的指标，在文件和数据的传输、访问和共享，多媒体的传输、访问和共享服务上有令人满意的质量。

(3)兼容性。当网络系统采用新技术、新设备进行改进、扩充和升级时，新旧系统要互兼容。

(4)可扩展性。网络规模可按需要扩大或减少，网络要具有可重构性，并支持虚拟网络设置。

(5)支持互联网。使用互联网技术，内部企业网基于互联网技术，并与国际技术接轨。

(6)高性能计算。所采用的网络设备和主机服务器吞吐量大、响应时间短，具有强大的实时联机事务处理能力及快速的输入输出(Input/Output，I/O)通道。

(7)高可靠性。为确保数据不丢失，系统要具备高可靠性，选择可靠性高的硬件和网络设备，具有错误的自动识别、自动纠错和恢复能力，如冗余供电系统、双机备份等。

(8)安全性。由于数字海洋工程中涉及的一些技术数据和信息涉及国家安全和国家利益。因此，系统必须具有较高的安全级别，保证数据、信息的安全性。

5) 硬件的部署装配

在前述步骤完成之后，就要按照规划对硬件设备进行安装、调试，即硬件的部署装配。

7.3.4　软件平台实施

在硬件平台实施之后，需要进行软件平台的实施。这里所说的软件平台主要指为数据平台和应用平台等作支撑的操作系统平台和软件基础架构平台、数据库平台以及专业软件平台。软件基础架构平台是构建在操作系统之上的平台，它为复杂的软件系统提供技术支撑，BEA 的 Weblogic，IBM 的 WebSphere，Esri 的 AO 等；专业软件平台主要是指与数字海洋工程应用领域相关的为建立应用服务的专业第三方软件。

1) 现状与需求分析

主要调查现有工程范围及相关用户的操作系统和软件基础架构平台、数据库平台及专业软件的情况。软件平台的现状与需求分析主要包括以下内容，见表 7-4。

表 7-4　**软件现状与需求分析**

状态	内　容
现状	现在各种在用的软件有哪些，分属哪些部门？
	目前软件的缺陷如何？
	软件清单和目前放置一览表
期望	需要增减的软件可能有哪些，何时会发生？
	是否有资金来实施增补，预算如何？
	对软件的倾向性怎样？
	理想软件清单
	软件的优先次序
	软件设置一览图

2) 软件平台的规划

软件平台规划的内容包括对操作系统平台和软件基础架构平台、数据库平台以及专业软件平台的选择和各种平台软件的分布设计。软件平台的规划可从四个层面考虑，如图 7-9 所示。

(1) 操作系统层面：根据各节点计算机的功能规划配置什么样的操作系统。

(2) 数据库层面：根据各节点的功能考虑配置什么样的数据库系统软件。

(3) 软件基础架构层面：根据总体的技术框架考虑选用什么样的软件技术架构平台。

(4) 专业软件层面：根据应用的专业需求，规划在各节点配置什么样的专业软件。

从上述四个层面出发，对每项内容进行细分，分别规划需要什么样的软件，需要多少，软件安置在什么硬件上等，按照这种思路规划完成后将形成一个软件平台规划图，如图 7-10 所示。

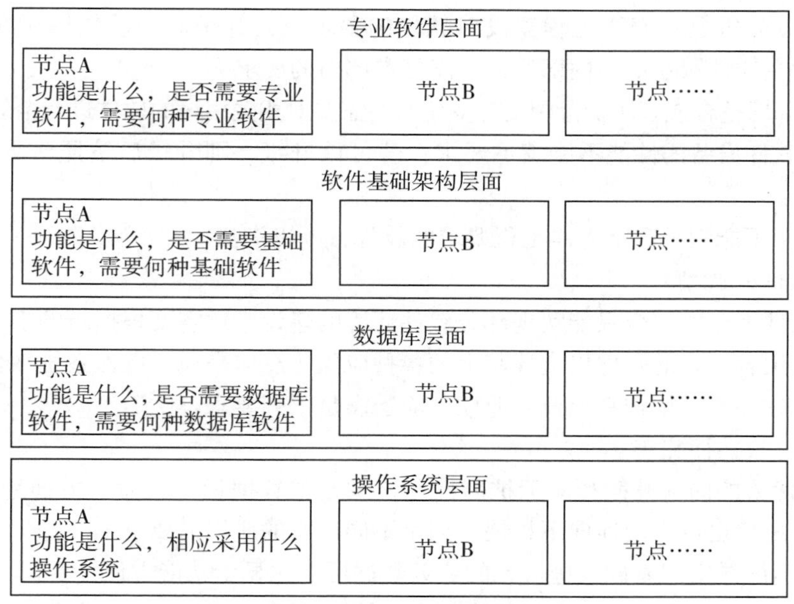

图 7-9　软件平台规划思路

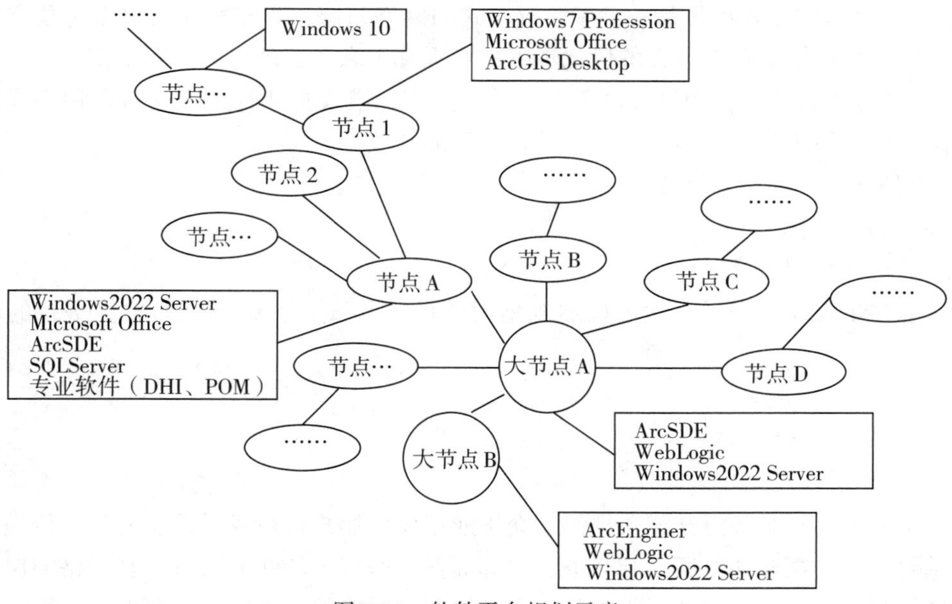

图 7-10　软件平台规划示意

3) 现有软件整合升级

从保护过去信息化建设的投资考虑，软件平台实施也需要充分考虑到现有软件的整合升级。大致包括以下几个方面：

(1)充分调查了解当前已有软件的类型、版本、厂商、性能、运行情况、用途、所在部门、使用人等。

(2)充分分析数字海洋工程建设对软件的要求，尤其是对当前软件所在部门的要求，尽可能在软件所在部门内部调配，满足本部门的要求。

(3)当部门整合或者职责范围发生变化时，需要对相关用途的软件进行全局的调配。

(4)当软件设备的性能不能满足要求，若可以升级，则升级后按照步骤(2)(3)进行整合。

(5)对于不能满足数字海洋工程要求的软件，予以淘汰。

4)新软件的选型

原有软件平台的整合只能实现部分软件环境的建设，还需要根据新的需求以及当前技术发展选用若干新的软件以支撑其上的各种应用。总体来说，操作系统平台、数据库管理平台、软件基础架构平台及专业软件应当满足下列要求：

(1)软件成熟而完善。

(2)有优秀的向上升档和向下扩展性：该平台在数据量扩大时可方便地向上升档，有更广泛的用户也可方便地向下扩展，满足不同层次的应用需要。

(3)基于海洋空间基础设施进行的业务数据可视化显示功能方便、实用。

(4)该平台应具有很高的运行效率，应支持海量数据实时显示、操作、仿真、分析功能，确保该平台实时高效地运行。

(5)数字海洋工程项目是一个多级分布式的网络系统，其实用化的关键是建立协同工作环境，从而推动业务流程的优化重组，实现真正意义上的并行协同工作。

(6)软件平台应严格遵循标准平台，符合国家标准及行业标准，支持多种格式数据的双向交换，便于与其他系统接口，具备较强的开放性。

(7)便于用户间技术交流。

(8)费用合理。

5)软件的部署装配

在前述步骤完成之后，就要按照规划对软件进行安装、调试，即软件平台的部署装配。

7.4　安全平台实施

数字海洋工程是各海洋相关部门、企事业单位、用户进行各类信息处理、传递、存储的重要工具、媒介和场所。与政务有关和商业机密有关的业务均有一套严格的保密制度。概括起来有：上下级及同级部门、人员之间有严格的保密要求；要保证分级、分层的部门、人员之间政令的畅通无阻、令行禁止、信息准确无误；严格的权限管理制度；严格的办事程序和流程要求。因此健全可靠的安全措施是数字海洋工程的根本要求，它是关系到国家安全的大事，也是关系到数字海洋工程能否顺利运行的关键所在。安全是全方位的，即所谓要从安全体系的角度统一考虑数字海洋工程的安全问题。数字海洋工程安全的需求可概括如下：

(1)保障数字海洋工程国家安全。

(2)保证数字海洋工程的稳定运行。

(3)保证数字海洋工程的秘级信息不被泄露。

(4)认证各种活动中的角色身份。

(5)控制系统中的权限。

(6)保证信息存储的安全。

(7)确保信息传输的安全。

(8)有系统的安全备份与恢复机制。

不安全的因素主要来自两个方面：

(1)内部因素，即相关部门内部人员攻击、内外勾结、滥用职权。

(2)外部因素，即病毒传染、黑客攻击、信息间谍。

设计数字海洋工程的安全平台要从技术和管理两方面考虑。在确定了数字海洋工程相关活动的密级范围之后，在尽量满足保密等级的情况下考虑使用具有独立知识产权的中国产品。技术上需要考虑一些基础性平台：网络设备、软硬件设备、安全设备。按照系统的层次划分，数字海洋工程的安全可划分为四个层次加以设计：物理层安全、基础平台层安全、应用平台层安全、管理层安全。而在管理层上要考虑四大环节：安全评估、安全政策、安全标准、安全审计，以保证数字海洋工程运行在一个安全环境中。在各个层次上设计什么样的策略，采用什么样的设备，要视数字海洋工程的安全级别、投入的经费而定。具体的设计过程和内容如图 7-11 所示。

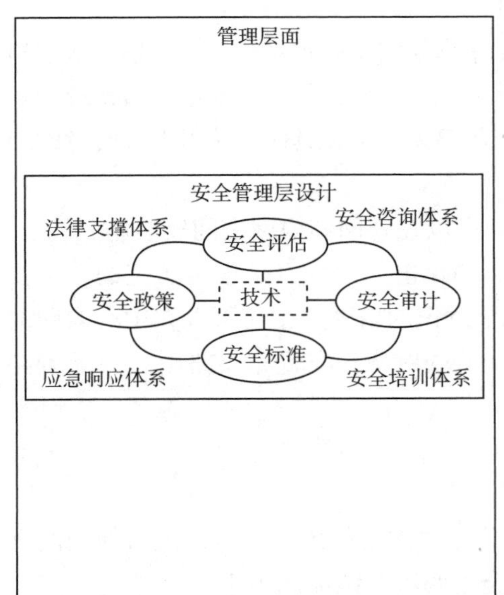

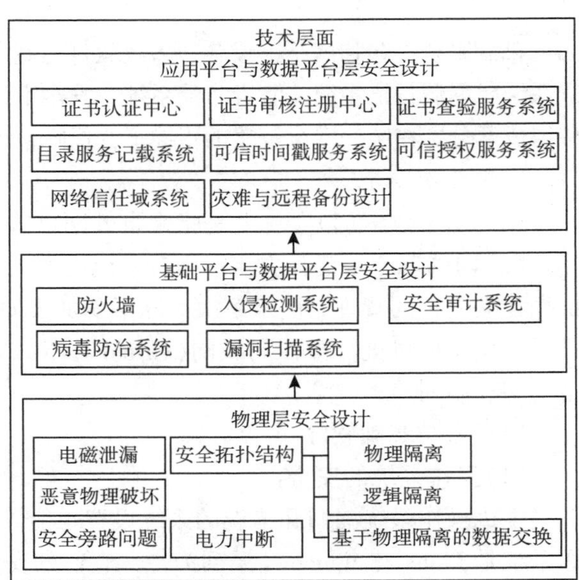

图 7-11　安全平台实施流程

7.4.1　物理层安全设计

物理层安全指的是物理连接方面的安全，尤其是指不同密级之间的网络连接要求和规范等，以保证物理结构上的安全。主要包括以下几个内容；

(1)电磁泄漏保护。对于重要的、涉密的设备进行电磁泄漏保护。

(2)恶意的物理破坏防范。采用网管设备等进行监控，对重要设备采用专用机房、专用设施、专门人员进行保护。

(3)电力中断防范。由于整个数字海洋工程包括非常多的设备，如小型机、网络设备、服务器等，所以电力供应非常重要，一般应准备两种不同源的电路。重要设备均要有双电源冗余设计。重要设备应具有在线式不间断电源(UPS)，控制全部重要计算机系统的电源管理；并且安装相关服务器的自动关机程序，一旦断电时间接近 UPS 所能承受的延时服务时间的 70%，则发出指令自动关闭主要的服务器。

(4)安全拓扑结构。针对数字海洋工程的运行网络环境，存在涉密网络与非涉密网络间的连接，也有内外网的连接，拓扑结构复杂。主要接入方式分为物理隔离、逻辑隔离、基于物理隔离的数据变换等几种不同形式。①物理隔离方式：网络在完全意义上的隔离，对于涉密网与非涉密网之间的连接，无设备相连。②逻辑隔离方式；使用防火墙进行数据交换方面的审查，通行可信数据，拒绝非法请求。例如，针对政府办公外网与电子政务网之间的连接。原则上办公单位与数据中心的连接均用防火墙进行逻辑隔离，保证可信的数据传输及对非法访问的拒绝。③基于物理隔离的数据交换方式：使用基于物理隔离的数据交换进行数据交换方面的审查，通行可信数据，拒绝非法请求。

7.4.2　基础平台层安全设计

基础平台层包括网络、设备、系统软件。基础平台层安全防护系统由防火墙、入侵检测系统、漏洞扫描系统、病毒防治系统、安全审计系统等组成，是一个安全网络系统的基础组成部分，在统一安全策略的指导下，保障系统的整体安全。具体可从以下方面考虑。

1)网络层安全

(1)外网攻击防范：主要是指来自外网攻击。可以在外网和内网之间安装防火墙。

(2)内网攻击防范：主要指来自系统内部人员的攻击。这一点是很难防范的，主要依靠建立完善的管理制度来解决。除了要加强安全意识的培养外，还可以在中心内网的骨干三层交换机进行虚拟局域网(virtual LAN，VLAN)划分，配置三层路由，并配置路由访问控制列表。

2)设备与基础软件

(1)操作系统的安全：

主机操作系统漏洞和错误的系统设置也能导致非法访问的出现。目前流行使用的操作系统是 Linux 和 Windows 系列为主，它们的安全主要以系统加固为主。

在系统用户安全方面，可以考虑使用系统平台自身的安全特性，如限制超级用户的数目、增强密码强度、定期查看日志、强化对登录情况进行审计的手段。同时针对一些常见的漏洞和错误配置对服务器平台进行安全加固，这些主要是通过补丁、健壮配置和使用第三方安全监控工具来实现。

(2)入侵检测机制：

入侵检测是对入侵行为的监测和控制，为网络或系统的恢复和追查攻击的来源提供基本数据。一旦发现攻击，能够发出警报并采取相应的措施，如阻断、跟踪等，并记录受到攻击的过程。

(3)数据库系统的安全：

由于数字海洋工程建设的最终服务目标是各类海洋保护管理与开发决策，并且数据的来源众多，所以数据库的安全至关重要。数据库安全保密解决措施主要有以下几点。

①加固数据库安全，打上相关的安全补丁等。

②将数据库建库的全过程划分为几个主要阶段，每阶段指定专人负责处理，系统管理员分配给特定的账户和密码。

③账户依任务而定，任务结束，该账户就失去存在的价值，相应的权限必须收回，不可永久保存。

④制定完善的口令策略。

⑤修改系统参数，限制对权限、角色、堆栈等的调用问题。

(4)防病毒系统：

防病毒措施一般采用防病毒软件，在整体病毒防护上建议使用网关级硬件防火墙，这样可以保证整体的安全性，并提供全网范围内的病毒防护。

(5)应用服务安全：

应用服务安全主要包括程序的恶意代码问题、操作的抵赖性、入侵取证问题等。

①恶意代码。恶意代码主要是依靠上述的防火墙、监控等措施加以保障。

②抵赖性。主要包括网络攻击抵赖、破坏非成果数据后的抵赖、破坏机密成果数据的抵赖等。保障数据的抵赖性要加强系统平台的审计制度，清楚划分权限，并采用数据的完整性检验工具，建立数据完整性保障机制。

③入侵取证。一旦入侵出现，攻击成功，需要快速发现攻击者的身份和攻击步骤、手段，及时调整网络安全设计，挽回损失。解决这一问题的方法是建立统一的认证管理系统。

7.4.3 应用平台层安全设计

该层主要是指与安全认证相关的设计与实现。具体内容主要包括：证书认证中心(certification authority，CA)、证书审核注册中心(registration authority，RA)、密钥管理中心(key manager，KM)、证书查询验证服务系统、可信时间戳服务系统、可信授权服务系统，网络信任域系统。安全体系的建设必须选用具有我国自主知识产权、通过国家密码主管部门安全审查的、具有完整体系结构的安全产品。

从安全、经济的角度出发，大型数字海洋工程的安全认证应以租用由国家相关部门授权的认证中心的服务为好。但是不管采用哪种方式，应用层和应用支撑层的安全是基于公钥基础设施(public key infrastructure，PKI)，为网络基础设施层、综合业务支撑平台层和应用层提供统一的信息安全服务。

该层的安全建设特别是安全证件和安全认证应用“集中式生产，分布式服务”的模式，即证书的生产(签发、发布、管理、撤销等)集中在证书生产系统进行，而证书的服务则由大量分布式的证书查询验证服务系统完成。依据国家信息安全工程技术研究中心案例设计的数字海洋工程应用平台层安全平台框架结构如图 7-12 所示。

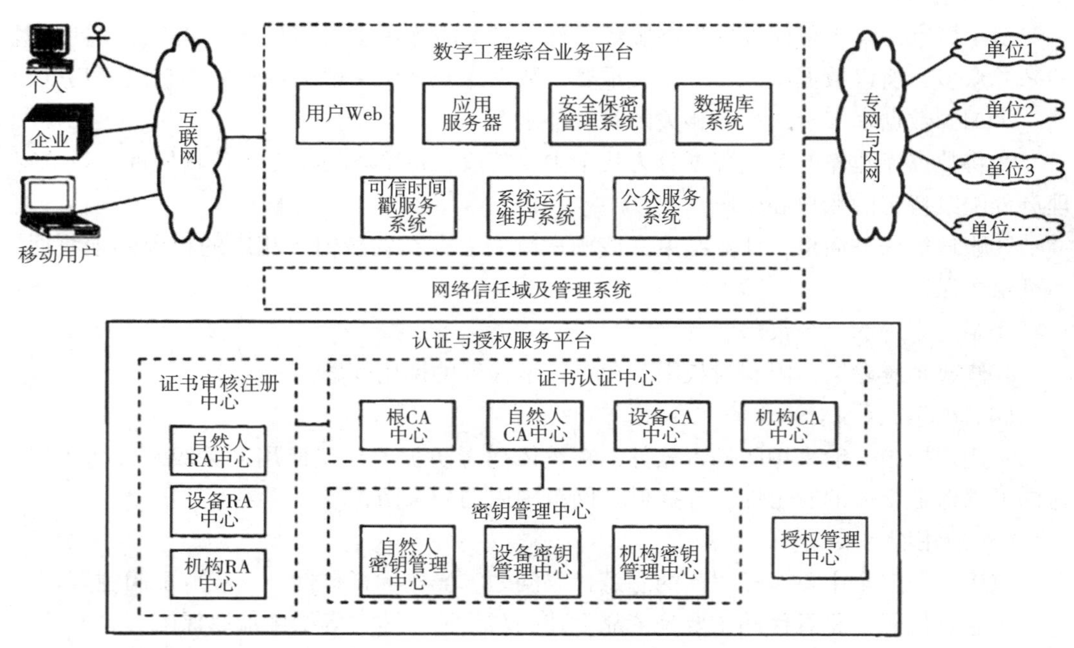

图 7-12　应用平台层安全平台框架结构

7.4.4　安全管理层设计

前面三个层次是安全的技术措施，但是除了技术措施外，还需要配套的安全管理制度等管理措施。主要包括安全评估、安全政策、安全标准、安全审计四种方式：

(1)安全评估。主要评估内容包括工程中不同子系统有哪些潜在的威胁，威胁的严重程度如何，威胁将造成什么样的后果，系统对此到底需要什么样的安全措施。

(2)安全政策。主要内容包括安全等级的划分，等级相应的安全措施，对参与系统开发和运行的单位、人员的要求，系统安全审计，安全问题的报告制度和程序，紧急情况的处理和应急措施。

(3)安全标准。主要内容包括：制定具体的，针对每一个安全等级的系统安全标准，涉及物理安全的标准、系统运行的规范、管理的标准等。

(4)安全审计。主要指对标准、政策、制度等的执行情况、取得的各类安全数据进行达标审查。

7.4.5 灾难与远程备份设计

根据数字海洋工程的发展情况，一般设计三级体系结构的容灾系统，设计应包括存储、备份、灾难恢复方案。

(1)数据存储子系统。正常情况下，综合业务系统运行在主中心服务器上，业务数据存储在主中心的磁盘阵列中。

(2)数据备份子系统。为了实现业务数据的实时灾难备份功能，应设计两个数据中心。分别是主中心和备份中心。主中心系统配置高性能主机(包括各种服务器)，具体视工程范围大小、投资情况而定。通过集群设备、组成多机高可靠性环境。主中心和备份中心距离大于40~50km。

(3)灾难恢复子系统。将备份数据的磁带库安置在备份中心，利用用户现有的服务器安装备份软件。备份服务器直接连接到存储阵列或磁带库，控制系统的备份，可以做到实时在线备份数据库中的数据。万一主数据中心出现意外灾难，系统可以自动切换到备份数据中心，在保持连续运行的基础上，快速恢复主数据中心的业务数据。

7.5 数据平台实施

数字海洋工程数据平台建设所面临的数据环境是极其复杂的。从数据类型上看，有海洋基础空间数据、水文与生态环境数据、海洋资源与航运数据以及海洋经济统计等专题数据；从载体上看，有传统纸质的，有存在于各种系统中电子数据和多媒体数据，严格地说还有存在于各行业专家头脑中的知识“数据”；从形式、格式上看，有图形、图像、文本、表格等，有矢量的、栅格的各种数据结构。从数据管理类型上看，可分为空间信息基础数据平台和专业数据平台。因此，数字海洋工程数据管理平台类型如图7-13所示。

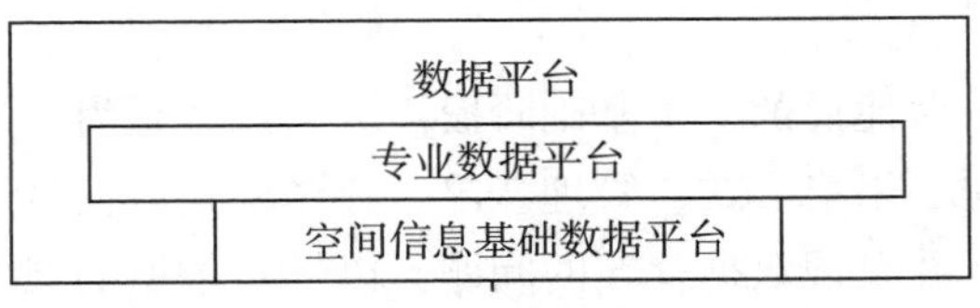

图7-13 数字海洋工程数据管理平台类型

7.5.1 数据平台的实施步骤

如图7-14所示，数据平台的实施从总体上说有以下几个步骤。

(1)设计构建数据采集中心，主要任务是要根据需求确定采集数据的范围、种类以及相应的手段、工具、方法，直至采集完成后的数据形式、格式，以及数据采集中的数据传输方式、存放介质、存放路径等。在对这些作了规定并形成文档后，需安排人员利用相关工具进行数据采集，并做好数据采集的记录，记录每一种数据每一项数据的采集情况。对于有些采集来的数据还需要进行预处理工作。以便为入库和进一步的数据处理做准备。对于存在问题的需要及时反馈上一级，并做出相应处理。

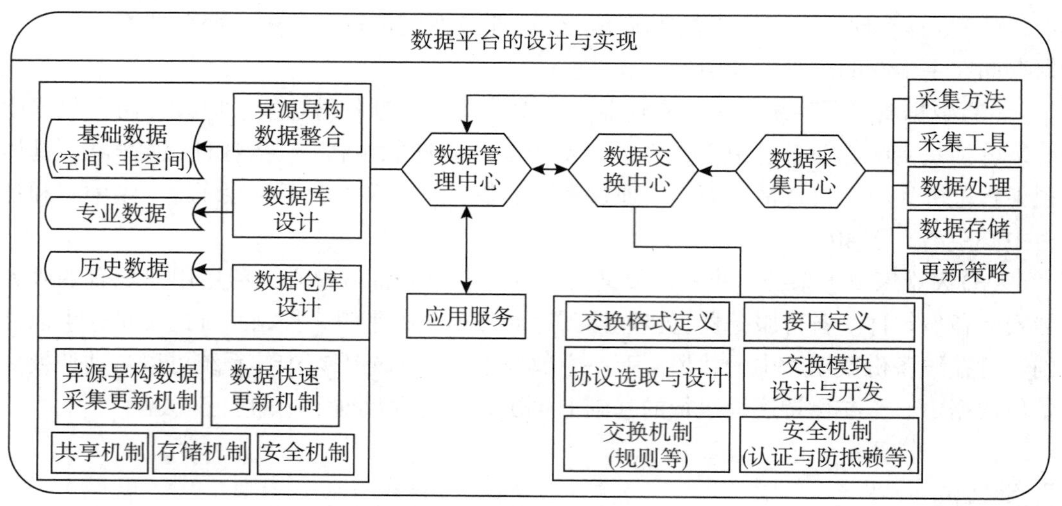

图 7-14　数据平台实施步骤

(2)设计构建数据管理中心，主要任务是多源异构数据平台的设计与组织。数字海洋工程是涉及多部门的复杂的系统，具有大量的异源异构数据。并且最终的数字海洋工程的运行均有可能建在一个处理多源异构数据的环境下，因此设计该平台是数据工程建设的关键。

(3)设计构建数据交换中心，数据交换中心是实现信息资源共享通畅渠道和组成整体系统网络的核心枢纽。通过数据交换中心，各业务数据库实现了相互间的信息交换。

7.5.2　数据调查与分析

数据调查是数据平台建设的一个基础阶段。数据调查是为了了解数字海洋工程中所涉及的数据内容、来源、采集方式、管理状况、存储格式数据量及数据应用状况，尽可能地收集足够的信息，并发现数据存在的问题，以针对数据的现状提出切实可行的解决方案和数据组织建设方案。数据调查通过对数据内容、来源、采集方式、管理状况、存储格式、数据量及数据应用状况等，确定现有数据的现势性、可用性及可移植性。

在进行数字海洋工程的建设时，必须根据应用需求选择合适的数据集，合理配置数据采集体系。首先要明确数据的应用方向，以及数字海洋工程的建设目标、建设规模、建设计划等数字海洋工程建设的概要情况，这就是数据调查与分析的主要工作，要确定使用什么数据来解决什么问题、达到什么目的以及任务的技术要求如何等，以及研究作业中的具体技术要。如图 7-15 表示了主要数据调查与分析内容及关系。

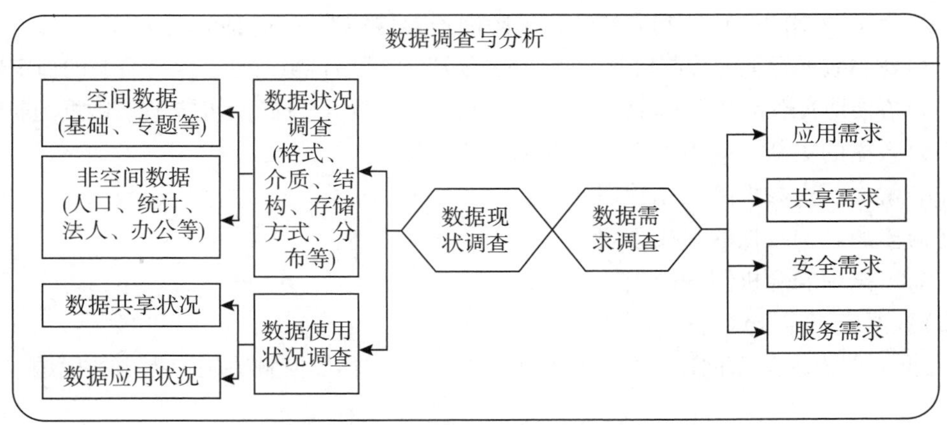

图 7-15 数据调查与分析内容及关系

数据调查的内容包括现有数据内容、数据来源、数据采集方式、目前管理状况、数据存储式、数据量与数据应用状况，发现数据存在的问题并提出解决方法，为结合工程目标制定具体可行的基础空间信息平台与数据仓库实施方案打下基础。

进行数据调查与分析时，所需信息资料的获取通过以下两种调研途径实现：

(1)数据应用流程分析。数据的流动伴随着应用流程的运转，数据类型包括输入数据、中间处理结果、输出数据，其形式表现为实现应用要求时需要提交的文档、图件，办理过程中需填写的表格、批信息和参考图件以及应用流程结束时输出的内容。因此在调研过程中，在了解应用流程的同时要注意收集与应用相关的资料，以利于数据需求分析。

(2)已有系统数据资料提取。通过对已运行系统的数据库结构及数据内容的提取，达到收集数据信息的目的。由于收集到的信息经过系统设计与优化，直接针对一项或多项业务处理工作或专题信息管理目的，因此通过这种途径收集的数据信息更具代表性和针对性，使用价值较高。

数字海洋工程的最终目的是为用户提供服务，系统的使用方式和用户群对数据分布策略同样有决定性的影响，用户可以划分为三种类别：决策支持系统用户、行业用户和大众用户。其中，决策支持系统用户的特点是数量小，使用模式固定，涉及全局的数据应用，其接入系统的网络带宽应予以保障；大众用户数量巨大，需求多样，使用模式和涉及数据随机，用户接入系统的方式多样，连接带宽差异较大；行业用户的数量、涉及数据的规模和接入带宽都介于前面两者之间，其使用系统的模式也相对固定。数据调研的最终目的是确定各方面用户和应用对数据的要求，包括下列三个方面。

1)数据管理需求调研

数据管理应该从数据生产、数据管理和数据服务这一整体过程来考虑，使数据库数据能及时、高效提供给使用者，并为工程的实施提供最为方便、快捷的操作，降低工程实施的复杂程度。具体包括：

(1)制定统一数据标准和操作规范、在数据平台建设的各个环节严格按照标准和规范执行；

(2)保证数据的一致性和完整性，消除因资料传输造成的时间差；

(3)建立数据管理的控制机制，防止数据最后确认后再被改动，保持系统的稳定性；

(4)方便地实现各部门之间数据的迁移，包括定义数据结构时考虑与现有数据的兼容；

(5)数据的更新、变更处理，数据库维护和备份；

(6)解决历史数据的入库管理问题；

(7)多源异构数据的集成管理；

(8)数据库安全机制的确定。

2)数据应用需求调研

数据应用需求是面向用户的，因此调研内容集中在如何解决用户提出的问题。具体包括：

(1)数据应契合国家或地方的行业标准和规范；

(2)实现业务信息的采集、处理过程的数字化与可视化；

(3)确保空间和非空间数据的一体化集成；

(4)应满足高层次应用决策支持的智能化要求。

3)数据服务需求调研

从数字海洋工程建设的整体来考虑，要立足于政、研、产范围内的信息共享与服务，在项目应用领域范围内实现业务和管理数据的有条件共享。具体包括：

(1)数据交换途径和传输效率要求；

(2)数据库检索机制；

(3)数据标准化程度；

(4)依通用交换格式的数据输出；

(5)不同坐标系间的转换能力。

实施时可依照下面的步骤进行：

(1)制订调查方案。数据调查需要根据数据库建库目标，制定科学可行的数据调查方案，包括数据调查的调查内容、时间安排、人员安排及详细任务分工。

(2)实地调查。根据定制的调查方案进行数据调查，主要调查现有工程范围及相关用户的数据情况，见表 7-5。

表 7-5　**数据调查项目内容**

状态	项 目 内 容
现状调查	目前使用的各种数据的种类、内容及表达方式、来源、格式、数据量、存储方式及介质、使用情况
	数据传输情况
	有什么问题
	数据样本
	各种数据使用的频率，更新和维护的方式

续表

状态	项 目 内 容
	数据与各常规任务的关系
	数据在机构间的流通程序
	各类数据重要性程度如何
	共享性如何
	各类数据清单
与其他单位数据合作	合作数据
	合作单位
	合作方式
	输入信息
	输出信息
期望	数据的内容、种类和表达方式需要有哪些变化
	是否有新的数据，若有与各常规工作的关系怎样
	是否有书面的材料或样本
	各类数据清单

(3)完成调查报告。完成实地调查后，编写调查报告，详细了解数据现状和存在的问题以及与项目建设目标之间的差距，提出解决方案。

数据调查分析的阶段完成后，就可以开始进入数据平台的实质性设计与实现阶段，包括确立统一的地理定位框架，建立数据采集中心、数据管理中心以及数据交换中心几个过程，最终搭建起完整的数据平台，为后续工程内容服务。

7.5.3 确立地理坐标框架

确立统一的地理坐标框架是数字海洋工程数据平台建设的第一步。各类数字海洋工程项目都要依托统一的地理空间坐标框架进行建设，从而满足空间信息在地理上分区、层次上分级、专业上分类处理和综合集成的需要，为多尺度、多分辨率、多数据源、多专题的数字海洋工程提供一个完整理想的框架与公共平台。统一的地理空间坐标数据框架是所有的基础空间数据系列必须具备相应统一的空间定位标准，即具有统一的平面坐标基准、高程基准、投影类型和分带系统。

基础空间信息平台是构筑在信息化基础设施、支撑软件环境之上的空间框架性基础数据，它主要包括多种比例尺的海岸带或海岛礁数字地形图、数字遥感影像图、数字海图、海域使用现状图、海底地形图、海洋功能区划图以及港口航道图等数据，其中的每一种数据都可以是多比例尺和多时相的。大多数用户所需要的基础空间数据有七种，即大地测量控制、正射影像、数字高程(水深)、水文、行政单元、海籍和交通数据。

除此之外，针对不同的专业要求，还会涉及大量其他基础空间数据，例如海洋设施管理部门需要了解海底管线数据，海域使用管理部门需要了解海水养殖用海、港口码头用海数据，电力部门需要了解海上风电塔及海底输电线路数据。这些数据的采集来源多样，采集部门不同，遵循的坐标体系也可能不一致。对于海岸带或海岛礁区域，以及不同海区为了适应区域建设的需要，往往使用了相对独立甚至不同国家的地心坐标系或参心坐标系。海图的垂直基准采用理论最低潮面，存在深度基准不连续现象。建立数据平台之前，对于相对独立的平面坐标系统，要求能与国家大地基准实行严密转换，使各类空间地理信息能纳入国家统一的基础空间数据框架中，如图 7-16 所示。

数据平台中包含的基础空间信息内容并非随意存储，而是需要按一定的规律进行分类和编码，使其有序地存放在数据中心，以便按类别和代码进行检索，以满足各种专业应用分析的需求。分类编码要遵从国家标准，以便实现基础空间信息的共享。

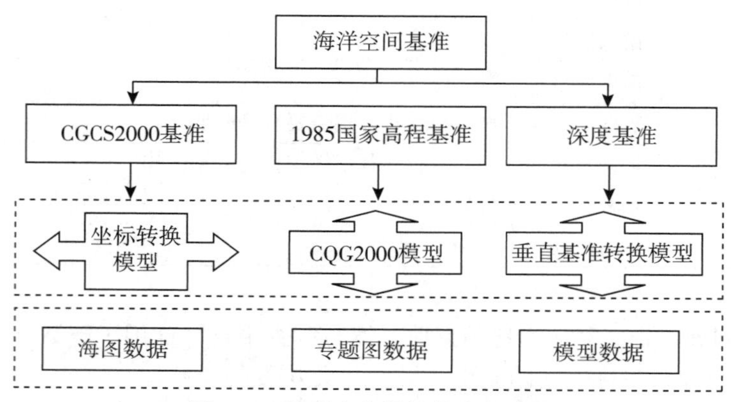

图 7-16　地理定位框架的建立过程

7.5.4　数据采集与传输

数据采集的主要任务是将关于现实世界和管理决策的数据收集起来传输至服务器，转换为计算机可以识别的数据，以便于后续分析或操作。数据采集与生产流程如图 7-17 所示。

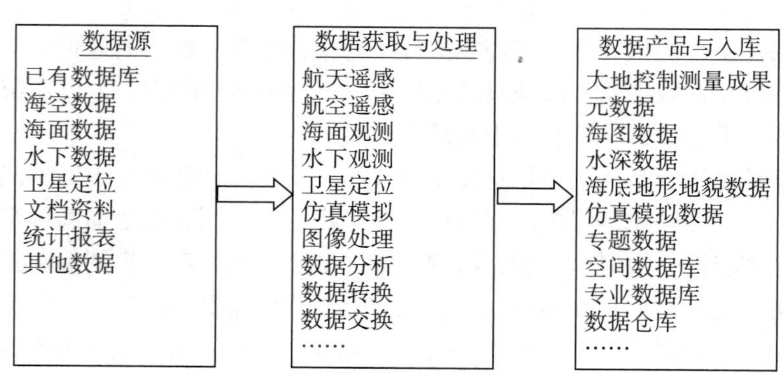

图 7-17　数据采集与数据生产总体流程

在数字海洋工程的设计与建设中需要根据项目目标来确定需要的数据，并确定其来源及数据采集方法(利用现有的数据，系统内部开发、定制产品等)，主要考虑以下几个因素：

(1)确定数据要解决的所有问题的规格说明。例如希望辅助提供什么信息，需要多大的比例尺数据，对数据现势性的要求，对图形数据属性的要求。

(2)明确数字海洋工程建设的时间安排。明确项目建设期限如何，何时需要提供哪种数据，数据变化周期情况如何，用于确定数据更新周期，怎样获取最新的数据等，包括最新的数据采集技术等各类问题。

(3)确定数据建设的合作伙伴，即工程参与者。根据项目的边界和功能可以确定需要与哪些外界对象交互，需要外界对象的什么数据，或者能向哪些对象提供什么数据，这些外界对象是否能参与到项目的建设中来。

(4)落实工程费用。任何数字海洋工程并不会建设成为大而全的系统，工程建设资金不仅约束了数字海洋工程的规模，也决定着数据的内容和采集方式。一般有几种不同的数据采集模式：购买数据、交数据使用费、数据的定制生产、内部建设等。

(5)确定数据的使用范围。确定系统研究对象的使用范围直接关系到数据的采集成本与方式。例如采集海岸带、邻海基线接合部、海岸带以及整个邻海基线以内海域范围的数据由于研究对象的重要性不同、关注内容不同等，需要采用不同的分辨率、比例尺和采集手段。

(6)确定对数据现势性或者时段的要求。由于空间数据的时间特性，一般在系统建设中都要确定对数据更新周期的要求，对数据的时间范围要求，也有可能需要不同时间段的同类数据以便对比分析。

(7)明确后续工作内容。如果将来数字海洋工程需再次收集数据构成系列数据，则现在应对这项工作进行规划。通常需研究工程中使用的各类数据将来的应用趋势，以便现在采集的数据与将来很可能采集的数据之间尽可能相兼容。

数据采集需要针对不同的数据源采用不同的采集手段，方式种类众多，表7-6给出了常见的数字海洋工程数据主要采集方法。

表7-6　**数字海洋数据主要采集方式**

采集手段名称	采集过程	应用范围	操作特点
人工键盘、鼠标输入数据	键盘、鼠标输入	数字工程的文档、仪器测量数据和属性信应用系统中的交互式用户界面	可以快速地进行任意检索，包括全文检索等。但是人工信息的数字化、大多数键盘录入数据需要花费大量人力、物力，以及花费相当多的时间和经济投入，更困难的是文字校对工作

续表

采集手段名称	采集过程	应用范围	操作特点
扫描输入数据	通过扫描将纸质的信息形成扫描图像，对于文字档案数据则可以通过文字识别(optical character recognition，OCR)进行识别实现数字化，而对于图形信息则可以通过矢量化软件实现其数字化	手写稿件、印刷稿件、纯英文、纯数字、各种书籍报纸杂志的文字录入，也可以实现各类设计图、地图等的矢量化录入	输入速度快，但是无法全部实现自动化，需要比较多的人工干预、校对与编辑
语音录入	通过音频采集设备(录音机、录音笔等)录制语音，并使用专门处理软件转化为一定格式的流媒体文件	会议语音、访谈语音、电台广播语音、演讲语音和其他语音信息	对录入者的口音以及录入环境要求较高，需要经过大量的识别训练才能拥有较高的识别精度，录入速度一般
电子档案数据转换录入	使用专门的数据转换工具进行数据的抽取、整理与再加工进入新系统	已有的海洋调查观测、虚拟仿真模型数据文件(Word 文档、Excel 数据表、PDF 格式文件等文档数据)、数码相机或者数码摄像机进行数据采集，形成图像文件或者视频文档	会因为新系统的需求发生重大变化以及要求数据之间的关联与互动等需求带来较大的工作量
数据迁移	使用数据迁移手段在数据库之间移植数据	已有数据库数	需要专业工具软件的支持，人工干预程度小，但技术要求较高
联机数据采集	把传感器接连接到计算机上采集若干连续量，将数据由采集系统传输到计算	盐度、流速、温度、浓度、潮位、流量、计数测量等连续物理化学量，如测量海水中的溶解氧含量、波浪流等。海上大部分水文、环境数据可以构成物联网联机数据采集	具有更高的速度，可以实时或准实时采集数据，并且可以从多输入通道汇集数据；联机数据采集比其他数据采集形式更灵活，可以由程序来直接控制采集哪些数据和数据的量，可免去大量的人工干预，因而可以实现全自动的数据采集与处理
Web 信息检索与信息抽取	通过互联网可以查询各类信息库、数据库，从大量纷繁复杂的信息中筛选出所需的各种信息资料，然后使用信息抽取技术，将系统感兴趣的数据从 Web 数据中“抽取”出来，附加清晰的语史，并按照数字海洋工程的要求重新组织数据的结构	各类数据	资料丰富、动态开放、大数据、云技术支撑使用简便快捷

续表

采集手段名称	采集过程	应用范围	操作特点
网络数据交换	对原有的各部门的网络进行横向集成，将已有的分散式和分布式数据库系统集成，通过统一规范的数据接口、中间件、Web 服务等方法实现数据交换，进行各种多源、异构的相关信息的动态访问	各类需要进行交换的信息	操作方便，满足共享需求
地图扫描数字化	首先通过扫描将地图转换为栅格数据，然后采用栅格数据矢量化技术追踪出线和面，采用模式识别技术或者人工干预方式采集点和注记，并根据地图内容和地图符号的关系，给矢量数据赋属性值	纸质地图数据	速度快、精度高、自动化程度比较高
空间数据转换	①直接转换：两个软件互相调用数据 ②间接转换：两个软件通过一个都可兼容的中间格式来转换数据	不同的空间数据平台所支持的不同格式数据(具备不同图型分层体系和属性结构)	需要制定一定标准格式，不同软件应遵循开放式要求满足该标准规范，提供相应格式的转换功能
空间数据交换	通过网络进行直接的空间数据交换	需交互访问的数据	需要基础网络设施和数据访问功能的支持
遥感数据	利用空中对地观测技术获得海岸带和海洋影像和其他观测数据，并经过光谱校正、几何纠正、影像增强、特征提取、自动识别、自动成图、数据压缩等卫星影像处理技术	基础空间信息	覆盖范围大、重复覆盖周期短，获取信息的现势性强，迅速、准确、综合性地采集大范围的环境、水文和其他专题数据
GNSS 数据	以卫星为基础的无线电导航定位测时系统，为航空、航天、陆地、海洋等方面的用户提供不同精度的在线或离线数据	①空间定位数据 ②基础空间信息	可以用来快速采集空间对象以及具体事件的空间位置，配合其他属性数据输入。如遥感海洋环境、水文信息。它是重要的信息采集手段
摄影测量数据	利用专门的摄影机(如航空摄影机、无人机摄影机等)获取海岸带或海表的影像，然后根据海岸带或海表影像、摄影机参数、摄影姿态以及地面控制点可以建立起海岸带或海表的三维模型，然后在此三维模型上进行测绘获取需要的海洋空间信息	基础空间信息	获取数据快速、产品多样

续表

采集手段名称	采集过程	应用范围	操作特点
水深测量数据	运用水准测量、控制测量、验潮和单、多波束水深测量等手段获取外业数据，并通过一定的内外业一体化成图软件将采集到的文本信息转化为图形信息	海洋水深或海底地形地貌数据	应用范围广泛，对客观测量条件要求较高

数据平台建设面临的最大问题就是对已有数据的利用问题。数据的利用涉及数据迁移技术的利用。这项工作不是一个简单的技术问题，而是一项工程，需要系统分析数据现状，同时熟知拟建工程项目的设计思路，才可以设计出针对性的解决方案。

数据库中的数据迁移是指在现有系统运行环境向新系统运行环境转换、低版本数据库向高版本数据库转换，以及两个不同数据库之间进行转换时，数据库中的数据(包括结构定义)需要被转移并使之正常运行。

设计数据迁移方案主要包括以下几个方面工作：

(1)研究原有数据的结构、来源、数据项定义、取值等现状。

在数据迁移方案的设计过程中要详细分析原有数据库的逻辑关系，熟知每一个数据项的定义，全面调查分析所有的数据源，对于多源数据制定周全的数据取舍方案，对于无源数据定制数据补录方案，例如查明原有数据采用的坐标和高程系统，设计坐标变换和投影变换方案，对原有数据进行测试转换工作。

(2)研究新旧数据库结构的差异。

由于原有数据的生产及数据库的建设分布在不同的业务职能部门，具备明确应用目的的同类数据因解决不同的问题采用了不同的数据标准。所以数据整合与迁移的前提是数据标准和数据库规范的整合，提出系统建设唯一的数据标准和数据库规范，所有数据以统一的标准规范迁移入库。

(3)评估和选择数据迁移的软硬件平台，选择合适的数据迁移方法。

数据迁移是把数据从原有系统迁移到新系统中，这中间存在着数据格式和存储结构的不同，所以这需要一系列程序辅助迁移，尽量减少人工参与，避免人为的主观性错误。数据迁移工程的成功与否在很大程度上依靠工程人员的工程经验，最好能应用成熟的数据迁移工具解决数据迁移问题。对一些特定要求应当编写具有针对性的迁移程序，详细比较原有数据库定义，与新系统的数据库定义之间的对应关系，设计批量数据转换程序及代码实现。对于批量转换程序不能自动判断的特例数据，则需要人工参与进行数据的清理。

(4)设计数据迁移和测试方案。

对于结构定义相同的同种数据库管理系统不同版本之间的升级，这种迁移比较简单，对于不同的数据库平台之间的转换，更重要的是不同结构定义之间的转换，二范式向三范式转换，各种约束的重定义等，数据迁移与转换工作的复杂度大大增加。

实际操作过程中，应当根据设计的数据迁移方案，建立一个模拟的数据迁移环境，它既能仿真实际环境，又不影响实际数据，然后在数据模拟迁移环境中测试数据迁移的效果。数据拟迁移前也应按备份策略备份模拟数据，以便数据迁移后能按恢复策略进行恢复测试。数据模拟迁移，也就是检查数据模拟迁移后数据和应用软件是否正常，主要包括数据一致性测试、应用软件执行功能测试、性能测试、数据备份和恢复测试等。

数据模拟迁移测试成功后，在正式实施数据迁移前还需要做好以下工作：进行完全数据备份、确定数据迁移方案以及安装和配置软硬件等。此外，还要按照确定的数据迁移方案正式实施数据迁移，迁移完成后进行数据迁移效果的测试，并对数据迁移后的数据库参数和性能进行调整，使之满足数据迁移后实际应用系统的需要。在正式实施数据迁移成功并且数据库参数和性能达到要求后，就可以正式运行应用系统，并投入实际使用。

7.5.5 数据管理

数据管理包括基础空间数据平台与专业数据平台两部分内容，最终实现目标为数据仓库的建立，这是支持决策和应用的基础，各个部门的专业应用可以基于自身的数据库，但是当需要用到其他相关数据或进行进一步深入决策应用时，就应该在共享的前提下，从数据仓库中提取挖掘有关资源。

1)基础空间数据平台建设

统一的地理定位框架和分类编码体系的建立，是基础空间数据平台建立的前提，基础空间数据平台建立的目的，就是要使各个专业应用部门在地理空间数据基础上开发专业信息，附加和编辑专业知识信息，专业基础数据包括海洋功能区划数据、海洋生态环保数据、海洋水文数据、海岛礁数据等。一个部门可以把本部门专业基础数据提供给平台，作为平台的一个基础信息专题，还可从平台中获得其他部门提供的专业基础信息，形成数字海洋工程的基础空间数据共享与处理平台。

平台建设应当按照“突出重点、有序推进”的策略，总体上分三个阶段进行，实际工作过程中，每个阶段还可根据人力、物力的投入要求，细分为子过程。

第一阶段：建设基于空间数据平台的海洋空间信息基础数据库。

(1)建立基础地形框架要素库和可叠加遥感影像数据的基础数据库。

(2)初步制定并试行空间信息基础数据库管理、分发、使用若干办法。

(3)选择1~2个示范区域进行空间信息基础数据库应用的试点工作。

第二阶段：基本建成和实现基础空间数据平台的网络交换及其共享功能。

(1)以空间信息基础数据库为核心，增加水深、水文、水质、港口基础设施、养殖用海等基础信息，逐步完善基础空间数据平台。

(2)制定基础数据平台数据交换、资源共享、网络通信、质量控制等标准和规范，实现海洋空间基础信息共享，建立行业间数据交换的标准和操作规范。

(3)确定基础空间数据平台基础数据维护机制和数据现势性要求，组建海洋空间信息应用行业联盟，探索并筹建基础海洋空间数据平台运作机构。

第三阶段：使基础空间数据平台成为支撑各类海洋管理信息系统的基础，并为社会各行各业服务，推进数字海洋工程建设进程。

(1)组建基础空间数据平台运作机构，探索市场化运作的方式。

(2)探索、建立基础空间数据平台基础数据市场化维护机制，制定数据现势性的指标，扩充、完善基础空间数据平台基础数据类型和内容。

(3)增强基础空间数据平台信息处理能力，通过信息加工实现增值，促进海洋地理空间信息服务、咨询产业。

2)专业数据平台建设

专业数据平台的建设依托于基础空间数据平台的建立与完善。对于大量专业数据，首先进行“主题性”的提取，即它必须反映某一主题或服务于某项专业功能；然后根据工程项目的详细设计要求进行规范化整理，按照统一要求进行数据采集与数据库组织。数据提取的过程如图 7-18 所示。

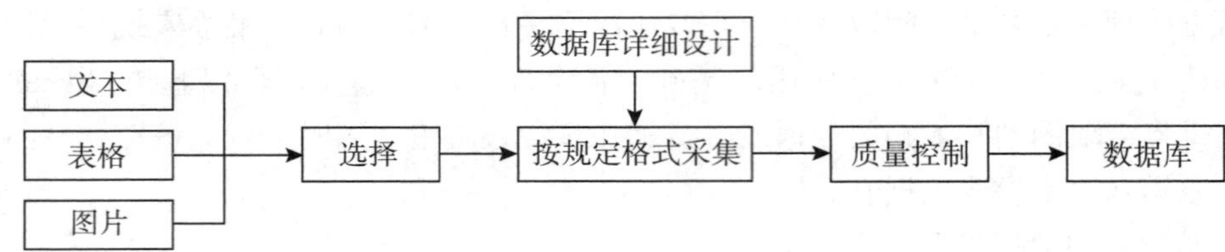

图 7-18　专业数据提取的过程

由于数据量大、数据来源多样化，在数据平台实施时，不可避免地会遇上如何管理这些浩如烟海的数据，以及如何从中提取有用的信息问题，这就需要建立数据仓库。数据仓库在构建时，由于历史情况和现实需求的不同，存在两种途径。

1)新数据信息的抽取

对于新建的数字海洋工程项目，如果涉及的部门现有资源有限，可以不考虑大量历史数据前处理问题，同时考虑到搜集过程中可能存在多个数据来源，因此可以在工程实施的同时构建数据仓库，将搜集来的各种数据通过数据抽取整合到数据仓库中。

2)在完善原有信息资源的基础上建立

对于在过去的信息化过程中已经沉淀了大量历史数据的数字海洋工程项目，则可以先在原有资源基础上建立逻辑数据仓库，即使用数据分析的表现工具，在关系模型上构建一个虚拟的多维模型。当系统需求稳定后，再建立物理数据仓库，这样既节省投资，又缩短开发工期。

7.5.6　数据交换

在海洋空间信息基础设施的建设中，数据交换中心的建立是一个重要环节。数据交换中心是一个分布式网络，其功能是提供可用于查找空间信息、判定信息可用性和尽可能经济地获取或订购空间信息的方法。例如，南极公约就采用这种数据交换机制，南极公约国澳大利亚、德国、芬兰、日本、马来西亚、荷兰、瑞典等国家都建立了交换中节点，同时鼓励其他空间信息生产者建立节点，采用空间数据交换中心的信息访问机制。

整个数字海洋工程是由各个业务部门协同运行的整体，因此各个相对独立的业务部门拥有已独立的子节点工程非常合理，但这些相对独立的子节点之间只有按照各个部门的自然关系进行必要的信息交换及服务协作，才能真正实现数字海洋工程体系内部的整体运行及管理。为解决数据的互操作与集成问题，涉及数据的服务共享，因此如何建立可信的数据共享交换中心也是数据平台乃至整个数字海洋工程建设的关键。应当通过调用软件平台和数据平台提供的标准信息共享交换接口，确保整个信息交换过程的安全性、可靠性。

实际建立数据交换中心时，首先实现各个业务部门业务数据的分布式共享，然后实现基础空间信息与其他公用信息数据库的集中存储，最终实现整个数字海洋工程内部自由的信息交接。通过可信信息交换系统，实现跨平台、跨系统、跨应用、跨地区的互联互通和信息共享，为各部门之间进行信息交换、协同工作、数据挖掘等提供支持，其结构如图 7-19 所示。

数据交换中心的建立应该在数据平台建设的初期就进行长远的规划，但又是一个逐步完善的过程，可以在总体的规划框架下分步实施。数据交换中心的建设分四个步骤。

(1)根据对于节点应用需求的理解，抽象、规划出各类主要数据表。

(2)建立数据逻辑视图。绘出数据流程，找出数据流转与应用的对应关系。

(3)建立物理数据库到逻辑数据库的映射关系，并根据实际情况确定是直接在数据交换中心建立物理的数据存储还是在数据交换中心建立逻辑视图。

(4)建立各子节点到数据交换中心的同步控制组件与访问组件。

数据平台是建立在分布式网络基础上，数据交换网络把各专业机构的专业数据库连接成松耦合系统，即在物理上是分散的，而在逻辑上是一个整体。基础空间信息和其他公用数据可以在数据交换中心节点存储，而各种专业数据可以在远程节点存储，如海洋功能区划数据存放在自然资源局，海洋环保数据存放在生态环境局，海上交通数据存放在海事局等，各节点空间信息的融合是以共同的几何参照系统、数据模型和标准接口为基础的。

7.5.7 数据更新

数据是维持系统运行的血液。只有保持数据的高度现势性，系统运行结果才具有可用性、可靠性。数据平台的维护包括两个方面的内容：一是数据库的更新与维护，二是数据仓库的更新与维护。无论是数据库还是数据仓库，其中数据的维护与更新往往涉及跨部门、跨行业的多种数据格式和多种数据类型，由于数字海洋工程涵盖了各类空间与非空间数据，信息海量多源，各数据库数据内容、性质互不相同，更新周期也大有差异。另外，由于数据的全面更新同样需要投入大量的人力和财力，为保证系统的现势性和相对稳定，必须规定适当的更新周期。

数据更新一般分为两个层次，即不定期的局部数据更新与周期性的全局数据更新。

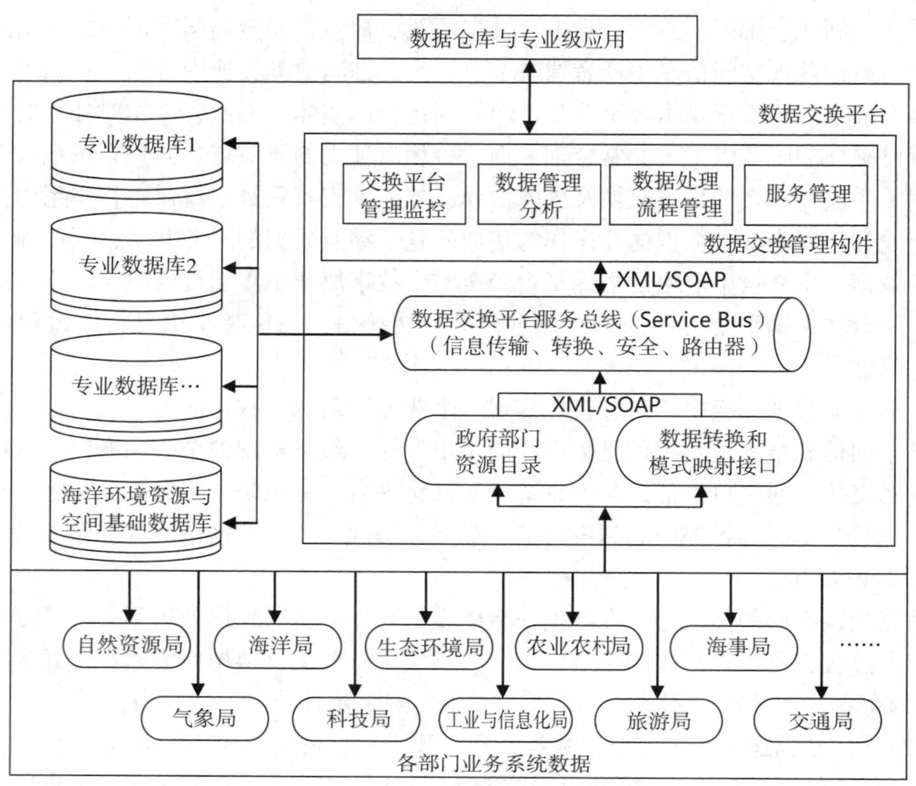

图 7-19　数据交换中心结构

严格说来，对于不同的应用部门，不同的数据类型，更新周期都有所不同，应当针对具体的应用要求来制订更新计划。对处于应用核心地位且时态性表现明显的数据，要求保持现势性，如果更新手段先进且资金投入可以保证，则要做到随时更新。而对于变化缓慢，覆盖面较大的数据，则要做到定期更新。更新时可以以数据局部更新为主，局部更新会随系统的运行而运行，但是数据局部更新的结果可能会导致系统数据的有序性变差，冗余度增加，同时还会增加大量的文件碎块。因此，系统数据的全面更新也是十分必要的。

数据更新要尽量做到以最合理的人力、物力条件取得最好的效果，充分协调各方面资源的力量。例如对于基础海洋空间数据的更新采集，无须总是进行大面积重新采集，而是可以结合业务监测和工作人员的日常常规采集任务，要求他们在完成工作任务的同时，也对周围空间数据的变化进行记录，再由信息中心的工作人员进行更新。这样可以把工作化整为零，减少全局数据更新的工作量，同时确保基础空间数据库具有较好的现势性。另外，要充分利用智能化海洋探测装备和空-天-地-海多源遥感技术，提高数据更新的质量和效率。在完成空间数据更新的同时，要加强海洋环境与经济属性调查工作，扩充基础海洋空间数据的内容，加大海洋空间信息承载量，开拓专业应用领域。表 7-7 为海上设施数据更新要求示例。

表 7-7　**海上设施数据更新要求示例**

<table>
<tr><th colspan="2">数据名称</th><th colspan="2">数据类型</th><th>数据内容</th><th>维护更新</th></tr>
<tr><td rowspan="5">基础空间数据</td><td rowspan="3">基础地理数据</td><td rowspan="2">图形数据</td><td>矢量数据</td><td>1∶500、1∶1 万、1∶4 万、1∶10 万地形图，海图、控制网、海洋功能区划图等</td><td rowspan="3">定期更新长期保存</td></tr>
<tr><td>栅格数据</td><td>航片、卫片影像图</td></tr>
<tr><td colspan="2">属性数据</td><td>编码、坐标、面积、地名文字、控制点数据、海洋功能区划相关信息、有关测量管理信息等</td></tr>
<tr><td rowspan="2">水文气象数据</td><td colspan="2">矢量图形数据</td><td>各种水文气象信息(温盐深、流场、海气通量、涡旋、台风)分布图</td><td rowspan="2">定期更新长期保存</td></tr>
<tr><td colspan="2">属性数据</td><td>温、盐、深、流速、流向、风速、风向，涡旋台风所在海域名称、起止时间、走向、性质、强度等</td></tr>
<tr><td rowspan="8">空间专业数据</td><td rowspan="2">海底管网设施数据(规划建设、工程竣工、营运扩建)</td><td colspan="2">矢量图形数据</td><td>各种海底管线(油气、电力、电讯等)规划图、总平面布置图、结构施工图、工程竣工图等</td><td rowspan="2">随时更新永久保存</td></tr>
<tr><td colspan="2">属性数据</td><td>海底管线编号、规格、所在海域名称、起止点、走向、管材、分区、水深等设计数据，竣工档案数据，运维数据等</td></tr>
<tr><td rowspan="2">港口航道设施数据(规划建设、工程竣工、营运扩建)</td><td colspan="2">矢量图形数据</td><td>各种港口(码头、防波堤、塔吊等)、航道规划图、总平面布置图、结构施工图、工程竣工图等</td><td rowspan="2">随时更新永久保存</td></tr>
<tr><td colspan="2">属性数据</td><td>码头与航道编号、名称、规格、起止点、走向、分区、水深、宽度等设计数据，竣工档案数据，运维数据等</td></tr>
<tr><td rowspan="2">海上风电设施数据(规划建设、工程竣工、营运扩建)</td><td colspan="2">矢量图形数据</td><td>各种海上风电(塔架、输电线、通信线等)规划图、总平面布置图、结构施工图、工程竣工图等</td><td rowspan="2">随时更新永久保存</td></tr>
<tr><td colspan="2">属性数据</td><td>风电塔架编号、管线编号、型号、规格、所在海域名称、起止点、走向、发电指标等设计数据，竣工档案数据，运维数据等</td></tr>
<tr><td rowspan="2">海上油气设施数据(规划建设、工程竣工、营运扩建)</td><td colspan="2">矢量图形数据</td><td>各种海上油气(开采平台、输油管线、电力管线、通信线等)规划图、总平面布置图、结构施工图、工程竣工图等</td><td rowspan="2">随时更新永久保存</td></tr>
<tr><td colspan="2">属性数据</td><td>开采平台编号、管线编号、型号、所在海域名称、起止点、走向、采油指标、采油分区等设计数据，竣工档案数据，运维数据等</td></tr>
</table>

续表

数据名称		数据类型	数据内容	维护更新
非空间专业数据	业务办公自动化数据	属性数据	系统运转过程中产生的纯业务数据及日常的行文、图片、表格记录	随时更新永久保存
	人事数据	属性数据	人事档案信息	随时更新永久保存
	政策法规	属性数据	储存中央、地方、部门法规文件等	随时更新永久保存
	企业资质与个人信	属性数据	企业的建设规划业务方面的资质信息，项目经理信息，专业技术人员的业绩	随时更新永久保存
管理维护及设计开发数据	元数据	管理维护型数据	有关系统内数据结构、内容描述、功能描述、流程定义描述、业务分类描述等描述型元数据和管理维护型元数据	随时更新永久保存
	地名数据	管理维护型数据	相关行业涉及的各种地名数据：点状地名、线状地名、面状地名	随时更新永久保存
	分层分类	管理维护型数据	分层分类编码方案以及其他编码方案以数据表的形式存储	随时更新永久保存
	系统开发辅助数据	管理维护型数据	存储为实现系统开发任务而设计的辅助性数据，如业务及业务流程定义、工作流运转控制、系统用户及权限设定等	随时更新永久保存
	各类标准	管理维护型数据	标准编号、索引、说明、标准内容	随时更新永久保存
	知识方法	管理维护型数据	业务涉及的专业知识和处理方法	随时更新永久保存
	功能部件	管理维护型数据	部件索引、部件元数据、功能部件等	随时更新永久保存

在实际进行数据平台的更新与维护时，要注意一个非常重要的问题，那就是数据的时间版本。无论什么数据，都具有一定的时态性，这就使得数据平台本身也具有时态性，同时还要求数据平台具备管理不同时间数据的功能，要能够反映现状，追溯历史，并避免数据存储的冗余。能够重现某一区域在历史上某一时刻的数据状况。

传统的办法是将不同时段的数据以“快照”的方式进行存储和管理，这种方法的突出弱点是数据冗余，尤其是对于基础空间数据而言，会导致空间实体关系被隔断，而且在用关系型数据库存储属性数据时，会使关系表越来越多维护起来越来越不方便。在数字海洋工程建设中可以除现势数据外，将其他的所有历史数据都存储在同一个数据平台体系中。当数据更新时，只对实体做更新标志，并不删除旧的数据，实现数据的增量存储。针对基础空间数据，还要通过建立空间实体之间的变化父子关系的形式，解决空间实体历史数据的保存问题，采用时间标记的方法来管理现状和历史数据。

由于数据平台是由基础空间数据和多种专业平台数据组成的，包含了各类异源异构的数据，并且涉及数据的互操作，为保证数据更新的一致性，应当实现相关数据库在更新时的联动，建立数据库联动检索和空间数据引擎的多级空间索引机制，使各类实时关联的数据库能够进行同步更新，实现内容相关和位置相关的联动与快速检索，加快数据实时更新的进度与准确性。在数据平台的数据管理中采用数据复制技术实现数据同步。例如，假设需要实现数字海洋工程应用中，海籍数据库中的宗海信息、海域使用权人信息的实时更新和发布。

图 7-20 即表示了相应数据库联动的逻辑顺序，各应用系统收到更新的数据后，根据各自业务逻辑和相应的数据结构进行数据处理，更新本应用的宗海信息、海域使用权人信息。为了方便共享数据的扩充，建立交换数据库，专门用于共享数据的存储，如宗海、海域使用权人的基本信息等，便于系统应用之间交换和传递。发布数据库发布数据表，交换数据库进行订阅，然后交换数据库再将数据表发布到各个应用系统。实现时可以选择事务复制方式。通过事务复制，先将海籍数据库的宗海、权属人信息表以快照方式发布到交换数据库，交换数据库同样以快照方式发布到各个应用系统。在系统管理员维护宗海、海域使用权人信息后，系统捕获到宗海、海域使用权人信息的变化，传播到交换数据库，交换数据库依次传播到各个应用系统。这样可以大大提高信息的及时性和准确性。

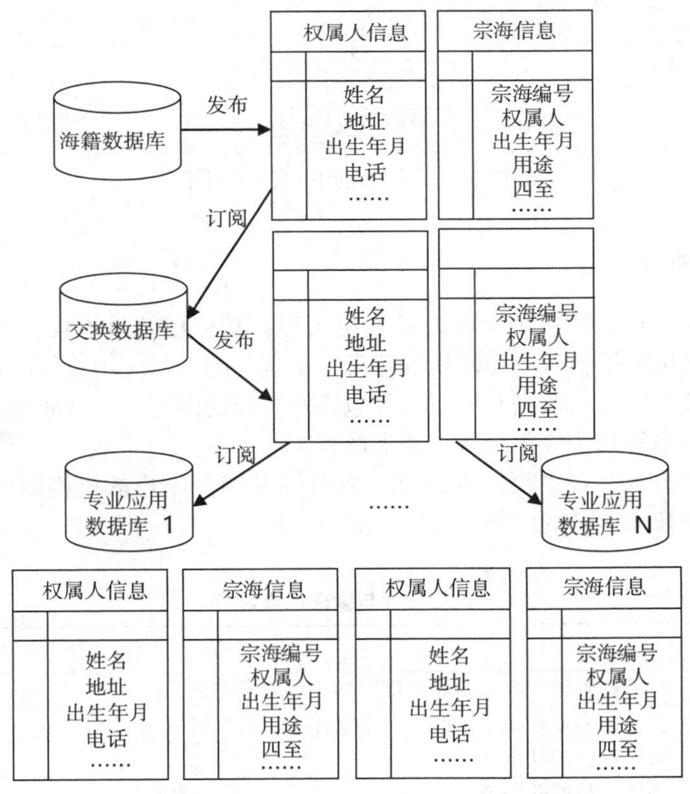

图 7-20　利用复制技术实现数据库联动的逻辑顺序

7.6　应用平台实施

7.6.1　应用平台实施步骤

专业应用是在平台建设的基础上进行的，也是各类专业数据在空间信息载体上叠加后的实际应用过程，实施步骤如图 7-21 所示。

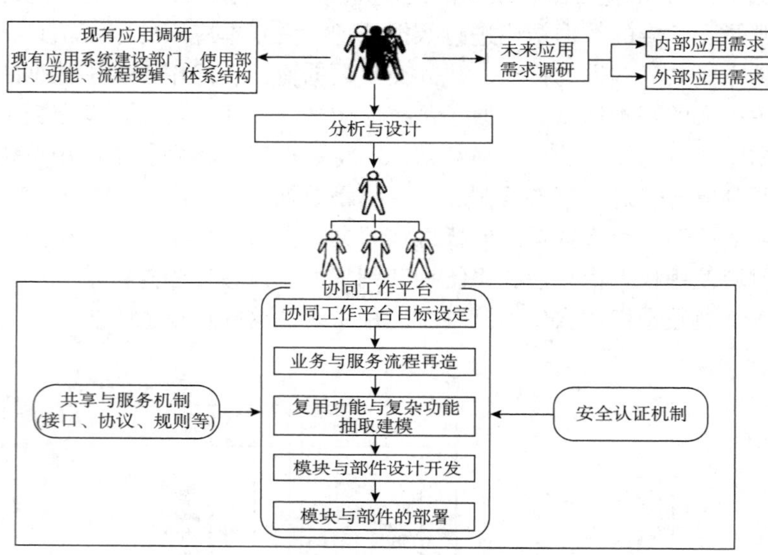

图 7-21　专业应用平台实施步骤

7.6.2　需求调查

数字海洋工程项目是一个全方位的人机工程，其应用效果不仅仅取决于软硬件平台、数据平台、网络平台等支撑环境的建设，更重要的是与应用单位的管理水平和人员素质有密切的关系。应用调查与分析主要包括两方面的内容：一方面是人员现状与需求调查，另一方面是管理及应用现状与需求调查。

人员现状与需求调查主要调查现有工程范围及相关用户的机构职能部门及管理人员、专业人员、技术人员的配备情况等，见表 7-8。

表 7-8　**人员现状与需求调查内容**

状态	内　容
现状	日常的各种任务是由哪个部门的哪些人来完成的
	人员的专业知识水平和对数字海洋工程的理解
	人员配置的缺陷
	各类人员的联络方式
	技术人员共享性如何

续表

状态	内容
期望	是否会有人员的变动
	是否专业水平能够有提高的潜力，对新技术的态度如何
	专业人员对其日常工作的理想情况如何

管理及应用现状与需求调查主要调查现有工程范围及相关用户的相关部门的业务情况，见表7-9。

表7-9　**管理及应用现状与需求调查内容**

状态	内容
现状	现行机构的组织结构及有关的部门
	各组织的职责及执行的任务
	是否有不足或缺陷
	短期内有什么变动
	现行机构的书面材料
	各部门的日常工作职责是什么
	各日常工作的流程，每天、月、年的工作
	各项工作的优先次序
	目前的问题及需解决的优先次序
	有关的书面资料
期望	是否有改变缺陷的计划
	新的系统实施后有什么机构变更
	是否有书面计划
	资金状况如何
	理想的工作流程是怎样的
	是否有新的职责加入，若有，优先权如何
	是否有书面资料
	长短期的变化怎样

在实际调查过程中，应该与用户良好沟通，充分了解并引导用户对需求的描述。系统的调研对象分为两类：直接用户和间接用户。调研可采用问卷的方式，如表7-10所示内容，取得问卷结果后绘出初步应用分析图，并求得用户对分析结果的认可，如果双方理解有差异，应当继续深入了解，直至最后达成一致。

表 7-10　　**问卷调查基本内容**

调查主题	调查内容	调查项目
业务现状调查	单位基本信息	单位名称
		单位类型
		地址
		邮政编码
		传真
		联系人姓名与电话
		信息分管负责人姓名与电话
		单位的管理和行政职能
		上级单位
		机构的内部结构(包括部门人数)
	用户机构状况	各机构部门的构成关系
		人员构成
		各机构部门的职能
	用户正在运行的业务类型	业务名称
		每种业务的管理内容
		每种业务的运行流程
		对每一流程节点有什么要求或限制(如审批时间或承诺办理期限)
		每一流程节点操作需要参阅的数据(了解数据内容、数据类型及数据的长度)
		审批过程中需要参阅的法律法规
		使用数据的目的和要求
		每一流程节点所产生的数据
		数据来源(流程)
		数据去向(流程)
		如果是审批，审查内容、审批依据、审批结果分别是什么
		填写审批意见时审批意见的常见长度怎样，有哪些常用的审批意见
		有无相关计算，计算方法怎样
		对节点数据的安全性要求如何，其权限如何控制
		有无异常情况(特例)、处理方法如何
		每种表格的格式是什么样的
		是否需要绘图，现有绘图方式如何，如何绘图
		是否需要输出图，对输出图图面要求如何，功能要求
		有哪些统计报表，统计报表，内容怎样
		填写各流程节点表格有无要求，要求如何
		填写表格内容是否遵循标准分类，分类编号方法如何(有哪些分编号方法，如海域编号、各种海域使用权许可证编号、行政区域编号、宗海编号等)
	部门行政职能	有哪些行政职能内容
		如何管理
		需要哪些信息
		有无行业分析或统计方法，如何分析

续表

调查主题	调查内容	调查项目
信息化现状调查	设备类	设备名称
		数量
		型号
	局域网建设	建设年份
		主干带宽、网络缆线
		支干带宽、网络缆线、布线方式
	系统软件	服务器系统软件类型
		工作站系统软件类型
	专业工具软件	软件名称
		版本
		数量
		购置(开发)时间
		使用情况
	数据处理软件	软件名称
		版本
		数量
		购置(开发)时间
		使用情况
	人员计算机水平	员工接收计算机培训情况
		接受培训的培训内容
		培训时间
	系统应用情况	培训效果
		系统名称
		系统简介
		系统概略功能
		软件平台
		完成时间
		开发方式
		开发单位
		使用情况

事实上，对于规模较大或结构复杂的数字海洋工程项目，要想在实施初期就完全明确项目“将要干什么”往往很难做到，甚至完全办不到，随着系统建设的不断深入，用户可能会由于心中要求的逐步成型或相应专业知识水平的提高而产生新的要求或因环境变化希望系统也随之进行相应的修改，系统开发人员也可能因始料未及的某些问题而希望对用户需求作出折中变动，如果不采用一个合理的开发方法，就可能会造成系统开发工作不必要的延滞。因此，应当允许工程设计与实施人员与用户不断沟通和反复交流并且逐渐达成共识，即用户可在实施过程中分阶段地提出更合理的要求，建设人员则根据用户要求不断地对设计进行完善。

7.6.3　应用流程分析

在收集到各种信息以后，接下来要做的则是应用需求分析，然后将分析的结果以某种方式表达出来。信息表达的方式通常有以下几种：现有机构的组织结构图、现有机构的功能示意图、现有机构的人员组织及功能示意图、现有数据内容及其来源清单、现有数据及其功能参照表、现有软硬件设备关系图。

在应用调查与分析过程中，常常会发现工作情况的复杂性会造成工作中的种种问题，比如重复工作、流程管理方式不统一、历史问题未妥善解决而给现在工作带来的不便等。这些问题需要通过业务优化来统一解决。进行数字海洋工程项目的建设，首先要理顺海洋应用业务工作流程，解决工作中现存的问题，再将较优的工作流程进行计算机化，才能为系统的最终顺利运行提供有力保障。除了对现存的状况进行综合分析外，还要将计划的将来状态表示出来，包括三部分内容：人员培训计划、项目成果、实施的进度计划。

分析结果的表达并不是调研的目的，而是为了提炼出用户的应用特点，从而充分理解拟建数字海洋工程的目标要求。

举例说明流程分析的过程，图 7-22 为 N 市海域使用权管理单项业务流程图，图 7-23为在进行业务调研后根据调研结果分析得到的港口建设项目业务流程总图。

从该总流程和单项流程的分析结果中，可以得到 N 市海域管理的业务特点：

(1)业务面广：涉及几大类几十项业务，既有论证、核准、审批、登记、注册、备案等时效性强的业务项目，又有海籍测绘管理、海洋功能区划编制与审批、档案整理等指导性、宏观性和基础性的工作。

(2)相关单位企业众多：与众多其他政府部门(如市政府、财政局、自然资源局、生态环境局、旅游局等)和单位企业(如港口企业、养殖单位)等紧密联系。

(3)业务量大：以港口施工报建为例，年均 1500 项，工程备案年均 800 项。

(4)业务具体情况多种多样：市自然资源局的海洋管理业务与人民生活息息相关，生活中的种种复杂情况反映到工作中，就形成了工作具体情况的多样性。

(5)业务涉及法律法规种类繁多：国家标准、行业标准、地方标准、法律、法规、文件、政策等，某些情况下还需要根据各种法律法规和规范制定适合 N 市具体情况的特殊规范。

(6)部门间协作关系密切：其工作一般由一个主办部门和多个协办部门按阶段、分层次(业务处经办人、分管处长、处长、局领导，甚至省、市政府)办理和审批，往往一个完整的业务流程经过的部门多达几个甚至十几个。

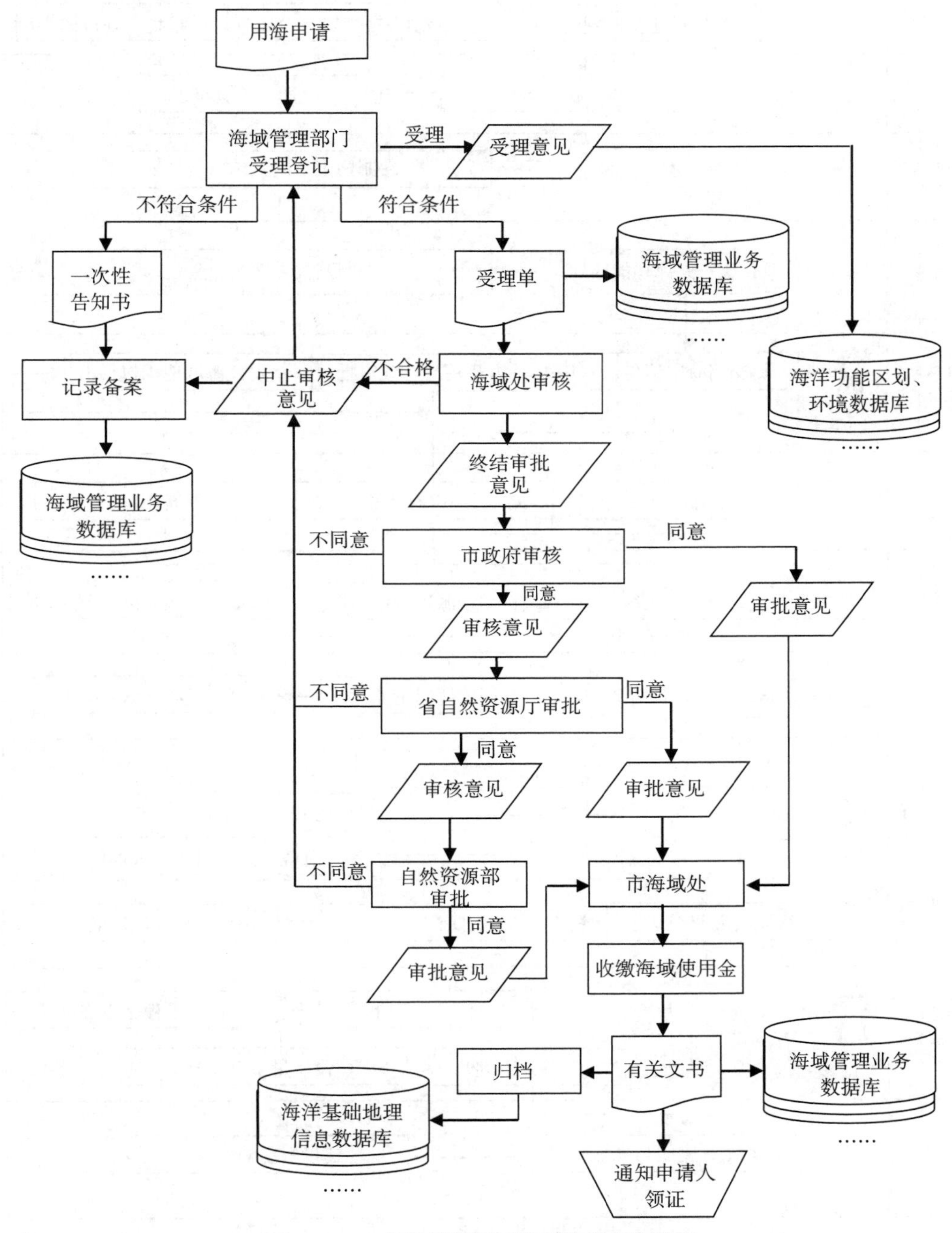

图 7-22　N 市海域使用权管理单项业务流程

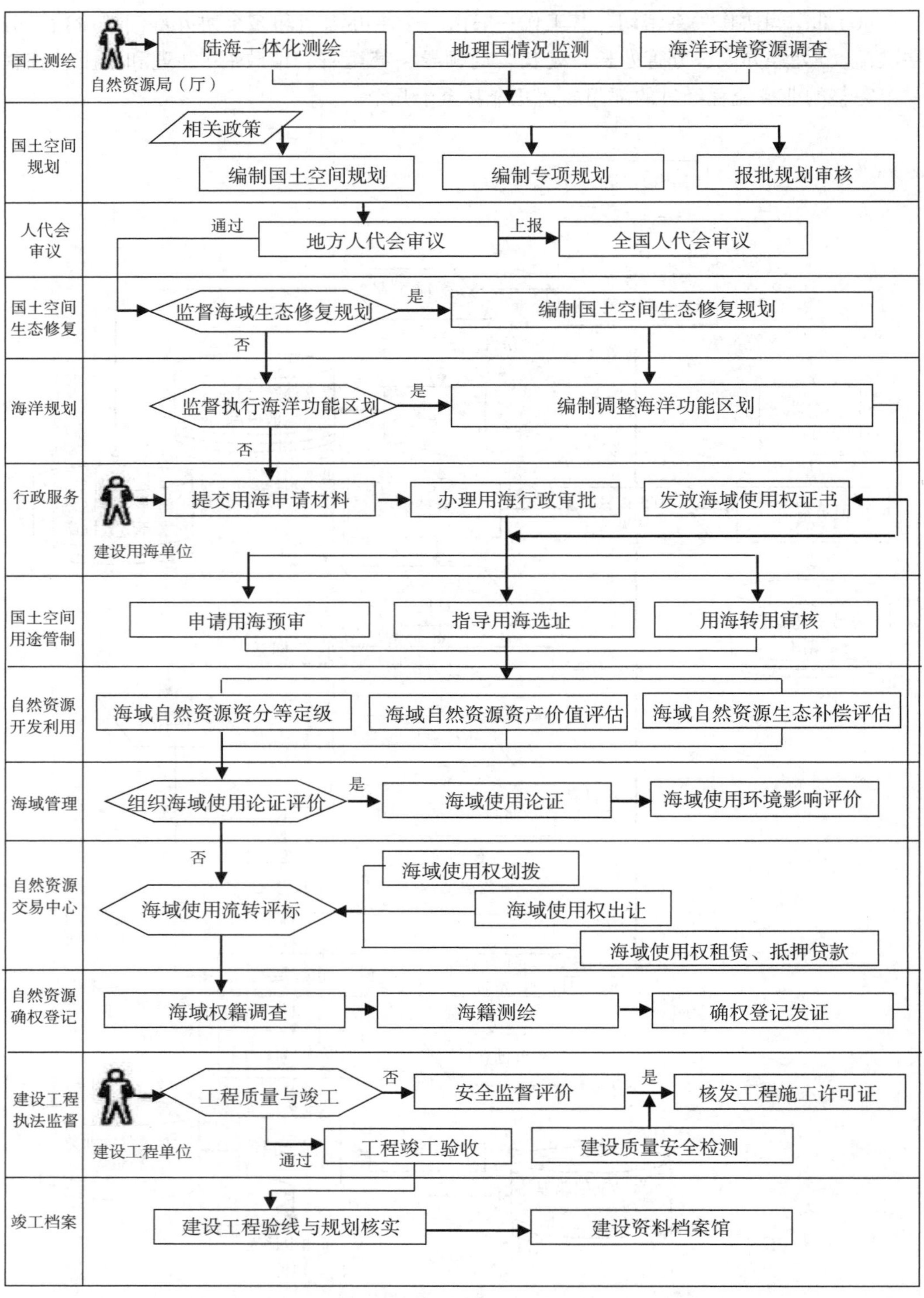

图 7-23　N 市海域使用权管理业务流程总图示例

7.6.4 协同工作平台建设

专业应用的实现涉及许多子应用工程的建立，在进行专业应用的实现时，包括专业应用模型的建立和协同工作平台的组织两方面工作。

1. 专业应用模型的建立

专业应用模型的定义涉及体系结构的选择和技术路线的制定。在建立专业应用模型时，要定义专业数字海洋工程项目的局部和总体计算部件的构成，以及这些部件之间的相互作用关系，还要表达出系统需求和构成之间的对应关系，如图 7-24 所示。部件包括诸如服务器、客户、数据库、过滤器、程序包、过程、子程序等一切软件的组成成分。相互作用关系包括过程调用、共享变量访问、消息传递等。相互作用也包括具有十分复杂的语义和构成关系，诸如客户服务器的访问协议、数据库的访问协议、网络的传输协议，异步事件的映射等。

(1)技术层的设计与实现。确定项目实现的技术路线，选择由哪些技术构成技术支撑层，使系统在技术层次和应用层次上都能够达到一个比较好的效果。

(2)数据层的设计与实现。系统的数据层由若干数据库组成，按照数据库设计方法进行各类空间与非空间数据的设计，使该层与信息采集和信息接收处理子系统紧密联系，支持、实现系统各种既定功能对数据的需求，并根据设计要求实际建立相应的数据库。

(3)应用层的设计与实现。设计应用层时，应首先划分各类用户对象和数据对象的应用范围以及要实现的功能目标，使应用层成为各子目标功能逻辑组件的集合，对于不同的层次采用不同的体系结构模式。例如针对浏览器-服务器和客户端服务器混合的结构模式，在实现时，可以对客户端服务器部分采用 DCOM 组件技术，对于浏览器服务器部分采用 EJB 组件来封装逻辑层，同类型构件间拥有共同的规范和接口，能够实现透明的通信和基础服务，而对于不同组件间的功能调用，则采用中间件技术实现不同类型构件的相互集成-实现业务逻辑的共享。

(4)用户层的设计与实现。用户层是实现决策的最终层次，支持各个功能点的应用操作和表达，设计中尽可能采用用户认可的流行的界面风格，直接面向各种不同层次的用户，使表达风格和操作风格一致。同时，通过用户层的下层功能组件重组，可建立各子系统的连接和功能调用，实现子系统间的信息交互和共享。

2. 协同工作平台的组织

数字海洋工程项目在运作过程中，每一个环节都会产生大量的信息。信息化的价值就在于帮助需要信息的用户更全面、更快速地掌握资源状况，并做出合理的决策，但从过去的一些项目发现，在进行信息化建设之后，管理者并没有获得更好的环境。原因之一是各部门、各环节的信息仅在一个封闭的系统中传输，缺乏关联性。而事实上，整个社会大环境内的每一个部门都是相互关联的。这时候，管理者就面临一个艰难的选择，或者投入额外的成本进行信息的整理和分析(其中不仅包括资金和人力成本，还包括所耗费的时间所隐藏的机会成本)，或者根据这些缺乏关联性的信息进行决策。造成这种状况的根本原因是现有的应用软件都是分散开发和引入的，因此企业的各种数据被封存在不同的数据库和应用平台上。在这种缺乏协同的环境下，因为“应用孤岛”而导致了“信息孤岛”。

数字海洋工程对此提出了全新的要求：必须建立一个动态的、可控的、统一的、全面集成和协作化的信息应用环境，从而使得各类公用与专业资源能够在一个统一的平台上高度共享信息、协同完成各种复杂的业务处理，即为图 7-25 所示专业应用的协同工作平台。

(1)确定协同工作平台的服务目标。协同工作平台要基于资源网状管理体系的思想，平台上任何一个信息点都可以非常方便地提取出与其相关的信息，所有的信息和应用都是多维的、立体化的、相互关联的，用户看到的信息不是一堆零散的数据，而是经过完全整合的有效信息。

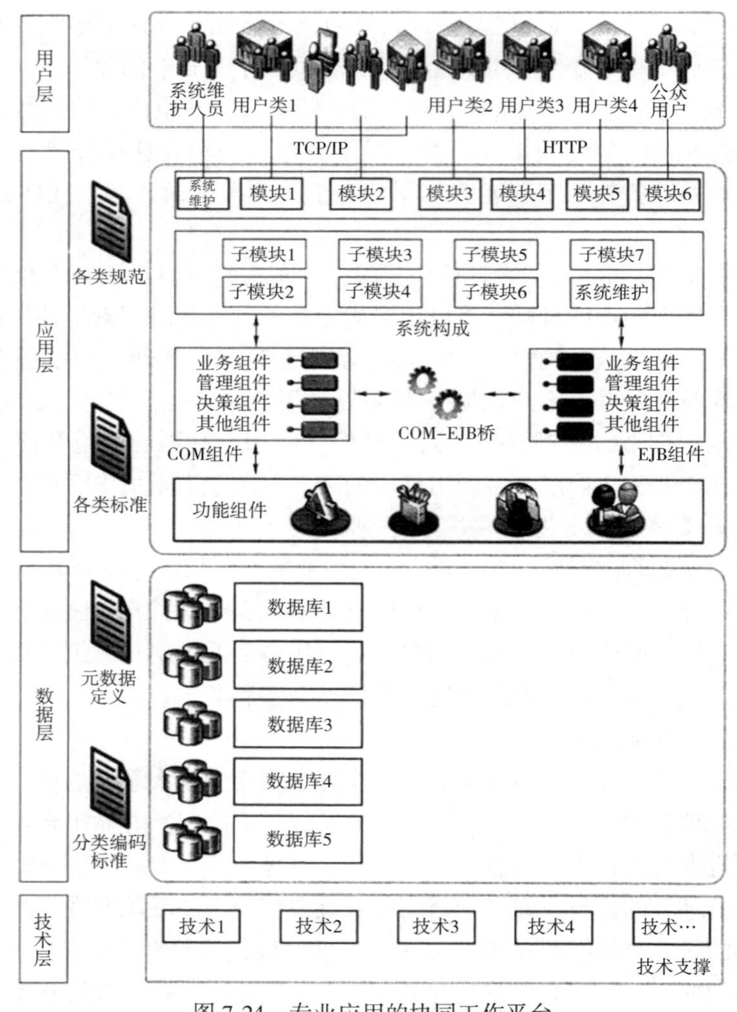

图 7-24　专业应用的协同工作平台

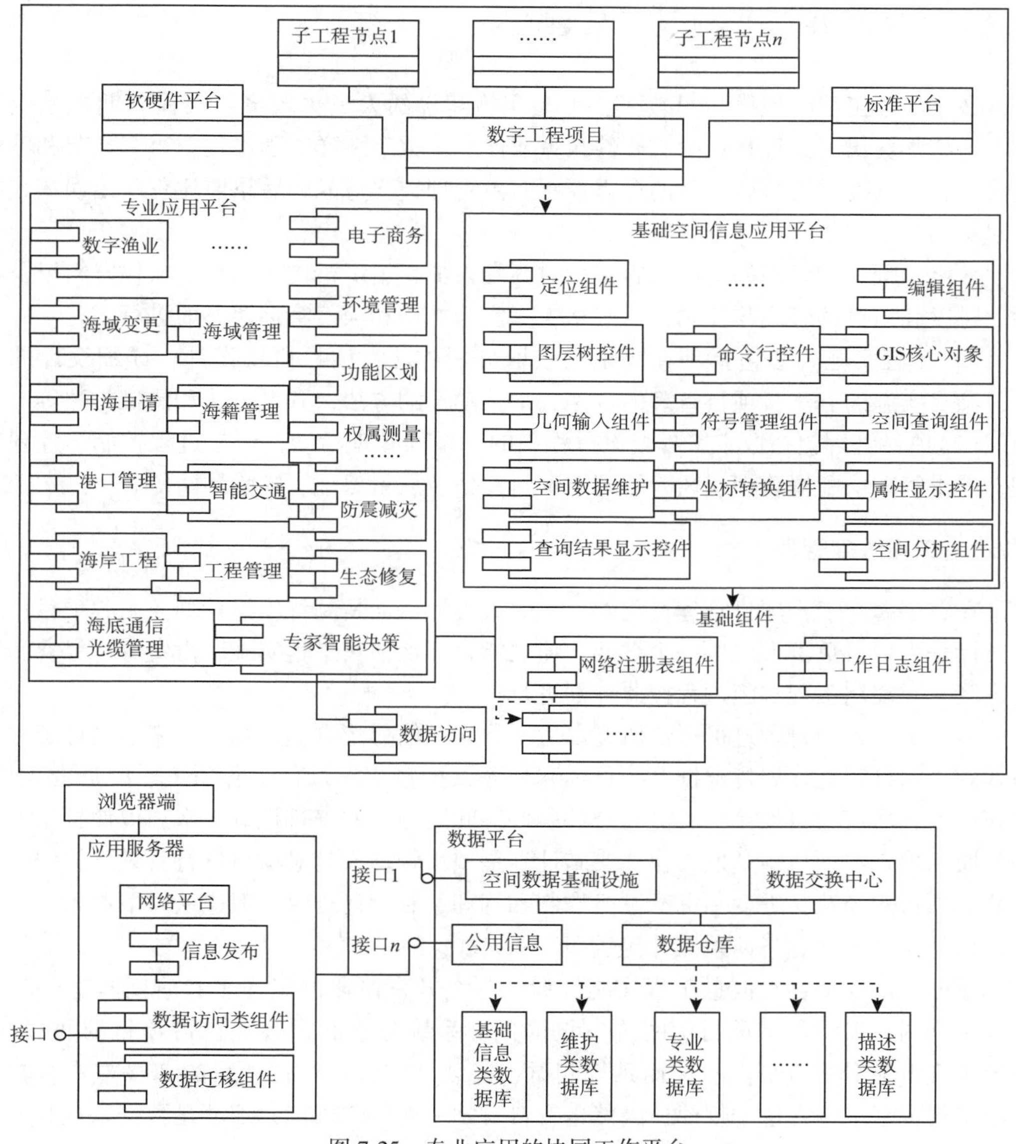

图 7-25　专业应用的协同工作平台

(2)建立数据与功能互操作体系。以工程应用逻辑流程为核心，结合多领域的专业特点，将平台部件技术融入数字海洋工程建设和应用的各个阶段，对于通用的功能部件建立统一的管理中心，并完成相应的应用调度机制。

(3)建立专业功能部件管理体系。建立一系列面向不同应用的专业部件，包括面向空间数据管理、提供基本交互过程的基础部件，面向通用功能、简化用户开发过程的高级通用部件，以及抽象出行业应用的特定算法并固化的专业行业性部件，充分发挥软件复用与继承的优势，最大限度地利用有限资源，避免冲突与浪费。

7.7　数字海洋工程的过程管理

数字海洋工程的规模相对较大，参与实施建设的人员也较多，工程周期也相应较长，这些都突出了工程管理的必要性与重要性。对数字海洋工程过程中每个环节和整体建设而言，都要进行协调一致的过程控制，由管理失误造成的后果要比程序错误造成的后果更为严重。

数字工程过程管理的具体内容包括对开发人员、组织机构、用户、文档资料以及计划、进度和质量的管理与控制，一般从工程实施方法和项目管理两方面进行。

(1)工程实施方法包括项目需求的获取分析方法，项目概要设计、详细设计的方法，项目实施的方法，项目管理的方法，平台建设的方法，开发方法和测试方法等。

(2)项目管理包括数字工程建设过程中的一系列管理活动，包括过程控制、计划管理、需求管理、配置管理、风险管理、项目评估、质量保证、缺陷预防等。

7.7.1　工程进度管理

在数字海洋工程项目管理过程中，一个关键的活动是制订项目计划。工程项目计划的目标是为项目负责人提供一个框架，使之能合理地估算工程实施所需资源、经费和实施进度，并控制工程实施过程按此计划进行。

若一个工程项目经过可行性研究以后，认为是值得建设的，则接下来应制订工程实施计划。制订实施计划指根据系统目标和任务，把在实施过程中各项工作的负责人员、实施进度、所需经费预算，所需软硬件条件等问题做出的安排记载下来，以便根据本计划开展和检查本项目的开发工作。实施计划是项目管理人员对项目进行管理的依据，并据此对项目的经费、进度和资源进行控制和管理。制订计划时一般遵从以下原则。

1)总结工程实施各阶段工作经验

根据长期以来各类信息工程实施经验，各个开发阶段的工作量和时间具有一定规律，用户调查需要花费项目 10%左右的时间，系统分析和设计往往占项目的 30%多，系统实现占项目的 40%左右，而系统测试、安装、交付往往占项目的 20%左右。数字海洋工程也基本符合这个规律，当然也有自身的一些特定规律，那就是数据采集和入库的工作量相当大。

2)实施计划应该具有足够的灵活性

合理的实施计划是建立在系统正确评估的基础上的，要充分预料到不可预见因素的影响，特别是不可忽略文档在工程实施项目中所花费的时间，在制作开发系统计划时要在实际评估时间的基础上预留 1.2~1.5 倍时间。很多建设项目中，往往出于用户的需要和对项目难度估计不够，系统建设时间往往大大超过实施计划所规定的时间，造成被动的工作局面。

3)建立各阶段的评审制度

数字海洋工程项目的各个阶段环环相扣，前一个阶段的质量直接影响后面阶段的执行质量和进度，所以在各个阶段必须通过严格评审，达到上一个阶段的质量要求后，方可开始下一个阶段的任务。为保证对客户的承诺能够如期履行，在项目立项阶段，每个子项目都有必要委任一个专职质量保证人员(quality assurance，QA)对项目进度等进行跟踪，所有项目都必须按照规范模板中要求的各项内容制订该项目的总体计划、质量保证计划、配置管理计划等，并经用户和建设方技术管理委员会评审。

制订实施计划是一项宏观调控的工作，它受用户、实施单位和项目本身三方面因素的制约。项目本身具有一定的客观规律，基本上确定了实施计划的框架；用户对项目交付时间是有要求的，通过加强与实施单位的沟通和投资力度等来使工程实施时间满足要求，实施单位一方面与用户沟通，以获得合适的开发时间，另一方面要发挥主观能动性，通过充实开发力量等手段加快项目进度以满足用户要求。具体使用的工具包括以下几种：

(1)员工周报、项目周报、项目月报。

(2)每周项目差异(提前或推迟)及原因报告。

(3)问题清单、尚待处理的事项清单等。

项目实施计划制订的好坏与制订者的经验有很大的关系，在对开发有充分了解的基础上，可按照如下步骤开展制订工作：

(1)根据数字海洋工程项目构成特点，对系统进行分解，分为具有一定独立性的工作任务，系统一般包括数据采集入库、系统规划、系统分析、系统设计、编码、测试、交付安装等任务，针对项目本身的要求，还有其他一些特色任务，如用户培训、网络安装、分析模型设计。

(2)对任务进行分类，确定任务的性质，任务主要分为三类：承前启后性任务，这个阶段工作的开展必须在前一阶段工作接受之后，如程序编码必须在系统详细设计工作结束后才能够开展，承担这些工作的人员可以是相同的，也可是不同人员。独立性任务，与系统开发的其他阶段的关系比较松散，具有较强的独立性，可以根据需要安排在工程实施的任何时期、某个阶段之后或贯穿系统整个生命周期的工作，如空间数据采集与入库。一般而言，承担此类工作的人员往往与承担前一项工作的人员不同。另一种工作指依附于某个阶段工作性质的工作，主要指文档编写，不同文档对应于不同阶段的工作性质，如在系统规划分析阶段编写数据字典、系统定义说明书等，在系统设计阶段编写系统总体设计方案，系统详细设计报告等。

(3)确定各个任务需要投入的资源，包括软硬件、人员，资金和其他设施。对各项资源逐步调查落实，制订详细资源列表，保证各个阶段能够及时获得所需要的资源，结合各个任务的工作量，获得各个任务的时间及其开始时间，这个工作要与项目管理工作结合起来。

(4)组合工作，形成工程实施计划，以 Petri 图或甘特图的形式，通过活动列表和时间刻度形象地表示出任何特定项目的活动顺序与持续时间，将各个阶段的时间和资源组织起来。

实施计划往往是通过甘特图进行表示，在具体表达方式上有两种方式：一种是采用公历法进行表示，即各个阶段具有明确的起止年月，这种方式主要适用于项目简单、可预见性强的情况；另一种是采用时间期间进行表示，这种方式相对于前一种方式灵活性更大，通过排除系统实施过程中一些不可预见的干扰因素的影响，特别是来自用户方面的困难。资源列表包括各个阶段硬软件人员、资金、机房设施及其落实时间等。

项目过程的变更是不可避免的，但如果是无计划、无管理的盲目的变更则会造成整个项目的混乱，与预期目标不符，甚至导致整个项目失控，针对此类问题，建设方采取以下方式来防止以上情况发生：

(1)有计划地进行变更。由于投标方的项目采用产品和原型相结合的实现方式。在项目需求阶段客户就能够切实感受到系统，所以可以针对系统进行有计划的变更，一次是差异定义阶段，一次是第一次客户化结束后，可以根据项目的实际情况进行定义。

(2)在项目立项阶段，成立专门管理变更的组织变更控制委员会(SCCB)，由客户方项目负责人和投标方项目控制人员共同组成，共同对项目中的变更进行控制。

(3)在工程实施过程中的各类短期开发成果和阶段性产品都列入配置管理并进行变动控制，包括开发文档、技术文档、数据、代码等。

(4)对完成的短期开发成果由开发小组自行进行审查通过后，标明版本列入配置管理，对短期开发成果内容的变动更新由开发小组自行确定，变动后修改版本号，重新列入配置管理。对完成的阶段性产品由项目小组进行审查通过后，标明版本列入配置管理，并交付小组进行试用。对阶段开发成果内容的变动更新由项目小组试用后向项目管理小组提出或由项目管理小组自行提出，需求更改经项目小组审核通过后方可提交开发小组实施变动，开发小组接收项目小组任务后，在下一阶段开发中将该任务列入反复开发内容。

7.7.2　工程文档管理

数字海洋工程项目中还有一项非常重要的要求，就是文档齐备，这是为了能够良好地贯彻工程实施要求，满足项目维护与升级完善的需要。一般说来，文档编制策略陈述要明确，进而使策略被贯彻实施。

文档计划可以是整个项目计划的一部分或是一个独立的文档。应该编写文档计划并且把它分发给全体开发组成员，作为文档重要性的具体依据和管理部门文档工作责任的备忘录，这样的文档计划应遵循各项严格的标准及正规的评审和批准过程。编制计划的工作应及早开始，对计划的评审应贯穿项目的全过程。文档计划指出未来的各项活动，当需要修改时必须加以修改。导致对计划做适当修改的常规评审应作为该项目工作的一部分，所有与该计划有关的人员都应该得到文档计划。文档计划一般包括以下几方面内容：

(1)列出应编制文档目录。

(2)提示编制文档应参考标准。

(3)指定文档管理员。

(4)提供编制文档所需要条件，落实文档编写人员、所需经费以及编制工具等。

(5)明确保证文档质量的方法，为确保文档内容的正确性、合理性，应采取一定的措施，如评审、鉴定等。

(6)绘制进度表，以图表形式列出在软件生命周期各阶段应产生的文档、编制人员、编制日期、完成日期、评审日期等。

此外，文档计划规定每个文档要达到的质量等级，以及为达到期望结果必须考虑哪些外部因素。文档计划还确定该计划和文档的分发，并且明确叙述与文档工作的所有人员的职责。

7.7.3　工程质量管理

工程的质量是贯穿于工程建设期的一个极为重要的问题，是项目实施过程中所使用的各种技术方法和验证方法的最终体现。数字海洋工程质量管理的具体内容包括数据质量、工程质量、环境质量、人员质量。

(1)数据质量方面，主要是指在数据建设方面所进行的质量管理和控制，涵盖了从数据采集、预处理、深加工、入库等一系列的过程。

(2)工程质量方面，是指在整个工程设计实施过程中所进行的质量管理和控制，涵盖了从需求调研分析、总体设计、详细设计、代码实现、测试、运行等这一系列的过程中。

(3)环境质量方面，是指在软硬件以及网络环境建设方面所进行的质量管理和控制。

(4)人员质量方面，是指在工程开发的组织结构中的各类人员的专业水平、工作态度、工作速度和效率等方面的管理与控制。

数字海洋工程是一个涉及很多方面的大型数字工程。在工程实施与运行的每个阶段中都可能引入各类错误，某一阶段中出现的错误，如果得不到及时纠正，就会传播到后续阶段中去，并在后续阶段中引出更多的错误。因此，在数字海洋工程实施的各个阶段都要采用评审的方法，以暴露项目过程中的缺陷，然后加以改正。

数字海洋工程质量管理与控制的对象也是多方面的，为保证数字海洋工程项目的顺利实施，应当有计划、有组织地依据有关国际国内标准，在需求分析、工程设计、工程实施、系统测试、人员培训等方面为项目在预定时间内完成，并达到用户要求而提供保证措施。

质量管理与控制是指采取一系列手段和方法管理和控制整个工程开发维护过程，以保证工程质量的相关活动。系统的质量保证活动，是涉及各个部门、各个开发小组的部门间的活动，质量保证贯穿于开发的全过程。例如，如果在用户处发现了软件故障，质保小组就应听取用户的意见，并调查该产品的检验结果，进而还要调查软件实现过程的状况，并根据情况检查设计是否有误，不当之处加以改进，防止再次发生问题。图7-26为数字海洋工程实施过程的质量保证体系图。质量保证体系的作用就是为了顺利开展以上活动，事先明确部门之间的质量保证业务，明确反馈途径，明确各部门的职责，确立部门之间的联合与协作。

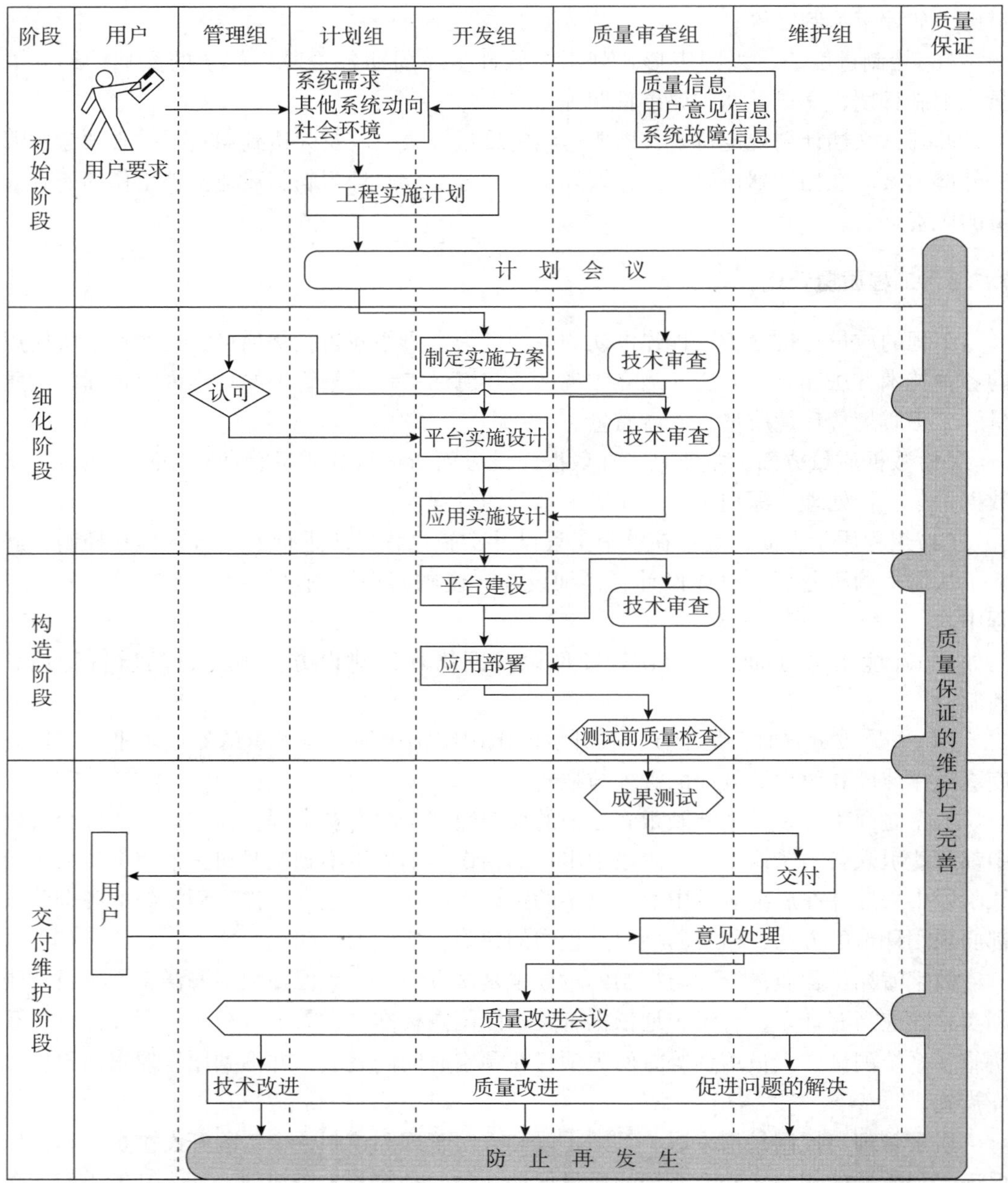

阶段
用户
管理组
计划组
开发组
质量审查组
维护组
质量保证
初始阶段
用户要求
系统需求
其他系统动向
社会环境
质量信息
用户意见信息
系统故障信息
工程实施计划
计 划 会 议
细化阶段
制定实施方案
技术审查
认可
平台实施设计
技术审查
应用实施设计
构造阶段
平台建设
技术审查
应用部署
测试前质量检查
交付维护阶段
成果测试
交付
用户
意见处理
质量改进会议
技术改进
质量改进
促进问题的解决
防 止 再 发 生
质量保证的维护与完善

图 7-26　质量保证体系

第8章 “中国数字海洋”工程设计与实施

中国数字海洋工程(也称数字海洋综合管理与服务信息系统)是一个基于数字海洋信息基础平台建立的集中与分布式相结合、运行在专线网络上的应用系统，系统建设内容包括海域信息系统、海岛管理信息系统、海洋环境保护信息系统、海洋防灾减灾信息系统、海洋经济管理信息系统、海洋执法监察信息系统、海洋权益维护信息系统和海洋科技管理信息系统等专题应用系统以及公众海洋信息服务系统。

海洋综合管理与服务信息系统在体系结构上由国家级和省市级系统构成。通过统一设计、集中开发、分布部署，最终形成设计标准统一、数据传输接口规范、能够与数字海洋总体框架有机集成的供数字海洋有关节点各级用户使用的数字海洋综合管理信息系统。

8.1 建设目标

在“数字海洋”信息基础框架构建之前，面向各类海洋业务的信息系统大多采用事务处理系统(transaction processing system，TPS)方式实现。这类系统面向具体应用，各种应用之间彼此独立，数据库自建自用，数据之间互不关联，整体上缺乏统一规划，无法实现业务协同处理；重复投资、重复数据录入，造成人力、物力资源的严重浪费；原始资料的差异和录入错误等因素形成同一数据的不同版本，给工作带来许多麻烦。事务处理系统在我国海洋信息化建设初期，曾在一定程度上提高了海洋管理部门的工作效率，但随着我国海洋综合管理需求和海洋信息量的急剧增加，这些分散的系统已不能有效地满足海洋综合业务管理的需要。

数字海洋信息基础框架构建中开展的综合管理系统建设，为集中解决这些问题提供了契机。综合管理系统面向我国各级海洋管理部门的业务需求，通过统一规划，综合利用最新的GIS技术、三维可视化技术，并基于统一的数据仓库作为数据平台支撑，能够满足行政管理、海域管理、海洋环保管理、海洋经济与规划、海洋执法监察管理、海洋科技管理、海洋权益管理、信息公众发布等的需要。

从宏观上看，海洋综合管理系统是海洋行业的核心业务系统，它的建设将为海洋管理服务、经济建设服务、国家决策服务奠定应用基础。它的建设将有效提高我国各级海洋行政主管部门的海洋信息综合应用与决策支持服务能力、海上突发事件的应急响应能力，以及海洋管理科学化与社会化服务的水平。

从微观上看，海洋综合信息管理信息系统建设促进了海洋业务管理的高效、规范和智能化。通过管理人员快速查询和引用各类海洋信息，加强了部门之间的协作和信息共享，使部门之间的业务能够得到有效协同，提高了整体行政管理效率。管理人员通过宏观掌控海洋业务的整体运行情况，并通过信息综合分析对现状和形势做出判断，加强工作的科学性，从而避免了决策的盲目性。

数字海洋工程的建设目标，除了要为海洋管理服务，还要为社会公众提供海洋信息服务，肩负着普及海洋知识，宣传海洋文化，提高公共海洋意识的重任。围绕这个目标，充分利用各种先进的技术手段，建设数字海洋公众服务系统，利用这个对外窗口，普及海洋知识，宣传国家海洋相关政策，发布权威海洋数据、产品，展示数字海洋工程建设成果，激发公众认知海洋、了解海洋、爱护海洋的热情。

数字海洋公众信息服务系统作为海洋信息应用服务体系的组成部分和海洋信息权威发布窗口，利用因特网和移动互联网络，面向海洋管理部门、海洋科研单位、涉海部门和社会公众，宣传国家海洋相关政策，展示海洋建设成果，发布海洋规划、海洋管理、环境保护、资源开发利用、防灾减灾等权威数据与信息，提供形式多样，内容丰富的网络化在线服务。

8.2 需求分析

8.2.1 应用需求

1. 海洋综合管理应用需求

国家海洋主管部门肩负海洋综合管理的职能，业务种类较多. 目前各级业务主管部门为了提高工作效率，已开发了一些独立的业务系统作为管理的辅助工具，比如海域使用管理系统、海洋功能区划系统等。但这些系统之间彼此独立，数据之间互不关联，无法实现协同业务处理。而且，由于数据来源不同或处理方式不同，造成同类数据也不尽相同，给数据的分析和对比带来困难。同时，随着我国海洋强国战略的快速推进，这些分散的系统亦不能满足海洋综合管理需求。

要解决以上问题，就需要对上述分散的信息系统资源进行整合，进一步开展需求分析，建立一个功能基本一致、接口标准统一的海洋综合管理系统，从而在全国海洋管理部门范围内形成各类业务信息资源共享、业务处理能力强大的管理系统，实现各部门内部和部门之间的协同管理，提高海洋管理工作的效率，为我国的海洋综合管理、科学研究、公众信息服务等提供应用支撑，应用需求框架如图 8-1 所示。

2. 数字海洋公众信息服务应用需求

数字海洋公众信息服务系统是用户应用需求的推动与相关技术发展相结合的必然产物。一方面，随着海洋在全球战略地位的不断提高，以及我国海洋事业的快速发展，社会公众需要了解海洋、认知海洋的需求日益迫切，建立海洋公众信息服务系统，可以让用户能更加方便快捷地获得丰富的海洋信息。另一方面，随着 Internet 技术、www 技术以及移动通信技术等的迅速发展及应用，为公众信息服务系统提供了良好的支撑基础，

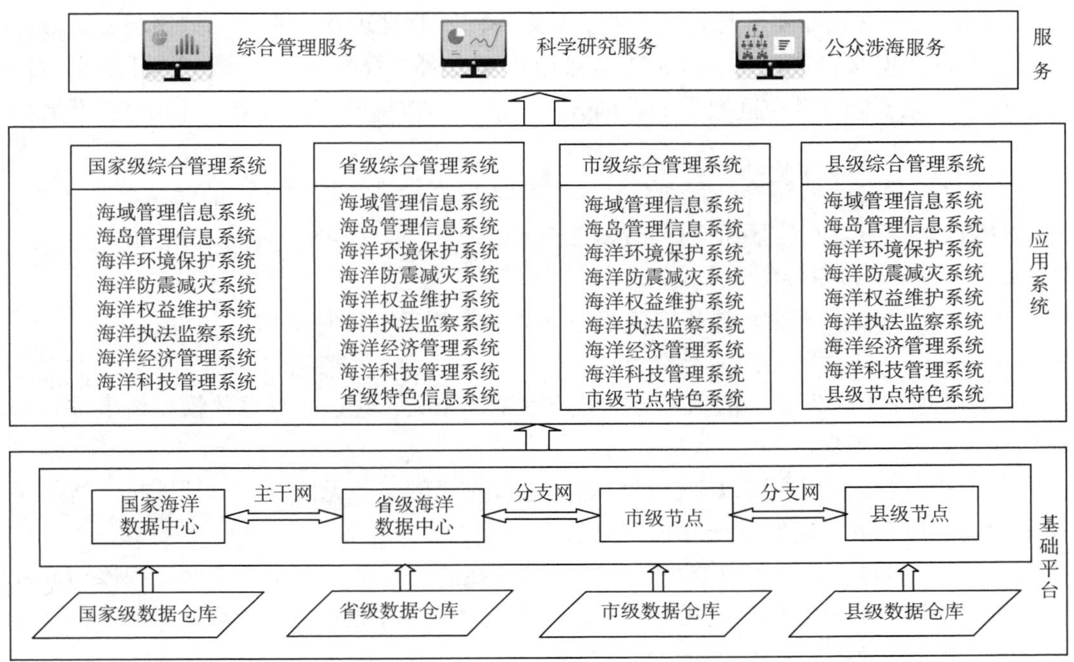

图 8-1 海洋综合管理信息系统应用需求框架

而多媒体技术、数据库技术以及基于内容和模糊查询技术的发展，为信息的采编、存储、管理、查询、分析等提供了技术实现的可能。

8.2.2 功能需求

1. 海洋综合管理功能需求

海洋综合管理系统功能应满足海域管理、海洋环保管理、海洋经济与规划、海洋执法临察管理、海洋科技管理、海洋权益维护管理等需求，在国家和省级之间通过数据中心实现业务和信息交互共享的基础上，满足以下功能需求。

(1)监督业务办理：系统具备工作流驱动及时限管理功能，工作流程能够基于业务预先定义；能够自动将任务分配到岗位；能够辅助性提供业务办理依据和工作内容。系统能够根据业务办理的时限、内容，监督业务的办理情况和结果，对相应问题能够将责任定位到岗位。

(2)业务处理和业务资料共享：能够处理各种业务，包括业务数据的录入、审核、修改，审批意见的录入等，系统能够为业务处理提供必需的各类基础空间数据，生成所需的审批表和有关文件、证书等；不同部门根据授权可以对同一个数据进行不同的操作；各部门看到的是实时的、一致的数据。

(3)数据交换：提供数据交换接口，使系统能够与其他联网部门或单位进行信息交流和共享。为保证系统的稳定运行，系统建设遵循统一的结构体系和接口标准。各级系统之间通过信息交换网络实现互联互通，实现数据信息的采集、入库、上报和下载。

(4)图文一体化和图形与属性互动：采用一张图管理理念，管理类数据与 GIS 数据间能够互动，但又自成一体，GIS 数据保持相对完善，数据移植不受 GIS 开发平台限制；能够实现不同专题空间数据的叠加分析，对图形数据的查阅方便，并紧密结合到办公系统中。

(5)坐标系之间的转换：实现包括“北京 54”坐标系、“西安 80”坐标系、WGS-84、CGCS2000 坐标系之间的平面坐标转换。

2. 海洋公众服务功能需求

(1)信息发布：满足海洋基础信息、海岛、海岸带、海域、海洋预报、海上军事、极地大洋科考等方面的信息发布要求。

(2)地理定位：发布的信息要与空间位置紧密相关，通过三维球体模型将事件在三维空间中进行直观显示。

(3)访问位置：用户可以在任意位置，通过有线网络、无线网络，计算机、智能手机等设备使用系统，访问系统发布的信息。

(4)安全机制：公众信息服务系统要提供较高的安全性，定义严格的数据库访问权限，每一个用户都只能做经过授权的工作，防止对数据库数据造成破坏。

(5)在线互动：具有用户互动操作功能，方便使用和服务功能的拓展。

(6)虚拟仿真：海洋空间信息的可视化表达，需要有真实感和身临其境感。

(7)操作简便：公众服务系统最终的面向对象是社会公众，由于用户群体的广泛性和多样性，要求公众服务系统必须操作简单、界面美观、人性化服务。

8.2.3 安全需求

海洋综合管理与服务信息系统运行过程中产生的数据大部分有保密要求，因而在数据加工生产、传递、使用过程中均需要采取严格的安全措施。

1. 海洋综合管理安全需求

海洋综合管理信息系统运行过程中产生的有安全要求的数据，在数据加工生产、传递、使用过程中要采取以下措施，以保证信息安全。

(1)完善的安全机制：

系统要提供较高的安全性，定义严格的数据库访问权限(包括修改和查询权限)，每一个用户都只能做经过授权的工作，防止对数据库中其他数据造成破坏。

(2)可靠的信息加工处理：

在安全加工生产和管理过程中，保证数据信息源的可靠性。

(3)安全的信息传递：

信息在传递过程中(包括网络或其他介质形式)需要有安全管理体系保障，防止数据丢失及非法复制，保证数据传递有专门设备及专人负责；另外，要做好系统数据备份工作，防止意外情况导致数据损失。

(4)安全的信息使用：

信息使用严格采用认证制度，将数据分为若干安全等级，将数据库用户分为若干等级，保证特定的用户访问特定的数据。

2. 海洋公众信息服务安全需求

(1)内部网与外部网的物理隔离：

根据国家保密局2000年1月1日起施行的《计算机信息系统国际联网保密管理规定》第二章保密制度第六条的规定，“涉及国家秘密的计算机信息系统，不得直接或间接地与国际互联网或其他公共信息网络相连接，必须实行物理隔离”。

(2)信息加工处理过程的安全：

要保证信息源的可靠性，要在安全加工生产和管理规范制度及国家相关安全法规的监督下进行。

(3)信息传递的安全：

信息在传递过程中(网络或其他介质)需要安全管理体系支持，防止数据的丢失及非法复制，保证数据传递有专门设备及专人负责；另外，要做好系统数据备份工作，防止意外情况导致数据损失。

(4)信息使用的安全：

信息使用严格采用认证制度，将数据分为若干安全等级，将数据库用户分为若干等级，保证特定的用户可以使用特定的数据。

8.3 总体设计

基于面向服务的体系结构(service oriented architecture，SOA)开展海洋综合管理系统的设计，并在J2EE框架下开发实现。基于系统建设的总体需求，遵循面向对象的软件工程设计思想，从系统总体设计的原则、系统的业务架构、逻辑架构、技术架构等角度，详细阐述系统总体设计方法。

8.3.1 设计原则

海洋综合管理信息系统是一个基于网络的，面向公众和省、市、县级专业用户预留接口的网络信息系统。必须遵守如下设计原则：

(1)统一性原则：

系统建设本着统一规划、分步实施的原则，做到统一标准、统一界面、统一用户管理、统一认证、统一交换、统一管理。以应用需求为导向、以网络互联为基础、以信息资源共享为核心，提供工作效率和服务水平。

(2)可扩充性原则：

系统基于平台化定制生成，采用基于组件技术构造应用软件系统，便于系统扩展和应用部署，并且这种基于平台化构建的系统在业务流程定制、组织机构定制等方面非常灵活，从而使系统在技术上和业务上都有着极强的扩展性。

(3)可靠性原则：

系统需要提供长期连续不断的可靠运行，因此必须配备完善的可靠性措施。根据系统业务化运行的要求，设计稳定可靠的系统架构；项目建设中要加强对项目的质量管理和性能优化测试等工作，以保证交付的成果精准；建立包括网络、服务器、数据库性能的监控和故障恢复策略，保证物理层的高度可靠；充分考虑项目关键应用的可靠性要求，在关键环节配备多种高可用性方案，最大限度地杜绝影响系统正常运行的因素，同时在运行维护制度上要不断地完善，保障系统的可靠运行。

(4)信息安全原则：

系统建设根据相关信息安全管理的规定，结合系统建设的实际情况，坚持安全、技术与管理并重、分级与多层保护和动态发展等原则。

(5)实用性原则：

项目的建设要面向未来，技术必须具有先进性和前瞻性，但同时也要坚持实用性原则。在满足系统高性能的前提下，坚持选用符合标准、先进成熟的产品和开发平台，构建一个投入合理、功能实用的系统。

(6)开放性和先进性原则：

所选系统平台应遵循国际、国内开放系统标准及协议，属于当前业界的主流产品，并已经得到广泛使用，占有较高的市场份额。同时系统设计理念先进，确保系统的开放性和先进性。

8.3.2　业务架构设计

系统业务架构设计必须以用户的应用需求为核心。因此，业务结构设计首先要对用户所在的组织机构进行分析，归纳出用户类型并进行角色划分，最终根据组织机构划分进行业务边界分析，保证系统服务功能与业务需求相对应，并使每个角色的需求都有相应的功能服务相对应。

1. 角色划分

依据对中国数字海洋信息基础框架构建中涉及的国家级、省级节点机构组成情况的分析，根据每个业务部门用户的职责不同，可将用户分为不同的角色。从业务职能分工角度，宏观上可将用户角色抽象为决策者、管理者、业务人员和系统维护人员。超级管理员首先使用系统的权限管理模块对系统内的角色进行授权，组织机构内的用户依据授权信息，系统为其自动加载相应的功能。因此，在总体设计中，首先在宏观上将角色抽象为决策者、管理者、业务人员和系统维护人员四类，在具体开发设计中，根据业务职能进行角色细化，如图 8-2 所示。

2. 业务模型

系统建设不仅仅是业务工作和业务需求的 IT 转换，它要从决策者、管理者、业务人员、维护人员四个层面去实现用户不同的应用需求。系统为各部门四个层面的不同角色用户提供了相应的服务功能，用户可根据不同的授权，使用各系统的业务功能。因此，各系统在建设时都要从不同用户层面进行功能体现。

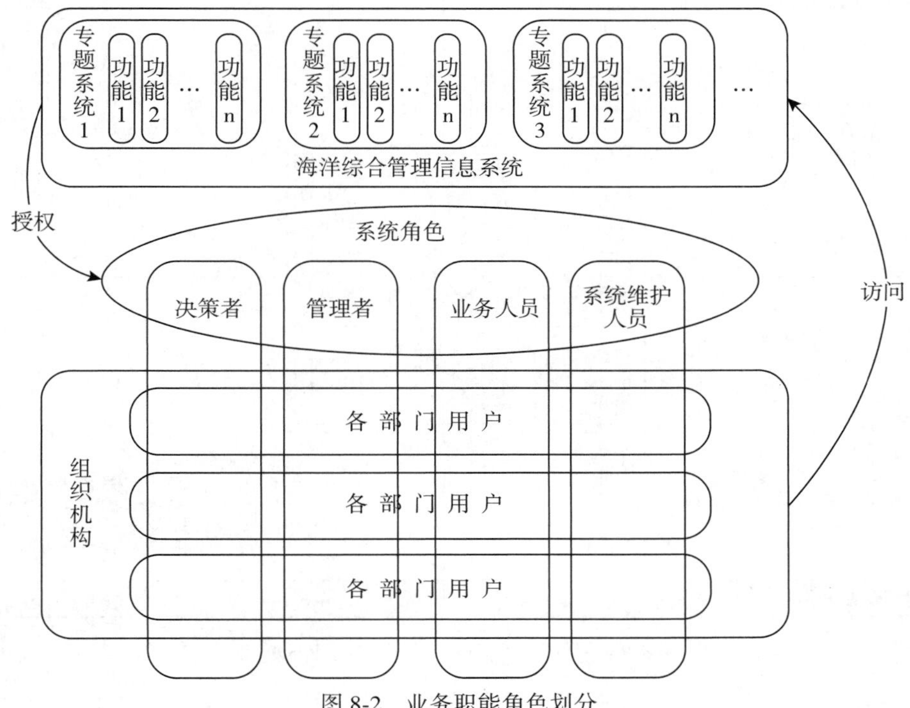

图 8-2 业务职能角色划分

业务模型设计以海洋综合管理信息系统的建设目标为例，通过对数字海洋信息基础框架节点用户的抽象描述，直观地描绘海洋综合管理系统的应用场景。业务模型设计是系统后续设计与实现的基础。各类角色通过海洋综合管理信息系统的业务化运行，有机整合在一起，共同完成海洋各类业务管理工作。海洋综合管理信息系统的业务模型结构如图 8-3 所示。

1)决策者

决策者希望系统能够提供诸如行业发展规划、海洋环境、海洋观测、海洋灾害、海洋执法等各类海洋数据的统计分析以及相关信息产品，用以实现对其科学决策的有效支撑。决策者处于业务功能的顶层，其功能需求通常包括科学决策，行业发展的规划，关键业务的审批，信息查询、浏览、分析，统计结果的查询、分析等。

2)管理者

管理者希望系统能够为其提供业务审批、重要信息的查询等功能，在系统中的功能需求主要包括业务的审批，业务的管理监控，工作的考核，信息的查询、浏览，统计结果的查询等。

3)业务人员

业务人员希望利用系统实现包括数据采集、录入、上报等功能，用以减轻本身业务工作的工作量，提高工作效率。业务人员的主要功能需求包括业务的办理、审核、审批，信息的查询、浏览，信息的采集、审核、录入、上报，业务数据的整理、上报等。

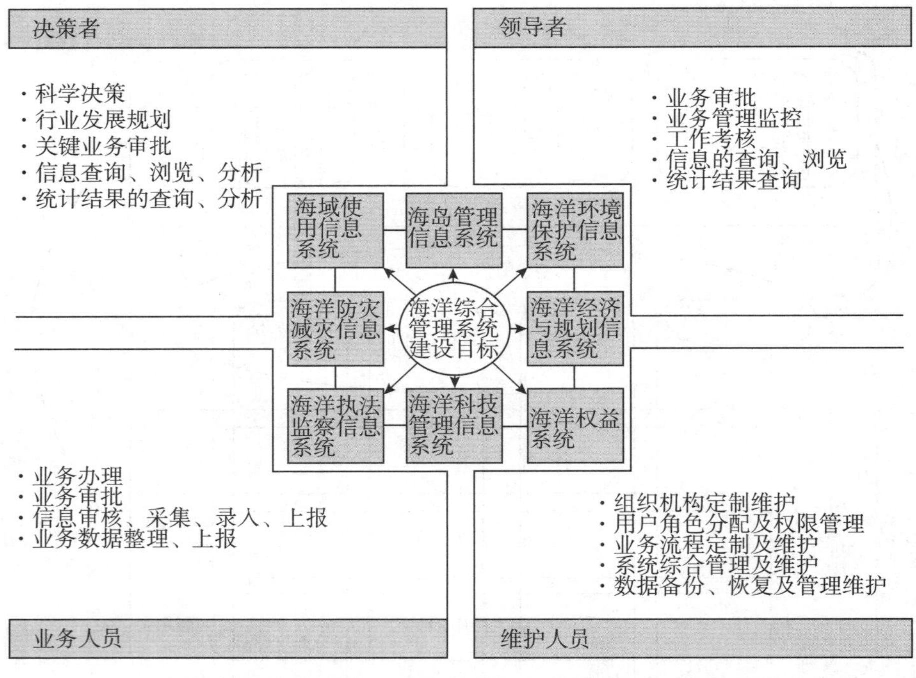

图 8-3 海洋综合管理信息系统的业务模型

4) 维护人员

系统的维护人员希望系统易于维护管理，系统能够长期稳定运行，其功能需求包括组织机构的定制维护，用户角色分配及权限管理，业务流程的定制及维护，系统的综合管理及维护，数据备份、恢复及管理维护等。

8.3.3 逻辑架构设计

所谓逻辑架构是指数字海洋工程建设或系统开发涉及的关键要素的逻辑组成和逻辑关系。逻辑架构设计旨在明确对系统建设关键环节的具体要求，并对系统基本组成进行剖析。逻辑架构设计是下一步系统技术架构设计的基础。

1. 系统组件逻辑架构设计

数字海洋工程系统是一个具有规模庞大、结构复杂、运行节点地理位置分散、用户众多等特点，运行在数字海洋专线网络上的网络信息系统。为清晰地说明软件系统的宏观层次和各层次的组成，系统的逻辑架构需采用多层多阶模型进行设计。仅就应用软件而言，“层”是系统技术部件的整体划分，反映系统技术层次结构；“阶”在架构中是一个横向的概念，表示一个请求从客户端触发到应用服务器、数据库服务器的一系列从前到后的响应过程。海洋综合管理信息系统使用的多层多阶模型，如图 8-4 所示。

海洋综合管理信息系统模型是一个典型的多层架构模型，也是当前应用系统设计最通用的一种架构模型。海洋综合管理信息系统设计为五个既相对独立又相互联系的层次，依次是网络硬件层、系统服务层、应用支撑层、业务运行层和综合管理层。在这五

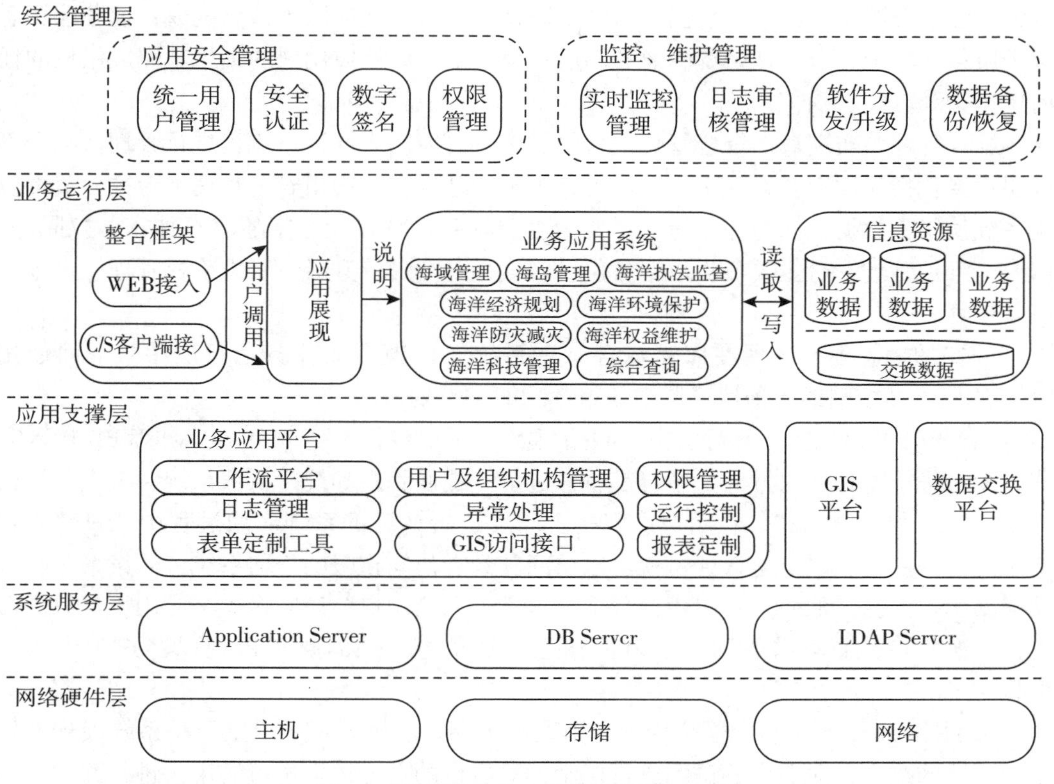

图 8-4　海洋综合管理信息系统逻辑结构

个层次中，业务运行层与应用系统的功能实现关系最为紧密，由若干“阶”构成，依次为接入渠道(整合框架)、应用展现、业务应用系统、信息资源。下面分别从“层”和“阶”的角度对系统的逻辑架构进行阐述。

系统服务层是与应用系统本身无关，具有高度独立性的构件。该层主要提供与操作系统和硬件通信的功能，通过基础构件完成海洋综合管理系统与操作系统的交互。系统服务层一般由操作系统厂商或第三方厂商提供，主要由应用服务组件、数据库组件、目录服务组件等构成。

应用支撑层由大量的易用基础组件构成。基础组件的开发实现，是在对海洋综合管理系统各分系统的具体功能作详细分析、归纳的基础上，抽象出通用的基础功能，并依据通用的 COM、WebService 技术标准，在目前主流开发平台上开发完成的。通过对这些基础组件的使用，一方面可以大幅提高业务应用的开发效率，快速搭建出所需业务系统原型；另一方面，又可以降低系统开发的难度，确保系统的完好性与稳定性。除 GIS 平台商用基础组件、集成框架提供的数据交换平台基础组件外，海洋综合管理系统建设的基础组件包括工作流平台、用户组织结构管理、权限管理、日志管理、异常处理、运行监控、表单定制工具、GIS 访问接口、报表定制等。

业务运行层主要由整合框架、应用展现、业务应用系统以及信息资源等子层构成。其中，信息资源子层由业务数据库、基础数据库、数据交换区等部分组成；业务应用系统子层包含整个综合管理系统的业务功能；整合框架以及应用展现则用来完成用户的任何操作指令。

综合管理层实现海洋综合管理平台的功能，对应用系统运行流程进行管理。综合管理层主要包括应用安全管理平台和监控、维护管理平台。应用安全管理平台主要负责应用系统使用、数据访问与保护等，主要内容包括身份认证、数字签名、加密、权限等；监控、维护管理平台主要负责数据备份/恢复、软件分发/升级、日志审核管理、设施监控管理等。

“阶”的概念集中体现在海洋综合管理系统架构模型的业务运行层中。下面使用“阶”的概念详细阐述业务运行层中的组件功能逻辑划分。

(1)整合框架是业务运行层中的起始“阶”，主要包括 C/S 接入方式和 WEB 接入方式。无论采用哪种接入方式，系统都将通过统一界面管理和统一认证系统对其进行界面集成，实现“单点登录”。在用户访问多个需要进行认证的系统应用过程中，只需要在初始进行一次登录和身份认证，就可以访问其具有访问权限的任何系统，后续系统会自动捕获用户信息，从而识别出用户身份。这样，无论用户要访问多少个应用，都只需要进行一次登录，而不需要用户重复地输入认证信息，从而真正体现以客户为中心的思想。

(2)用户指令通过整合框架传到应用展现子层。应用展现子层主要是系统展现的发布和请求的接入，对前台的访问进行控制，对后台的业务逻辑进行调用，进行并发管理和请求派送等功能。展现与业务在逻辑上分离更有利于系统的扩展。

(3)依据用户指令信息，应用展现子层将用户指令最终交付给业务应用系统子层，实现用户对系统特定功能的调用。应用系统子层通过对信息资源子层的访问，向应用展现子层返回用户调用结果。

用户指令在业务运行层中的流转过程构成了海洋综合管理系统逻辑架构模型的“阶”。

2. 系统数据库逻辑架构设计

海洋综合信息管理系统的数据库设计按照“空间分层，属性分类”的原则进行设计，其逻辑结构(数据库模型)如图 8-5 所示。在数据库的设计和建设中，通过使用 CeoDatabase 数据库建模理论，实现空间数据与业务数据的融合，为空间查属性以及属性查空间功能的实现提供底层数据保障。

海洋综合管理系统数据库在内容上分为业务数据、专题数据、基础地理数据、遥感影像以及系统运维控制数据等几部分。业务数据由系统的业务化运行产生，随着用户对系统的应用而不断更新。专题数据库主要来源于数据仓库，数据是来源于海洋调查以及系统运行而最终产生的产品数据。基础地理以及遥感影像则为系统地图服务的底图数据。系统运维控制数据则为在系统开发完成后，支撑系统运行所必需的原始数据。系统运维控制数据要进行单独统一的管理，在部署时和整合框架一体化部署。这样做的优势在于业务系统间的耦合度可降低，业务系统从整合框架中拆分出去或加载进来对整个应用体系都不产生影响。

在海洋综合系统与其他任务单元数据的关系上，需要强调的是海洋综合管理系统数据库不仅向本身系统提供服务，同时也向三维可视化系统提供服务。三维可视化系统可以访问综合管理系统数据库，通过数据交换平台，与海洋综合管理系统数据库保持同步。此外，海洋综合管理系统数据库还要与数据仓库间进行相应专题数据的交换与同步。

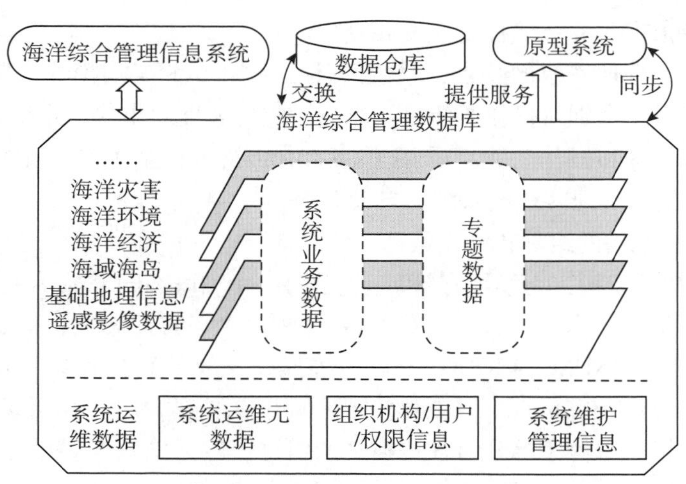

图 8-5　系统数据库逻辑架构

8.3.4　技术架构设计

下面以海洋综合管理系统构建的技术架构设计为例，介绍数字海洋工程技术架构设计方法。

1. 技术架构设计要求

基于海洋综合管理系统的功能与性能需求、兼顾所用技术先进性与成熟性相结合的原则，考虑到系统以及相关行业的未来发展，系统技术架构的设计要体现以下几点特性：

1)采用标准化和开放的技术

海洋综合管理系统开发采用基于行业标准或已得到广泛使用并已成为事实上的行业标准的技术和架构。这样有助于降低技术风险和对特定供应商的依赖性，有利于保持系统的向后兼容性、可集成性和可扩展性。

2)以服务为核心的系统架构

海洋综合管理系统建设的最终目标是为用户提供应用服务，因此系统设计应围绕着“应用服务”展开，整个业务功能的设计和实现采用面向服务的 SOA 体系架构，充分保证系统功能和流程实现的灵活性和扩展性。

3)高内聚和低耦合的多层架构

系统建设采用高内聚和低耦合的多层架构，从逻辑上将子系统划分成许多层，而层间关系的形成要遵循一定的规则。通过分层，可以限制子系统间的依赖关系，使系统以更松散的方式耦合，从而更易于建设、维护和升级。更重要的是子系统可以根据需要从整合框架中任意拆分出来或加载进去，而不影响整个应用体系的运行。从开发的角度讲，通过这些层次的划分，使得系统开发人员的分工更加明确，负责每个层面的技术人员只需要掌握相关的技术和接口，而不必掌握全部的技术，降低了开发人员的技术难度；对业务人员来讲，只需要把注意力集中在业务逻辑的实现上，并可以通过管理和配置的方式来适应未来业务一定程度的发展变化。

结合海洋综合管理系统的特点，系统总体上采用 B/S 架构模式，实现零客户端的部署与维护。但对于个别对操作灵活性要求高、响应速度要求快、本地化资源操作复杂的系统，在业务处理和操作密集区采用 Rich Client 技术，基于 C/S 架构实现，同时采用 Java WebStar 技术实现客户端系统的自动升级。

4)基于 J2EE 架构的组件化开发策略

依托 J2EE 技术架构，海洋综合管理系统采用 MVC(model-view-controller)软件架构模式开展系统的整体技术架构设计，保障系统具有良好的扩展性、稳定性以及跨平台性，以支持 UNIX、LINUX、WINDOWS 等多种操作系统的跨操作系统部署。通过使用国内成熟开发平台(EOS Studio)，采用组件化的开发实现方法，开展系统的编码实现。组件化的开发可将应用程序拆分为各自独立的组件，轻易实现组件的独立开发与部署，降低重复开发，提高系统运行稳定性。

5)基于应用整合框架的集成策略

应用的整合将基于应用整合框架实现对八个业务系统的集成整合，实现用户的单点登录。这种整合模式使系统既可整合亦可拆分，架构和部署更为灵活。

2. 技术架构设计内容

海洋综合管理信息系统技术架构设计需要实现的目标如下：

1)功能实用，技术先进

从实用的观点出发来考虑网络系统的总体结构，满足系统技术要求，同时应该选用先进的符合国际标准的可以用于开发的系统产品。

2)模块开发，便于扩展

海洋综合管理系统应该采用模块化设计，对用户需求的变化，能够快速做出调整；同时系统又具备一定的开放性，以保证系统未来的扩展。

3)工程设计，性能可靠

在系统设计过程中充分考虑软件工程过程的要求，在达到系统业务需求的前提下，确保更好的可靠性。

4)无缝集成，运行高效

海洋综合管理系统是在数字海洋数据仓库、三维可视化系统、运控系统等基础之上搭建的网络化应用系统，系统必须要满足与其他单元的可集成要求。系统可集成性一方面要体现数字海洋整体的集成，使系统处于数字海洋信息基础框架之中；另一方面，在海洋综合管理系统内部，构成海洋综合管理系统的所有子系统均能有机集成，保证整体系统的高效性。

海洋综合管理系统技术架构如图 8-6 所示。海洋综合管理信息系统在技术设计上是以 J2EE 技术架构为核心而展开的，整个系统是一个“高内聚、松耦合”的架构，便于将来的运行和维护。应用层和业务应用平台中的每个功能模块均是一个相对独立的组件，这些组件的开发和部署保持相对的独立，每个组件通过定义良好的接口，向外部提供服务。这些服务的获取者可能来自客户端或者其他组件。这种基于组件的设计可以达到比较好的重用性。在 J2EE 的架构下，各组件通过 J2EE 标准定义的协议，向各客户组件提供服务。

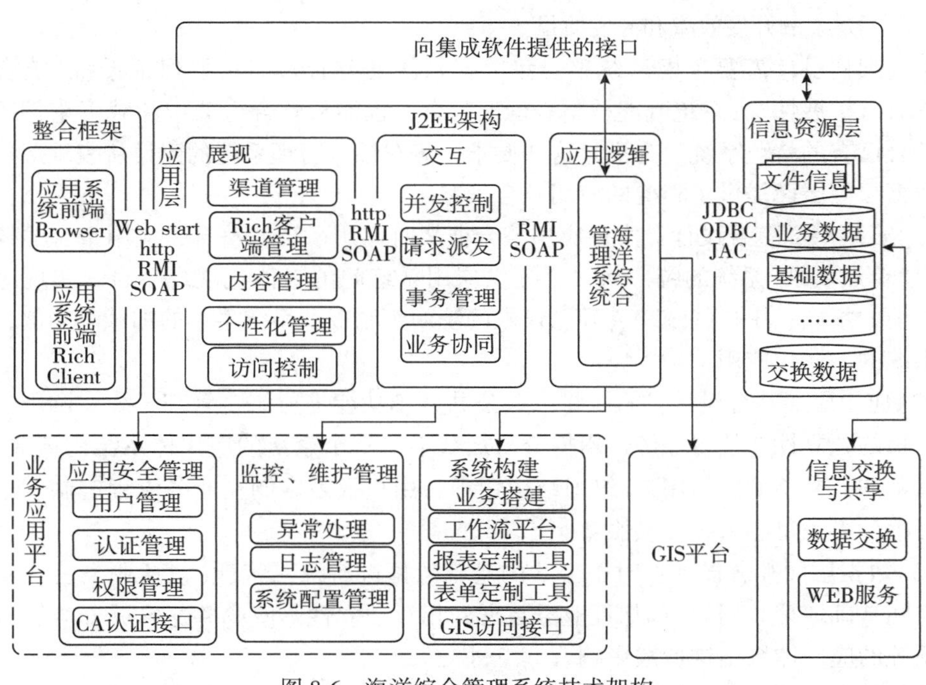

图 8-6 海洋综合管理系统技术架构

系统结构设计总体上是 B/S 的，系统通过整合框架对前台客户端进行整合，并实现用户的“单点登录(SSO)”功能。用户通过认证以后，将实现对业务系统的访问，在展现层中将根据用户权限的不同，为不同用户设置不同的内容管理、个性化管理、访问控制等功能。在交互层，提供了并发访问控制功能，以提高访问效率和质量。

基于平台定制，生成业务层的由组件构成的相对独立的业务功能模块。在服务层中提供了最基本的系统组件及服务，如用户管理、权限管理、组织机构管理、工作流管理、菜单管理、数据库管理等功能。开发人员可以通过设计定制得到系统所需的业务组件，对这些组件进行封装和组合便能生成相应的应用系统。通过平台定制各种公共服务组件，业务系统可以通过调用这些组件实现相应的公共服务功能，如系统构建工具中的工作流平台、统计报表定制平台、表单定制工具等，以及异常处理、日志管理、系统配置管理等系统维护管理工具，还有用户/组织机构管理、权限管理、认证管理、CA 接口等应用安全服务组件。

整个系统采用面向对象的软件设计与分析方法进行设计与开发，并基于构建平台进行开发定制。构建平台是由开发平台与服务总线共同组成的系统搭建与运行环境，设计提供二次开发接口以便于系统的扩展。设计构建平台提供服务总线应至少包括工作流平台、统计报表定制平台、表单定制工具、文书定制等构建工具；提供异常处理、日志管理、系统配置管理等系统维护管理工具；提供用户/组织机构管理、权限管理、认证管理、CA 接口等应用安全服务组件。这些平台与工具都是 MIS 系统构建所必需的基础组件和公共服务组件，设计好之后系统构建时不需重新开发，只要通过配置便能实现相应的系统功能，从而大大提高了系统的开发效率和开发质量。

系统架构设计需要考虑系统整合策略。系统的整合策略是要保证系统“能合、能拆、具有可扩展性”，系统既能被整合框架整合，也能从整合框架中卸载下来，还能够有限整合已有的特色系统。为满足这些要求，海洋综合管理系统的建设从表现层、应用层、数据层等层面提供了相应的应用整合策略。

(1)表现层面整合设计：实现应用整合框架对应用系统的整合，应用整合框架提供了用户“单点登录”系统的统一入口，提供应用系统间的一体化展现平台。实现应用系统间界面的集成、用户的统一管理、权限的统一定制以及系统菜单的加载等功能，保证业务系统的一体化应用。

(2)应用层面整合设计：系统将一些公共基础功能进行统一管理，统一调用，保证业务逻辑的独立性，使得业务逻辑拆分与加载不对整个系统的应用体系结构造成影响。这些基础的公共功能包括用户/组织结构管理、用户权限定制、业务流程定制、系统维护管理等，可为每个系统提供服务。

(3)数据层面整合设计：对于公共的基础数据进行统一管理(包括业务公共基础数据、空间基础地理数据等)，保证业务数据的相对独立性，使业务逻辑拆分与加载不对整个系统的应用体系结构造成影响。

海洋综合管理系统对外接口设计，使用整合框架和专门用于数据交换的接口来实现与数字海洋信息基础框架中其他任务单元的有机集成。整合框架是海洋综合管理系统建设的基础组件，通过整合框架，可以实现基于角色的用户权限分配、菜单定制、流程管理等功能，还可以实现与总集成在界面层次的集成；专门用于数据交换的接口则用来实现综合系统与节点内数据仓库、节点外数据仓库的数据交换与传输。

3. iOcean 技术架构设计

中国数字海洋(公众版)iOcean 设计采用国际先进的三维球体表达技术，将海洋信息通过地理位置与地球球体模型相关联，实现了海底、水体、海面、海岛等多种海洋自然要素和海洋现象的直观展现，设计为海洋信息公众服务的窗口。

iOcean 体系架构采用了层次化的体系架构方法，将功能分解为具有明确定义的四个层次，即具有操作系统、网络连接和Internet信息服务的服务器硬件平台；采用统一数据存储标准的数据库平台；提供各种功能接口、插件技术支撑层以及面向用户提供各种服务的应用层。每一层为上层服务，并作为下层客户。上层通过下层提供的接口使用下层的功能，并且将下层的实现细节隐藏起来，从而把复杂的软件体系结构分解开来，逐步实现系统功能。

iOcean体系架构如图8-7所示。

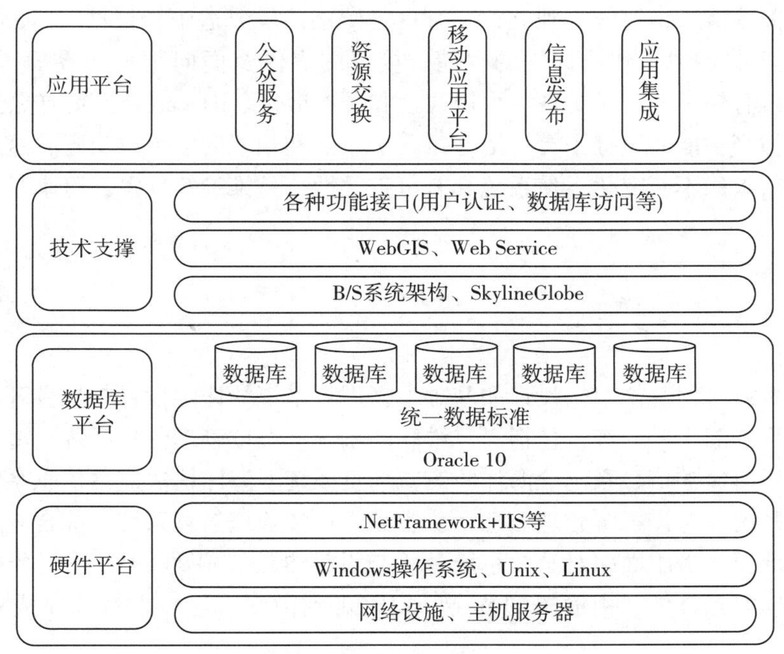

图8-7　iOcean体系架构

1)硬件平台

iOcean数字海洋公众信息服务系统的服务器端部署在数字海洋专网主节点上，硬件环境是由多Web服务器、多应用服务器及多数据库服务器组成。应用服务器端操作系统采用Windows Server，并配备了.net基础类库及Web Service IIS。

2)数据库平台

iOcean数字海洋公众信息服务系统的数据全部来源于现有的基础地理和遥感数据库、专题数据库、产品数据库和业务数据库。将各种数据以统一的格式同步到后台数据库服务器，对数据进行统一管理。数据库平台为Oracle数据库。

3)技术支撑层

iOcean数字海洋公众信息服务系统的技术支撑层主要采用了SkylineGlobe、WebGIS、Web Service等技术平台，其中SkylineGlobe三维场景发布平台由服务器集群组成，部署操作系统Window2003、球体三维场景发布软件等软件，并且提供了具备用户认证、数据库访问等功能的各种接口，为上层面向用户的应用平台提供技术支撑。

4)应用平台

iOcean 数字海洋公众服务系统的应用平台根据不同的用户需求，使用技术支撑层提供的各类接口，实现了公众服务、资源交换、移动应用平台、信息发布及应用集成等各项功能。主要是通过界面引导方式，接受用户的输入，并向应用服务器发送请求，显示处理结果。客户端需要部署操作系统 Windows XP/Windows 7、IE 浏览器、三维球体浏览插件等系统软件，iOcean 数字海洋公众服务系统的层次化体系结构具有以下特点：层与层之间的关系清晰，逻辑上独立、又有良好衔接；层数适中，根据 iOcean 系统特点，从 iOcean 的底层实现，到数据库的存储、接口的提供及面向用户的界面，分为四层，层次合理；具有较高的可维护性、可修改性和可扩展性。iOcean 数字海洋公众服务系统是一个具备相当功能的服务平台，由于每一层只能和相邻的上下层交互，这种结构更容易适应业务需求的不断变化，使系统具有可扩展性、易维护等优点，可满足未来各级用户需求。

8.4 详细设计与实现

在数字海洋工程总体架构设计的基础上，进行系统的详细设计与软件开发。例如海洋综合管理系统的主要内容，包括二三维联动系统、海域管理信息系统、海岛管理信息系统、海洋环境保护信息系统、海洋防灾减信息系统、海洋执法监察信息系统、海洋权益维护信息系统、海洋经济管理信息系统、海洋科技管理信息系统、综合查询系统等分系统。分系统设计采用面向对象的系统分析与设计方法，借助 UML 系统分析与设计建模工具，由抽象到具体、由简单到复杂、由宏观到微观，逐步求精地完成软件的开发过程。

8.4.1 系统集成平台选型

系统集成技术设计必须采用开放标准的技术，以求跨操作系统平台、跨数据库平台、跨中间件平台。因此，各种定制平台在技术上采用 B/S 多层体系结构，以 J2EE 框架作为开发技术路线，基于 EJB 组件的技术构建应用逻辑。在操作系统的选择上系统是跨平台的，对 UNIX 系统、Linux 系统和 Windows 系统都支持，设计优先考虑采用 UNIX 系统作为操作系统。在应用服务器的选择上，系统对 Weblogic、Websphere、Tomcat 等主流应用服务器都支持。选择 Oracle 作为系统数据库。

8.4.2 业务功能开发设计

依据数字海洋工程总体设计，各个分系统的建设并不是孤立的，而是通过预先建立的系统整合框架有机地集成在一起，共同形成供用户使用的数字海洋工程业务系统等，并设计实现二三维一体化、综合查询等特色功能。以海洋综合管理业务系统为例，系统集成总体框架设计，使得海洋综合管理信息系统中各个分系统能够在统一的规约与定制开发工具环境下形成一个有机整体。各分系统不但能够拆合自如，还向用户呈现了二三维一体化、综合查询等综合管理信息系统的特色功能。

1. 二三维一体化开发

从计算机对真实世界表达方式的角度，可以将地理信息系统技术分为二维 GIS 技术和三维 GIS 技术两种。三维 GIS 更接近人的视觉习惯，从而更加真实，能表现更多的空间关系。二维 GIS 具有更具体、更综合的优点。二三维一体化的 GIS 应该具有以下特性：①二维与三维 GIS 具有一致的数据结构与数据模型，能够对三维图形数据进行高效渲染；②采用同样的符号库，实现了符号的一体化，丰富了系统的表现手段，降低了符号管理的复杂度；③采用统一的空间查询和分析模块，实现查询和分析的一体化；④采用统一的工作空间、图层、图例管理、专题图构建方式，实现了表现方式的一体化。

目前，国内外的主要 GIS 厂商都在软件产品中推广二三维一体化技术。超图公司提出“真空间(RealSpace)”的概念，并成功研制了以此为基础的新一代 GIS 内核(SuperMap UGC 6R)。美国 ESRI 公司基于 ArcGIS 软件，也对二三维一体化提出了自己的解决方案。

数字海洋工程可采用二三维 GIS 一体化最新理念与技术，实现对海洋空间地理数据的管理与可视化表达。开发实现二三维一体化功能主要有以下几种方式。

1)数据一体化

海洋综合管理信息系统与数字海洋三维可视化系统都采用了 ArcSDE 实现海量空间数据的统一存储，在数据层次上实现了数据的一体化。通过在底层构建数据抽取与显示模块的形式，原有二维数据无须进行格式转换，就可以直接构建三维场景，从而避免了准备两份数据，减少空间冗余，易于更新维护。构建三维场景时，三维可视化模块可以使用原二维数据高效的空间索引和影像金字塔进行快速三维场景渲染，使用动态投影技术，减少再次数据处理时间，为高效运行提供了保障。

2)显示一体化

海洋综合管理系统中图形显示一体化设计包括二三维图形联动以及图形切换两个方面。图形联动是指对运行在系统集成框架中的数字海洋三维可视化系统与海洋综合管理信息系统之间，对三维可视化系统图形操作(比如移动、放大等)的同时海洋综合管理系统二维 GIS 也同步进行同样的操作。反之，对海洋综合管理信息系统二维 GIS 的操作，也在三维可视化系统上同步进行。在海洋综合管理系统和三维可视化系统联动操作过程中，需要提供统一的图形操作方法和事件定义，保证图形操作的可触发以及操作的一致性。

图形切换是指海洋综合管理信息系统二维 GIS 与三维可视化系统在主显示区域的自由切换。用户在二维与三维之间的自由切换，能够充分发挥二维、三维 GIS 各自的长处，最大化满足用户需求。

3)空间分析一体化

在综合管理信息系统三维场景中，可以直接调用二维分析工具，并且展现最终的二维分析结果。开发分析功能包括缓冲区分析、拓扑分析、网络分析等。

4) 实现信息一体化

海洋综合管理系统的开发是在预先构建的集成框架的基础上展开的，包含丰富的二三维一体化开发接口，形成了无缝的二三维开发体系。集成框架的建设，使得海洋综合管理信息系统的开发集成更加方便，有力保证了二三维开发的一体化。

海洋综合管理信息系统二三维一体化的实现效果如图 8-8 所示。

图 8-8 海洋综合管理信息系统二三维一体化示例

2. 综合查询功能开发

综合查询是对数字海洋数据仓库中各专题数据库的综合运用。为了有效实现海洋各类数据资源的共享，方便各级用户使用，在数字海洋数据仓库以及综合管理信息系统集成框架的基础上，开发实现了海洋信息综合查询功能。综合查询借鉴网络搜索引擎 Google、百度的设计理念，开发实现用户对数据仓库中各专题数据库的透明访问。用户只需简单输入所要查询的关键字，不需要了解数据的具体存储位置，查询系统就可以在数据仓库中抽取与关键字相关的各类空间要素与属性信息。

综合查询系统的功能开发主要包括基于关键字的文本信息查询以及基于空间位置的空间信息查询两种。基于关键字的文本信息查询是指通过用户输入的查询关键字，系统自动封装可用的 SQL 查询语句，在数字海洋数据仓库中查询与输入关键字相关的文本信息。基于空间位置的信息查询是指通过用户在二维地图界面中勾画查询区域，在数据仓库中查询与该区域相关的各类用户感兴趣的海洋空间信息数据。主要技术方法有基于关键字查询和基于空间范围查询。

1) 基于关键字查询

基于关键字的综合查询流程可由图 8-9 所示的流程图来描述。关键字查询需要解决的关键问题是如何在多个专题数据库、成千上万大数据表中快速查找与所输入关键字相关的文本信息与空间数据信息。综合查询不同于普通的、简单的数据查询，综合查询关键字可能存在于任意专题数据库中的任意表中的任意字段之中，对于任意一个用户输入的关键字，可能出现的SQL查询语句是相当多而且复杂的。如果对每一个专题数据库中的每一个表的每一个字段都进行扫描查询，查询效率可能是用户无法忍受的。为此，关键字库的建立成为解决综合查询效率问题的关键技术难题之一。

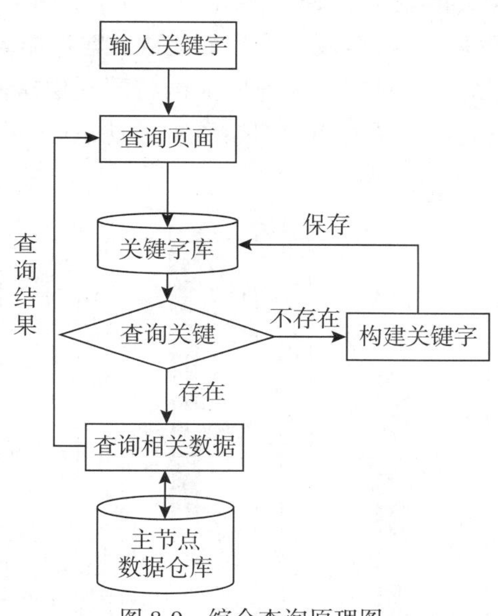

图8-9　综合查询原理图

综合查询系统关键字库的构建来源于以下三方面：首先，在系统安装初始化时，依据数据库现有数据以及元数据情况，使用设计算法对现有数据进行扫描，进而提炼最常用的关键字，并存储于关键字库中；然后，随着用户的使用，依据用户输入的关键字，系统会逐步、自动丰富关键字库的内容；最后，随着数据仓库数据内容的增加，数据仓库从新增数据中自动提取用户可能感兴趣的关键字，并存储于关键字库表中。

2)基于空间范围查询

基于空间范围的查询是依据用户在二维地图窗口勾画的空间范围，获取该空间范围内的各类空间要素信息。空间要素的获取依赖于用户选择的图层以及空间数据在底层数据库中的存储格式。数字海洋空间数据库基于 GeoDatabase 构建，各类空间要素被存储在不同的要素类之中。通过继承、组合、关联等面向对象的描述手段，来刻画各类海洋空间要素的组成以及相互关系，对于二维地图中的图层显示，通常由地理空间数据库中的一个或多个要素类构成。

当系统接收到用户输入的空间范围信息后，系统通过空间数据引擎，在空间数据库中抽取空间范围内的各类海洋要素。通过空间要素的关联信息，则可以查询到与某一要素关联的相关属性信息。图形信息查询的效率取决于空间数据库创建时的空间数据模型的设计以及用户地图中图层选择的多少。一方面，空间数据模型与实际环境中的实体吻合程度越高，模型设计得越合理，则查询得到的信息就会越准确，内容也越全面；另一方面，用户选择加载的图层相对较少，则查询速度就会较快。

8.4.3 iOcean 开发实现

1. iOcean 开发环境

数字海洋(公众版)iOcean 基于 Internet 网络技术标准，实现 Web 服务器群、空间应用服务器群、空间数据库集群、三维场景发布库集群、客户端等设备的网络连接，由此形成以高速以太网为支撑的运行环境。高速以太网将不同层次的空间数据库相互连接，形成大规模的共享存储空间来存储海洋数据。图 8-10 为 iOcean 运行环境物理结构图。

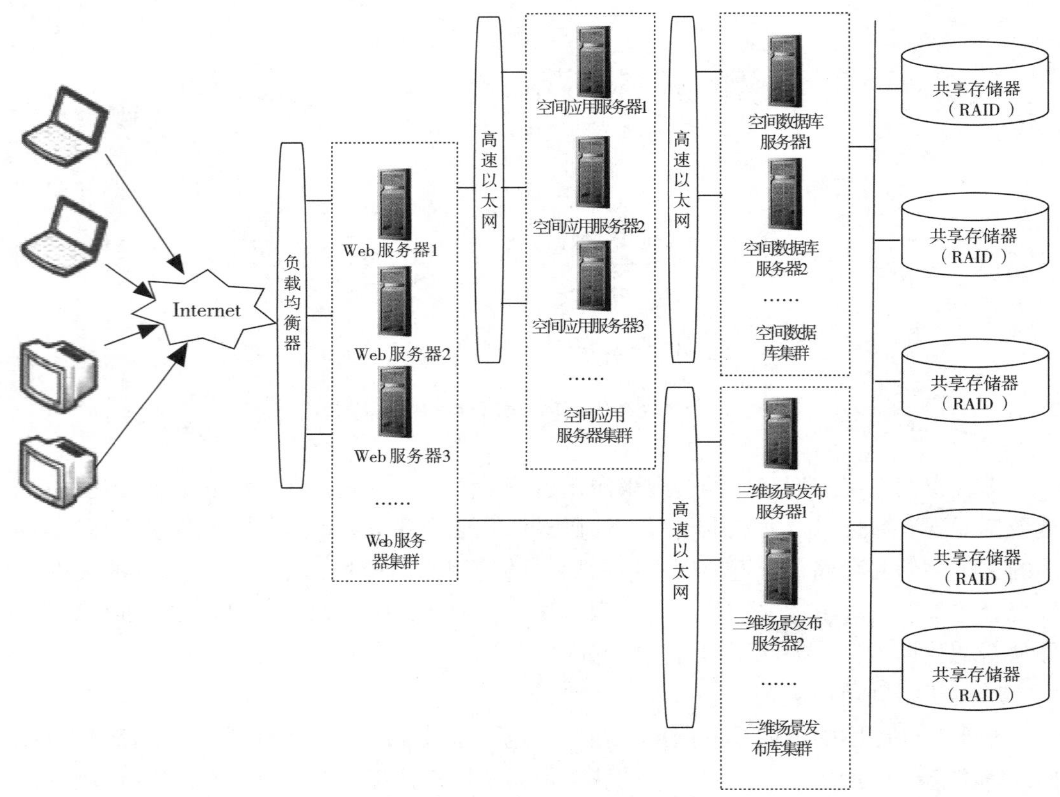

图 8-10 iOcean 运行环境物理结构图

iOcean 公众服务系统网站通过应用 Java、WebGIS、XML 等技术发布空间与非空间信息，基于国家级数据仓库，通过数据提取、加工、分析和转换，形成面向公众的服务信息，按访问权限网上查询服务。对于国内外其他相关信息，通过搜集、整理、分析和筛选及数字化，形成专题服务信息，为海洋科研机构、社会公众提供方便快捷的海洋资源环境以及海洋经济文化等信息产品服务。

2. iOcean 支撑环境

iOcean 信息的业务更新依托于强大的 iOcean 运行后台管理系统，它是整个 iOcean 公众服务系统的管理工具。iOcean 的后台管理系统功能包括用户管理、信息管理和系统管理。用户管理是对平台用户进行分类并对其业务使用权限的统一管理；信息管理是对海洋信息进行统一管理、更新和维护；系统管理是进行业务操作日志管理、系统辅助插件管理和系统的定期更新与维护。iOcean 运行维护后台管理系统流程如图 8-11 所示。

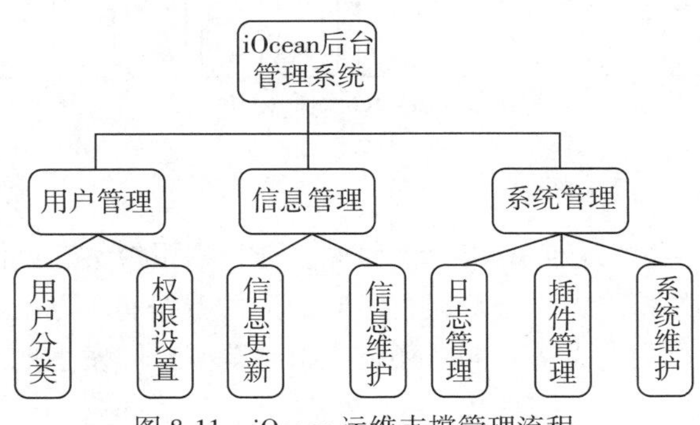

图 8-11 iOcean 运维支撑管理流程

3. iOcean 系统功能

数字海洋(公众版)iOcean 作为我国数字海洋工程建设的重要成果之一，与普通网站拥有的信息查询与检索功能相比，iOcean 的不同之处在于引入了三维立体地球模型，在浏览信息的同时能够准确地在球体上看到信息所包含的位置信息，从空间的角度了解信息，进而对信息有了一个全方位的认识，不仅能像通用网站那样了解到信息的文字内容，更能“看到”发生的位置及周边情况。

iOcean 于 2009 年 6 月正式上线运行，提供了大量的海洋信息服务。iOcean 的访问地址为 http：//www. iocean. net. cn。图 8-12 为进入 iOcean 后的主页面与二级页面。通过详细的功能分析和开发，将 iOcean 分为 10 个功能模块，即海洋新闻、海洋调查观测、数字海底、海岛礁、海洋资源、探访极地大洋、海洋预报、海洋军事、海洋科普、虚拟海洋馆。具体功能模块如图 8-13 所示。

图 8-12 进入 iOcean 后的主页面与二级页面

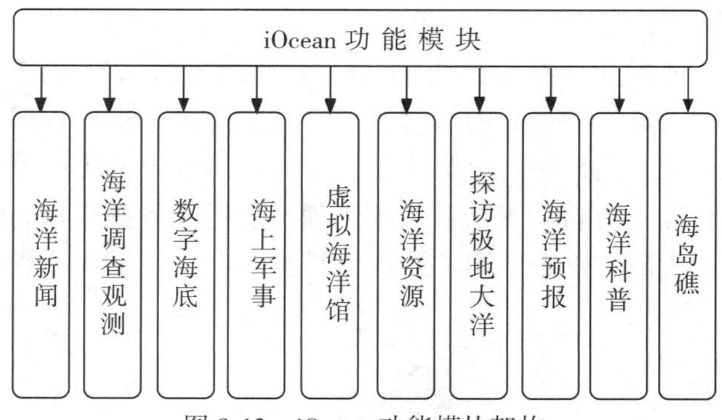

图 8-13 iOcean 功能模块架构

1)海洋新闻

海洋新闻模块每天发布最新时事热点新闻，让公众了解最新的海洋动态。同时由于网站的三维立体表达的特点，让公众通过不同的形式看新闻，点击新闻标题，不但能阅读新闻主题、内容、相关背景等，同时还能虚拟感受到新闻发生地点实际查看周边海洋状况。

2)海洋调查观测

本模块的主要目的是让公众了解海洋观测的手段，以及介绍海洋观测是如何通过船只调查，发展到由天基(卫星)、空基(飞机、飞船等)、陆基(观测台、站等)、海基(船只、浮标、潜标等)等构成的海洋立体观测体系的。用户点击“空中观测网”的卫星和航空遥感，这些观测工具以仿真模型的形式在三维球体上展示，并显示该卫星或航空遥感器的简介、技术参数等信息。用户点击“海面观测网”里的船舶、海洋站、浮标、潜标或潜器，这些观测工具以模型的形式在三维球体上展示，并弹出船舶、海洋站、浮标、潜标或潜器的介绍信息。图 8-14 所示为海洋观测网船舶介绍页面。

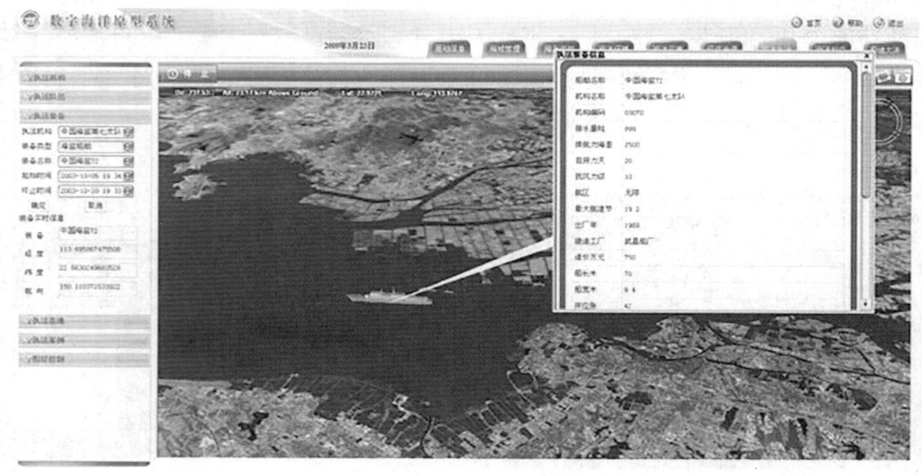

图 8-14 海洋观测网船舶信息页

3) 数字海底

海底是海洋的重要组成部分，是海洋水体的承载体，浩瀚无垠的海水为海底蒙上了一层神秘的面纱。iOcean 运用先进的技术手段展示了海底广阔的平原与山地，包括海沟、海岭、海盆等地貌特征。数字海底模块将海底地形、海底地貌等海洋调查数据及海底地形渲染正射影像等在基于地球球体模型的三维可视化平台上进行显示，实现对海底地形的虚拟仿真浏览，并针对公众服务需求，提供海底地形互动浏览功能，同时以图片和文字相结合的方式向公众介绍海底地形的相关知识。

4) 海上军事

海上军事模块在三维球体模型上再现了我国及世界经典海上战役，展现了世界海上军事形势，介绍海上作战武器装备。

5) 虚拟海洋馆

虚拟海洋馆模块主要是在三维场景下，对一定区域范围内的海洋生物进行虚拟展示并对不同种类的生物构造虚拟展厅，显示海洋中丰富的动植物资源，实现鱼、珊瑚、海草等动植物的仿真，模拟鱼在水中游动的形态，使用户对海洋水体和海洋动植物资源有真实直观的了解和认识。图 8-15 为网上虚拟海洋馆。

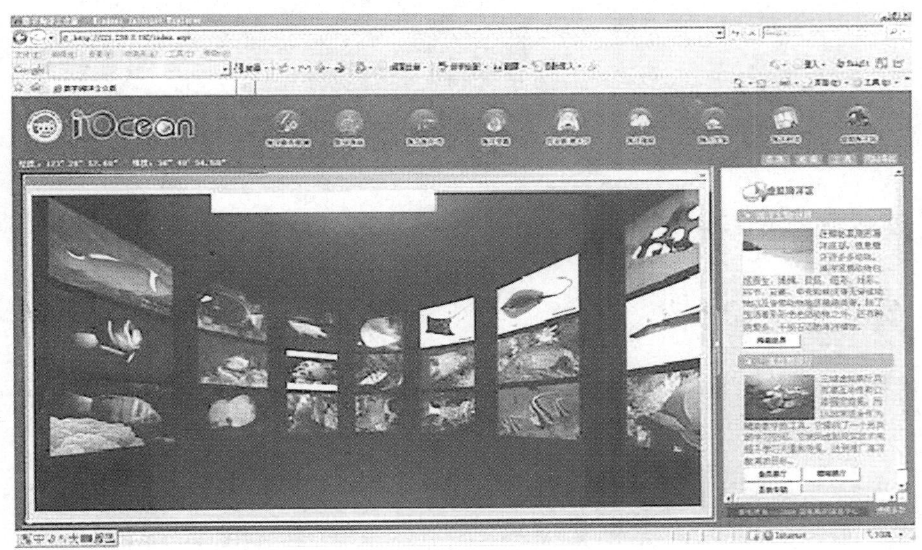

图 8-15　网上虚拟海洋馆

6) 海洋资源

本模块主要实现基于球体模型的全球范围内的海洋资源和能源空间分布矢量数据以及相关属性信息的展示与查询。主要的海洋资源和能源包括主要海洋保护区、海岸线、旅游资源、油气资源、海洋能等信息。

7) 探访极地大洋

探访极地大洋模块主要是在三维球体场景下为用户提供相关极地科考信息的展示，

主要包括对两极基本情况进行介绍，虚拟南极考察站和北极黄河站及极地考察航迹的展示，并对历史上的极地探险和考察情况在三维球体上进行更加直观的表达。此外还能在三维球体上对极地科考船船位的实时定位显示，对考察船基地进行虚拟三维查看。

8)海洋预报

海洋预报模块将海浪、海水温度、海流、潮汐、气象等的预报结果显示在基于地球球体模型的三维场景中，以直观形象的方式为公众提供相关的海洋信息预报服务。

9)海岛礁

海洋中的岛屿，是人类开发海洋的远涉基地和前进支点，是第二海洋经济区，在国家间海洋划界和国防安全等方面也有着特殊重要的地位。中国有 $500m^2$ 以上的岛 6500 多个，总面积超过 $6600km^2$，其中有常住居民的海岛 400 多个，人口 470 多万。iOcean 通过对岛屿分类查询和空间定位查询，可以带用户了解这些岛屿和岛礁，显示位置、行政区划、面积、人口等信息。

10)海洋科普

海洋科普模块主要以介绍海洋科学技术知识为主，突出海洋知识的趣味性，针对不同的用户群体建立不同特色的内容栏目，帮助公众用户方便快捷地查找到他们感兴趣的海洋知识。

参考文献

陈述彭. 地球信息科学[M]. 北京：高等教育出版社，2007.

陈述彭. 数字地球百问[M]. 北京：科学出版社，2004.

承继成，郭华东，薛勇. 数字地球导论[M]. 北京：科学出版社，2007.

王家耀，宁津生，张租勋. 中国数字城市建设方案及推进战略研究[M]. 北京：科学出版社，2008.

李德仁，王树良，李德毅. 空间数据挖掘理论与应用[M]. 北京：科学出版社，2006.

国家海洋局海洋发展战略研究所课题组. 中国海洋发展报告(2009)[M]. 北京：海洋出版社，2009.

陈军，邬伦. 数字中国地理空间基础框架[M]. 北京：科学出版社，2003.

周成虎，苏奋振，等. 海洋地理信息系统原理与实践[M]. 北京：科学出版社，2013.

石绥样，雷波. 中国数字海洋理论与实践[M]. 北京：海洋出版社，2011.

边馥苓. 数字工程的原理与方法[M]. 2 版. 北京：测绘出版社，2011.

承继成，李琦，易善桢. 国家空间信息基础设施与数字地球[M]. 北京：清华大学出版社，1999.

郭仁忠. 空间分析[M]. 北京：高等教育出版社，2001.

国家信息安全工程技术研究中心，国家信息安全基础设施研究中心. 电子政务总体设计与技术实现[M]. 北京：电子工业出版社，2003.

邬伦. 地理信息系统原理、方法和应用[M]. 北京：科学出版社，2001.

苏奋振，周成虎，等. 海洋地理信息系统原理、技术和方法[M]. 北京：海洋出版社，2005.

张友生. 软件体系结构[M]. 2 版. 北京：清华大学出版社，2006.

赵文吉，官辉力，等. 数字国土设计、实现与应用[M]. 北京：科学出版社，2008.

夏火松. 数据仓库与数据挖掘[M]. 北京：科学出版社，2004.

尹朝庆. 人工智能与专家系统[M]. 2 版. 北京：中国水利水电出版社，2009.

FOSTER I, KESSELMAN C. The Gr. d, Blueprint for New Computing Wrasrructure[M]. San Francisco：Morgan Kaufmann Publish inc., 1999.

国家遥感中心. 地球空间信息科学技术进展[M]. 北京：电子工业出板社，2009.

王修林，王辉，范德江. 中国海洋科学发展战略研究[M]. 北京：海洋出版社，2008.

中国 21 世纪工程管理中心. 海洋高技术进展 2009[M]. 北京：海洋出版社，2010.

刘玉光. 卫星海洋学[M]. 北京：高等教育出版社，2009.

黄冬梅，贺琪，郑小罗，等. 海洋信息技术与应用[M]. 上海：上海交通大学出版社，2016.

黄冬梅，邹国良. 海洋大数据[M]. 上海：上海科学技术出版社，2016.

侍茂崇，高郭平，鲍献文. 海洋调查方法[M]. 青岛：中国海洋大学出版社，2006.

赵建虎，刘经南. 多波束测深及图像数据处理[M]. 武汉：武汉大学出版社，2008.

路文海. 海洋环境监测数据信息管理技术与实践[M]. 北京：海洋出版社，2013.

吕希奎，周小平. 实战 OpenGL 三维可视化系统开发与源码[M]. 北京：电子工业出版社，2009.

王远飞，何洪林. 空间数据分析方法[M]. 北京：科学出版社，2006.

王越，罗森林. 信息系统与安全对抗理论[M]. 北京：北京理工大学出版社，2015.

王立福，张世琨，朱冰. 软件工程[M]. 北京：北京大学出版社，2000.

宁津生，张目. 数字工程建设与空间信息产业化[J]. 武汉大学学报(信息科学版)，2003，28(1)：1-3.

边馥苓，王金鑫. 现时空间、思维空间、虚拟空间——关于人类生存空间的哲学思考[J]. 武汉大学学报(信息科学版)，2003，28(1)：4-8.

曹元大，徐漫江. 面向对象知识表示在专家系统开发工具中的应用[J]. 北京理工大学学报，2000，20(6)：688-692.

胡可剧，王树勋，刘立宏，等. 移动通信中的无线定位技术[J]. 吉林大学学报·信息科学版，2005(4)：378-384.

廖楚江，社清运. GIS 空间关系描述模型研究综述[J]. 测绘科学，2004，29(4)：79-82.

刘勇奎，周晓敏. 虚拟现实技术和科学计算可视化[J]. 中国图形图象学报，2000，5(A)：794-798.

清水. 信息可视化：畅游网络空间的伴侣[J]. 计算机世界，2004-03-29(11).

王金鑫，边馥苓. 可持续发展的文化探源——兼论 GIS 在区域可持续发展中的作用[J]. 中国人口、资源与环境，2004，5(14)：17-20.

强书亮，陶陶，吕国年. 地理信息共享与互操作框架研究[J]. 测绘科学，2004(6)：58-61.

张友生. 基于体系结构的软件开发模型[J]. 计算机工程与应用，2004(34)：29-33.

宁津生，姚宜斌，张小红. 全球导航卫星系统发展综述[J]. 导航定位学报，2013，1(1)：3-8.

王继周，李成名，林宗坚. 三维 GIS 的基本问题与研究进展[J]. 计算机工程与应用，2003(24)：40-44.

肖乐斌，钟耳顺，刘纪远，等. 三维 GIS 的基本问题探讨[J]. 中国图象图形学报，2001(9)：30-36.

何广顺. 海洋信息化现状与主要任务[J]. 海洋信息，2008(3)：13-15.
白福义，罗晓玲. 浅谈数字海洋技术支撑体系[J]. 气象水文海洋仪器，2008，3(1)：7-11.
何广顺，李四海. 构建"数字海洋"空间信息数据库[J]. 海洋信息，2003(1)：1-4.
侯文峰. 中国"数字海洋"发展的基本构想[J]. 海洋通报，1999，18(6)：1-10.
石绥祥，夏登文，等. 海洋信息共享服务关键技术研究[J]. 资源科学，2001，23(1)：64-68.
王宏. 海洋信息化"十五"发展前瞻[J]. 海洋信息，2002(1)：1-4.
周海燕，苏奋振，等. 海洋地理信息系统研究进展[J]. 测绘信息与工程，2005，30(3)：25-27.
马妮，李维功，马建良. 空间信息服务组织的应用软件体系规划[J]. 测绘通报，2008(7)：19-22.
联合国教科文组织政府间海洋学委员会. 全球海洋观测系统沿岸海洋观测模块综合战略设计方案[R]. 巴黎，2002.
朱伯康，许建平. 国际 Argo 计划执行现状剖析[J]. 海洋技术，2008，27(4)：102-114.
李莉，曾澜，朱秀丽等. 电子政务——自然资源和地理空间信息库标准体系研究[J]. 地理信息世界，2006(6)：6-20.
周鸣乐，董火民，李刚，等. 信息安全标准体系研究与分析[J]. 信息技术与标准化，2008(4)：12-17.
李华光，陈田，魏海洋，等. 海陆一体化融合技术的中国电子海图服务研究[J]. 地理信息世界，2020，27(4)：129-135.
严宇，罗瞳，马聪. 基于"天地图"的区域海洋环境要素遥感监测系统研究[J]. 经纬天地，2014(4)：54-57.
黄于鉴. 数字地球平台空间数据服务的研究与应用[D]. 成都：成都理工大学，2008.
翟永，刘津，陈杰，等. "天地图"网站云架构系统设计[J]. 信息安全与通信保密，2012(9)：81-86.
高强、宋帏、杜忠晓. 基于 T-S 模糊神经网络的信息融合在赤潮预报预警中的应用[J]. 海洋技术，2006，25(2)：103-106.
魏红宁，张峰，李四海. 海洋数据挖掘技术应用研究[J]. 海洋通报，2008，27(6)：82-87.
夏登文，石绥样，于戈，等. 海洋数据仓库及数据挖掘技术方法研究[J]. 海洋通报，2005，24(3)：60-65.
张峰，石绥祥，殷汝广，等. 数字海洋中数据体系结构研究[J]. 海洋通报，2009，28(4)：1-8.
林辉，范开国，申辉，等. 星载 SAR 海洋内波遥感研究进展[J]. 地球物理学进展，2010，6，25(3)：1081-1091.

陈青华，刘晓红．基于云计算技术的海洋地理空间信息服务发展趋势与展望[J]．成都信息工程大学学报，2016，31(5)：479-483.

陈康，郑纬民．云计算系统实例与研究现状[J]．软件学报，2009，32(5)：1337-1348.

潘泉，丁昕，等．信息融合理论的基本方法与进展[J]．自动化学报，2003，29(4)：599-651.

易正俊．多源信息智能融合算法[D]．重庆：重庆大学，2002.

党保生．虚拟现实及其发展趋势[J]．中国现代教育装备，2007(005)：94-96.

刘金，姜晓轶，李四海．数字海洋水体模型建立与三维可视化技术研究[J]．海洋通报，2009，28(4)：141-145.

曲辉，崔晓健，董文，等．海平面上升模拟及其在数字海洋中的实现[J]．海洋通报，2009，28(4)：24-26.

腾骏华，吴玮，孙美仙，等．基于 GIS 的风暴潮减灾辅助决策信息系统[J]．自然灾害学报，2007，16(2)：16-21.

赵有皓，张君伦．台风暴潮数值预报业务系统的开发与研究[J]．海洋工程，2001，19(3)：102-107.

肖慧明．Python 技术在数据可视化中的研究综述[J]．网络信息工程，2021(1)：87-89.

陈辰．基于空间特征挖掘的时空数据可视化研究[D]．上海：华东师范大学，2020.

郑沛楠，宋军．常用海洋数值模式简介[J]．海洋预报，2008，25(4)：108-110.

张玉良．基于 GIS 的海洋数值模拟数据可视化研究[D]．青岛：中国石油大学，2016.

王权明．GIS 空间分析支持的海洋功能区划方法研究[D]．大连：大连海事大学，2008.

卢静．海洋功能区划管理信息系统研究成果回顾及展望[J]．海洋开发与管理，2009，26(6)：16-19.

窦长娥．基于 ArcGIS_Server 的连云港海洋功能区划信息系统的设计与实现[J]．西南师范大学学报(自然科学版)，2014，39(12)：111-114.

胡晓晨，伊尧国，李刚，等．基于空间信息平台的海域管理系统的构建方法[J]．天津城市建设学院学报，2007，13(4)：80-85.

张瑞林，肖桂荣，王国乾，等．基于 ArcGIS Server 的海域使用管理信息系统开发[J]．地球信息科学，2007，9(4)：55-58.

章任群．基于地理空间的海域使用管理信息系统框架研究[D]．青岛：中国海洋大学，2003.

李静芳，李佼，朱晨轶．上海海洋生态环境监督管理系统的设计与特色[J]．海洋信息，2018(3)：55-58.

李风华，路艳国，王海斌，等．海底观测网的研究进展与发展趋势[J]．中国科学院院刊，2019，34(3)：79-88.

季寅星．海洋生态环境监测体系与管理对策研究[J]．资源节约与环保，2020(12)：58-59.

吴勇剑，张永. 海洋生态环境监测数据管理研究[J]. 数据信息与智能，2021(5)：80-84.

聂旭清，凌玉荣，段炼，等. 粤东浅海区立体监测与生态物联网业务架构[J]. 电子技术与软件工程，2021(5)：168-171.

杜立彬，张颖颖，程岩，等. 山东沿海海洋环境监测及灾害预警系统设计与框架研究[J]. 山东科学，2009，22(4)：15-18.

杜立彬，王军成，孙继昌，等. 区域性海洋灾害监测预警系统研究进展[J]. 山东科学，2009，22(3)：1-6.

刘少军，张京，何政伟，等. 基于 GIS 的台风灾害损失评估模型研究[J]. 灾害学，2010，25(2)：64-69.

江斯琦，刘强. 基于改进神经网络及地理信息系统空间分析的风暴潮经济损失评估[J]. 科学技术与工程，2020，20(22)：9243-9245.

祁冬梅，于婷，邓增安. IODE 海洋数据共享平台建设及对我国海洋信息化进程的启示[J]. 海洋开发与管理，2014，31(3)：57-61.

杨锦坤，董明媚. 武双全. 推进我国海洋数据深入共享服务的总体考虑[J]. 海洋开发与管理，2015，32(3)：68-72.

李文博，孙翊. 国内外地理信息标准化进展研究[J]. 标准科学，2015(8)：43-47.

周倜. 数字地球及国家空间数据基础设施标准化建设[J]. 航天标准化，2009(1)：4-8.

马胜男，魏宏，刘碧松. 地理信息标准研制的国内外进展及思考[J]. 武汉大学学报(信息科学版)，2008(9)：886-891.

刘秋生，韩范畴，肖京国，等. 海洋测绘信息数字平台建设[J]. 海洋测绘，2010，30(1)：79-82.

李宏利，汪海. 海洋测绘信息元数据标准研究[J]. 海洋测绘，2005，25(1)：18-22.

蒋帅. 海洋空间数据库的建立和发展[J]. 海洋信息，2010(4)：6-9.

许莉莉，汤海荣，张燕歌. 海洋信息化标准体系研究[J]. 中国标准导报，2015，1(4)：49-51.

元建胜，吴礼龙. 国际海道测量服务与技术标准进展研究[J]. 海洋测绘，2016，36(6)：65-68.

张兵建. 基于 XML 的海洋信息元数据标准的研究与实现[D]. 青岛：中国海洋大学，2008.

苏奋振，周成虎，季民，等. 面向海洋渔业决策支持的信息综合协调研究[J]. 计算机工程与应用，2004(17)：18-21.

徐海龙，马志华，乔秀亭，等. 我国海洋渔业地理信息系统发展现状[J]. 海洋通报，2012，31(1)：113-116.

巩沐歌. 国内外渔业信息化发展现状对比分析[J]. 现代渔业信息，2011，26(12)：203-224.

程锦祥，孙英泽，胡婧，等. 我国渔业大数据应用进展综述[J]. 农业大数据学报，2020，2(1)：11-20.

梅元勋，薛涛，曾兴国，等. 移动 GIS 支持下的海洋渔业信息采集与管理[J]. 测绘通报，2015(4)：125-128.

鲁峰，王立华，徐硕. 渔业科学数据中心建设研究[J]. 农业大数据学报，2019，1(3)：57-70.

薛沐涵，徐硕，鲁峰，等. 渔船渔港综合管理服务平台构建与应用[J]. 农业大数据学报，2021，3(3)：45-48.

于宁，徐涛，王庆龙，等. 智慧渔业发展现状与对策研究[J]. 中国渔业经济，2021，39(1)：13-16.

陈庆勇. 省级海洋渔业生产安全环境保障服务系统的设计与实现[D]. 成都：电子科技大学，2015.

李云岭. 基于栅格模型的海洋渔业 GIS 研究[D]. 青岛：山东科技大学，2003.

夏思雨. 渔业电子海图系统的设计与实现[D]. 上海：上海海洋大学，2017.

左健忠，彭模，万磊，等. 基于 GIS 技术的江苏省海洋渔业生产安全环境保障服务系统建设[J]. 科技视界，2016(5)：57-59.

刘冲. 浙江省渔业生产中信息化处理技术发展与对策研究[D]. 舟山：浙江海洋大学，2019.

龚彩霞，陈新军，高峰，等. 地理信息系统在海洋渔业中的应用现状及前景分析[J]. 上海海洋大学学报，2011，20(6)：902-905.

朱健. 渔船动态监管信息系统在渔业管理中的应用研究[D]. 广州：华南师范大学，2010.

欧阳胡明. 渔业船舶管理信息系统的设计与开发[D]. 大连：大连理工大学，2005.

肖扬. 辽宁省渔船管理信息化体系建设研究[D]. 大连：大连海事大学，2015.

杨佳伟. 构建海洋渔场三维地形环境的关键技术研究[D]. 上海：上海海洋大学，2018.

季民. 海洋渔业 GIS 时空数据组织与分析[D]. 青岛：山东科技大学，2004.

王权明. GIS 空间分析支持的海洋功能区划方法研究[D]. 大连：大连海事大学，2008.

宁勇. 数据挖掘在海洋环境在线监测及赤潮灾害智能预警系统中的应用[D]. 济南：山东大学，2008.

盛川. 基于遥感数据的海洋环境动态监视监测系统的研究与实现[D]. 沈阳：东北大学，2016.

薛明. 风暴潮监测预警系统研究[D]. 天津：天津大学，2019.

滕建斌. 海洋观测数据采集发送预警系统设计与开发[D]. 青岛：山东科技大学，2020.

杨倩倩. 遥感与 GIS 支持下海岸城市生态安全格局评估及模拟研究[D]. 上海：上海海洋大学，2018.

Core A. The Digital Earth：understanding our place in the 21st century[J]. The Australian

Surveyor, 1998, 43(2): 89-91.

Dr. Dong-Young Lee, Keisuke Taira. Development of North-East Asian regional Global Ocean Observing System (NEAR-GOOS)[J]. Elsevier Oceanography Series, 1997, 62.

Jessica Lehman. A sea of potential. The politics of global ocean observations[J]. Political Geography, 2016, 55.

Thomas C. Malone, Paul M. DiGiacomo, Emanuel Gonçalves, Anthony H. Knap, Liana Talaue-McManus, Stephen de Mora. A global ocean observing system framework for sustainable development[J]. Marine Policy, 2014, 43.